EDA 应用技术

Cadence 高速电路板设计与仿真

（第 7 版）

——信号与电源完整性分析

徐宏伟　周润景　袁家乐　编著

電子工業出版社
Publishing House of Electronics Industry
北京•BEIJING

内 容 简 介

随着现代科学技术的飞速发展，器件的集成度大规模提高，各类数字器件的信号沿也越来越陡，已经达到纳秒（ns）级。如此高速的信号切换对系统设计者而言，必须考虑在低频电路设计中所无须考虑的信号完整性（Signal Integrity）问题，如延时、串扰、反射及传输线之间的耦合等。

本书以 Cadence Allegro SPB 17.4 为基础，以具体的高速 PCB 为范例，详细讲解了高速 PCB 设计知识、仿真前的准备工作、约束驱动布局、约束驱动布线、差分对设计、模型与拓扑、板级仿真、AMI 生成器、仿真 DDR4、集成直流电源解决方案、分析模型管理器和协同仿真、电源完整性优化设计、其他增强及 AMM 和 PDC 结合等内容。

本书适合对高速 PCB 设计有一定基础的中、高级读者阅读，也可作为高等学校相关专业及培训机构的教学用书。

图书在版编目（CIP）数据

Cadence高速电路板设计与仿真. 信号与电源完整性分析 / 徐宏伟，周润景，袁家乐编著. —7版. —北京：电子工业出版社，2024.3

（EDA应用技术）

ISBN 978-7-121-47445-3

Ⅰ. ①C… Ⅱ. ①徐… ②周… ③袁… Ⅲ. ①印刷电路－计算机辅助设计②印刷电路－计算机仿真 Ⅳ. ①TN410.2

中国国家版本馆CIP数据核字（2024）第050800号

责任编辑：张　剑（zhang@phei.com.cn）　　特约编辑：田学清

印　　刷：天津嘉恒印务有限公司

装　　订：天津嘉恒印务有限公司

出版发行：电子工业出版社

　　　　　北京市海淀区万寿路 173 信箱　　邮编 100036

开　　本：787×1092　1/16　　印张：24.5　　字数：612 千字

版　　次：2006 年 4 月第 1 版

　　　　　2024 年 3 月第 7 版

印　　次：2024 年 3 月第 1 次印刷

定　　价：108.00 元

凡所购买电子工业出版社图书有缺损问题，请向购买书店调换。若书店售缺，请与本社发行部联系，联系及邮购电话：（010）88254888，88258888。

质量投诉请发邮件至 zlts@phei.com.cn，盗版侵权举报请发邮件至 dbqq@phei.com.cn。

本书咨询联系方式：zhang@phei.com.cn。

序　言

Allegro PCB 产品是 Cadence 公司在 PCB 设计领域的旗舰产品，因其功能强大、易学易用，得到了广大电子工程师的厚爱。

Allegro PCB 产品涵盖了完整的 PCB 设计流程，包括电路图输入、PCB 编辑及布线、PCB 板级系统电源完整性及信号完整性分析、PCB 设计制造分析及 PCB 制造输出等。

电子工程领域的 PCB 设计有难有易，Cadence 公司为了适应不同的市场需求，分别提供如下几个集成的、从前端到后端的 Allegro PCB 设计解决方案，帮助用户应对不同的设计要求。

- Allegro OrCAD 系列：满足主流用户 PCB 设计要求。
- Allegro L 系列：适合对成本敏感的小规模到中等规模的团队，同时具有随着工艺复杂度增加而伸缩的灵活性。
- Allegro XL/GXL：满足先进的高速、约束驱动的 PCB 设计要求，依托 Allegro 具有鲜明特点的约束管理器管理解决方案，能够跨设计流程同步管理电气约束。

面对日益复杂的高速 PCB 设计要求，Cadence 公司的上述产品包提供一个集成的设计环境，能够让电子工程师从开始设计到布线持续解决高速电路设计问题，以提高电子工程师的设计效率。

Allegro PCB 软件功能强大，本书作者总结了多年的 Allegro 平台工具教学和使用心得，通过《Cadence 高速电路板设计与仿真（第 7 版）——原理图与 PCB 设计》和《Cadence 高速电路板设计与仿真（第 7 版）——信号与电源完整性分析》这两本书来介绍 Allegro PCB 软件，以满足不同层级读者的需要。这两本书分别以 PCB 物理设计及 PCB 分析为出发点，围绕 Allegro PCB 这个集成的设计环境，按照 PCB 最新的设计流程，讲解利用 Allegro PCB 软件实现高速电路设计的方法和技巧。

作为 Cadence Allegro/OrCAD 在中国的合作伙伴，我向各位读者推荐此书作为学习 Allegro/OrCAD 的参考书。

北京迪浩永辉技术有限公司技术经理　王鹏

前　言

随着现代科学技术的飞速发展，器件的集成度大规模提高，各类数字器件的信号沿也越来越陡，已经达到纳秒（ns）级。如此高速的信号切换对系统设计者而言，必须考虑在低频电路设计中无须考虑的信号完整性（Signal Integrity）问题，如延时、串扰、反射及传输线之间的耦合等。同时，许多系统的工作频率也很高，达到数百兆赫兹（MHz）甚至吉赫兹（GHz），以适应人们对于大量数据的处理需求，如图像数据处理、音频处理等。这就要求我们在电路设计中仔细研究所有可能影响信号完整性的因素和条件，并且在完成 PCB 设计前将发现的问题妥善解决，从而提高系统的工作性能，缩短系统的研发周期，减少系统的投入，增强产品的竞争力。从广义上讲，信号完整性问题主要包括延时、串扰、反射、同步开关噪声（SSN）和电磁兼容性（EMC）等。

电源完整性（Power Integrity）是指系统供电电源在经过一定的传输网络后，在指定器件端口处与该器件要求的工作电源的符合程度，它是目前高速嵌入式系统设计的主要问题之一。特别是最近 10 年来，随着芯片内集成的晶体管数目的增加，器件所消耗的功率和电流增大，器件的供电电压降低，使得电源完整性成为高速电路设计的瓶颈之一。同时，随着系统的时钟频率越来越高、边沿切换时间越来越短，同步开关噪声或地弹噪声通过电源分布网络传播，导致信号完整性、电源完整性及电磁兼容性问题越来越严重。

Cadence 公司致力于全球电子设计技术创新，并在当今集成电路设计和电子产品设计领域发挥着重要的作用。采用 Cadence 软件设计和验证消费电子产品、网络和通信设备，以及计算机系统中的尖端半导体器件、PCB 等，已越来越成为业界的潮流。Cadence 公司的电子设计自动化（Electronic Design Automation，EDA）产品涵盖了电子设计的整个流程，包括系统级设计，功能验证，IC 综合及布局布线，模拟、混合信号及射频 IC 设计，全定制集成电路设计，IC 物理验证，PCB 设计和硬件建模仿真等。同时，Cadence 公司还提供详细的技术支持，帮助客户优化其设计流程；提供设计外包服务，协助客户进入新的市场领域。如今，全球知名半导体与电子系统公司均将 Cadence 软件作为其设计的标准工具软件。目前，Cadence 公司已经收购 Sigrity 公司，并且将 Sigrity 分析技术与 Cadence Allegro 和 OrCAD 设计工具高效组合，为业界带来新一代的信号与电源协同分析设计和验证工具。

基于以上认识，我们对本书各章节做了相应的安排。本书具有如下 4 个特点。

（1）时效性。本书结合了当今世界上高速电路板设计的最典型的研究实例，对最新版本 Cadence 高速电路板设计与仿真软件（Cadence Allegro SPB 17.4）的常用功能进行了研究。

（2）理论与软件操作相结合。将信号完整性及电源完整性理论分析研究与 Cadence 软件的 PCB SI 中信号完整性工具（Allegro Sigrity SI）及电源完整性工具（Allegro Sigrity PI）相结合，对高速电路设计中存在的信号完整性和电源完整性问题进行了分析和研究，并提出了相应的解决方法。

（3）与设计实例相结合。本书结合了 Altera 公司的 STRATIX GX 开发板、DDR 板卡与 STRATIX GX 开发板的互联系统、PCI 板卡等设计实例，对其中的信号完整性和电源完整性问题进行了分析，帮助读者在掌握理论与软件操作的同时，将其应用到实际设计中。

（4）系统性与独立性。本书基本上涵盖了高速电路板设计中信号完整性与电源完整性分析的基本问题，读者既可以把本书作为教材来系统性地学习，也可以将其当作工具书有针对性地阅读其中的某一章或某几章，因而本书适合不同层次、不同水平的读者阅读。

本书第 7 版和第 6 版的最大区别是，第 6 版所使用的软件平台是 Cadence 17.2，而第 7 版所使用的软件平台是 Cadence 17.4。Cadence 17.4 在功能和性能上较 Cadence 17.2 有较大的改善，其中最主要的改变在于将 Sigrity 软件的仿真分析功能嵌入 Cadence 软件之中。本书第 1 章为基础知识，第 2 章到第 5 章讲解了 Cadence17.4 及 Cadence 17.2 所共有的功能；第 6 章到第 9 章增加了对信号完整性的部分新功能及如何建立 AMI 模型和仿真分析 DDR4 的讲解，第 10 章到第 13 章对电源完整性功能进行详细讲解，且对第 6 版中一些操作方法进行完善。根据 Cadence 17.4 软件特性对实例进行讲解，方便用户使用该软件；第 7 版更注重高速电路板的设计与分析，增加了相应内容的基础理论与软件操作，同时第 7 版对第 6 版中的大部分 PCB 设计实例做了更新。

为了便于读者阅读、学习，本书提供所讲实例的下载资源，读者可以访问华信教育资源网下载书中的范例资源。

本书的出版得到了 Cadence 公司中国代理商——北京迪浩永辉技术有限公司执行董事黄胜利、技术经理王鹏和电子工业出版社张剑的大力支持，同时很多读者提出了宝贵的意见，在此一并表示感谢！

本书主要分为信号完整性分析与电源完整性分析两大部分，每一部分又可分为基础理论与软件操作。本书共 13 章，其中第 1 章至第 3 章由徐宏伟编写，第 4 章由姜杰编写，第 5 章由李占强编写，第 6 章和第 7 章由袁家乐编写，其余章节由周润景编写；全书由周润景统稿。另外，参加本书编写的还有张红敏和周敬。

由于 Cadence 公司的 PCB 工具性能非常强大，不可能通过一本书完成对其全部内容的详尽介绍，加上时间与水平有限，书中难免存在不妥之处，欢迎广大读者批评指正。

编 著 者

目　　录

第1章　高速PCB设计知识

1.1　学习目标

通过本章的学习，读者应该初步了解高速 PCB 的基本概念，以及高速 PCB 设计中应遵循的基本原则，为以后学习、使用 Cadence 信号完整性及电源完整性工具打下理论基础。

1.2　课程内容

随着电子设计和芯片制造技术的飞速发展，电子产品的复杂度、时钟和总线频率等都呈快速上升趋势，但系统的电压却在不断降低，所有的这一切加上产品投放市场的时间要求，给设计工程师带来了前所未有的巨大压力。要想保证产品一次性成功，就必须能预见设计中可能出现的各种问题，并及时给出合理的解决方案。对于高速数字电路来说，最令人头大的莫过于如何确保瞬时跳变的数字信号通过较长的一段传输线还能完整地被接收，并保证良好的电磁兼容性，这就是目前颇受关注的信号完整性（SI）问题。本章就围绕信号完整性的问题进行介绍，让大家对高速 PCB 设计有个基本的认识。本章的主要学习内容有：

☺　高速 PCB 设计的基本概念。

☺　高速 PCB 设计前的准备工作。

☺　高速 PCB 布线应该遵循的基本原则。

☺　高速 PCB 布线后的信号完整性分析及其改进方法。

1.3　高速 PCB 设计的基本概念

1．电子系统设计所面临的挑战

在电子系统中，需要进行各种长度的布线。在这些布线上，信号从线的始端（如信号源）传输到终端（如负载）需要一定的时间。已经证实，电信号在分布良好的导线中的传输速度为 3×10^8m/s。假设布线的长度为 5m，信号从始端到终端就需要 17ns，也就是说，信号存在 17ns 的延时。这种延时在低速系统中可以被忽略，但在高速系统中，这个数量级的延时是不能被忽略的。高速门电路（如 74 系列 TTL 数字集成电路）的平均延时只有几纳秒，ECL 数字集成电路的延时可达 1～2ns，CPLD/FPGA 的延时则更小。可见，在这些高速电路系统中，PCB 的线上延时是不能被忽略的。高速 PCB 设计还需考虑其他的问题，例如，当信号在导线上高速传输时，如果始端阻抗与终端阻抗不匹配，将会出现电磁波的反射现象，它会使信号失真，产生有害的干扰脉冲，从而影响整个系统运行。因此，在设计高速 PCB 时，信号延时的问题必须认真考虑，电路分析需要引入 EMI/EMC 分析，在这种情况下，经典的集成电路理论已不再适用，在电路仿真设计程序中应使用分布电路模型。

目前，一些 PCB 设计工程师总是根据“感觉”来进行 PCB 的设计，而不是采用适当的方法和遵循一定的规则。而高速的模拟和/或数字电路的设计，几乎不可能凭感觉设计出可靠的电路，因为仅凭“感觉”进行设计可能导致的结果是：

☺ 不可预期的系统行为。

☺ 模拟系统传输路径上产生不可接受的噪声。

☺ 系统的稳定性和可靠性会因为温度的变化而改变。

☺ 在同一 PCB 上连接的元器件发生虚假的位错误。

☺ 大量的电源和地弹噪声。

☺ 过冲、下冲及短时信号干扰等。

2．高速电路的定义

通常，数字逻辑电路的频率达到或超过 50MHz，而且工作在这个频率之上的电路占整个系统的 1/3 以上，就可以称其为高速电路。

实际上，与信号本身的频率相比，信号边沿的谐波频率更高，信号的跳变（上升沿或下降沿）引发了信号传输的非预期结果。如果信号线传播延时大于数字信号驱动端上升时间的 1/2，则可认为此类信号是高速信号并产生传输线效应。信号的传递发生在信号状态改变的瞬间，如上升或下降时间。信号从驱动端到接收端经过一段固定的时间，如果传输时间小于上升或下降时间的 1/2，那么在信号状态改变前，来自接收端的反射信号将到达驱动端。否则，反射信号将在信号状态改变后到达驱动端。如果反射信号很强，叠加的波形就有可能改变逻辑状态。

3．高速信号的确定

通常，通过元器件手册可以查出信号上升时间的典型值。而在 PCB 设计中，实际布线长度决定了信号的传输时间。过孔多、元器件引脚多，或者网络上设置的约束多，都可能导致延时增大。一般情况下，高速逻辑器件的信号上升时间约为 0.2ns。

以 T_r 表示信号上升时间，T_{pd} 表示信号线传播延时，若 $T_r>4T_{pd}$，信号将落在安全区域；若 $2T_{pd}<T_r\leqslant 4T_{pd}$，信号将落在不确定区域；若 $T_r\leqslant 2T_{pd}$，信号将落在问题区域。当信号落在不确定区域或问题区域时，应该使用高速布线方法进行 PCB 设计。

4．高速 PCB 设计流程

信号完整性（Signal Integrity）是指电路系统中信号的质量。如果在要求的时间内，信号能不失真地从源端传送到接收端，就称该信号是完整的。随着电子技术的不断发展，各种信号完整性问题层出不穷，而且可以预见，今后还会出现更多的问题。所以，了解信号完整性理论对于指导和验证高速 PCB 设计非常重要。

传统的PCB 设计一般经过原理图设计、布局、布线、优化 4 个步骤。由于缺乏高速分析和仿真指导，信号的质量得不到保证，而且大部分问题必须等到制板测试后才能发现，这就大大降低了设计的效率，增加了成本。于是，针对高速 PCB 设计，业界提出了一种新的设计思路，称为“自上而下”的设计方法，这是一种建立在实时仿真基础上的高效设计流程，如图 1-3-1 所示。

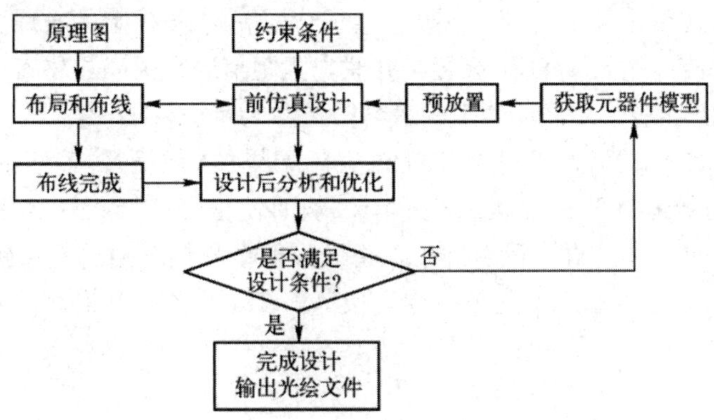

图 1-3-1　高速 PCB 设计流程

从图 1-3-1 可以看出，在完成高速 PCB 设计前，经过多方面的仿真、分析和优化，可以避免绝大部分可能产生的问题。如果依托强大的 EDA 仿真工具，基本上能实现“设计即正确”。

5. 传输线

传输线（Transmission Line）是指由两个具有一定长度的导体组成的回路的连接线，有时称为延迟线。PCB 上传输信号的路径一般可以分为两种，如图 1-3-2 所示。一种是普通意义上的布线，一般认为在任何时段布线上的任意点的电势都相等；另一种是传输线，对传输线，要考虑信号传输时的影响，并假定信号在传输时，传输线上的每一点都有不同的电势。

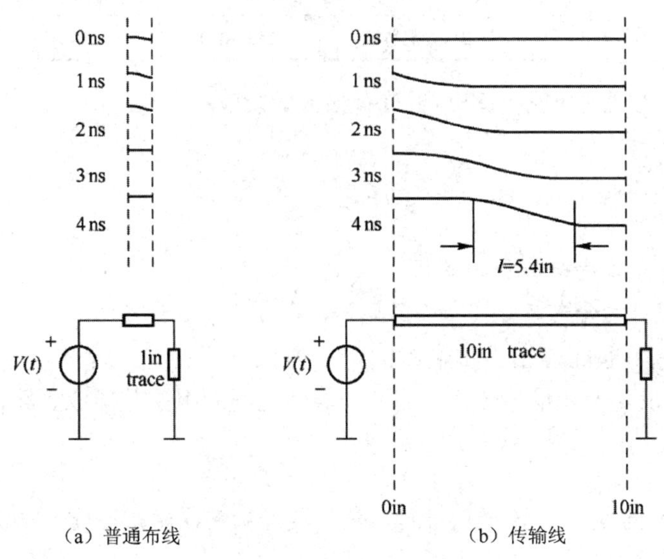

（a）普通布线　　（b）传输线

图 1-3-2　PCB 上传输信号的两种路径

那么什么时候可将信号传输路径视为传输线呢？信号传输路径长度大于信号波长的1%，或接收端元器件是边缘敏感的，或者系统没有过冲和下冲容限，这时认为该传输路径是传输线。在高速 PCB 中，大部分传输信号的路径都是传输线。

一般可以用串联和并联的电容、电阻和电感结构等效 PCB 上的布线。通常串联电阻的典型值为0.25～0.55Ω。由于存在绝缘层，并联电阻阻值通常很高。将寄生电阻、电容和电感加到实际的 PCB 连线中后，连线上的最终阻抗称为特征阻抗 Z_0。线径越窄、电源/地越远或隔离层的介电常数越低，特征阻抗就越大。如果接收端和传输线的阻抗不匹配，那么输出的信号和信号最终的稳定状态将不同，从而使信号在接收端产生反射。该反射信号将传回信号发射端，并将再次反射回来，直至反射信号幅度随着能量的减弱而减小，最终信号的电压和电流达到稳定。此效应称为振荡，在信号的上升沿和下降沿经常可以看到信号的振荡。

6．阻抗匹配

电信号在介质中传播的速度取决于其传播介质，而布线引起的传播延时与传播介质的介电常数的平方根成正比，见表 1-3-1。

表 1-3-1　传播延时与传播介质的介电常数

介　　质	延时/（ps/in）	介电常数
真空	光速：84	1.0
空气	85	约 1.0
同轴电缆（75%的速率）	113	1.8
同轴电缆（66%的速率）	129	2.3
FR4 PCB（外层布线）	140～180	2.8～4.5
FR4 PCB（内层布线）	180	4.5
氧化铝 PCB（内层布线）	240～270	8～10

PCB 布线的以下物理特性对其阻抗有很大的影响：

☺　布线材料；
☺　布线宽度；
☺　布线厚度；
☺　与其他布线和平面层的距离；
☺　周围材料的介电常数（如空气、FR4 等）。

传输线阻抗不匹配是指当传输线的阻抗变化时，会有一部分信号的能量被反射，如图 1-3-3 所示。反射的能量与传输线的两个导体之间的阻抗差异成正比，即

$$E_{\mathrm{R}} \propto \frac{Z_{\mathrm{B}} - Z_{\mathrm{A}}}{Z_{\mathrm{B}} + Z_{\mathrm{A}}}$$

当由器件 A 向器件 B 传送信号时，信号要经历多次阻抗变化，如图 1-3-4 所示。最大的阻抗不匹配基本都发生在驱动端和负载端。

举例说明：假设信号是一个跑步运动员，他一直以 6in/ns 的速度在 PCB 上奔跑，并且

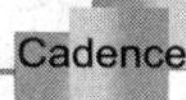

他经过每块导体时都会改变其电压值。开始时，驱动器 A 给信号一个命令，让它开始在图 1-3-4 所示的阻抗为 50Ω 的传输线上奔跑，当跑到接收器端时，发现阻抗变为 1MΩ，接收器根据反射系数将其反射回去，反射系数为

$$\frac{Z_L - Z_0}{Z_L + Z_0} = \frac{1000000 - 50}{1000000 + 50} \approx 1$$

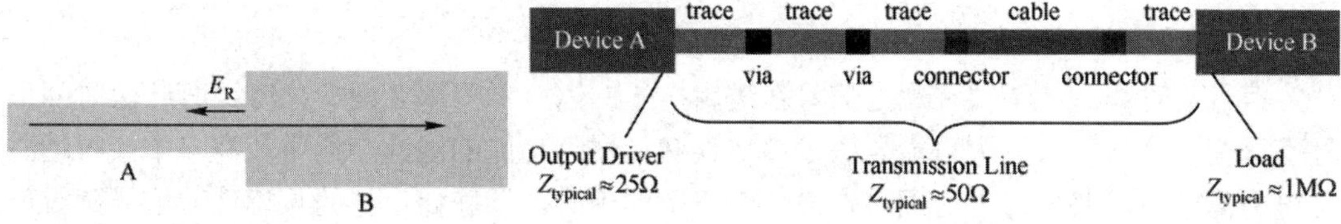

trace—传输线；cable—电缆；via—过孔；connector—连接器

图 1-3-3　阻抗变化时能量被反射

图 1-3-4　信号传输路径

这样，带着几乎 100%的原始能量的信号又以 6in/ns 的速度跑回驱动器，信号在 50Ω 的传输线上返回后遇到了 25Ω 的原始驱动器，他再次被要求返回接收器，但此次信号所携带的能量为

$$\frac{Z_L - Z_0}{Z_L + Z_0} = \frac{25 - 50}{25 + 50} \approx -\frac{1}{3}$$

也就是说，信号被要求再次返回接收器时所携带的能量约为初始的-1/3。就这样，当信号再次到达接收器时，又会被反射，以此类推。

若利用示波器观察整个过程，会在示波器上发现图 1-3-5 所示的图形。

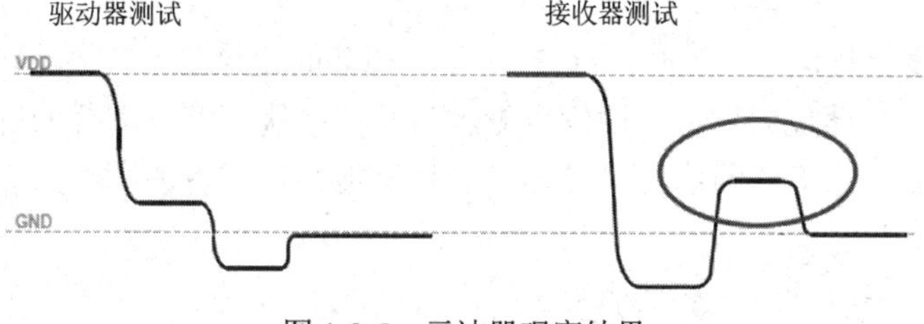

图 1-3-5　示波器观察结果

7．传输线效应

基于上述定义的传输线模型，归纳起来，传输线会对整个电路设计带来以下效应：

☺　反射信号（Reflected Signal）；

☺　信号延时和时序错误（Delay & Timing Error）；

☺　多次跨越逻辑电平门限错误（False Switching）；

☺　过冲与下冲（Overshoot/Undershoot）；

☺　串扰（Crosstalk）；

☺　电磁辐射（EMR）。

1）反射信号

如果一根布线没有被正确终结（终端匹配），那么来自驱动端的信号脉冲在接收端将被反射，从而引发不可预期效应，使信号轮廓失真。当失真变形非常显著时，可导致多种错误发生，引起设计失败。同时，失真变形的信号对噪声的敏感性增加，也会引起设计失败。如果上述情况没有被充分考虑，EMI 将显著增加，这就不单单影响设计结果，还会造成整个系统的设计失败。

反射信号产生的主要原因是布线过长、传输线未被匹配终结、电容过量或电感及阻抗失配。

2）信号延时和时序错误

信号延时和时序错误表现为信号在逻辑电平的高、低门限之间变化时，有一段时间信号不跳变。信号延时过大可能导致时序错误和元器件功能的混乱，通常在有多个接收端时会出现问题。电路设计者必须确定最坏情况下的延时，以确保设计的正确性。信号延时产生的原因包括驱动过载和布线过长。

3）多次跨越逻辑电平门限错误

信号在跳变的过程中可能多次跨越逻辑电平门限，从而导致这一类型错误的发生。多次跨越逻辑电平门限错误是信号振荡的一种特殊形式，即信号的振荡发生在逻辑电平门限附近，多次跨越逻辑电平门限将导致逻辑功能紊乱。

4）过冲与下冲

布线过长或信号变化太快，可以导致过冲与下冲的发生。虽然大多数元器件接收端有输入保护二极管保护，但有时这些过冲电平会远远超过元器件电源电压范围，故仍会导致元器件的损坏。

5）串扰

当一根信号线上有信号通过时，PCB 上与之相邻的信号线上就会感应出相关的信号，这种现象称为串扰。异步信号和时钟信号更容易发生串扰。解决串扰的方法是移开发生串扰的信号或屏蔽被严重干扰的信号。使信号线靠近地线，或者加大线间距，可以减少串扰的发生。

6）电磁辐射

电磁辐射是指能量以电磁波形式由源发射到空间或以电磁波形式在空间传播的现象。

电磁干扰（Electro-Magnetic Interference，EMI）通常是指设计中不希望出现的电磁辐射。EMI 的危害表现在系统加电运行时，系统向周围环境辐射电磁波，从而使周围环境中正常工作的电子设备受到干扰，特别是模拟电路，由于其本身的高增益特性，极易受影响。EMI 产生的主要原因是电路工作频率太高或布局、布线不合理。目前已有进行 EMI 仿真的软件工具，但大都很昂贵，且仿真参数和边界条件设置比较困难，直接影响了仿真结果的准确性。通常可在设计的每个环节应用控制 EMI 的各项设计规则，以达到控制 EMI 的目的。

8．其他 PCB 基本概念

1）PCB 的计量单位

PCB 的计量单位通常是英制单位，而不是公制单位。

☺　PCB 外形尺寸的单位通常是 in。

☺　介质厚度、导体长度和宽度的单位通常是 in 或 mil。

$$1\text{mil} = 0.001\text{in}$$

$$1\text{mil} = 0.0254\text{mm}$$

☺　导体厚度的单位为盎司（oz，金属导体的质量是指 1in^2 材料的质量），常用厚度为：

$$0.5\text{oz} = 17.5\mu\text{m}$$

$$1.0\text{oz} = 35.0\mu\text{m}$$

$$2.0\text{oz} = 70.0\mu\text{m}$$

$$3.0\text{oz} = 105.0\mu\text{m}$$

2）PCB 叠层设计

叠层设计的好坏将直接影响整个电路的性能。好的叠层设计不仅可以有效地提高电源质量，减少串扰和 EMI，还能节约成本，为布线提供便利，这是任何高速 PCB 设计者都必须首先考虑的问题。总体来说，叠层的设计要尽量遵循以下规则。

☺　考虑到工艺上平衡结构的要求，覆铜层最好成对设置，如 6 层板的第 2 层与第 5 层，或者第 3 层与第 4 层要一起覆铜，因为不平衡的覆铜层可能会导致 PCB 膨胀时的翘曲变形。

☺　最好每个信号层都能和至少一个覆铜层紧邻，这有利于阻抗控制和提高信号质量。

☺　缩短电源层和地层的距离，可以降低电源的阻抗。

☺　在高速情况下，可以加入多余的地层来隔离不同信号层，但建议不要多加电源层来隔离，因为电源层会带来较多的高频噪声干扰。

但实际中，上述规则往往不可能同时遵循，这时就要根据实际情况考虑一种相对来说比较合理的解决办法。下面根据层数的不同来分析几种典型的叠层设计方案。

（1）单面板和双面板：单面板一般应用于较低频（200kHz 以下）的电路系统设计，如简单仪器、工程控制板等。由于没有进行较大区域覆铜，一般都采用总线形式的电源和地供应系统，因而回流面积较大，容易产生 EMI，也很容易受外界 RF 电磁场和静电放电的影响。在进行单面板的布线设计时，一般首先设计电源和地线的结构，然后进行少量高速信号的布线，尽量靠近地线，最后布剩余的信号线。设计中要尽量遵循以下 5 个原则。

☺　重要的布线（如时钟信号线）一定要紧靠地线。

☺　布局时根据元器件特性划分区域，如将对噪声敏感的元器件放在一起。

☺　将涉及关键信号（如时钟信号）的元器件摆放在一起，高速信号之间，以及和其他信号之间要保持隔离。

☺　如果有不同的地（模拟地和数字地），要分开处理，一般采用单点接地。

☺　电源和地线尽可能靠近，以减小各种电流回路的面积。

图 1-3-6 所示的做法是不可取的，电源和地线离得较远，很多区域回路面积很大。同时，由于电源和地线交错，信号布线的区域被限制，只能从元器件中间布线，增加了干扰。可以参考图 1-3-7 所示的布线方式。

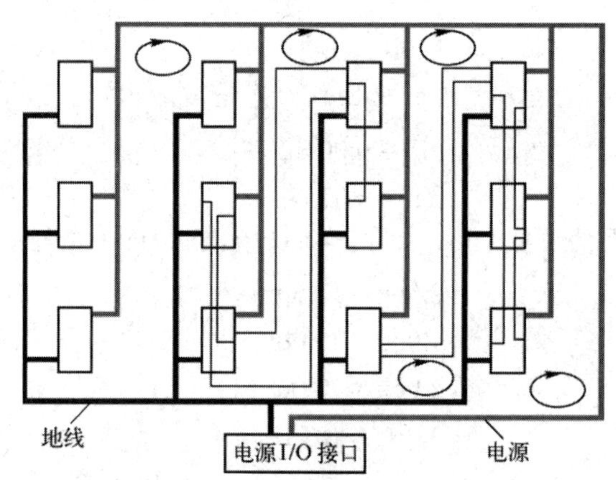

图 1-3-6　较差的单面板设计

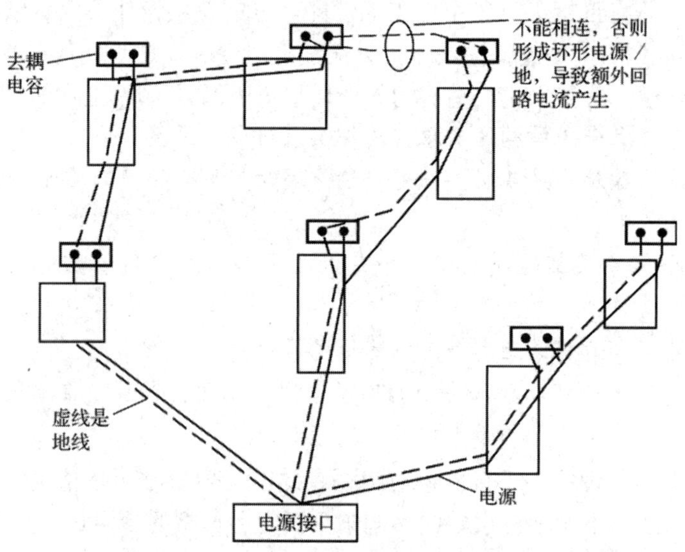

图 1-3-7　较好的单面板设计

与单面板相比，双面板增加了一层布线空间，优化了电源和地的设计，所以性能也有所提高。较常见的设计是表层设计为电源层+信号层，底层设计为地层+信号层，电源和地可以采用交叉总线的结构，也可以采用大面积覆铜的形式，具体情况视实际布线空间而定。还有一种较好的设计思路是，每一层都按照单面板的设计要求来实现，然后进一步调整优化，如加粗电源/地线，空余地方大面积覆铜等。

双面板和单面板一样，都不符合 EMC（电磁兼容）的要求，因为虽然信号布线下方（背面）可能存在参考平面，但是 PCB 太厚（大概 62mil），RF 信号的回流很少通过低电感的参考平面，从而产生较强的电磁辐射。

（2）4 层板：4 层以上的 PCB 一般都能保证良好的 EMC 和其他电气性能，所以对于较高速的电路设计，一定要求采用多层板。4 层板的设计大致有两种形式：一种是均匀间距，另一种是非均匀间距。4 层板的结构如图 1-3-8 所示。

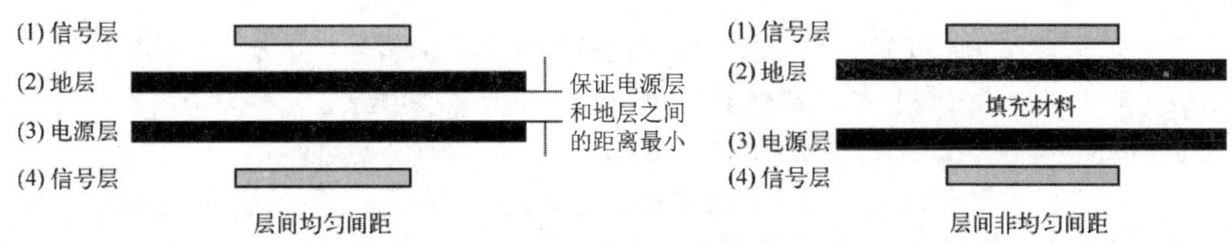

图 1-3-8　4 层板的结构

对于均匀间距的设计来说，最大的优点在于电源层和地层之间的距离很小，可以大幅度降低电源的阻抗，提高电源的稳定性，但缺点在于两层信号层的阻抗高，通常为 105～130Ω，而且由于信号层和参考平面之间的距离较大，增加了信号回流的面积，EMI 较强。而采用后一种非均匀间距的设计，就可以较好地进行阻抗控制，信号层靠近参考平面也有利于提高信号的质量，减少 EMI，唯一的缺点就是电源和地之间的距离太大，造成电源和地的耦合减弱，阻抗增加，但这一点可以通过增加旁路电容来改善。实际高速电路设计一般要求进行阻抗控制和提高信号质量，所以较多采用非均匀间距的 4 层板设计。

还有一种较为特别的设计是表层和底层作为地层和电源层，而中间两层作为信号层，这对抑制 EMI 和散热等较为有利，但是会带来很多问题，如很难进行测量和调试，工艺焊接、装配会有一些困难，另外电源和地的耦合也需要使用大量的旁路电容来实现，故一般不建议采用这种方案。

（3）6 层板：随着电路复杂度的增加，PCB 的设计也朝着高密度、高要求的方向发展。6 层板的应用越来越广泛，如内存模块的 PCB，从 PC100 开始，就明确规定要使用至少 6 层板的结构。因为多层板无论在电气特性，对电磁辐射的抑制，还是在抵抗物理机械损伤方面都明显优于层数少的 PCB。典型的 6 层板结构如图 1-3-9 所示。

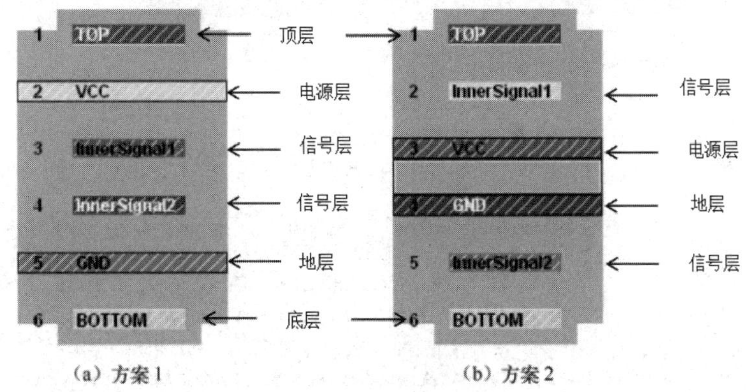

图 1-3-9　典型的 6 层板结构

这两种方案中，方案 2 由于表层和底层没有参考平面相邻，在阻抗控制上有一定的困难，必须采用加大线宽或通过增大沉铜的厚度来达到设计的阻抗要求。一般被广泛采用的是方案 1，每个信号层都有较近的参考平面相邻，阻抗容易控制，同时对抑制串扰和电磁辐射比较有利，电源和地的耦合则可以通过有效的旁路电容设计得到改善。

在所有布线层中，一般紧靠地层的内部信号层是最佳的布线层，如图 1-3-9 所示方案中的 InnerSignal2 层。所谓最佳布线层，就是指所有层中最不容易受干扰，电磁场屏蔽性能最好的信号层。高速 PCB 设计要求电路中的关键或高频的信号尽量走在最佳布线层，以得到最好的信号质量和最低的电磁辐射。次佳的布线层是以电源层为参考的内部信号层，如 InnerSignal1 层。

（4）8 层板：8 层板的设计方案有很多种，这里介绍应用最广泛的两种叠层设计。根据布线密度的要求，在设计 8 层板时要考虑究竟使用几个覆铜层，如果要求最大的布线空间，可以只使用一对电源/地层，如图 1-3-10（a）所示，其效果有点类似于 6 层板的方案 2，只是电源和地的耦合性更差，所以如果不是一定要求 6 层信号布线的情况下要慎用此结构。对于 8 层板来说，最好的叠层设计是图 1-3-10（b）所示的结构，有 4 层覆铜，可以有效地降低电源阻抗，并包含两层最佳布线层，大大提高了信号的质量。这种方案其实就是 6 层板方案 2 的性能改善结构，布线空间一样，所以一般应用于对信号和电源质量要求很高的电路设计，而普通电路设计考虑到成本问题，大多会采用 6 层板。

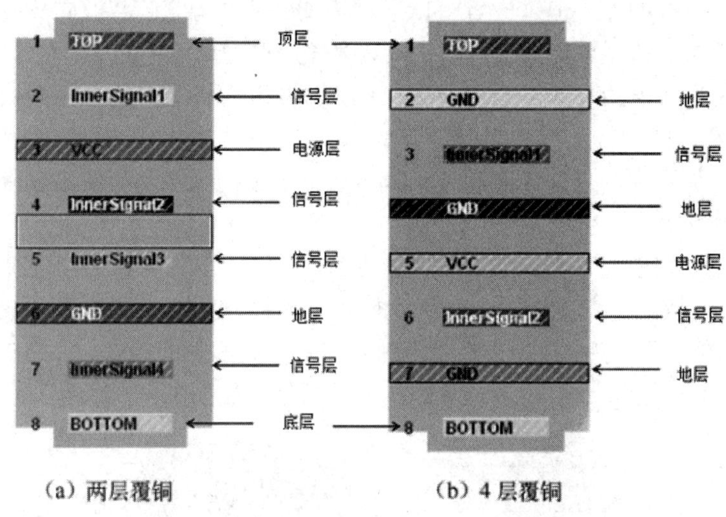

图 1-3-10　8 层板常见两种方案（电源层和地层覆铜）

10 层或更多层的 PCB 叠层设计就不再详述，因为大致的思想都一样。

前面提到的各种方案都针对单电源的情况，如果实际系统中包含多种电源，则要采取电源分割的方法，基本思路是保证主电源对地良好耦合。

3）PCB 传输线的物理特性

在 PCB 中，铜是传输导体的最常用材料，传输线或连接器在电镀后，可能覆上一层金来防止腐蚀。如图 1-3-11 所示，传输线的长度 L 和宽度 W 通常由 PCB 布局工程师设定。传输线的宽度和间距一般不小于 5mil；传输线的厚度 H 因制作工艺不同而不同，通常是 0.5～3oz，发展趋势为 0.25oz。

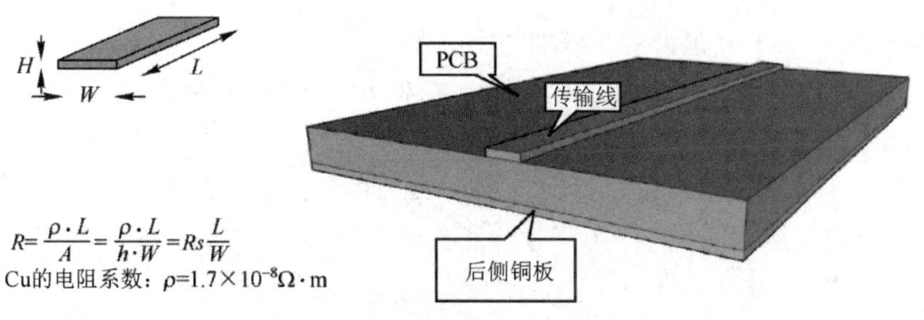

图 1-3-11　PCB 传输线的长度、宽度、厚度

上述因素会影响到电阻、电容及传输线的阻抗，必须完全理解才有助于高速 PCB 设计。

4）电源/地层

电源层或地层（电源/地层）是指一个提供电源/地信号的固定的铜层，通常比信号层的厚度大，故其电阻较小。如图 1-3-12 所示，在高速 PCB 中使用电源/地层可以为 PCB 上的电源和地信号提供一个稳定的、低阻抗的传输路径；屏蔽层与层之间的信号，这样能尽量减少串扰；改善散热性能；极大地增加平面间电容；也可以有效防止 PCB 变形。

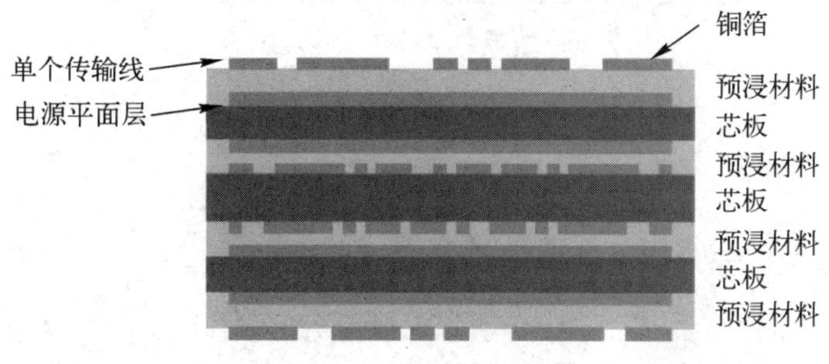

图 1-3-12　电源/地层结构

在低频时，电流将沿电阻最小的路径传输；在高频时，电流将沿电感最小的路径传输。

5）电介质/绝缘体

大多数 PCB 绝缘材料可以采用电介质材料，这对维持传输线的恒定阻抗很重要。常用的电介质材料有如下 6 种。

☺ FR-4（玻璃纤维和环氧树脂）：应用广泛，成本相对较低；介电常数最大为 4.70，500MHz 时为 4.35，1GHz 时为 4.34。可以接收的信号频率最大不超过 2GHz

（超过这个频率时损失和串扰将增加）。

☺ FR-2（酚醛棉纸）：成本非常低，在低价消费品中使用；易开裂；介电常数（1GHz 时）为 4.5。

☺ CEM-3（玻璃纤维和环氧树脂）：和 FR-4 非常相似，在日本被广泛使用。

☺ Polyimide（聚酰亚胺）：高频时性能良好。

☺ FR：阻燃。

☺ CEM：环氧树脂复合材料。

常见电介质/绝缘材料与介电常数如表 1-3-2 所示。

表 1-3-2 常见电介质/绝缘材料与介电常数

材　料	介电常数	材　料	介电常数
真空	1	混凝土	4.5
空气	1.00054	玻璃	4.7（3.7～10）
聚四氟乙烯	2.1	橡胶	7
聚乙烯	2.25	钻石	5.5～10
聚苯乙烯	2.4～2.7	盐	3～15
纸	3.5	石墨	10～15
二氧化硅	3.7	硅	11.68

6）过孔

过孔在高速 PCB 中会引入电容，并改变传输线的阻抗。过孔基本可分为 3 种，其截面如图 1-3-13 所示。

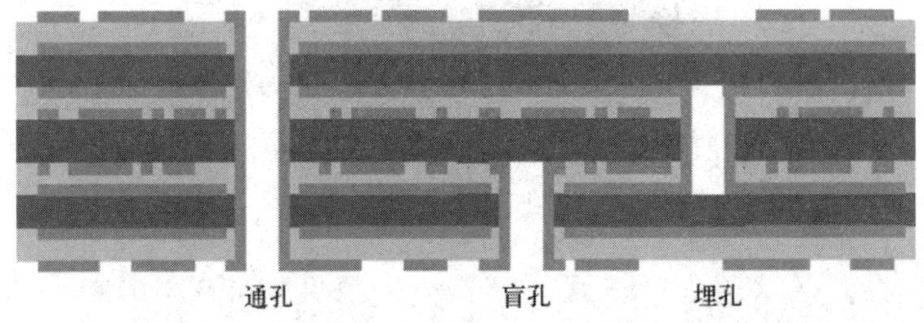

图 1-3-13　过孔的 3 种形式

☺ 通孔（镀孔）：用于连接层；生成钻孔文件，在 PCB 上打孔并在孔内电镀。

☺ 盲孔或埋孔：可提供更大的配线密度，但会增加 PCB 制造成本，通常只用在高容量电路中，埋孔难以调试。

7）典型 PCB 制作流程

（1）从顾客手中得到 Gerber 文件、Drill 文件和其他 PCB 属性的文件。

（2）准备 PCB 基板和层压（重点）。

铜膜附着到基板材料（如 FR-4）。

（3）内层图像传输。

① 将抗蚀刻的化学制剂粘贴在需要保留的铜（如传输线和过孔）上并使其固化。

② 洗掉没有固化的化学制剂。

③ 对铜膜进行蚀刻（通常采用氯化铁或氨），将没有粘贴化学制剂的铜腐蚀掉。

④ 溶解去除固化的用于抗蚀刻的制剂。

⑤ 清洗 PCB，洗去残渣。

（4）碾压层。

（5）钻孔、清洗和对过孔进行电镀。

① 制作层间的连接线路。

② 钻出的孔堆栈在一起形成过孔。

③ 将 PCB 浸泡在电镀溶液中，形成一层薄薄的铜内孔。

④ 电镀后沉淀 1mil 的铜。

（6）外层图像传输。

（7）进行阻焊剂配制。

（8）丝印（文本和图形）。

8）示波器

示波器是高速 PCB 设计分析的基本工具，因为高速数字信号是方波，方波含有高能量及大量的奇次谐波，而且随着技术的升级，波长减小，上升时间和下降时间缩短，会包含更多的谐波。对图 1-3-14 所示的波形，低成本的示波器可能无法进行测量验证。示波器的性能会影响 PCB 的分析，一般要考虑示波器的带宽和采样频率。低成本、低性能的示波器可能无法显示高速 PCB 设计分析中的一些重要信息，如信号干扰、下冲、过冲、供电噪声等。想象一下，一个 133MHz 的 SDRAM 信号在一个低成本的 200MHz 带宽 GSPS 采样速度的示波器中会变成什么样？

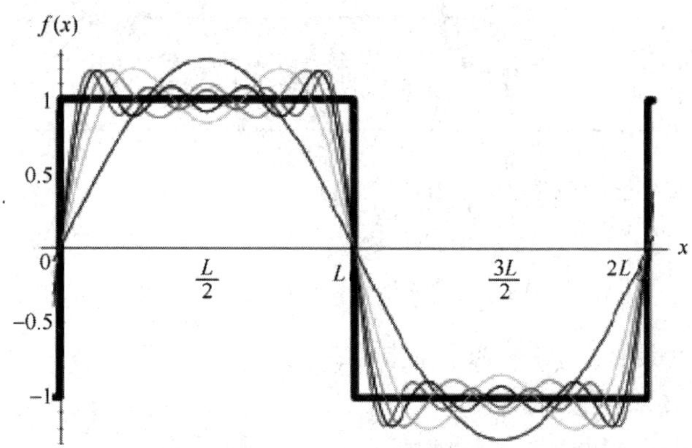

图 1-3-14　方波中包含的奇次谐波

9）去耦电容（旁路电容）

按照传统的设计思路，PCB 设计中通常会在负载芯片电源引脚周围放置多个电容来实现电源的去耦，其原理如图 1-3-15 所示。

该电路在负载电流稳定不变的情况下，电容两端与负载两端的电压相同，电容不会产生电流。当负载发生极快的电平转换导致电流变化时，若电源不能快速地进行响应，则负载的电压就会发生变化。而正因为具有储能效应，所以电容会放电产生电流 I_C 进行补偿，保证负载芯片电压不至于发生太大的变化。

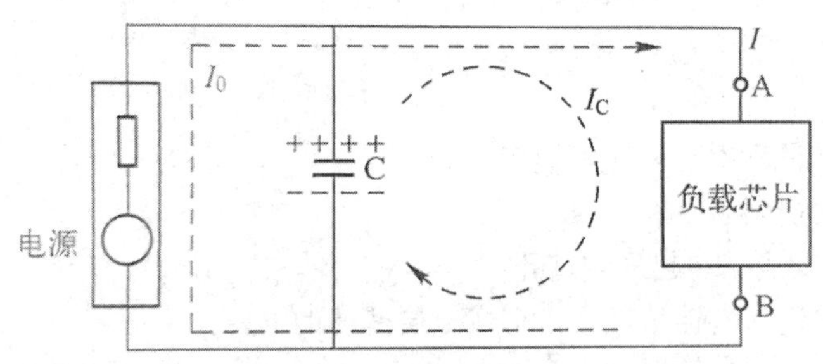

图 1-3-15　去耦电路原理图

图 1-3-16 所示是某个元器件工作时的电压波动情况，从中可以看出一些瞬时波动导致电压偏离了额定范围，为稳定该元器件的电压工作范围，要对其进行处理。

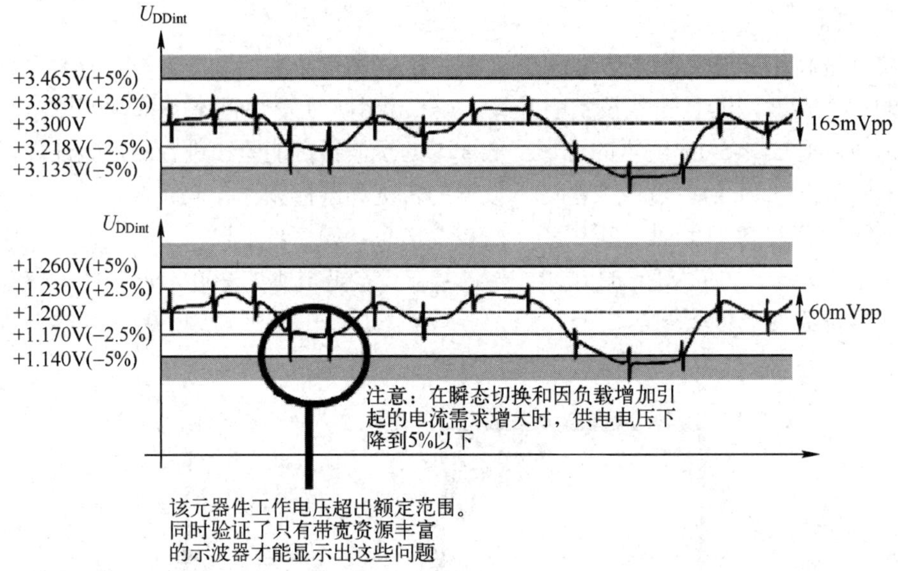

图 1-3-16　某个元器件工作时的电压波动情况

高速设备需要“旁路”的 5 大频带范围如下。

☺　0～10kHz：使用调整器。

☺　10～100kHz：使用旁路电解电容。

☺　100kHz～10MHz：使用多个 100nF 电容。

☺　10～100MHz：使用多个 10nF 电容。

☺　100MHz 以上：使用多个 1nF 电容，以及 PCB 电源层和地层。

需要多少个去耦电容一般由系统决定，需要考虑系统运行的频率、I/O 引脚数量、每

个引脚上的电容特性、布线阻抗、交叉点温度、内部芯片运行状态等。对于处理器而言，需要考虑各种内部操作，包括缓存、内部存储器存取、DMA（直接存储器访问）等；另外，还需要考虑在从低频到远高于时钟频率的所有频率上，电源引脚的噪声应在 U_{DD} 噪声的±5%以内，最大直流电压漂移容限加上峰值噪声幅度必须小于供电电压的 5%。总之，有很多方法可用来估算总共需要的电容的数量，以及如何分配这些电容，这是一个复杂的问题，特别是对包含数百万个逻辑门的现代处理器而言更为复杂，在半导体网站上可以查到大量的相关应用。

为了取得最佳性能，需要使元器件供电引脚和去耦电容间的电感和电阻最小，所以在布局时需要考虑去耦电容的布局和连接方式。图 1-3-17 所示是几种去耦电容连接方式的比较，由于 PCB 的传输线和过孔都会引入阻抗，所以最后一种连接方式是最佳的连接方式。

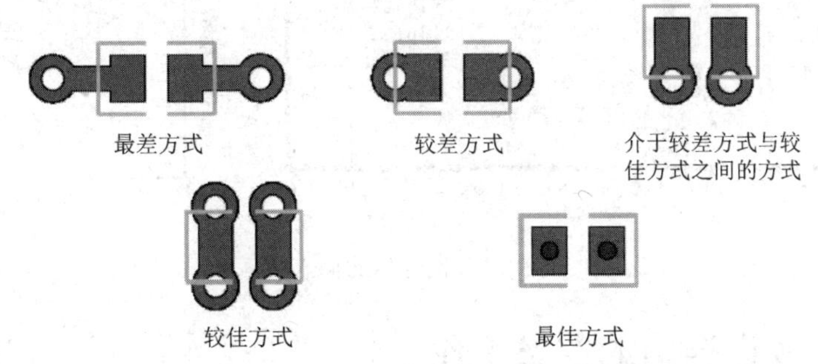

图 1-3-17 几种去耦电容连接方式的比较

当 PCB 中存在电源层和地层时，PCB 顶层的电容能够达到最佳的去除噪声的效果，如图 1-3-18 所示。

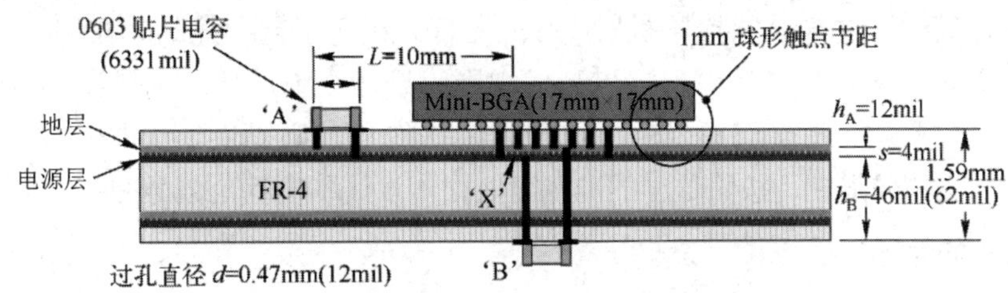

图 1-3-18 电源/地层存在时 PCB 顶层的电容

随着时钟频率和边沿切换速度的提高，有效地对高频设备的电源引脚去耦或提供旁路变得更困难，因为电容的 ESL（等效串联电感）随频率的增加而使电抗增大；电容的 ESR（等效串联电阻）增加，降低了电容的功效；电容寄生装配（焊盘、过孔）的电抗随频率增加而增大；对于高于 100MHz 的频率来说，100nF 的电容不起作用。

电容的 ESL 是指由电容的结构而产生的电感，电容的 ESL 设置了限制因素，这些限制因素是关于电容如何更好（或更快）地去除耦合的电源总线噪声的，如图 1-3-19 所示。电容实质上是一个 LC 电路，因此有一个谐振点，ESL 和电容值都会影响电容的谐振点，高谐振频率的电容能够更好地完成去耦的任务。

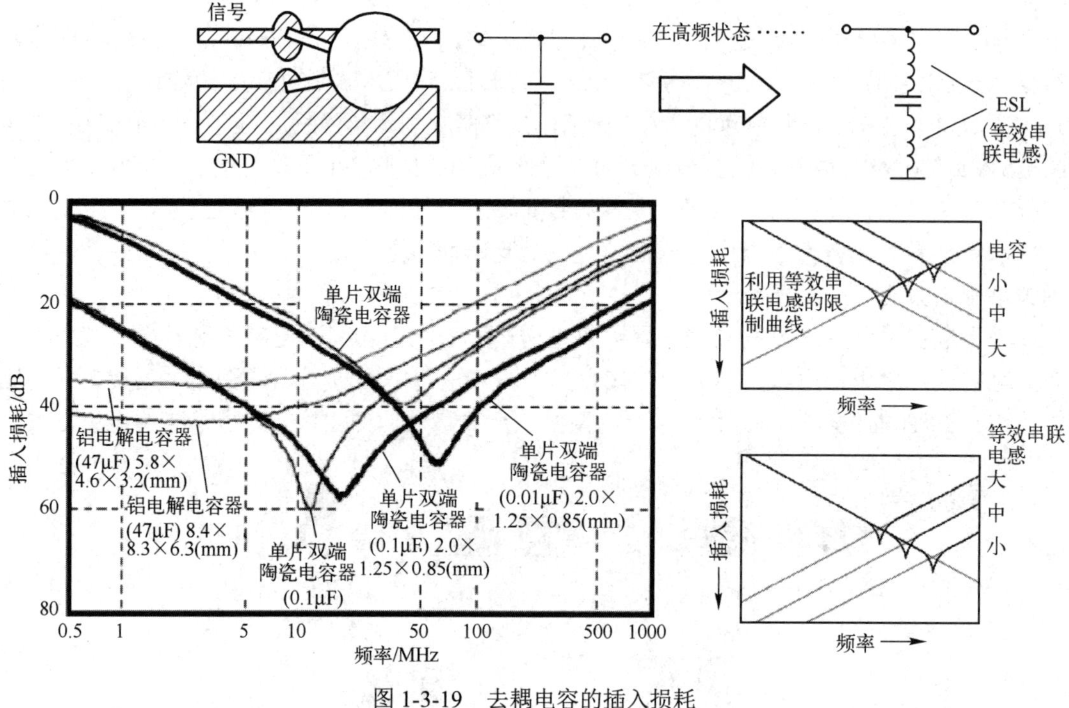

图 1-3-19　去耦电容的插入损耗

1.4　高速 PCB 设计前的准备工作

1．设计前的准备工作

信号完整性（Signal Integrity，SI）是指在信号线上的信号质量。在设计开始之前，必须先确定设计策略，这样才能指导诸如选择元器件、确定工艺和控制 PCB 生产等工作。就信号完整性而言，应预先进行调研，以形成规则或设计准则，从而确保设计结果不出现明显的信号完整性问题、串扰问题或时序问题。有些 IC 制造商提供设计准则，然而这样的准则可能存在一定的局限性，按照这样的准则可能根本设计不出满足信号完整性要求的 PCB。

2．PCB 的叠层

与制造和成本分析人员交流，可以确定 PCB 的叠层误差，还可以发现 PCB 的制造公差。例如，如果指定某层是50Ω阻抗控制，制造商是怎样测量并确保这个数值的？期望的制造公差及在 PCB 上期望的绝缘常数是多少？线宽和间距的允许误差、地层和信号层的厚度及间距的允许误差是多少？依据上述数据，就可以选择叠层的数目了。

制造商对插入的 PCB 都有厚度要求，而且多数 PCB 制造商对其可制造的不同类型的层有固定的厚度要求，这将约束最终叠层的数目。应采用阻抗控制工具为不同层生成目标阻抗范围，且要考虑制造商提供的制造允许误差及邻近布线的影响。

在理想的信号完整性情况下，所有高速节点应该在阻抗控制内层布线（如带状线）。

但实际情况是，设计者必须经常使用外层进行所有或部分高速节点的布线。要使信号完整性最佳并保持 PCB 去耦，应该尽可能将地层/电源层成对布放。如果根本就没有电源层，很可能会遇到信号完整性问题。还可能遇到这样的情况，即在未定义信号的返回通路之前，很难仿真或模拟 PCB 的性能。

3．串扰和阻抗控制

来自邻近信号线的耦合将导致串扰的发生，并改变信号线的阻抗。对相邻的平行信号线进行耦合分析，可以确定信号线之间或各类信号线之间的安全或预期间距（或者平行布线长度）。比如，欲将时钟信号到数据信号节点的串扰限制在 100mV 以内，使信号布线保持平行，可以通过计算或仿真，找到在任何给定布线层上信号之间的最小允许间距。同样，如果设计中包含重要的阻抗节点（或是时钟信号节点，或是专用高速内存架构），就必须将布线放置在一层（或若干层）上以得到期望的阻抗。

4．重要的高速节点

延迟和时滞是进行时钟信号布线时必须考虑的因素。因为时序要求严格，这种节点通常必须采用端接器件才能获得最佳的信号完整性质量。要预先确定这些节点，同时将调节元器件放置和布线所需要的时间加以计划，以便调整信号完整性的设计指标。

5．技术选择

不同的驱动技术适用于不同的任务。信号是点对点的，还是一点对多抽头的？是从电路输出，还是留在相同的 PCB 上？允许的时滞和噪声裕量是多少？信号完整性设计的通用准则是，转换速度越慢，信号完整性就越好。50MHz 时钟信号采用 500ps 上升时间是没有理由的。一个 2～3ns 的摆率控制器件速度要足够快，才能保证信号完整性的品质，并且有助于解决诸如输出同步交换和电磁兼容（EMC）等问题。

从新型 FPGA 可编程技术或用户定义的 ASIC 中，可以看出驱动技术的优越性。在设计阶段，要从 IC 供应商那里获得合适的仿真模型。为了有效地覆盖信号完整性仿真，需要一个信号完整性仿真程序和相应的仿真模型，如 IBIS（Input/Output Buffer Information Specification）模型。

在预布线和布线阶段，应该编制一系列的设计指南，包括目标层阻抗、布线间距、倾向采用的元器件工艺、重要节点拓扑和端接规划。

6．预布线阶段

预布线信号完整性规划的基本过程是，首先定义输入参数范围（驱动幅度、阻抗、跟踪速度等）和可能的拓扑范围（最小/最大长度、短线长度等），然后运行每个可能的仿真组合，分析时序和信号完整性仿真结果，最后找到可以接受的数值范围。约束条件就是 PCB 布线的工作范围。可以采用不同软件工具执行此类“清扫”准备工作，布线程序能够自动处理此类布线约束条件。对多数用户而言，时序信息实际上比信号完整性结果更为重要，互连仿真的结果可以改变布线，从而调整信号通路的时序。

在其他应用中，这个过程还可以确定与系统时序指标不兼容的引脚或元器件的布局，以及需要手工布线的节点或不需要端接的节点。对可编程器件和 ASIC 来说，为了改进信号完整性设计或避免采用分立端接器件，还可以调整输出驱动的选择。

7. 避免传输线效应的方法

对传输线问题所引入的影响，可以从以下 5 个方面来控制。

1）严格控制关键网线的布线长度

如果设计中有高速跳变沿存在，就必须考虑 PCB 上存在传输线效应的问题。特别是现在普遍使用的高时钟频率的快速集成电路芯片更是存在这样的问题。解决这个问题有一些基本原则，即如果采用 CMOS 或 TTL 电路进行设计，工作频率小于 10MHz 时，布线长度应不大于 7in；工作频率在 50MHz 时，布线长度应不大于 1.5in；如果工作频率达到或超过 75MHz，布线长度应在 1in 以内。如果不遵循上述原则，就存在传输线效应的问题。

2）合理规划布线的拓扑结构

选择合理的布线路径和终端拓扑结构是解决传输线效应问题的方法。布线的拓扑结构是指一根网线的布线顺序及布线结构。当使用高速逻辑器件时，除非布线分支长度很短，否则快速边沿变化的信号将被信号主干布线上的分支布线扭曲。通常，PCB 布线采用两种基本拓扑结构，即菊花链（Daisy Chain）布线和星形（Star）布线。

菊花链布线，即布线从驱动端开始，依次到达各接收端。如果使用串联电阻来改变信号特性，串联电阻应该紧靠驱动端。菊花链布线在控制布线的高次谐波干扰方面效果最好。但这种布线方式布通率最低，不容易实现 100%布通。在实际设计中，应使菊花链布线中的分支长度尽可能短。

星形布线可以有效地避免时钟信号的不同步问题，但在密度很高的 PCB 上手工完成布线将变得十分困难。使用自动布线器是完成星形布线的最好方法。在星形拓扑结构中，每条分支上都需要终端电阻，其电阻值应和连线的特征阻抗相匹配。与特征阻抗值相匹配的终端电阻值可以通过手工计算得出，也可以通过 CAD 工具计算得到。在实际设计中，可使用如下方法进行终端电阻匹配。

【RC 匹配终端】这种方式可以减少功率消耗，但只能在信号比较稳定的情况下使用，最适合对时钟信号线进行匹配处理。这种方法的缺点是 RC 匹配终端中的电容可能影响信号的波形和传输速度。

【串联电阻匹配】这种方式不会产生额外的功率消耗，但会减慢信号的传输，可用于时延影响不大的总线驱动电路，可以减少 PCB 上元器件的使用数量和降低连线密度。

【分离匹配终端】这种方式需要将匹配元器件放置在接收端附近，其优点是不会拉低信号，并且可以有效地避免噪声，常用于 TTL 输入信号，如 ACT、HCT、FAST 等。

此外，对于终端匹配电阻的封装形式和安装方式也必须加以考虑。通常，表面贴装电阻相比 DIP 电阻具有较低的电感，所以表面贴装电阻成为首选。如果选择 DIP 电阻，也有两种安装方式可选，即垂直方式和水平方式。在垂直安装方式中，DIP 电阻的一条安装引脚很短，可以减小电阻和 PCB 间的热阻，使电阻的热量更加容易散发到空气中。但垂直安装方式会增加电阻的电感。水平安装方式因安装位置较低而具有较低的电感，但过热的 DIP 电阻会产生漂移，在最坏的情况下，DIP 电阻可能开路，造成 PCB 布线终端匹配失效。

3）抑制电磁干扰的方法

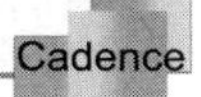

较好地解决信号完整性问题，可以改善 PCB 的电磁兼容性。其中，保证 PCB 有良好的接地是非常重要的。对于复杂的设计，可以采用一个信号层配一个地线层的方法，多层板中的顶层和底层的地平面至少能降低 10dB 辐射。另外，降低 PCB 最外层信号的密度，也是减少电磁辐射的好方法，可采用表面积层技术“Build-up”来实现。表面积层是通过在普通工艺的 PCB 上增加薄绝缘层和贯穿这些层的微孔的组合来实现的，电阻和电容可埋在表层下，这样单位面积上的布线密度会提高近一倍，因而可减小 PCB 的面积。PCB 面积的缩小对布线的拓扑结构有着巨大的影响，这意味着缩短电流回路和分支布线长度，而电磁辐射与电流回路的面积近似成正比。同时，PCB 面积缩小意味着应使用高密度引脚封装器件，这又使得连线长度进一步缩短，从而使电流回路面积减小，提高了电磁兼容特性。此外，还有一些其他的技术：在对 PCB 的元器件进行布局时，将模拟系统和数字系统尽量分开；适当地使用去耦电容降低电源/地噪声，从而降低 EMI；让信号的传输线尽量远离 PCB 边缘；避免在 PCB 上布直角信号传输线；了解在基本频率和由反射引起的谐波频率上的 PCB 布线响应等。

4）电源去耦技术

为减小集成电路芯片上电源电压的瞬时过冲，应添加去耦电容。添加去耦电容可以有效去除电源上的毛刺的影响，并减少在 PCB 上的电源环路的辐射。为了获得平滑毛刺的最佳效果，去耦电容应直接连接在 IC 的电源引脚上，而不是仅连接在电源层上。有一些器件插座上带有去耦电容，而有的器件则要求去耦电容距器件的距离足够小。

高速和高功耗元器件应尽量放置在一起，以减少电源电压瞬时过冲。

如果没有电源层，那么冗长的电源线将在信号线和各回路之间形成环路，从而成为辐射源和易感应电路。

布线构成一个不穿过同一网线或其他布线环路的情况称为开环，否则将构成闭环。这两种情况都会形成天线效应（线天线和环形天线）。天线对外产生电磁辐射，同时自身也成为敏感电路。闭环产生的辐射与闭环面积近似成正比。

高速电路设计是一个非常复杂的设计过程，有诸多因素需要加以考虑。这些因素有时互相对立。例如，高速器件布局时位置靠近虽可以减少延时，但可能产生串扰和显著的热效应。因此在设计时应权衡各种因素，做出全面的折中考虑，既满足设计要求，又尽可能降低设计复杂度。

5）端接技术

使用欧姆定律减少在驱动端和传输线负载端的阻抗不匹配。驱动端的阻抗一般小于 50Ω，可以在驱动端上串联电阻来提高其阻抗，使其与传输线匹配，这种技术称为串行端接；负载阻抗通常远大于 50Ω，可以在负载端并联电阻来降低其阻抗，使其与传输线匹配，这种技术称为并行端接。这两种方法都有各自的优缺点，结合起来比较有效。

图 1-4-1 所示的并行端接中，负载端的并联电阻能够有效工作，但也有如下缺点。

☺　增加驱动电流，从而增加电源损耗。

☺　增加串扰，增加 EMI。

☺ 增加地反弹或供电噪声（取决于并联电阻上拉或下拉）。

图 1-4-2 所示的串行端接中，驱动端的串联电阻能减少损耗，但驱动器的输出阻抗可能随着输出状态、电源电压、频率、温度等诸多因素的影响而改变，而且会损失很多进入传输线的能量。

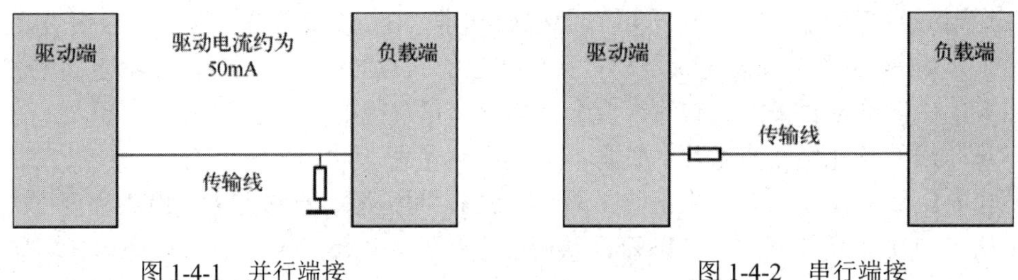

图 1-4-1　并行端接　　　　图 1-4-2　串行端接

1.5 高速 PCB 布线

1．高速 PCB 信号线的布线基本原则

（1）合理选择层数：高频电路往往集成度较高，布线密度大，因此必须采用多层板进行布线，这是降低干扰的有效手段。合理选择层数，可以大幅度地降低 PCB 尺寸，充分利用中间层来设置屏蔽，更好地实现就近接地，有效地降低寄生电感，有效地缩短信号的传输长度，大幅度地降低信号间的交叉干扰等。所有这些都有利于高频电路的可靠工作。有资料显示，同种材料的 4 层板要比双面板的噪声低 20dB，但是板层数越多，制造工艺越复杂，成本也越高。

（2）减少高速电路元器件引脚间引线的弯折：高频电路布线的引线最好采用全直线。若需要弯折，可用 45° 折线或圆弧线，这样可以减少高频信号对外发射和相互间的耦合。

（3）缩短高频电路元器件引脚间的引线：满足布线最短的最有效手段是在自动布线前对重点高速网络进行布线预约。

（4）减少高频电路元器件引脚间的引线层间交叠：所谓减少引线的层间交叠，是指减少元器件连接过程中所用的过孔。一个过孔可带来约 0.5pF 的分布电容，减少过孔能显著提高传输速度。

（5）注意信号线近距离平行布线时所引入的交叉干扰：若无法避免同层内平行布线，可以在 PCB 反面大面积敷设地线来降低干扰。同层内平行布线几乎无法避免，但是相邻的两个层的布线方向务必取为相互垂直，在高频电路布线中最好在相邻层分别进行水平和竖直布线。这是针对常用的双面板而言的，在使用多层板时可利用中间的电源层来降低干扰。对 PCB 覆铜，除能提高其抗高频干扰能力外，还可改善其散热性能，提高其强度。另外，若在金属机箱上的 PCB 固定处加上镀锡栅条，则不仅可以提高固定强度、保障接触良好，还可利用金属机箱布放合适的公共线。

（6）对特别重要的信号线或局部单元实施地线包围措施。对时钟等单元局部进行包地处理，对高速系统也非常有益。

（7）各类信号线不能形成环路，也不能形成电流环路。

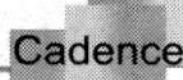

（8）每个集成电路块的附近应设置 1 个高频去耦电容。

2. 地线设计

在电子设备中，控制干扰的重要方法是接地。如果能将接地和屏蔽结合起来使用，可解决大部分的干扰问题。在电子设备中，地线结构大致有系统地、机壳地（屏蔽地）、数字地（逻辑地）和模拟地等。在地线设计中应注意以下 4 点。

1）正确选择单点接地与多点接地

在低频电路中，信号的工作频率通常小于 1MHz，布线和元器件间的电感影响较小，而接地电路形成的环流对干扰影响较大，因而应采用一点接地方式。当信号工作频率大于 10MHz 时，地线阻抗将变得很大，此时应尽量降低地线阻抗，可采用就近多点接地方式。当工作频率为 1～10MHz 时，如果采用一点接地方式，其地线长度不应超过波长的 1/20，否则应采用多点接地方式。

2）将数字电路与模拟电路分开

当 PCB 上既有高速逻辑电路，又有线性电路时，应使它们尽量分开，两者的地线不要相混，并且分别与电源端地线相连。要尽量加大线性电路的接地面积。

3）尽量加粗接地线

若接地线很细，接地电位将随电流的变化而变化，导致电子设备的定时信号电平不稳，抗噪声性能变差。因此，应尽量将接地线加粗，使它能通过 3 倍于 PCB 允许电流的电流。若有可能，接地线的宽度应大于 3mm。

4）将地线构成闭合环路

设计仅由数字电路组成的 PCB 的地线系统时，应将地线设计成闭合环路，这样可以明显地提高其抗噪声能力。其原因在于，PCB 上有很多集成电路元器件，其中耗电多的元器件，因受地线粗细的限制，会在地线上产生较大的电位差，从而引起抗噪声能力下降。若将地线构成环路，则会缩小电位差，从而提高电子设备的抗噪声能力。

1.6　布线后信号完整性仿真

1. 布线后信号完整性仿真的意义

一般来说，信号完整性设计规则很难保证实际布线完成后，不出现信号完整性问题或时序问题。即使设计是在规则的指导下进行的，除非能够持续自动检查设计，否则根本无法保证设计完全遵守准则。布线后信号完整性仿真检查，将允许有计划地打破（或者改变）设计准则，但是这只是出于成本考虑或为了满足严格的布线要求。

现在，采用信号完整性仿真引擎，完全可以仿真高速数字 PCB（甚至是多板系统）的自动屏蔽信号完整性问题，并生成精确的“引脚到引脚”延迟参数。只要输入信号足够好，仿真结果也会一样好。元器件模型和 PCB 制造参数的精确性是决定仿真结果的关键因素。

2. 模型的选择

尽管从元器件数据表可以获得所有的数据，但要建立一个模型仍然是很困难的。对信号完整性仿真模型来说正好相反，模型的建立比较容易，但是模型数据却很难获得。本质上，信号完整性模型数据唯一的可靠来源是 IC 供应商，他们应与设计工程师保持默契的配合。IBIS 模型标准提供了一致的数据载体，但 IBIS 模型的建立及其品质的保证却成本高昂。IC 供应商对此投资仍然需要市场需求的推动，而 PCB 制造商可能是唯一的需求方。

1.7 提高抗电磁干扰能力的措施

1. 需要特别注意抗电磁干扰的系统

☺ 微控制器时钟频率特别高、总线周期特别短的系统。
☺ 含有大功率、大电流驱动电路（如产生火花的继电器电路、大电流开关电路等）的系统。
☺ 包含微弱模拟信号电路及高精度 A/D 转换电路的系统。

2. 应采取的抗干扰措施

☺ 能用低速芯片的，就不用高速芯片，将高速芯片用在关键地方。
☺ 可用串电阻的方法降低控制电路上升沿/下降沿跳变速率。
☺ 尽量为继电器等提供某种形式的阻尼电路。
☺ 使用满足系统要求的最低频率时钟。
☺ 时钟发生器尽量靠近使用时钟信号的元器件，石英晶体振荡器外壳应接地。
☺ 用地线将时钟信号区包围起来，尽量缩短时钟信号线的长度。
☺ I/O 驱动电路尽量靠近 PCB 边缘。对进入 PCB 的信号要加滤波电路，从高噪声区来的信号也要加滤波电路，同时，用串终端电阻的办法减小信号反射。
☺ MCU 无用端要接高电平或接地，或者定义成输出端，集成电路上该接电源/地的引脚都要接电源/地，不要悬空。
☺ 门电路输入端闲置不用时不要悬空。闲置不用的运算放大器正输入端应接地，负输入端应接运算放大器的输出端。
☺ PCB 尽量使用 45° 折线而不用 90° 折线布线，以减少高频信号对外发射与耦合。
☺ PCB 按频率和电流开关特性分区，噪声元器件与非噪声元器件的距离应尽可能远。
☺ 单面板和双面板应单点接电源和单点接地，电源线、地线应尽量粗，在经济条件允许的情况下，可以使用多层板以减小电源/地的寄生电感。
☺ 时钟、总线及片选信号要远离 I/O 线和接插件。
☺ 模拟电压输入线、参考电压端应尽量远离数字电路信号线，特别是时钟信号线。
☺ 时钟信号线垂直于 I/O 线比平行于 I/O 线干扰小，时钟元器件引脚远离 I/O 电缆。
☺ 尽量选用短引脚的元器件，去耦电容引脚也应尽量短。
☺ 关键的线应尽量粗，并在两侧加上保护地。高速线要短且直。
☺ 对噪声敏感的线不要与大电流、高速开关线平行。
☺ 石英晶体振荡器下面及对噪声敏感的器件下面不应布线。

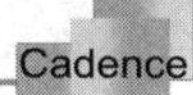

☺ 弱信号电路、低频电路周围不要形成电流环路。

☺ 任何信号都不要形成环路，若不可避免，应使环路区尽量小。

☺ 为每个集成电路添加一个去耦电容；每个电解电容附近都要加一个小的高频旁路电容。

☺ 电路充放电储能电容尽量用大容量的钽电容而不用电解电容；使用管状电容时，外壳要接地。

1.8 测试与比较

尽管采取上述措施可以确保 PCB 的信号完整性设计品质，但在 PCB 完成装配后，仍然有必要将其放在测试平台上，利用示波器或时域反射计（TDR）进行测试，将真实的 PCB 测试结果和仿真结果进行比较。这些测试数据可以帮助改进模型和优化制造参数，以便在以后的预设计调研工作中做出更好的（更少的约束条件）决策。

但是，将真实的 PCB 测试结果与仿真结果进行比较有时出入很大。排除模型的不准确外，往往是 PCB 的电源完整性存在问题。由电源完整性引起的信号完整性问题占有很大的比例，因此需要对电路做电源完整性分析。真实准确的分析应该是同时做电源完整性分析与信号完整性分析，但这会造成建立的数学模型更复杂、算法难度更高。目前，Cadence 工具无法实现这样的功能，故需要借助第三方工具，如 Speed 2000 Suite 软件与 Apsim 进行分析。

1.9 混合信号布局技术

图 1-9-1 所示为 PCB 中混合信号电路的一种错误的布局方式。从图 1-9-2 所示的电路原理图中可以看到，数字电路的电流流过了模拟电路，这是一个比较糟糕的情况，会在模拟电路中引起额外的噪声干扰和产生寄生参数。

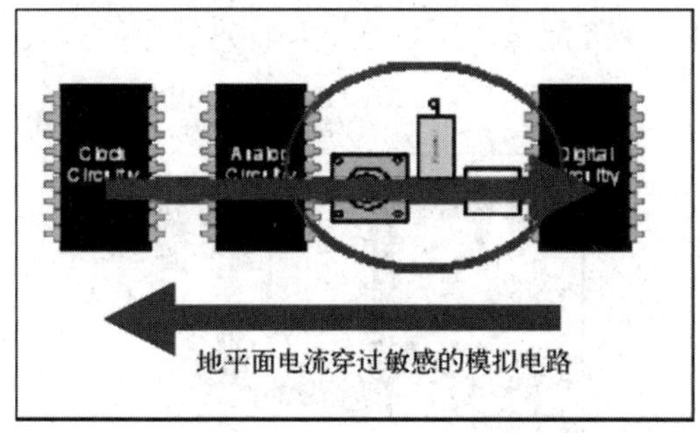

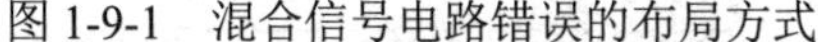
图 1-9-1　混合信号电路错误的布局方式

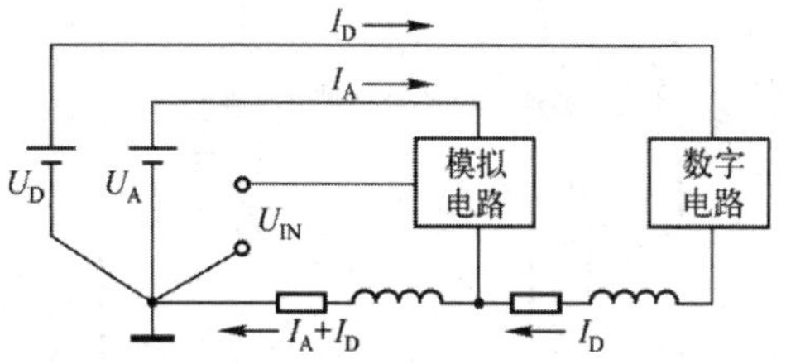

图 1-9-2　混合信号电路原理图（错误的布局）

分析一下这种错误布局方式的地平面电流，图中箭头所示的电流穿过了中间敏感的模拟电路，时钟电路与数字电路相互传递信号，而模拟电路会接收这些信号。从图 1-9-2 所示的原理图中可以看到，流过那些电阻和电感的电流会产生一个电压，而这个电压将会被叠加到模拟地上，进而引入模拟电路中。

正确的布局方式如图 1-9-3 所示，将敏感电路放在 PCB 的一侧，而模拟电路紧靠在其旁边，要把时钟和数字电路放在远离敏感电路的位置。如图 1-9-4 所示的电路原理图，模拟电路和数字电路分别用 U_A 和 U_D 供电，所有接地回路都分别接到接地点，消除了误差电压。图 1-9-5 所示是正确布局方式的通信情况，模拟电路和前端敏感电路通信，数字电路和时钟电路进行信号传输，不会干扰模拟电路。

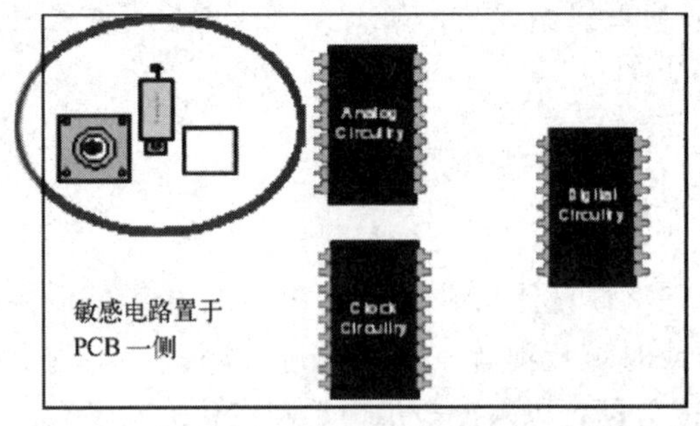

图 1-9-3　混合信号电路正确的布局方式

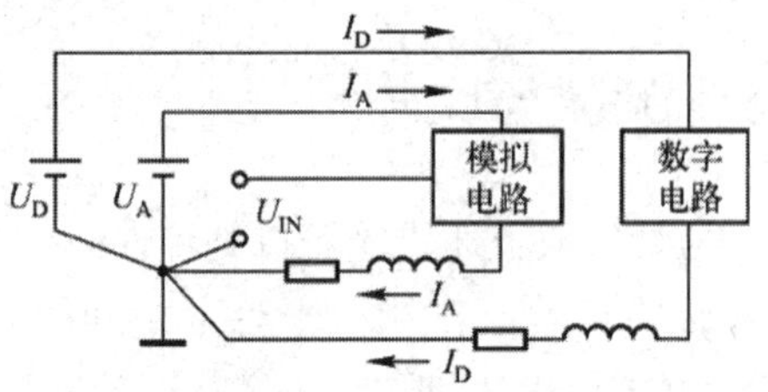

图 1-9-4　混合信号电路原理图（正确的布局）

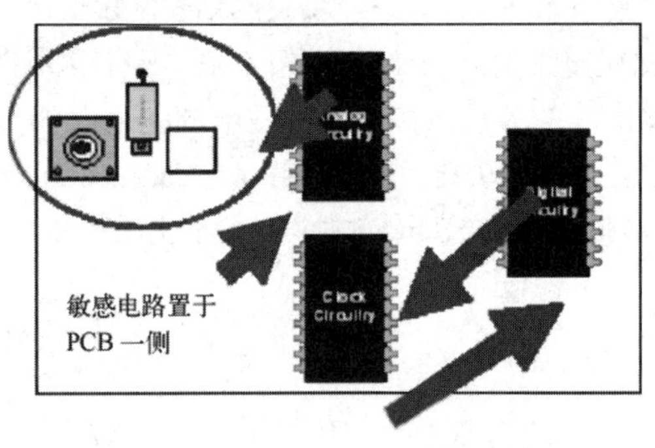

图 1-9-5　正确布局方式的通信情况

再分析一下地平面及其布线，图 1-9-6 所示的顶层是完整的地平面，底层是连接 RF 端口及其负载的传输线。可以看到，在顶层地平面的回流就在底层回流线的正上方流动。对于地平面，理想情况是电流先沿着布线流动，然后回到地平面，而且正好在底层布线的正上方流动，这样就可以获得最小的感应系数。然而在有些情况下，PCB 的设计不能保证地平面的完整性，如图 1-9-7 所示，在分裂的地平面中，回流在直流情况下将会沿电阻最小的通路流动，如图中细箭头所示；而回流在交流情况下将会沿阻抗最小的通路流动，如图中粗箭头所示，实际上这将会辐射 EMI 和 RFI 能量，所以这不是正确的布局方式。

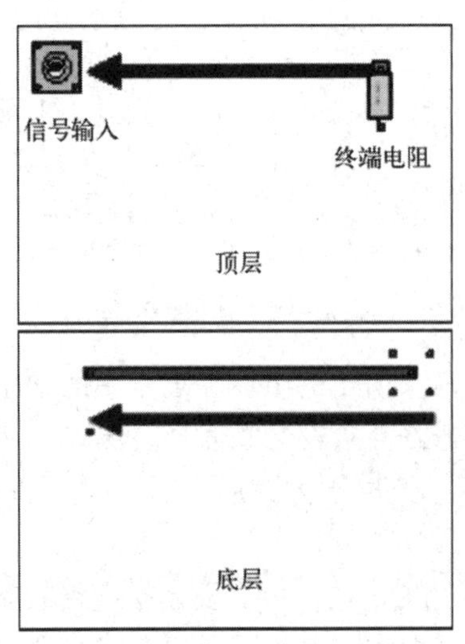

图 1-9-6　电路回流流动情况（1）

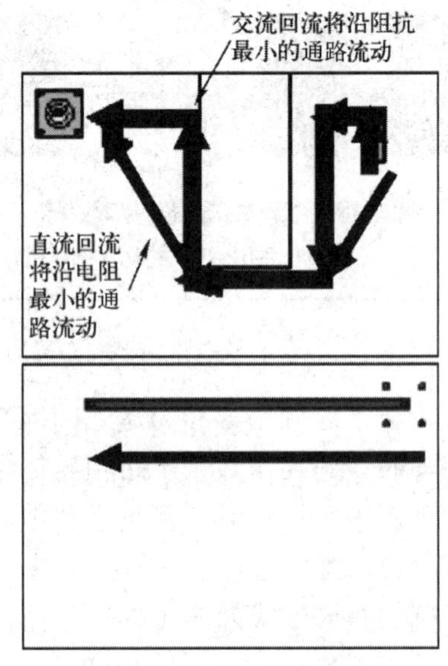

图 1-9-7　电路回流流动情况（2）

图 1-9-8 所示的电路中，左边是模拟电源和模拟电路，右边是数字电源和数字电路，中间是混合信号器件，它既有模拟地，又有数字地。正确的做法是将混合信号器件的模拟地连接到模拟地平面，而将数字地连接到数字地平面，两个地平面最终必须在某个点上连接起来。在两个地平面之间开一个很小的口，这样数字电路中产生的噪声很难干扰到模拟电路，反之亦然。所以，当模拟电流被限制在电路中模拟电路一侧，而数字电流被限制在电路中数字电路一侧时，两个电路互相的影响非常小，这是在一个 PCB 上混合器件接地的正确做法。

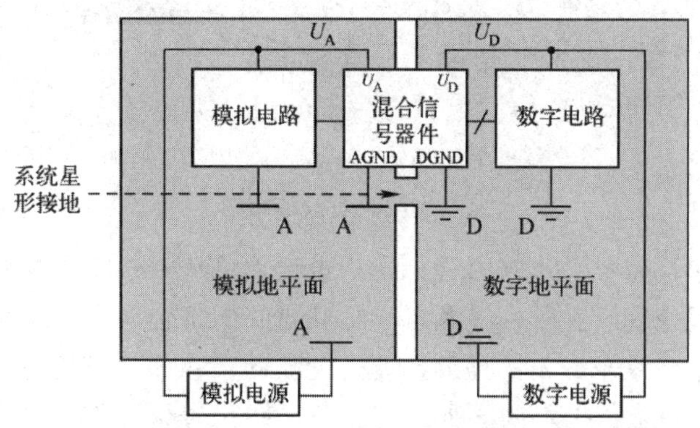

图 1-9-8　模数混合电路的接地方法

目前还没有哪一种单一的接地方法在任何情况下都有效，但一般应遵循以下原则：去除运算放大器下面的地平面以减小寄生电容；每个 PCB 上必须至少有一层用于接地平面；对于一些高速信号的布线，应该在信号线的下面提供尽量多的地平面；越厚的覆铜越好（可减小阻抗和提高散热性能）；同样的地平面必须使用多个过孔连接；在最初设计时建议将模拟地和数字地分开；要遵循混合信号器件数据手册上的建议，认真阅读数据手册，上面会有很多很有用的信息（尤其是制板部分），有些内容是非常重要的；让电源的去耦电容和负载回路尽量靠近以减小噪声；要把模拟、数字和射频信号的地连接在一点。

1.10　过孔对信号传输的影响

1．过孔的基本概念

过孔（Via）是多层 PCB 的重要组成部分之一，钻孔的费用通常占 PCB 制板费用的 30%～40%。简单来说，PCB 上的每一个孔都可以称为过孔。从作用上看，过孔可以分成两类：一类用于各层间的电气连接；另一类用于器件的固定或定位。如果从工艺制程上来说，这些过孔一般又分为三类，即盲孔（Blind Via）、埋孔（Buried Via）和通孔（Through Via）。盲孔位于 PCB 的顶层和底层表面，具有一定深度，用于表层线路和下面的内层线路的连接，孔的深度与孔径之比需要满足一定的要求。埋孔是指位于 PCB 内层的连接孔，它不会延伸到PCB的表面。上述两类孔都位于PCB的内层，层压前利用通孔成形工艺完成，在过孔形成过程中可能还会重叠做好几个内层。通孔穿过整个 PCB，可用于实现内部互连或作为元器件的安装定位孔。由于通孔在工艺上更易于实现，成本较低，所以绝大部分 PCB 均使用通孔，而较少采用另外两类过孔。以下所说的过孔，没有特殊说明的，均作为通孔考虑。

从设计的角度来看，一个过孔主要由两部分组成，一是中心钻孔（Drill Hole），二是钻孔周围的焊盘区，如图 1-10-1 所示。这两部分的尺寸决定了过孔的大小。

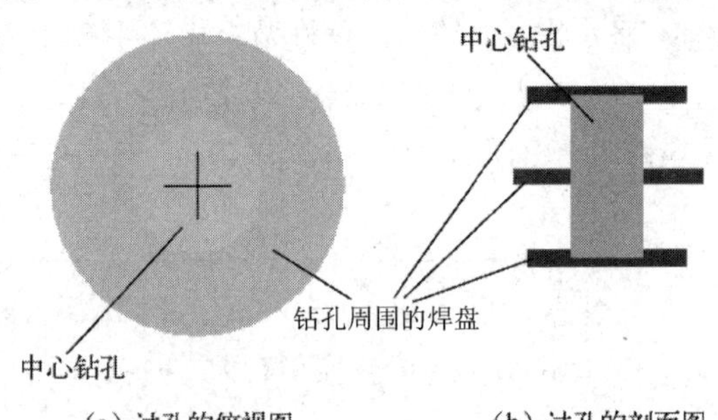

图 1-10-1　过孔的结构

很显然，在高速、高密度的 PCB 设计中，设计者总是希望过孔越小越好，这样 PCB 上可以留有更多的布线空间。此外，过孔越小，其自身的寄生电容也越小，更适用于高速电路。但孔尺寸的减小带来了成本的增加，而且过孔的尺寸不可能无限制地减小，它受到钻孔和电镀（Plating）等工艺技术的限制：孔越小，钻孔需花费的时间越长，也越容易偏离中心位置；且当孔的深度超过钻孔直径的 6 倍时，就无法保证孔壁均匀镀铜。比如，如果一块正常的 6 层 PCB 的厚度（通孔深度）为 50mil，那么，一般条件下 PCB 厂家能提供的钻孔最小直径只能达到 8mil。随着激光钻孔技术的发展，钻孔的尺寸也可以越来越小，一般直径不大于 6mil 的过孔就称为微孔。在 HDI（高密度互连结构）设计中经常用到微孔，微孔技术可以允许过孔直接打在焊盘上（Via-in-Pad），这大大提高了电路的性能，节约了布线空间。

过孔在传输线上表现为阻抗不连续的断点，会造成信号的反射。一般过孔的等效阻抗比传输线低约 12%，如 50Ω的传输线在经过过孔时阻抗会减小 6Ω（具体值和过孔的尺寸、板厚有关）。但过孔因为阻抗不连续而造成的反射其实是微乎其微的，其反射系数仅为（50−44）/（44+50）≈ 0.06，过孔产生的问题更多地集中于寄生电容和电感的影响。

2．过孔的寄生电容和寄生电感

过孔本身存在着寄生的杂散电容，如果已知过孔在地层上的阻焊区直径为 D_2，过孔焊盘的直径为 D_1，PCB 的厚度为 T，板基材介电常数为 ε，则过孔的寄生电容近似为

$$C = 1.41\varepsilon T D_1 / (D_2 - D_1)$$

过孔的寄生电容给电路造成的主要影响是延长了信号的上升时间，降低了电路的速度。举例来说，对于一块厚度为 50mil 的 PCB，如果使用的过孔焊盘直径为 20mil（钻孔直径为 10mil），阻焊区直径为 40mil，则可以通过上面的公式近似计算出过孔的寄生电容为

$$C = 1.41 \times 4.4 \times 0.050 \times 0.020 / (0.040 - 0.020) \approx 0.31\text{pF}$$

这部分电容引起的上升时间变化量大致为

$$T_{10-90} = 2.2C(Z_0/2) = 2.2 \times 0.31 \times (50/2) = 17.05\text{ps}$$

从这些数值可以看出，尽管单个过孔的寄生电容引起的上升沿变缓的效用不是很明显，

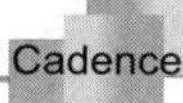

但是如果布线中多次使用过孔进行层间的切换，就会用到多个过孔，设计时就要慎重考虑。实际设计中可以通过增大过孔和覆铜区的距离或减小焊盘的直径来减小寄生电容。

过孔存在寄生电容的同时也存在寄生电感，在高速数字电路的设计中，过孔的寄生电感带来的危害往往大于寄生电容。它的寄生串联电感会削弱旁路电容的贡献，减弱整个电源系统的滤波效果。可以用下面的经验公式来简单地计算一个过孔近似的寄生电感：

$$L = 5.08h[\ln(4h/d) + 1]$$

式中，L 为过孔的寄生电感；h 为过孔的长度；d 为中心钻孔的直径。从上式可以看出，过孔的直径对寄生电感的影响较小，对寄生电感影响最大的是过孔的长度。对上面的例子，计算过孔的寄生电感为

$$L = 5.08 \times 0.050 \times [\ln(4 \times 0.050 / 0.010) + 1] \approx 1.015\text{nH}$$

如果信号的上升时间是 1ns，那么其等效阻抗为 $X_{\text{L}} = \pi L / T_{10-90} \approx 3.19\Omega$。这样的阻抗在有高频电流通过时已经不能被忽略。

旁路电容在连接电源层和地层时需要通过两个过孔，这样过孔的寄生电感就会成倍增加。

3. 如何使用过孔

通过上面对过孔寄生特性的分析可以看到，在高速 PCB 设计中，看似简单的过孔往往会给电路的设计带来很大的负面效应。为了减小过孔的寄生效应带来的不利影响，在设计中应尽量做到以下几点。

- ☺ 从成本和信号质量两方面考虑，选择尺寸合适的过孔。必要时可以考虑使用不同尺寸的过孔。例如，对于电源或地线，可以考虑使用较大尺寸的过孔，以减小阻抗；而对于信号布线，则可以使用尺寸较小的过孔。当然，随着过孔尺寸减小，相应的成本会增加。
- ☺ 使用较薄的 PCB 有利于减小过孔的两种寄生参数。
- ☺ PCB 上的信号布线尽量不换层，也就是说尽量不要使用不必要的过孔。
- ☺ 电源和地的引脚要就近打过孔，过孔和引脚之间的引线越短越好。可以考虑并联打多个过孔，以减小等效电感。
- ☺ 在信号换层的过孔附近放置一些接地的过孔，以便为信号提供最近的回路。甚至可以在 PCB 上放置一些多余的接地过孔。
- ☺ 对于密度较高的高速 PCB，可以考虑使用微孔。

1.11　一般布局规则

当今的高速 PCB 设计对布局的要求越来越严格，布局基本上决定了布线的大致走向和结构、电源和地平面的分割，以及对噪声和 EMI 的控制情况，因而设计的 PCB 的性能好

坏在很大程度上取决于布局是否合理。工程师往往在布局上花费很多的时间和精力，预布局→前仿真→再布局→优化，这些过程所花费的时间大概要占整个项目设计时间的 50%，甚至更多。下面就总结一个大致的布局步骤及规则，仅供参考。实际电路设计中还要考虑很多其他的问题，如散热、机械性能及一些特殊电路的摆放问题，具体的布局准则应根据实际应用而定。

布局首先要从了解系统电路原理图开始，必须在各个电路中区分数字、模拟、混合数字/模拟元器件（可查看芯片资料），并注意各 IC 芯片电源和信号引脚的定位。

根据电路中各部分所占的比例，初步划分数字电路、模拟电路在 PCB 上的布线区域，让数字元器件、模拟元器件及其相应布线尽量远离并限定在各自的布线区域内。区域划分完毕后，就可以进行元器件的放置，一般顺序是数模混合元器件→模拟元器件→数字元器件→旁路电容。

数模混合元器件一定要放置在数字信号区域和模拟信号区域的交界处，并注意方向正确，即数字信号和模拟信号引脚朝向各自的布线区域；纯数字或模拟元器件一定要放置在各自规定的范围内；晶振电路尽量靠近其驱动器件。

对噪声敏感的器件要远离高频信号布线，同时，像参考电压 U_{ref} 之类对噪声较敏感的信号也要远离易产生高噪声的元器件。数字元器件一般情况下尽量集中放置，可以减小线长，降低噪声。但对有时序要求的信号布线，则需要根据线长和结构进行布局的调整，具体应该通过仿真来确定。旁路电容需要尽量靠近芯片电源引脚放置，尤其是高频电容，在电源接口附近可以放置大容量（如 47μF）的电容，以保持电源稳定，降低低频噪声的干扰。

1.12 电源完整性理论基础

随着 PCB 设计复杂度的逐步提高，对于信号完整性的分析，除了考虑反射、串扰及 EMI，稳定可靠的电源供应也成为设计者重点研究的方向之一。尤其当开关器件数目不断增加，核心电压不断减小时，电源的波动往往会给系统带来严重的影响，于是人们提出了新的名词——电源完整性（Power Integrity，PI）。其实，PI 和 SI 是紧密联系在一起的，只是以往的 EDA 仿真工具在进行信号完整性分析时，一般简单地假设电源处于绝对稳定状态，但随着系统设计对仿真精度的要求不断提高，这种假设显然是越来越不能被接受的，于是 PI 的研究分析应运而生。从广义上说，PI 属于 SI 的研究范畴，而新一代的信号完整性仿真必须建立在可靠的电源完整性基础上。虽然电源完整性主要讨论电源供给的稳定性问题，但由于地在实际系统中总是和电源密不可分，通常把如何降低地平面的噪声作为电源完整性问题的一部分进行讨论。

1．电源噪声的起因及危害

电源不稳定的根源在于两个方面：一是在器件高速开关状态下，瞬态的交变电流过大；二是电流回路上存在电感。从表现形式上来看，电源不稳定的根源又可以分为 3 类：同步开关噪声（SSN），有时被称为Δi 噪声，地弹（Ground Bounce）现象也可归于此类

（见图 1-12-1）；非理想电源阻抗影响（见图 1-12-2）；谐振及边缘效应（见图 1-12-3）。

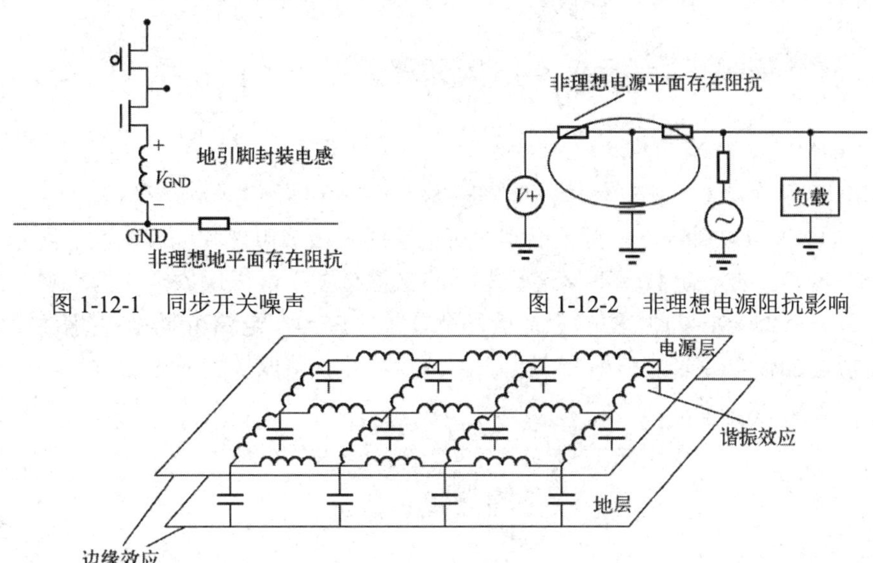

图 1-12-1　同步开关噪声

图 1-12-2　非理想电源阻抗影响

图 1-12-3　谐振及边缘效应

对于一个理想的电源来说，其阻抗为零，在平面任何一点的电位都是保持恒定的（等于系统供给电压），然而实际的情况并非如此，而是存在很大的噪声干扰，甚至有可能影响系统的正常工作，如图 1-12-4 所示。

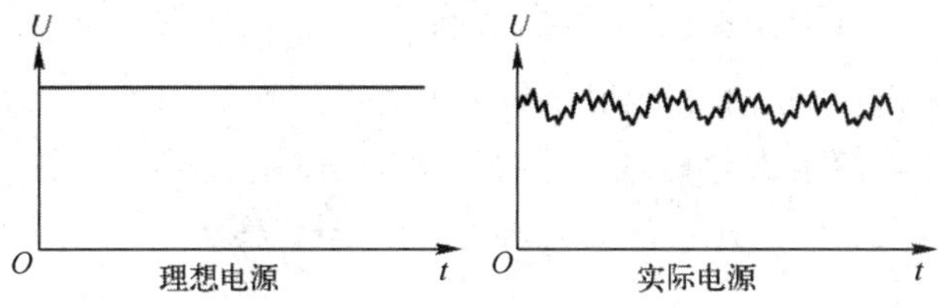

图 1-12-4　噪声对电源的影响

开关噪声给信号传输带来的影响更为显著，由于地引线和平面存在寄生电感，在开关电流的作用下，会产生一定的电压波动，也就是说器件的参考地已经不再保持零电平，这样，如图 1-12-5 所示，在驱动端，本来要发送的低电平会出现相应的噪声波形，相位和地弹噪声相同，而对于开关信号，地弹噪声会导致信号的下降沿变缓；如图 1-12-6 所示，在接收端，信号的波形同样会受到地弹噪声的干扰，不过这时的干扰波形相位和地弹噪声相位相反；另外，在一些存储性器件里，还有可能由于电源噪声和地弹噪声的影响，数据意外翻转，如图 1-12-7 所示。

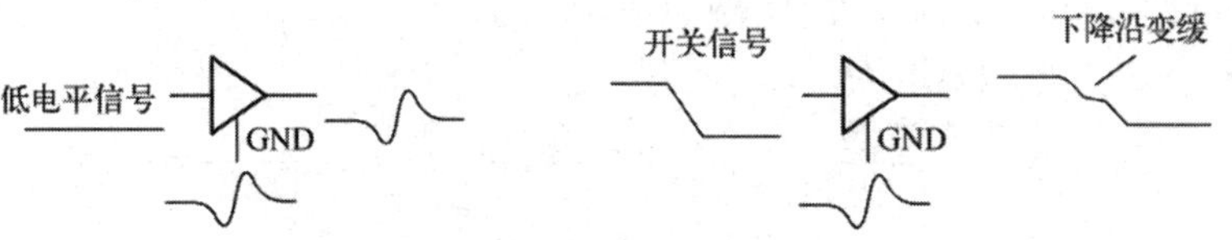

图 1-12-5　地弹噪声对驱动端信号的影响

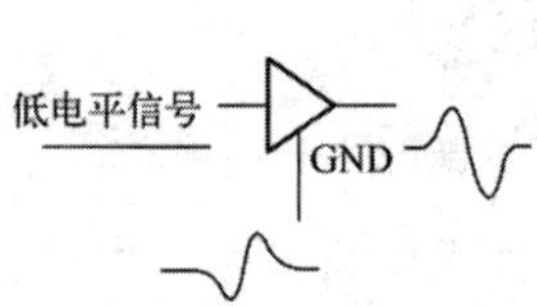

图 1-12-6　地弹噪声对接收端信号的影响

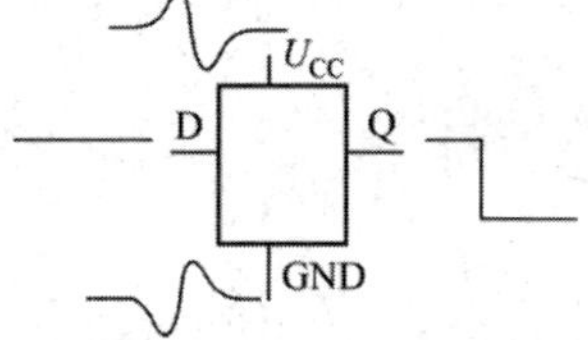

图 1-12-7　触发器数据翻转

从图 1-12-3 可以看到，电源平面其实可以看成由很多电感和电容构成的网络，也可以看成一个共振腔，在一定频率下，这些电容和电感会发生谐振现象，从而影响电源层的阻抗。例如，一个 8in×9in 的 PCB 空板，板材是普通的 FR-4，电源和地之间的距离为 4.5mil，随着频率的增加，电源阻抗是不断变化的，尤其在并联谐振效应显著的时候，电源阻抗明显增加，如图 1-12-8 所示。

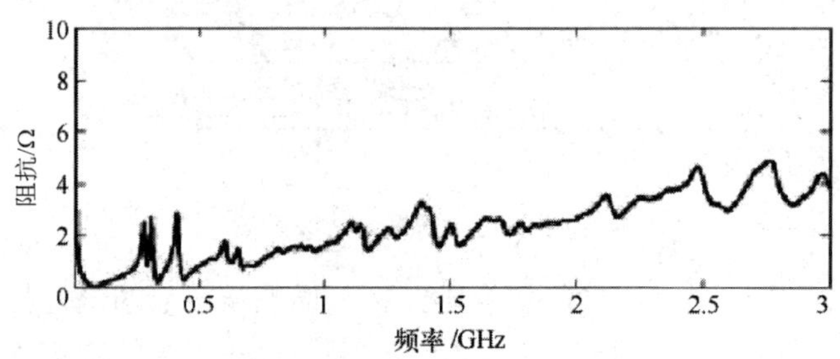

图 1-12-8　电源平面的谐振现象

除了谐振效应，电源平面和地平面的边缘效应同样是电源设计中需要注意的问题，这里说的边缘效应就是指边缘反射和辐射现象，也可以列入 EMI 讨论的范畴。如果抑制了电源平面上的高频噪声，就能很好地减轻边缘的电磁辐射，通常采用添加去耦电容的方法。边缘效应是无法完全避免的，在设计 PCB 时，要尽量让信号布线远离覆铜区边缘，以避免受到太大的干扰。

2. 电源阻抗设计

电源噪声的产生在很大程度上归结于非理想的电源分配系统（Power Distribution System，PDS）。电源分配系统的作用就是给系统内的所有元器件提供足够的电源，这些元器件不仅需要消耗功率，对电源的平稳性还有一定的要求。大部分数字电路器件要求电源电压波动在正常电压的±5%范围之内。电源电压之所以波动，就是因为实际的电源平面总是存在着阻抗，这样，在瞬间电流通过时就会产生一定的电压降和电压波动。

为了保证每个元器件始终能得到正常的电源供应，就需要对电源的阻抗进行控制，也就是尽可能降低其阻抗。例如，一个 5V 的电源，允许的电压噪声为 5%，最大瞬间电流为 1A，那么设计的最大电源阻抗为

$$Z_{\text{target}} = \frac{\text{正常电源电压}\times\text{允许的波动范围}}{\text{最大电流}} = \frac{5\text{V}\times 5\%}{1\text{A}} = 0.25\Omega$$

从上面的计算公式可以看出，随着电源电压不断减小，瞬间电流不断增大，所允许的最大电源阻抗也不断降低。而当今电路设计的趋势恰恰如此，如表 1-12-1 所示。由于各因

素的影响，几乎每过 3 年，电源阻抗就要降为原来的 1/5，由此可见，电源阻抗设计对高速电路设计者来说是至关重要的。

表 1-12-1　近几年微处理器参数的变化

年　份	电压/V	功率耗散/W	最大电流/A	最大电源阻抗/mΩ	工作频率/MHz
1990	5.0	5	1	250	16
1993	3.3	10	3	54	66
1996	2.5	30	12	10	200
1999	1.8	90	50	1.8	600
2002	1.2	180	150	0.4	1200

电源层和地层本身可以看成一个大的平板电容，其电容量可以用下面这个公式计算：

$$C = k\frac{\varepsilon_{\mathrm{r}} A}{d}$$

式中，系数 k 为 0.2249（d 的单位为 in）或 0.884（d 的单位为 cm）；ε_{r} 指介质的介电常数（真空为 1，FR-4 材料在 4.1～4.7 之间）；A 为覆铜平行部分的总面积；d 为电源和地之间的距离。以 2.9in×1.2in 的内存模块 PCB 为例，间距为 10mil 的电源和地构成的电容的电容量大概为：$0.2249 \times 4.5 \times 2.9 \times 1.2 / 0.01 \approx 352.2\text{pF}$。可见，电源和地之间耦合电容的值很小，表现的阻抗也比较大，一般有几欧姆，所以在高速设计中仅依靠电源自身的耦合降低阻抗是远远不够的。

在设计电源阻抗时，要注意频率的影响，不仅需要计算直流阻抗（电阻），还要同时考虑在较高频率时的交流阻抗（主要是电感），最高的频率将是时钟信号频率的两倍，因为在时钟的上升沿和下降沿，电源系统中都会产生瞬间变化的电流。一般可以通过下面这个基本公式来计算受阻抗影响的电源电压波动：

$$V_{\mathrm{drop}} = i \cdot R + L \cdot \frac{\mathrm{d}i}{\mathrm{d}t}$$

为了降低电源的电阻和电感，在设计中可采取如下措施。

☺　使用电阻率低的材料，如铜。

☺　用较厚、较粗的电源线，并尽可能减小长度。

☺　降低接触电阻。

☺　减小电源内阻。

☺　电源尽量靠近 GND。

☺　合理使用去耦电容。

由于电源阻抗的要求，以往的电源总线形式已经不再适用于高速电路，目前基本上采用大面积的铜箔层作为低阻抗的电源分配系统。当然，电源层本身的低阻抗还不能满足设计的需要，需要考虑的问题还很多，如芯片封装中的电源引脚、连接器的接口及高频下的谐振现象等，这些都可能造成电源阻抗的显著增加。解决这些问题的最简单也最有效的方案是大量使用去耦电容，这在后文中会详细讨论。

3. 同步开关噪声分析

同步开关噪声（Simultaneous Switch Noise，SSN）是指当器件处于开关状态，产生瞬间变化的电流（di/dt），在经过回流路径上的电感时，形成交流压降，从而引起噪声，所以也称为Δi 噪声。由于封装电感而引起地平面的波动，造成芯片地和系统地不一致，这种现象称为地弹。同样，由于封装电感引起的芯片和系统电源差异，称为电源反弹（Power Bounce）。所以，严格地说，同步开关噪声并不完全是电源的问题，它对电源完整性产生的影响主要表现为地/电源反弹现象。

同步开关噪声主要是伴随着器件的同步开关输出（Simultaneous Switch Output，SSO）产生的，开关速度越快，瞬间电流变化越显著，电流回路上的电感越大，则产生的同步开关噪声越严重。其基本计算公式为

$$U_{\mathrm{SSN}} = N \cdot L_{\mathrm{Loop}} \cdot (\mathrm{d}I / \mathrm{d}t)$$

式中，I为单个开关输出的电流；N为同时开关的驱动端数目；L_{Loop}为整个回流路径上的电感；U_{SSN} 为同步开关噪声的大小。这个公式看起来简单，但真正分析起来却不那么容易，因为不仅需要对电路进行合理的建模，还要判断各种可能的回流路径，以及分析不同的工作状态。总的来说，对同步开关噪声的研究是一个比较复杂的工程，本节也只是对其基本原理做概括性的阐述。此外，如果考虑得更广一些，除了信号本身回流路径的电感，离得很近的信号互连引线之间的串扰也是加剧同步开关噪声的原因之一。

由于电阻对开关噪声的影响很小，为简化讨论，这里忽略其影响，并把封装电感简化为集总元件进行分析。同步开关噪声可分为两种情况：芯片内部（on-chip）开关噪声和芯片外部（off-chip）开关噪声。可以参考图 1-12-9，内部 Driver4 开关（此时 Driver1 作为接收端）产生的噪声就是芯片内部开关噪声，可以看到其回流路径只经过电源和地，与信号引脚的寄生电感无关；而当 Driver1（或 Driver2,Driver3）作为开关输出时，产生的噪声称为芯片外部开关噪声，这时的电流将流经信号线和地，但不经过芯片的电源引脚（信号跳变为 1→0）。

1）芯片内部开关噪声

先分析芯片内部的情况，图 1-12-9 中的L_{p}和L_{g}分别为封装中电源层和地层的寄生电感，L_{s}为系统电源的电感。现假设 L 为封装电源和地总的电感，由于 L_{p}（电源层）和 L_{g}（地层）上通过的电流是反向的，则

$$L = L_{\mathrm{p}} + L_{\mathrm{g}} - 2M_{\mathrm{pg}}$$

式中，M_{pg}为L_{p}和L_{g}之间的耦合电感。这时芯片实际得到的电压为

$$V_{\mathrm{chip}} = V_{\mathrm{s}} - L\frac{\mathrm{d}i}{\mathrm{d}t} - L_{\mathrm{s}}\frac{\mathrm{d}i}{\mathrm{d}t}$$

因而，在瞬间开关时，加载在芯片上的电源电压会下降，随后围绕 V_{s}振荡并呈阻尼衰减。上面的分析仅针对一个内部驱动工作的情况，如果多个驱动级同时工作，会造成更大的电源压降，从而造成器件的驱动能力降低，电路信号的传输速度会减慢。通常可以采取如下措施。

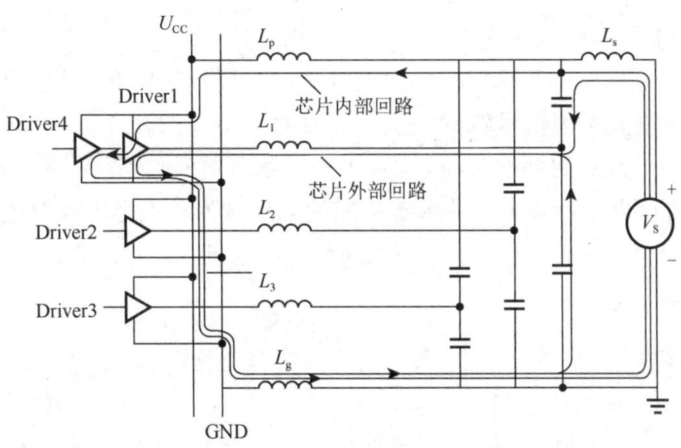

图 1-12-9　同步开关噪声分析电路模型

☺　降低芯片内部驱动器的开关速率和减少同时开关的数目，以减小 di/dt，不过这种方式不现实，因为电路设计的方向就是更快、更密。

☺　降低系统供给电源的电感，高速电路设计中要求使用单独的电源层，并让电源层和地层尽量接近。

☺　降低芯片封装中的电源和地引脚的电感，如增加电源/地的引脚数目，减小引线长度，尽可能采用大面积覆铜。

☺　增大电源和地的互相耦合电感也可以减小回路总的电感，因此要让电源和地的引脚成对分布，并尽量靠近。

☺　给系统电源增加旁路电容，这些电容可以给高频的瞬变交流信号提供低电感的旁路，而变化较慢的信号仍然走系统电源回路，如图 1-12-10 所示。虽然芯片外部驱动的负载电容也可以看作旁路电容，但由于其电容很小，所以对交流旁路作用不大。

☺　考虑在芯片封装内部使用旁路电容，这样高频电流的回路电感会非常小，能在很大程度上减小芯片内部的同步开关噪声。

☺　在更高要求的情况下可以将芯片不经过封装而直接装配到系统主板上，这称为 DCA（Direct Chip Attach）技术。但这涉及一些稳定性和安全性的问题。

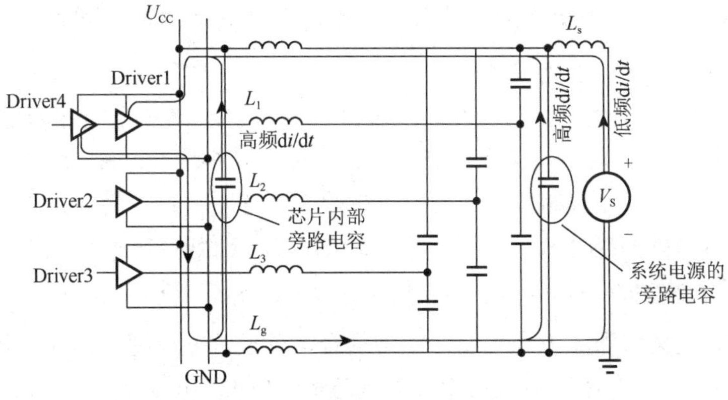

图 1-12-10　旁路电容对芯片内部开关噪声的作用

2）芯片外部开关噪声

下面再分析一下芯片外部的情况，如图 1-12-11 所示，它和芯片内部最显著的区别在于计算开关噪声时需要考虑信号线的电感，而且对于不同的开关状态其电流回路也不同，1→0 跳变时，回流不经过封装的电源引脚；0→1 跳变时，回流不经过封装的地引脚。与前面的分析类似，可计算出封装电感的影响造成的电压降为（不考虑系统电源电感）

$$V_{gb} = (L_1 + L_g - 2M_{1g})\frac{\mathrm{d}i}{\mathrm{d}t}$$

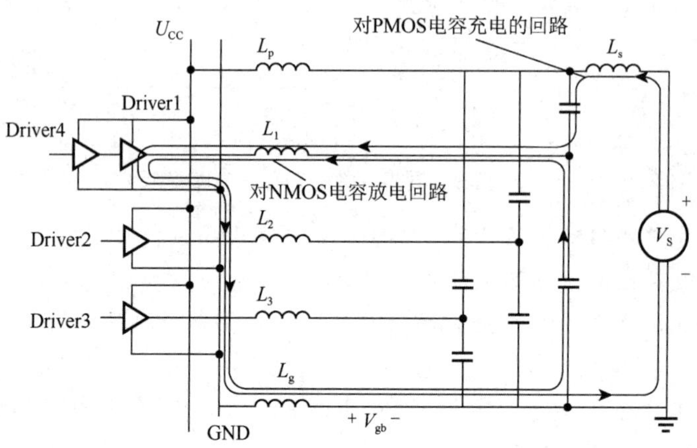

图 1-12-11　1→0 开关状态下的芯片外部回流路径

这时，芯片的地并不和理想的系统地保持同样的零电位，而是存在 V_{gb} 的电压波动，即地弹；同样，对于 0→1 开关状态，封装电感会给电源造成一定的压降，即电源反弹。当然，地弹现象是芯片内部和芯片外部同步开关输出的综合影响，但需要注意的是，地弹只源于封装寄生电感，与系统的电源及地的电感无关，这也是同步开关噪声和地弹在概念上不等同的根本原因。

减轻芯片外部开关噪声的方法有以下 3 种。

☺　降低芯片内部驱动器的开关速率和减少同时开关的数目。

☺　降低封装回路电感，增大信号和电源及地的耦合电感。

☺　在封装内部使用旁路电容，这样能让电源层和地层共同分担电流回路，从而减小等效电感。但对系统电源的旁路电容的使用将不会影响地弹噪声的大小。

3）等效电感衡量同步开关噪声

分析了同步开关噪声的基本原理后，可以总结出一个结论：对于给定的电路，即在 $\mathrm{d}i/\mathrm{d}t$ 不变的情况下，要减小同步开关噪声，就要尽量减小信号回路的等效电感（L_{eff}）。L_{eff} 包含 3 个部分：芯片内部开关输出的回路等效电感 $L_{eff,P}$；所有芯片外部驱动从低到高开关输出的回路等效电感 $L_{eff,LH}$；所有芯片外部驱动从高到低开关输出的回路等效电感 $L_{eff,HL}$。对芯片外部的同步开关来说，如果驱动器的跳变不一致，如有的是 1→0 跳变，有的是 0→1 跳变，则某些回流方向相反，由于耦合会降低等效电感，而对于噪声分析，要能预见最坏的可能，所以要考虑所有同步开关状态都一致的情况。

同步开关噪声的产生绝大部分源于芯片封装的问题（此外还有接插件或连接器的问

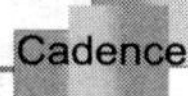

题），仅通过比较芯片封装引脚本身的寄生电感来判断高频封装的优劣，是没有太大意义的。更有效的方法是通过仿真及测试得到信号回路等效电感 L_{eff} 再进行比较，L_{eff} 越大，就意味着同步开关噪声也越大。但有时通过 L_{eff} 判断封装的优劣并不容易，如表 1-12-2 中两种封装等效电感的比较，这时就取决于实际应用，看电源稳定性和信号干扰哪个更重要了。

表 1-12-2　两种封装等效电感的比较

	$L_{eff,P}$（芯片内部开关）	$L_{eff,LH}$（芯片外部开关）	$L_{eff,HL}$（芯片外部开关）
封装 A	0.08nH	0.3nH	0.25nH
封装 B	0.1nH	0.25nH	0.25nH
评　注	封装 A 的电源和地回路的电感较小，引起电源的压降较小	在 0→1 开关状态下，封装 B 的信号回路电感较小，对其他信号干扰较小	在 1→0 开关状态下，封装 A 和封装 B 的性能一样

利用软件对同步开关噪声进行具体分析时，可以构建如图 1-12-9 所示的电路模型进行 SPICE 仿真。驱动端的输出缓冲器的详细模型如图 1-12-12 所示。

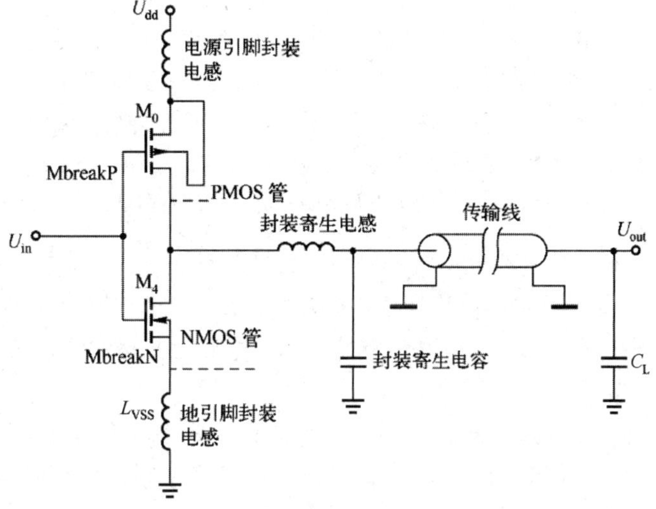

图 1-12-12　驱动端的输出缓冲器的详细模型

4．旁路电容的特性和应用

从上面的分析可以知道，无论是降低电源平面阻抗，还是减小同步开关噪声，旁路电容都起着很大的作用，电源完整性设计的重点也在于如何合理地选择和放置这些电容。说到电容，各种各样的叫法就会让人头晕目眩，如旁路电容、去耦电容、滤波电容等，其实无论如何称呼，它的原理都是一样的，即利用其对交流信号呈现低阻抗的特性，这一点可以通过电容的等效阻抗公式看出来：

$$X_{cap} = 1/2\pi fC$$

工作频率越高，电容值越大，则电容的阻抗越小。在电路中，如果电容起的主要作用是给交流信号提供低阻抗的通路，就称为旁路电容；如果主要是为了增强电源与地的交流耦合，减小交流信号对电源的影响，就称为去耦电容；如果用于滤波电路，就称为滤波电容；除此以外，对于直流电压，电容还可用于电路储能，通过充放电起到电池的作用。而实际情况中，电容的作用往往是多方面的，大可不必花太多的心思考虑如何定义。这里把这些应用于高速 PCB 设计的电容统称为旁路电容。

对于电容在高速 PCB 电路中的作用，诸如减小电源电压/电流波动（见图 1-12-13）、降低同步开关噪声和串扰、抑制 EMI 等，本节不再赘述，而将重点放在讨论实际电容的特性及具体应用上。

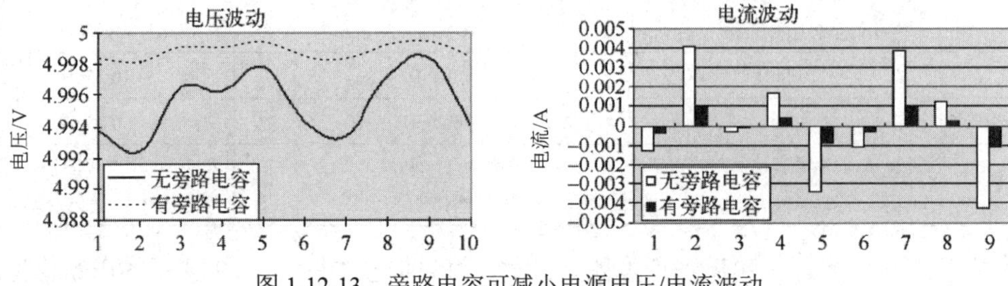

图 1-12-13　旁路电容可减小电源电压/电流波动

1）电容的频率特性

对于理想的电容来说，不考虑寄生电感和电阻的影响，则在电容设计上就没有任何顾虑，电容值越大越好。但实际情况中，并不是电容越大对高速电路越有利，反而小电容才能应用于高频。要理解这个问题，首先必须了解实际电容的特性，如图 1-12-14 所示，可以看到实际的电容要比理想的电容复杂得多，除了包含寄生的串联电阻 R_s（ESR）、串联电感 L_s（ESL），还有泄漏电阻 R_p、介质吸收电容 C_{da} 和介质吸收电阻 R_{da} 等。泄漏电阻 R_p 也称为绝缘电阻，值越大，泄漏的直流电流越小，性能也越好，一般电容的 R_p 都很大（GΩ 级以上），所以考虑一般问题时可以忽略。介质吸收的等效 RC 电路反映了电容介质本身的特性，是一种有滞后性质的内部电荷分布，它使快速放电然后开路的电容恢复一部分电荷，所以介质吸收太大的电容不能应用于采样保持电路。

对电容的高频特性影响最大的是 ESR 和 ESL，通常采用图 1-12-14 中简化的实际模型。电容也可以看作一个串联的谐振电路，其等效阻抗和串联谐振频率为

$$|Z|=\sqrt{R_s^{\ 2}+2\pi fL_s)},\ f_R=\frac{1}{2\pi\sqrt{LC}}$$

在低频（谐振频率以下）情况下，它表现为电容性的元器件，而当频率增大（超过谐振频率）时，它渐渐地表现为电感性的元器件。也就是说，它的阻抗随着频率的增大先增大、后减小，等效阻抗的最小值出现在串联谐振频率时，电容的容抗和感抗正好抵消，表现为阻抗大小恰好等于寄生串联电阻 ESR，变化曲线如图 1-12-15 所示。

从谐振频率的公式可以看出，电容值和 ESL 值的变化都会影响电容的谐振频率。如图 1-12-16 所示，电容在谐振点附近的阻抗最小，所以设计时尽量选用 f_R 和实际工作频率相近的电容。如果工作的频率变化范围很大，则可以混合使用电容，即同时选择一些 f_R 较小的大电容和 f_R 较大的小电容。

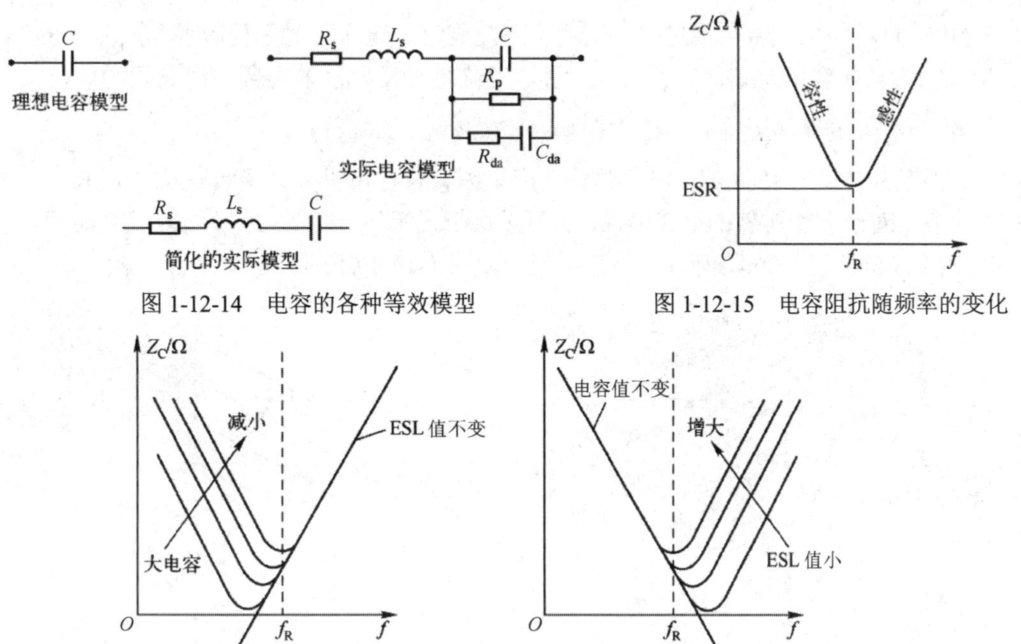

图 1-12-14　电容的各种等效模型

图 1-12-15　电容阻抗随频率的变化

图 1-12-16　电容值和 ESL 值的变化对频率特性的影响

描述曲线的锐度可以使用品质因数 Q，Q 在数值上等于电路中储存的能量和消耗的能量的比值，Q 值越大，谐振频率曲线越尖，表示能量衰减得越慢。电容的 Q 值主要和 ESL 与 ESR 的比值有关，其表达式为

$$Q=\frac{Z}{R}=\frac{\sqrt{\mathrm{ESL}/C}}{\mathrm{ESR}}=\frac{2\pi f\cdot\mathrm{ESL}}{\mathrm{ESR}}=\frac{\omega\cdot L}{R}$$

2）电容的介质和封装的影响

实际电容的特性主要受封装结构和介质材料的影响。从封装形式上看，电容有引线式和贴片式两种，贴片电容是靠焊锡直接贴装在 PCB 上的，其寄生电感要比引线电容小很多，所以更适合高频电路使用。有时，同样的数值、同样的介质材料，但不同厂家的电容封装大小却可能不同，对于电容值较大的电容（大于 10μF），一般封装较小的比封装较大的具有更小的 ESL 和 ESR。但对于电容值较小的电容，就不能简单地通过外形大小来判断，而是需要厂家提供实际数据或实际测量的结果。根据介质不同，电容又可分为陶瓷电容、云母电容、纸质电容、薄膜电容、电解电容等。目前，在数字电路 PCB 设计中使用最广泛的是陶瓷电容，它具有介电常数高、绝缘度好、温度特性佳等优点，适合做成高密度、小尺寸的产品。

陶瓷电容常用的介质有 3 种：Z5U（2E6）、X7R（2X1）、NPO（C0G）。Z5U 具有较高的介电常数，常用于标称容量较高的电容，其 1206 贴片封装的电容值可以达到 0.33μF，它的温度特性较差，适用于 10～85℃范围。由于 Z5U 成本较低，所以广泛用于对容量、损耗要求不高的场合。X7R 材料比 Z5U 材料介电常数低，所以同样的 1206 封装，最大只能达到 0.12μF 的容量，但其电气性能较稳定，随温度、电压、时间的改变，其特性变化并不显著，属于稳定型电容材料，适用于隔直、耦合、旁路、滤波电路及可靠性要求较高的场合；NPO 材料的电气特性最稳定，基本上不随温度、电压、时间的改变而改变，属于超稳定型、低损耗电容材料，适用于对稳定性、可靠性要求较高的高频、超高频的场合。

3）电容并联特性及反谐振

实际应用中，往往将多个电容并联使用，因为这样可以大大降低等效的 ESR 和 ESL，增大电容。对于 n 个等值的电容来说，并联使用后，等效电容 C 变为 nC，等效电感 L 变为 L/n，等效 ESR 变为 R/n，但谐振频率不变，如图 1-12-17 所示。

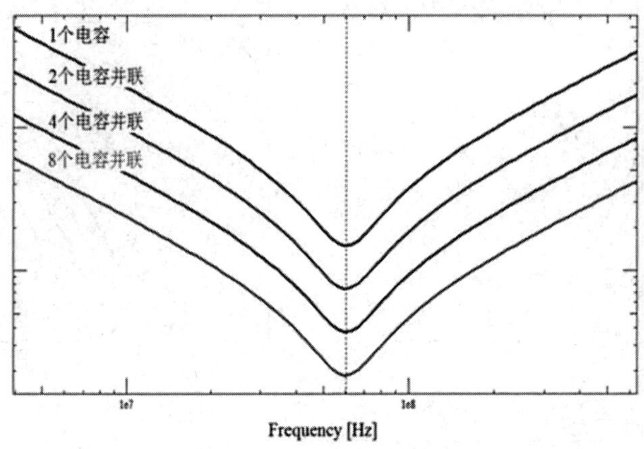

图 1-12-17　等值电容并联特性

不同值的电容并联情况就更为复杂，因为每个电容的谐振频率不同，当工作频率处于两个谐振频率之间时，一些电容表现为感性，另外一些电容表现为容性，这就形成了一个 LC 并联谐振电路；当处于谐振状态时，电感和电容之间进行周期性的能量交换，这样流经电源层的电流极小，电源层表现为高阻抗状态，这种现象称为反谐振（Anti-resonance）。其实不仅并联的电容会出现这种情况，电源平面和地平面本身就是一个等效的电容，所以也会和在一定频率下呈感性的电容发生并联谐振。如何降低反谐振带来的影响，这是电源完整性设计中需要重视的地方。

如果电容的寄生电阻 ESR 为零，则在并联谐振点的等效阻抗变为无穷大。所以，从这一点考虑，电容的 ESR 并非越小越好，需要考虑反谐振的情况。此外，使用多种电容，减小不同电容之间谐振频率的相对差值，也可以有效地减小反谐振的影响，如图 1-12-18 所示。

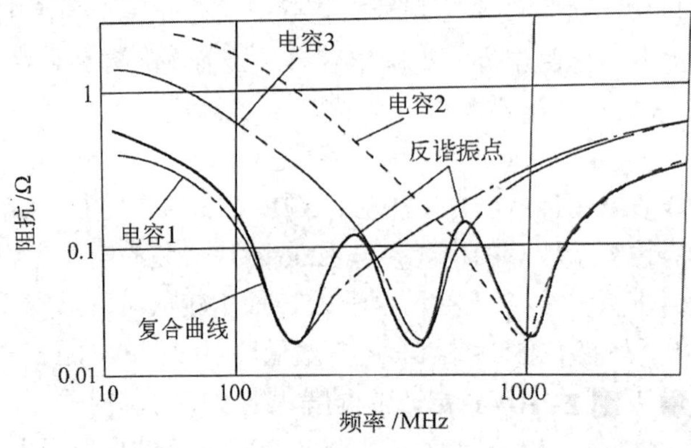

图 1-12-18　使用多种电容减小反谐振的影响

4）如何选择电容

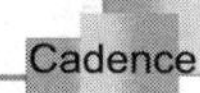

对于一个实际的电路系统，如何选择合适的电容呢？下面以一个实际的例子来说明，假设电路中有 50 个驱动缓冲器同时开关输出，边沿切换时间为 1ns，负载电容为 30pF，电压为 2.5V，允许波动范围为±2%（如果考虑电源层的阻抗影响，允许的波动范围可增加），则最简单的一种方法就是看负载的瞬间电流消耗，计算方法如下。

（1）计算负载需要的电流 I：

$$I = \frac{C\mathrm{d}U}{\mathrm{d}t} = \frac{30\mathrm{pF} \times 2.5\mathrm{V}}{1\mathrm{ns}} = 75\mathrm{mA}$$

则需要的总电流为

$$50 \times 75\mathrm{mA} = 3.75\mathrm{A}$$

（2）计算需要的电容：

$$C = \frac{I\mathrm{d}t}{\mathrm{d}U} = \frac{3.75\mathrm{A} \times 1\mathrm{ns}}{2.5 \times 2\%} = 75\mathrm{nF}$$

（3）考虑到实际情况可能存在温度、老化等影响，可以取 80nF 的电容以保证一定的裕量，并采用两个 40nF 的电容并联，以减小 ESR。

上面的计算方法很简单，但实际的效果不是很好，特别是在高频电路的应用上，会出现很多问题。比如上面的这个例子，即便电容的电感很小，只有 1nH，但根据 $\mathrm{d}U=L\mathrm{d}i/\mathrm{d}t$，可以算出约有 3.75V 的压降，这显然是无法接受的。

因此，设计较高频率的电路时，要采用另外一种更为有效的计算方法，这种方法主要是看回路电感的影响。仍对上面的例子进行分析：

（1）计算电源回路允许的最大阻抗 X_{max}：

$$X_{\mathrm{max}} = \Delta U / \Delta I = 0.05\mathrm{V} / 3.75\mathrm{A} = 13.3\mathrm{m\Omega}$$

（2）考虑低频旁路电容的工作范围 f_{BYPASS}：

$$f_{\mathrm{BYPASS}} = X_{\mathrm{max}} / 2\pi L_0 = 13.3/(2 \times 3.14 \times 5) = 424\mathrm{kHz}$$

这是考虑了 PCB 上电源总线的去耦电容，一般取电容值较大的电解电容，这里假设其寄生电感为 5nH。可以认为频率低于 f_{BYPASS} 的交流信号由板级大电容提供旁路。

（3）考虑最高有效频率 f_{knee}，也称为截止频率：

$$f_{\mathrm{knee}} = 0.5 / T_{\mathrm{r}} = 0.5 / 1\mathrm{ns} = 500\mathrm{MHz}$$

截止频率代表了数字电路中能量最集中的频率范围，超过 f_{knee} 的频率对数字信号的能量传输没有影响。

（4）计算在最大的有效频率（f_{knee}）下，电容允许的最大电感 L_{TOT}：

$$L_{\mathrm{TOT}} = \frac{X_{\mathrm{max}}}{2\pi f_{\mathrm{knee}}} = \frac{X_{\mathrm{max}} \cdot T_{\mathrm{r}}}{\pi} = \frac{13.3\mathrm{m\Omega} \times 1\mathrm{ns}}{3.14} = 4.24\mathrm{pH}$$

（5）假设每个电容的 ESL 为 1.5nH（包含焊盘引线的电感），则可算出需要的电容个数 N：

$$N = \mathrm{ESL} / L_{\mathrm{TOT}} = 1.5\mathrm{nH} / 4.24\mathrm{pH} = 354$$

（6）根据电容的阻抗在低频下不能超过允许的阻抗范围，可以算出总的电容值 C：

$$C = \frac{1}{2\pi f_{\mathrm{BYPASS}} \cdot X_{\mathrm{max}}} = \frac{1}{2 \times 3.14 \times 424\mathrm{kHz} \times 13.3\mathrm{m\Omega}} = 28.3\mathrm{\mu F}$$

（7）计算出每个电容的电容值 C_n：

$$C_n = C / n = 28.3\mu\text{F} / 354 = 80\text{nF}$$

计算结果表明，为了达到最佳设计效果，需要将 354 个 80nF 的电容平均分布在整个 PCB 上。但是从实际情况看，用这么多电容往往是不太可能的，如果同时开关的数目减少，上升沿跳变得不是很快，允许电压波动的范围更大的话，计算出来的结果也会变化很大。如果实际的高速电路要求的确很高，只有尽可能选取 ESL 较小的电容以避免使用大量的电容。

5）电容的摆放及布局

通过以上对电容特性的分析可知，高频的小电容对瞬间电流的响应最快。例如，一块 IC 附近有两个电容，一个是 2.2μF 的，另一个是 0.01μF 的。当 IC 同步开关输出时，瞬间提供电流的肯定是 0.01μF 的小电容，而 2.2μF 的电容则会过一段时间才响应，即便小电容离 IC 远一些，只要它的寄生电感（包括引线和焊盘电感）比大电容小，它依然是瞬间电流的主要提供者。所以，高速设计的关键就是高频小电容的处理，要尽可能将高频小电容摆放得离芯片电源引脚近一些，以达到最佳的旁路效果。

高速 PCB 布线中对电容处理的要求，简单地说就是要降低电感。在实际布局中的具体措施主要有以下 6 项。

☺ 减小电容引线/引脚的长度。

☺ 使用尽量宽的连线。

☺ 电容尽量靠近器件，并直接和电源引脚相连。

☺ 降低电容的高度（使用贴片式电容）。

☺ 电容之间不要共用过孔，可以考虑打多个过孔接电源/地。

☺ 电容的过孔要尽量靠近焊盘（能打在焊盘上最佳），如图 1-12-19 所示。

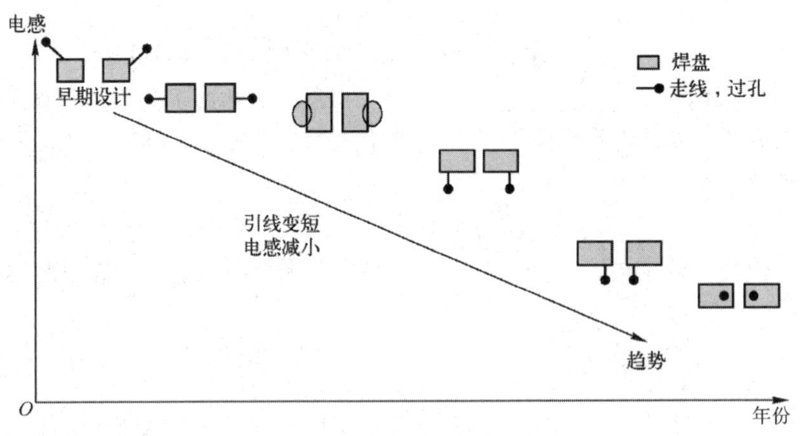

图 1-12-19　电容布局中引线设计趋势

1.13　本章思考题

（1）简述高速电路及高速信号的定义。

（2）传输线效应分别有几种？避免相应效应的方法是什么？
（3）过孔对信号传输的影响是什么？
（4）混合信号布局应该注意的问题是什么？
（5）简述信号完整性（SI）和电源完整性（PI）的定义，以及两者的区别。

第2章 仿真前的准备工作

2.1 学习目标

本章主要学习在对PCB进行信号完整性分析之前的PCB的设置，这些操作是高速PCB进行信号完整性分析所必需的。通过本章的学习，应该掌握如下内容。

☺ 使用 Model Integrity 工具验证 IBIS 模型。

☺ PCB 预布局及其相关设置。

☺ 分配 SI 模型。

2.2 分析工具

1. Model Integrity

Model Integrity 使用户可以在一个易用的编辑环境中快捷地新建、操作、验证模型。Model Integrity 提供了一个模型浏览器和一个 IBIS 模型或 DML 模型（Cadence 的模型格式）的语法检查器。标志导航功能提供一个修复 IBIS 模型语法问题的简易方法。模型可以使用 SigNoise 功能通过 Model Integrity 内部简单的测试电路来验证。

Model Integrity 可以通过“开始”菜单（在 Cadence 所在的目录下）直接打开。图 2-2-1 所示为 Model Integrity 的主界面。

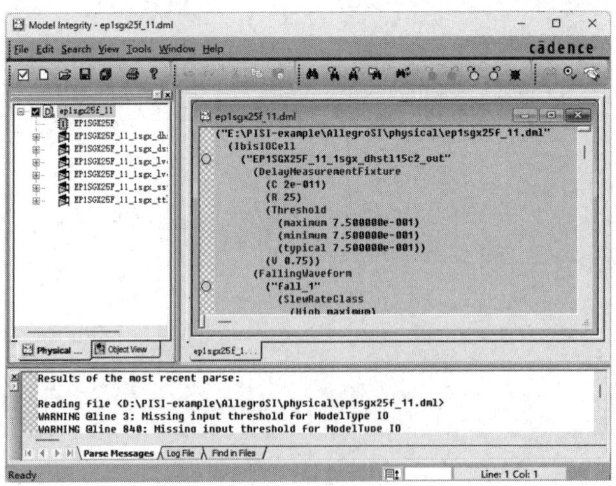

图 2-2-1 Model Integrity 的主界面

左边一栏是工作平台（Workspace），如图 2-2-2 所示。在此显示了打开的模型文件名。

模型文件名的前面有一些能够表示模型性质的图形符号。红叉表示调入的模型有语法错误（Error）；如果是黄色的对勾，则表示模型没有语法错误，但存在语法警告（Warning）；如果是绿色的对勾，就表示既没有语法错误，也没有语法警告。图形化的“I”表示此模型为 IBIS 格式，图形化的“D”表示此模型为 DML 格式。将模型展开（单击前面的“+”展开符），可以看到模型的每一个 IOCell 模型（仅对 IBIS 模型有效）。而单击下方的栏眉“Physical View”或“Object View”，可以切换模型名的显示模式。

右边一栏是以文本形式显示的模型文件的全部内容，称为工作簿（Workbook）或编辑窗口（Edit Window），如图 2-2-3 所示。这里，Model Integrity 提供了一个便捷的功能，以不同的颜色表示不同的含义：蓝色文字是关键字（Keywords）；绿色文字是注释（Comments）；黑色文字是普通文本（Text）；红色文字是错误标志（Error Marker）；黄色文字是警告标志（Warning Marker）。这些颜色的含义设置可以在 Model Integrity 主界面的“Tools”→“Color Palette”中更改。而单击下方的栏眉可以在不同的模型文件间切换。

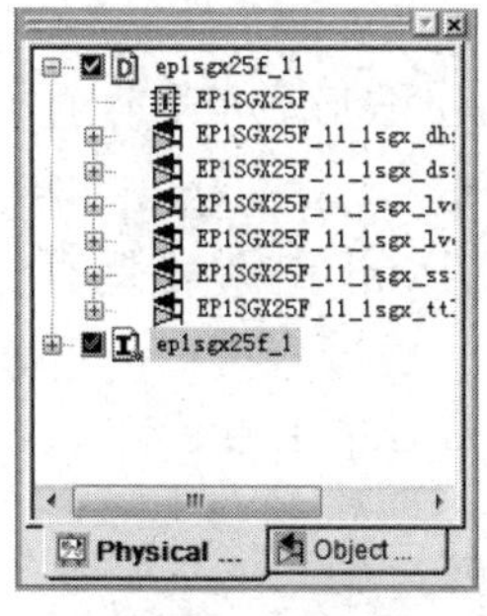

图 2-2-2　工作平台

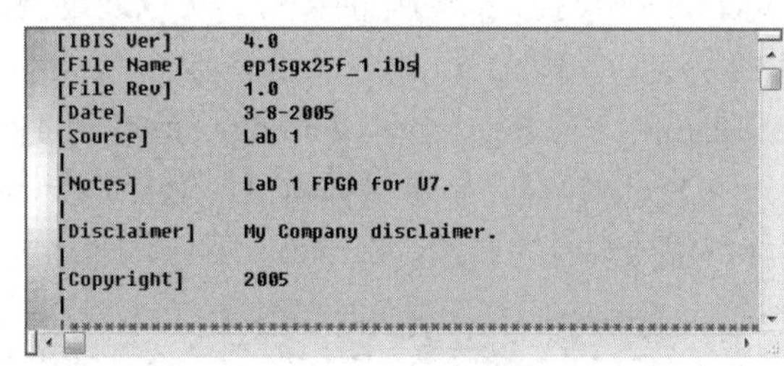

图 2-2-3　工作簿

下面一栏为输出窗口（Output Window），显示了 Model Integrity 各种功能和命令的结果，如图 2-2-4 所示。输出窗口有以下 3 种显示模式。

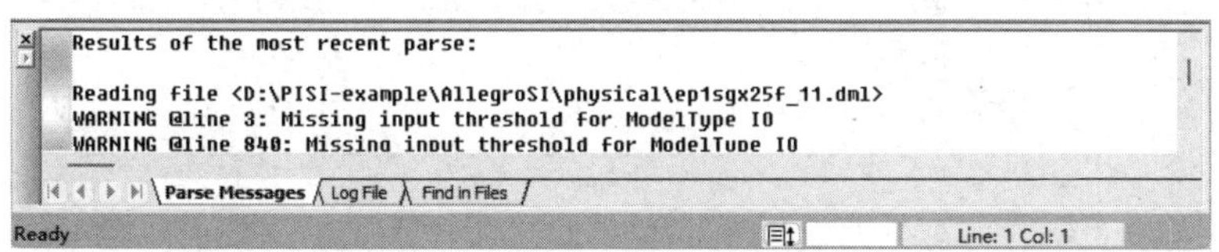

图 2-2-4　输出窗口和状态栏

（1）“Parse Messages”模式可显示模型文件的语法分析过程中的错误和警告消息。

（2）“Log File”模式可显示模型的日志文件。

（3）“Find in Files”模式可显示使用“Find in Files”命令（单击工具栏中的快捷按钮）在当前所有文件中查找某一字符串的结果。这 3 种显示模式可以通过单击栏目下方的栏眉切换。

在 Model Integrity 主界面的最下方是状态栏（Status Bar）。状态栏的左侧显示了 Model Integrity 的反馈信息，图 2-2-4 中的“Ready”就表示 Model Integrity 处于待命状态；状态栏右侧（如图 2-2-4 中的“Line:1 Col:1”）显示当前光标在模型文件中的位置；而在状态栏中间的框中，可以输入任意行数，单击按钮，模型文件就会跳到这一行显示。

Model Integrity 还提供了一个模型格式转换器，允许从 IBIS 到 DML、从 QUAD 到 DML、从 ESpice 到 Spice 的模型格式转换，如图 2-2-5 所示。

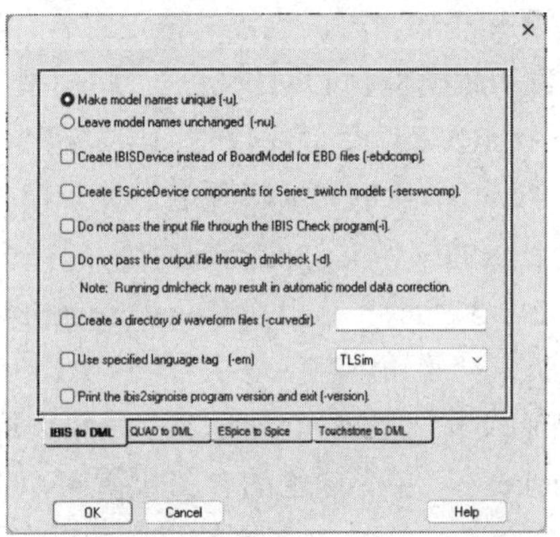

图 2-2-5　模型格式转换器

Model Integrity 提供图形化的接口，可以通过调入 SigWave 波形显示器查看模型中任意 IOCell 的所有 U-I、U-t 曲线，这些波形曲线包括 Pullup、Pulldown、GND_clamp、POWER_clamp、Raising Curve、Failing Curve 的 Type、Min、Max 三种数据类型。方法是选中任一 IOCell 模型，单击鼠标右键，选择“View Curve”，或者直接单击快捷按钮，然后选择所想要观看的曲线，SigWave 窗口就弹出来，如图 2-2-6 所示。

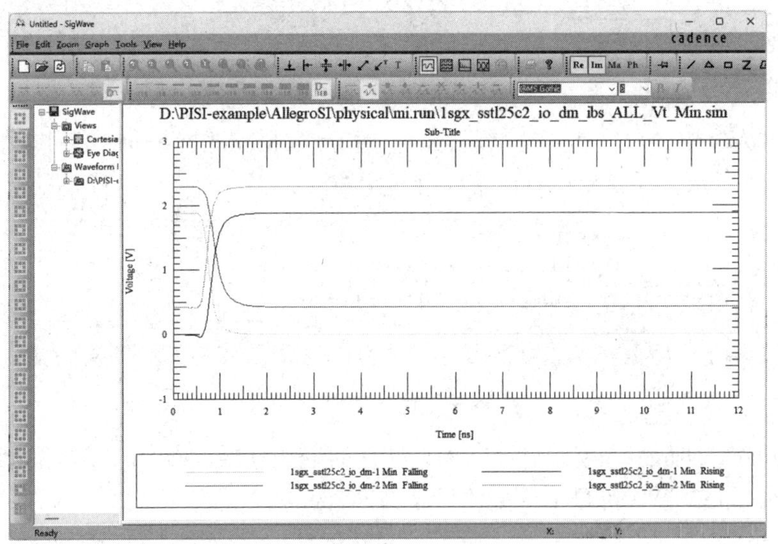

图 2-2-6　模型中 IOCell 的 U-t 曲线

使用 Model Integrity 集成的一个 SigNoise 接口可对 IOCell 模型做仿真验证，用鼠标右键单击任一 IOCell 模型，选择“Simulate”，就可对 IOCell 模型进行仿真验证。

Model Integrity 还有一个比较便捷的功能，它会在调入 IBIS 模型时自动做语法检查，并在出错或出现警告的行前打上相关标志，还可以通过 Model Integrity 的标志导航功能方便地找到这些出错或出现警告的行。单击快捷按钮就可以执行这一功能，

这 5 个按钮依次执行如下操作：下一错误，上一错误，下一警告，上一警告，清除所有标志。

Model Integrity 提供了各种方便易用的编辑命令，包括打开、新建、关闭、关闭所有、保存、另存为、打印、打印预览，以及撤销（Undo）、重复（Redo）、剪切、复制、粘贴、查找替换（Find Replace）、全选等。

在 Model Integrity 中，用户可通过“View”菜单中的命令，选择主界面所包含的内容。另外，还可以通过“Tools”菜单下的“Customize”和“Extended Styles”命令自定义工具栏和控制栏。

2．Allegro PCB SI

Allegro PCB SI 一般与 Allegro PCB Design 一道工作。两者结合在一起，为高速数字系统的设计和分析提供了比较完整的解决方案。Allegro PCB SI 同其他全面的布局、布线设计工具一样，提供了拓扑结构的编辑器，以解决布局布线空间检测的问题；提供了层次化的约束管理器（Constraint Manager），以及一个基本的 PCB 编辑环境（如同一个简化的 Allegro），以支持一些关键的元器件的布局和布线。Allegro PCB SI 允许工程师提前了解布局、布线可能出现的问题，进行信号分布规划，进而在物理设计中实现它们，并在布局、布线设计中进行一致性验证，从而解决信号完整性分析的问题，以在布局、布线设计过程中遵循高速设计准则，图 2-2-7 所示为 Allegro PCB SI 的工作环境。

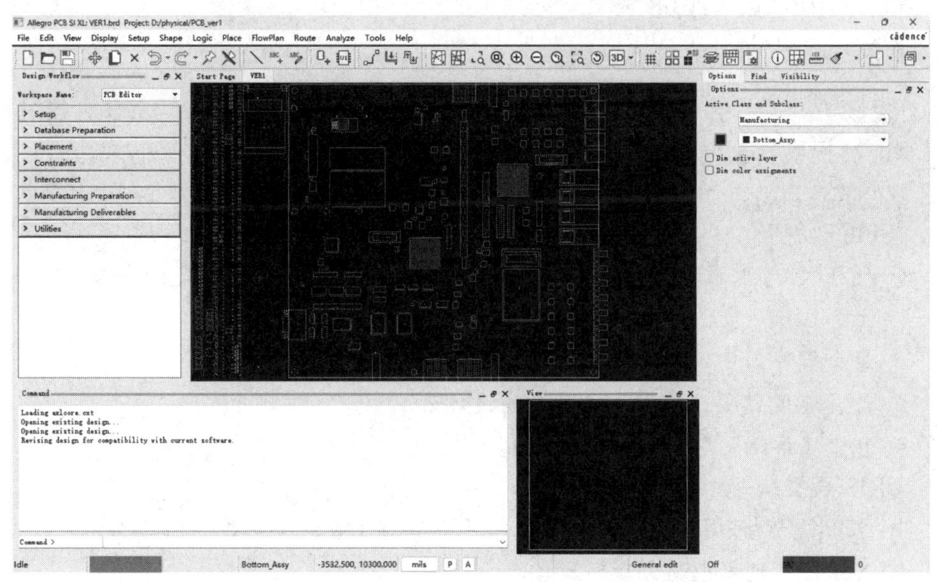

图 2-2-7　Allegro PCB SI 的工作环境

2.3　IBIS 模型

在 IBIS 出现之前，人们用晶体管级 SPICE 模型进行系统的仿真，这种方法有以下 3 个方面的问题。

☺　结构化的 SPICE 模型只适用于元器件和网络较少的小规模系统仿真。

☺ 得到元器件结构化的 SPICE 模型较困难，元器件生产厂家不愿意提供包含电路设计、制造工艺等信息的 SPICE 模型。

☺ 各个商业版的 SPICE 软件彼此不兼容，一个供应商提供的 SPICE 模型可能在其他 SPICE 仿真器上不能运行。

因此，人们需要一种被业界普遍接受，不涉及元器件设计制造技术，并能准确描述元器件电气特性的行为化的“黑盒”式的仿真模型。

1990 年初，Intel 公司为了满足 PCI 总线驱动的严格要求，在内部草拟了一种基于 Lotus Spreadsheet 的列表式模型，数据的准备和模型的可行性是主要问题。由于当时已经有了几个 EDA 厂商的标准，因此邀请了一些 EDA 供应商参与通用模型格式的确定。这样，IBIS 1.0 在 1993 年 6 月诞生，1993 年 8 月更新为 IBIS 1.1 版本，并被广泛接受。此时，旨在与技术发展同步和改善 IBIS 模型可行性的 IBIS 开放论坛（IBIS Open Forum）成立，更多的 EDA 供应商、半导体商和用户加入 IBIS 论坛。由于他们的影响，1994 年 6 月在 IBIS V1.1 规范的基础上加入很多扩展技术后，出台了 IBIS V2.2 规范。1995 年 2 月，IBIS 论坛正式并入美国电子工业协会（Electronic Industries Association，EIA）。1995 年 12 月，IBIS V2.1 成为美国工业标准 ANSI/EIA-656。1997 年 6 月发布的 IBIS V3.0 成为 IEC 62012-1 标准。1999 年 9 月通过的 IBIS V3.2 为美国工业标准 ANSI/EIA-656-A。目前大量使用的模型为 IBIS V2.1、IBIS V3.2。

1．IBIS 模型与 SPICE 模型的特点

进行板级仿真的关键问题在于模型的建立。在传统的电路设计中，SPICE 模型作为电路级模型能够提供精确的结果，但是 SPICE 模型不能满足现在的仿真需求，SPICE 模型与 IBIS 模型的各自特点如下所述。

☺ SPICE 模型：
  - ✧ 电压/电流/电容等节点关系从元器件图形、材料特性得来，建立在低级数据的基础上。
  - ✧ 每个缓冲器中的元器件分别被描述/仿真。
  - ✧ 仿真速度太慢，适用于电路级的设计者。
  - ✧ 包含了详细的芯片内部设计信息。

☺ IBIS 模型：
  - ✧ 电压/电流/时间等缓冲器的节点关系建立在 *U-I* 或 *U-t* 曲线上。
  - ✧ 其中没有包括电路细节。
  - ✧ 仿真速度快，适用于系统设计者。
  - ✧ 不包括芯片内部的设计信息。

2．IBIS 模型的物理描述

IBIS 模型是以 I/O 缓冲器结构为基础的。I/O 缓冲器行为模块涉及封装所带来的 RLC 寄生参数，硅片本身的寄生电容参数，电源或地的电平钳位保护电路、缓冲器特征（门槛电压、上升沿、下降沿、高电平和低电平状态）。图 2-3-1 所示为 IBIS 模型结构。

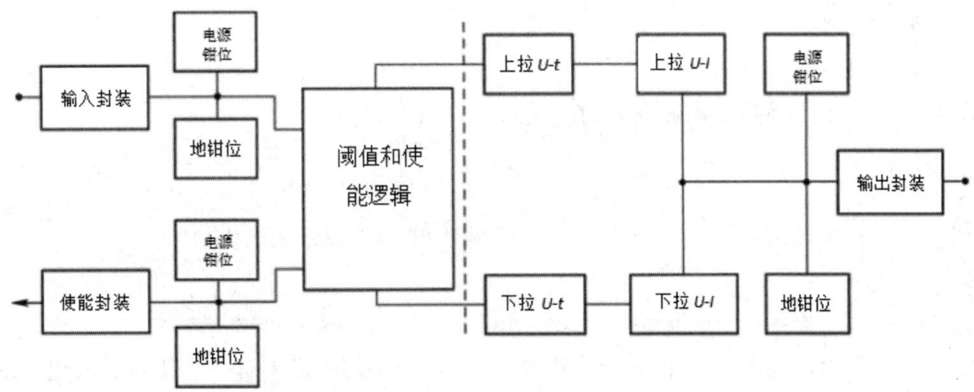

图 2-3-1　IBIS 模型结构

虚线的左边为输入的模型结构，虚线的右边为输出的模型结构。

输入的模型结构可以细化，如图 2-3-2 所示。

☺　C_pkg、R_pkg、L_pkg 为封装参数。

☺　C_comp 为硅片上引脚的压焊盘电容。

☺　Power_Clamp 为高端 ESD 结构的 *U-I* 曲线。

☺　GND_Clamp 为低端 ESD 结构的 *U-I* 曲线。

类似输入的模型，输出的模型结构也可以细化，如图 2-3-3 所示。

☺　元素 1 为 Pullup、Pulldown，包含了高电平和低电平状态的上拉、下拉 *U-I* 曲线，模拟缓冲单元被驱向低电平或高电平的 *U-I* 特性。

☺　元素 2 为 Ramp，包含了上升沿和下降沿的摆率（d*U*/d*t*），指的是输出电压从最大输出电压的 20%到 80%所用的时间。为了更加准确地描述上升沿和下降沿的过程，有上升沿和下降沿的 *U-t* 曲线。

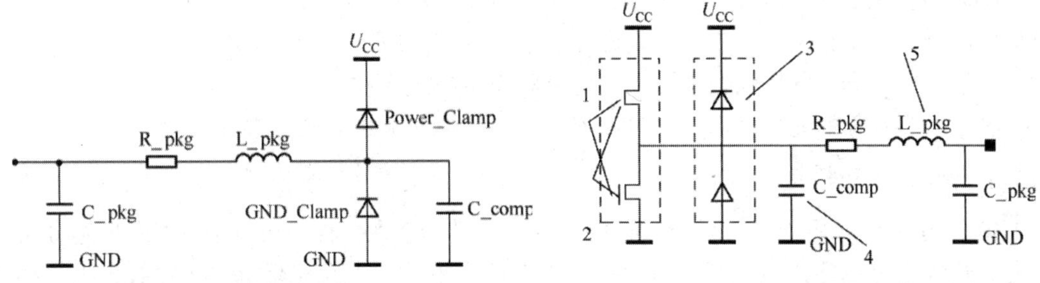

图 2-3-2　输入的模型电路图　　　图 2-3-3　输出的模型电路图

☺　元素 3 为 Power/GND_Clamp，包含了电源和地的钳位保护电路的 *U-I* 特性。

☺　元素 4 为 C_comp，包含了硅片本身固有的寄生电容。

☺　元素 5 为 RLC，代表封装的寄生参数特性，对元器件的所有引脚进行粗略的描述，也可以进行进一步的详细描述。

元器件中只有 C_comp 的描述而没有 R_comp 的描述，这是因为硅片本身的寄生电阻影响已经包含在上、下拉电路和钳位保护电路的 *U*–*I* 特性中。

对输入结构模型而言，没有上拉、下拉结构的电路。

由此可以看出，IBIS 是一种基于全电路仿真或测试获得 *U*–*I* 曲线而建立的快速、准确的行为化的电路仿真模型。它的仿真速度是 SPICE 模型仿真速度的 25 倍以上。人们可以根据标准化的模型格式建立这种模拟 IC 电气特性的模型，并可以通过模型验证程序验证模型格式的正确性。IBIS 模型几乎能被所有的模拟仿真器和 EDA 工具接受。由于来自测量或仿真数据，IBIS 模型较容易获得；IBIS 模型不涉及芯片的电路设计和制造工艺，芯片供应商也愿意为用户提供元器件的 IBIS 模型，因此 IBIS 模型广泛应用于系统的信号完整性分析。

3. 建立 IBIS 模型

IBIS 模型可以通过仿真元器件的 SPICE 模型来获得，也可以用直接测量的方法获得。作为最终用户，常见的方法是到半导体制造厂商的网站上去下载各种元器件的 IBIS 模型，在使用前要对得到的 IBIS 模型进行语法检查。

建立一个元器件的 IBIS 模型需要以下 5 个步骤。

（1）进行建立模型前的准备工作，包括确定模型的复杂程度；根据模型所要表现的内容和元器件工作的环境来确定电压和温度范围及制程限制等因素；获取元器件相关信息，如电气特性及引脚分布；元器件的应用信息。

（2）获得 *U*–*I* 曲线或上升沿/下降沿曲线的数据，可以通过直接测量或仿真得到。

（3）将得到的数据写入 IBIS 模型。不同的数据在相应的关键字后列出，要注意满足 IBIS 的语法要求。

（4）初步建立模型后，应当用 s2iplt 等工具来查看以图形方式表现的 *U*–*I* 曲线，并检查模型的语法是否正确。如果模型是通过仿真得到的，应当分别用 IBIS 模型和最初的晶体管级模型进行仿真，并比较仿真结果，以检验模型的正确性。

（5）得到实际的元器件后，要对模型的输出波形和测量的波形进行比较。

4. 使用 IBIS 模型

IBIS 模型主要用于板级系统或多板信号的信号完整性分析。可以用 IBIS 模型分析的信号完整性问题包括：串扰、反射、振铃、上冲、下冲、不匹配阻抗、传输线分析、拓扑结构分析等。IBIS 模型尤其能够对高速信号的振铃和串扰进行准确、精细的仿真，它可用于检测最坏情况的上升时间条件下的信号行为，以及一些用物理测试无法解决的问题。在使用时，用户用 PCB 的数据库来生成 PCB 上连线的传输线模型，然后将 IBIS 模型赋给 PCB 上相应的驱动端或接收端，就可以进行仿真了。

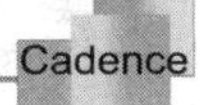

虽然 IBIS 模型有很多优点，但也存在一些不足。目前，仍有许多厂商不支持 IBIS 模型。而不支持 IBIS 模型，IBIS 仿真工具就无法工作。虽然 IBIS 文件可以手工创建或通过 SPICE 模型来转换，但若无法从厂家得到最小上升时间参数，任何转换工具都无能为力。另外，IBIS 还缺乏对地弹噪声的建模能力。

2.4　验证 IBIS 模型

【本节目的】 学习对 IBIS 模型进行语法检测并将 IBIS 模型转换为 DML 模型（Cadence 的模型格式）。

【使用工具】 Model Integrity 能够进行模型建立、处理和校验，在使用仿真模型前，必须先验证仿真模型。Model Integrity 可分析 IBIS 模型和 DML（Device Model Library）模型的语法错误，可以实现 IBIS、Quad 和 Cadence DML 文件的互相转换。模型校验包括语法检查、单调性检查、模型完整性检查和数据合理性检查。

【使用文件】 physical\ ep1sgx25f_1.ibs。

1. 浏览解析的 IBIS 文件结果

（1）在程序文件夹中选择“PCB Editor Utilities 17.4-2019”→“Model Integrity 17.4”，弹出“Model Integrity”窗口，如图 2-4-1 所示。

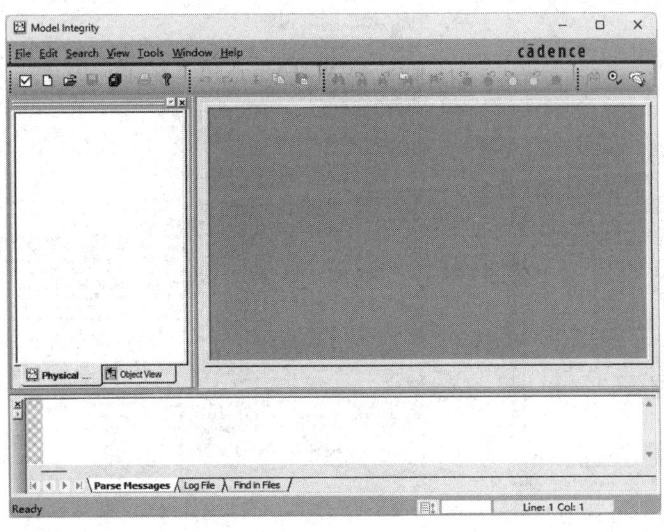

图 2-4-1 “Model Integrity”窗口

（2）在“Model Integrity”窗口执行菜单命令“File”→“Open”，打开 D:\physical\ep1sgx25f_1.ibs 文件，如图 2-4-2 所示。

当打开 IBIS 文件时，一个解析程序 ibischk4.2.0 开始运行。运行完成后，会显示错误和警告信息，必须处理这些错误和警告。

（3）在左边“Physical View”栏单击“ep1sgx25f_1”前面的“+”号，浏览 IOCell 模型，树列表中显示所有的 IOCell 模型，如图 2-4-3 所示。

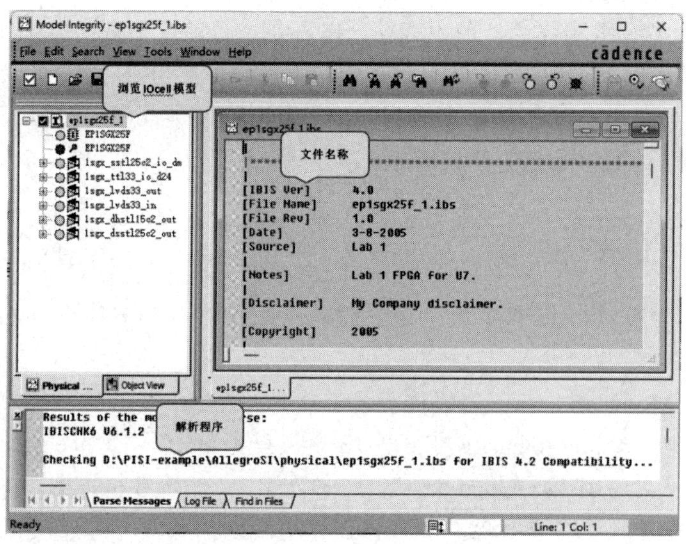

图 2-4-2 ep1sgx25f_1.ibs 文件内容

（4）在“Physical View”栏双击“1sgx_sstl25c2_io_dm”，单击按钮，在编辑窗口出现警告标志，并且最下面的输出窗口会显示警告信息（提示警告所在的位置及警告的原因），如图 2-4-4 所示。

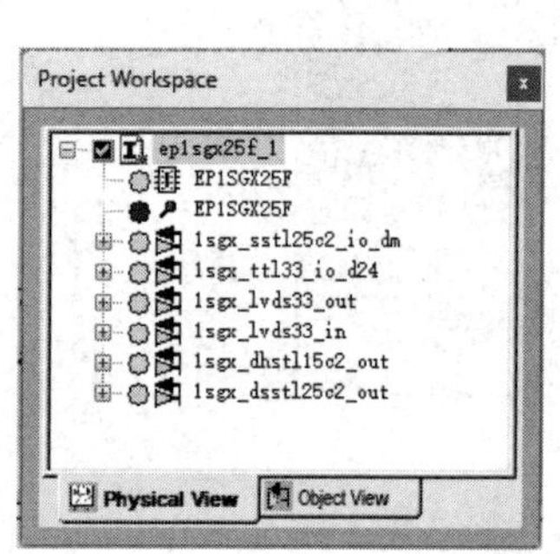

图 2-4-3 IOCell 模型

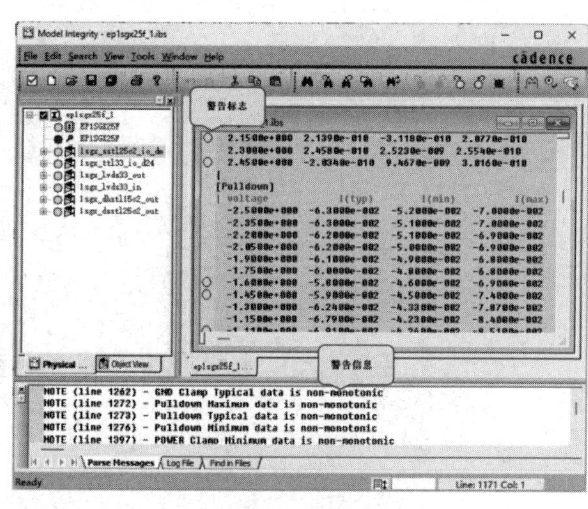

图 2-4-4 警告信息

（5）在输出窗口可以看到第 1 行被高亮显示，并且输出窗口提示“WARNING (line 1260) - GND Clamp Minimum data is non-monotonic”（第 1260 行，GND Clamp 的最小数据是非单调的），对于这个 IOCell，在编辑窗口会看到电压为 2.1500e+000V 时对应的最小电流为−3.1180e−010A，上一行（1259 行）的 2.0000e+000V 对应的最小电流为−4.9080e−012A，第 1258 行的 1.8500e+000V 对应的最小电流为−8.5730e−011A，如图 2-4-5 所示。

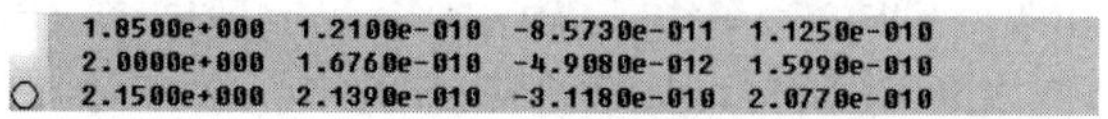

图 2-4-5 具体警告信息

（6）在“Physical View”栏选择“1sgx_sstl25c2_io_dm”，单击鼠标右键，选择“View Curve”→“GND_Clamp”→“Min”，弹出 SigWave 窗口，如图 2-4-6 所示。

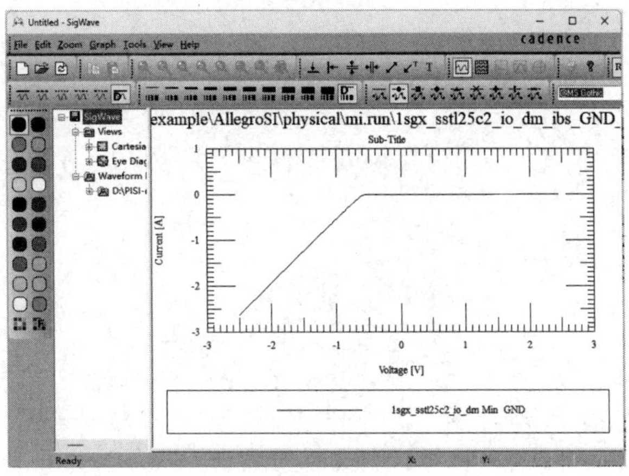

图 2-4-6 SigWave 窗口

（7）SigWave 窗口显示 Pulldown Maximum IV 曲线，波形非单调处在 1.85～2.15V 之间，但由于电流值差别过小，在图中不能正确显示。在当前目录会产生波形文件，文件名为 IOCell 的名字，扩展名为 sim。

（8）执行菜单命令“File”→“Exit”，退出 SigWave 窗口。

需要注意的是，该非单调性发生的位置在电压序列的末端，而且变化很小（变化范围为 1.0e−10A），对仿真结果影响甚小，不需要纠正 IBIS 文件。

（9）在窗口底部的信息栏中查看警告信息，找到警告“WARNING－Model '1sgx_sstl25c2_io_dm': Model_type 'I/O' must have Vinl set”（模型“1sgx_sstl25c2_io_dm”： I/O 模型必须有 Vinl 设置）和“WARNING－Model '1sgx_sstl25c2_io_dm': Model_type 'I/O' must have Vinh set”（模型“1sgx_sstl25c2_io_dm”： I/O 模型必须有 Vinh 设置），如图 2-4-7 所示。

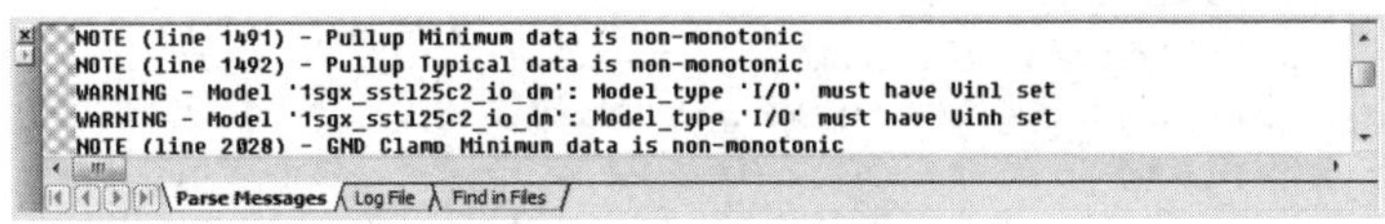

图 2-4-7 查看警告信息

（10）在“Physical View”栏双击“1sgx_sstl25c2_io_dm”，编辑窗口显示该 IOCell 模型信息，并且模型名被高亮显示，如图 2-4-8 所示。

（11）在编辑窗口可以看到，1sgx_sstl25c2_io_dm 下面 Model_type I/O 部分没有 Vinh 和 Vinl，在“Vmeas = 1.2500”语句的上面添加输入“Vinl = 1.0700”和“Vinh = 1.4300”，如图 2-4-9 所示。

（12）执行菜单命令“File”→“Save As”，保存文件于当前目录，文件名为 ep1sgx25f_11.ibs。

（13）在“Physical View”栏选择“ep1sgx25f_11.ibs”，单击鼠标右键，选择“Parse

Selected”，Model Integrity 会运行 ibischk 解析器，并且在当前目录下建立 ep1sgx25f_11_ibisparse.log 文件。同时，在“ep1sgx25f_11”前面有一个红色的“×”标志，如图 2-4-10 所示。

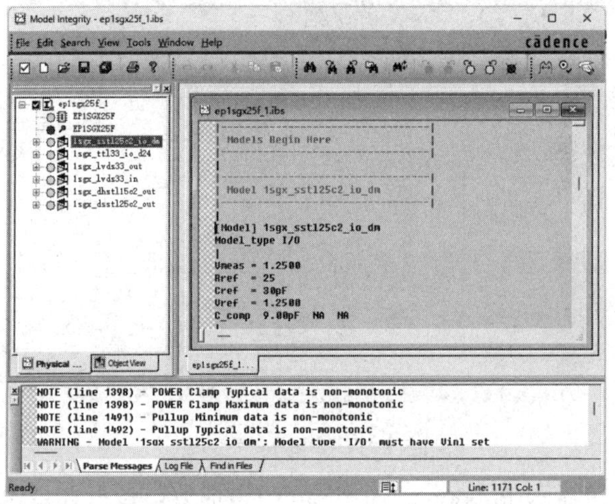

图 2-4-8　1sgx_sstl25c2_io_dm 模型参数

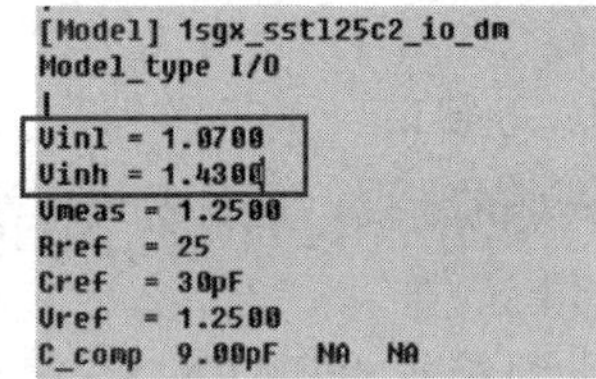

图 2-4-9　修改 1sgx_sstl25c2_io_dm 模型参数

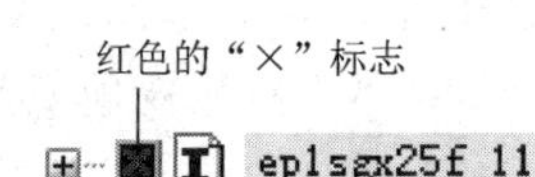

图 2-4-10　错误标志

（14）在“Physical View”栏双击“ep1sgx25f_11”，在编辑窗口会弹出错误标志，双击编辑窗口的错误标志，在输出窗口会显示提示信息，如图 2-4-11 所示。

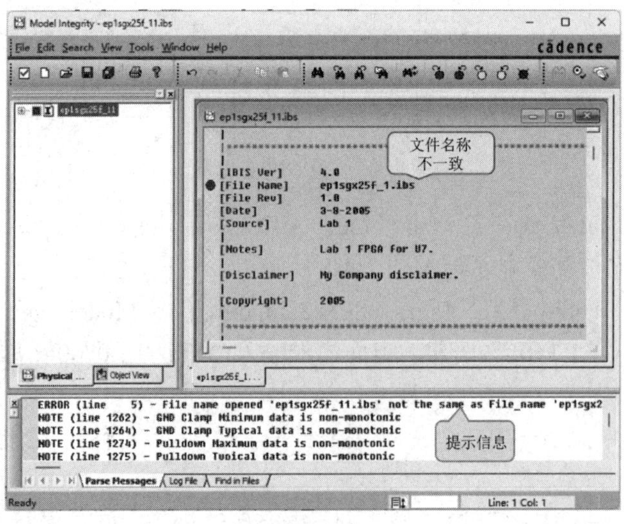

图 2-4-11　文件名错误标志及提示信息

（15）Model Integrity 要求文件名和“File Name”一致，在编辑窗口中改变“File Name”后的“ep1sgx25f_1.ibs”为“ep1sgx25f_11.ibs”，保存文件。

（16）在“Physical View”栏选择“ep1sgx25f_11”，单击鼠标右键，选择“Parse Selected”，解析文件，发现错误标志消失，如图 2-4-12 所示。

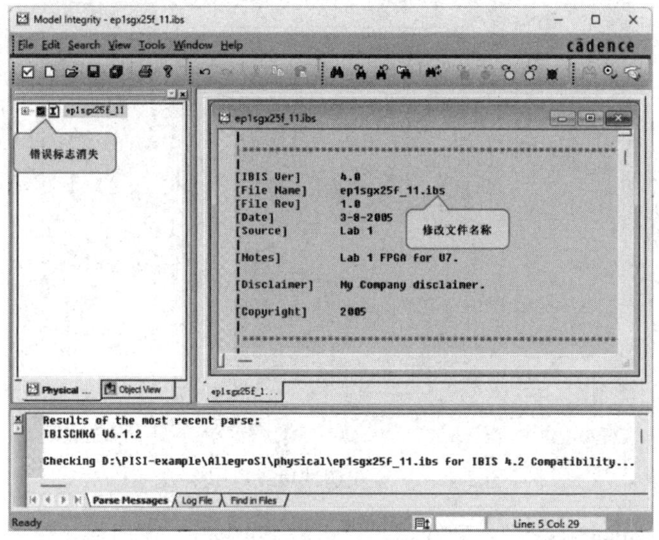

图 2-4-12 错误标志消失

2．在 Model Integrity 中仿真 IOCell 模型

（1）在“Physical View”栏选择“1sgx_sstl25c2_io_dm”，单击鼠标右键，选择“Simulate Buffer…”，弹出“Buffer Model Simulation”对话框，如图 2-4-13 所示。在“Physical View”栏有一个新的文件，这是由 IBIS 模型转换的 DML 模型，PCB SI 运行仿真需要 DML 模型，所以 Model Integrity 自动产生 DML 文件。

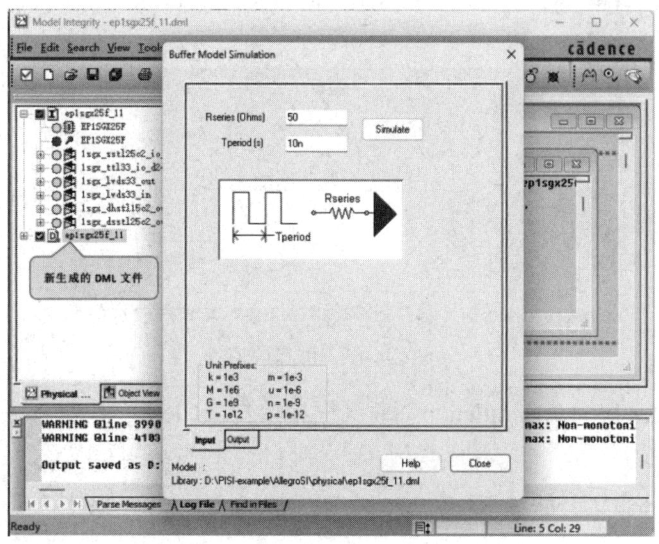

图 2-4-13 “Buffer Model Simulation”对话框

（2）在“Buffer Model Simulation”对话框中选择“Output”页面，可以看到“Vref”自动读取模型中的设定值“1.25”，“Cref”自动读取模型中的设定值“0.03n”，Tperiod 为仿真周期，和“Input”页面一样。更改参数“Rref”为 50，如图 2-4-14 所示。

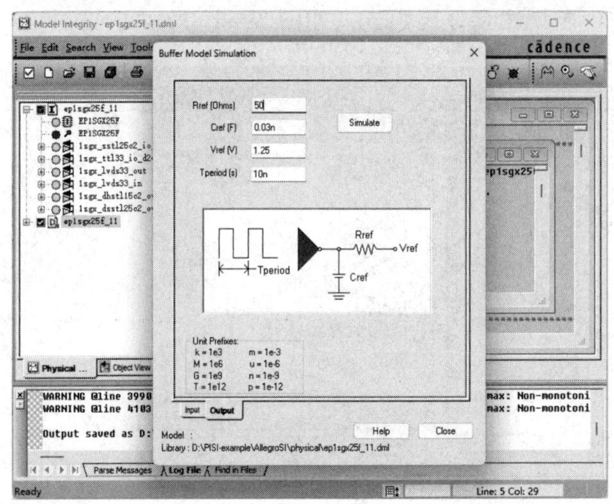

图 2-4-14　设置测试负载电阻参数

（3）单击“Simulate”按钮，运行仿真，并在 SigWave 窗口显示波形，如图 2-4-15 所示，波形被写入当前目录，波形名为“Waveform.sim”。当仿真其他 IOCell 模型时，波形文件会被重写。

（4）关闭 SigWave 窗口。

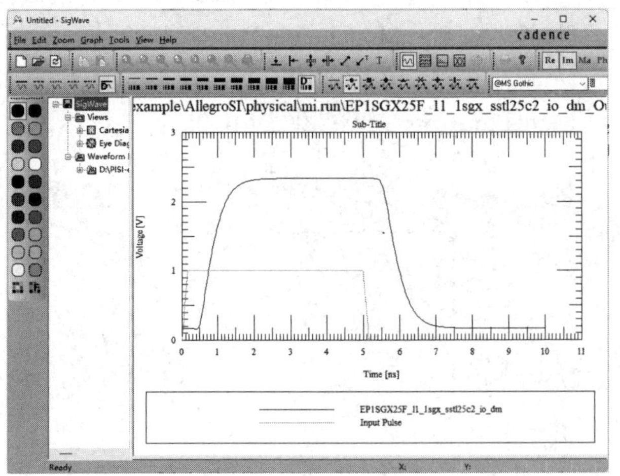

图 2-4-15　仿真波形

（5）在“Buffer Model Simulation”对话框中单击“Close”按钮，关闭“Buffer Model Simulation”对话框。

3．使用 IBIS to DML 转换器

（1）在“Physical View”栏单击 IBIS 文件 ep1sgx25f_11，执行菜单命令“Tools”→

“Translation Options ...”，弹出 Translation Options 对话框，如图 2-4-16 所示。

（2）默认选中“Make model names unique(-u)”单选按钮，这个设置为每个 IOCell 模型名附加了 IBIS 文件名。单击“OK”按钮，关闭 Translation Options 对话框。

（3）在“Physical View”栏选择 IBIS 文件 ep1sgx25f_11，单击鼠标右键，选择“IBIS to DML”，系统会提示是否重写，这是因为软件先前已经自动生成了一个 DML 文件，单击“是”按钮，重写文档，如图 2-4-17 所示。

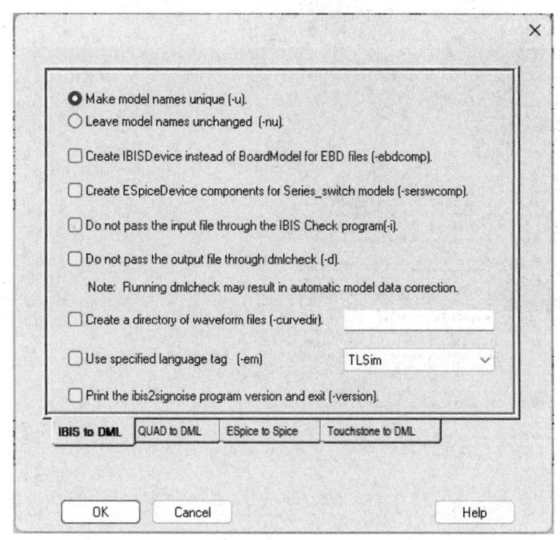

图 2-4-16　Translation Options 对话框

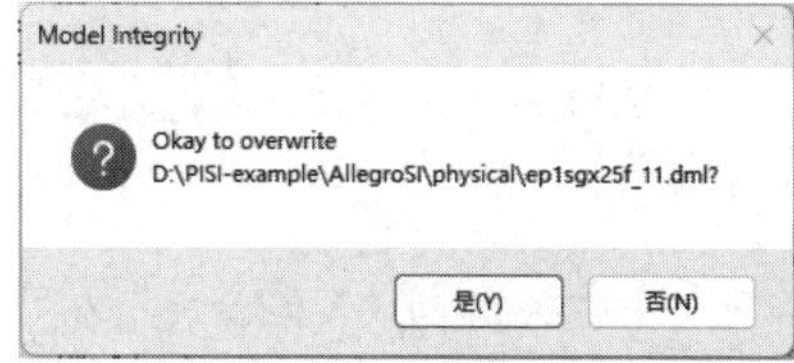

图 2-4-17　提示框

（4）查看编辑窗口中的第 3 行，第 1 个 IOCell 模型为 EP1SGX25F_11_1sgx_dhstl15c2_out，ep1sgx25f_11 已经被添加到 IOCell 模型名的前面，如图 2-4-18 所示。

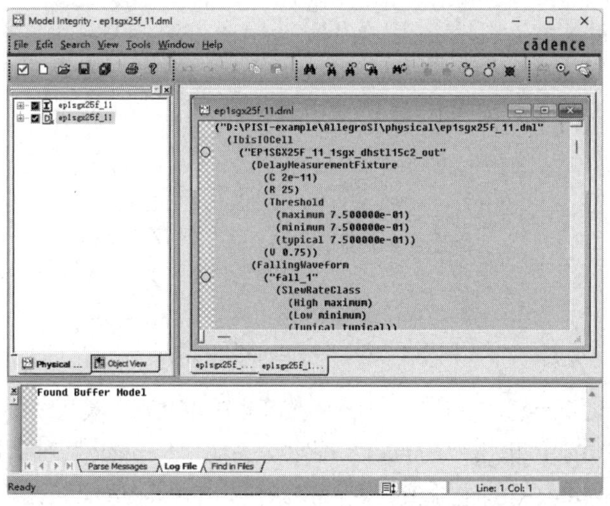

图 2-4-18　在 IOCell 模型名前附加 IBIS 文件名

4．浏览 DML 文件的错误和警告信息

当将一个 IBIS 文件转换为 DML 文件时，dmlcheck 解析器开始运行，在输出窗口显示错误和警告信息。

（1）在工具栏单击按钮，输出窗口提示 52 个警告和 0 个错误。在输出窗口滚动查看警告信息“WARNING @line 237: EP1SGX25F_11_1sgx_dhstl15c2_out GroundClamp: Overall typical area exceeds overall maximum area”。

（2）在输出窗口双击警告信息，在编辑窗口顶部会高亮显示第237 行，如图2-4-19所示。

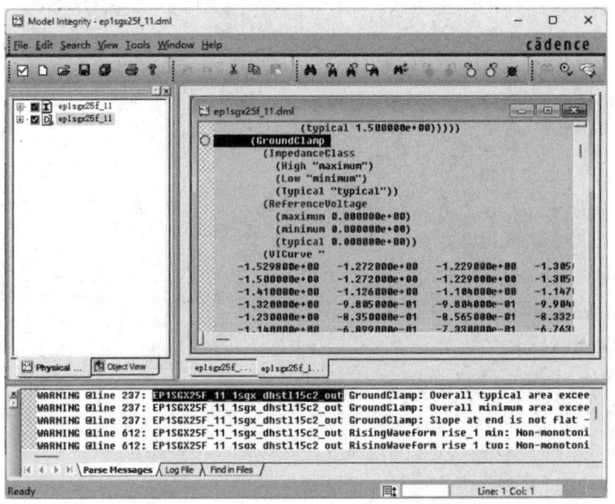

图 2-4-19　警告信息

（3）注意关键词“VICurve”和下面的数据点，在 DML 格式没有提示哪一栏中是最小值、典型值或最大值，并且单位统一为伏特（V）和安培（A），最左边一列为电压值，紧靠着这一列右边的是典型电流值，下一列是最小电流值，最后一列是最大电流值。这些数据没有IBIS 文件容易读取，所以需要查看IBIS 文件中正在运行的模型，试图找出 dmlcheck 警告的变化。

（4）在“Physical View”栏双击 IBIS IOCell 模型 1sgx_dhstl15c2_out，在编辑窗口单击鼠标右键，选择“Replace”，弹出“Replace”对话框，在“Find what”框中输入“POWER_Clamp”，不勾选“Match case”复选框，如图 2-4-20 所示。

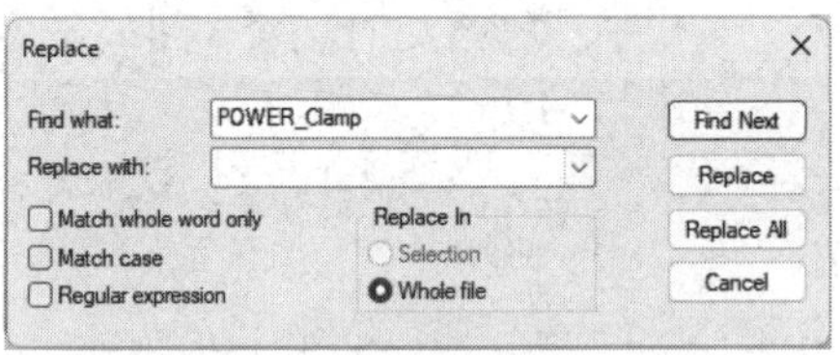

图 2-4-20　“Replace”对话框

（5）单击“Find Next”按钮，在编辑窗口中 IOCell 模型 1sgx_dhstl15c2_out 的 Power_clamp 被高亮显示，单击“Cancel”按钮，关闭“Replace”对话框。

（6）查看 VI Curve 数据的电流值，在“Max”栏的电流值应该比“Min”栏和“Typ”栏的大，但发现在−3.10～−1.85V 之间的数据在错误的栏里。

（7）在“Physical View”栏选择 IBIS IOCell 模型 1sgx_dhstl15c2_out，单击鼠标右键，选择“View Curve”→“Power_clamp”→“All”，弹出 SigWave 窗口，显示最小（Min）、最大（Max）、典型（Typ）3 条曲线，发现 Max 并不是总比 Min 和 Typ 大，而 Typ 并不是

总比 Min 大，这就是 dmlcheck 产生警告的原因，如图 2-4-21 所示。

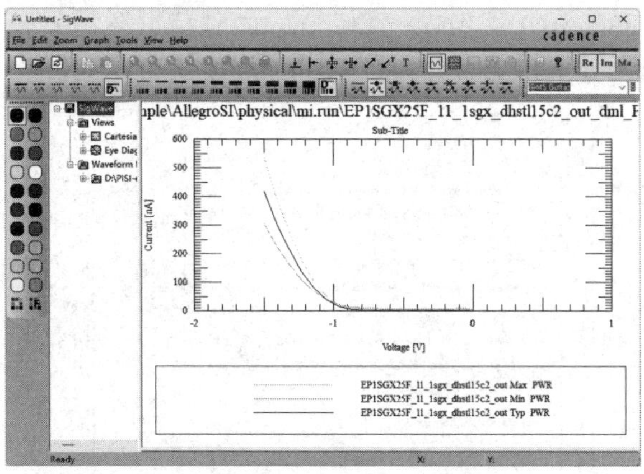

图 2-4-21　Power_clamp 曲线

注意

需要确定这些值是否正确，但若没有 SPICE 模型做对照，则很难确定这些值是否正确。

（8）关闭 SigWave 窗口，关闭 IBIS 文件 ep1sgx25f_11 和 DML 文件 ep1sgx25f_11。

5．使用 ESpice to Spice 转换器

使用 ESpice to Spice 转换器可以把 Cadence ESpice 文件转换为标准的 Spice 文件。在 PCB SI 中需要设置仿真参数，从“Probe”窗口选择要仿真的网络，在报告或波形窗口保存电路文件，这些动作都会将 ESpice 文件写到 signoise.run/case#/sim# 目录下，#代表数字，sim 目录包含名为 main.spc 的文件和其他几个需要的文件。

（1）在 Model Integrity 窗口执行菜单命令“File”→“Open”。在 D:\SQAdv_14_2\mi\ESpice\signoise.run\case1\sim1 目录下打开 main.spc，如图 2-4-22 所示。

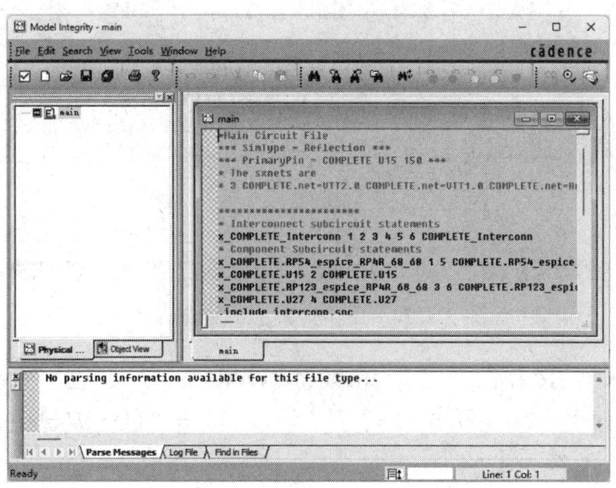

图 2-4-22　main.spc 文件内容

（2）在“Physical View”栏选择“main”，执行菜单命令“Tools”→“Translation Options…”，弹出 Translation Options 对话框，在对话框底部选择“ESpice to Spice”选项卡，如图 2-4-23 所示。不选择任何选项，main.spc 文件包含传输线元素。

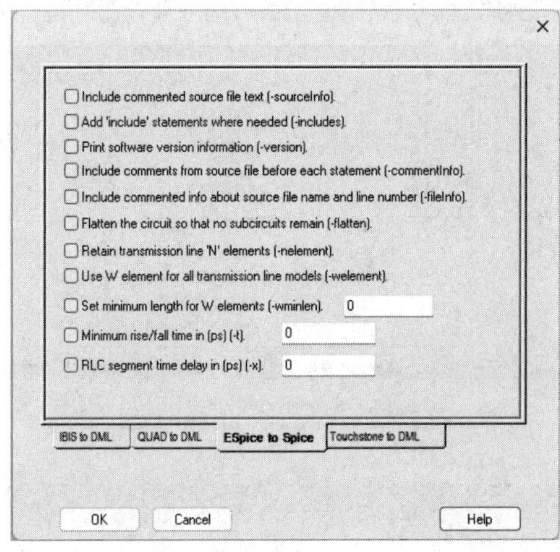

图 2-4-23 Translation Options 对话框

（3）在 Translation Options 对话框单击“OK”按钮，在“Physical View”栏选择“main”，单击鼠标右键，选择“Translate Selected”→“Generic Spice”，main.spc 已经被转换为标准 Spice 文件，文件名为 mainspc_gen.spc，如图 2-4-24 所示。

（4）在“Physical View”栏选择“mainspc_gen”，执行菜单命令“File”→“Save As”，保存文件，文件名为 mainspc_gen_default。

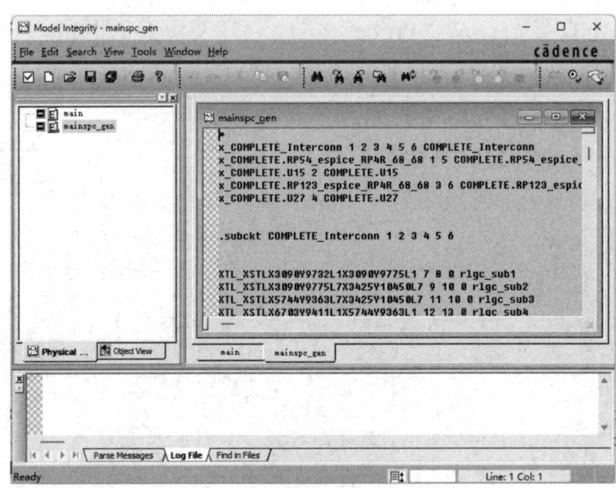

图 2-4-24　mainspc_gen 文件内容

（5）执行菜单命令“Tools”→“Translation Options…”，弹出 Translation Options 对话框，在对话框底部选择“ESpice to Spice”选项卡，勾选“Use W element for all transmission line models”复选框，如图 2-4-25 所示。

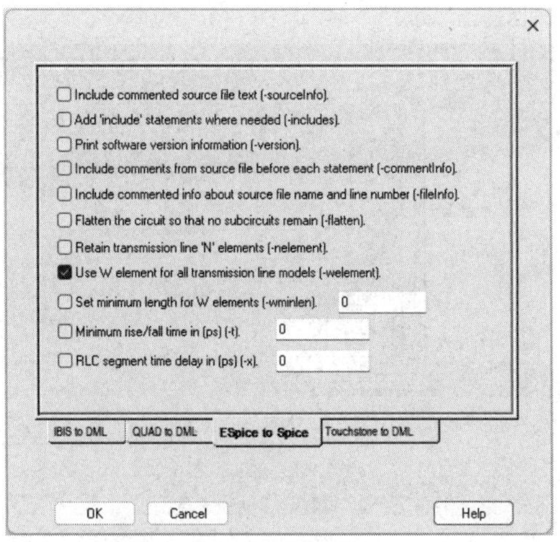

图 2-4-25　Translation Options 对话框

（6）单击“OK”按钮，关闭 Translation Options 对话框。W-element 文件用于 Hspice 仿真，在“Physical View”栏选择“main”，单击鼠标右键，选择“Translate Selected”→“Generic Spice”，弹出提示框，单击“Yes”按钮，重写 mainspc_gen 文件，如图 2-4-26 所示。

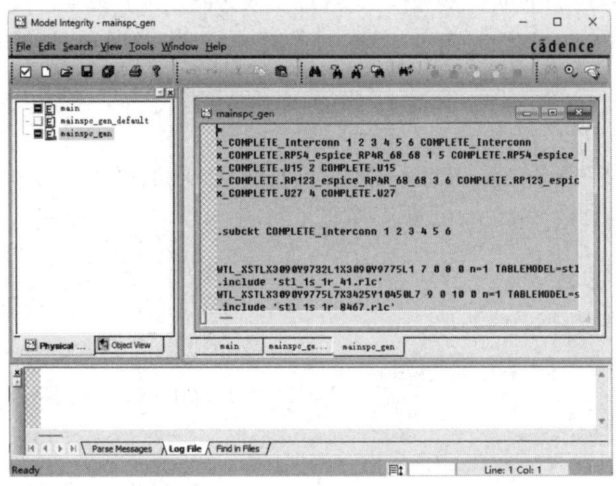

图 2-4-26　重写 mainspc_gen 文件

（7）在“Physical View”栏选择“mainspc_gen”，执行菜单命令“File”→“Save As”，保存文件于当前目录，文件名为 mainspc_gen_welement。

（8）在“Physical View”栏选择“main”，单击鼠标右键，选择“Close Selected”，关闭 main.spc。

（9）执行菜单命令“Window”→“Tile Horizontally”（横向平铺），这两个文件上下显示，这样很容易将两个文件进行比较，如图 2-4-27 所示。

（10）在文件中查找 Trace 模型定义，W-element 指向其他文件，关键词“RLGCfile=文件名”，这就意味着当提取 W-element Spice 文件到 Hspice 时，也需要提取它的 RLGC 文件。

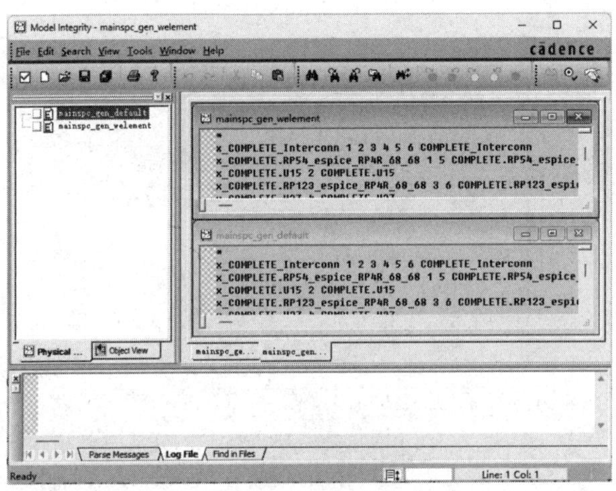

图 2-4-27　比较两个模型文件

（11）在名为 subckt COMPLETE_Interconn 的 W-element 文件中查看子电路定义，在 spc2spc 转换的过程中，这些文件被转换为标准 Spice 文件，Trace 定义被从 Allegro PCB SI 电路板文件提取并被存储在 interconn.iml 中。

（12）查看 W-element 声明的第 1 行“WTL_XSTLX3090Y9732L1X3090Y9775L1”，“WTL_X”表示“W-element”声明，“STL”表示单传输线，“X3090”、“Y9732”和“L1”表示 *X* 坐标和 *Y* 坐标及互连线连接的层号，这表示连接到子电路的外部节点。“X3090”、“Y9775”和“L1”表示 *X* 坐标和 *Y* 坐标及互连线连接的层号，这表示连接到子电路的内部节点。

（13）后面的“RLGCfile=STL_1S_1R_41.rlc l=0.0010922”表示子电路引用名为 ntl_rlgc.inc 的 Allegro PCB SI 的模型，模型文件是 Stl_1s_1r_41.rlc，长度是 0.001 092 2m（43mil）。

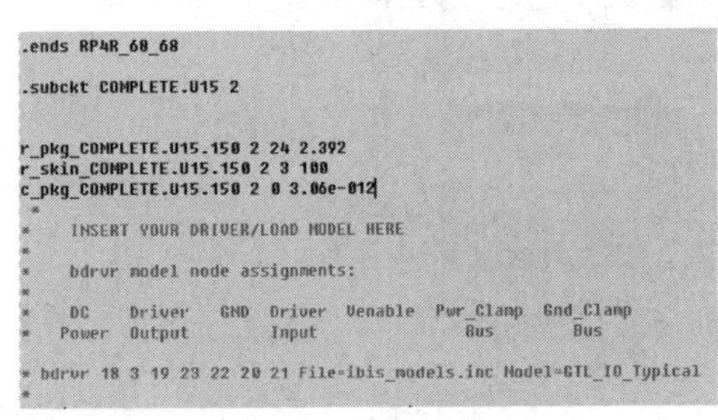

图 2-4-28　子电路定义

（14）在编辑窗口查看 W-element 文件的子电路定义.subckt COMPLETE.U15 2，注意提示信息，如图 2-4-28 所示。

（15）注释信息“bdrvr 18 3 19 23 22 20 21 File=ibis_models.inc Model=GTL_IO_ Typical”说明使用的节点连接点和缓冲模型。

（16）执行菜单命令“File”→“Close All”，关闭所有窗口。

（17）执行菜单命令“File”→“Exit”，退出 Model Integrity 窗口。

2.5　预布局

预布局就是按照一般的外形因素、机械限制和惯例预先确定关键元器件的位置，如图 2-5-1 所示。预布局文件通常使用 CAD 软件创建并作为设计的开始。

在很多系统设计中，需预先确定关键元器件和连接器的布局。在计算机主板设计中，

除了确定处理器、存储器和 PCI/ISA 插槽的位置，还必须确定标准的 PCB 布局和机壳的位置。预布局数据对于解空间分析很有用，因为系统的高速信号影响这些元器件。

【本节目的】学习高速 PCB 的预布局并掌握其技巧。

【使用软件】Allegro PCB SI XL。

【使用文件】physical\PCB_ver1\VER0.brd。

【操作步骤】

（1）在程序文件夹中选择“Cadence PCB 17.4-2019”→“PCB Editor 17.4”，弹出产品选择对话框，如图 2-5-2 所示。

（2）在图 2-5-2 所示的列表框中选择“Allegro PCB SI XL”，单击“OK”按钮，弹出编辑窗口。

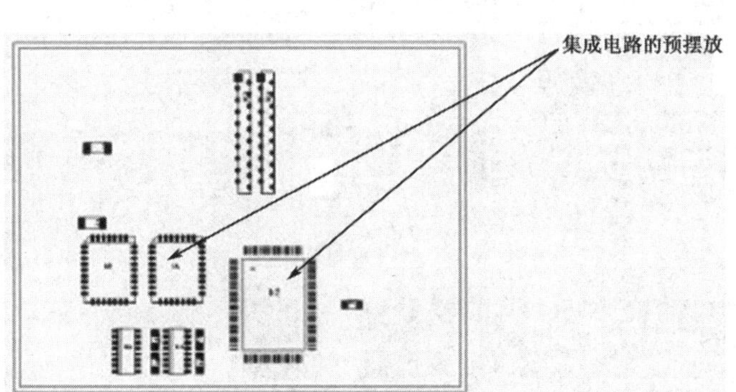

图 2-5-1　预布局

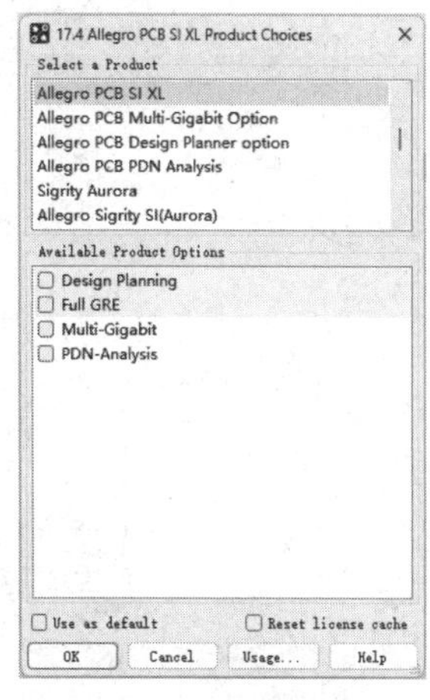

图 2-5-2　产品选择对话框

（3）执行菜单命令“File”→“Open”，打开 D:\physical\PCB_ver1\VER0.brd 文件，弹出 Allegro PCB SI XL 窗口，如图 2-5-3 所示。

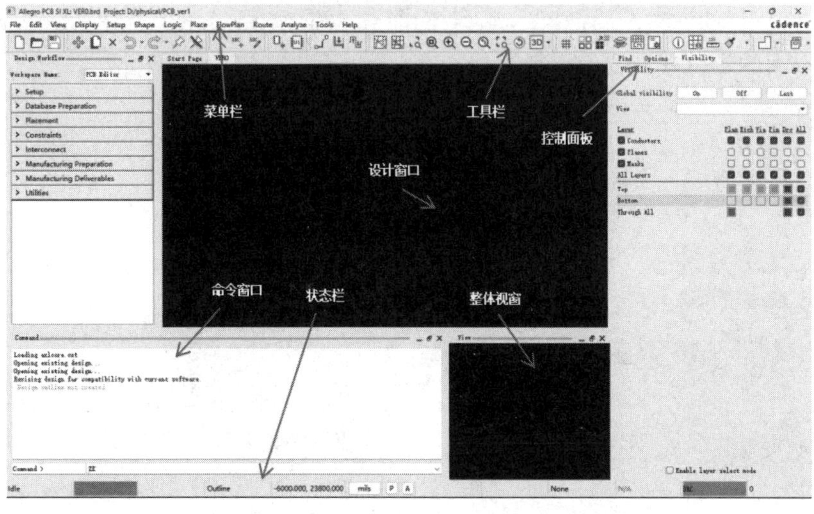

图 2-5-3　Allegro PCB SI XL 窗口

☺　设计窗口：创建设计。

☺　命令窗口：显示信息，也可以手动输入命令。

☺　整体视窗：可以看到整个 PCB 的轮廓，并且可以控制 PCB 的大小和移动。

☺　菜单栏：下拉菜单提供创建或修改 PCB 设计所需要的命令。

☺　工具栏：可以快速访问常用的 Allegro PCB SI XL 命令。

☺　状态栏：显示当前的命令和当前光标的 x、y 坐标，当移动光标时这些坐标将改变。

☺　控制面板：结合命令实现预定的功能。

（4）执行菜单命令“Display”→“Color/Visibility”，弹出“Color Dialog”窗口，如图 2-5-4 所示。

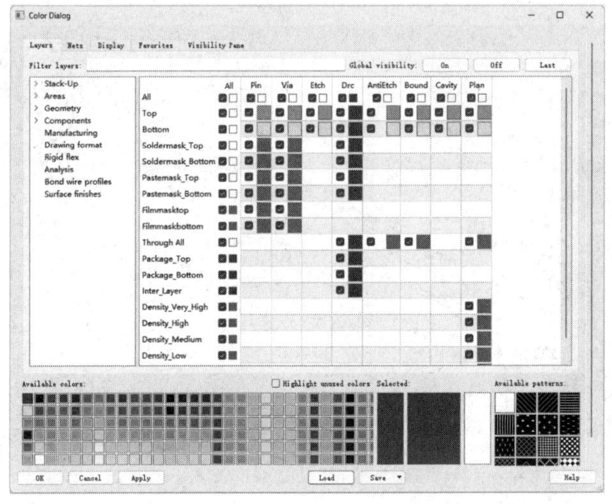

图 2-5-4　“Color Dialog”窗口

（5）选择“Display”选项卡，将“Background”后面的颜色框设置为黑色，如图 2-5-5 所示。

（6）依照同样的方法，选择“Layers”选项卡，将“Geometry”→“Board geometry”→“Outline”后面的颜色框设置为白色，如图 2-5-6 所示。

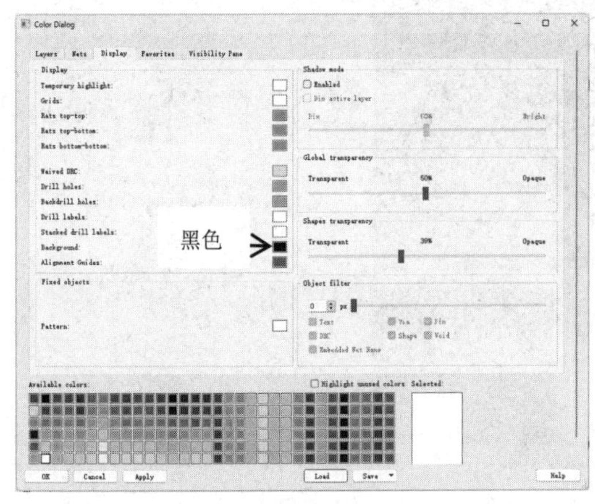

图 2-5-5 设置 Background 为黑色

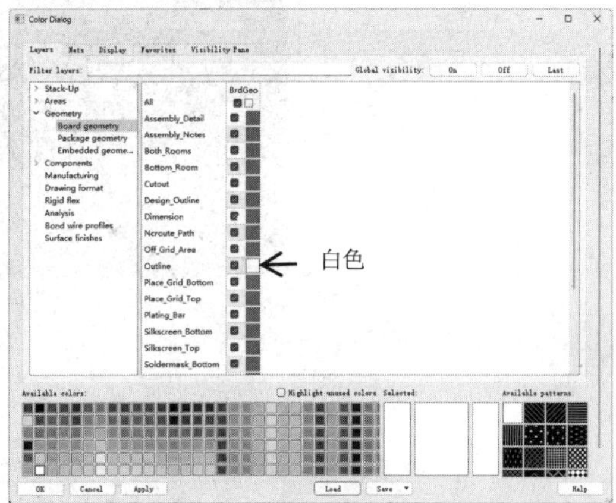

图 2-5-6　设置 Outline 为白色

（7）单击“Color Dialog”窗口中的“OK”按钮，界面颜色改变，如图 2-5-7 所示。

（8）执行菜单命令“Place”→“Manually”，弹出“Placement”对话框，如图 2-5-8 所示。

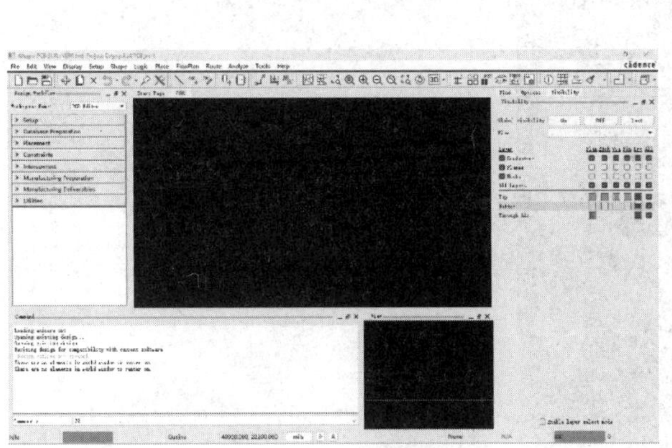

图 2-5-7　界面颜色改变

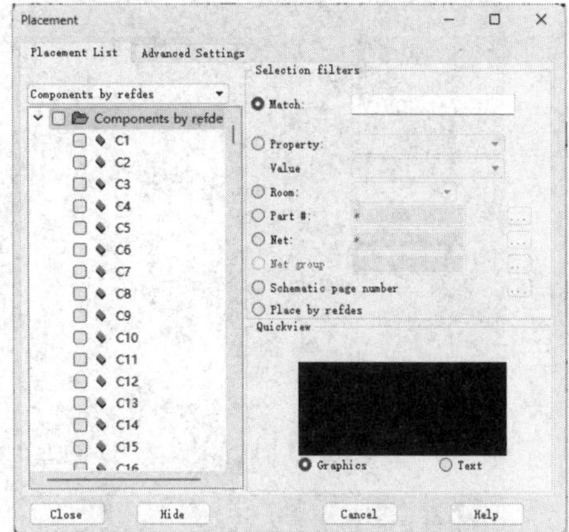

图 2-5-8　“Placement”对话框

（9）在“Placement List”选项卡下左侧列表框选择“Components by refdes”→“U7”，在控制面板的“Options”页面，设置“Active Class”为“Etch”，“Active Subclass”为“Top”，在命令窗口输入“x 9153.543 7814.961”，按“Enter”键，将 U7 摆放到 PCB 上。单击鼠标右键，选择“Done”，结果如图 2-5-9 所示。

（10）执行菜单命令“Edit”→“Spin”，在控制面板的“Options”页面进行设置，如图 2-5-10 所示。

（11）单击 U7，U7 会逆时针旋转 270°，单击鼠标右键，选择“Done”，旋转结果如图 2-5-11 所示。

图 2-5-9　摆放元器件

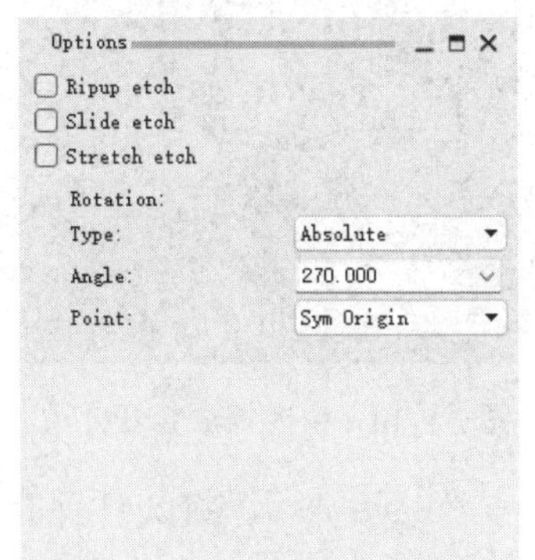

图 2-5-10　设置“Options”页面参数

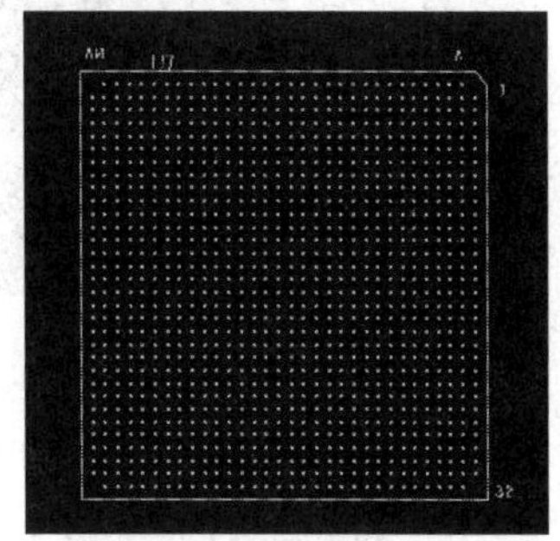

图 2-5-11　旋转元器件

（12）按照同样方法摆放其他元器件（连接器和关键元器件）于板框中，如图 2-5-12 所示。

（13）执行菜单命令“Place”→“Quickplace”，弹出“Quickplace”对话框，具体设置如图 2-5-13 所示。

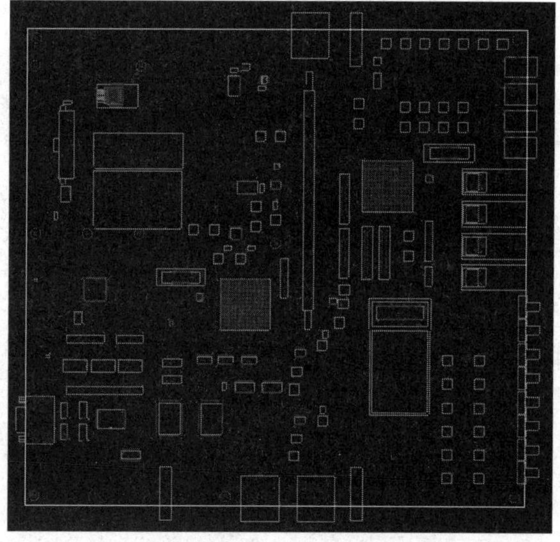

图 2-5-12　预布局电路

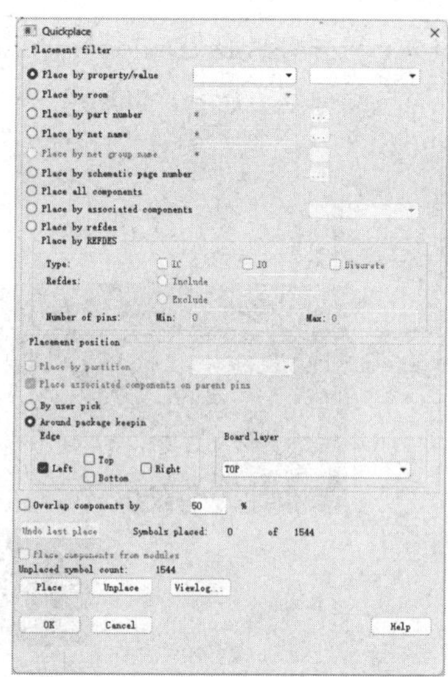

图 2-5-13　“Quickplace”对话框

（14）单击“Place”按钮，摆放元器件于板框外，结果如图 2-5-14 所示。

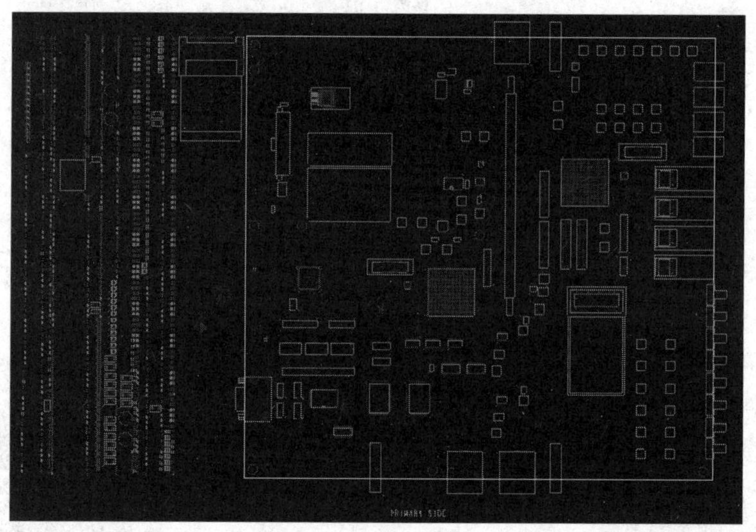

图 2-5-14　快速摆放元器件

（15）执行菜单命令“File”→“Save As”，将文件保存在 D:physical\PCB_ver1 目录下，文件名为“VER1.brd”。

2.6　PCB 设置

【本节目的】学习对仿真前的 PCB 进行必要的设置，包括叠层设置、直流电压设置、元器件设置、SI 模型分配和 SI 检查。

【使用软件】Allegro PCB SI XL 下的 Setup Advisor。

【使用文件】physical\PCB_ver1\ VER1.brd 和 ep1sgx25f_11.dml。

【操作步骤】

（1）在程序文件夹中选择“Cadence PCB 17.4-2019”→“PCB Editor 17.4”，弹出产品选择对话框，选择“Allegro PCB SI XL”。

（2）执行菜单命令“File”→“Open”，打开 D:\physical\PCB_ver1\ VER1.brd 文件。

（3）执行菜单命令“Analyze”→“PDN Analyze”，弹出“PDN Analysis：Static IRDrop”窗口，仔细阅读“Prerequisite Tasks”介绍，如图 2-6-1 所示。

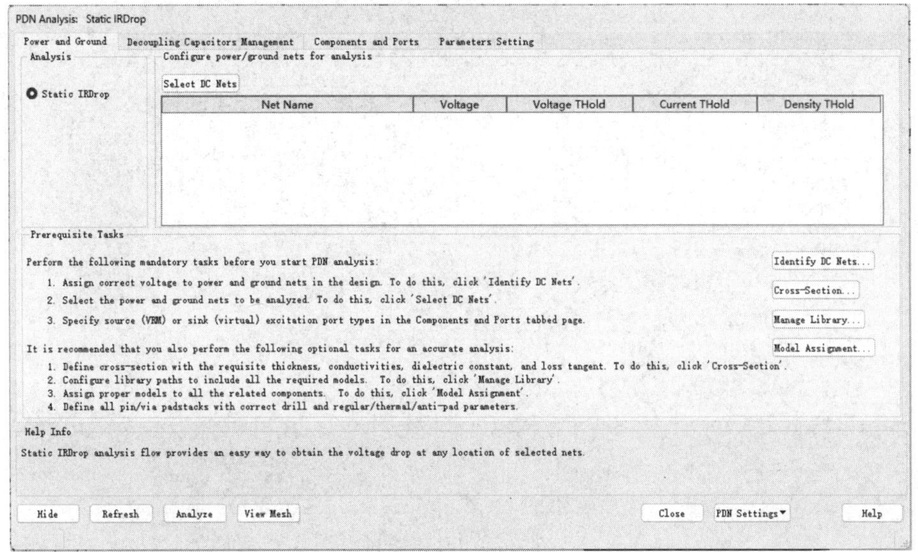

图 2-6-1　“PDN Analysis：Static IRDrop”窗口

1．叠层设置

进行叠层设置，确定 PCB 层面，包括每层的材料、类型、名称、厚度、线宽和阻抗信息，并确定 PCB 的物理和电气特性。

☺　Trace 宽度和 PCB 的叠层决定 Trace 特性。

☺　Trace 和参考平面间的距离对阻抗和串扰有很大的影响。

　✧ 阻抗：随距离增加而增加。

　✧ 串扰：随距离增加而增加。

Trace 的阻抗依据下面的因素来确定：

☺　绝缘材料的介电常数。

　✧ 在布线层之间是否有平面层。

　✧ 平面层的存在减小了布线层间的串扰。

☺　绝缘材料的厚度。

☺　Trace 的宽度和厚度。

（1）在图 2-6-1 所示窗口中单击“Cross-Section…”按钮，如图 2-6-2 所示。

（2）弹出“Cross-section Editor”窗口，执行菜单命令“View”→“Show All Columns”，显示阻抗，如图 2-6-3 所示。

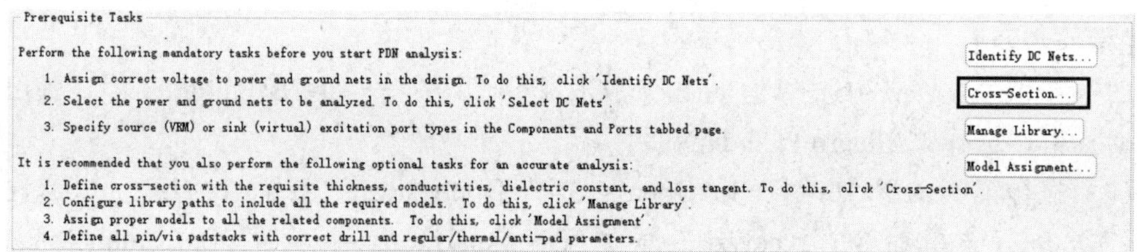

图 2-6-2　单击“Cross-Section”按钮

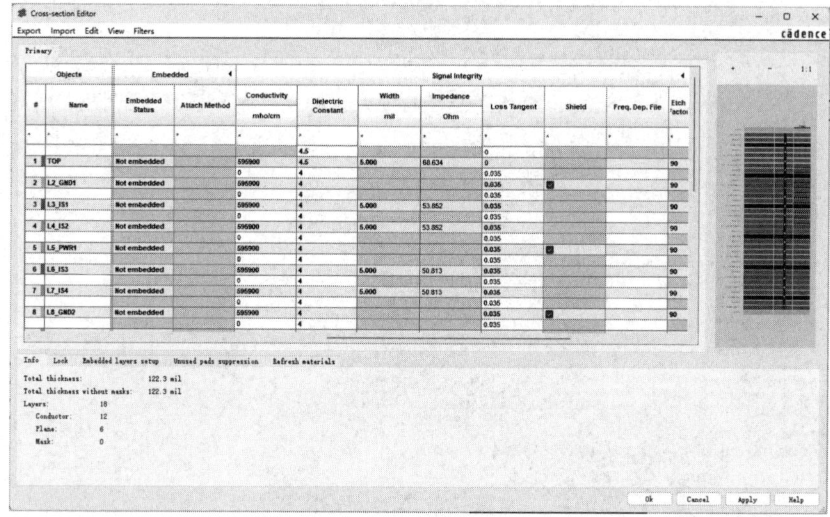

图 2-6-3　显示阻抗

PCB 厚度为 122.3mil，顶层和底层的阻抗为 68.634Ω，其他层面的阻抗各不相同。

现在需要改变层厚度以满足 50Ω的阻抗要求。下面通过改变绝缘层的厚度来达到期望的阻抗和 PCB 厚度。

- ☺ Material：从下拉列表中选择材料，当“Layout Cross Section”窗口中的“Differential Mode”没有被选择时才根据绝缘层的功率因数补偿角的正切值，指定当前选择的绝缘层的介电损耗。
- ☺ Type：层面会弹出“Material”栏。在 Top 的上面和 Bottom 的下面添加 Conformal Coating 层。
- ☺ Loss Tangent（介质损耗因数）的类型有 SURFACE（表面）、CONDUCTOR（信号布线层）、DIELECTRIC（电介质）、PLANE（电源平面）4 个选项。
- ☺ Etch Subclass：在 PCB 的 Cross-section 中指定层。
- ☺ Thickness：分配给每个层的厚度。
- ☺ Line Width：确定布线层的布线线宽。
- ☺ Impedance：分配给每个层的阻抗。

（3）在“Cross-section Editor”窗口中选择 TOP 和 L2_GND1 间的“Dielectric”的“Thickness”栏，如图 2-6-4（a）所示，改变厚度为 3.0mil，按“Tab”键。可以看到 TOP 层的阻抗值为 50.687Ω，如图 2-6-4（b）所示。

（4）在“Cross-section Editor”窗口中选择 BOTTOM 和 L17_PWR13 间的“Dielectric”的“Thickness”栏，改变厚度为 3.0mil，按“Tab”键。可以看到 BOTTOM 层的阻抗值为 50.687Ω。

（5）在“Cross-section Editor”窗口中选择 L3_IS1 和 L4_IS2 间的“Dielectric”的“Thickness”栏，改变厚度为 4.5mil，按“Tab”键，可以看到 L3_IS1 和 L4_IS2 的阻抗都变为 50.813Ω。

（6）在“Cross-section Editor”窗口中选择 L9_IS5 和 L10_IS6 间的“Dielectric”的“Thickness”栏，改变厚度为 4.5mil，按“Tab”键，可以看到 L9_IS5 和 L10_IS6 的阻抗都变为 50.813Ω。

（7）在“Cross-section Editor”窗口中选择 L12_IS7 和 L13_IS8 间的“Dielectric”的“Thickness”栏，改变厚度为 4.5mil，按“Tab”键，可以看到 L12_IS7 和 L13_IS8 的阻抗都变为 50.813Ω。

（8）在“Cross-section Editor”窗口中选择 L15_IS9 和 L16_IS10 间的“Dielectric”的“Thickness”栏，改变厚度为 4.5mil，按“Tab”键，可以看到 L15_IS9 和 L16_IS10 的阻抗都变为 50.813Ω，如图 2-6-4（c）所示。整个 PCB 的厚度已经改变，现在是 90.3mil。

Objects		Types			Thickness		
#	Name	tion	Manufacture	Constraint	Value mil	(+)Tol. mil	(-)Tol. mil
*	*		*	*	*	*	*
1	TOP				0.7	0	0
					3	0	0
2	L2_GND1				1.4	0	0
					4.5	0	0

（a）

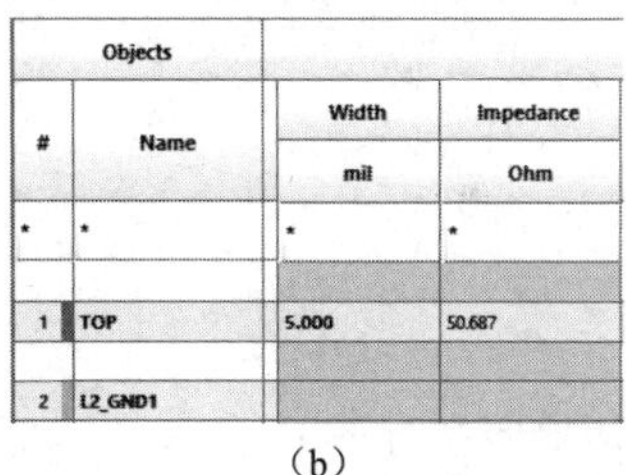

Objects			
#	Name	Width mil	Impedance Ohm
*	*	*	*
1	TOP	5.000	50.687
2	L2_GND1		

（b）

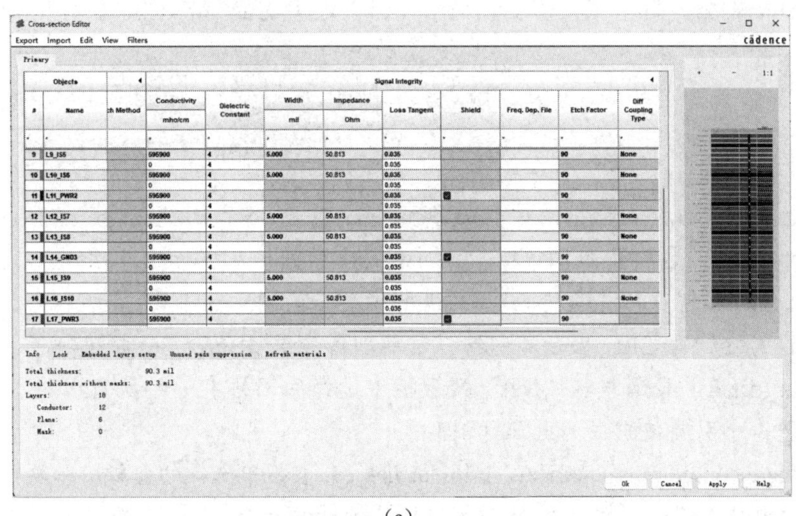

Cross-section Editor

Export Import Edit View Filters

Primary

Objects			Signal Integrity								
#	Name	ch Method	Conductivity mho/cm	Dielectric Constant	Width mil	Impedance Ohm	Loss Tangent	Shield	Freq. Dep. File	Etch Factor	Diff Coupling Type
*	*		*	*	*	*	*	*	*	*	*
9	L9_IS5		595900	4	5.000	50.813	0.035			90	None
			0	4			0.035				
10	L10_IS6		595900	4	5.000	50.813	0.035			90	None
			0	4			0.035				
11	L11_PWR2		595900	4			0.035	■		90	
			0	4			0.035				
12	L12_IS7		595900	4	5.000	50.813	0.035			90	None
			0	4			0.035				
13	L13_IS8		595900	4	5.000	50.813	0.035			90	None
			0	4			0.035				
14	L14_GND3		595900	4			0.035	■		90	
			0	4			0.035				
15	L15_IS9		595900	4	5.000	50.813	0.035			90	None
			0	4			0.035				
16	L16_IS10		595900	4	5.000	50.813	0.035			90	None
			0	4			0.035				
17	L17_PWR3		595900	4			0.035	■		90	

Info Lock Embedded layers setup Unused pads suppression Refresh materials

Total thickness: 90.3 mil

Total thickness without masks: 90.3 mil

Layers: 18

Conductor: 12

Plane: 6

Mask: 0

Ok Cancel Apply Help

（c）

图 2-6-4 “Cross-section Editor”窗口

（9）单击“Ok”按钮，关闭“Cross-section Editor”窗口。“PDN Analysis: Static IRDrop”窗口将再次显示。

2．设置 DC 电压值

确认 DC 电压加在网络上。执行 EMI 仿真时，必须确认一个或更多个电压源引脚。信号模型包含仿真过程中使用的参考电压信息。但是，PCB SI 需要知道仿真过程中终端负载使用的电压值。信号模型可包含与电压公差相关的数据，在这些公差水平下仿真能够被执行，但仿真器无法知道终端负载的电压值是多少，所以必须提供这些 DC 电压值。

（1）单击“Identify DC Nets…”按钮，如图 2-6-5 所示，弹出警告提示框，如图 2-6-6 所示。

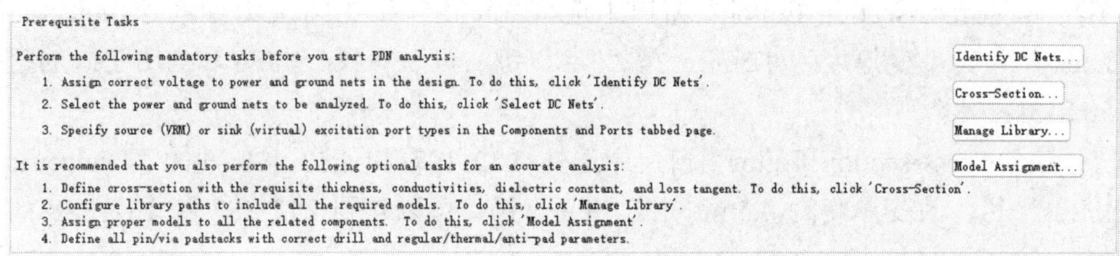

图 2-6-5　单击“Identify DC Nets”按钮

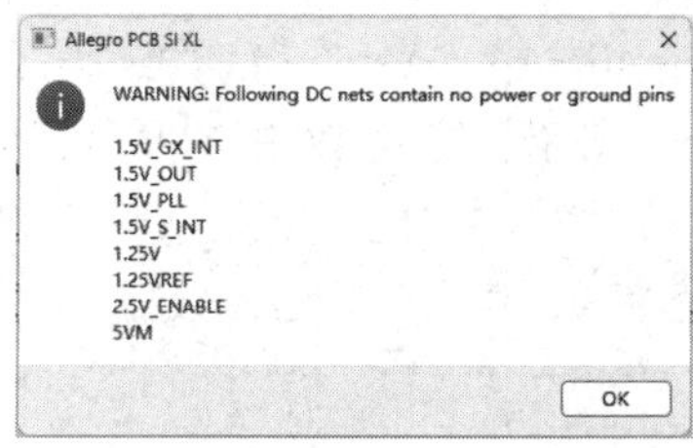

图 2-6-6　警告提示框

在警告提示框中会显示“Identify DC Nets”的说明。如果试着提取一个与电源/地相连的分立元器件的网络，这个工具需要知道与元器件连接的 DC 电压值。

这会影响仿真的驱动端和接收端。这些元器件的电压值包含在信号模型（IBIS 模型）描述中。确认电路板 DC 网络被分配正确的电压。

（2）单击“OK”按钮，弹出“Identify DC Nets”对话框，如图 2-6-7 所示。

- ☺ Net filter：过滤在“DC Nets”列表框中显示的网络。
- ☺ Net：按照 Net filter 显示的网络，这些网络能够被分配 DC 电压。
- ☺ Pins in net：显示与从“Net”列表框中选择的网络有关的所有引脚。在这个区域选取一个引脚使它成为电压源引脚。
- ☺ Voltage source pins：显示在“Pins in net”列表框中选择的引脚。必须指定一个或更多个电压源引脚以执行 EMI 仿真。从“Voltage source pins”列表框中选取一个引脚并移除它。

☺　Voltage：用于设置选择网络（或引脚）的 DC 电压值。输入“None”移除早先分配的电压。

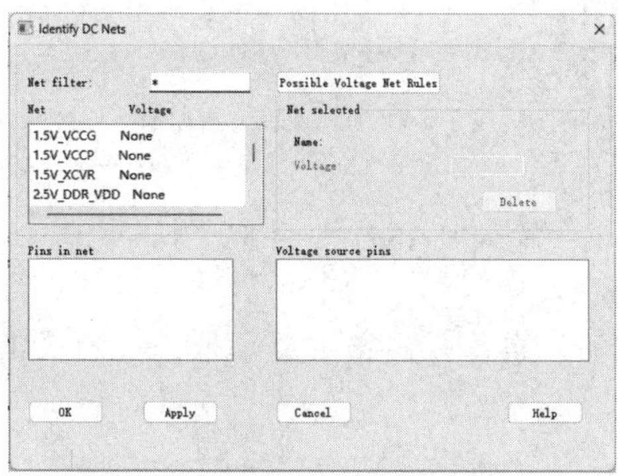

图 2-6-7　“Identify DC Nets”对话框

（3）从“Identify DC Nets”对话框选择网络名“1.5V_ENABLE”，“Voltage”栏显示“None”，这个网络连接的引脚显示在“Pins in net”列表框中，“Voltage source pins”列表框显示这个电压值对应的引脚。在“Voltage”栏双击“None”，输入 1.5 并按“Tab”键，弹出一个警告提示框，该警告提示框提示分配电压值的该网络没有电源和地引脚，如图 2-6-8 所示。

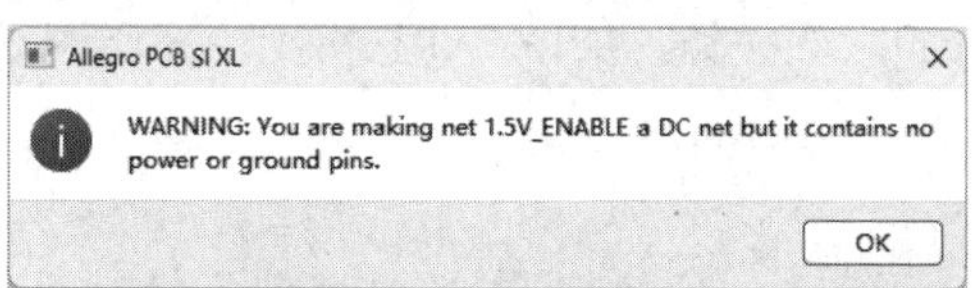

图 2-6-8　警告提示框

（4）单击“OK”按钮，关闭该警告提示框。

（5）在“Identify DC Nets”对话框的“Net filter”框中输入“1.5*”并按“Tab”键，如图 2-6-9 所示。

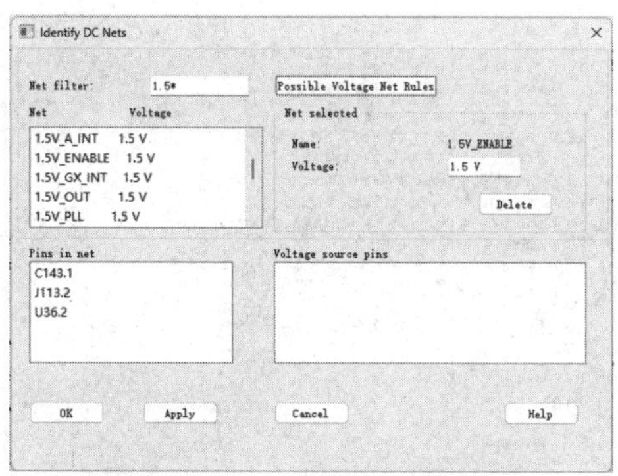

图 2-6-9　“Net filter”选项设置

（6）将在“Net”列表框中显示的所有网络的电压值都设置为 1.5V。

（7）在“Net filter”框中输入“1.25*”并按“Tab”键，将在“Net”列表框中显示的所有网络的电压值都设置为 1.25V。

（8）在“Net filter”框中输入“2.5*”并按“Tab”键，将在“Net”列表框中显示的所有网络的电压值都设置为 2.5V。

（9）在“Net filter”框中输入“3.3*”并按“Tab”键，将在“Net”列表框中显示的所有网络的电压值都设置为 3.3V。

（10）在“Net filter”框中输入“5*”并按“Tab”键，将在“Net”列表框中显示的所有网络的电压值都设置为 5V。

（11）在“Net filter”框中输入“GND*”并按“Tab”键，将在“Net”列表框中显示的所有网络的电压值都设置为 0V。

（12）单击“OK”按钮，再次弹出警告提示框，关闭该警告提示框。“Identify DC Nets”对话框再次显示。

有一些网络没有分配电压属性，如 12V_DIV。因为这些网络与将要提取的网络无关，可以不管它们。当然，需要知道与这个信息有关的原理图部分。

3. SI 模型分配

1）打开“Signal Model Assignment”对话框

单击“Model Assignment…”按钮，如图 2-6-10 所示，弹出“Signal Model Assignment”对话框，如图 2-6-11 所示。

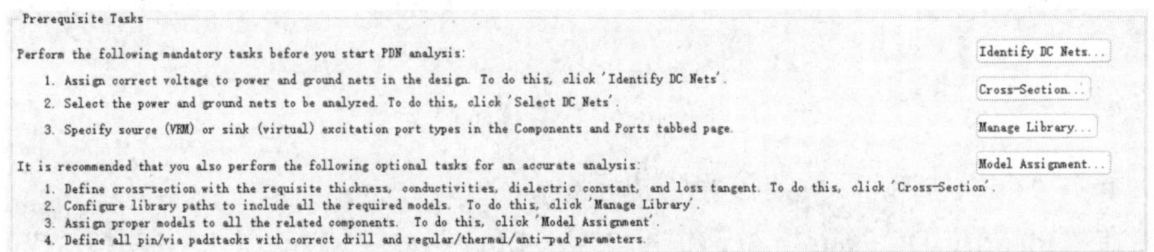

图 2-6-10　单击“Model Assignment…”按钮

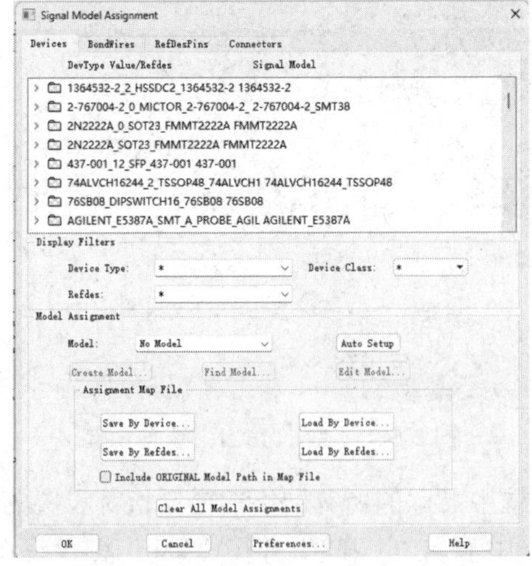

图 2-6-11　“Signal Model Assignment”对话框

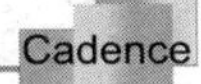

☺　Devices：可以手动或自动为元器件分配器件模型。可以访问 SI Model Browser 查找器件模型，在分配之前修改它们并建立新模型。也能够加载或保存设计的 Assignment Mapping 文件。

☺　BondWires：定位并为 Bondwire 连接分配 Trace 模型。也能够通过“SI Model Browser”对话框修改 Trace 模型。

☺　RefDesPins：为指定引脚分配 IOCell 模型。也能够为选择的可编程缓冲模型的引脚分配模型。

☺　Connectors：为公/母连接器、PCI 插槽，以及其他一些从一个设计连接到另一个设计的元器件指定耦合的连接器模型。

在“Signal Model Assignment”对话框，指定每个元器件使用的 SI 模型。仿真器首先使用器件类型前缀在库中查找已有的模型名。如果没有找到模型，仿真器会在当前的器件库中建立一个新的模型，以器件类型命名模型并用下画线代替每一个非文字数字符号。

模型建立情况如下：当 Value 属性大于 1.0 时，一个电阻的 ESpiceDevice 模型被建立。当 RefDes 是 L 且 Value 属性不大于 1.0 时，一个电感的 ESpiceDevice 模型被建立。此外，对于所有的 RefDes 或 Value 属性，一个电容的 ESpiceDevice 模型被建立。

2）新建库文件

（1）执行菜单命令“Analyze”→“Model Browser…”，弹出“SI Model Browser”对话框，如图 2-6-12 所示。

（2）单击“Library Mgmt”按钮，弹出“DML Library Management”对话框，如图 2-6-13 所示。

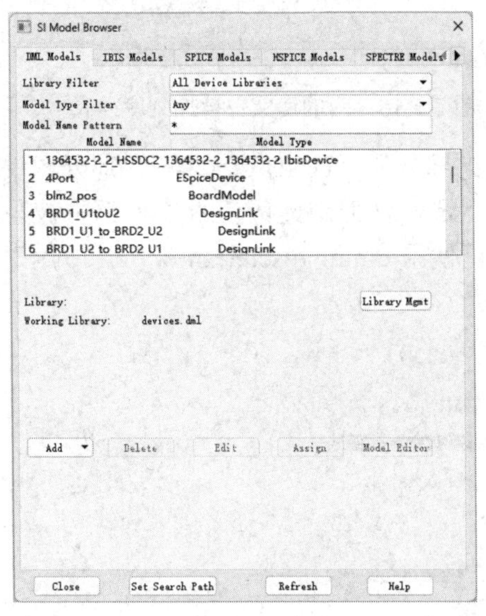

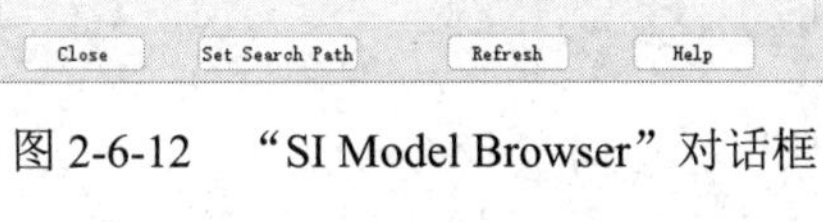

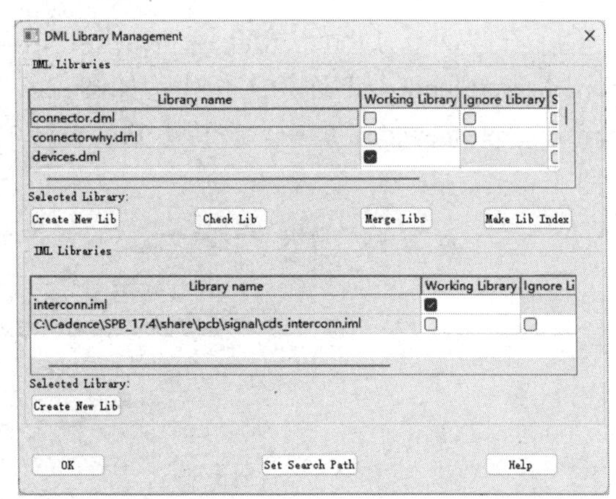

图 2-6-12　“SI Model Browser”对话框　　　图 2-6-13　“DML Library Management”对话框

该对话框的上半部分和下半部分类似。对话框的上半部分显示“DML Libraries”部分，器件库在这一部分列出。下半部分为存储互连模型，互连模型是 Trace 模型，包括耦合的 Trace 模型和 Via 模型。当在 SQ Signal Explorer Expert 中提取仿真的拓扑图或在

SPECCTRAQuest 中仿真时互连模型被自动创建。

在“Device Library Files”部分有两个库。当第一次在一个目录下访问库浏览器时，将加载那个目录上的所有文件。无论何时在一个新的目录下第一次访问库浏览器，devices.dml 和 cds_models.ndx 都作为默认库被加载。devices.dml 是空的，被设置为工作库。所有新库的信号模型都将写入工作库。cds_models.ndx 文件是使用的默认库信号模型的索引文件。

（3）在“DML Library Management”对话框上半部分单击“Create New Lib”按钮，打开“Save As”对话框，如图 2-6-14 所示。

（4）在“File name”框中输入“dimm_discretesnew”，单击“Save”按钮保存。新的库文件被加到“DML Library Management”对话框上半部分的“DML Libraries”部分的库列表中，如图 2-6-15 所示。

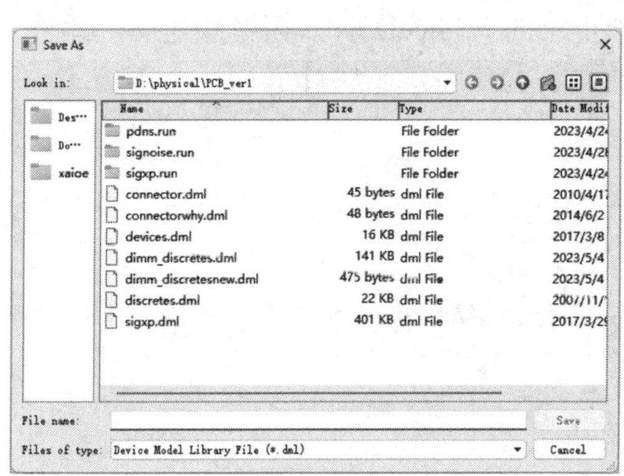

图 2-6-14　“Save As”对话框

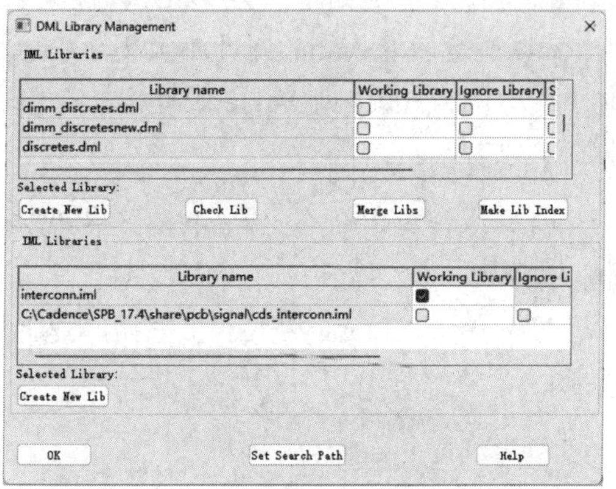

图 2-6-15　新的库文件被加到库列表中

（5）在“DML Library Management”对话框上半部分的“DML Libraries”部分，设置 dimm_discretesnew.dml 库为工作库，如图 2-6-16 所示。任何新建的信号模型都将被写进 dimm_discretesnew.dml 库中。在接下来的设计中，仍使用 dimm_discretesnew.dml 库作为工作库。

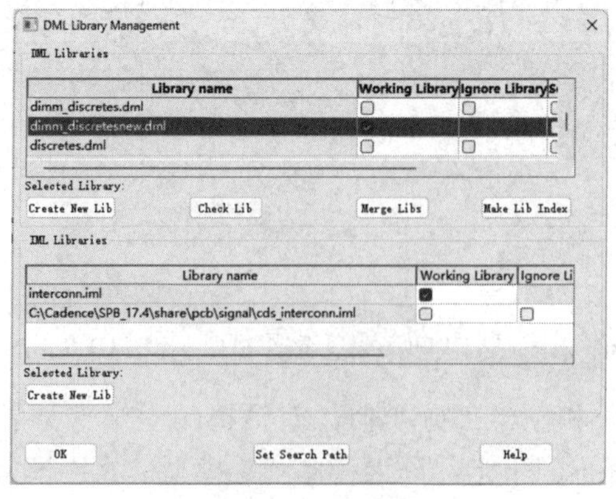

图 2-6-16　设置工作库

（6）在“DML Library Management”对话框下半部分，单击“Set Search Path”按钮，打开“Set Model Search Path”对话框，如图 2-6-17 所示。

（7）在“Set Model Search Path”对话框上半部分单击“Add Directory...”按钮，打开“Select New Search Directory”对话框，如图 2-6-18 所示。

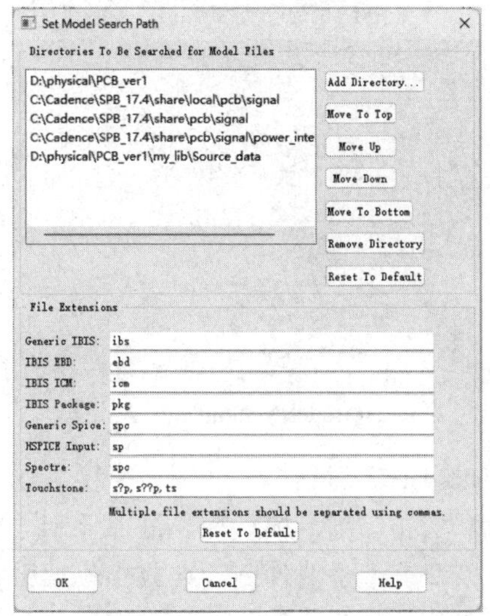

图 2-6-17　“Set Model Search Path”对话框

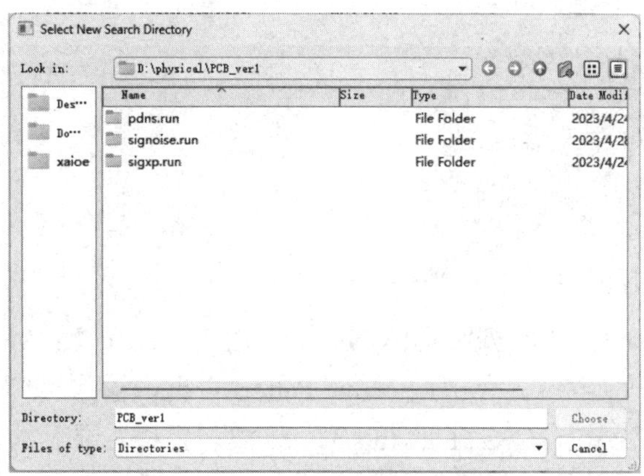

图 2-6-18　“Select New Search Directory”对话框

（8）在该对话框中选择路径“D:/physical”，单击“Choose”按钮，在“Set Model Search Path”对话框中单击“OK”按钮，注意到该路径下的所有.dml 文件已经被添加到“DML Library Management”对话框上半部分中，如图 2-6-19 所示。

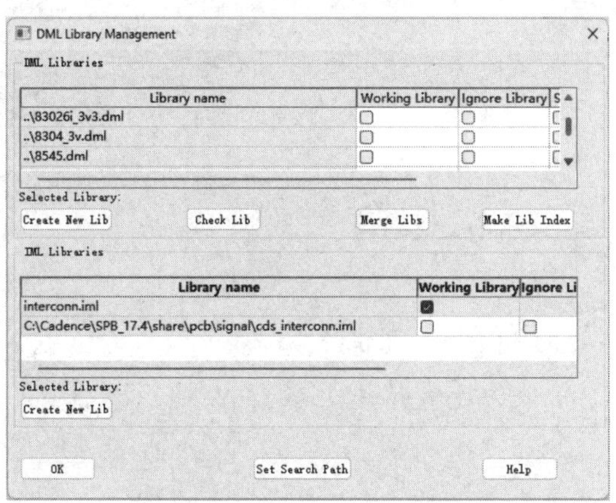

图 2-6-19　将.dml 文件添加到“DML Library Management”对话框上半部分

3）手动分配元器件模型

（1）执行菜单命令“Analyze”→“Model Assignment”，打开“Signal Model Assignment”对话框，如图 2-6-20 所示。

（2）在该对话框中选择“EP1SGX25F_11_FBGA_1020_EP1SGX25 EP1SGX25F”，如图 2-6-21 所示。

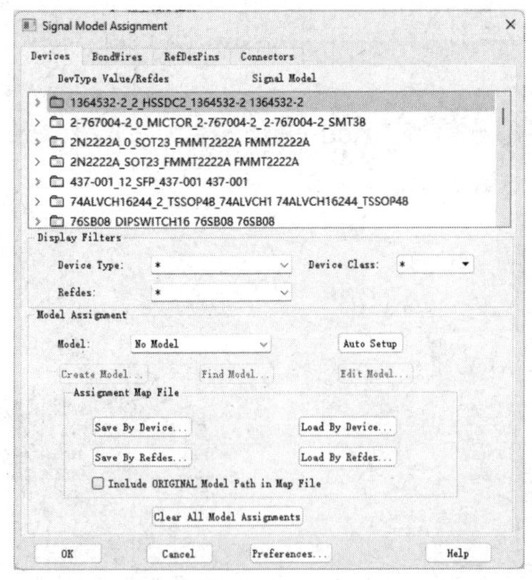

图 2-6-20 “Signal Model Assignment”对话框（1）

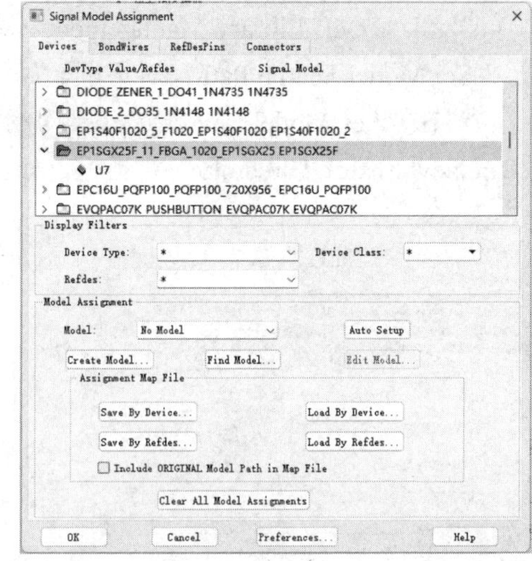

图 2-6-21 “Signal Model Assignment”对话框（2）

（3）单击“Find Model...”按钮，打开“SI Model Browser”对话框，如图 2-6-22 所示。

（4）在“Model Name Pattern”框中输入“*”并按“Tab”键，模型列表框中显示一个名为 EP1SGX25F 的 IbisDevice 模型类型。显示的其他模型类型是器件驱动端或接收端引脚的单独的缓冲模型。IBIS 定义引脚与哪一个缓冲模型相关，分配给器件的信号模型名不必与 Allegro 器件名匹配，名称匹配的优点体现在使用 Auto Setup 功能时。在该对话框的底部显示预期相关联的 DML 文件为“ep1sgx25f_11.dml”，如图 2-6-23 所示。

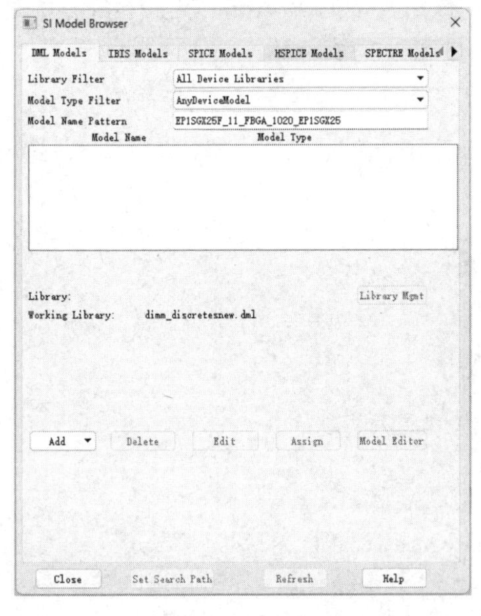

图 2-6-22 “SI Model Browser”对话框（1）

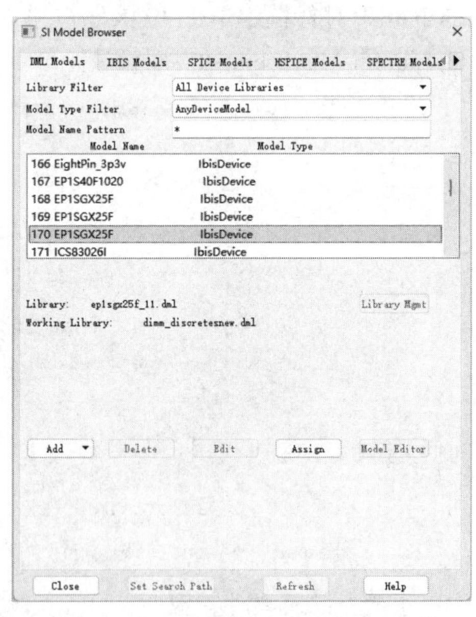

图 2-6-23 “SI Model Browser”对话框（2）

（5）单击“Assign”按钮为元器件分配模型，在“Signal Model Assignment”对话框中就可看到为元器件分配的模型，如图 2-6-24 所示。

4）为元器件建立模型

（1）在“Signal Model Assignment”对话框中向下滚动到列表的下半部分，单击器件类型 1364532-2_2_HSSDC2_1364532-2_1364532-2 前的“>”号，可看到元器件 J11、J15、J23 和 J32 没有模型分配，如图 2-6-25 所示。

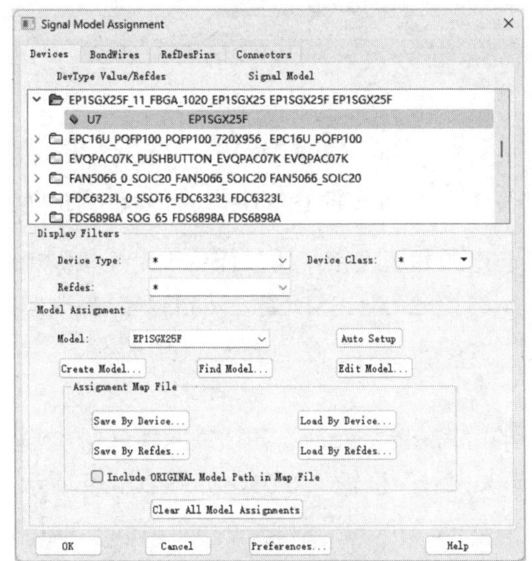

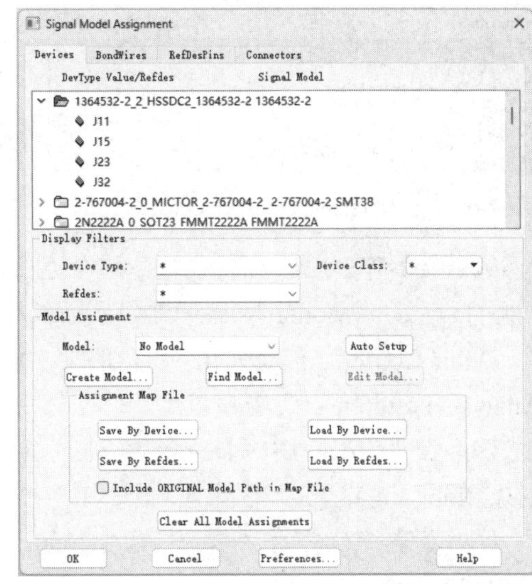

图 2-6-24　“Signal Model Assignment”对话框（3）　图 2-6-25　“Signal Model Assignment”对话框（4）

（2）在“Signal Model Assignment”对话框中选择“J11”。连接器 J11 在 PCB SI 中被高亮显示，且定位在电路板右上角，如图 2-6-26 所示。

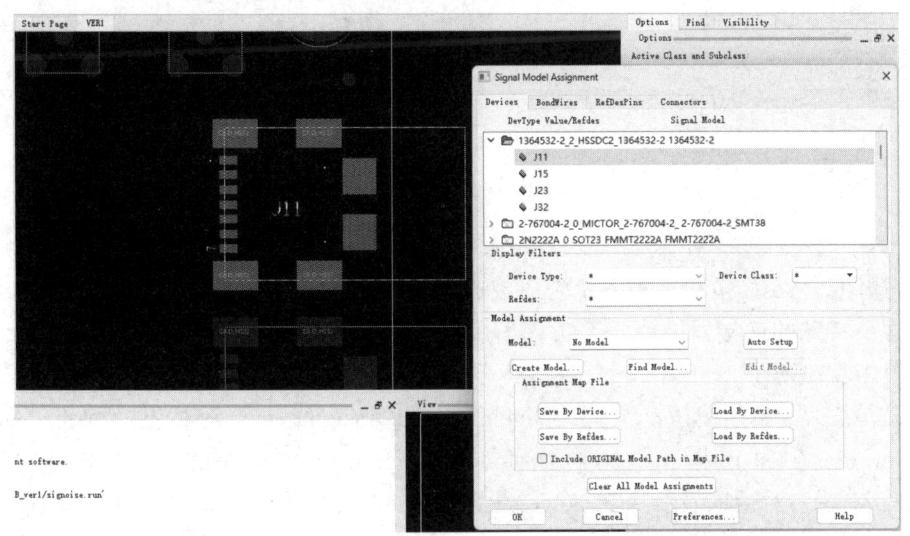

图 2-6-26　连接器 J11 在 PCB SI 中被高亮显示

（3）在“Signal Model Assignment”对话框中单击“Create Model...”按钮，弹出“Create Device Model”对话框，如图 2-6-27 所示。

（4）在“Create Device Model”对话框中选中“Create IbisDevice model”单选按钮，单

击“OK”按钮，弹出“Create IBIS Device Model”对话框，如图 2-6-28 所示。

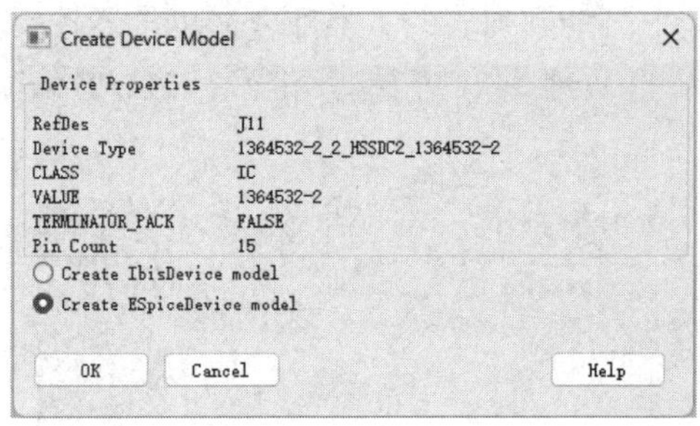

图 2-6-27 “Create Device Model”对话框

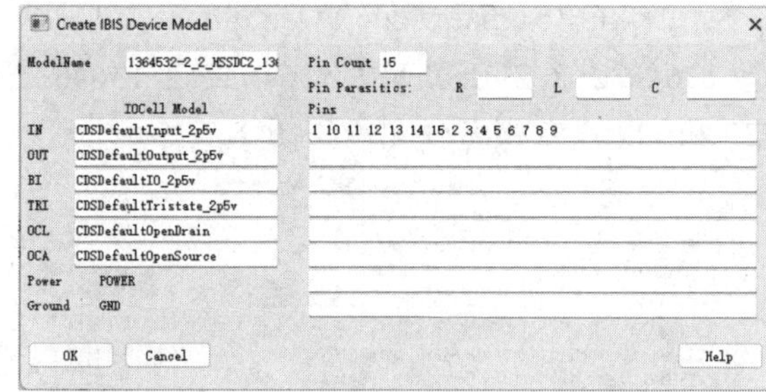

图 2-6-28 “Create IBIS Device Model”对话框

为连接器建立IBIS 器件模型，这个连接器包含电源和地连接，所以需要确定连接到电源和地的引脚。“Model Name”区域被输入“1364532-2_2_HSSDC2_1364532-2_1364532-2”。“Pin Count”区域列出所有引脚。默认的 IOCell 模型被列在适当的位置，会在“Analysis Preferences”窗口显示。

（5）在“Create IBIS Device Model”对话框的“Pin Parasitics”各项输入值（每次输入后按“Tab”键），“R”框输入 0.1，“L”框输入 0.5，“C”框输入 0.01，如图 2-6-29 所示。

（6）单击“OK”按钮，关闭“Create IBIS Device Model”对话框，弹出提示框，如图 2-6-30 所示。

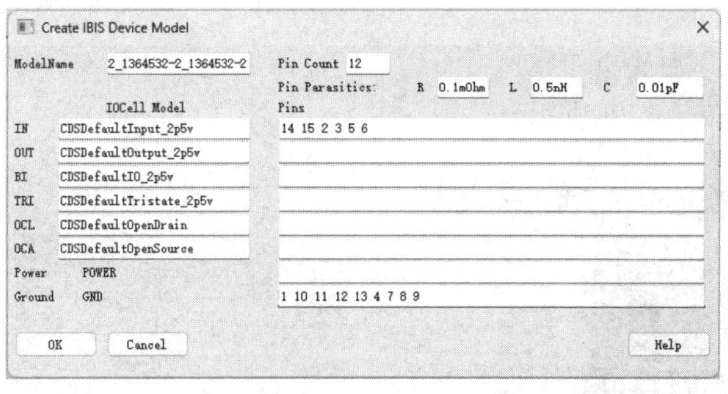

图 2-6-29 输入值

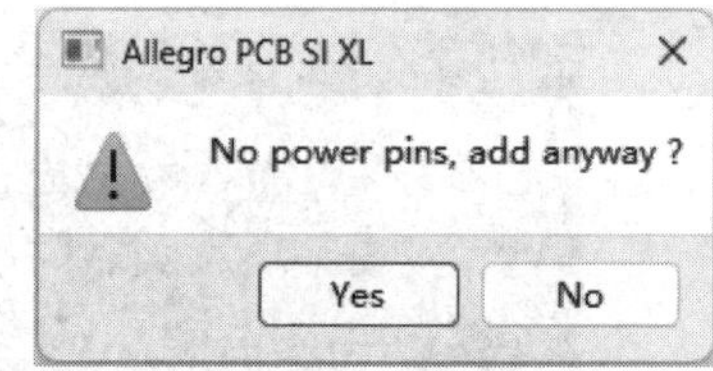

图 2-6-30 提示框

（7）单击“Yes”按钮，不需要为连接器添加电源引脚。为连接器建立一个 IBIS 器件模型。这个特殊的连接器模型没有考虑引脚间的耦合。为其他 3 个连接器分配新建的模型，如图 2-6-31 所示。

（8）单击“OK”按钮，关闭“Signal Model Assignment”对话框，弹出“SigNoise Errors/Warnings”对话框和“Signal Model Assignment Changes”对话框。“SigNoise Errors/Warnings”对话框显示从 Package 模型引用的缓冲模型是否缺少。这些模型和将要分析的网络无关，不需要现在添加它们。“Signal Model Assignment Changes”对话框显示所有新分配的信号模型，并且 IC 的 PINUSE 属性已经依照信号模型正确地分配给器件。

（9）关闭“SigNoise Errors/Warnings”对话框和“Signal Model Assignment Changes”对话框。

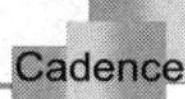

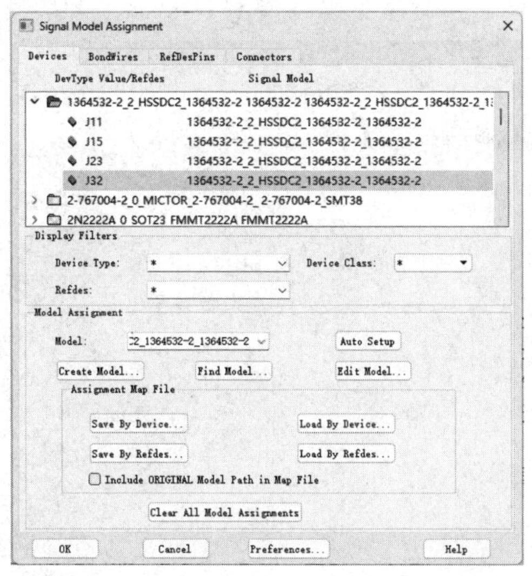

图 2-6-31　为其他 3 个连接器分配新建的模型

5）为元器件自动分配模型

（1）再次打开“Signal Model Assignment”对话框，单击“Auto Setup”按钮，为元器件分配模型，如图 2-6-32 所示。只有 Device Type 名称与信号模型名称匹配，才可以自动分配模型。

（2）单击“OK”按钮，弹出“Signal Model Assignment Changes”和“SigNoise Errors/Warnings”对话框，提示有些元器件缺少模型，这些模型和将要分析的网络无关，不需要现在添加它们，关闭这两个对话框，返回“Signal Model Assignment”对话框。

仿真器使用器件模型为设计中的网络建立电路仿真模型。这意味着必须为设计中每个仿真的元器件分配一个器件模型，信号模型如图 2-6-33 所示。

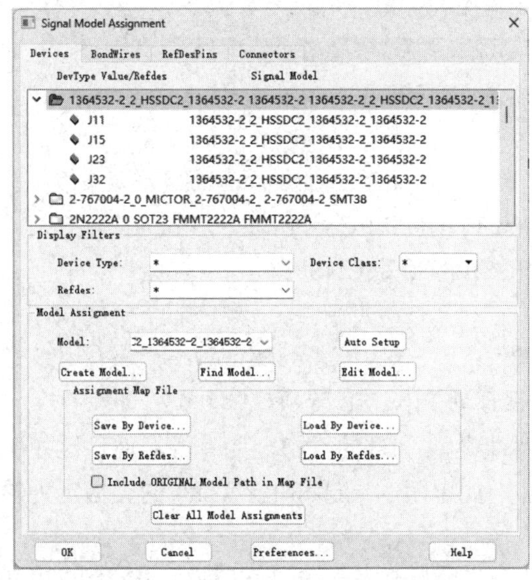

图 2-6-32　单击“Auto Setup”按钮

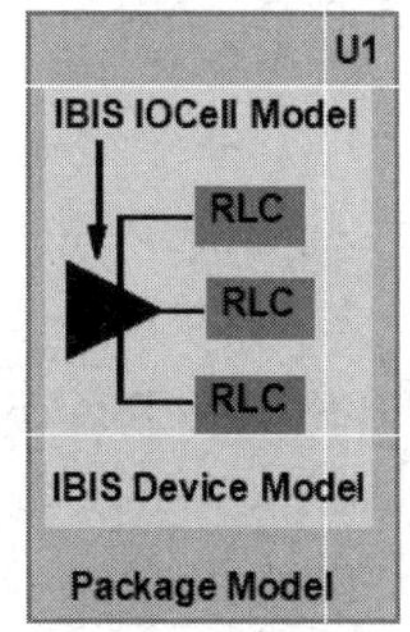

图 2-6-33　信号模型

4．引脚类型设置

（1）执行菜单命令“Logic”→“Pin Type...”，如图 2-6-34 所示，弹出“Logic-Pin Type”对话框，如图 2-6-35 所示。

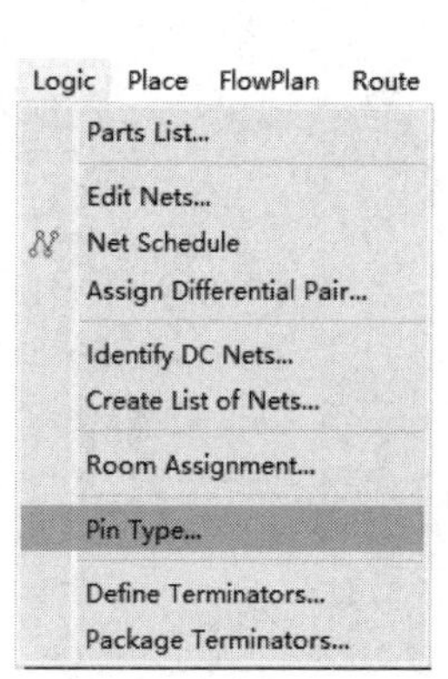

图 2-6-34　执行菜单命令“Logic”→“Pin Type...”

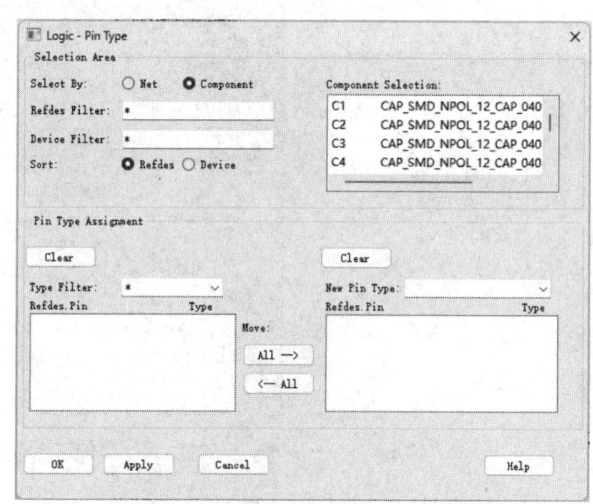

图 2-6-35　“Logic-Pin Type”对话框

在进行“Logic-Pin Type”设置前，应该在 SI Design Setup 中设置好元器件的类别。确定哪一个元器件是连接器（Connectors），哪一个元器件是分立元器件（Discretes）。

☺ 元器件类（Device Class）。

✧ IC 是能分配 IBIS 模型的有源元器件。

➔ 每个引脚的 PINUSE 必须是 IN、OUT、BI、NC、GROUND、POWER、OCA、OCL。

✧ DISCRETE 是无源元件（电阻、电容、电感）。

➔ 每个引脚的 PINUSE 必须是 UNSPEC。

✧ IO=INPUT/OUTPUT。

➔ 每个引脚的 PINUSE 必须是 UNSPEC。

☺ PINUSE。

✧ PCB SI 使用 PINUSE 来确定 SigXplorer/SigNoise 仿真的缓冲器类型。

➔ Input、Output、Bidirectional、UNSPEC、Power、Ground。

✧ IO 和 DISCRETE 器件的 PINUSE 必须是 UNSPEC。

➔ 都是无源器件。

✧ 其他方式的提取和分析将失败。

✧ 当模板被选定时，拓扑图和设计的 PINUSE 必须匹配。

PCB SI 使用 Device Class 来确定元器件类型。IC 的类指定为有源器件，比如驱动器或接收器。DISCRETE 的类指定为无源元件，如电阻、电感和电容。IO 的类指定为输入或输出器件，如连接器。

对于仿真，处理这些信息是很重要的。当执行仿真时 PCB SI 使用 PINUSE 属性值。例如，如果不小心把电阻的 PINUSE 属性分配为 OUT，PCB SI 会假定电阻是一个驱动元件并

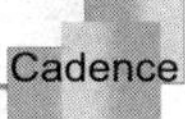

为电阻分配一个默认的信号模型。在电阻的 Allegro 器件文件创建过程中，若 Device Class 分配不正确，上述错误就可能发生。

（2）“Logic-Pin Type”对话框的“Selection Area”区域如图 2-6-36 所示。

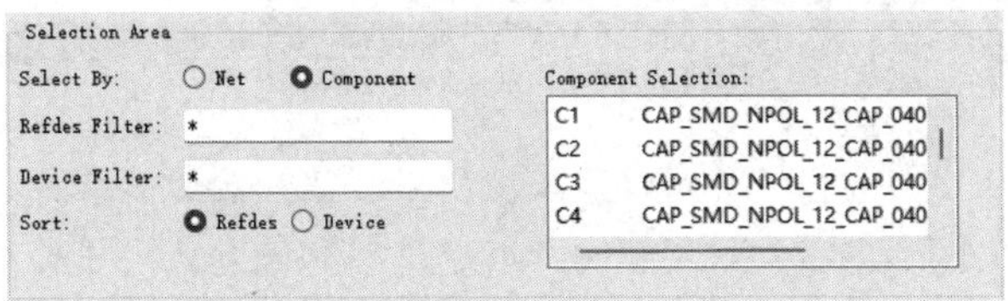

图 2-6-36　“Selection Area”区域

（3）在“Selection Area”区域的“Refdes Filter”框中输入“CON3”并按“Tab”键，单击过滤出的元件 CON3，注意到 CON3 出现在“Pin Type Assignment”区域左侧列表框中，如图 2-6-37 所示。单击“All→”按钮，左侧列表框中的引脚出现在右侧列表框中，如图 2-6-38 所示。

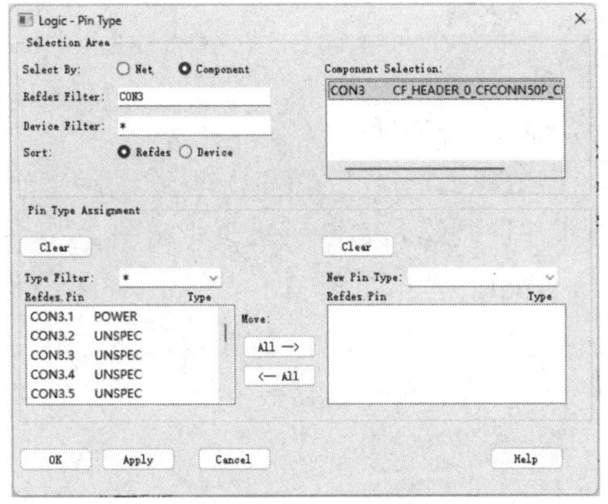

图 2-6-37　过滤 CON3

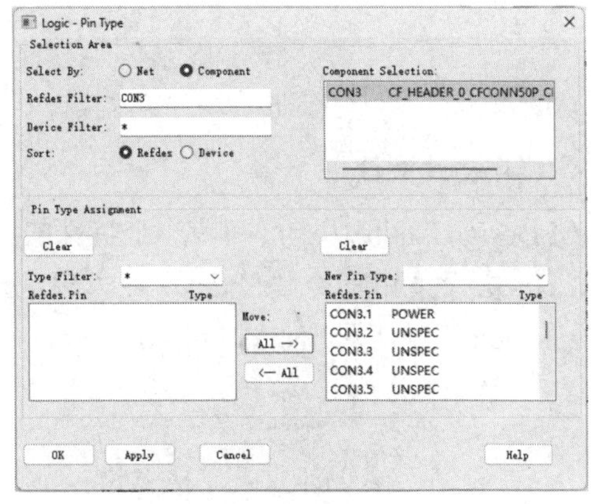

图 2-6-38　单击“All→”按钮（1）

（4）在“Selection Area”区域的“Refdes Filter”框中输入“XU1”并按“Tab”键，单击过滤出的元件 XU1，注意到 XU1 出现在“Pin Type Assignment”区域左侧列表框中，如图 2-6-39 所示。单击“All→”按钮，左侧列表框中的引脚出现在右侧列表框中，如图 2-6-40 所示。

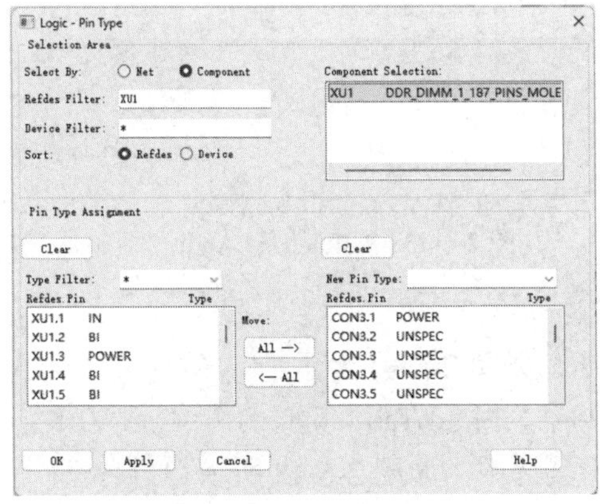

图 2-6-39　过滤 XU1

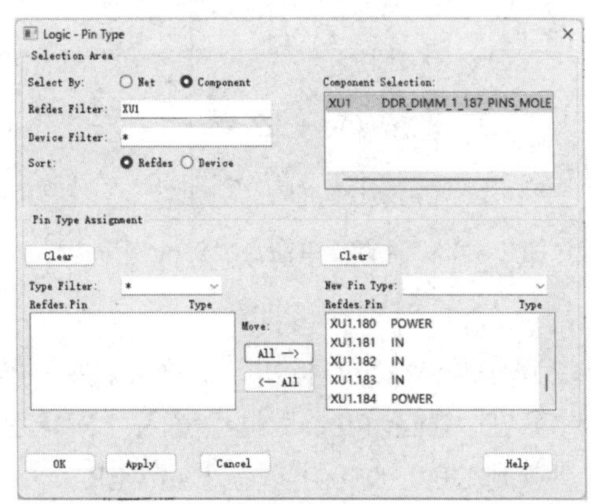

图 2-6-40　单击“All→”按钮（2）

（5）通过设置“New Pin Type”，就可以对引脚类型进行重新设置。将所选引脚类型设置为 UNSPEC，如图 2-6-41 所示。

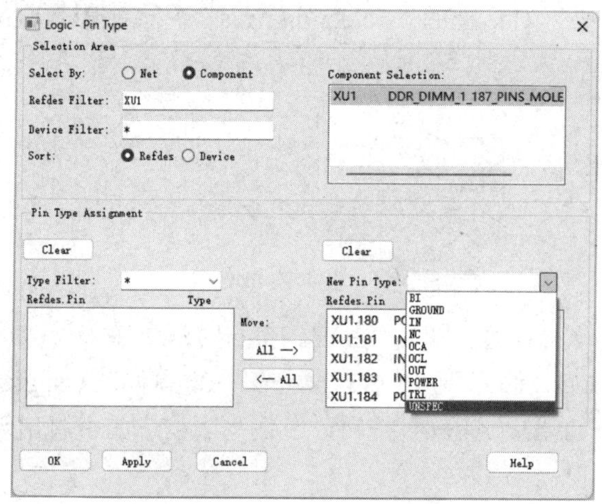

图 2-6-41　设置引脚类型

（6）单击“OK”按钮，保存修改。

5. SI 设计检查

SI Design Audit 功能可确认一个特殊的网络或一群网络是否能够被提取分析。

（1）执行菜单命令“Setup”→“SI Design Audit...”，如图 2-6-42 所示，弹出“SI Design Audit”对话框，如图 2-6-43 所示。

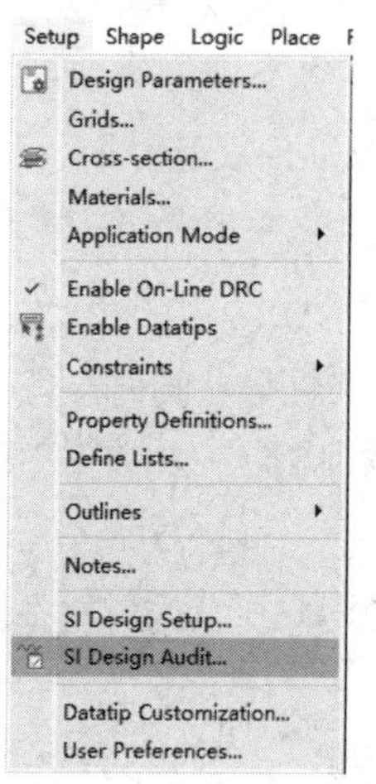

图 2-6-42　执行菜单命令“Setup”→“SI Design Audit...”

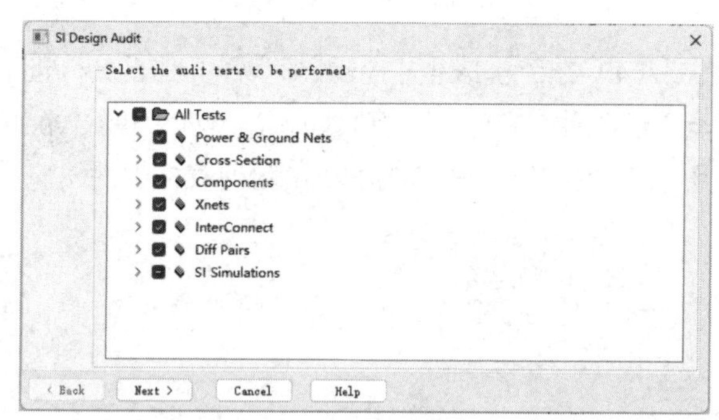

图 2-6-43　“SI Design Audit”对话框

（2）单击“Next”按钮，选择要诊断的网络，如图 2-6-44 所示。

（3）在“Xnet Filter”框中输入“DDR_DS0*”并按“Tab”键，打开 Dsn VER1 文件夹，注意到 DDR_DS0 出现在 Dsn VER1 下，将其选中，如图 2-6-45 所示。

（4）单击“Next”按钮，进入“Audit Errors”界面，如图 2-6-46 所示。

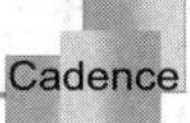

（5）单击“Report”按钮，弹出“SI Audit Errors Report”对话框，如图 2-6-47 所示。这个报告显示选择的网络出现的详细问题。在进行信号完整性分析前，必须对诊断出的错误进行修正，直至问题全部解决。

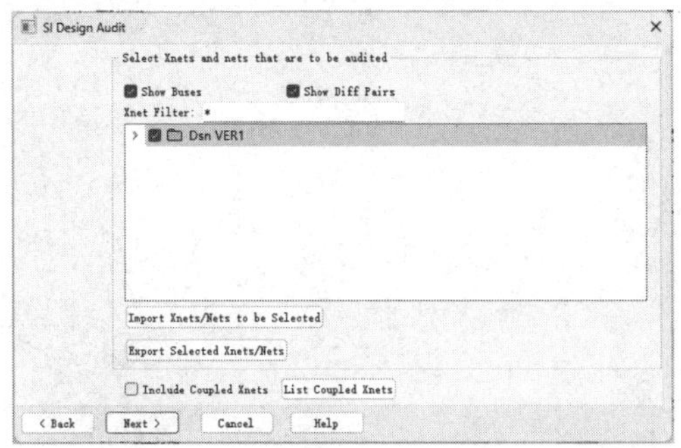

图 2-6-44　选择要诊断的网络

图 2-6-45　输入“DDR_DS0*”

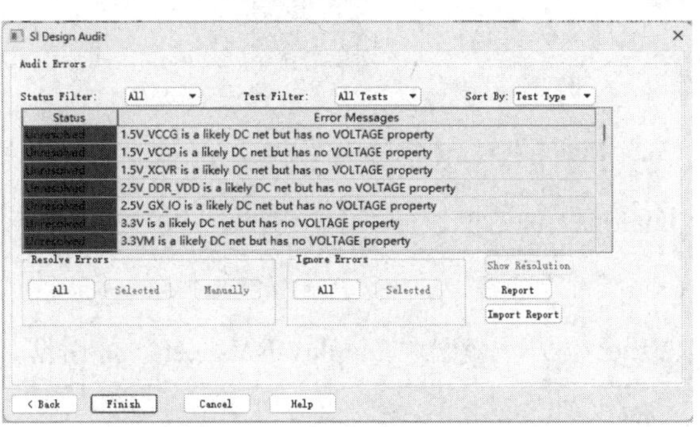

图 2-6-46　“Audit Errors”界面

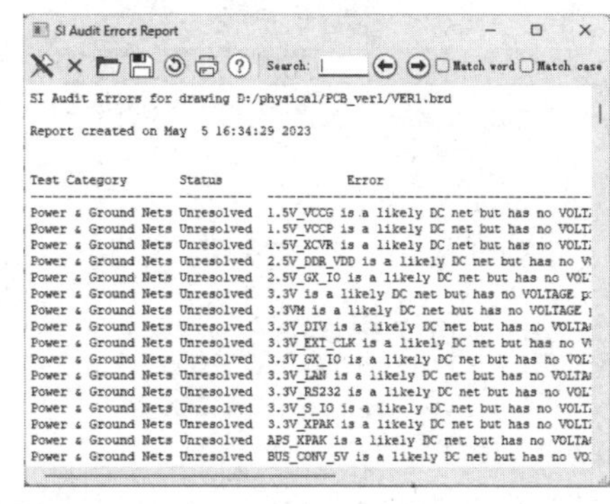

图 2-6-47　“SI Audit Errors Report”对话框

（6）关闭“SI Audit Errors Report”对话框。

（7）单击“Finish”按钮，关闭“SI Design Audit”对话框。

（8）执行菜单命令“File”→“Save As”，将文件保存在 D:\physical\PCB_ver1 目录下，文件名为 hidesign。

2.7　基本的 PCB SI 功能

【本节目的】学习摆放某一网络内的元器件。

【使用软件】Allegro PCB SI XL。

【使用文件】physical\PCB_ver1\hidesign。

1．设置显示内容

（1）启动 Allegro PCB SI XL，执行菜单命令“Display”→“Color/Visibility...”，弹出“Color Dialog”对话框，如图 2-7-1 所示。

（2）在“Color Dialog”对话框左侧选择“Board Geometry”栏，选中“Outline”复选框，打开板框的显示，从“Available colors”区域选择一个颜色，单击“Outline”旁边的颜色框。

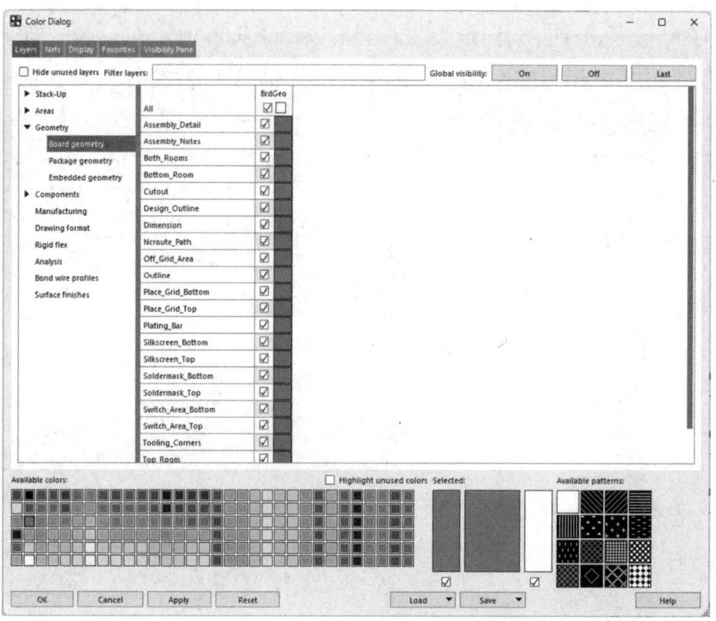

图 2-7-1 “Color Dialog”对话框

（3）单击“OK”按钮，关闭“Color Dialog”对话框。

2．显示网络飞线

（1）执行菜单命令“Display”→“Ratsnest…”，弹出“Display-Ratsnest”对话框，如图 2-7-2 所示。

（2）在“Selection Area”区域的“Select By”部分选中“Net”单选按钮，在“Net Filter”框中输入“DDR_DS*”，按“Tab”键，所有以“DDR_DS”开头的网络都显示在“Net name”列表框中，如图 2-7-3 所示。

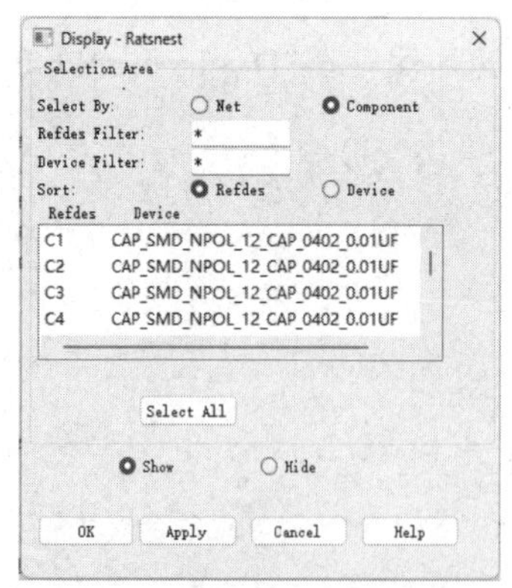

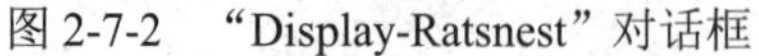

图 2-7-2 “Display-Ratsnest”对话框

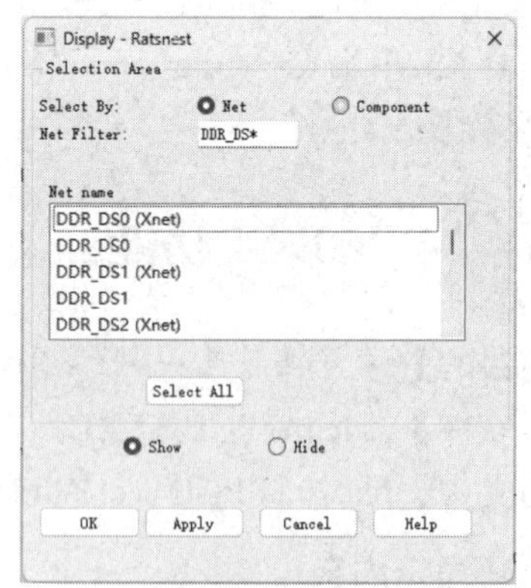

图 2-7-3 选择要显示飞线的网络

（3）选中“Display-Ratsnest”对话框底部的“Show”单选按钮，单击“Select All”按钮，所有以“DDR_DS”开头的网络都显示单个的飞线，如图 2-7-4 所示。

（4）选中“Display-Ratsnest”对话框底部的“Hide”单选按钮，单击“Select All”按钮，不再显示飞线，如图 2-7-5 所示。

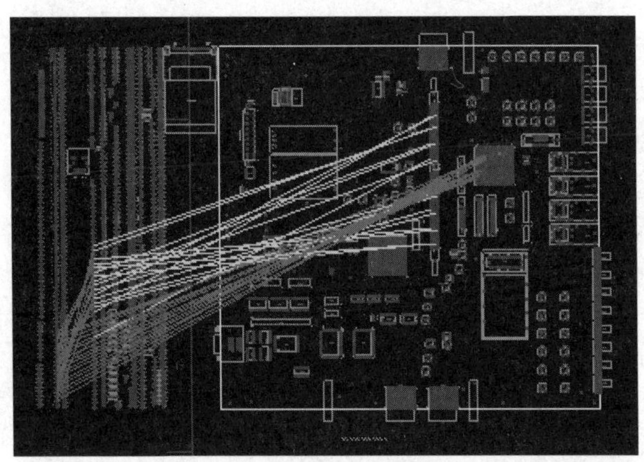

图 2-7-4　显示飞线

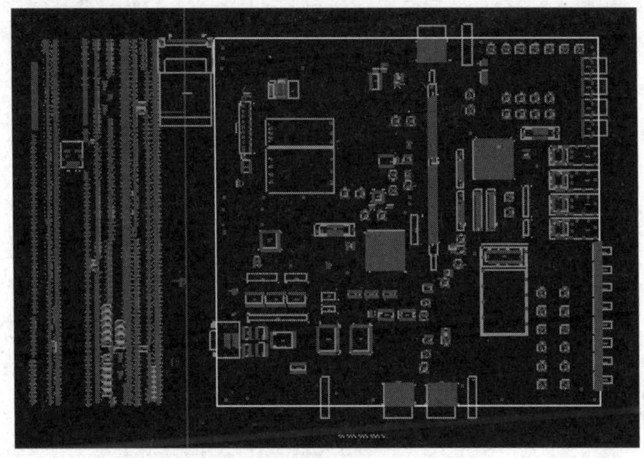

图 2-7-5　隐藏飞线

（5）选中“Display-Ratsnest”对话框底部的“Show”单选按钮，在“Net name”列表框中选择“DDR_DS0”和“DDR_DS0 (Xnet)”，仅显示 DDR_DS0 网络的飞线，如图 2-7-6 所示。

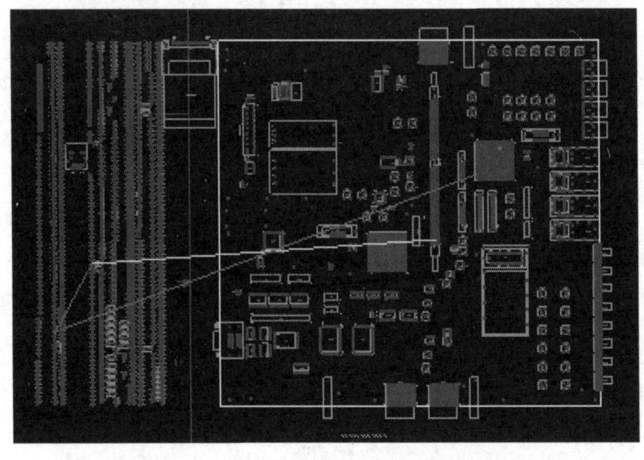

图 2-7-6　仅显示 DDR_DS0 网络的飞线

（6）在“Display-Ratsnest”对话框中单击“OK”按钮。

3. 确定 DDR_DS0 网络的元器件

（1）在 Allegro PCB SI XL 中，执行菜单命令“Display”→“Element”，在控制面板的“Find”页面仅勾选“Nets”复选框，如图 2-7-7 所示。

（2）单击显示的飞线，弹出“Show Element”窗口，显示关于网络 DDR_DS0 的信息，如图 2-7-8 所示。在“Show Element”窗口中列出了网络名和网络是否定义为总线的一部分，还有与这个网络有关的电气和物理规则的名称，Etch、Path 和 Manhattan 长度。Etch 长度为零，是因为网络没有被布线。引脚间的连接被列出，每个引脚都显示引脚类型和分配的 SigNoise 模型。引脚类型和“PINUSE”属性不同名。SigNoise 模型和信号模型等价。网络连接的元器件是 R238、XU1、R97 和 U7。

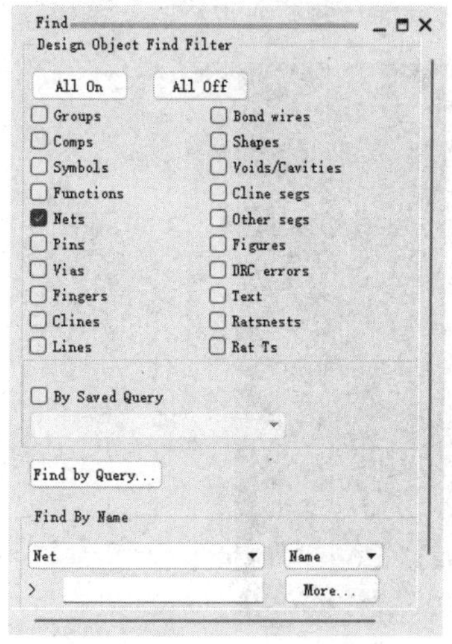

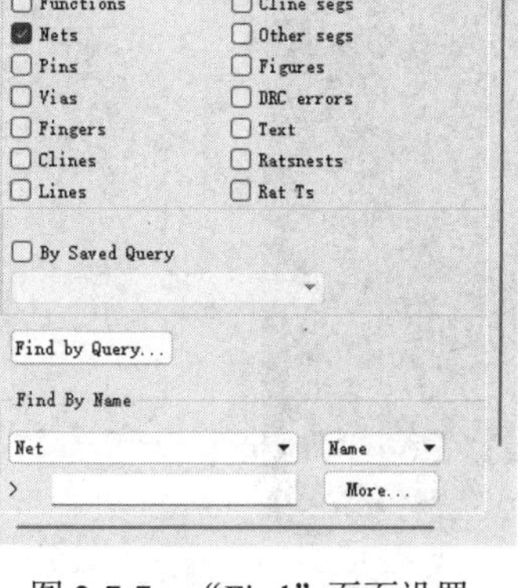

图 2-7-7 “Find”页面设置

图 2-7-8 DDR_DS0 网络的信息

（3）关闭“Show Element”窗口。

（4）在编辑窗口单击鼠标右键，选择“Done”。

4. 摆放元器件于板框内

（1）执行菜单命令“Edit”→“Move”，在控制面板的“Find”页面的“Find By Name”区域选择“Symbol（or Pin）”，在下面的框中输入“R238”，按“Enter”键，在命令窗口输入“x 6820 5475”，按“Enter”键，如图 2-7-9 所示。

（2）在“Find”页面最下面的框中输入“R97”，按“Enter”键，在命令窗口输入“x 7725 5525”，按“Enter”键，如图 2-7-10 所示。

（3）单击鼠标右键，选择“Done”，如图 2-7-11 所示。

（4）执行菜单命令“File”→“Save As”，将文件保存在 D:physical\PCB_ver1 目录下，文件名为“hidesign2.brd”。

（5）执行菜单命令“File”→“Exit”，退出 PCB SI。

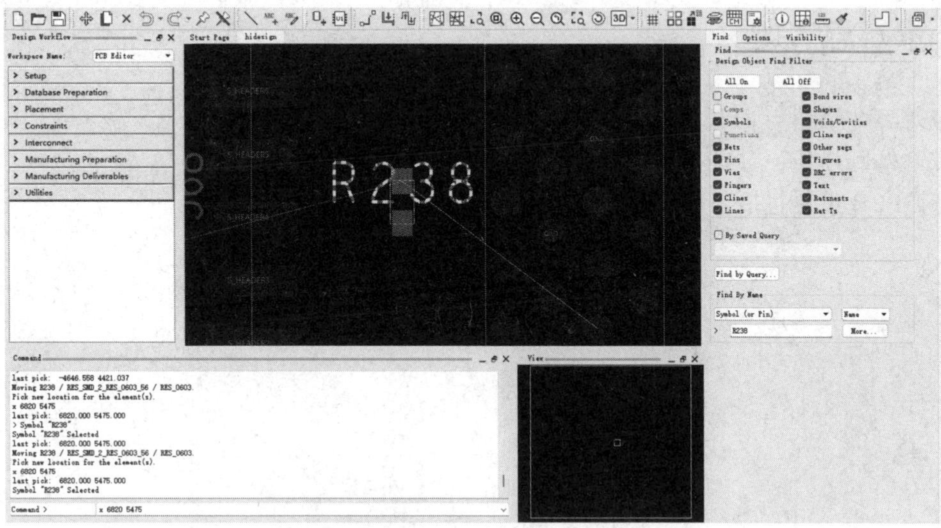

图 2-7-9　摆放电阻 R238

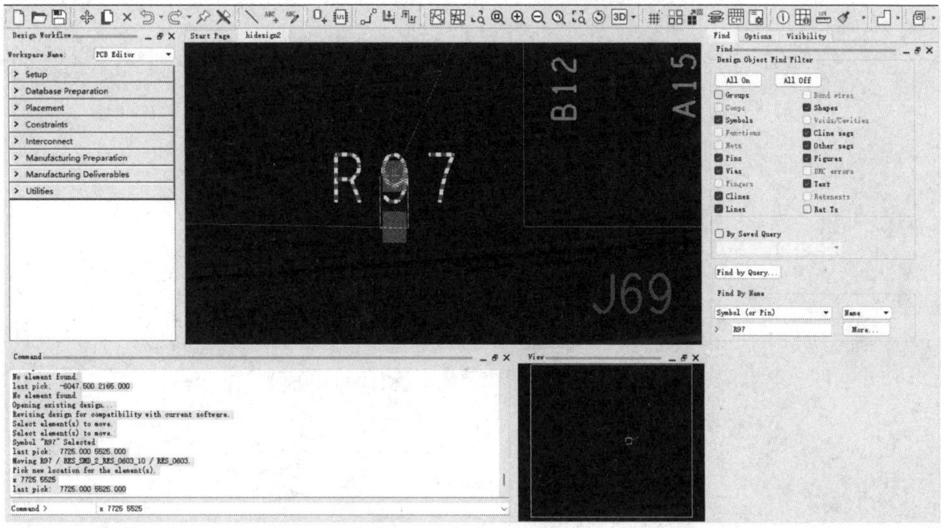

图 2-7-10　摆放电阻 R97

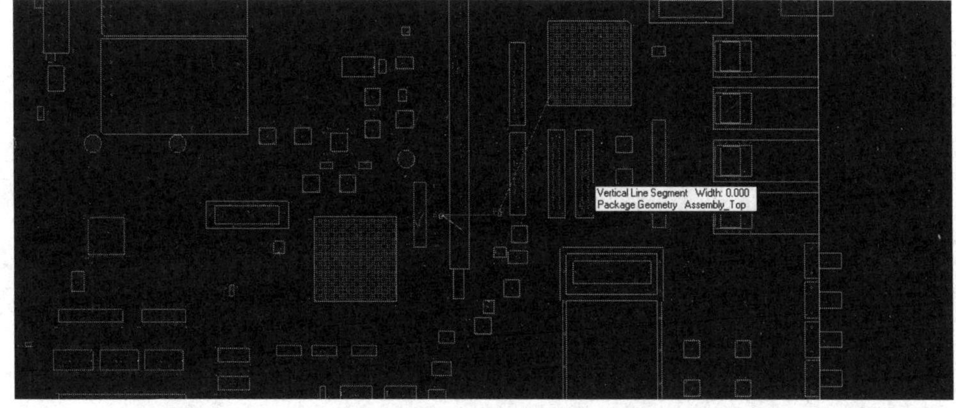

图 2-7-11　摆放元器件

2.8 本章思考题

（1）IBIS 模型与 SPICE 模型有何区别？

（2）如何对 IBIS 模型进行语法检查并将其转换为 DML 模型？

（3）PCB 设置包括哪几个方面？

第3章　约束驱动布局

3.1　学习目标

本章主要学习提取和建立电路拓扑结构，通过执行反射仿真和串扰仿真，根据仿真结果建立电气约束规则，完成 PCB 的预布局。通过本章的学习，应该掌握以下内容。

☺　创建总线。

☺　提取预布局拓扑结构，并执行反射仿真。

☺　运行参数扫描。

☺　建立拓扑结构，并执行串扰仿真。

☺　建立电气约束规则，完成预布局。

3.2　相关概念

【上升/下降时间（Rise/Fall Time）】信号从低电平跳变为高电平所需要的时间，通常是指上升/下降沿在 10%～90%电压幅值之间的持续时间，记为 T_r。

【截止频率（Knee Frequency）】这是表征数字电路中集中了大部分能量的频率范围（$0.5/T_r$），记为 f_{knee}，一般认为超过这个频率的能量对数字信号的传输没有任何影响。

【特征阻抗（Characteristic Impedance）】交流信号在传输线上传输中的每一步遇到不变的瞬间阻抗称为特征阻抗，也称为浪涌阻抗，记为 Z_0。可以用传输线上输入电压对输入电流的比值（U/I）来表示。

【传输延时（Propagation Delay）】指信号在传输线上传输的延时，与线长和信号传输速度有关，记为 t_{PD}。

【微带线（Micro-Strip）】指只有一边存在参考平面的传输线。

【带状线（Strip-Line）】指两边都有参考平面的传输线。

【反射（Reflection）】指由于阻抗不匹配而造成的信号能量的不完全吸收，反射的程度可以用反射系数 ρ 表示。

【过冲/下冲（Over Shoot/Under Shoot）】过冲是指接收信号的第一个峰值或谷值超过设定电压——对于上升沿是指第一个峰值超过最高电压；对于下降沿是指第一个谷值超过最低电压。下冲是指第二个谷值或峰值超过设定电压。

【振荡】在一个时钟周期中，反复出现过冲和下冲，就称为振荡。振荡根据表现形式可分为振铃（Ringing）和环绕振荡。振铃为欠阻尼振荡，而环绕振荡为过阻尼振荡。

【匹配（Termination）】指为了消除反射而通过添加电阻或电容元件来达到阻抗一致的

效果，因为通常在源端或终端采用，所以也称为端接。

【串扰】 串扰是指当信号在传输线上传输时，因电磁耦合对相邻的传输线产生的不期望的电压噪声干扰，这种干扰是由传输线之间的互感和互容引起的。

【信号回流】 指伴随信号传输的返回电流。

【前向串扰（Forward Crosstalk）】 指干扰源对被干扰源的接收端产生的第一次干扰，也称为远端串扰。

【后向串扰（Backward Crosstalk）】 指干扰源对被干扰源的发送端产生的第一次干扰，也称为近端串扰。

【建立时间（Setup Time）】 是指接收器件需要数据提前于时钟沿稳定存在于输入端的时间。即在触发器的时钟信号上升沿到来前，数据稳定不变的时间。如果建立时间不够，数据将不能在这个时钟上升沿被送入触发器。

【保持时间（Hold Time）】 为了成功锁存一个信号到接收端，器件要求数据信号在被时钟沿触发后继续保持一段时间，以确保数据被正确操作。即在触发器的时钟信号上升沿到来后，数据稳定不变的时间。如果保持时间不够，数据同样不能被送入触发器。

【飞行时间（Flight Time）】 指信号从驱动端传输到接收端，并达到一定的电平之间的延时，与传输延时和上升时间有关。

【*T*co】 是指信号在器件内部的所有延时总和，一般包括逻辑延时和缓冲延时。

【缓冲延时（Buffer Delay）】 指信号经过缓冲器达到有效的电压输出所需要的时间。

【时钟抖动】 是指两个时钟周期之间的差值，这个误差是在时钟发生器内部产生的，与后期布线没有关系。

【时钟偏移】 是指由同样的时钟产生的多个子时钟信号之间的延时差异。

【假时钟】 指时钟越过阈值（Threshold）无意识地改变了状态（有时在低电平或高电平之间）。通常由过度的下冲（Undershoot）或串扰（Crosstalk）引起。

【同步开关噪声（Simultaneous Switch Noise）】 指当器件处于开关状态，产生瞬间变化的电流（di/dt），电流经过回流路径上的电感时，形成交流压降，从而引起噪声，简称SSN，也称为Δi噪声。

3.3 信号的反射

当一个信号从一种媒介向另外一种媒介传输时，由于媒介阻抗变化而导致信号在不同媒介交接处产生信号反射，导致部分信号能量不能通过交界处传输到另外的媒介中。情况严重时，还会引起信号不停地在媒介两端反射，从而产生一系列的信号完整性问题。由于在实际电路设计中不能完全保持信号在传输过程中在一条恒定阻抗的传输线上传输，如驱动端的阻抗较低，而接收端的阻抗较高，因此由反射现象引起的振铃、过冲、下冲、过阻尼、欠阻尼等信号完整性问题就成为高速设计中必须解决的问题。

1．反射导致信号的失真问题

如果源端、负载端和传输线的阻抗不匹配，则会引起传输线上信号的反射，即信号能量不能被负载完全接收而将其中一部分反射回源端。如果负载阻抗小于传输线阻抗，则反

射电压为负；反之，如果负载阻抗大于传输线阻抗，则反射电压为正。在实际问题中，PCB 上传输线不规则的几何形状，不正确的信号匹配，经过连接器的传输及电源平面的不连续等因素均会导致反射，从而表现出诸如过冲/下冲及振荡等信号失真的现象。

2. 过冲和下冲

图 3-3-1（a）所示是一个 DDR 内存地址线的仿真波形，从中可以看到接收端的信号存在一定的反射，这就是经常说的过冲/下冲现象；如果过冲过大，就会大大降低噪声裕量，甚至损坏器件，如图 3-3-1（b）所示。

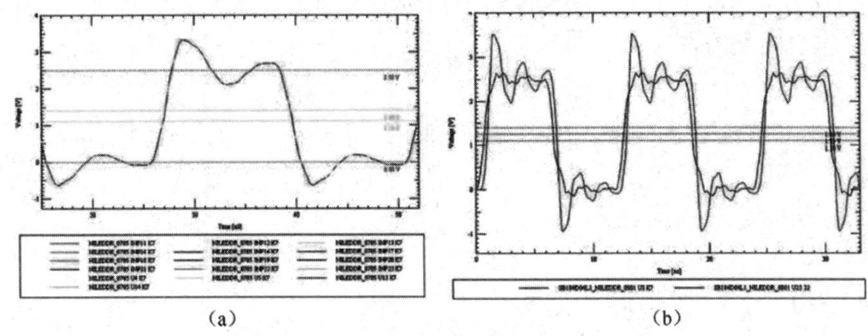

（a）　　（b）

图 3-3-1　过冲和下冲

从定义上来说，过冲就是指接收信号的第一个峰值或谷值超过设定电压——对于上升沿是指第一个峰值超过最高电压；对于下降沿是指第一个谷值超过最低电压。过大的过冲将会损坏元器件中的保护二极管，导致其过早失效。而下冲，就是指第二个谷值或峰值超过设定电压，严重时将可能产生假时钟信号，导致系统的误读/写操作。

如果过冲过大，则可以采用适当的端接技术使源/终端匹配，如图 3-3-2 所示。

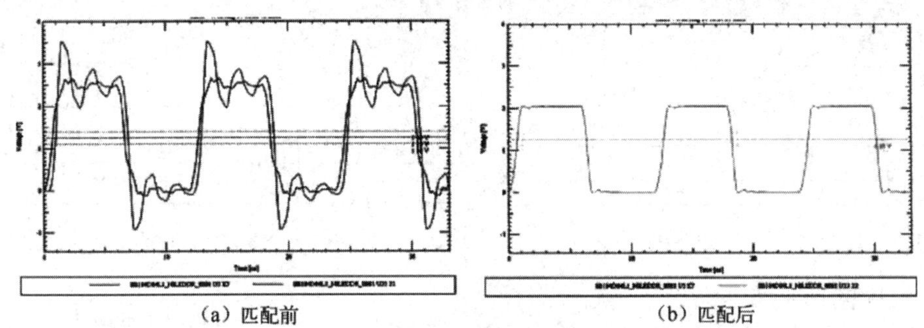

（a）匹配前　　（b）匹配后

图 3-3-2　匹配前后电路的仿真波形

从图 3-3-2 中的仿真波形可以看出，原电路中没有进行匹配，信号存在严重的过冲，当接入终端匹配电阻后，信号波形就十分完美了。

3. 振荡

振荡现象也是反射引起的，图 3-3-3 所示的波形就是一个存在明显振荡的例子。

振荡和过冲在本质上是相同的，在一个时钟周期内，反复出现过冲和下冲，就称为振荡。振荡是电路中因为反射而产生的多余能量无法被及时吸收的结果。振荡根据表现形式可分为振铃和环绕振荡。振铃为欠阻尼振荡，而环绕振荡为过阻尼振荡。

在任何设计中都不可能做到很完美的匹配，因而振荡现象是每个电路设计者都会遇到的事情，可以通过适当的端接来尽量减小，但是不可能完全消除。

如果振荡幅度过大，将会导致信号在逻辑电平门限附近来回跳跃，这样就会导致逻辑功能的紊乱。实际布线时，对于不同的布线长度，一定要考虑反射的影响。一般对于短距离的布线，可以不加匹配电阻，其振荡现象不是很严重，如图 3-3-4 所示；但当布线长度过长，造成严重的波形失真时，如图 3-3-5 所示，就必须考虑如何匹配的问题。从图 3-3-6 中可明显地看出，在加了串联电阻匹配后，信号非常稳定。除了串联电阻匹配的方式，还有终端并联电阻匹配的方式。

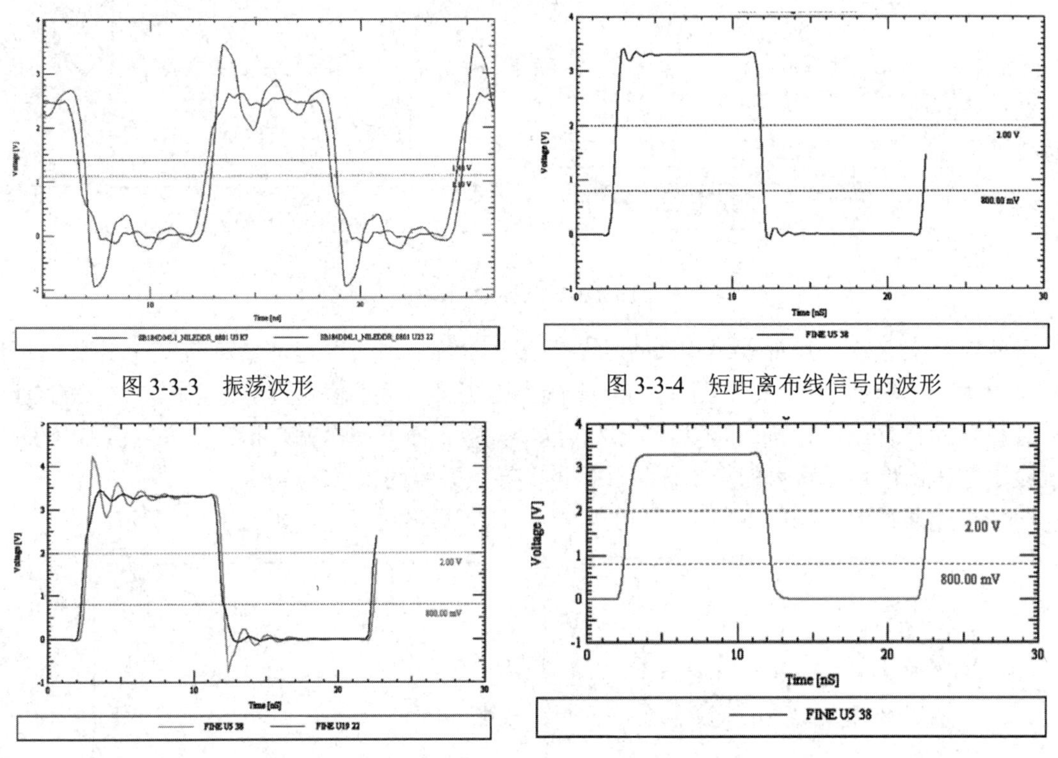

图 3-3-3　振荡波形

图 3-3-4　短距离布线信号的波形

图 3-3-5　长距离布线信号的波形

图 3-3-6　串联电阻匹配后信号的波形

4．反射的抑制和匹配

由上面的分析可以看到，信号的反射是由传输线和负载的阻抗不匹配造成的，因此减小和消除反射的方法是根据传输线的特性阻抗在其发送端或接收端进行一定的匹配，从而使源端反射系数或负载端反射系数为零来达到抑制反射的目的。

传输线的匹配通常采用以下两种策略：

☺　使负载阻抗与传输线阻抗匹配，即并行端接；

☺　使源阻抗与传输线阻抗匹配，即串行端接。

理论上说，如果负载反射系数或源反射系数二者任一为零，反射将被消除。在实际应用中，要根据具体情况来选择串行匹配或并行匹配，有时会同时采用两种匹配形式。不过一般情况下，很少会让源端和终端都保持完全匹配，因为这种情况下，接收端将无法靠反射来达到足够的电压幅值。下面简要介绍各种匹配方式及其优缺点。

1）串行端接

串行端接是指在尽量靠近源端的位置（防止电源和电阻之间形成局部反射）串行插入一个电阻 R_S。这种串行端接的原理是消除从负载端反射回来的电压，阻止传输线的二次反射，如图 3-3-7 所示。

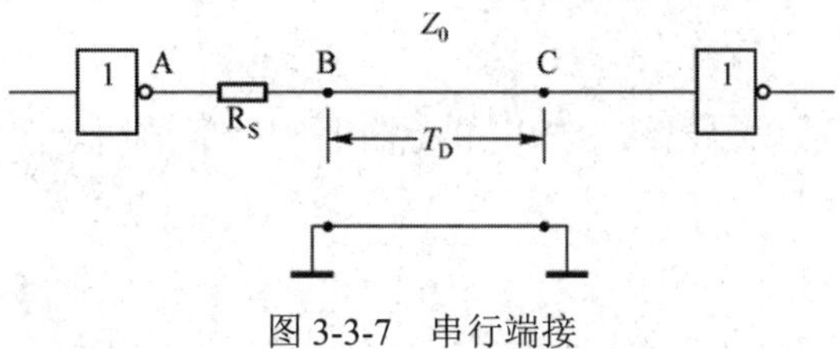

图 3-3-7　串行端接

根据反射系数公式：$\rho = \dfrac{Z_1 - Z_0}{Z_1 + Z_0}$，串联电阻和驱动端的阻值之和应等于传输线的阻抗，且串联电阻越靠近驱动端越好，以免驱动器和电阻之间的传输线又造成信号的反射。从图 3-3-8 可以看到，在信号没有到达终端前，传输线上的传输电压只有正常高电位的 1/2，接收端靠反射现象达到了满电平（终端近似看作正相全反射）。

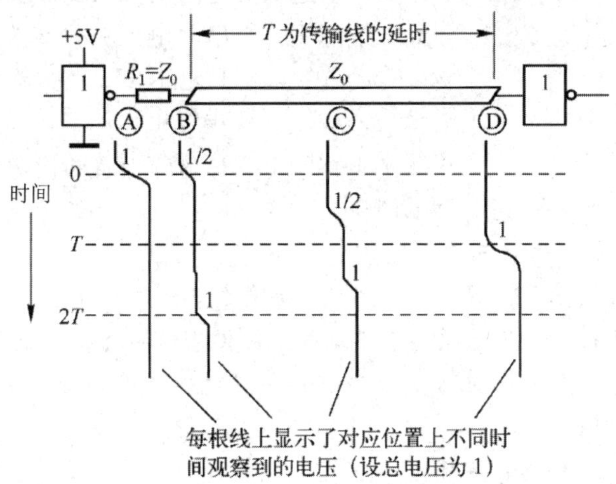

图 3-3-8　串行端接的电压传播示意图

总结下来，串行端接有以下 4 个优点。

☺　实现简单，一般只需在电路中加一个电阻，节省了 PCB 的空间。

☺　这种形式的匹配不增加任何直流负载，不增加电源消耗。

☺　当驱动高容性负载时可起限流作用，这种限流作用可以帮助减小地弹噪声。

☺　不增加对地的阻抗。

同时，串行端接也存在如下问题。

☺　由于驱动端的输出阻抗可能随着输出状态、电源电压、频率、温度等诸多因素的变化而改变，因此设计者很难精准地调节串联电阻的最佳匹配值。

☺ 当信号逻辑转换时，由于R_S的分压作用，在源端会出现半波幅度的信号，这种半波幅度的信号沿传输线传输至负载端，又从负载端反射回源端，持续时间为 $2T_P$（T_P 为信号从源端到终端的传输延时），这意味着沿传输线不能加入其他信号接收端，因为在上述 $2T_P$ 时间内会出现不正确的逻辑态（如果存在多个负载，一定要让这些负载尽量靠近）。同时，在这种情况下，串联电阻不能消除多个负载之间的反射。

☺ 增加了 RC 时间常数，从而减缓了负载端信号的上升时间，因而不适用于很高速的信号传输。

鉴于以上的讨论，可以得出结论：串联电阻匹配一般适用于单个负载的情况，有时也用于星形连接的多接收端。

2）并行端接

并行端接的主要原理是在传输线的末端并联阻抗为 Z_0 的电阻元件，使终端负载的等效阻抗和传输线的特性阻抗接近，以达到抑制反射的目的。根据不同的应用环境和效果，并行端接一般可分为以下 5 种类型。

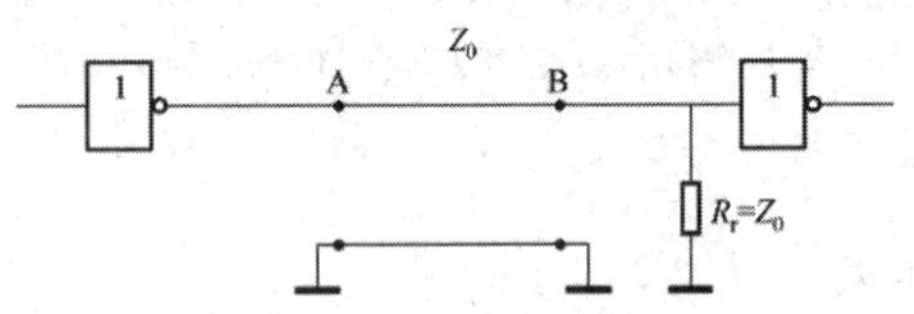

图 3-3-9 单电阻并行端接

（1）单电阻并行端接：在靠近终端负载的位置并联一个接地电阻，如图 3-3-9 所示。

选取的电阻值等于传输线的阻抗，且越靠近终端越好。与串联电阻匹配一样，它是一种比较简单的单电阻匹配形式，它给电路带来的延时为 $Z_0C/2$。与串联电阻匹配相比，它没有过多地降低电路的上升速度，而且能快速地让突变的开关电流通过，因此更适合高速的情况。

同样，并行端接也存在如下一些缺点。

☺ 与串行端接相比，终端电阻上消耗了更多的能量。

☺ 增加了直流负载，驱动端要给终端电阻提供额外的直流电流。

☺ 终端匹配电阻接地会造成下降沿过快（接电源上升沿变快），这样会导致波形的占空比不平衡。

☺ 降低了高输出时的电平值。

（2）戴维南并行端接：考虑到单电阻并行端接会导致占空比失调，提出一种比较流行的并行端接方式——戴维南并行端接，如图 3-3-10 所示。

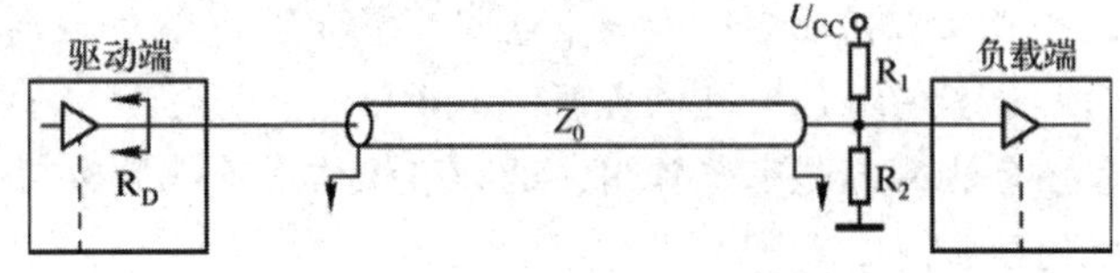

图 3-3-10 戴维南并行端接

这种终端匹配方式使用了两个电阻，一个接地，另一个接电源。电阻 R_1 和 R_2 的阻值

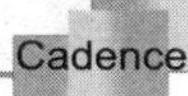

满足关系式：$Z_0 = \dfrac{R_1 R_2}{R_1 + R_2}$。戴维南匹配综合了使用上拉、下拉电阻匹配的优势，弥补了它们的缺点。例如，它平衡了输出的高低电平，提高了电路的扇出能力，降低了占空比失调引起的能量消耗。但它也存在一个很大的问题，就是静态时的直流功耗太大了，所以在 TTL 和 CMOS 电路中很少采用。另外，与前几种匹配形式相比，戴维南匹配使用的器件较多。

（3）主动并行端接：在此端接方式中，端接电阻 R_r（$R_r = Z_0$）将负载端信号拉至一偏置电压 U_{BUS}，如图 3-3-11 所示。U_{BUS} 的选择依据是使输出驱动源对高/低电平信号有汲取电流能力。这种端接方式需要一个具有吸、灌电流能力的独立的电压源来满足输出电压的跳变速度的要求。这种端接方式也会带来一定的直流消耗，当偏置电压 U_{BUS} 为正电压，输入为逻辑低电平时，有直流功率损耗；同样，当偏置电压 U_{BUS} 为负电压，输入为逻辑高电平时，有直流功率损耗。总的来说，这种匹配不够完善，而且需要提供交流源，在高频下，交流源的高低电平变化会给传输线造成串扰和 EMI。

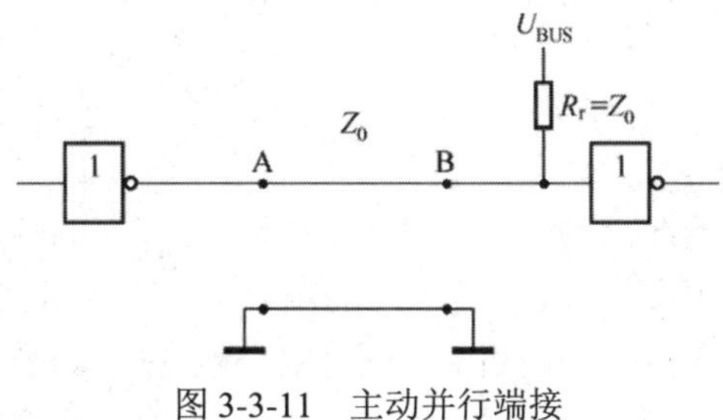

图 3-3-11　主动并行端接

（4）RC 端接：上面介绍的几种终端匹配形式不可避免地有较多的电源消耗。图 3-3-12 所示的 RC 端接则可以有效地解决这一问题。

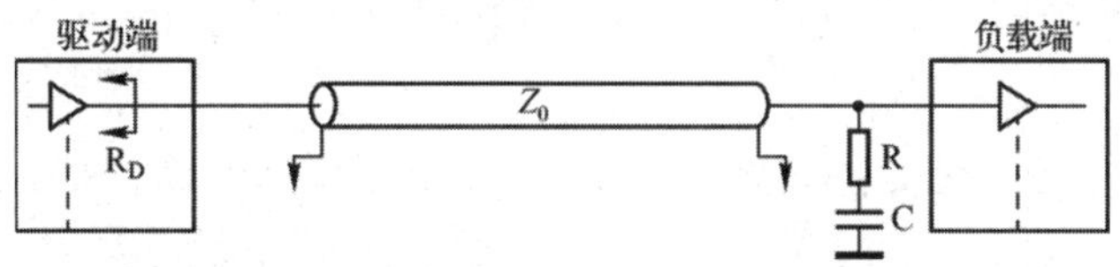

图 3-3-12　RC 端接

RC 端接结合了电阻和电容的作用，在匹配终端的同时，阻止了直流电的通过，降低了能量的损耗。不过，由于它增加了一个电容负载，会延长电路的上升时间。而且电容值很难确定，容值大的电容能吸收较大的电流，但也增加了电源的损耗，但用容值太小的电容则会减弱终端匹配的效果，所以，电容值的选择要通过仿真来确定。一般情况下，电容值为

$$C = 3T_r / Z_0$$

式中，T_r 为信号上升时间；Z_0 为传输线的阻抗。

RC 端接主要应用在多接收端的情况，时钟信号线也经常使用这种匹配形式。

（5）肖特基二极管端接（二极管并行端接）：在集成电路实验板和底板等线的阻抗不好确定的情况下，使用肖特基二极管端接既方便又省时，如图 3-3-13 所示。如果在系统调

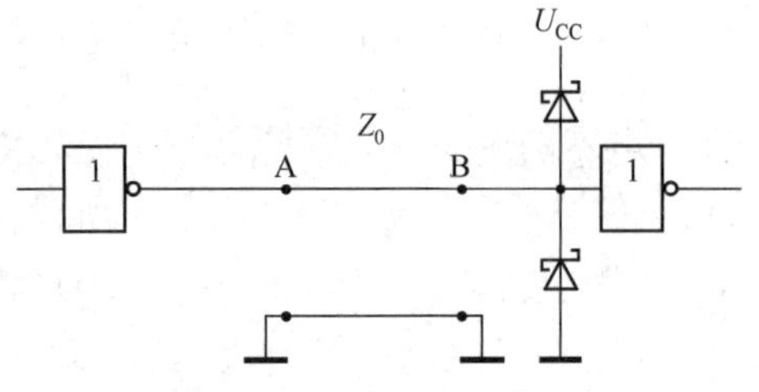

图 3-3-13 肖特基二极管端接

试时发现振铃问题，可以通过加入二极管来消除。因为二极管的单向传输性，首先可以保证负载电压值近似恒定在 $-U_f \sim U_{CC}+U_f$（U_f 为二极管的电压降）之间。这样就显著减小了信号的过冲（正尖峰）和下冲（负尖峰）。在某些应用中也可只用一个二极管。肖特基二极管端接的优点在于，用二极管替换了戴维南并列端接或 RC 端接中的电阻和电容元件，通过二极管钳位减小过冲与下冲，不需要进行线的阻抗匹配。尽管二极管的价格要高于电阻，但系统整体的布局、布线开销会减少，因为不再需要精确控制传输线的阻抗匹配。肖特基二极管端接的缺点在于，由于二极管本身不消耗反射回来的振铃信号，而直接传给与其相连的电源或地，这就会在 U_{CC} 和 GND 上产生噪声；同时由于二极管的开关速度一般很难做到很快，因此对于较高速的系统不适用。

3.4 串扰的分析

1. 串扰的基本概念

串扰是指当信号在传输线上传输时，因电磁耦合对相邻的传输线产生的不期望的电压噪声干扰。而这种干扰是由两条信号线之间的耦合，即信号线之间的互感和互容耦合引起的，容性耦合引发耦合电流，而感性耦合则引发耦合电压。容性耦合是干扰源上的电压变化使被干扰对象上产生感应电流导致的电磁干扰，而感性耦合则是干扰源上的电流变化产生的磁场使被干扰对象上产生感应电压导致的电磁干扰。因此，信号在通过一个导体时，会使相邻的导体上产生两类不同的噪声信号，即容性耦合信号和感性耦合信号，统称为串扰。

在理解串扰之前，首先要了解高频信号的回流情况。这是分析串扰等一系列信号完整性问题的重要基础。高频下回流和低频下回流会对电路的信号产生两种完全不同的影响，那么低频下回流和高频下回流有什么不同呢？从图 3-4-1 中可以看出，在低频情况下，电流是沿电阻最小的路径流回的，而在高频情况下，电流是沿着电感最小的路径流回的，也是阻抗最小的路径，表现为回路电流集中分布在信号布线的正下方。高频下，当一根信号线直接在接地层上布置时，即使存在更短的回路，回路电流也要沿着信号路径下方的参考平面层流回信号源，这条路径必须具有回流电流所能通过的最小阻抗，即电感最小和电容最大（$Z=\sqrt{L/C}$）。这种靠大电容耦合抑制电场，靠小电感耦合抑制磁场来维持低电抗的方法称为自屏蔽。每个回流信号将产生一个磁场，如果同时有很多传输线在传输，那么它们产生的回流区域将叠加，从而产生区域性磁场，这些磁场将使其场强范围内的传输线产生感应电压，这样，就会对这些传输线的信号产生干扰，造成传输信号的失真。由于参考平面的感应电压引起的串扰大小和回流区域叠加的数量成正比，具体地说，串扰的大小和信号线之间的距离 D、地平面的高度 H 及系数 k 有关，如图 3-4-2 所示。

$$\text{Crosstalk}=\frac{k}{1+(D/H)^2}$$

式中，k 与信号的上升时间及相互干扰的信号线的长度有关。

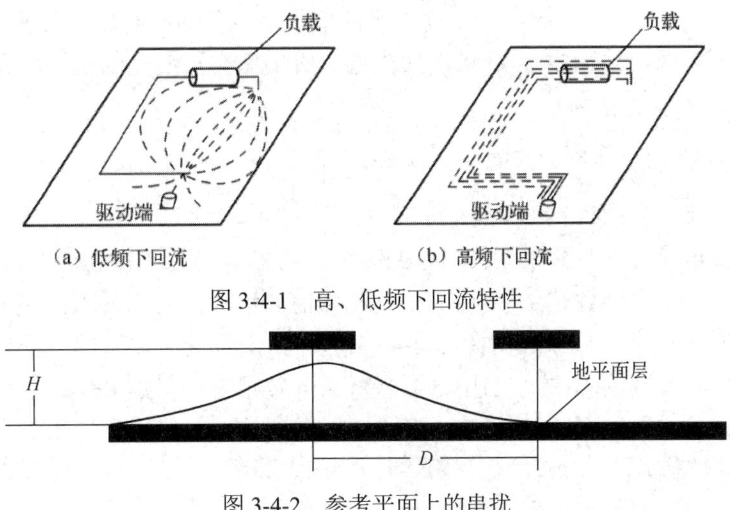

图 3-4-1　高、低频下回流特性

图 3-4-2　参考平面上的串扰

所以，从这个角度来说，为了抑制串扰，应尽量减少这些回流区域的叠加，从而减小传输线之间的互感。当然，串扰的产生是一个很复杂的过程，下面将会进行较为详细的阐述。

本章提到的传输线的长度如果没有特殊说明，均指平行的耦合长度。

2．前向串扰和后向串扰

串扰可以分为前向串扰和后向串扰。下面分别从感性耦合和容性耦合两方面来具体分析串扰的本质。

两根平行线在高频下可以等效成图 3-4-3 所示的电路。被干扰系统的终端 D 称为远端，信号输入端 C 称为近端。因为终端的接收负载主要受前向串扰影响，所以有时称前向串扰为远端串扰（Far-end Crosstalk）；同样，后向串扰也被称为近端串扰（Near-end Crosstalk）。

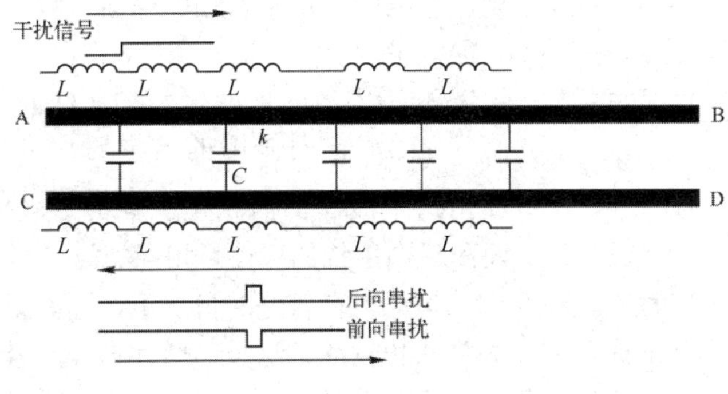

图 3-4-3　串扰分析示意图

首先分析由感性耦合引起的串扰。

当传输线 A–B 上有一个低电平到高电平的信号从 A 传向 B 时，由于电压（电流）的变化将产生一个磁场，传输线 C–D 将包括在这个磁场里面，变化的磁场也会使传输线 C–D 产生感应电流，互感系数为

$$L_m = L\frac{di}{dt}$$

微观分析干扰信号由 A 向 B 传输时，在被干扰源传输线 C–D 上将产生一对感应电流。如果把这对感应电流考虑为分别向 C 和 D 两个方向传播，则把朝近端 C 方向的串扰称为后向串扰，另外一个向着远端 D 传播的串扰称为前向串扰，它们的大小相等，极性相反。感性耦合产生的串扰可以形象地由图 3-4-4 表示，在干扰信号传输的每个点产生的向后的电流是在不同的时间到达 C 的，而由于信号本身的传播方向与前向串扰方向一致，所以每一点的前向串扰将在同一时间到达 D。因此，前向串扰的波峰比后向串扰大，但后向串扰的持续时间长（持续 $2T_p$，T_p 为传输线的延时）。由于前向串扰是纵向叠加的，后向串扰是横向叠加的，而每个叠加量是相等的，所以后向串扰和前向串扰在电压–延时图上的面积是相等的。在一定的传输线长度范围内，如果增加线长，前向串扰的波峰将增大，但串扰持续的时间不变，而后向串扰的波峰不变，波峰保持时间将变大。图 3-4-5 所示为感性串扰的时序图。

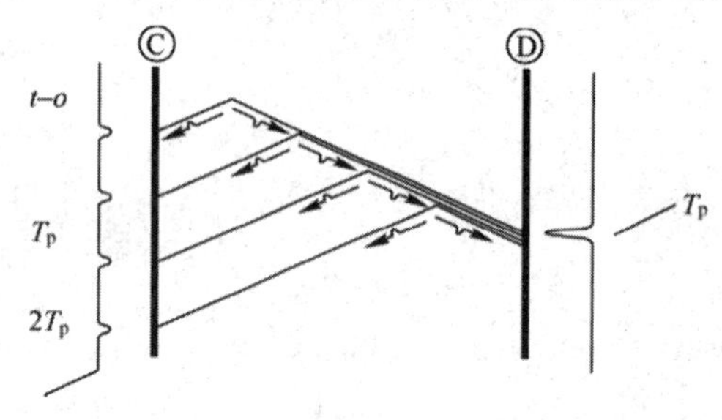

图 3-4-4　感性串扰的分析图

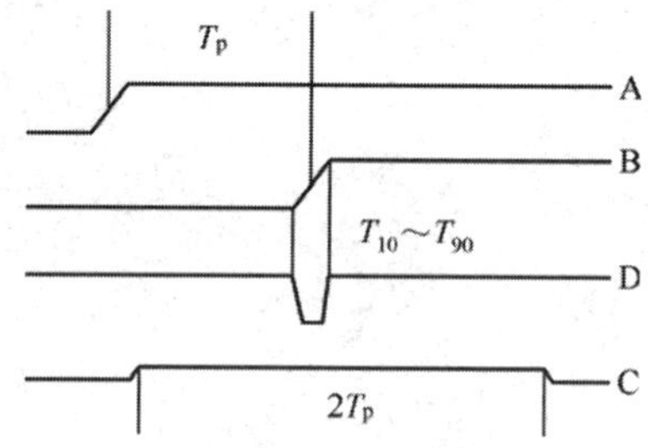

图 3-4-5　感性串扰的时序图

下面再来探讨一下由容性耦合引起的串扰。

当一个电压经过图 3-4-3 所示的分布电容时，从微分的观点来看，会在另一条传输线上产生两个极性相同的小脉冲电压，分别向近端和远端传输，和感性串扰一样，向远端传输的串扰是同一时间到达远端的，由于叠加的结果，将产生一个波峰较高的脉冲电压，而向近端传输的串扰，由于到达近端的时间有所不同，因此将产生一个持续的波峰电压，持续时间为 $2T_p$。它们作用的结果时序如图 3-4-6 所示。同样，两个波形的面积是一样的，且容性耦合造成的前向和后向串扰的极性是相同的。

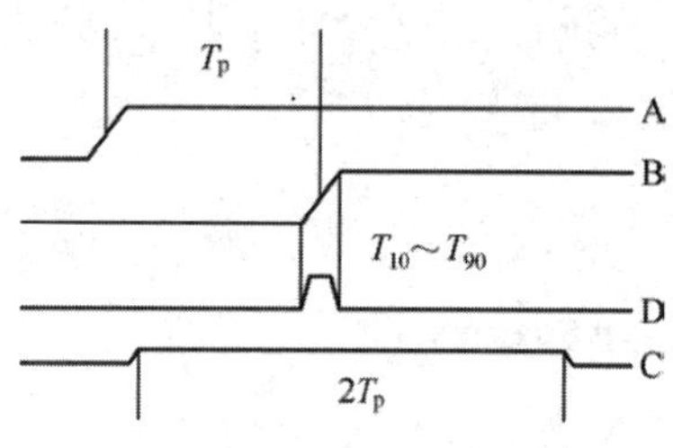

图 3-4-6　容性串扰的时序分析

再把感性串扰和容性串扰综合起来考虑。在较好的情况下，即两条信号线具有完美的参考平面，并处于均匀的介质中，如带状传输线，这时，感性耦合和容性耦合所产生的前向串扰的大小相等，极性相反，正好相互抵消，而后向串扰则表现为相同极性，就是两种感应产生串扰电流（电压）的叠加。所以，此时关注更多的是后向串扰的影响。但对于非

理想的地平面或微带传输线，由于互感的增加或介质的不均匀，造成感性耦合的影响大于容性耦合，从而使得前向串扰不能完全抵消。例如，在遇到参考平面开槽或有沟壑时，感性耦合产生的串扰就比容性耦合产生的串扰大很多，前向串扰呈负极性，串扰电压的波峰值可能要比后向串扰大得多。此时，前向串扰给电路带来的影响是巨大的，所以在高速PCB 设计中，设计者要尽量避免这些情况的出现。

3．后向串扰的反射

在前面的讨论中，都没有考虑到反射的情况，在串扰到达 C、D 两端后都假设它消失了。但是在实际情况中，源端和终端往往都没有得到完美的匹配，这会造成串扰反射的复杂情况。这里举一个后向串扰在源端全反射的例子。

假设图 3-4-7 中，驱动端 C 的输出阻抗很小，则考虑反射系数近似为-1，也就是说，在 C 端，干扰源 A、B 产生的后向串扰将以大小相同，但极性完全相反的发射波向 D 传输。如图3-4-7所示，$3T_p$ 时刻（T_p是传输延时），D端将接收到后向串扰的发射波。因此，适当的源端匹配有利于降低串扰对信号质量的影响。

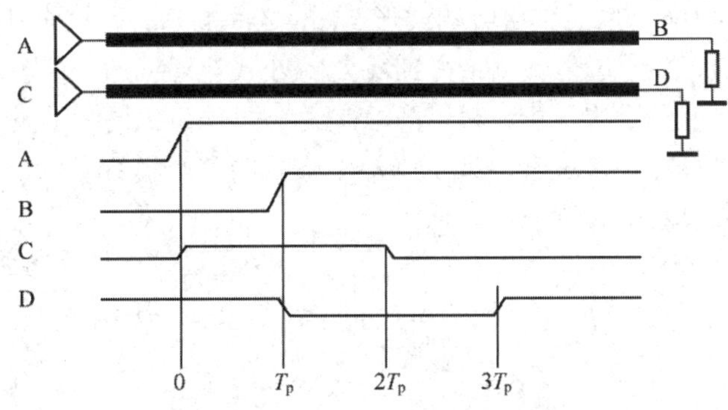

图 3-4-7　后向串扰在源端的反射

3.5　时序分析

1．时序信号简介

根据芯片间信号传递方式的不同，信号可分为同步信号和异步信号两种。同步信号是通过时钟来同步数据传输的，有严格的时序关系，时序仿真主要针对的就是同步信号。根据时钟传递方式不同，同步信号可以分为外同步信号、内同步信号和源同步信号。

异步信号没有时钟作为基准，而且工作频率较低，时序容易满足，一般不需要时序仿真，主要关注信号质量，如单调性、过冲和噪声容限。但异步信号的各个信号间也是有时序关系的，如片选、读写、地址和数据等，可以确定一个合适的信号作为基准，用相同的方法进行时序仿真。同步信号中的时钟信号本身也是异步信号。

时序仿真的目的是通过电路原理、元器件手册来获得一个最坏情况下的时序最大可用空间，并通过 Cadence 仿真软件计算出在满足这个条件下的元器件布局、布线约束。

外同步信号、内同步信号和源同步信号的差别在于时钟信号和数据信号的相对关系。本节根据 3 种信号的原理图来说明时序计算方法。

在 slow 和 fast 两种状态下，仿真结果应满足以下条件。

☺ slow：$T_{settle} < T_{flight\_time\_max}$。

☺ fast：$T_{switch} > T_{flight\_time\_min}$。

✧ T_{settle}：建立时间就是振荡的信号稳定到指定的最终值所需要的时间。

✧ T_{switch}：开关时间。

✧ $T_{flight\_time\_min}$ 和 $T_{flight\_time\_max}$：信号从缓冲器出来后，要经过传输线到接收终端，信号在传输线上传输的延时，即传输延时。然而在大多数时序设计中，最关键的并不是传输延时这个参数，而是飞行时间（Flight Time），包括最大飞行时间（Max Flight Time）$T_{flight\_time\_max}$ 和最小飞行时间（Min Flight Time）$T_{flight\_time\_min}$。飞行时间包含了传输延时和信号上升沿变化这两个因素。

在较轻的负载（如单负载）下，驱动端信号的上升沿几乎和接收端信号的上升沿平行，此时平均飞行时间和传输延时相差不大；但若在重负载（如多负载）的情况下，接收信号的上升沿明显变缓，此时平均飞行时间就会远远大于信号的传输延时。这里说的平均飞行时间是指驱动端波形 U_{meas} 到接收端波形 U_{meas} 之间的延时，这个参数只能用于时序的估算，准确的时序一定要通过仿真测量得到最大/最小飞行时间来计算。

上面只是对信号上升沿的分析。对下降沿来说，同样存在最大/最小飞行时间参数。在时序计算时，最大飞行时间取上升沿和下降沿中最长的那个飞行时间，而最小飞行时间则是取上升沿和下降沿中最短的那个飞行时间。

在上面两个不等式中，$T_{flight\_time\_max}$、$T_{flight\_time\_min}$ 是通过时序计算得到的，如图 3-5-1 所示；而 T_{settle}、T_{switch} 是通过时序仿真软件得到的，如图 3-5-2 所示。

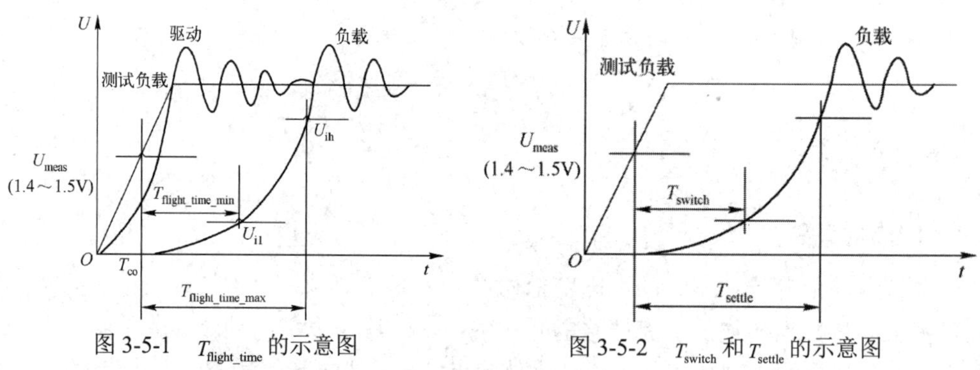

图 3-5-1 T_{flight_time} 的示意图　　图 3-5-2 T_{switch} 和 T_{settle} 的示意图

对于速度很高的网络或复杂拓扑，有时会难以同时满足 slow 条件和 fast 条件，此时应保证满足 slow 条件，fast 条件可适当放宽。

1）外同步

外同步是指数据在两个芯片间传输时，时钟由另一块芯片提供的同步方式。同步时钟不是由发送数据或接收数据的芯片提供的，一般由独立的时钟驱动器提供。外同步方式时序分析的要点是用发送数据时钟的下一个时钟来接收数据。这种拓扑结构的应用场合非常多，如 FPGA 的外接存储器 SSRAM，如图 3-5-3 所示。图 3-5-4 是外同步时序示意图。

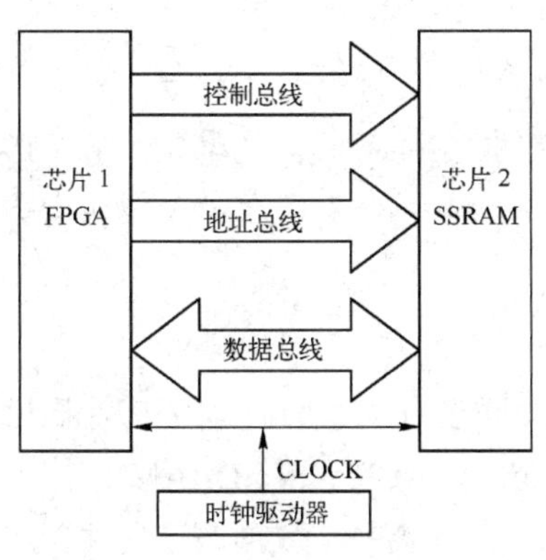

图 3-5-3　外同步原理图

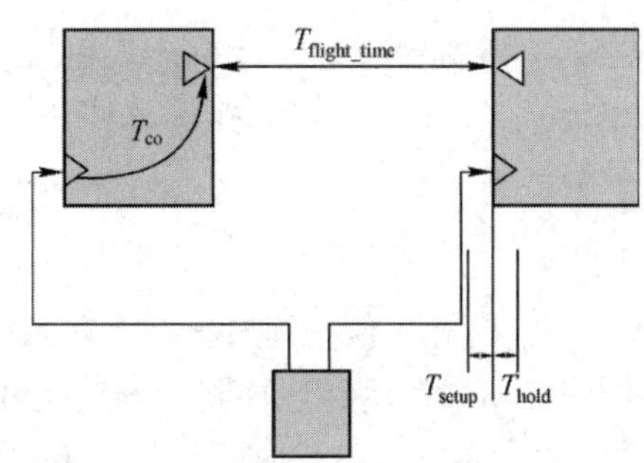

图 3-5-4　外同步时序示意图

☺　slow：$T_{flight\_time\_max} + T_{co\_max} + T_{setup} + T_{jitter} + T_{skew} + T_{margin\_slow} = T_{cycle}$。

☺　fast：$T_{flight\_time\_min} + T_{co\_min} - T_{skew} - T_{margin\_fast} = T_{hold}$。

- ✧ T_{hold} 和 T_{setup}：信号经过传输线到达接收端后，就涉及建立时间和保持时间这两个时序参数，它们是接收器本身的特性，表征了时钟边沿触发时数据需要在锁存器的输入端持续的时间。通俗地说，时钟信号到来时，要求数据必须已经存在一段时间，这就是器件需要的建立时间（Setup Time）；而时钟边沿触发后，数据还必须继续保持一段时间，以便能稳定地读取，这就是器件需要的保持时间（Hold Time）。如果数据信号在时钟沿触发前后持续的时间均超过建立时间和保持时间，那么超过量就分别被称为建立时间裕量和保持时间裕量。这与时钟周期无关，因此时钟抖动 T_{jitter} 对 T_{hold} 没有影响。
- ✧ T_{skew}：时钟偏移（Skew）是指两个相同的系统时钟之间的偏移。它的表现形式是多种多样的，既包含了时钟驱动器的多个输出之间的偏移，又包含了 PCB 布线误差造成的接收端和驱动端时钟信号之间的偏移。时钟驱动器不同的使用方法对 T_{skew} 影响很大。例如，由两个不同的时钟驱动器来提供时钟信号，那么 T_{skew} 可以达到 1ns；如果由同一个芯片的两个引脚来提供时钟信号，那么 T_{skew} 一般可以控制在 500ps 以内；要进一步减小偏离可以使用同一个引脚来提供时钟，T_{skew} 一般可以控制在 50ps 以内。时钟驱动器的引脚与引脚之间的偏离、芯片与芯片之间的偏离可以从时钟驱动器的数据手册上查到。
- ✧ T_{jitter}：所谓抖动（Jitter），就是指两个时钟周期之间的差值，这个误差是在时钟发生器内部产生的，与晶体振荡器或 PLL 内部电路有关，布线对其没有影响。除此之外，还有一种由于周期内信号的占空比发生变化而引起的抖动，称为半周期抖动。总的来说，抖动可以认为是时钟信号本身在传输过程中的一些偶然和不定的变化总和。在时钟驱动器的数据手册上可以查到时钟抖动。普通的时钟驱动器的抖动一般为 100～200ps。
- ✧ T_{co}：从时钟触发开始到有效数据输出的器件内部所有延时的总和。
- ✧ T_{cycle}：时钟信号周期。

✧ T_{margin}：时间裕量。

✧ 工作频率越高，T_{setup}越难满足，而T_{hold}与工作频率无关。

✧ 读、写两种状态的时序计算公式相同。对于双向信号，如果某一个方向的裕量大，可以通过 PCB 布线等方法，将时钟调偏一点，前提是满足读、写两个方向的时序要求。

2）内同步

内同步是指时钟与数据同时在两个芯片间传输的同步方式，时钟由主芯片提供。内同步原理图如图 3-5-5 所示。这种同步方式最典型的代表就是 CPU 和 SDRAM 的连接，其中 CPU 为主芯片。图 3-5-6 是内同步时序示意图。内同步方式中，数据通过寄存器输出，时钟由缓冲器输出，时钟链路上的缓冲器相当于外同步方式中的外部缓冲器，这样芯片内部数据链路上的缓冲器和时钟链路上的缓冲器正好匹配并抵消一部分的时序不确定性，可减小T_{co}的范围，从而提高工作频率。例如，一般的 TTL 器件，采用外同步方式，T_{co}为 2～5ns，采用内同步方式，T_{co}为 3～4ns。

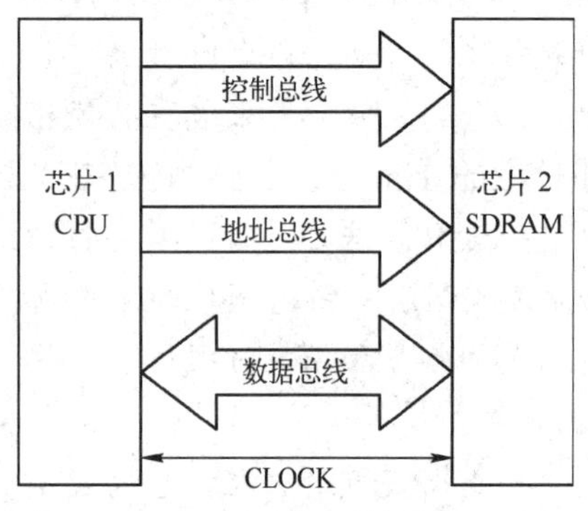

图 3-5-5　内同步原理图

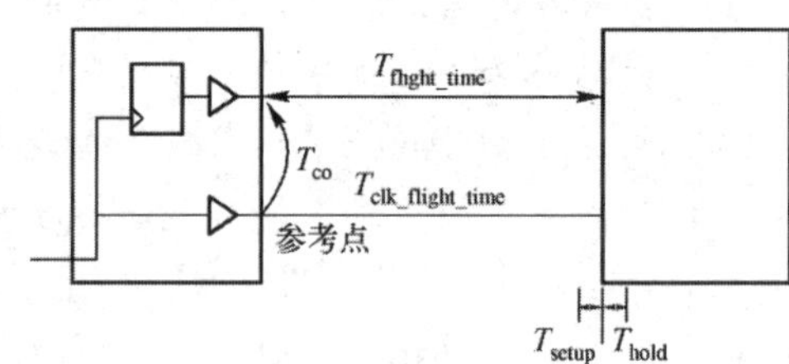

图 3-5-6　内同步时序示意图

在图 3-5-5 中，CPU 的时钟信号线、地址总线、控制总线、数据总线连接到 SDRAM，时钟信号是所有信号时序的基准，其他信号根据传输方向可分为如下两组。

☺ 其他信号与时钟信号同向，CPU 发出、SDRAM 接收，包括控制总线、地址总线、CPU 写 SDRAM 时的数据总线。

☺ 其他信号与时钟信号反向，SDRAM 发出、CPU 接收，包括 CPU 读 SDRAM 时的数据总线。

（1）其他信号与时钟信号同向，如图 3-5-7 所示。

☺ slow：$T_{flight\_time\_max} + T_{co\_max} + T_{setup} + T_{jitter} + T_{margin\_slow} = T_{cycle}$。

☺ fast：$T_{flight\_time\_min} + T_{co\_min} - T_{margin\_fast} - T_{clk\_flight\_time\_fast} = T_{hold}$。

（2）其他信号与时钟信号反向，如图 3-5-8 所示。

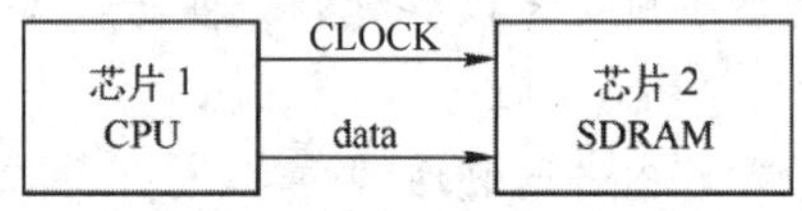

图 3-5-7　其他信号与时钟信号同向

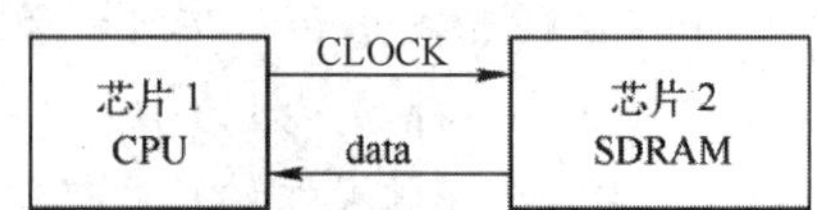

图 3-5-8　其他信号与时钟信号反向

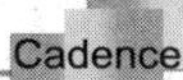

☺　slow：$T_{\text{flight\_time\_max}} + T_{\text{co\_max}} + T_{\text{setup}} + T_{\text{jitter}} + T_{\text{margin\_slow}} + T_{\text{clk\_flight\_time\_slow}} = T_{\text{cycle}}$。

☺　fast：$T_{\text{flight\_time\_min}} + T_{\text{co\_min}} - T_{\text{margin\_fast}} + T_{\text{clk\_flight\_time\_fast}} = T_{\text{hold}}$。

当时钟信号与其他信号反向时，时钟时延产生的效应是使 SDRAM 输出数据的时间推后，CPU 接收数据的时间 T_{setup} 更短，而 T_{hold} 更宽裕，其效应正好和时钟与信号同向时相反。

内同步方式下，通过调节 $T_{\text{clk\_flight\_time}}$，可以使时钟处于最佳位置。

（3）收/发时钟独立，如图 3-5-9 所示。

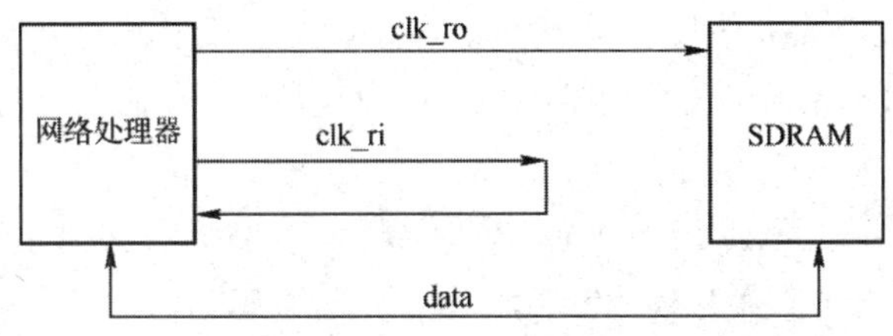

图 3-5-9　收/发时钟独立

为满足数据时序要求，某些高速器件的收/发采用独立时钟，要求接收时钟 clk_ri 的 PCB 布线与 data 的 PCB 布线相匹配。

☺　在网络处理器向 SDRAM 写数据时，SDRAM 根据 clk_ro 存储数据，$T_{\text{clk\_flight\_time}} = T_{\text{clk\_flight\_time\_ro}}$。

☺　在网络处理器从 SDRAM 读数据时，SDRAM 根据 clk_ro 发出数据，网络处理器根据 clk_ri 接收数据，$T_{\text{clk\_flight\_time}} = T_{\text{clk\_flight\_time\_ro}} - T_{\text{clk\_flight\_time\_ri}}$。

3）源同步

源同步方式是指在发送数据信号的同时提供时钟信号或锁存信号。源同步和内同步从外端口看是一样的，但其内部结构并不相同。源同步方式中数据通过寄存器输出，时钟/锁存信号也通过寄存器输出，不过时钟/锁存信号寄存器的时钟是外部时钟的倍频，这样进一步抵消了不确定性，提高了工作频率。图 3-5-10 为源同步示意图。图 3-5-11 为源同步输出数据与时钟的相位关系图，时钟正好在数据的中间，这样的信号就称为源同步，不满足这种相位关系的就不是源同步。

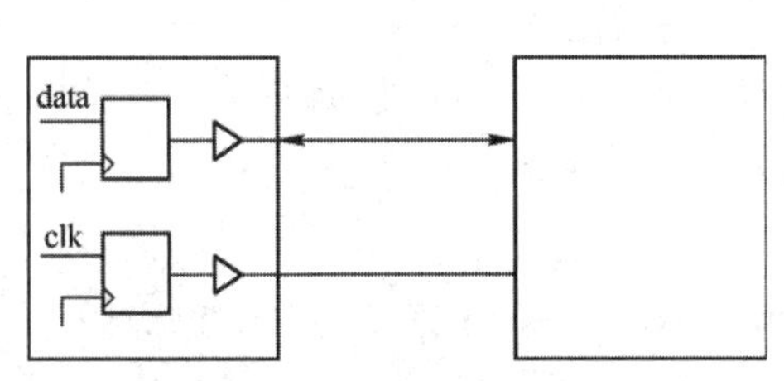

图 3-5-10　源同步示意图

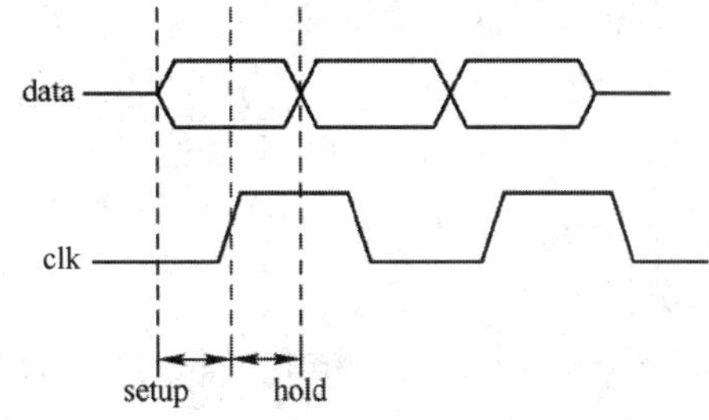

图 3-5-11　源同步输出数据与时钟的相位关系图

在内、外同步方式中，时钟和数据的相位关系是不确定的，而在源同步中时钟可以跟着数据变，始终在数据中间，这时就没有 T_{co} 的概念，而是使用输出的 setup 和 hold 参数来表示时钟和数据的相位关系。

由于芯片输出时已经保证了 T_{setup} 和 T_{hold}，因此设计时主要保证时钟到达接收端后，也满足接收芯片的 T_{setup} 和 T_{hold} 要求，发送和接收的两个采样窗口能匹配（最好在中间），时序就满足了。

首先定义一下方向，若 $T_{clk\_flight\_time} > T_{data\_flight\_time}$，则 $T_{clk\_data\_skew} = T_{clk\_flight\_time} - T_{data\_flight\_time}$ 为正，时序计算公式为

$$T_{setup\_out} - T_{setup\_in} + T_{clk\_data\_skew} = T_{hold\_out} - T_{hold\_in} - T_{clk\_data\_skew}$$

$$T_{clk\_data\_skew} = [(T_{hold\_out} - T_{hold\_in}) - (T_{setup\_out} - T_{setup\_in})]/2$$

通过调节时钟和数据之间的偏移量 $T_{clk\_data\_skew}$，可以将采样窗口正好落在数据中间。

说明

$T_{clk\_data\_skew}$ 指从驱动端到接收端的总偏移量，包括所有的封装、接插件和任何会改变信号时延的因素，而不仅仅是由 PCB 布线不等引起的时延差。

2．时序计算

在时序仿真中，时钟信号的 T_{flight} 是一个很重要的参数，需要通过仿真得到。时钟信号仿真方法和其他信号是相同的，但时钟信号与其他信号相比有其特殊性。时钟信号本身是一种异步信号，对于它，主要关心的是信号完整性问题。但时钟信号又是其他信号的同步基准，在靠数据信号的延时控制无法满足时序要求的情况下，时钟信号的延时控制就非常重要，尤其是在源同步双向数据信号的传输中。

时钟信号的质量涉及时钟抖动、时钟偏斜、单调性、上升/下降时间、噪声容限、过冲和下冲。在时钟设计时，特别需要注意的一点是时钟信号在逻辑电平门限附近的多次穿越。信号在逻辑电平门限附近发生振荡，且噪声容限小的情况下，这种现象可能发生。在同步系统中数据发生这种现象时，可以通过调整采样窗口来躲避；而时钟信号是绝对不能出现这种现象的。

基于时钟信号的上述特点，仿真中应优先保证良好的单调性；其次是有较大的噪声容限，尽量抑制过冲和下冲。值得注意的是，时钟信号的上升时间和下降时间也应符合接收端器件的要求，这一点在仿真中经常会被忽略。

图 3-5-12 所示为时钟信号 T_{flight} 的测量原理。一般来说，时钟信号只有一个阈值 U_{meas}，无 T_{switch} 和 T_{settle} 之分。在设置仿真模型的时候将 U_{il} 和 U_{ih} 设置为同一个值，即输入信号测量参考电压值 U_{meas}。

本例中处理器 U_{15} 的引脚间距和芯片 U_{27} 的引脚间距在 3～6in 之间变化。理想情况下，想要这个拓扑应用到 Host 总线的所有位，必须确保这个拓扑工作在最近和最远的引脚连接。

处理器（U_{15}）和芯片（U_{27}）能够运行在快速模式和慢速模式。总线的每一位都有允许的过冲值。High Side（高边）的过冲值设定为 200mV，Low Side（低边）的过冲值设定为−300mV。从元器件数据手册中得到的 U_{15} 和 U_{27} 的参数如表 3-5-1 和表 3-5-2 所示。

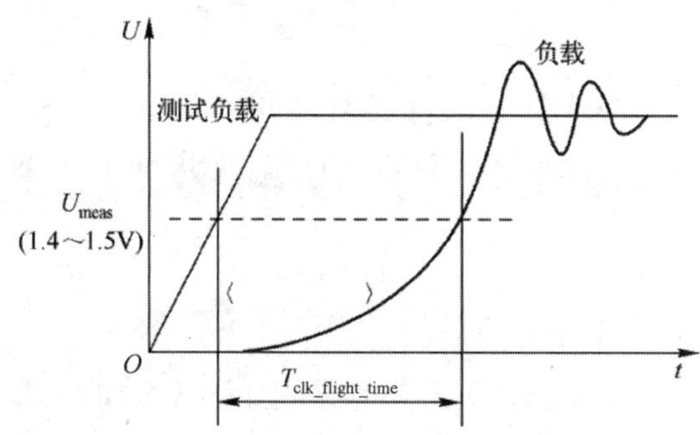

图 3-5-12　时钟信号 T_{flight} 的测量原理

表 3-5-1　设计要求的变量值

参　数	最 小 值	典 型 值	最 大 值
处理器速度（U_{15}）	fast	—	slow
芯片速度（U_{27}）	fast	—	slow
TL_1 的阻抗/Ω	60	65	70
TL_1 的速度/（mil/ns）	5400	5600	5800
TL_1 的长度/mil	3000	4500	6000
TL_2 的阻抗/Ω	60	65	70
TL_2 的速度/（mil/ns）	5400	5600	5800
TL_2 的长度/ mil	0	—	2000
TL_3 的阻抗/Ω	60	65	70
TL_3 的速度/（mil/ns）	5400	5600	5800
TL_3 的长度/ mil	0	—	2000
RP_{54}/Ω	67	68	69
RP_{123}/Ω	67	68	69
终端电压/V	1.425	1.5	1.575

表 3-5-2　时序参数

处理器到 440FX，U_{15} 到 U_{27}			
时钟周期	接收器设置时间	接收器保持时间	偏斜
15.15ns	4.30ns	0.30ns	0.70ns
抖动	串扰	Tco_min	Tco_max
0.40ns	0.40ns	1.20ns	5.10ns
440FX 到处理器，U_{27} 到 U_{15}			
时钟周期	接收器设置时间	接收器保持时间	偏斜
15.15ns	4.50ns	0.35ns	0.70ns
抖动	串扰	Tco_min	Tco_max
0.40ns	0.40ns	1.15ns	5.30ns

飞行时间的计算公式为

$$T_{\text{flight\_time\_max}} \leqslant \text{CLKPeriod} - (T_{\text{co\_max}} + \text{Skew} + \text{Jitter} + \text{Crosstalk} + \text{ReceiverSetup})$$

$$T_{\text{flight\_time\_min}} \geqslant \text{ReceiverSetup} - T_{\text{co\_max}} + \text{Skew} + \text{Crosstalk}$$

CLK Period：时钟周期。

Crosstalk：串扰。

Receiver Setup:接收器设置时间。

上升沿时序图如图 3-5-13 所示，下降沿时序图如图 3-5-14 所示。

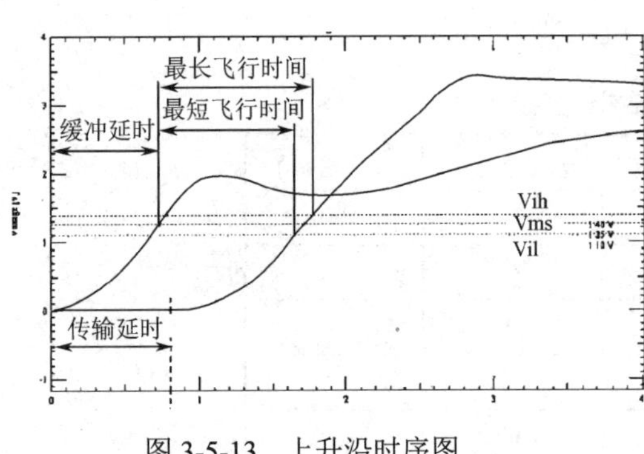

图 3-5-13　上升沿时序图

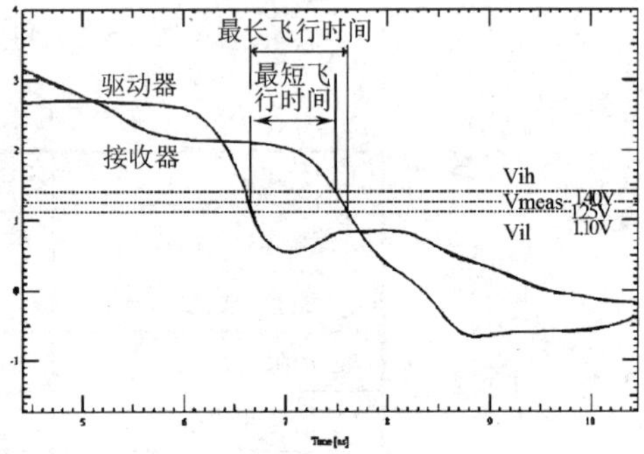

图 3-5-14　下降沿时序图

☺ 最长飞行时间 $T_{\text{flight\_time\_max}}$ 对应于报告中看到的 Settle Time，最短飞行时间 $T_{\text{flight\_time\_min}}$ 对应于报告中的 Switch Time。

☺ Skew（偏斜）是指同时发生的两个信号在到达时间上的差异，包括驱动器件自身的输出偏斜（内部偏斜）和由 PCB 线路的布线差异引起的 PCB 延时的差异（外部偏斜），偏斜通过改变时钟边沿的到达来直接影响系统时序裕度，系统工作速度越高，偏斜在时钟周期占的比例越大，此时必须将时钟偏斜减小。

☺ Jitter（抖动）是指脉冲的输出边缘与其理想位置的偏差，从产生原因上可分为两种基本类型，即随机抖动和非随机抖动（确定性抖动），总抖动为二者之和。从表现形式上可分为 3 种基本类型，即周期差抖动、周期抖动和长期抖动。

☺ T_{co} 是指从时钟触发开始到有效数据输出的器件内部所有延时的总和。

对于 U_{15} 到 U_{27}:

$$T_{\text{flight\_time\_max}} \leqslant 15.15 - 5.10 - 0.70 - 0.40 - 0.40 - 4.50 = 4.05\text{ns}$$

$$T_{\text{flight\_time\_min}} \geqslant 0.35 - 1.20 + 0.70 + 0.40 = 0.25\text{ns}$$

对于 U_{27} 到 U_{15}:

$$T_{\text{flight\_time\_max}} \leqslant 15.15 - 5.30 - 0.70 - 0.40 - 0.40 - 4.30 = 4.05\text{ns}$$

$$T_{\text{flight\_time\_min}} \geqslant 0.30 - 1.15 + 0.70 + 0.40 = 0.25\text{ns}$$

3.6　分析工具

1. 约束管理器

约束管理器（Constraint Manager）提供了一个基于当前设计状态的高速规则及其状态

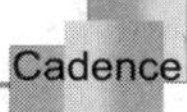

的实时显示。它通过一个电子数据表接口使用户能够层次化地捕获、管理和验证各种不同的规则。约束管理器使设计者能够聚合某一（组）信号所有的高速约束条件，形成一个电气约束条件集，这个集可用来管理这一（组）信号或其他信号的实际执行——在 PCB 上的物理实现。

设计者可以通过约束管理器图形化地新建、编辑和检查约束条件集。一旦约束条件存在于数据库中，它们就会被用于驱动信号的布局、布线进程。等级化的约束条件管理意味着同一个约束条件既可以运用在一个信号集上，又可以运用在其他信号集甚至其他项目上。约束管理器完全集成于 Allegro 设计规则检查系统；不同的高速规则能够在设计程序执行过程中被实时地检查，而且检查的结果会在约束管理器电子数据表上呈现出来，任何不符合相关约束值的设计参数会被高亮显示。约束管理器也集成了信号完整性分析的结果，允许设计者管理基于仿真的电气约束条件。通过结合约束管理器电子数据表的信号完整性分析所得出的时序结果及总线运行速度的知识，设计者可以了解到设计是否满足了系统级的时序要求。

在物理设计期间任何一点，可以调用约束管理器来查看与设计相关的高速约束条件信息。这个电子数据表提供了两种约束条件信息的查看方式。一种允许查看数据库中的不同的约束条件集及其相关的约束值；另一种显示系统中所包含的不同网络，以及这些网络对应的约束条件集的名称及其相关的约束值。在约束管理器电子数据表里约束值的旁边显示了实时的设计分析结果，并用颜色代码区分结果的成败。设计的任何改动将立刻反映到电子数据表中，使设计者能看到改动带来的影响。

在 Allegro PCB SI 中就可调用约束管理器，约束管理器窗口如图 3-6-1 所示。

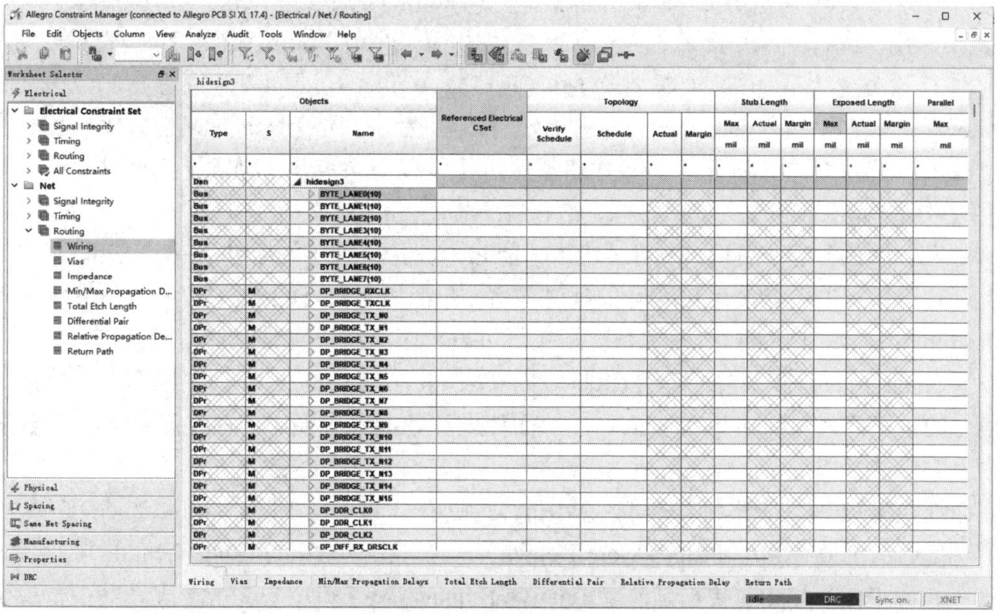

图 3-6-1　约束管理器窗口

约束管理器窗口的左边一栏为工作表格选择器（Worksheet Selector），用于选择右方的工作表格栏里显示的内容。正如前面所提到的，约束管理器有两种显示方式，一种是基于电气约束条件集（Electrical Constraint Set，ECSet），另一种是基于 Net 信号，这两种方式已经在工作表格选择器这一栏里很好地呈现出来。层次化的约束条件可通过选项前面的三角符号展开和收拢。无论是基于 ECSet 的，还是基于 Net 的，约束管理器均包含 3 个主要的子集，即信号完整性（Signal Integrity）、时序（Timing）和布线（Routing）。

约束管理器窗口的右边一栏就是工作表格（Worksheet），所有约束条件都在这里被新建、编辑和检查。图 3-6-1 所示的是以 Net 方式显示的，可以看到在“Objects”栏的“BYTE_LANE0”即当前项目名，下面的“DDR_DS0”等就是此项目包含的所有网络。如果以 ECSet 方式显示，在项目名下将是此项目包含的所有电气约束条件集。

约束管理器窗口的下方一栏为状态栏，显示了约束管理器当前所处的状态（软件反馈给用户的信息），可以视为一个实时的帮助系统。

上面已经提到，电气约束条件集包含 3 个子集：信号完整性、时序和布线。下面介绍电气约束条件集的各个子集的内容。

信号完整性（Signal Integrity）子集包含电气性能（Electrical Properties）、反射（Reflection）、边缘失真（Edge Distortions）、初始串扰（Estimated Xtalk）、仿真串扰（Simulated Xtalk）和同步开关噪声（SSN）6 个子集。其中电气性能（Electrical）子集可设置周期（Period）、占空比（Duty Cycle）、抖动（Jitter）、周期检测（Cycle to Measure）、补偿（Offset）和位模式（Bit Pattern）；反射子集可设置过冲（Overshoot）比例和噪声裕量（Noise Margin）；边缘失真子集可设置边缘灵敏度（Edge Sensitivity）及最初开关事件（First Incident Switch），这两项与上升沿/下降沿的单调性有关；初始串扰子集可对活动窗口（Active Window）、敏感窗口（Sensitive Window）、忽略网络（Ignore Nets）、串扰（Xtalk，指附近所有 Net 带来的串扰）和峰值串扰（Peak Xtalk，指单 Net 带来的最大串扰）进行设置；仿真串扰子集可对活动窗口（Active Window）、敏感窗口（Sensitive Window）、忽略网络（Ignore Nets）、串扰（Xtalk，指附近所有 Net 带来的串扰）和峰值串扰（Peak Xtalk，指单 Net 带来的最大串扰）进行设置；同步开关噪声子集可设置最大同步开关噪声值（Max SSN）。

时序子集包含解决延时（Switch/Settle Delays）子集和开关延时（Setup/Hold）子集，解决延时子集可以设置最小初次开关延时（Min First Switch Delays）和最大最终解决延时（Max Final Switch Delays）；开关延时子集还可以针对网络设置其时钟信号（Clock）、时钟抖动（Clock Jitter）和信号的建立/保持时间（Setup/Hold Time）等，并根据以上数据计算出信号的时序裕量（Timing Margins），从而让设计者能够方便、实时地查看设计是否满足时序上的要求。

布线（Routing）子集包含布线（Wiring）、过孔（Vias）、阻抗（Impedance）、最大/最小传输延时（Max/Min Propagation Delays）、总线长（Total Etch Length）、差分对（Differential Pair）和相对传输延时（Relative Propagation Delays）7 个子集。其中布线子集可设置拓扑结构（Topology）、截线长（Stub Length）、暴露线长（Expose Length）、平行线长（Parallel）和层（Layer）；过孔子集可设置过孔计算（Via Count）、连接过孔（Match Vias）、过孔数量（Via Quantity）和过孔结构（Via Structures）；阻抗子集可设置想要达到的信号线阻抗值（Single-line Impedance）；最大/最小传输延时子集可设置任意两引脚间的

最大或最小的传输延时；总线长子集定义的是这个 Net/Xnet（Xnet 指 Differential Net）上所有实际布线线段的长度之和的最大/最小值；差分对子集可以设置静态脉冲和动态脉冲等；相对传输延时子集和上面最大/最小传输延时子集的区别是，相对传输延时子集比较了一组 Net/Xnet（如总线）或同一 Net/Xnet 的不同驱动、接收引脚对之间的传输延时之差。

从上面的设置选项中可以看到，Allegro PCB SI 为用户提供了比较详细的约束条件，这些设置选项和高速电路设计所带来的诸多问题息息相关。

上述约束条件并没有包括诸如线宽、线间距等布线规则，这类规则需要在 Allegro PCB SI 的 Constraint System Master 中定义。

2. SigXplorer

SigXplorer 是一个图形化的环境，用于探测、分析和定义信号互联策略，提供了物理互联的电子视图。它允许电气工程师从电气的立场探究不同的布局、布线策略，并制定一套全面的设计规则。SigXplorer 可以从布局阶段（布线前）和完成阶段（布线后）的.brd 文件中提取网络的电子视图，各元器件的模型能够被详细地分析和编辑。

SigXplorer 将网络电气模型及其相关的仿真结果显示在一个独立的窗口中。窗口的上部显示了网络的拓扑模型，下部显示了一系列的电子数据表，这些电子数据表包含可编辑的电路参数，控制仿真运行的模式和测量单位，以及对应的仿真结果。图 3-6-2 所示为 SigXplorer 的界面图。

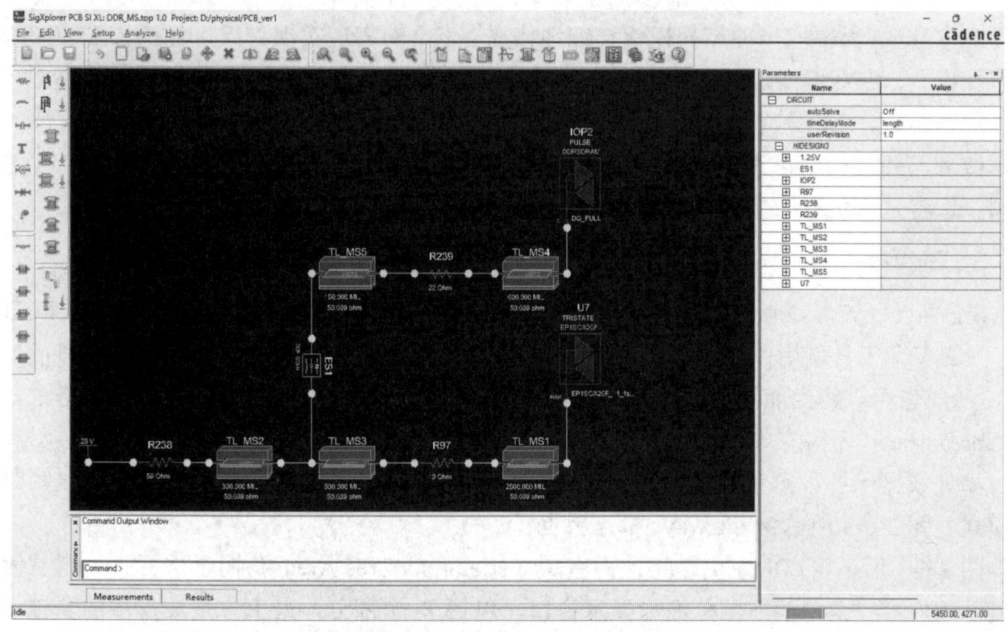

图 3-6-2　SigXplorer 的界面图

一旦适当的电气设计规则确定下来，SigXplorer 允许捕获设计的约束条件作为一个

ECSet（Electrical Constraint Set，电气约束条件集），并将其输入约束管理器，驱动 PCB 物理设计进程。

在 Allegro PCB SI XL 的高速设计过程中，SigXplorer 提供的 3 个功能如下。

1）布线前拓扑结构的探究和解决方案的空间分析

SigXplorer 的仿真分析策略和几乎所有的 EDA 软件一样，并不能足够智能地自动搜寻出最佳的解决方案，而是在设计者设定好仿真环境及给定参数的值后，才给出软件的分析结果。这种被称为“what if”的分析方式可以比较方便地探索不同的布线策略、元器件值和设计容差带来的影响。参数扫描分析适合于一个非确定性的电路级行为建模，并为最终设计定义适宜的约束条件。例如，工程师在某几个参数未确定的情况下，需要找出一个可行的解决方案，这时可以在一定范围内扫描其中的一些设计参数，如差分阻抗、线延时等，然后通过仿真结果及设计的要求筛选出适宜的剩下参数的值，如差分信号的布线宽度、间隙（Gap）和最大无耦合长度等物理执行参数。这正是前仿真需要完成的工作。

2）用模板驱动设计

SigXplorer 允许布线策略以图形方式获取并输入 PCB 数据库中（.brd 文件）。SigXplorer 可以用于图形化定义，包括引脚排列顺序、任一“T-points”（虚拟引脚）的位置、终端位置和 Net 上的其他分立器件在内的期望的布线策略。高速布线规则包括物理或电气长度、目标阻抗、物理或电气长度的匹配要求、残余线长（Stub Lengths）、EMI 约束条件和其他高速规则，这些都被提取为拓扑模板的一部分。上面对约束管理器的介绍也提到了单个约束条件集是以.top 文件的方式保存的，而拓扑模板的文件格式则是.top。

3）布线后分析

SigXplorer 所提取出的拓扑模板详细地描述了 Net 的物理实现方式，包括详细的布线串扰特征模型、布线叠层、过孔模型和布线长度。设计者通过提取出布线后的 Net 模型，并对其进行仿真，可以检查实际的物理执行过程（布局布线）是否有与设计意图相背离的地方；或者已知某些不可避免的改动，通过仿真来验证这种改动带来的关于高速设计问题的影响。这就是后仿真的仿真验证功能。

3．SigWave

SigWave（波形显示器）作为 SigNoise 仿真子系统的一个组件，可以被 Allegro PCB SI XL 中的多个工具调用以显示波形。SigWave 能够显示多种格式的仿真结果，如 Hspice、Quad 等；也可以将当前波形存为.sim 格式文件或以 Bitmap（位图）、JEPG 等图形格式，以及 Spreadsheet 表格文本格式输出。SigWave 支持对波形进行缩小或放大，以及显示或隐藏、添加或删除各种测量标志和注释，更改显示的颜色，还提供了诸如频谱图、眼图等显示模式。图 3-6-3 所示为 SigWave 标准界面。

图 3-6-3 所示窗口的左侧是层次树区域（Hierarchy Tree Area），用于选择、编辑右侧窗口显示的内容；窗口的右侧是波形显示窗口，包括 3 个部分，最上方是波形图的名称，中间是波形图，最下方显示了波形图中正在显示的所有信号的名称。窗口的最下方是状态栏，显示了 SigWave 所处的状态和光标处于波形图的位置（横坐标、纵坐标的值）等。

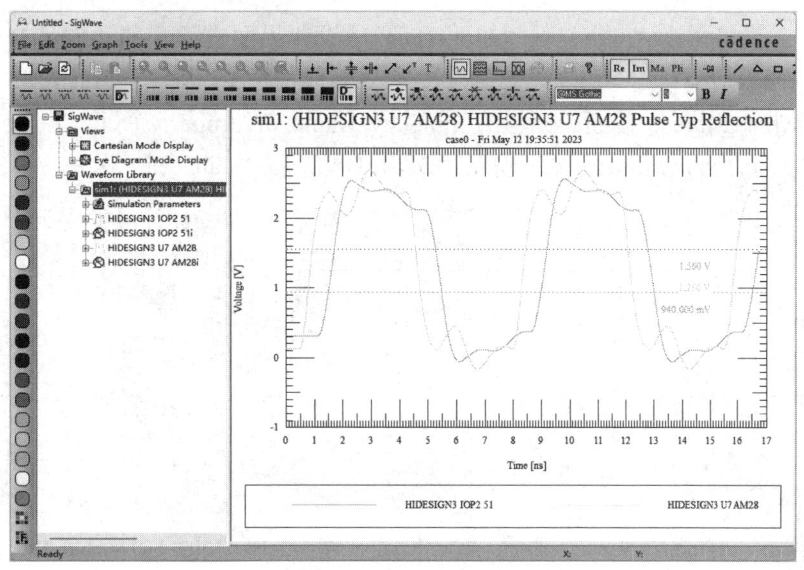

图 3-6-3　SigWave 标准界面

3.7　创建总线（Bus）

【本节目的】 学习创建总线的方法。

【使用软件】 Allegro PCB SI XL 和 Allegro Constraint Manager。

【使用文件】 physical\PCB_ver1\hidesign2.brd。

【操作步骤】

（1）启动 PCB Editor 17.4，选择 Allegro PCB SI XL 产品，执行菜单命令“File”→“Open”，打开 physical\PCB_ver1\hidesign2.brd 文件，如图 3-7-1 所示。

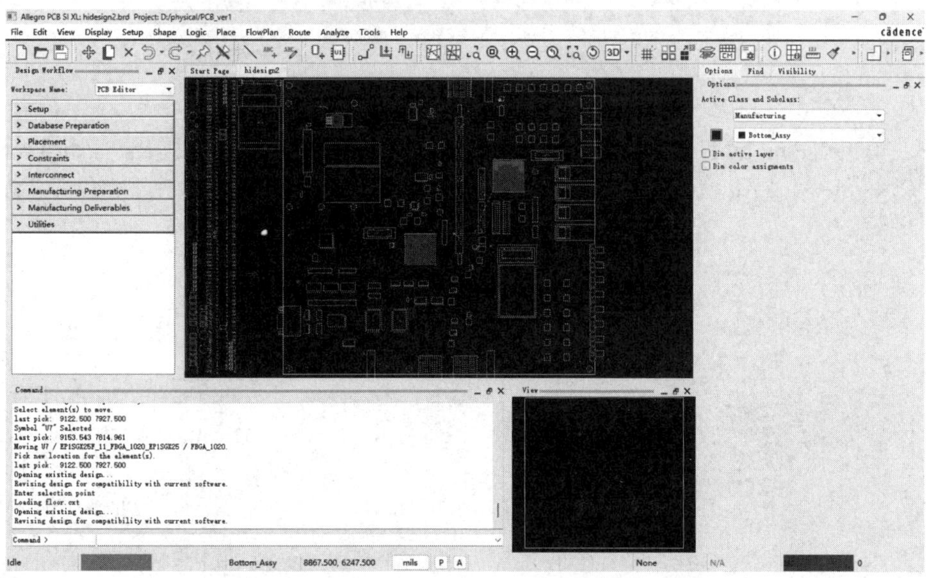

图 3-7-1　打开 PCB 设计文件

（2）执行菜单命令“Edit”→“Properties”，设置界面右下角的“Find By Name”区域，如图 3-7-2 所示。

（3）单击“More”按钮，弹出“Find by Name or Property”窗口，在“Available objects”区域的“Name filter”框中输入“DDR_D*”，按“Tab”键，如图 3-7-3 所示。

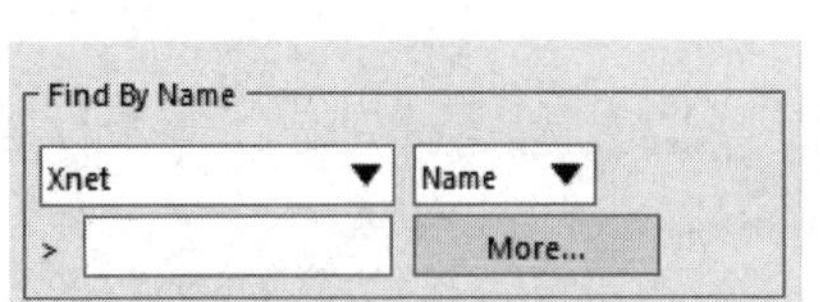

图 3-7-2 “Find By Name”区域

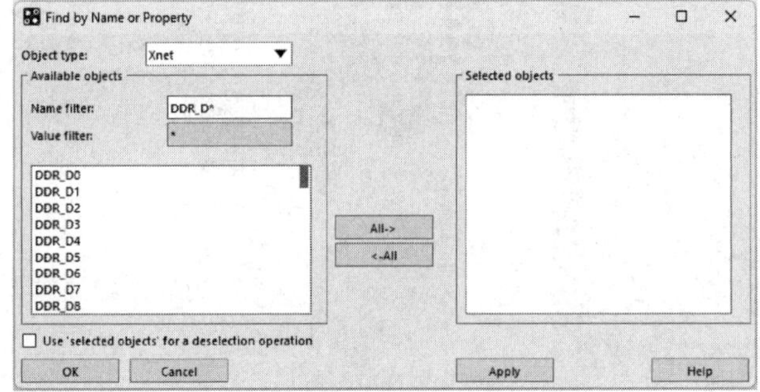

图 3-7-3 “Find by Name or Property”窗口

（4）在“Available objects”区域中选择网络 DDR_D0、DDR_D1、DDR_D2、DDR_D3、DDR_D4、DDR_D5、DDR_D6、DDR_D7、DDR_DS0、DDR_DS9，单击“All→”按钮，这些网络转移到右边的“Selected objects”区域中，如图 3-7-4 所示。

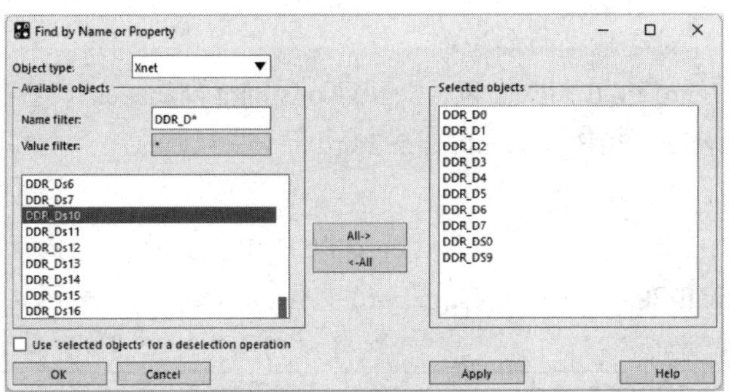

图 3-7-4 选择网络

（5）单击“Find by Name or Property”窗口中的“Apply”按钮，弹出“Edit Property”窗口和“Show Properties”窗口，如图 3-7-5 和图 3-7-6 所示。

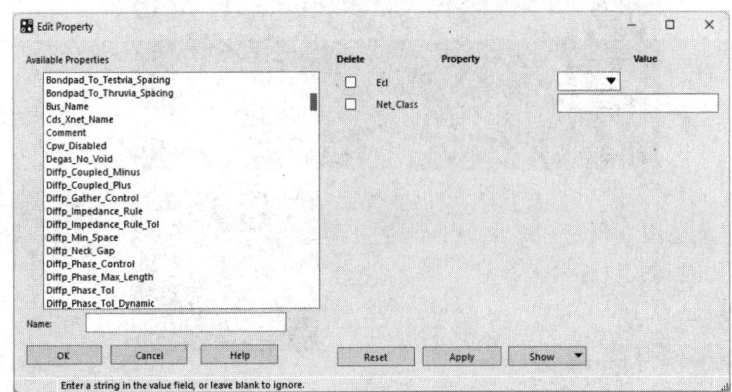

图 3-7-5 “Edit Property”窗口

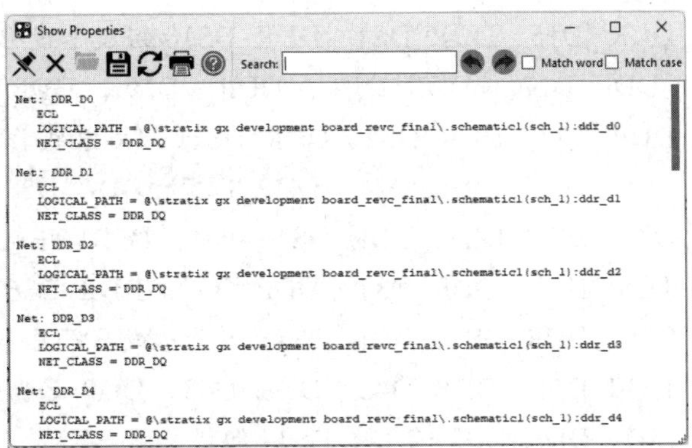

图 3-7-6　“Show Properties”窗口（1）

（6）单击“Edit Property”窗口中“Available Properties”列表框中的“Bus_Name”。并在“Bus_Name”框中输入“BYTE_LANE0”，如图 3-7-7 所示。

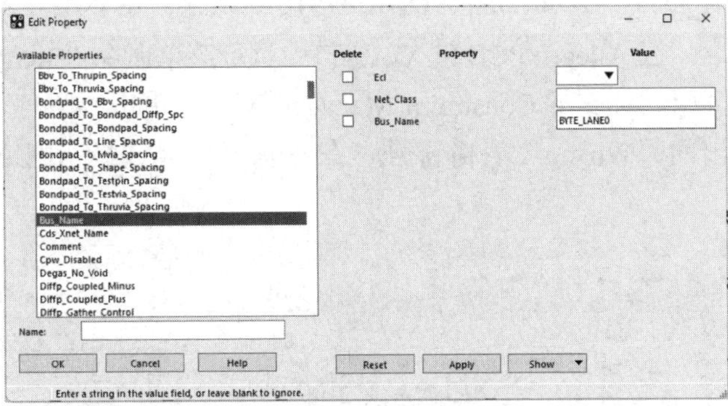

图 3-7-7　设置“Bus_Name”

（7）单击“Apply”按钮，添加总线“BYTE_ LANE0”，相关信息将会显示在“Show Properties”窗口中，如图 3-7-8 所示。

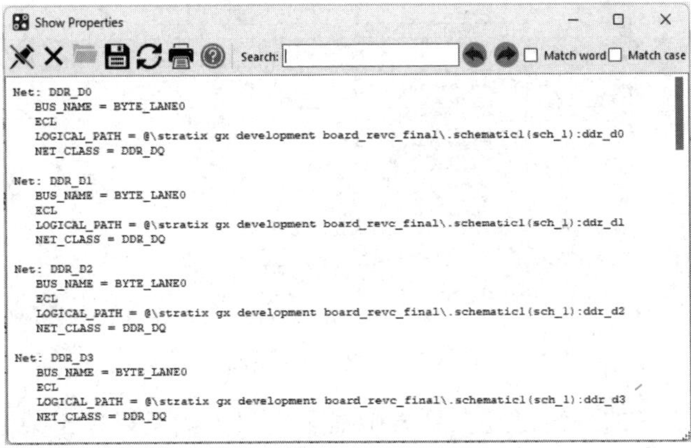

图 3-7-8　“Show Properties”窗口（2）

（8）关闭所有的窗口，并按照此方法依次添加以下总线。

☺　DDR_D8、DDR_D9、DDR_D10、DDR_D11、DDR_D12、DDR_D13、

DDR_D14、DDR_ D15、DDR_DS1、DDR_DS10 组成总线 BYTE_LANE1。

- ☺ DDR_D16、DDR_D17、DDR_D18、DDR_ D19、DDR_D20、DDR_D21、DDR_D22、DDR_D23、DDR_DS2、DDR_DS11 组成总线 BYTE_LANE2。
- ☺ DDR_D24、DDR_D25、DDR_D26、DDR_D27、DDR_D28、DDR_D29、DDR_D30、DDR_D31、DDR_DS3、DDR_DS12 组成总线 BYTE_LANE3。
- ☺ DDR_D32、DDR_D33、DDR_D34、DDR_D35、DDR_D36、DDR_D37、DDR_D38、DDR_D39、DDR_DS4、DDR_DS13 组成总线 BYTE_LANE4。
- ☺ DDR_D40、DDR_D41、DDR_D42、DDR_D43、DDR_D44、DDR_D45、DDR_D46、DDR_D47、DDR_DS5、DDR_DS14 组成总线 BYTE_LANE5。
- ☺ DDR_D48、DDR_D49、DDR_D50、DDR_D51、DDR_D52、DDR_D53、DDR_D54、DDR_D55、DDR_DS6、DDR_DS15 组成总线 BYTE_LANE6。
- ☺ DDR_D56、DDR_D57、DDR_D58、DDR_D59、DDR_D60、DDR_D61、DDR_D62、DDR_D63、DDR_DS7、DDR_DS16 组成总线 BYTE_LANE7。

（9）添加完成后，在 Allegro PCB SI XL 窗口中执行菜单命令“Setup”→“Constraint”→“Electrical...”，弹出 Allegro Constraint Manager 窗口，单击“Net”下“Routing”前的三角符号，单击弹出的“Wiring”表格符号，在右侧表格区域显示网络列表，如图 3-7-9 所示。

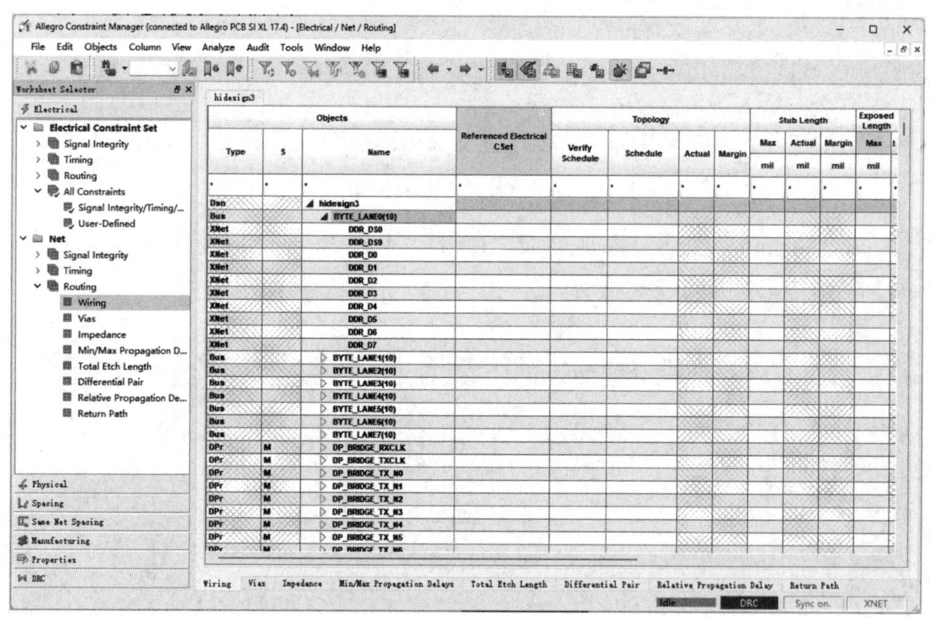

图 3-7-9　显示网络列表

可以看到刚刚定义的总线已经在列表中显示出来了，可以单击某个网络前面的“>”号来查看该总线中的网络。

（10）关闭 Allegro Constraint Manager 窗口。

（11）执行菜单命令“File”→“Exit”，退出 hidesign2.brd，不保存对文件的修改。

3.8　预布局拓扑提取和仿真

【本节目的】本节主要学习提取预布局中某一网络的拓扑结构，因为是预布局拓扑结构的仿真，并不是高速 PCB 的实际情况，所以需要首先对其进行网络调整和拓扑结构修改，然后进行反射仿真，最后观测反射仿真结果并测量各个参数。

【所用工具】Allegro Constraint Manager，SigXplorer PCB SI XL。

【所用文件】physical\PCB_ver1\hidesign3.brd，physical\PCB_ver1\DDR_DS0.top，physical\PCB_ver1\DDR_MS.top。

1．预布局拓扑提取的设置

（1）打开 physical\PCB_ver1 目录下的 hidesign3.brd，执行菜单命令“Analyze”→“Preferences”，弹出“Analysis Preferences”对话框，如图 3-8-1 所示。

☺　“Buffer Delays”下拉列表中有以下选项。

✧ From Library：指定仿真器获得库中模型的缓冲延时（默认）。

✧ On the Fly：指定仿真器测量缓冲延时，并在以后的计算中使用这些延时。

✧ On Buffer Delay：指定仿真器没有缓冲延时。

（2）在“DevicesModels”选项卡中确保“Use Defaults For Missing Component Models”复选框被勾选。当没有为元器件分配信号模型时，PCB SI 使用在窗口中列出的默认的 IOCell 模型。可以分配默认的任何 IOCell，但是 PCB SI 必须知道库的位置。

（3）单击“InterconnectModels”选项卡，设置互连参数，如图 3-8-2 所示。

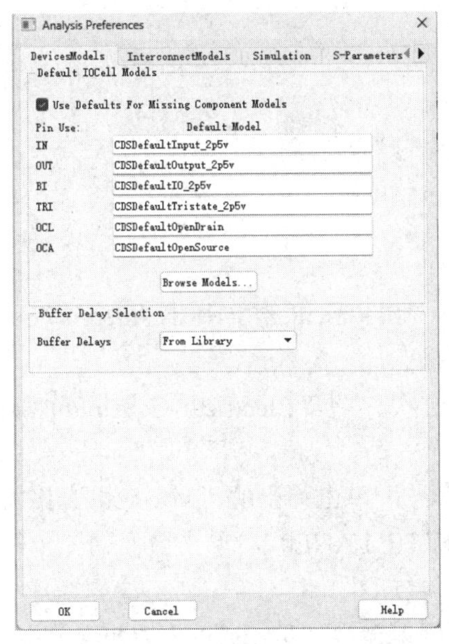

图 3-8-1　“Analysis Preferences”对话框

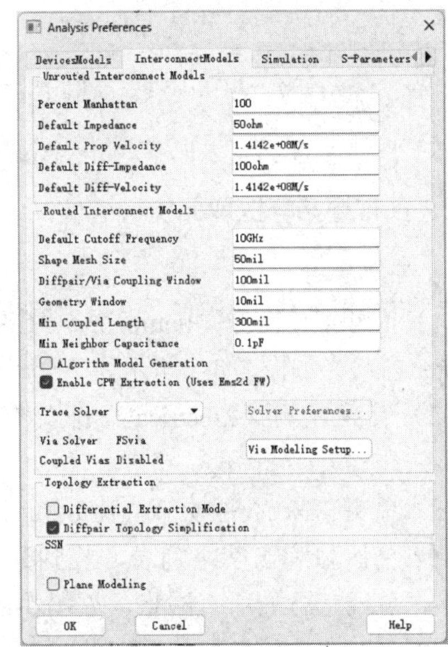

图 3-8-2　设置互连参数

☺　Unrouted Interconnect Models

✧ Percent Manhattan：Manhattan 距离（dx+dy）函数作为 Trace 的长度，默认为 100%。

✧ Default Impedance：被用于建立互连模型的默认 Trace 阻抗值，典型值为 50～75Ω。

✧ Default Prop Velocity：信号在 Trace 上传输的速度为光速 c（3×10^8 m/s），Ereff 是在相互连接时的有效绝缘常数。

✧ Default Diff-Impedance：未布线传输线的默认差分阻抗，默认值是 100Ω。

✧ Default Diff-Velocity：未布线传输线的默认差分速率，默认值是 1.4142e+008m/s。

☺ Routed Interconnect Models

✧ Default Cutoff Frequency：截止频率，默认为 10GHz。

✧ Shape Mesh Size：Shape 网格的尺寸。

✧ Via Modeling Setup：过孔建模形式。

☺ Topology Extraction

✧ Differential Extraction Mode：差分提取模式。

✧ Diffpair Topology Simplification：差分对拓扑简化。

☺ SSN

✧ Plane Modeling：平面建模。

（4）在“Unrouted Interconnect Models”区域中，设置“Percent Manhattan”为“100”，“Default Impedance”为“50ohm”，“Default Prop Velocity”为“1.4142e+08M/s”，在“Routed Interconnect Models”区域中，设置“Default Cutoff Frequency”为“10GHz”。

速率和传输延时的计算公式为

$$\left(\text{velocity}=\frac{C}{\sqrt{\varepsilon_{\text{r}}}}=\frac{3\times10^{8}}{\sqrt{\varepsilon_{\text{r}}}}=1.4142\times10^{8}\text{m/s}\right)\Rightarrow(\varepsilon_{\text{r}}=4.5)$$

$$\text{PropDelay}=t_{\text{pd}}=\frac{\text{length}}{\text{velocity}}$$

（5）单击“OK”按钮，关闭“Analysis Preferences”对话框。

2. 预布局拓扑提取分析

1）提取拓扑

（1）执行菜单命令“Setup”→“Constraint”→“Electrical...”，弹出 Allegro Constraint Manager 窗口，如图 3-8-3 所示。

（2）看到左侧“Electrical”部分有两个最高层次，即“Electrical Constraint Set”和“Net”。

（3）单击“Net”层次下“Routing”前的“>”号，单击弹出的“Wiring”表格符号，在右侧表格区域弹出网络列表，找到列表中的“BYTE_LANE0”，单击前面的三角符号，显示这个总线包含的所有网络，如图 3-8-4 所示。

（4）在 Allegro Constraint Manager 窗口执行菜单命令“Tools”→“Options”，弹出“Options”对话框，具体设置如图 3-8-5 所示。

（5）单击“OK”按钮，关闭“Options”对话框。

（6）在表格中选择“DDR_DS0”，单击鼠标右键，选择“SigXplorer...”，弹出 SigXplorer PCB SI XL 窗口，DDR_DS0 网络的拓扑显示在该窗口中，如图 3-8-6 所示。

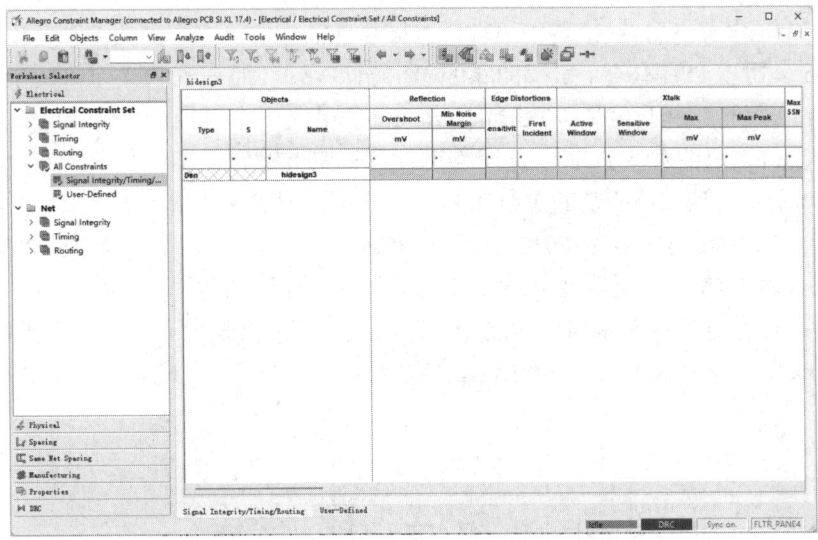

图 3-8-3　Allegro Constraint Manager 窗口

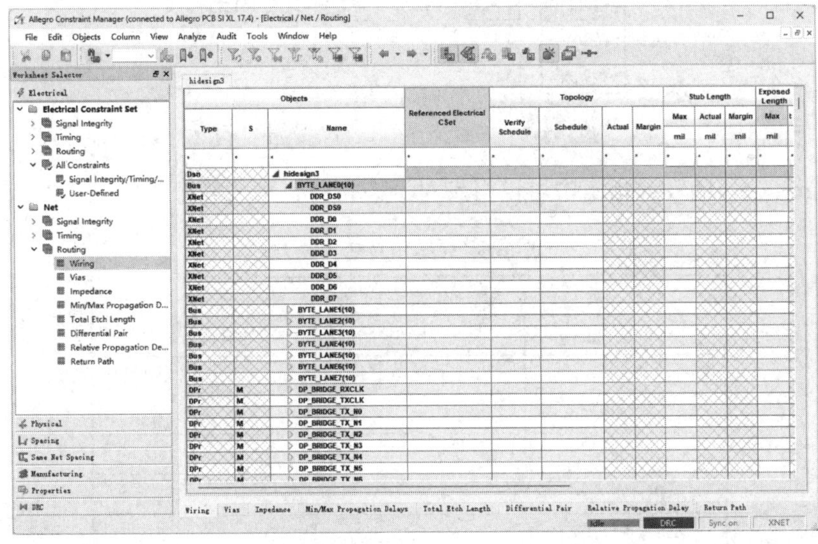

图 3-8-4　显示 BYTE_LANE0 总线包含的所有网络

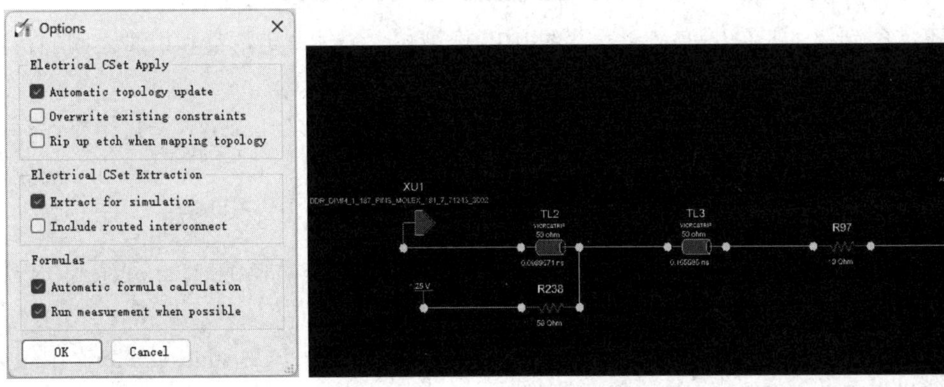

图 3-8-5　“Options”对话框

图 3-8-6　DDR_DS0 网络的拓扑

该拓扑结构是该 PCB 中 133MHz DDR 数据总线的一部分，存储器 PCB ddr_module.brd 是由 Micron 公司生产的 184 个引脚的 128MB 的 DIMM，通过本 PCB 上的连接器 XU1 连接到本 PCB 上。但是由于存储器 PCB ddr_module.brd 是一个已经定型的存储器，所以不能对其做任何更改，只能对本 PCB 上的网络进行信号完整性分析。

图 3-8-7 所示为该拓扑所在的总线在 PCB 上的数据比特线拓扑结构。其中，DDR 存储控制器代表 PCB 中元器件 U7；DIMM1 代表 PCB 中的元器件 XU1；R_s代表 PCB 中的元器件 R97；R_p代表 PCB 中的元器件 R238；长度 *A* 表示 U7 元器件固定焊盘到 ASIC 封装的球状体的距离；长度 *B* 表示从 ASIC 封装到串联电阻的距离；长度 *C* 表示从串联电阻到连接器的距离；长度 *D* 表示从连接器到终端电阻的距离。

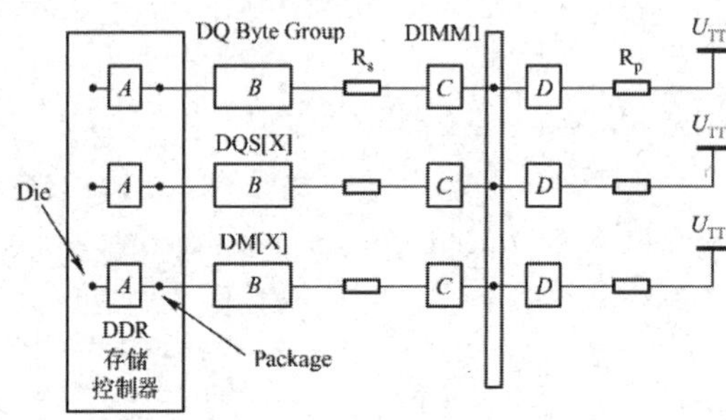

图 3-8-7　PCB 上数据比特线拓扑结构

从 Micron 公司的设计指南中可以得到对于该拓扑方案的约束，如表 3-8-1 所示。

表 3-8-1　拓扑方案的约束

参　数	最 小 值	典 型 值	最 大 值
A	从控制器的生产商处得到		
B/in	1.5	—	2.8
C/in	0.4	—	0.6
D/in	0.2	—	0.55
总长度（*A*+*B*+*C*）	2.4	—	3.2
Trace 阻抗/Ω	45	50	55
终端电压/V	1.0	1.25	1.5

通常不能得到 *A* 的长度，但是元器件的 IBIS 模型包含描述固定焊盘和引脚之间的寄生效应的 RLC 模型。本实验中，在计算总长度时都假定长度 *A* 为 0。

（7）在 SigXplorer PCB SI XL 窗口执行菜单命令“File” →“Save As”，将拓扑保存在 physical\PCB_ver1 目录下，文件名为 DDR_DS0.top。

2）查看提取电路的参数

（1）调整 SigXplorer PCB SI XL 窗口下部的表格区域，在右侧的“Parameters”表格中，单击“CIRCUIT”前面的“+”号，如图 3-8-8 所示。

（2）单击“HIDESIGN3”前面的“+”号，表格中列出了在 PCB hidesign3.brd 中组成这个电路拓扑的所有元器件，如图 3-8-9 所示。

Name	Value	Count
⊟ CIRCUIT		1
autoSolve	Off	1
tlineDelayMode	time	1
userRevision	1.0	1

图 3-8-8　显示参数

⊟ HIDESIGN3		1
⊞ 1.25V		1
⊞ R97		1
⊞ R238		1
⊞ TL1		1
⊞ TL2		1
⊞ TL3		1
⊞ U7		1
XU1		1

图 3-8-9　电路拓扑的所有元器件

（3）单击电路元器件 TL1、TL2 和 TL3 前面的“+”号，每个传输线的约束如表 3-8-2 所示。

表 3-8-2　传输线的约束

Parameter	TL1	TL2	TL3
impedance/Ω	50	50	50
propDelay/ns	0. 470938	0.0980571	0.165585
traceGeometry	Microstrip	Microstrip	Microstrip
velocity/(mil/ns)	5567.68	5567.56	5567.87

（4）单击“tlineDelayMode”的“Value”区域，单击下拉按钮，弹出下拉列表，选择“length”，按“Tab”键，传输延时以长度单位显示，如图 3-8-10 所示。

Name	Value	Count
⊟ CIRCUIT		1
autoSolve	Off	1
tlineDelayMode	length	1
userRevision	1.0	1

图 3-8-10　传输延时以长度单位显示

传输线的参数如表 3-8-3 所示。

表 3-8-3　传输线的参数

Parameter	TL1	TL2	TL3
impedance/Ω	50	50	50
length/mil	2622.031	550.949	921.957
traceGeometry	Microstrip	Microstrip	Microstrip
velocity/(mil/ns)	5567. 68	5567. 56	5567. 87

3）网络调整（Net Scheduling）

当前的拓扑中缺少驱动器/接收器对，拓扑中可能用作驱动器或接收器的是 U7.AM28，原因是 U7 的 AM28 引脚是一个 IOCell，其“PINUSE”属性是“BI”；而 XU1 是 IO 元器件，其引脚“PINUSE”属性是“UNSPEC”；其他元器件是 DISCRETE 元器件，相应的引脚“PINUSE”属性是“UNSPEC”；引脚“PINUSE”属性为“UNSPEC”的元器件不能作为驱动器或接收器。

仿真器在定义驱动器模型时，该 IOCell 模型的“PINUSE”属性应该是“OUT”、“BI”、“TRI”、“OCL”或“OCA”；仿真器在定义接收器模型时，该 IOCell 模型的

“PINUSE”属性应该是“IN”、“BI”或“TRI”。

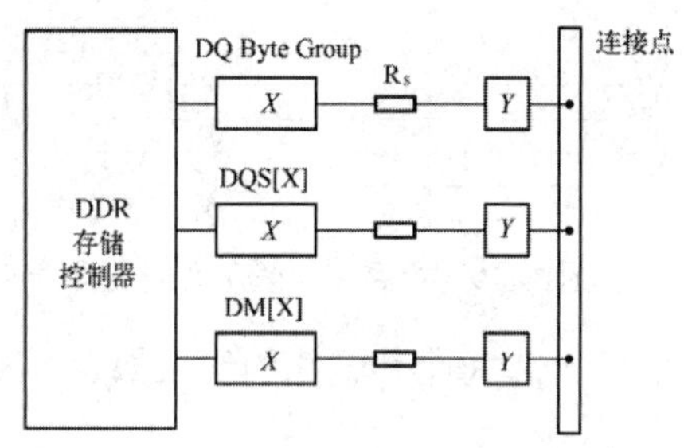

图 3-8-11　存储器数据比特线拓扑结构

为了进行仿真，需要有一个驱动器/接收器对，所以需要连接器 XU1 到存储器的拓扑结构。因此，需要添加存储器上的元器件模型、传输线模型和串联电阻模型。存储器的模型由生产商提供，其数据比特线拓扑结构如图 3-8-11 所示，其中长度 X 表示存储器设备到串联电阻的距离，为 600mil；长度 Y 表示串联电阻到电阻器的距离，为 150mil；串联电阻的阻值为 22Ω。

（1）在 SigXplorer PCB SI XL 窗口执行菜单命令“Edit”→“Add Element...”，打开“Add Element Browser”窗口，如图 3-8-12 所示。

（2）在“Model Type Filter”下拉列表中选择“IbisDevice”，如图 3-8-13 所示。

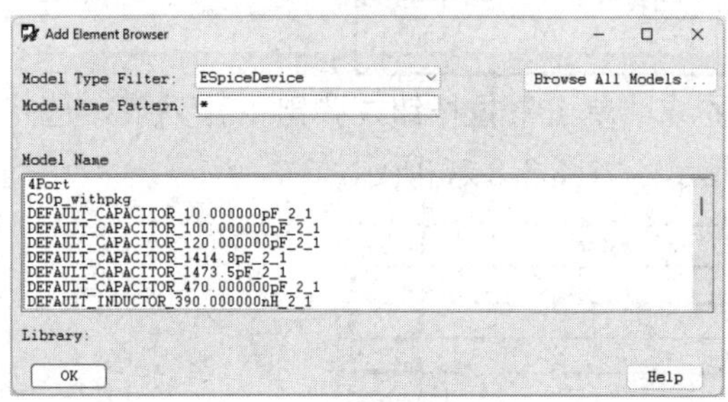

图 3-8-12　“Add Element Browser”窗口

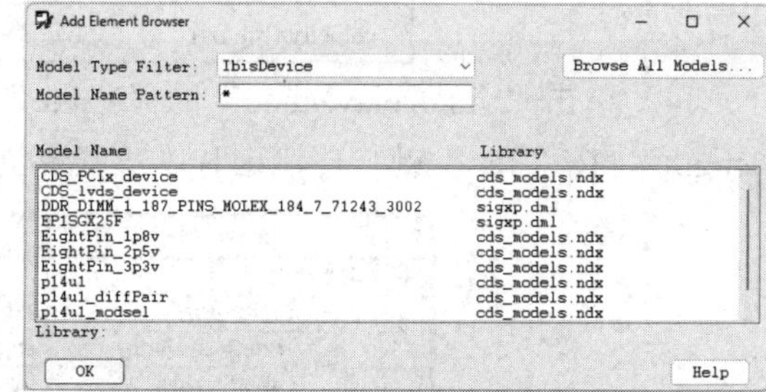

图 3-8-13　选择“IbisDevice”

（3）在列表框中双击“DDRSDRAM”，打开“Select IBIS Device Pin”窗口，如图 3-8-14 所示。

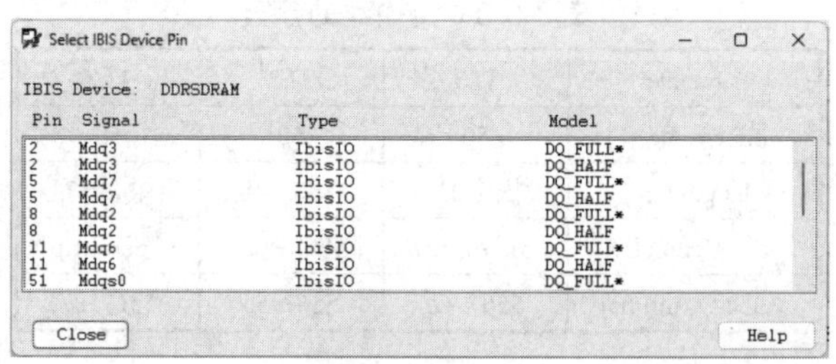

图 3-8-14　“Select IBIS Device Pin”窗口

（4）在“Select IBIS Device Pin”窗口的列表框中选择包含“Pin51”和“DQ_FULL”的那一行，这时，有一个模型附着在光标上，在 SigXplorer PCB SI XL 窗口的适当位置单击，将该模型放置在 SigXplorer PCB SI XL 窗口中，如图 3-8-15 所示。单击鼠标右键，选择“End Add”。

（5）在“Select IBIS Device Pin”窗口中单击“Close”按钮，关闭该窗口，“Add Element Browser”窗口重新显示。

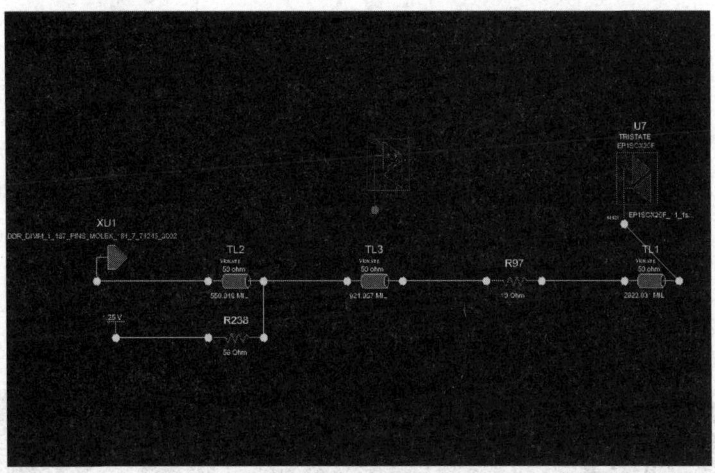

图 3-8-15　添加模型（1）

（6）在“Add Element Browser”窗口的“Model Type Filter”下拉列表中选择“GenericElement”（普通元器件），如图 3-8-16 所示。

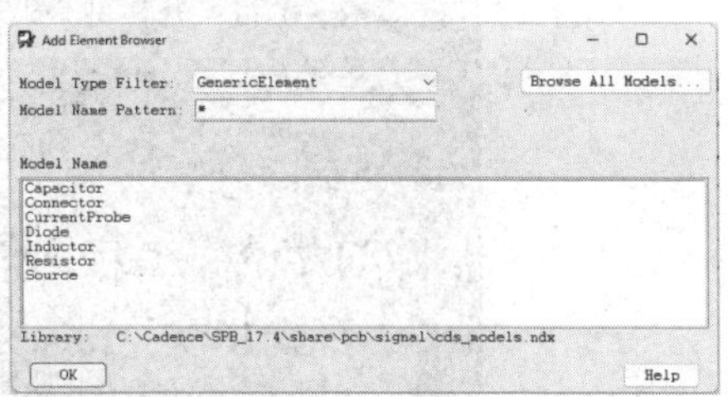

图 3-8-16　选择“GenericElement”

（7）在“Add Element Browser”窗口的列表框中选择“Resistor”，在 SigXplorer PCB SI XL 窗口的适当位置单击，将该模型放置在 SigXplorer PCB SI XL 窗口中，如图 3-8-17 所示。单击鼠标右键，选择“End Add”。

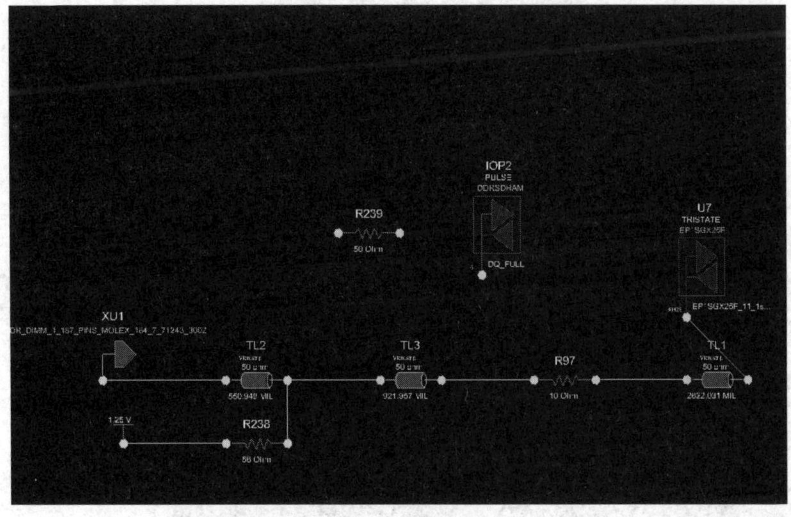

图 3-8-17　添加模型（2）

（8）在“Add Element Browser”窗口的“Model Type Filter”下拉列表中选择“Interconnect”，如图 3-8-18 所示。

（9）在“Add Element Browser”窗口的列表框中选择“Tline”，在 SigXplorer PCB SI XL 窗口刚添加的电阻模型两侧各摆放一个 Tline，如图 3-8-19 所示。

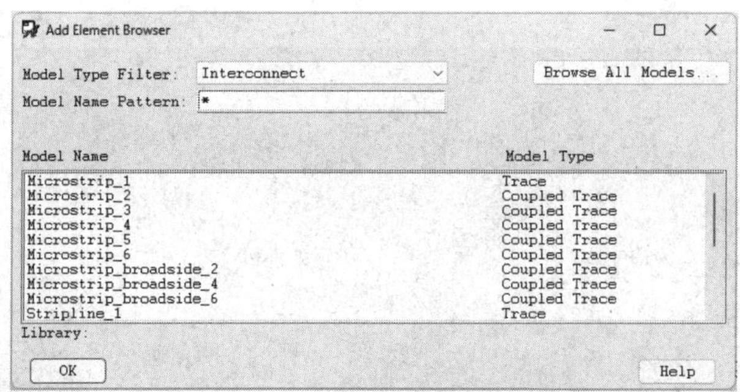

图 3-8-18　选择“Interconnect”

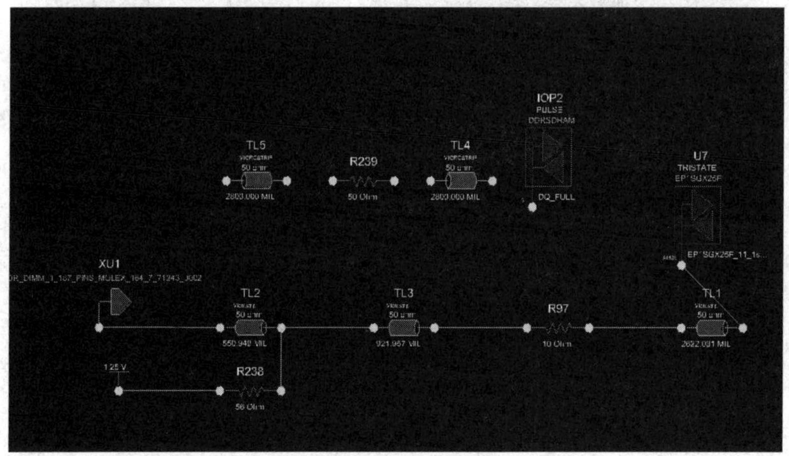

图 3-8-19　添加模型（3）

（10）在“Add Element Browser”窗口中单击“OK”按钮，关闭该窗口。

（11）移动并连接 SigXplorer PCB SI XL 窗口中的模型，调整拓扑，如图 3-8-20 所示。

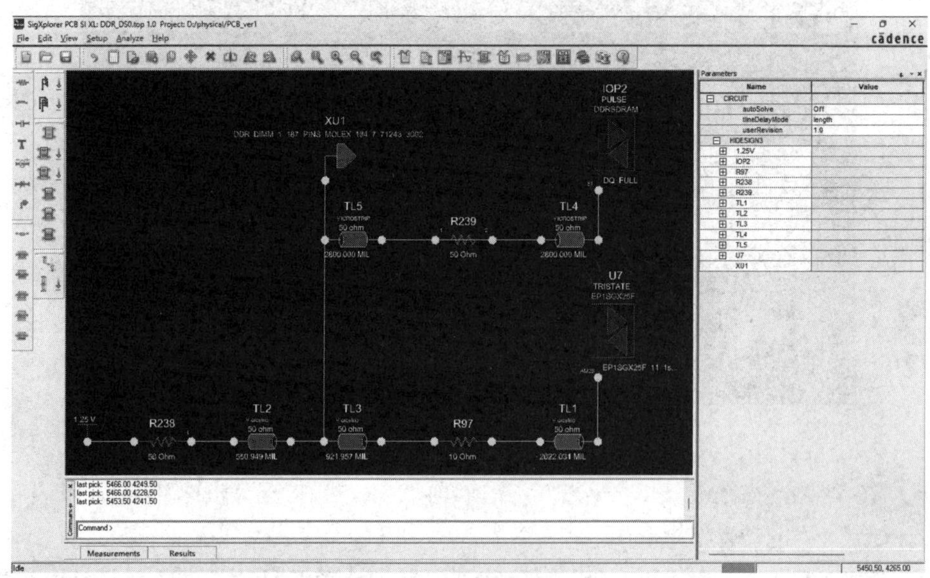

图 3-8-20　调整拓扑

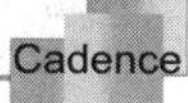

（12）单击传输线上的文本“TL1”，在“Parameters”表格的“TL1”下的“length”栏后面的数值区域双击，输入“2500”，按“Tab”键；在“Parameters”表格的“TL2”下的“length”栏后面的数值区域双击，输入“300”，按“Tab”键；在“Parameters”表格的“TL3”下的“length”栏后面的数值区域双击，输入“500”，按“Tab”键；在“Parameters”表格的“TL4”下的“length”栏后面的数值区域双击，输入“600”，按“Tab”键；在“Parameters”表格的“TL5”下的“length”栏后面的数值区域双击，输入“150”，按“Tab”键；在“Parameters”表格的“R239”下的“resistance”栏后面的数值区域双击，输入“22”，按“Tab”键。调整后的拓扑结构如图 3-8-21 所示。

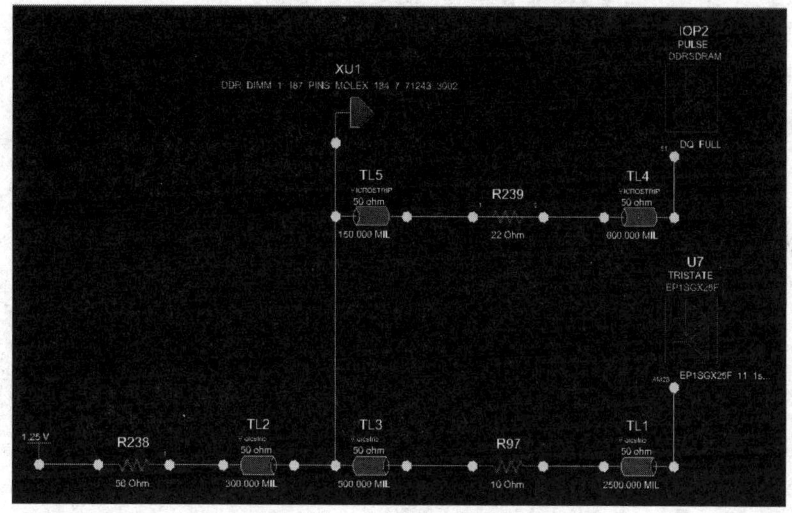

图 3-8-21　调整后的拓扑结构

4）创建连接器模型

在当前的拓扑结构中，所给出的连接器 XU1 模型只有一个连接引脚，这与实际电路中的模型并不相符，所以需要一个连接两个 PCB 的连接器模型。这样就可以对连接器引脚的寄生信息进行仿真，为此，现在创建一个简单的单线连接器模型。

该单线连接器模型创建所需的参数应该从相应的生产商的网站上查找，本例中所用到的连接器模型是 AMP 公司的 184 个引脚的 DDR 连接器，相应的文件这里已经给出，文件保存的地址为 physical\GoodModelFiles\AMP_Model.pdf，有兴趣的读者可自行查阅。

（1）在 SigXplorer PCB SI XL 窗口执行菜单命令“Analyze”→“Model Browser…”，打开“SI Model Browser”窗口，如图 3-8-22 所示。

（2）单击“Library Mgmt”按钮，打开“DML Library Management”窗口，如图 3-8-23 所示。

（3）单击窗口中的“Create New Lib”按钮，打开“另存为”对话框，如图 3-8-24 所示。

（4）在“文件名”框中输入“connector”，单击“保存”按钮。

（5）在“DML Library Management”窗口中单击“OK”按钮。

（6）在“SI Model Browser”窗口上半部分的“Library Filter”下拉列表中选择“connector.dml”，如图 3-8-25 所示。

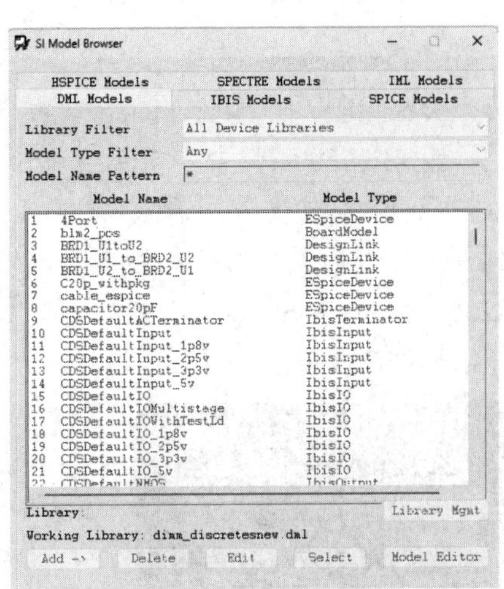
图 3-8-22 “SI Model Browser”窗口

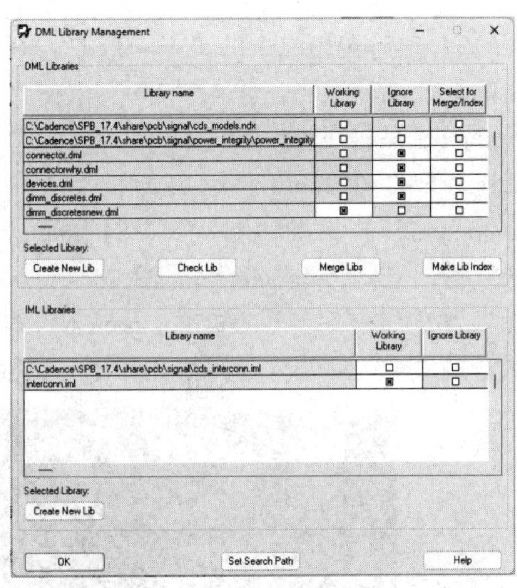
图 3-8-23 “DML Library Management”窗口

图 3-8-24 “另存为”对话框

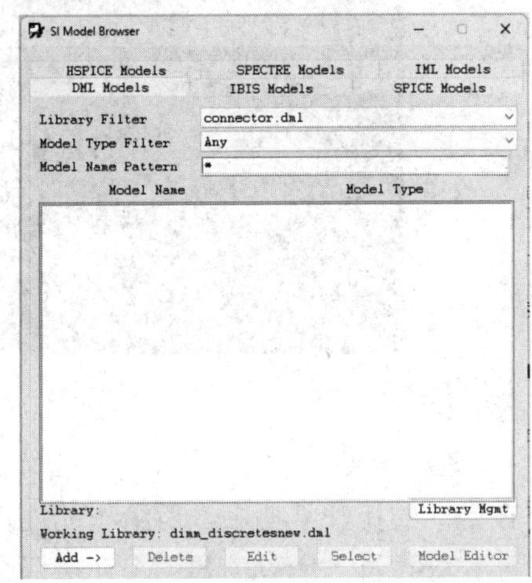
图 3-8-25 在“Library Filter”下拉列表中选择“connector.dml”

（7）单击“Add->”按钮，选择“ESpiceDevice”，打开“Create ESpice Device Model”窗口，如图 3-8-26 所示。

（8）在“Model Name”框中输入“DDR_CONN”；在“Circuit type”下拉列表中选择“Resistor”；在“Value”框中输入“1”；在“Single Pins”框中输入“1 2”（输入“1”→空格→“2”）；确认“Common Pin”框中为空，如图 3-8-27 所示。

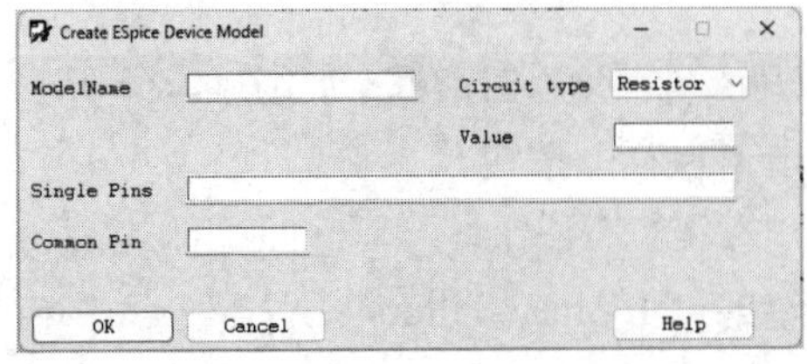
图 3-8-26 “Create ESpice Device Model”窗口

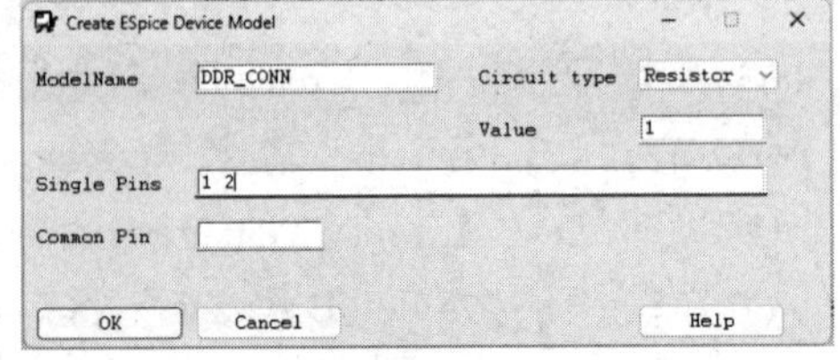
图 3-8-27 “Create ESpice Device Model”窗口设置

（9）单击“OK”按钮，关闭“Create ESpice Device Model”窗口。

刚刚为电阻创建了 ESpice 模型，下一步要转换该模型中的 SPICE 模型，并创建单线连接器模型。单线连接器模型的电路结构图如图 3-8-28 所示。

（10）在“SI Model Browser”窗口的“Library Filter”下拉列表中选择“Working Device Library”，如图 3-8-29 所示。

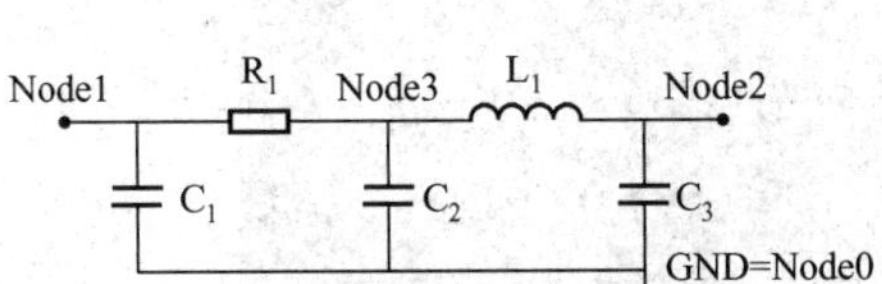

图 3-8-28　单线连接器模型的电路结构图

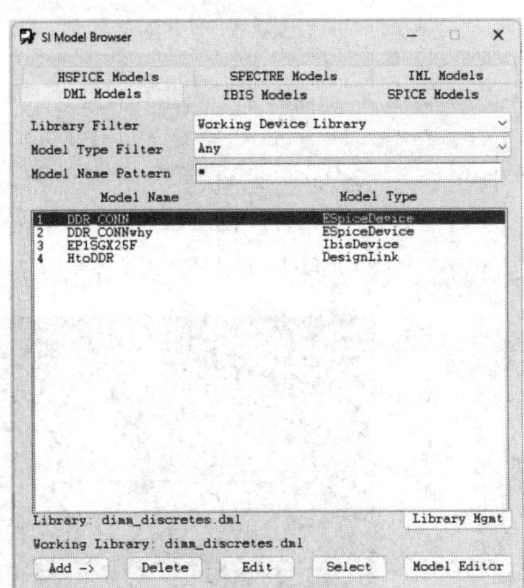

图 3-8-29　选择“Working Device Library”

（11）在列表框中选中“DDR_CONN”后，单击“Edit”按钮弹出编辑窗口，如图 3-8-30 所示。

（12）更改编辑窗口的内容，如图 3-8-31 所示。

（13）执行菜单命令“File”→“Save”，保存所做的修改。

（14）关闭编辑窗口。

（15）在“SI Model Browser”窗口中单击“关闭”按钮。

（16）在 SigXplorer PCB SI XL 窗口执行菜单命令“Edit”→“Delete”，单击连接器 XU1，删除该元器件。

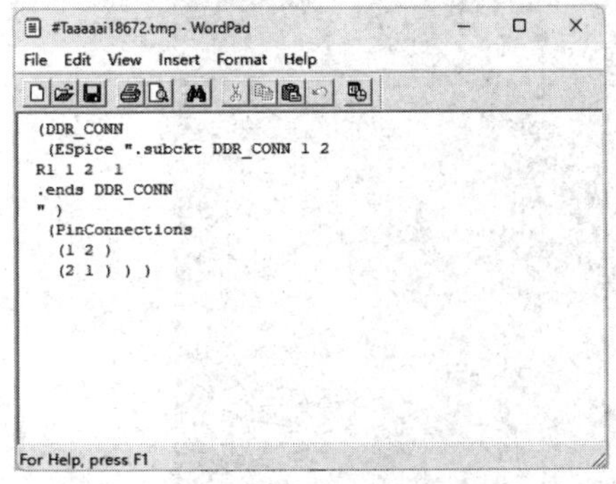

图 3-8-30　编辑窗口

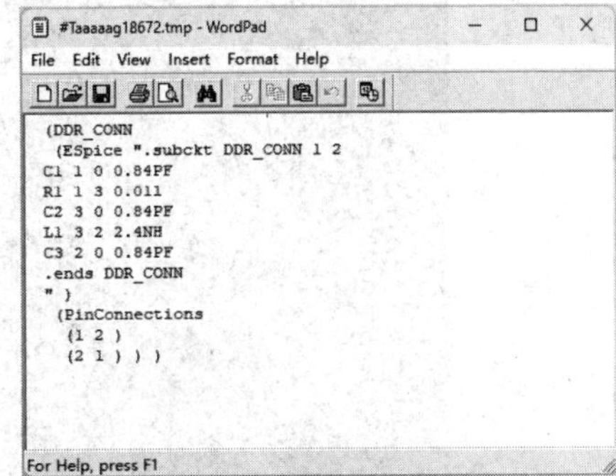

图 3-8-31　更改编辑窗口的内容

（17）执行菜单命令“Edit”→“Add Part”，打开“Add Element Browser”窗口，在“Model Type Filter”下拉列表中选择“ESpiceDevice”，如图 3-8-32 所示。

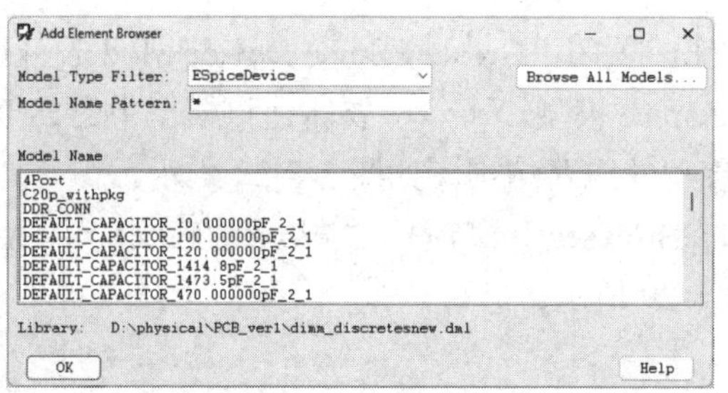

图 3-8-32 “Add Element Browser”窗口

（18）在“Add Element Browser”窗口的列表框中选择“DDR_CONN”，在 SigXplorer PCB SI XL 窗口的适当位置单击，放置该模型，单击鼠标右键，选择“End Add”，然后在该模型上单击鼠标右键，选择“Rotate Right”，如图 3-8-33 所示。

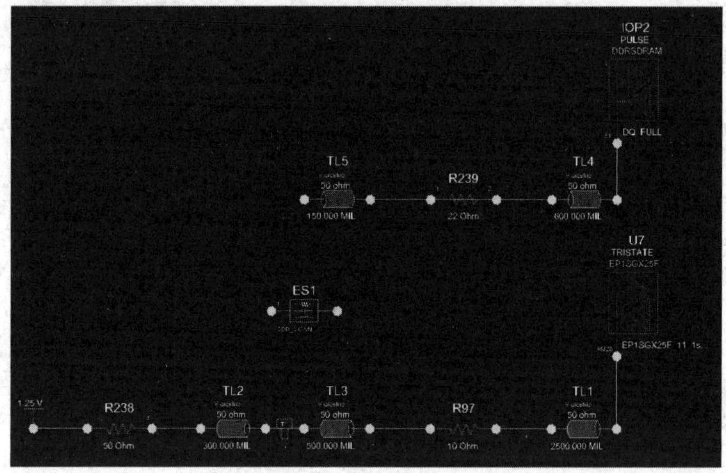

图 3-8-33 添加模型

（19）在“Add Element Browser”窗口中单击“OK”按钮，关闭该窗口。

（20）连接模型，如图 3-8-34 所示。

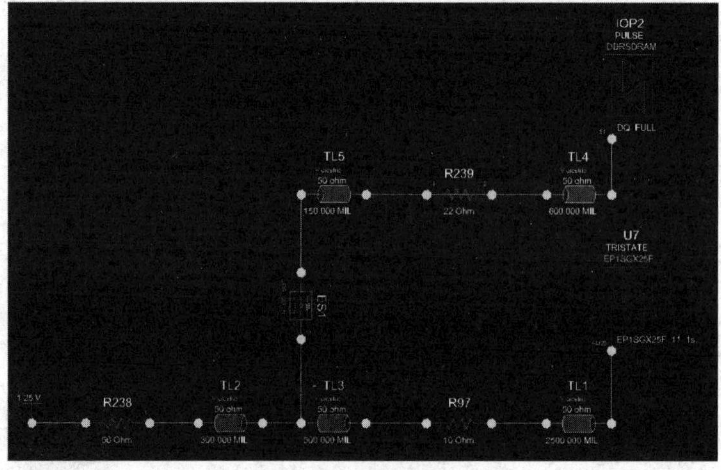

图 3-8-34 连接模型

（21）在 SigXplorer PCB SI XL 窗口执行菜单命令“File”→“Save As”，保存拓扑，名称为 DDR_TL.top（不要关闭 SigXplorer PCB SI XL 窗口）。

5）使用有损传输线模型

到目前为止，已经从 PCB 中提取了拓扑结构，并根据 PCB 的实际情况，增加了驱动器/接收器对，而且创建并添加了单线连接器模型，从而对仿真连接器的引脚寄生效应值进行仿真。为了使仿真更加接近实际，下面使用有损传输线模型代替理想传输线模型。

（1）执行菜单命令“Edit”→“Add Element...”，打开“Add Element Browser”窗口，在“Model Type Filter”下拉列表中选择“Interconnect”，如图 3-8-35 所示。

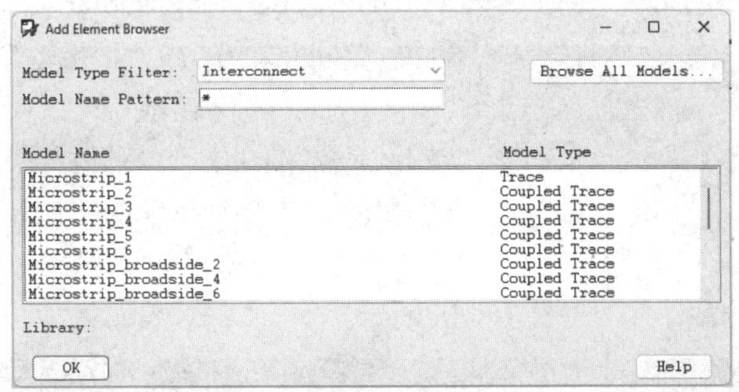

图 3-8-35　选择“Interconnect”

（2）在“Add Element Browser”窗口的列表框中选择“Microstrip_1”，在 SigXplorer PCB SI XL 窗口中 TL1 附近的适当位置单击，放置该模型，如图 3-8-36 所示。

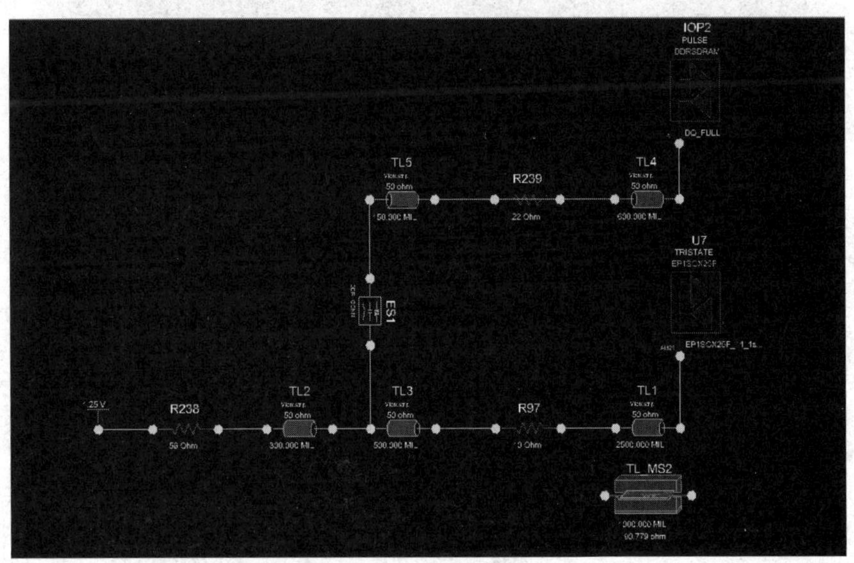

图 3-8-36　添加模型

（3）在“Add Element Browser”窗口中单击“OK”按钮，关闭该窗口。

接下来要设置刚刚摆放的模型 MS1 的阻抗为 50Ω，相关的属性信息可以从 PCB 的层叠设置中的 TOP 层查看。

（4）单击 SigXplorer 工作区间的文本“TL_MS1”，“Parameters”表格会高亮显示 TL_MS1 的参数信息，双击 TL_MS1 的“d1Constant”属性的显示值为“4.5”的“Value”栏，将“4.5”更改为“4”，按“Tab”键；双击“d1Thickness”属性的显示值为“10MIL”的“Value”栏，将“10MIL”更改为“2.615MIL”，按“Tab”键；双击“traceThickness”的显示值为“0.720MIL”的“Value”栏，将“0.7200MIL”更改为“0.70MIL”，按“Tab”键；双击“length”属性的显示值为“1000.000MIL”的“Value”栏，将“1000.000MIL”更改为“2500.000MIL”，按“Tab”键，如图 3-8-37 所示。

⊟ TL_MS1		1
LayerName	N/A	1
d1Constant	4	1
d1LossTangent	0.035	1
d1Thickness	2.615 MIL	1
d1FreqDepFile		1
d2Constant	1	1
d2LossTangent	0	1
d2Thickness	0.000 MIL	1
d2FreqDepFile		1
length	2500.000 MIL	1
traceConductivity	595900 mho/cm	1
traceEtchFactor	90	1
traceThickness	0.700 MIL	1
traceWidth	5.000 MIL	1

图 3-8-37　更改属性

可以看到在 SigXplorer 工作区间的 TL_MS1 的阻抗已经变成 50.039　，接近期望的 50Ω。

（5）单击传输线 TL1 模型，执行菜单命令“Edit”→“Delete”，删除原来的传输线 TL1。单击 TL_MS1，执行菜单命令“Edit”→“Move”，将刚添加的 TL_MS1 移动到原来 TL1 的位置，并将 TL_MS1 连接到拓扑结构中，如图 3-8-38 所示。

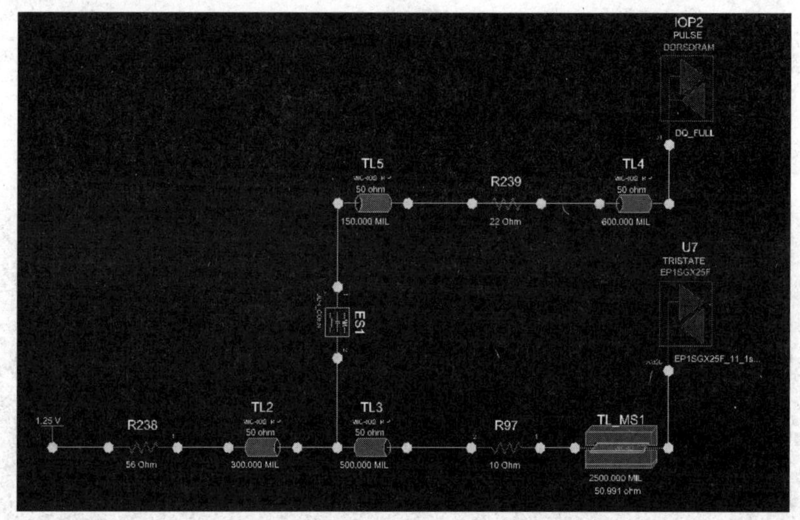

图 3-8-38　更改模型

（6）单击 TL_MS1 模型，执行菜单命令“Edit”→“Copy”，然后分别在原来拓扑结构中的理想传输线附近单击，复制 TL_MS1 模型，如图 3-8-39 所示。

（7）单击鼠标右键，选择“End Copy”，完成复制。

（8）在 SigXplorer 工作区间单击文本“TL_MS2”，将其“length”属性设置为“300MIL”；将“TL_MS3”的“length”属性设置为“500MIL”；将“TL_MS4”的“length”属性设置为“600MIL”；将“TL_MS5”的“length”属性设置为“150MIL”，执行菜单命令“Edit”→“Delete”，删除原来的理想模型，设置完成后如图 3-8-40 所示。

（9）执行菜单命令“Edit”→“Move”，用新添加的模型代替原来拓扑中的理想传输线模型并连线，如图 3-8-41 所示。

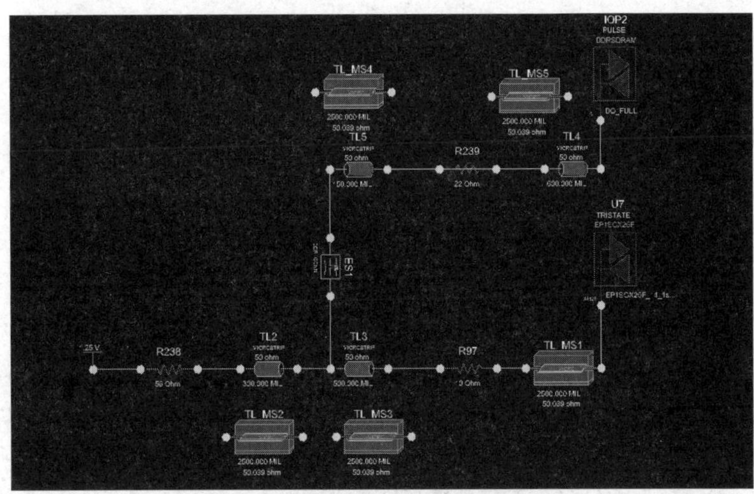

图 3-8-39　复制模型

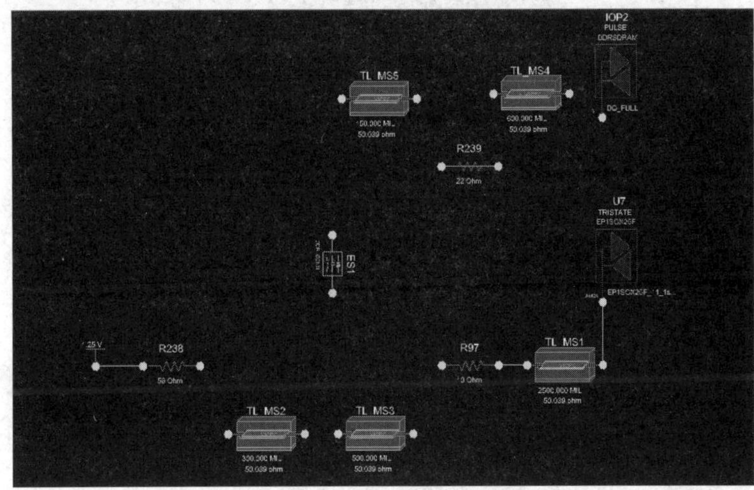

图 3-8-40　更改模型参数

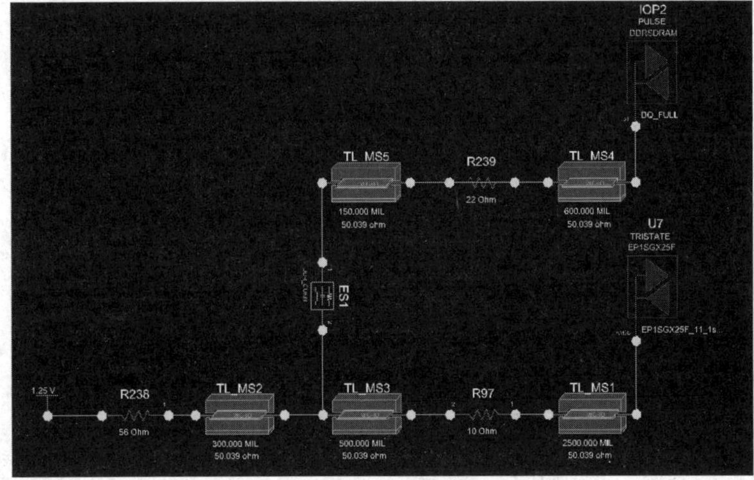

图 3-8-41　替换模型

（10）在 SigXplorer PCB SI XL 窗口执行菜单命令“File”→“Save As”，保存拓扑，名称为“DDR_MS.top”，不要关闭 SigXplorer PCB SI XL 窗口。

3．执行反射仿真

1）设置参数

（1）在 SigXplorer PCB SI XL 窗口执行菜单命令“Analyze”→“Preferences”，打开“Analysis Preferences”窗口，如图 3-8-42 所示。

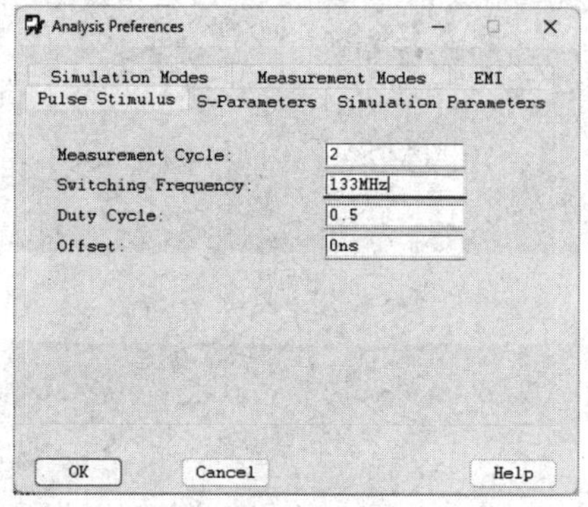

图 3-8-42 “Analysis Preferences”窗口

☺ Pulse Stimulus。
- ✧ Measurement Cycle：测量周期数，设为 2。
- ✧ Switching Frequency：开关频率，设为 133MHz。
- ✧ Duty Cycle：占空比，设为 0.5。
- ✧ Offset：补偿值，设为 0ns。

☺ Simulation Parameters。
- ✧ Fixed Duration：固定的仿真时间。
- ✧ Waveform Resolution：波形分辨率，设为 10ps。
- ✧ Cutoff Frequency：截止频率，设为 10GHz。
- ✧ Buffer Delays：缓冲延时。

☺ Simulation Modes。
- ✧ FTS Mode（s）：仿真模式，设为“Typical”。
- ✧ Driver Excitation：驱动器激励，设为“Active_Driver”。

☺ Measurement Modes。
- ✧ Measurement Delays At：测量延时，设为“Input Thresholds”。
- ✧ Receiver Selection：选择接收器，设为“All”。
- ✧ Custom Simulation：自定义仿真，设为“Reflection”。
- ✧ Drvr Measurement Location：驱动器测量位置，设为“Model Defined”。
- ✧ Rcvr Measurement Location：接收器测量位置，设为“Die”。

（2）单击“OK”按钮，关闭“Analysis Preferences”窗口。仿真设置被存储在名为“case.cfg”和“signoise.cfg”的文件中。signoise.cfg 文件能够通过下面的路径访问：

physical\PCB_ver1\sigxp.run\case0。

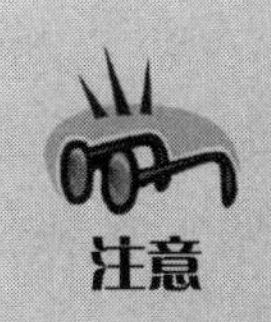

设置截止频率为 10GHz 而非 0GHz，其目的是告诉仿真器要计算传输线的 RLGC 矩阵，仿真器能精确计算到 50GHz。如果输入的频率大于 50GHz，则仿真器会每 10GHz 计算一次 RLGC 矩阵，直到包含所输入的数值。

（3）单击驱动元件 U7 上面的文本文字，弹出“IO Cell（U7）Stimulus Edit”窗口，如图 3-8-43 所示。

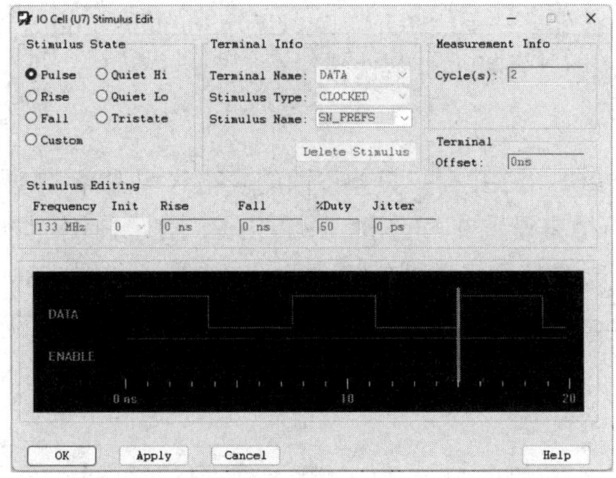

图 3-8-43 “IO Cell（U7）Stimulus Edit”窗口

☺ Stimulus State。

✧ Pulse：数据终端有 1/2 个时钟周期的高电平和 1/2 个时钟周期的低电平。

✧ Rise：数据终端从低电平到高电平并维持高电平传输。

✧ Fall：数据终端从高电平到低电平并维持低电平传输。

✧ Quiet Hi：数据终端是 1 个静止的高电平。

✧ Quiet Lo：数据终端是 1 个静止的低电平。

✧ Tristate：仿真持续时间使能端维持在低电平，如果缓冲器是三态的，促使输出浮动。

✧ Custom：使用 Clocked_IO 缓冲，但能够使用任意的 IO Cell。

☺ Terminal Info。

✧ Terminal Name：选择应用激励的输入终端（时钟、数据和使能）。

✧ Stimulus Type：指定非时钟信号（异步、同步和周期）或时钟信号的激励类型。

✧ Stimulus Name：在拓扑中其他的 IO Cell 使用一个激励名来保存激励实体。

☺ Measurement Info。

✧ Cycle（s）：设置测量时钟周期数，仿真将以最小数目最高的指定周期数运行，默认值是 1。

☺ Terminal。

✧ Offset：设置 IO Cell 的输入引脚激励到达的等待时间。

☺ Stimulus Editing

✧ Frequency：运行频率。

✧ Init：设置激励的起始值（状态 0 或 1）。

✧ Rise：设置信号从一个低电平到高电平传输的时间。

✧ Fall：设置信号从一个高电平到低电平传输的时间。

✧ %Duty：占空比。

✧ Jitter：设置 IO Cell 引脚系统时钟周期间不同的时间周期。

（4）在“IO Cell（U7）Stimulus Edit”窗口的“Stimulus State”区域选中“Pulse”单选按钮。

（5）单击“OK”按钮，关闭“IO Cell（U7）Stimulus Edit”窗口。对 IOP2，则在“Stimulus State”区域选中“Tristate”单选按钮。

2）设置测量类型

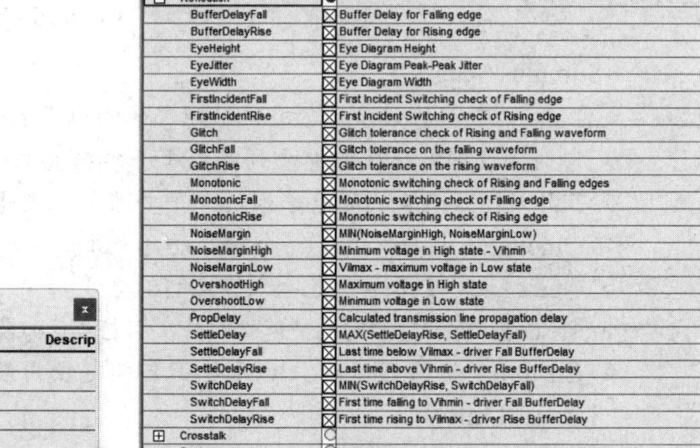

（1）在 SigXplorer PCB SI XL 窗口拓扑下面的表格区域选择“Measurements”表格，该表格现在显示 4 行，可用来设置在 SigXplorer PCB SI XL 窗口中执行的测量类型。只选中“Reflection”后面的单选按钮，表明现在仅执行反射测量，如图 3-8-44 所示。

（2）单击“Reflection”前面的“+”号，查看被报告的反射测量的不同类型，如图 3-8-45 所示。

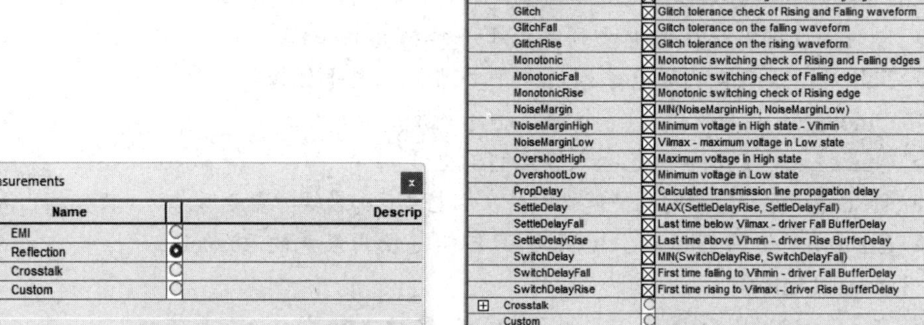

Measurements
Name
Descrip
EMI
Reflection
Crosstalk
Custom
Measurements
Name
Description
EMI
Reflection
BufferDelayFall
Buffer Delay for Falling edge
BufferDelayRise
Buffer Delay for Rising edge
EyeHeight
Eye Diagram Height
EyeJitter
Eye Diagram Peak-Peak Jitter
EyeWidth
Eye Diagram Width
FirstIncidentFall
First Incident Switching check of Falling edge
FirstIncidentRise
First Incident Switching check of Rising edge
Glitch
Glitch tolerance check of Rising and Falling waveform
GlitchFall
Glitch tolerance on the falling waveform
GlitchRise
Glitch tolerance on the rising waveform
Monotonic
Monotonic switching check of Rising and Falling edges
MonotonicFall
Monotonic switching check of Falling edge
MonotonicRise
Monotonic switching check of Rising edge
NoiseMargin
MIN(NoiseMarginHigh, NoiseMarginLow)
NoiseMarginHigh
Minimum voltage in High state - Vihmin
NoiseMarginLow
Vilmax - maximum voltage in Low state
OvershootHigh
Maximum voltage in High state
OvershootLow
Minimum voltage in Low state
PropDelay
Calculated transmission line propagation delay
SettleDelay
MAX(SettleDelayRise, SettleDelayFall)
SettleDelayFall
Last time below Vilmax - driver Fall BufferDelay
SettleDelayRise
Last time above Vihmin - driver Rise BufferDelay
SwitchDelay
MIN(SwitchDelayRise, SwitchDelayFall)
SwitchDelayFall
First time falling to Vihmin - driver Fall BufferDelay
SwitchDelayRise
First time rising to Vilmax - driver Rise BufferDelay
Crosstalk
Custom

图 3-8-44　设置测量类型

图 3-8-45　反射测量的类型

（3）选择“Reflection”单元格，单击鼠标右键，选择“All On”，执行所有默认的仿真测量。

（4）单击“Reflection”前面的“−”号，收起反射测量内容。

3）执行反射仿真并生成报告和波形

（1）在 SigXplorer PCB SI XL 窗口执行菜单命令“Analyze”→“Simulate”，可以看到

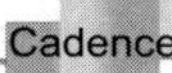

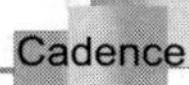

仿真过程中拓扑下面的表格区域“Command”栏被选择。“Command”栏显示当前仿真的信息。警告和错误都显示在这里。当仿真完成时，“Results”表格显示仿真报告数据，仿真完成后调用 SigWave 显示仿真波形。

报告结果的项目如下所述。

☺ SimID：仿真号码。

☺ Driver：驱动器序号。

☺ Receiver：接收器序号。

☺ Cycle：仿真周期数。

☺ GlitchTol：失灵公差。

☺ FTS Mode：Fast、Typical 和 Slow 模式仿真选择。

☺ BufferDelayFall：从高电平下降到测量电压值 Vmeas 时的延时值。

☺ BufferDelayRise：从低电平上升到测量电压值 Vmeas 时的延时值。

☺ FirstIncidentFall：第一次开关下降时间。

☺ FirstIncidentRise：第一次开关上升时间。

☺ Monotonic：波形的单调性检查，如果上升沿或下降沿中有非单调性现象，则检查结果为“False”。

☺ MonotonicFall：下降沿单调性。

☺ MonotonicRise：上升沿单调性。

☺ Noise Margin：噪声容限，是 NoiseMarginHigh 和 NoiseMarginLow 中的最小值。

☺ Noise MarginHigh：高电平噪声容限，即从 Vihmin 到超过 Vihmin 后振荡波形的最低点的电压差。

☺ Noise MarginLow：低电平噪声容限，即从 Vilmax 到低于 Vilmax 后振荡波形的最高点的电压差。

☺ OvershootHigh：高电平过冲，即以 0V 为参考点，上升波形的最高点电压值。

☺ OvershootLow：低电平过冲，即以 0V 为参考点，下降波形的最低点电压值。

☺ PropDelay：传输线的传输延时值。

☺ SwitchDelay：SwitchDelayFall 和 SwitchDelayRise 中的最小值。

☺ SwitchDelayFall：从 BufferDelay 下降沿的 Vmeas 点开始到接收波形下降曲线第一次穿过高电平阈值时的延时值。

☺ SwitchDelayRise：从 BufferDelay 上升沿的 Vmeas 点开始到接收波形上升曲线第一次穿过低电平阈值时的延时值。

☺ SettleDelay：SettleDelayFall 和 SettleDelayRise 中的最大值。

☺ SettleDelayFall：从 BufferDelay 下降沿的 Vmeas 点开始到接收波形下降曲线最后一次穿过低电平阈值时的延时值。

☺ SettleDelayRise：从 BufferDelay 上升沿的 Vmeas 点开始到接收波形上升曲线最后一次穿过高电平阈值时的延时值。

（2）在 SigWave 窗口产生两个波形，一个代表驱动器的输出，另一个代表接收器的输入，如图 3-8-46 所示。将仿真的报告数据写入 sigsimres.dat 文件，存储在 D:physical\

PCB_ver1\sigxp.run\case0 目录下。将波形数据写入 sim1.sim 文件，存储在 D:physical\PCB_ver1\sigxp.run\case0\waveforms 目录下。

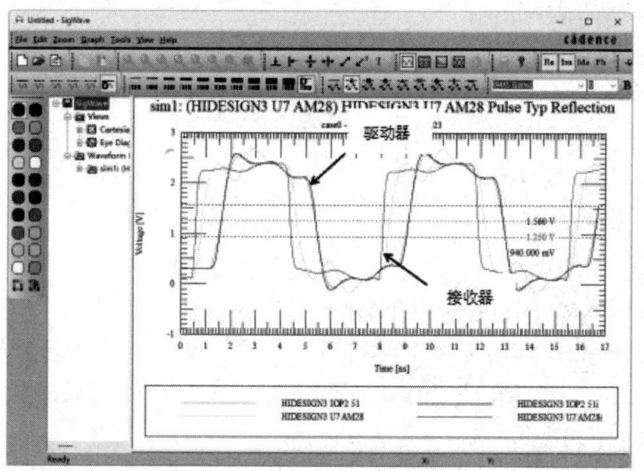

图 3-8-46　仿真波形

（3）在 SigXplorer PCB SI XL 窗口执行菜单命令“File”→“Export”→“Spreadsheet”→“Results...”，弹出图 3-8-47 所示对话框。

（4）在“文件名”框中输入“basics_rpt”，单击“保存”按钮，因为 SigXplorer 把每次仿真结果写入 sweep_rpt_tab.txt，如果想要保存报告数据，需要以一个不同的名字保存这个文件。

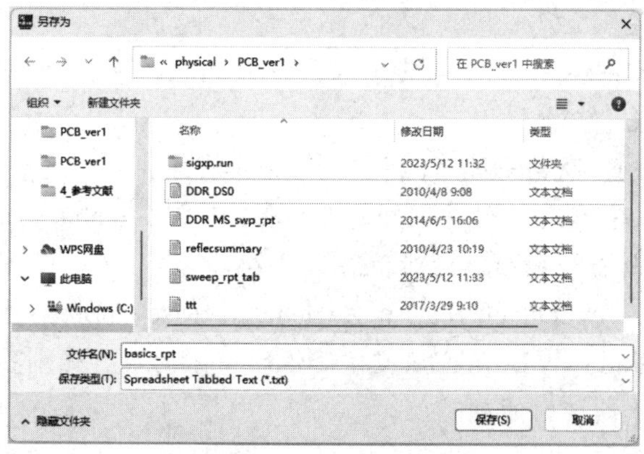

图 3-8-47　“另存为”对话框

4）仿真目录和文件

（1）仿真的目录结构如图 3-8-48 所示。

当启动 SigXplorer 时，文件和目录被写进工作目录中。

【signoise.log】SigNoise 日志包含 SigNoise 使用的许可信息和加载的库信息。

【devices.dml】默认的工作器件库文件被用于存储新的器件的信号模型。它仅是一个本地库。

【interconn.iml】默认的工作互连库文件被用于存储新的互连模型。它仅是一个本地库。

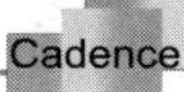

【sigxp.jrl】日志文件列出所使用的所有 SigXplorer 命令。

【sigxp.run】目录内容。

【signoise.cfg】SigNoise 配置文件存储SigNoise的设置信息和添加的所有仿真共有的单个库文件路径。

【Working Directory】当前仿真运行的目录。

【cases.cfg】这个文件列出案例中设置的参数。

当从 PCB 中提取一个拓扑时，一个新的 Sigxp.dml 文件被建立在包含所有从 PCB 中提取的 IO Cell 的 dml 模型的工作目录下。

（2）仿真的 case 文件结构如图 3-8-49 所示。

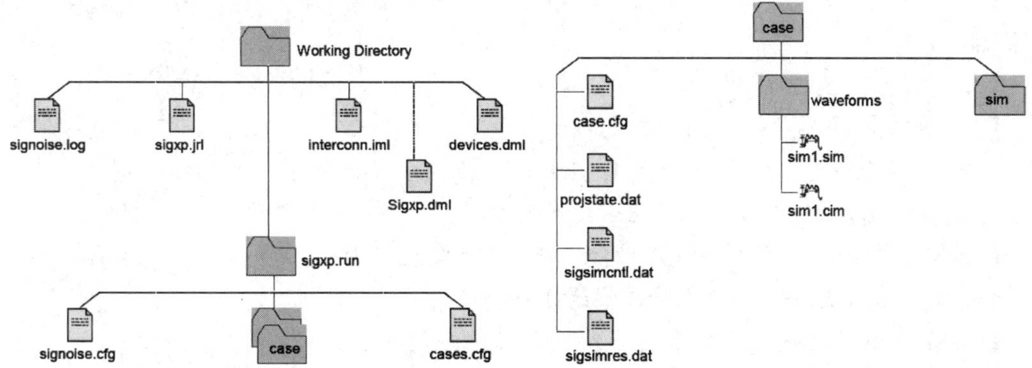

图 3-8-48　仿真的目录结构　　　　图 3-8-49　仿真的 case 文件结构

SigXplorer 建立一个 sigxp.run 目录。在 sigxp.run 目录下可以有几个单独的仿真目录。每个事件目录下面都有详细的目录和文件。case 目录内容如下。

【case.cfg】这个目录列出这个 case 的参数设置。

【projstate.dat】这个数据文件列出系统中每个.brd 文件加上每个加载的.dml 时间记录。这些信息用于查明这些文件被修改的时间。每个文件最后修改的时间都存储在这里，SigNoise 能够识别变化的文件，还包括 SigNoise 没有运行时的变化。

【sigsimcntl.dat】这个数据文件将每次运行的仿真结果列成一行，文件中没有保存波形或电路。这个文件每隔 50 个仿真就自动保存，或者在程序退出时才保存。

【sigsimres.dat】这个数据文件将每次运行的仿真的每个测量引脚列成一行。每行列出一个引脚的测量数据。这个文件每隔 50 个仿真就自动保存，或者在程序退出时才保存。

【waveforms】这个目录包含波形文件。

【sim directory】仿真过程中子目录 sim1 被建立。它包含当前仿真的所有 SPICE 文件。

（3）仿真文件的 sim 目录结构如图 3-8-50 所示。

在 case 目录下是 sim 目录。sim 目录包含仿真拓扑必需的 SPICE 文件。sim 目录内容如下。

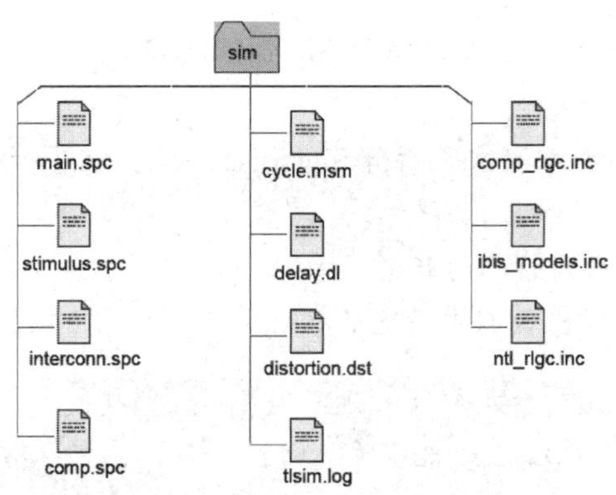

图 3-8-50　仿真文件的 sim 目录结构

【comp_rlgc.inc】这个文件描述 Trace 模型 RLGC 矩阵的参数值。

【comp.spc】SPICE 文件描述仿真的电源/地的值。

【cycle.msm】这个文件描述元器件 I/O 极限和当前电路的线延时，也存储元器件的开关和稳定时间。

【delay.dl】这个文件列出延时仿真结果。

【distortion.dst】这个文件列出失真的仿真结果。

【ibis_models.inc】这个文件记录 IbisIOCell 文件定义的参数值。

【interconn.spc】这个文件记录互连模型支电路。

【main.spc】这是主要的 SPICE 文件，可以调用其他的 SPICE 支电路。

【ntl_rlgc.inc】这个文件记录传输线的分布参数值。

【stimulus.spc】这是一个记录激励输入的 SPICE 文件。

【tlsim.log】这是 Cadence 所有的 SPICE 仿真器的日志文件。

4．反射仿真测量

1）隐藏驱动器波形

（1）在 SigWave 窗口单击左侧列表框中“SigWave”前面的“+”号，显示两个目录“Views”和“Waveform Library”，单击“Waveform Library”前面的“+”号浏览其内容。Waveform Library 包含一个目录，这个目录包含仿真参数和驱动器与接收器的仿真波形。

（2）单击“sim1:（HIDESIGN3 U7 AM28）HIDESIGN3 U7 AM28 Pulse Typ Reflection”前面的“+”号，浏览其内容。

（3）单击“Simulation Parameters”前面的“+”号，浏览其内容。设置的一些分析参数被列出，波形文件的路径也被列出，单击“Simulation Parameters”前面的“–”号关闭目录。

（4）在“HIDESIGN3 U7 AM28i”和“HIDESIGN3 IOP2 51i”上单击鼠标右键，选择“Display”，使驱动器的波形不显示。可以看到波形符号上现在有一个红色标志，驱动器的波形不再在 SigWave 窗口中显示，如图 3-8-51 所示。

2）单调性结果

单调信号是指在高、低门限间没有逆转。测量检查信号上升沿和下降沿在高门限和低门限间不会改变方向。单调性测量如图 3-8-52 所示。

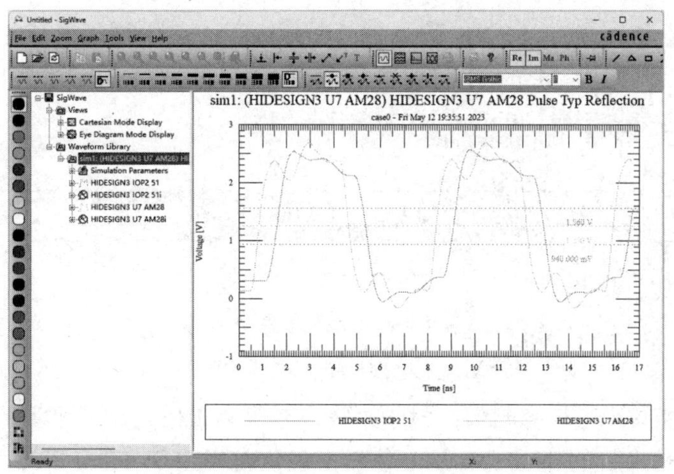

图 3-8-51　接收器波形（1）

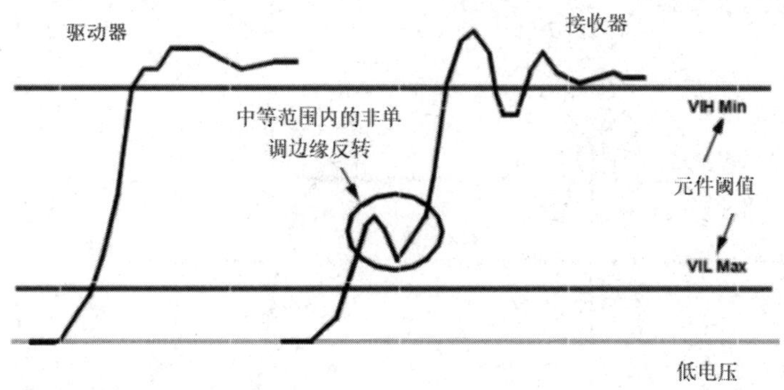

图 3-8-52　单调性测量

（1）查看在上升沿和下降沿的低门限（940mV）和高门限（1.56V）间的接收器波形，信号从低门限到高门限的波形平滑转换没有改变方向，如图 3-8-53 所示。

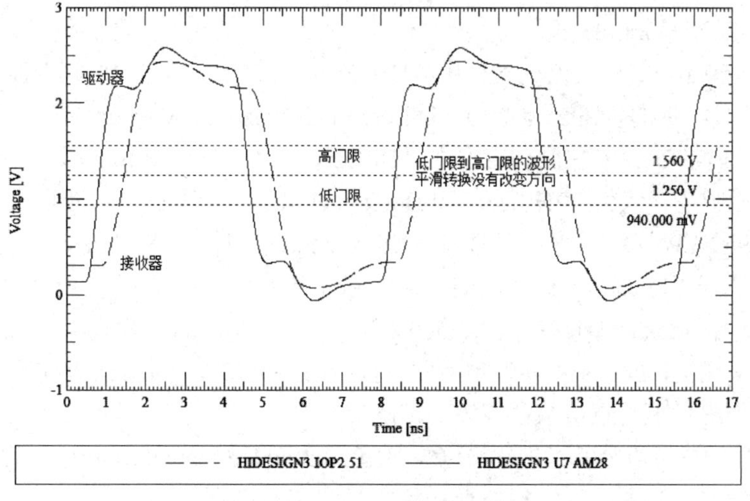

图 3-8-53　接收器波形（2）

（2）在 SigXplorer PCB SI XL 窗口的“Results”表格中按下鼠标左键拖动光标选择“Monotonic”（单调性）、“MonotonicRise”（单调上升）和“MonotonicFall”（单调下降），单击鼠标右键，选择“Hide Columns”，如图 3-8-54 所示。

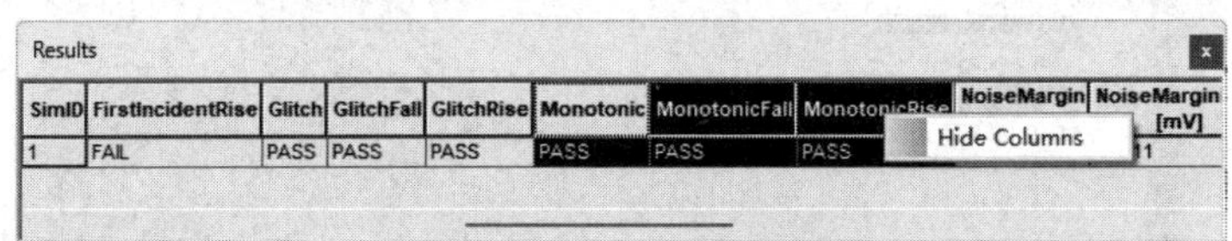

图 3-8-54　隐藏仿真结果

3）报告噪声容限

波形的振铃能减小噪声容限值。报告中噪声容限测量值是高电平和低电平间的噪声容限的最小值。但是报告的 NoiseMargin 值没有确定是发生在 High Side 还是发生在 Low Side。通过测量波形的 NoiseMarginHigh 和 NoiseMarginLow 值可确定开关延时的最小值发生的地方，如图 3-8-55 所示。

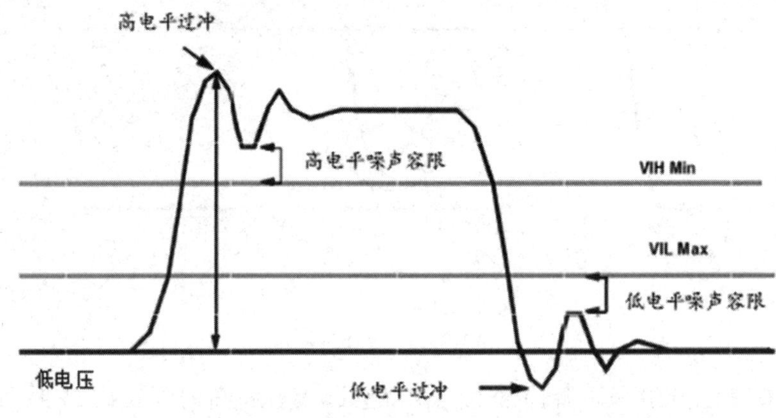

图 3-8-55　测量噪声容限

（1）测量 NoiseMarginHigh。

① 单击 SigWave 窗口左侧列表框中“HIDESIGN3 IOP2 51”的接收器波形符号。

② 单击工具栏中的按钮，增加“Differential Horizontal Marker”。

③ 单击 SigWave 窗口左侧列表框中“Differential Horizontal Marker”的标志符号，从最左边的调色板中选择蓝色，“Differential Horizontal Marker”现在显示为蓝色。

④ 选择 SigWave 窗口左侧列表框中“Differential Horizontal Marker”的标志符号，单击鼠标右键，选择“Location”，弹出图 3-8-56 所示的对话框。

⑤ 在“Y Secondary”框输入“1.560V”，在“Y Primary”框输入“2.500V”，单击“OK”按钮，关闭“Edit Location”对话框。报告的 NoiseMarginHigh 是上升波形在超过逻辑高门限值后的最低振铃点值减去逻辑高门限值。

⑥ 在图 3-8-57 中箭头所指的 2.5V 的“Differential Horizontal Marker”上单击并按住鼠标左键，拖动它到接收器上升波形的最低点，如图 3-8-57 所示。

Edit Location

Y Primary: 2.500 V　OK

Y Secondary: 1.560 V　Cancel

图 3-8-56　“Edit Location”对话框（1）

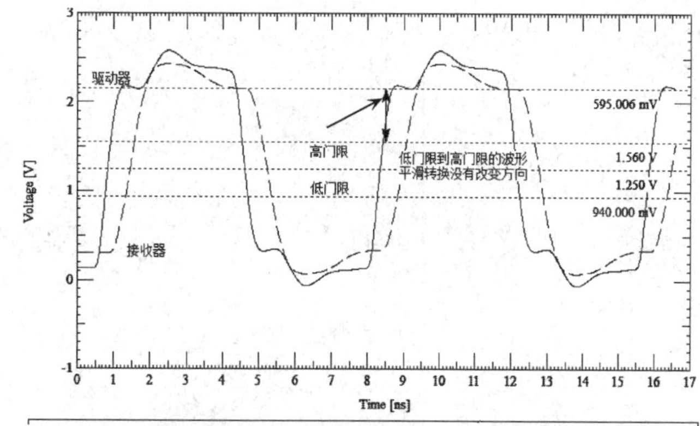

图 3-8-57　测量 NoiseMarginHigh

注意

电压差值为 591.517mV，报告中“NoiseMarginHigh”值为 591.65mV。SigWave 中的测量值有 3 位小数。测量值与 SigXplorer 的表格中的结果不同。表格中“NoiseMarginHigh”值等于“NoiseMargin”值。显而易见，最坏情况的噪声容限发生在信号的高电平侧。噪声容限测量报告 NoiseMarginHigh 和 NoiseMarginLow 间的最小值。但是，不知道报告的 NoiseMargin 值是发生在 High Side 还是发生在 Low Side。

（2）测量 NoiseMarginLow。

① 选择 SigWave 窗口中的“Differential Horizontal Marker”之一，单击鼠标右键，选择“Location”，弹出如图 3-8-58 所示的“Edit Location”对话框。

② 在“Y Secondary”框输入“940mV”，单击“OK”按钮，关闭“Edit Location”对话框。报告中的 NoiseMarginLow 是逻辑低门限值（VIL）减去下降波形超过逻辑低门限的最高振铃点值，如图 3-8-55 所示。

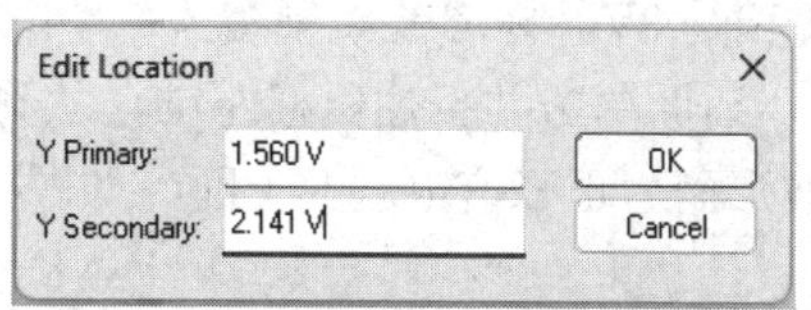

图 3-8-58　“Edit Location”对话框（2）

③ 单击并按住鼠标左键，使“Differential Horizontal Marker”向下滑动到接收器上升波形的最高振铃点（标志值可能是一个负数，因为标志的第 1 部分比第 2 部分更小。只需考虑标志间的绝对值），如图 3-8-59 所示。

注意

电压差值为 592.856mV，报告中“NoiseMarginLow”值是 593.983，报告中“NoiseMargin”值和“NoiseMarginLow”值相差较大。因此，NoiseMargin 测量值报告了有最小噪声容限的信号的 High Side。

④ 在 SigXplorer PCB SI XL 窗口的“Results”表格中按住鼠标左键拖动，选择“Noise Margin”、“NoiseMarginHigh”和“NoiseMarginLow”栏，单击鼠标右键，选择“Hide

Columns”，隐藏这 3 个栏。

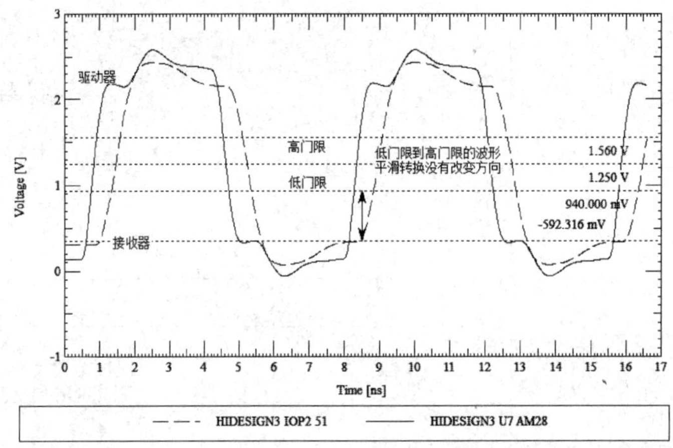

图 3-8-59　测量 NoiseMarginLow

4）报告过冲值

信号的振铃主要是由电路中阻抗不匹配引起波形的反射。反射在波形的 High Side 和 Low Side 都产生过冲。

（1）测量 OvershootHigh 值：对于上升波形，过冲参考电压是 0V。OvershootHigh 是波形中的最大值。

① 选择 SigWave 窗口左侧列表框的“Differential Horizontal Marker”，单击鼠标右键，选择“Location”，弹出“Edit Location”对话框。

② 在“Y Secondary”框输入“0V”，单击“OK”按钮。这个标志可能隐藏，是因为 *X* 轴是 0V，标志被 *X* 轴覆盖。

③ 单击并按住鼠标左键，从另一条“Differential Horizontal Marker”线滑动到接收器波形到达正峰值电压的上面，如图 3-8-60 所示。

注意

峰值电压是 2.374V，报告中“OvershootHigh”值为 2396.41mV。

（2）测量 OvershootLow 值：这个接收器的波形没有值在 0V 下面。波形降至最低点开始上升到达 0V。不管波形的最低点在哪里，波形降到最低点的值被定义为“OvershootLow”。报告中“OvershootLow”是下降波形的最大峰值。

① 在 SigWave 窗口中执行菜单命令“Zoom”→“Specific Size”，弹出“Zoom Specific Size”对话框，具体设置如图 3-8-61 所示，单击“OK”按钮，关闭该对话框。

② 选择 SigWave 窗口左侧列表框中“Differential Horizontal Marker”标志符号，单击鼠标右键，选择“Location”，弹出“Edit Location”对话框。

③ 在“Y Primary”框输入“0.1V”，单击“OK”按钮，关闭“Edit Location”对话框。OvershootLow 参考电压为 0V，已经设置“Y Secondary”值为 0V。

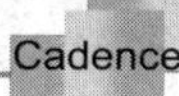

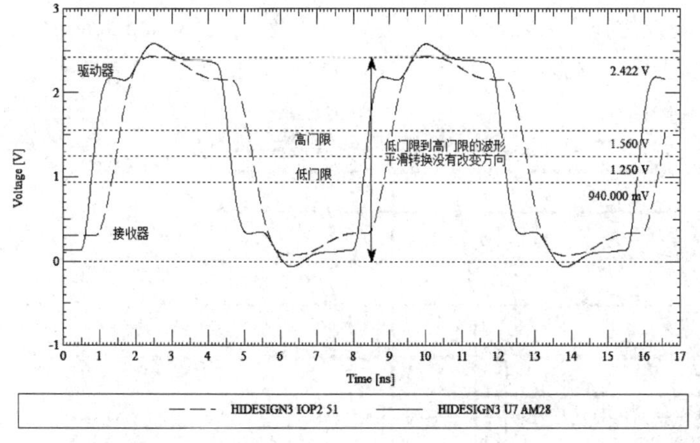

图 3-8-60　测量过冲

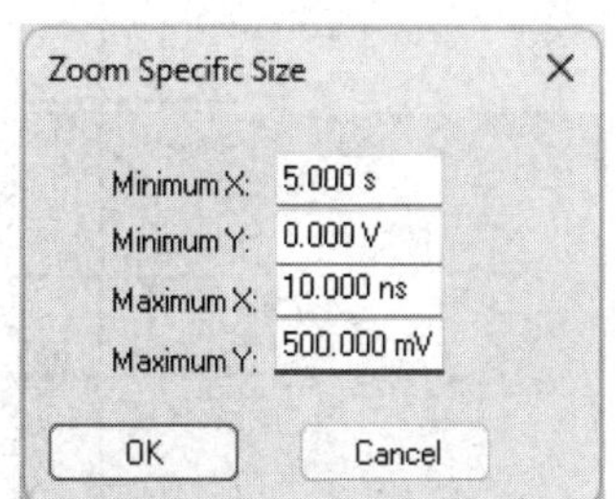

图 3-8-61 “Zoom Specific Size”对话框

④ 单击并按住鼠标左键，将图 3-8-62 中箭头所指的“Differential Horizontal Marker”从 0.1V 移到接收器波形的低峰值电压处，如图 3-8-62 所示。

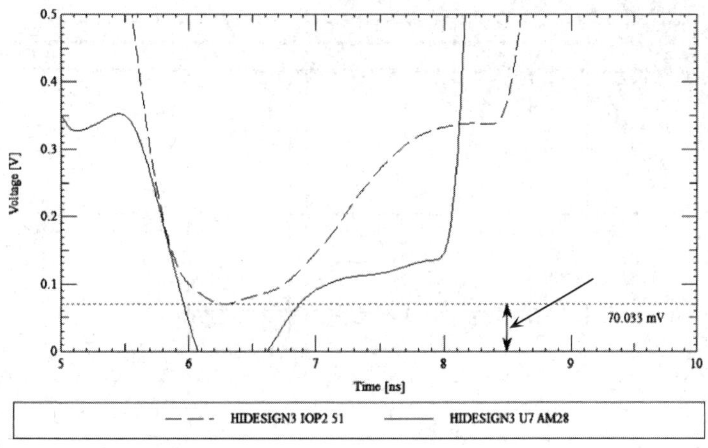

图 3-8-62　下冲测量

峰值电压是 116.825mV，报告中“OvershootLow”值是 104.512mV。

⑤ 双击 SigWave 窗口左侧列表框中“Differential Horizontal Marker”标志符号，不再显示这个标志，单击显示波形的任何地方。

⑥ 在 SigWave 窗口中执行菜单命令“Zoom”→“Fit”，将波形完整地显示在窗口中。

⑦ 在 SigXplorer PCB SI XL 窗口的“Results”表格中按住鼠标左键拖动，选择“OvershootHigh”和“OvershootLow”，单击鼠标右键，选择“Hide Columns”。

5）报告开关延时（SwitchDelay）

报告中，“SwitchDelay”值是上升沿和下降沿的开关延时的最小值，如图 3-8-63 和图 3-8-64

所示。但是报告没有给出开关延时是发生在上升沿还是下降沿。测量波形的 SwitchDelayRise 和 SwitchDelayFall，确定开关延时的最小值发生在哪里。

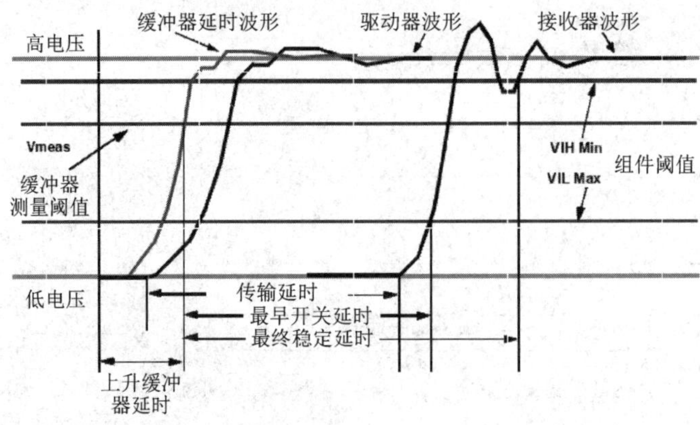

图 3-8-63　上升沿测量

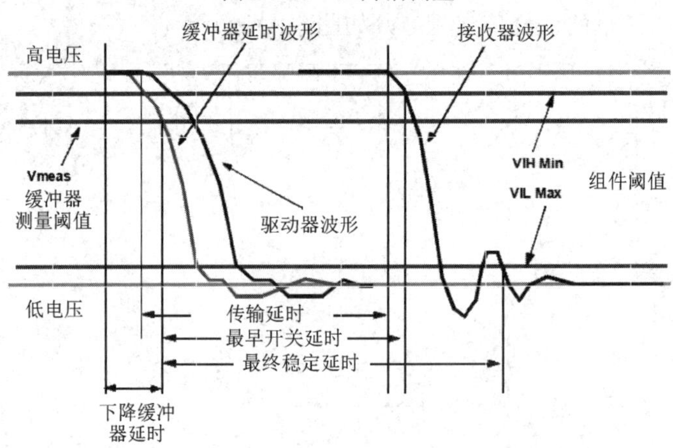

图 3-8-64　下降沿测量

（1）测量上升沿开关延时：上升沿开关延时是指从接收器信号达到逻辑输入低门限电压（U_{IL}）开始，到开关实际完成切换的时间间隔。设置的驱动输入激励是 133MHz，周期是 7.52ns。逻辑输入低门限电压信息包含在接收器 U1 的信号模型中。

① 在 SigWave 窗口中执行菜单命令“Zoom”→“In Region”，单击并拖动光标框住第 1 个下降波形和第 2 个上升波形（这个框将框住 3～13ns、0～3V 的整个波形）。

② 在工具栏中单击按钮，增加“Differential Vertical Marker”。

③ 单击 SigWave 窗口左侧列表框的“Differential Vertical Marker”，从最左侧的调色板中选择绿色。

④ 选择 SigWave 窗口的“Differential Vertical Marker”中的一个，选择“Location”，弹出“Edit Location”对话框。

⑤ 在“X Secondary”框输入“7.52ns”，单击“OK”按钮。激励频率是 133MHz，所以周期是 7.52ns。

⑥ 单击并按住鼠标左键，从另一条“Differential Vertical Marker”线滑动到上升的接收器波形 940mV（U_{IL}）处，如图 3-8-65 所示。

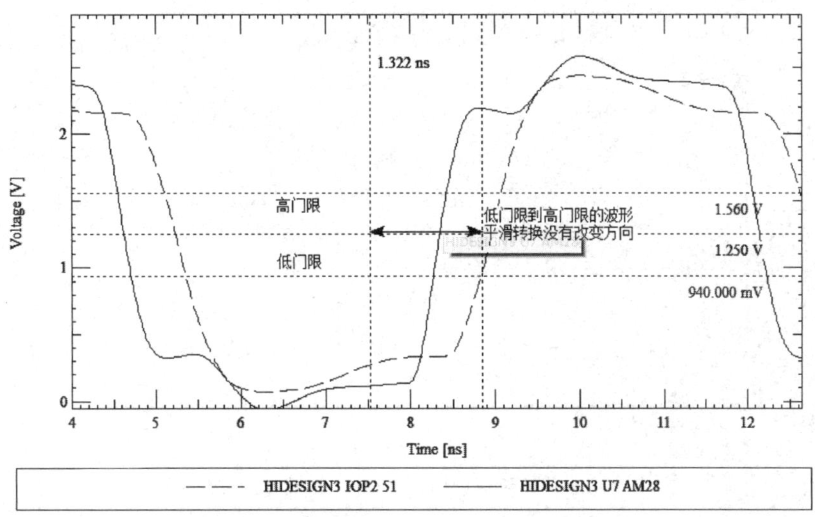

图 3-8-65　测量上升沿开关延时 SwitchDelayRise

两个标志间的差是 1.470ns，报告中“SwitchDelayRise”值是 1.49339ns。

（2）测量下降沿开关延时：下降沿开关延时是指从接收器的信号达到它的逻辑输入高门限电压 U_{IH} 开始，到开关实际完成切换的时间间隔。设置驱动器输入激励的频率是 133MHz，周期是 7.52ns，1/2 个周期是 3.76ns。逻辑输入门限电压信息包含在接收器 IOP2 的信号模型中。

① 选择 SigWave 窗口的“Differential Vertical Marker”之一，单击鼠标右键，选择“Location”，弹出“Edit Location”对话框。

② 在“X Secondary”框输入“3.76ns”，单击“OK”按钮，关闭“Edit Location”对话框。

③ 将不是 3.76ns 的“Differential Vertical Marker”线移动到左边接收器下降波形通过 1.56V（U_{IH}）的地方，如图 3-8-66 所示。

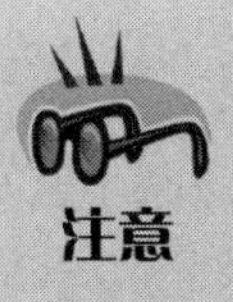

两个标志的差是 1.493ns，而报告中 SwitchDelayFall 值是 1.52499ns，表格中的报告值接近波形测量值。

④ 在 SigXplorer PCB SI XL 窗口的“Results”表格中按住鼠标左键拖动，选择

“SwitchDelay”、“SwitchDelayFall”和“SwitchDelayRise”栏，单击鼠标右键，选择“Hide Columns”。

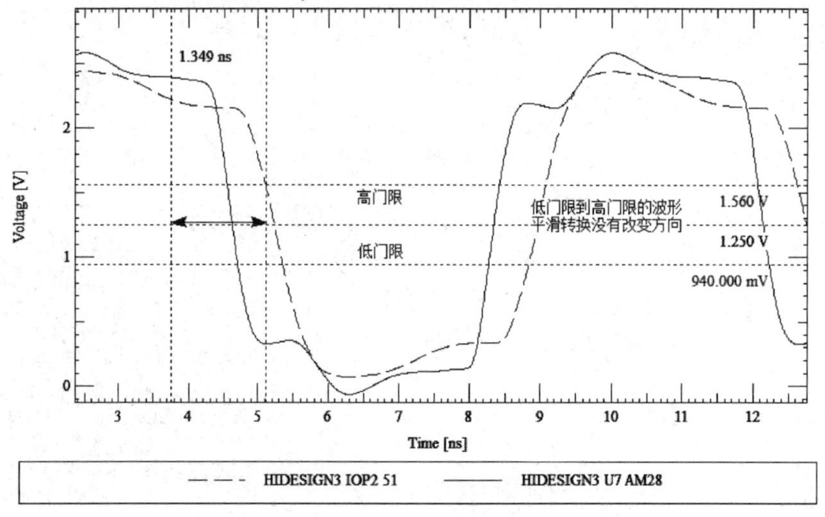

图 3-8-66　测量下降沿开关延时 SwitchDelayFall

6）测量稳定延时（SettleDelay）

稳定延时（SettleDelay）是测量报告中的上升沿和下降沿的稳定延时间的最大值。但是，并不能确定最大值发生在上升沿还是下降沿上。测量波形的 SettleDelayRise 和 SettleDelayFall，并确定稳定延时最大值的位置。

（1）测量上升沿稳定延时：上升沿稳定延时（SettleDelayRise）是指当接收器的信号达到它的逻辑输入高门限电压 U_{IH} 时，上升输入波形的稳定延时被作为驱动器波形周期的开始。逻辑输入高门限电压信息包含在接收器 IOP2 的信号模型中。

① 单击波形的任意位置，在 SigWave 窗口中执行菜单命令“Zoom”→“Fit”，选择 SigWave 窗口左侧列表框中的“Differential Vertical Marker”符号，单击鼠标右键，选择“Location”，弹出“Edit Location”对话框。

② 在“X Secondary”框中输入“7.52ns”，在“X Primary”框中输入“10ns”，单击“OK”按钮，关闭“Edit Location”对话框。

③ 单击波形的任意位置，在 SigWave 窗口中执行菜单命令“Zoom”→“In Region”，单击并拖动光标包围第 1 个下降波形和第 2 个上升波形（包围 6～12ns、0～3V 的区域）。

④ 将 10ns 的“Differential Vertical Marker”移动到上升的接收器波形（HIDESIGN3 IOP2 51）通过 1.56V（U_{IH}）的地方，如图 3-8-67 所示。

两个标志的差值是 1.704ns，而报告中的 SettleDelayRise 值为 1.49339ns，表格中的报告值接近波形测量值。

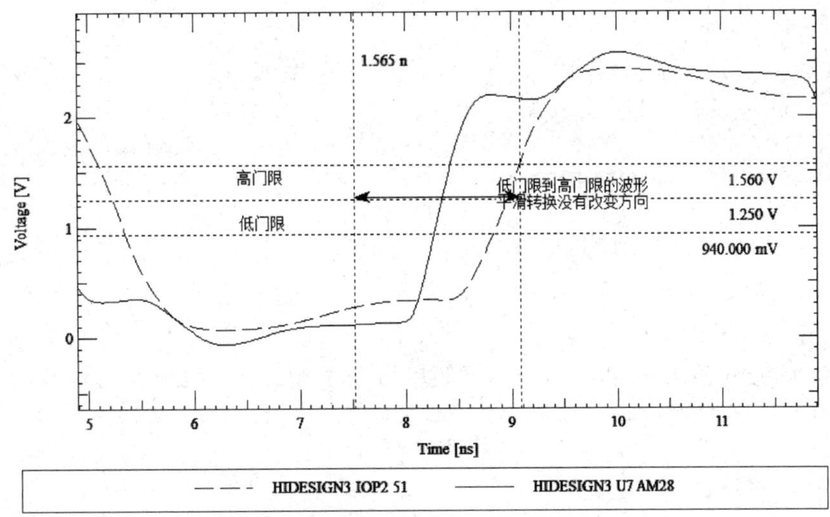

图 3-8-67　测量上升沿稳定延时 SettleDelayRise

（2）测量下降沿稳定延时：下降沿稳定延时（SettleDelayFall）是指从输入信号的下降沿到开关实际完成切换并稳定在目标状态的时间间隔。逻辑输入低门限电压信息包含在接收器 U1 的信号模型中。

① 单击波形的任意位置，在 SigWave 窗口中执行菜单命令“Zoom”→“Fit”，选择 SigWave 窗口中的“differential vertical marker”线之一，单击鼠标右键，选择“Location”，弹出“Edit Location”对话框。

② 在“X Secondary”框中输入“3.76ns”，在“X Primary”框中输入“6ns”，单击“OK”按钮，关闭“Edit Location”对话框。

③ 单击波形的任意位置，在 SigWave 窗口中执行菜单命令“Zoom”→“In Region”，单击并拖动光标包围第 1 个下降波形和第 2 个上升波形（包围 2～8ns 的区域和整个波形）。

④ 将不是 3.76ns 的“Differential Vertical Marker”线移动到左边接收器波形通过 940mV（U_{IL}）的地方，如图 3-8-68 所示。

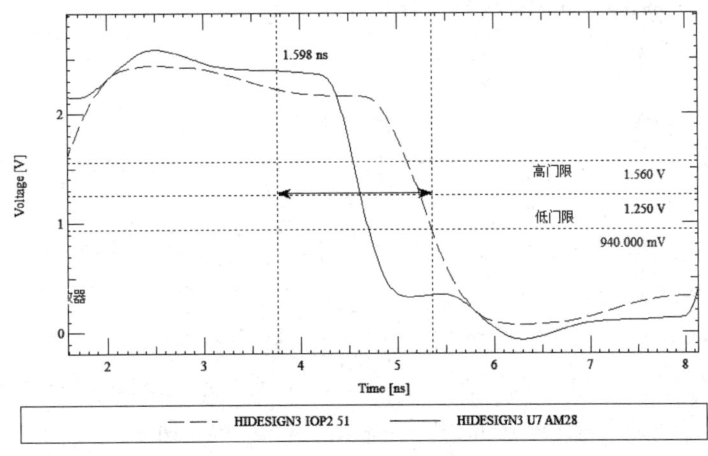

图 3-8-68　测量下降沿稳定延时 SettleDelayFall

注意

两个标志的差是 1.763ns，而报告中 SettleDelayFall 值是 1.74234ns，表格中的报告值接近波形测量值。

7）保存拓扑并退出 PCB SI

（1）在 SigXplorer PCB SI XL 窗口执行菜单命令“File”→“Exit”，关闭 SigXplorer PCB SI XL 窗口和 SigWave 窗口。

（2）在 Allegro PCB SI XL 窗口执行菜单命令“File”→“Exit”，弹出提示信息，单击“否”按钮，退出该窗口。

3.9 前仿真时序

【本节目的】设定的拓扑是 PC 主板连接存储器的 133MHz DATA 总线的一部分。需要对确保电路运行的目标网络和长度、阻抗、驱动器速度等最小/最大值做一些估测。然后运行最大/最小仿真或扫描仿真，以便掌握电路的工作原理。

【使用工具】SigXplorer PCB SI XL。

【使用文件】physical\PCB_ver1\ DDR_MS.top 和 physical\PCB_ver1\DDR_TL.top。

扫描变量通常分为如下两类。

【加工变量】必须考虑驱动器速度、传输线阻抗、电阻公差等。电路必须工作在所有可能的条件下。设计者能够控制这些变量，如指定 PCB 的阻抗必须是 50±5Ω。加工变量的影响将被仿真。

【设计变量】一旦加工变量被考虑，设计者必须寻找设计变量的最大范围（如布线长度）。产生的约束（引脚排序、最小/最大布线长度、匹配长度）需要传送到后面的物理设计过程作为设计约束。这些约束包含在拓扑文件中，通过 PCB SI 应用到设计数据库中。假定 PCB 的阻抗是 50±5Ω，Traces 被布在期望速率为 5400～5800mil/ns 的表面层。

1. 运行参数扫描

1）设置扫描参数

（1）在程序文件夹中单击“SigXplorer 17.4”图标，弹出图 3-9-1 所示的“Cadence 17.4 Allegro PCB SI XL Product Choices”对话框。

（2）选择“Allegro PCB SI XL”，单击“OK”按钮，打开 SigXplorer PCB SI XL 窗口。

（3）执行菜单命令“File”→“Open”，打开 physical\PCB_ver1 文件中的“DDR_MS.top”。

（4）在 SigXplorer 工作空间单击 MS1 文本，MS1 表格被打开，如图 3-9-2 所示。

（5）单击包含“1000.000MIL”的表格区域，在该区域的末端有一个向下的箭头，单击这个箭头，弹出“Set Parameter: length”窗口，如图 3-9-3 所示。

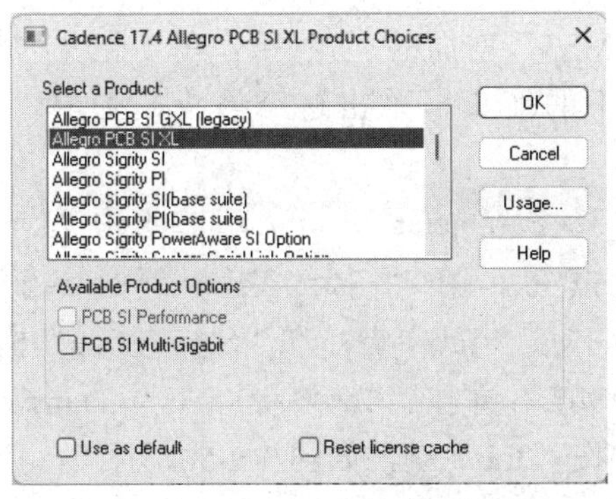

图 3-9-1　“Cadence 17.4 Allegro PCB SI XL Product Choices”对话框

⊟ TL_MS1		1
LayerName	N/A	1
d1Constant	4	1
d1LossTangent	0.035	1
d1Thickness	2.615 MIL	1
d1FreqDepFile		1
d2Constant	1	1
d2LossTangent	0	1
d2Thickness	0.000 MIL	1
d2FreqDepFile		1
length	2500.000 MIL	1
traceConductivity	595900 mho/cm	1
traceEtchFactor	90	1
traceThickness	0.700 MIL	1
traceWidth	5.000 MIL	1

图 3-9-2　MS1 表格被打开

（6）选中“Linear Range”单选按钮，在“Stop Value”框中输入“3000”并按“Tab”键，在“Start Value”框中输入“2000”并按“Tab”键，在“Count”框中输入“3”并按“Tab”键。注意，“Step Size”值为运行仿真后“Start Value”值、“Stop Value”值和“Count”值的增加量。

（7）单击“OK”按钮，关闭“Set Parameter：length”窗口。

（8）单击“Parameters”表格“Name”栏“MS2”前面的“+”号，单击包含“300MIL”的表格区域，在该区域的末端有一个向下的箭头，单击这个箭头，弹出“Set Parameter: length”窗口。

（9）在“Set Parameter: length”窗口选中“Linear Range”单选按钮，在“Start Value”框中输入“200.000MIL”并按“Tab”键；在“Stop Value”框中输入“600.000MIL”并按“Tab”键；在“Count”框中输入“3”并按“Tab”键，如图 3-9-4 所示。

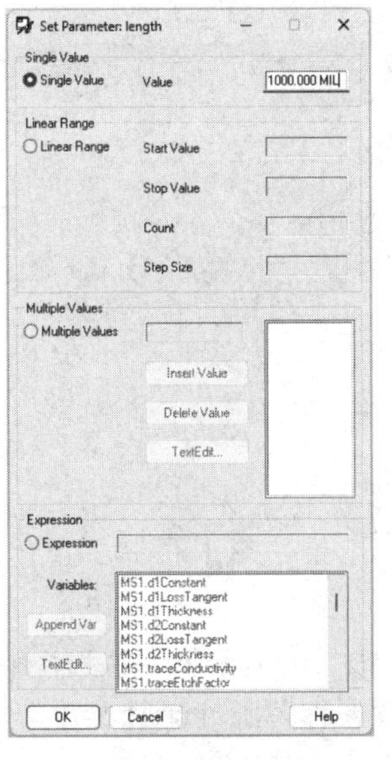

图 3-9-3　“Set Parameter: length”窗口

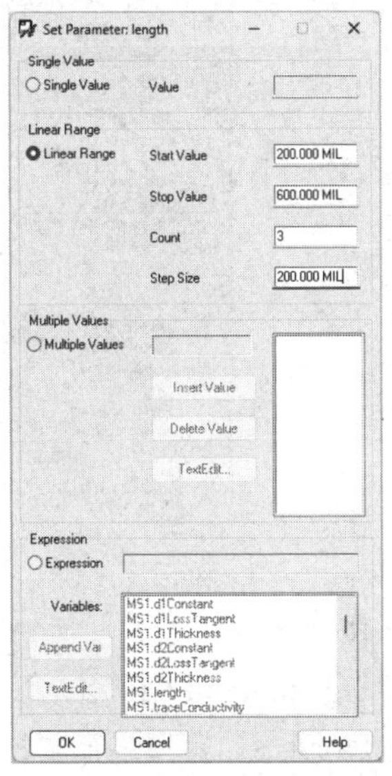

图 3-9-4　设置长度值

（10）单击“OK”按钮，关闭“Set Parameter: length”窗口。

（11）单击“Parameters”表格“Name”栏“MS3”前面的“+”号，单击包含“500 MIL”的表格区域，在该区域的末端有一个向下的箭头，单击这个箭头，弹出“Set Parameter: length”窗口。

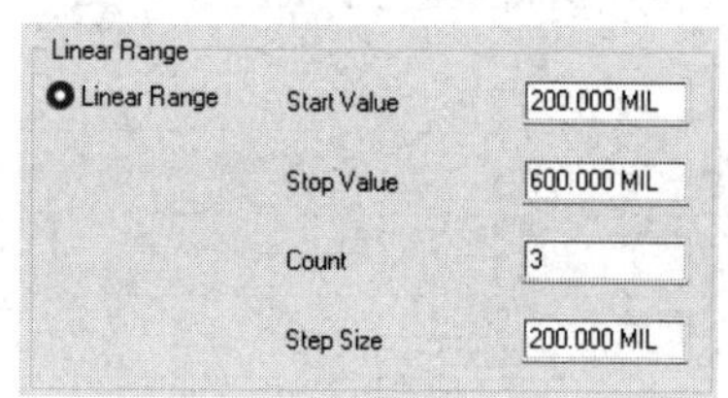

图 3-9-5　设置长度值

（12）在“Set Parameter: length”窗口选中“Linear Range”单选按钮，在“Start Value”框中输入“200.000MIL”并按“Tab”键；在“Stop Value”框中输入“600.000MIL”并按“Tab”键；在“Count”框中输入“3”并按“Tab”键，如图 3-9-5 所示。

（13）单击“OK”按钮，关闭“Set Parameter: length”窗口。

2）指定测量项目

（1）在 SigXplorer PCB SI XL 窗口拓扑下面的表格中选择“Measurements”表格，单击“Reflection”前面的“+”号可以浏览不同类型的测量项目。

（2）选择包含“Reflection”的表格区域，单击鼠标右键，选择“All Off”。

（3）选择“OvershootHigh”、“OvershootLow”、“EyeHeight”、“EyeJitter”、“EyeWidth”和“NoiseMargin”6 个测量项目，如图 3-9-6 所示。

（4）单击 SigXplorer PCB SI XL 窗口中“Measurements”表格的“Reflection”前面的“−”号。

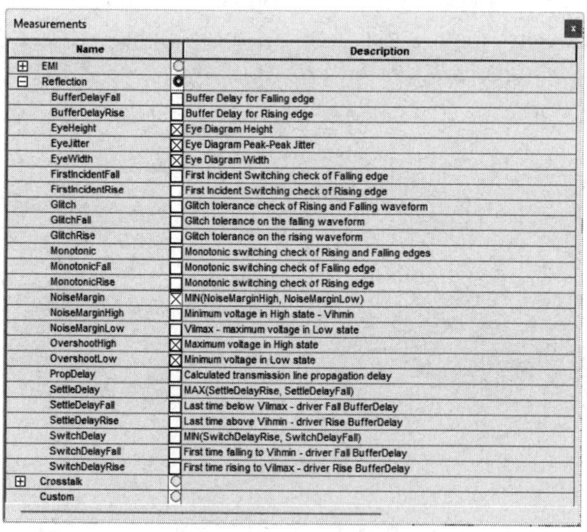

图 3-9-6　选择测量范围

3）设置仿真参数

（1）在 SigXplorer PCB SI XL 窗口执行菜单命令“Analyze”→“Preferences”，弹出“Analysis Preferences”窗口，在“Pulse Stimulus”选项卡设置脉冲激励参数，如图 3-9-7 所示；在“Simulation Parameters”选项卡设置仿真参数，如图 3-9-8 所示；在“Simulation Modes”选项卡设置仿真模式，如图 3-9-9 所示；在“Measurement Modes”选项卡设置测量模式，如图 3-9-10 所示。

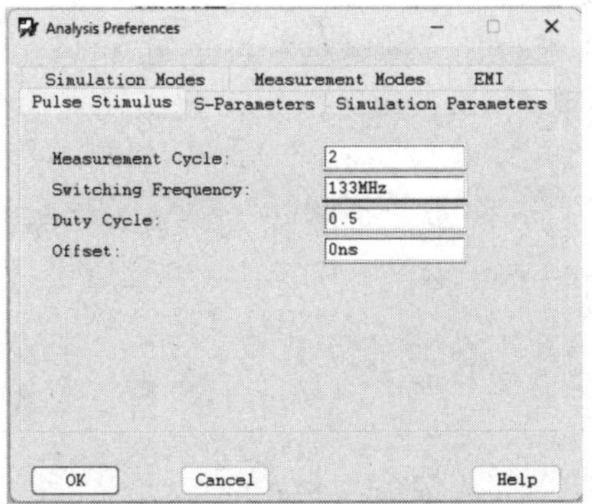

图 3-9-7　设置脉冲激励参数

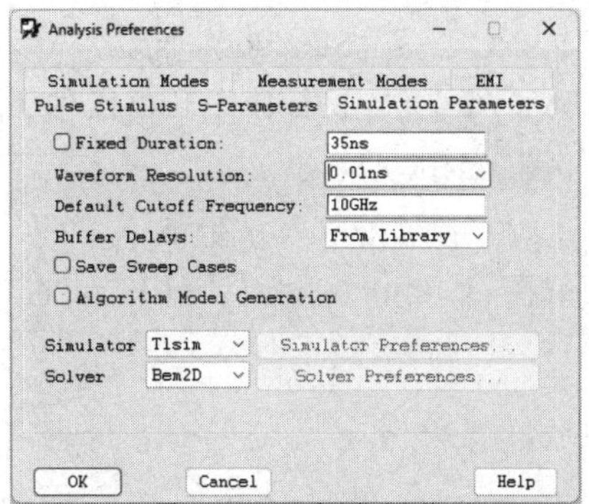

图 3-9-8　设置仿真参数

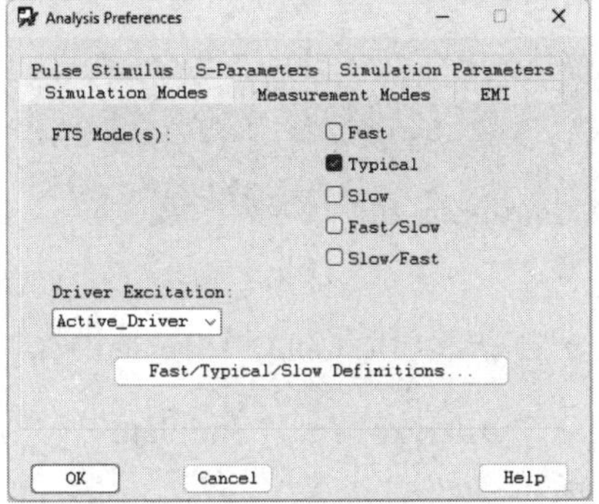

图 3-9-9　设置仿真模式

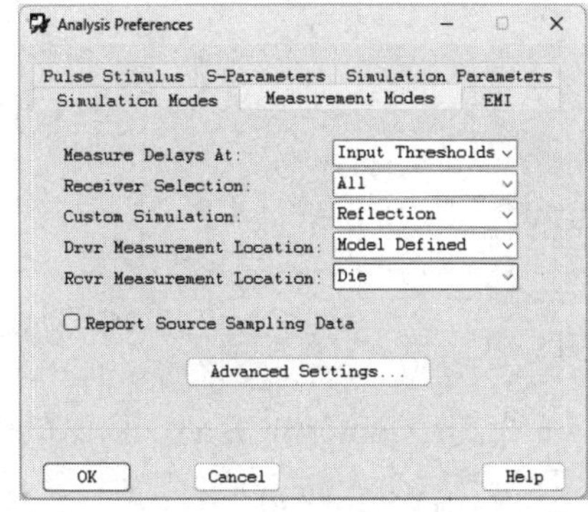

图 3-9-10　设置测量模式

（2）单击“OK”按钮，关闭“Analysis Preferences”窗口。

4）执行参数扫描仿真

（1）单击驱动元件 U7 上面的文字“Tristate”，弹出“IO Cell(U7)Stimulus Edit”窗口，如图 3-9-11 所示。

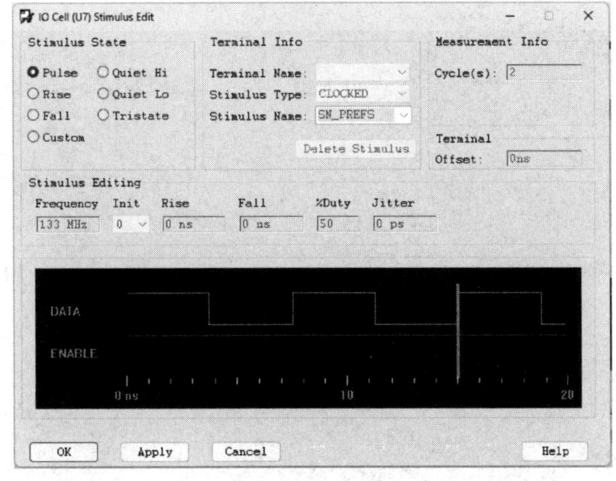

图 3-9-11　“IO Cell(U7)Stimulus Edit”窗口

（2）在“IO Cell(U7)Stimulus Edit”窗口的“Stimulus State”区域选中“Custom”单选按钮；在“Terminal Info”区域设置“Terminal Name”为“DATA”，“Stimulus Type”为

“PERIODIC”，“Stimulus Name”为“NONE”；在“Stimulus Editing”区域设置“Frequency”为“133MHz”，单击“Pattern”后面的“Random”按钮，弹出输入参数对话框，如图 3-9-12 所示。

（3）在输入参数对话框输入“64”，单击“OK”按钮，关闭输入参数对话框，返回“IO Cell(U7)Stimulus Edit”窗口，设置完成后如图 3-9-13 所示。

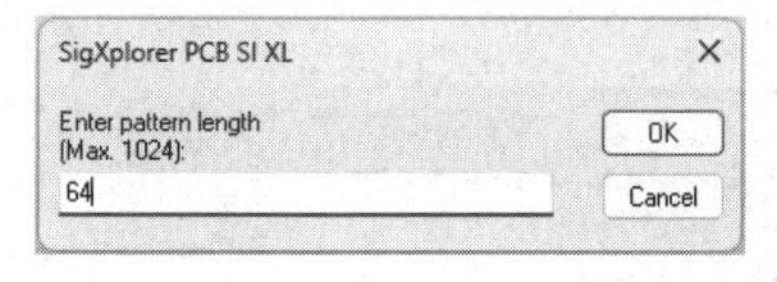

图 3-9-12　输入参数对话框

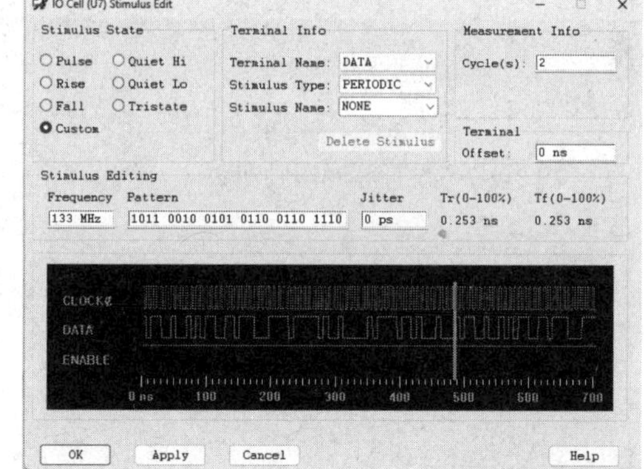

图 3-9-13　设置完成后的“IO Cell(U7) Stimulus Edit”窗口

（4）在 SigXplorer PCB SI XL 窗口执行菜单命令“Analyze”→“Simulate”，开始扫描仿真，弹出“Sweep Sampling”窗口，如图 3-9-14 所示。

Sweep Sampling 允许控制扫描范围。“Sweep Sampling”窗口显示扫描的全部数目。由于仿真的复杂性，执行 27 个仿真需要花费一定的时间。所以，通过定义扫描取样为全部范围的百分比指定扫描范围。部分扫描范围从全部解空间随机取样得到。为了改变取样点设置，SigXplorer 选择基于 Random Number Seed 的点。

（5）在“Sweep Sampling”窗口中单击“Continue”按钮，弹出仿真进度窗口，如图 3-9-15 所示。

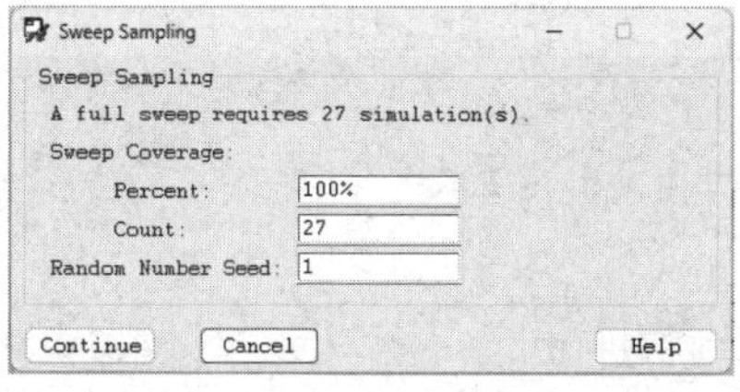

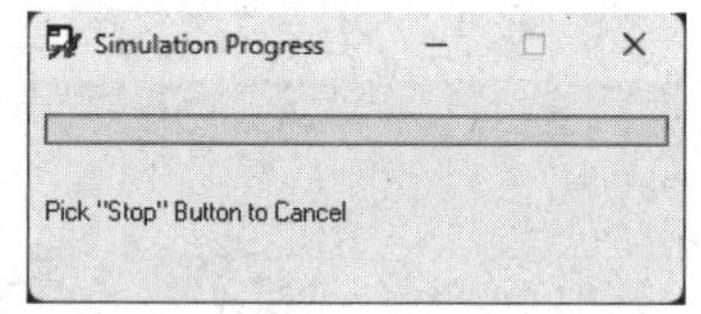

图 3-9-14　“Sweep Sampling”窗口

图 3-9-15　仿真进度窗口

仿真结束后将自动关闭仿真进度窗口，并且仿真后不产生波形。

（6）仿真结束后，回到 SigXplorer 主界面，在“Results”表格的“OvershootHigh”栏单击鼠标右键，选择“Sort Descending”，以降序排列数据。上升沿最大过冲发生时，MS1

长度为 2000mil，MS2 长度为 200mil，MS3 长度为 200mil，仿真 ID 号为 1，如图 3-9-16 所示。

Results

SimID	Driver	Receiver	Cycle	GlitchTol [ns]	FTSMode	MS3.length [MIL]	MS2.length [MIL]	MS1.length [MIL]	EyeHeight [mV]	EyeJitter [ns]	EyeWidth [ns]	NoiseMargin [mV]	OvershootHigh [mV]	OvershootLow [mV]
1	HIDESIGN3.U7.AM28	HIDESIGN3.IOP2.51i	2	0.0152	Typ	200	200	2000	1811.35	0.0460168	7.47278	588.502	2447.72	70.7521
4	HIDESIGN3.U7.AM28	HIDESIGN3.IOP2.51i	2	0.0152	Typ	200	400	2000	1811.29	0.0459941	7.4728	589.088	2446.45	71.7277
7	HIDESIGN3.U7.AM28	HIDESIGN3.IOP2.51i	2	0.0152	Typ	200	600	2000	1811.33	0.0459657	7.47283	589.709	2444.9	72.9721
2	HIDESIGN3.U7.AM28	HIDESIGN3.IOP2.51i	2	0.0152	Typ	200	200	2500	1805.11	0.0461753	7.47262	588.365	2434.19	85.0343
10	HIDESIGN3.U7.AM28	HIDESIGN3.IOP2.51i	2	0.0152	Typ	400	200	2000	1811.1	0.0462915	7.47251	589.88	2432.92	86.0867
5	HIDESIGN3.U7.AM28	HIDESIGN3.IOP2.51i	2	0.0152	Typ	200	400	2500	1805.43	0.0461641	7.47263	588.943	2432.53	86.322
13	HIDESIGN3.U7.AM28	HIDESIGN3.IOP2.51i	2	0.0152	Typ	400	400	2000	1811.2	0.0462751	7.47252	590.52	2431.27	87.3674
8	HIDESIGN3.U7.AM28	HIDESIGN3.IOP2.51i	2	0.0152	Typ	200	600	2500	1805.9	0.0461576	7.47264	589.573	2430.66	87.7757
16	HIDESIGN3.U7.AM28	HIDESIGN3.IOP2.51i	2	0.0152	Typ	400	600	2000	1811.41	0.0462645	7.47253	591.245	2429.45	88.8219
3	HIDESIGN3.U7.AM28	HIDESIGN3.IOP2.51i	2	0.0152	Typ	200	200	3000	1803.36	0.0469028	7.47189	587.877	2424.2	96.9963

图 3-9-16　仿真结果（1）

（7）在“OvershootLow”栏单击鼠标右键，选择“Sort Descending”，以降序排列数据。下降沿最大过冲发生时，MS1 长度为 3000mil，MS2 长度为 200mil，MS3 长度为 600mil，仿真 ID 号为 21，如图 3-9-17 所示。

Results

SimID	Driver	Receiver	Cycle	GlitchTol [ns]	FTSMode	MS3.length [MIL]	MS2.length [MIL]	MS1.length [MIL]	EyeHeight [mV]	EyeJitter [ns]	EyeWidth [ns]	NoiseMargin [mV]	OvershootHigh [mV]	OvershootLow [mV]
21	HIDESIGN3.U7.AM28	HIDESIGN3.IOP2.51i	2	0.0152	Typ	600	200	3000	1810.74	0.0471518	7.47165	589.367	2401.21	120.379
24	HIDESIGN3.U7.AM28	HIDESIGN3.IOP2.51i	2	0.0152	Typ	600	400	3000	1812.06	0.0471489	7.47165	589.355	2402.84	118.974
27	HIDESIGN3.U7.AM28	HIDESIGN3.IOP2.51i	2	0.0152	Typ	600	600	3000	1813.54	0.0471465	7.47165	589.375	2405.15	116.486
18	HIDESIGN3.U7.AM28	HIDESIGN3.IOP2.51i	2	0.0152	Typ	400	600	3000	1808.53	0.04707	7.47173	589.176	2410.25	110.483
26	HIDESIGN3.U7.AM28	HIDESIGN3.IOP2.51i	2	0.0152	Typ	600	600	2500	1812.7	0.0465456	7.47225	591.597	2410.63	109.896
15	HIDESIGN3.U7.AM28	HIDESIGN3.IOP2.51i	2	0.0152	Typ	400	400	3000	1807.27	0.0470711	7.47173	589.146	2411.25	109.769
12	HIDESIGN3.U7.AM28	HIDESIGN3.IOP2.51i	2	0.0152	Typ	400	200	3000	1806.19	0.0470715	7.47173	589.112	2412.67	108.69
23	HIDESIGN3.U7.AM28	HIDESIGN3.IOP2.51i	2	0.0152	Typ	600	400	2500	1811.76	0.0465468	7.47225	591.501	2412.57	108.328
20	HIDESIGN3.U7.AM28	HIDESIGN3.IOP2.51i	2	0.0152	Typ	600	200	2500	1810.99	0.0465491	7.47225	591.102	2414.2	107.017
25	HIDESIGN3.U7.AM28	HIDESIGN3.IOP2.51i	2	0.0152	Typ	600	600	2000	1812.44	0.0464568	7.47234	592.613	2418.2	101.602

图 3-9-17　仿真结果（2）

5）检查仿真结果是否满足设计要求

查看表格中的数据，与表 3-9-1 所示的值进行比较，确保仿真结果满足这些设计规范。

表 3-9-1　约束参数

OvershootHigh	OvershootLow	EyeHeight	EyeJitter	EyeWidth	NoiseMargin
2500mV	100mV	1800mV	0.06ns	3.6ns	590mV

（1）在“Results”表格中单击“SimID27”，按住“Ctrl”键选择“SimID1”，单击鼠标右键，选择“View Waveform”，在 SigWave 窗口显示波形，如图 3-9-18 所示。

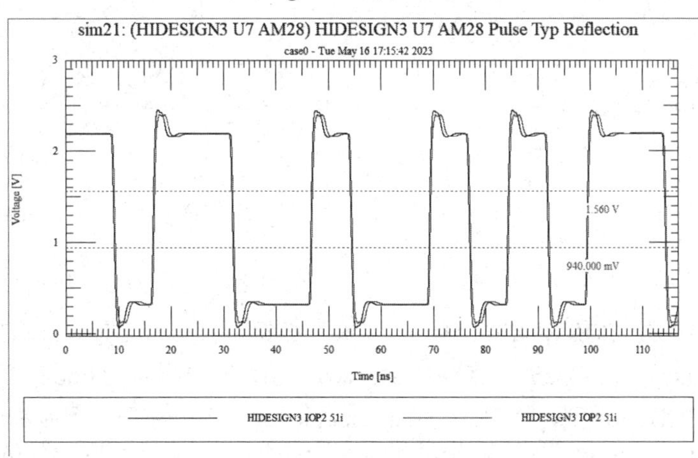

图 3-9-18　显示波形

（2）执行菜单命令“Zoom”→“In Region”，放大波形的某一段区域，对比两个接收器的波形，如图 3-9-19 所示。

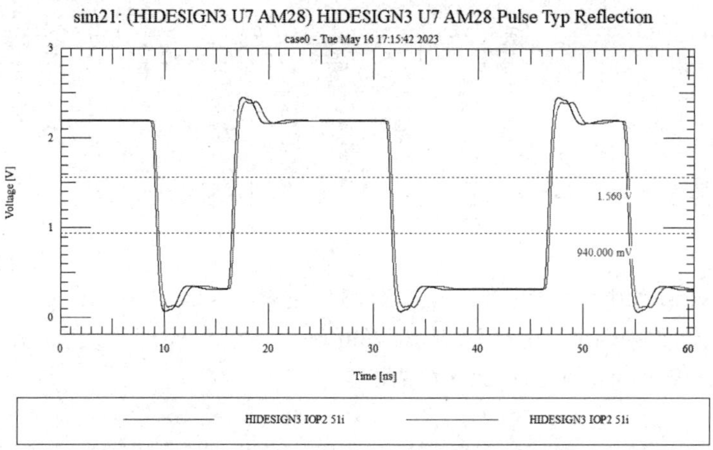

图 3-9-19　对比两个接收器的波形

（3）在 SigWave 窗口执行菜单命令“File”→“Exit”，退出 SigWave 窗口。

（4）在 SigXplorer PCB SI XL 窗口执行菜单命令“File”→“Export”→“Spreadsheet”→“Results...”，弹出图 3-9-20 所示的对话框。

（5）在“文件名”框中输入“DDR_MS_swp_rpt”，单击“保存”按钮。

2. 为拓扑添加约束

1）修改拓扑模型

（1）在程序文件夹中单击“SigXplorer”图标，弹出“17.4 sigxp Product Choices”对话框，如图 3-9-21 所示。

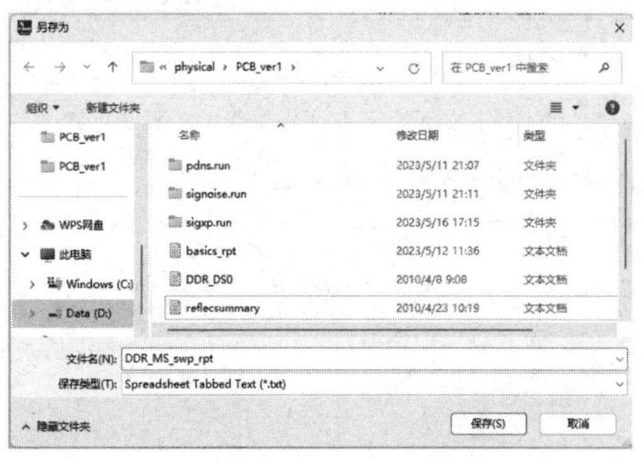

图 3-9-20　“另存为”对话框

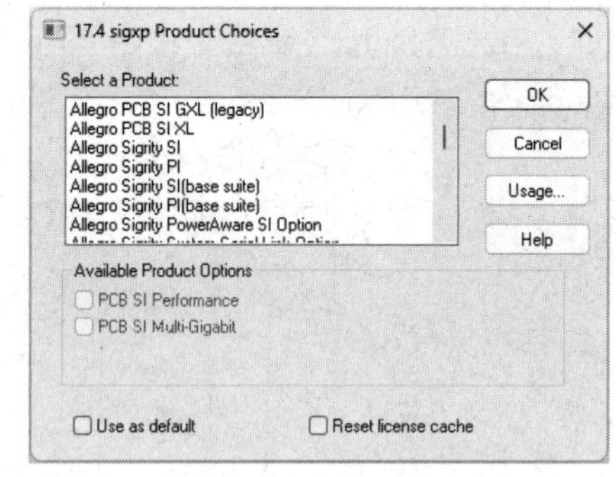

图 3-9-21　“17.4 sigxp Product Choices”对话框

（2）选择“Allegro PCB SI XL”，单击“OK”按钮，打开 SigXplorer PCB SI XL 窗口。执行菜单命令“File”→“Open”，打开 D:\physical\PCB_ver1\DDR_TL.top 文件。由于该拓扑结构为连接两个 PCB 的模型，而 PCB“ddr_module.brd”上的布局、布线都已完成，不能对其进行修改，这里只对 PCB“hidesign3.brd”上的拓扑结构进行约束，如图 3-9-22 所示。

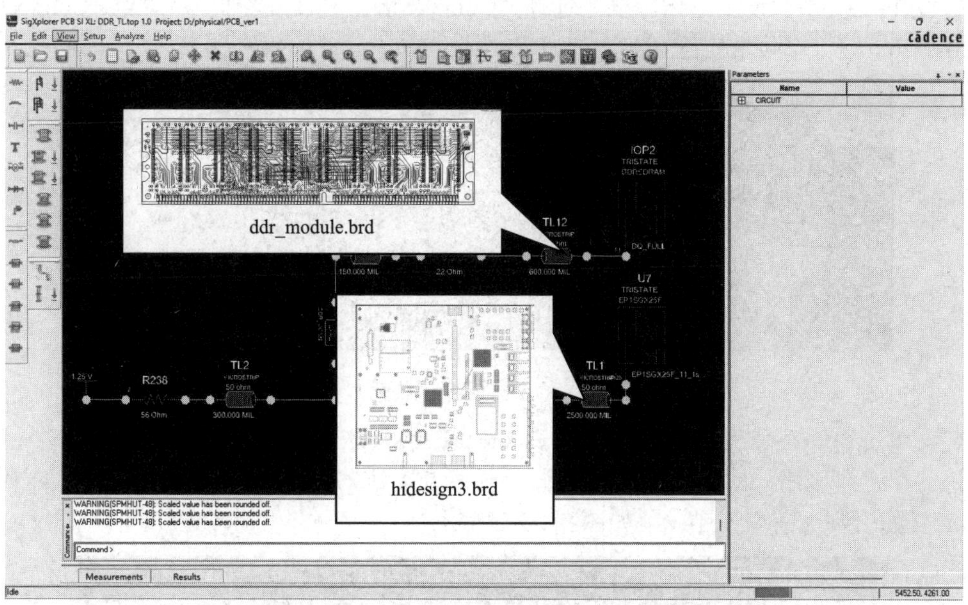

图 3-9-22　对 PCB“hidesign3.brd”上的拓扑结构进行约束

（3）删除拓扑结构中属于 PCB“ddr_module.brd”部分的拓扑模型及单线连接器模型，如图 3-9-23 所示。

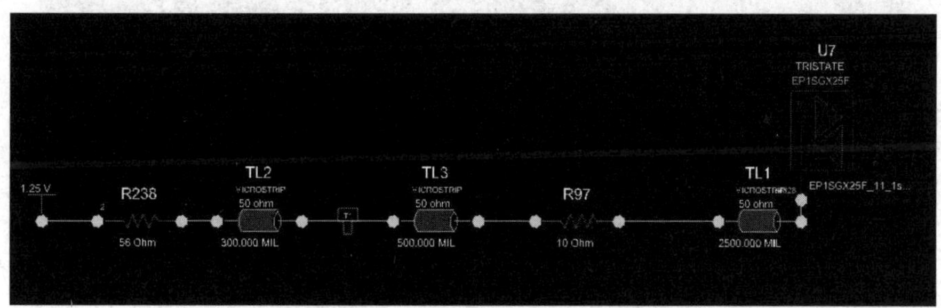

图 3-9-23　删除部分拓扑模型及单线连接器模型

（4）在 SigXplorer PCB SI XL 窗口执行菜单命令“Edit”→“Add Element...”，弹出“Add Element Browser”窗口，如图 3-9-24 所示。

（5）在“Add Element Browser”窗口的“Model Type Filter”下拉列表中选择“GenericElement”，如图 3-9-25 所示。

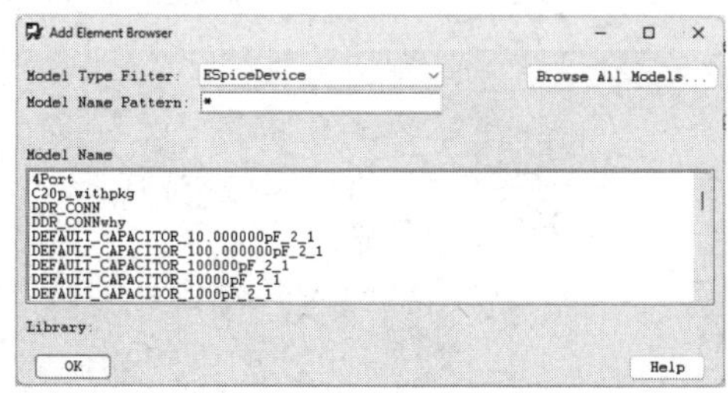

图 3-9-24　“Add Element Browser”窗口

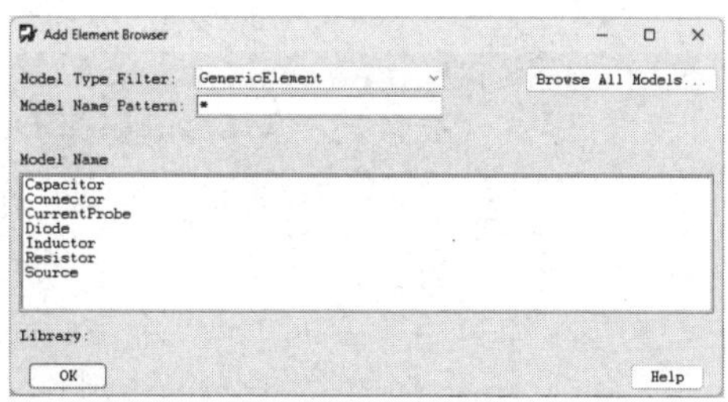

图 3-9-25　选择“GenericElement”

（6）在“Model Name”列表框中选择“Connector”，在工作空间双击摆放 Connector，如图 3-9-26 所示。添加的连接器相当于 PCB 中的 XU1 元件的引脚。

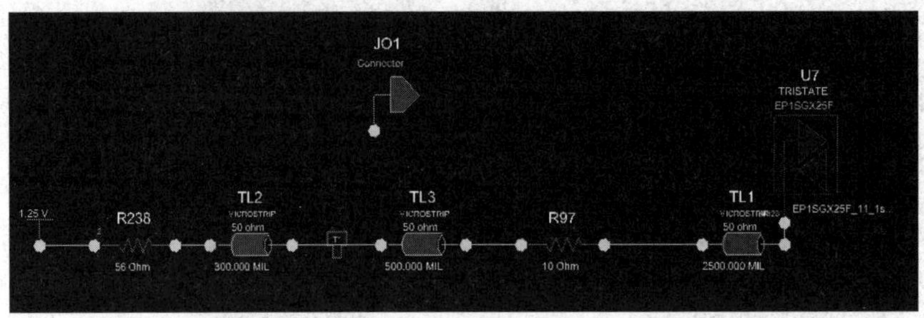

图 3-9-26　添加连接器

（7）单击“OK”按钮，关闭“Add Element Browser”窗口。

（8）单击刚刚添加的 JO1 的 1 号引脚，将其连接到 TL2 的引脚上，即在 JO1 的 1 号引脚与 TL2 的引脚之间添加连线，如图 3-9-27 所示。

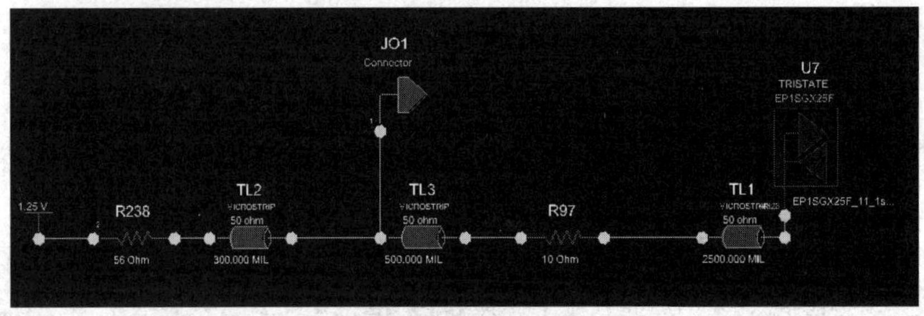

图 3-9-27　添加连线

（9）在 SigXplorer PCB SI XL 窗口执行菜单命令“File”→“Save As”，将其保存在路径“physical\PCB_ver1”下，文件名为“DDR_Template.top”。

2）为 DDR_Template 拓扑添加 Impedance 约束

（1）执行菜单命令“Setup”→“Constraints...”，在弹出的“Set Topology Constraints”窗口中选择“Impedance”选项卡，从“Pins/Tees”列表框中选择“ALL/ALL”。“From”栏现在显示“ALL”，“To”栏现在显示“ALL”，如图 3-9-28 所示。

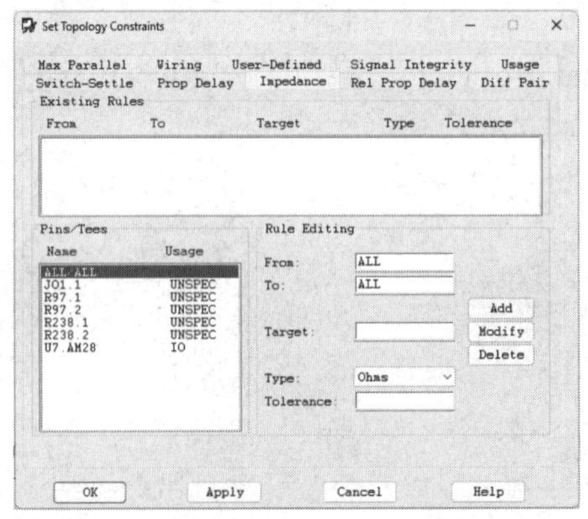

图 3-9-28　设置阻抗约束

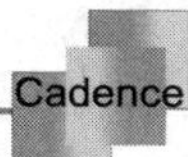

（2）在“Rule Editing”区域的“Target”栏中输入“50ohm”，从“Type”下拉列表中选择“%Ohms”，在“Tolerance”栏中输入 10，如图 3-9-29 所示。

（3）单击“Add”按钮为拓扑添加阻抗约束，如图 3-9-30 所示。

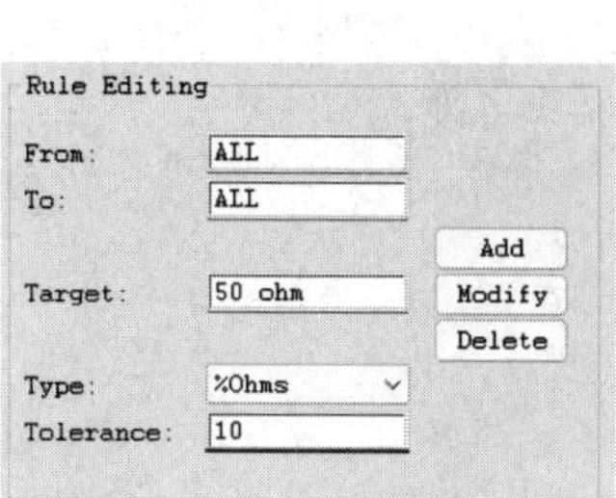

图 3-9-29　设置约束

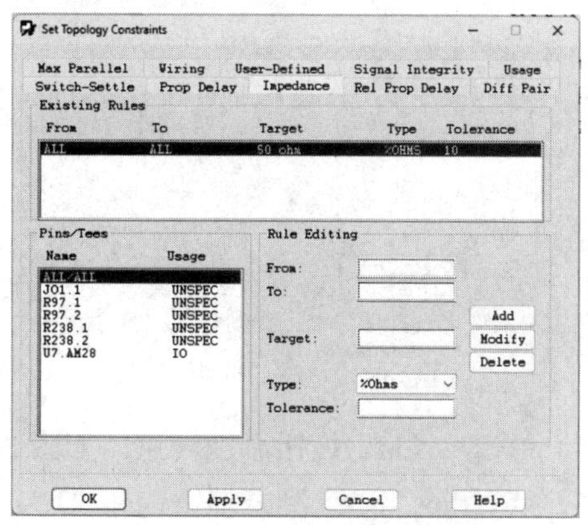

图 3-9-30　添加阻抗约束

3）为 DDR_Template 拓扑添加 Prop Delay 约束

（1）在“Set Topology Constraints”窗口中选择“Prop Delay”选项卡，从“Pins/Tees”列表框中选择“U7.AM28”，“Rule Editing”区域的“From”栏中现在显示“U7.AM28”，从“Pins/Tees”列表框中选择“R97.1”，“Rule Editing”区域的“To”栏中现在显示“R97.1”，如图 3-9-31 所示。

（2）在“Rule Editing”区域的“Rule Type”下拉列表中选择“Length”，在“Min Length”栏中输入“2000.000MIL”，在“Max Length”栏中输入“3000.000MIL”，如图 3-9-32 所示。

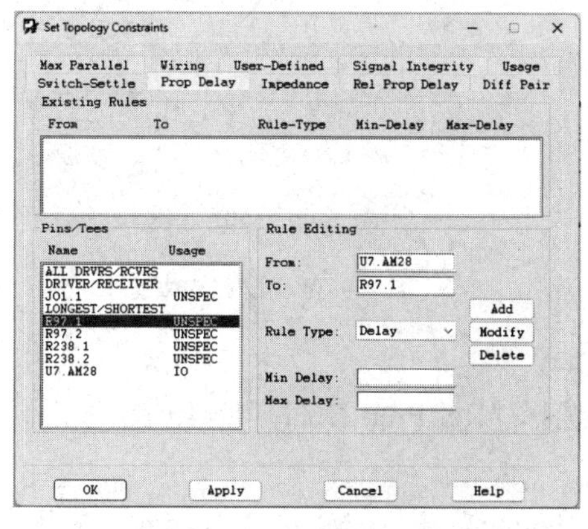

图 3-9-31　设置传输延时

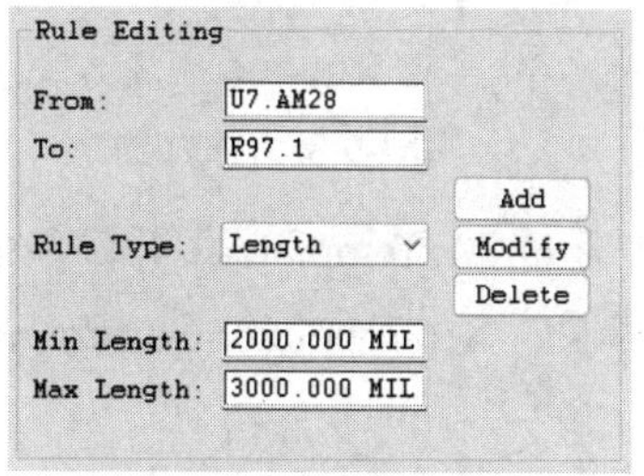

图 3-9-32　设置约束（1）

（3）单击“Add”按钮为拓扑添加约束，如图 3-9-33 所示。

（4）从“Pins/Tees”列表框中选择“R97.2”，在“Rule Editing”区域的“From”栏中现在显示“R97.2”，从“Pins/Tees”列表中选择“JO1.1”，在“Rule Editing”区域的“To”栏中现在显示“JO1.1”。在“Rule Type”下拉列表中选择“Length”，在“Min Length”栏中输入“500.000MIL”，在“Max Length”栏中输入“1000.000MIL”，如图 3-9-34 所示。

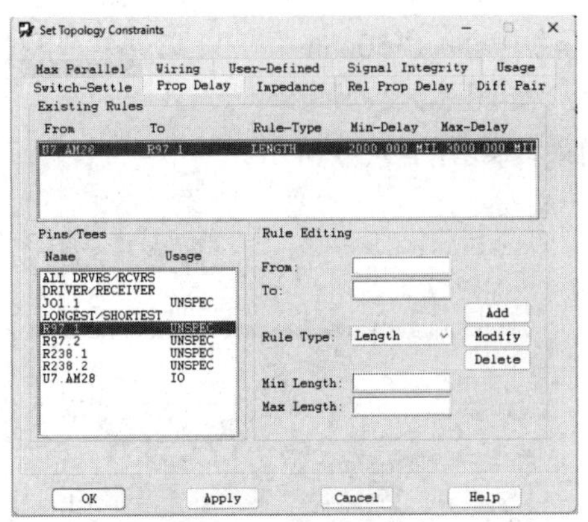

图 3-9-33　添加约束（1）

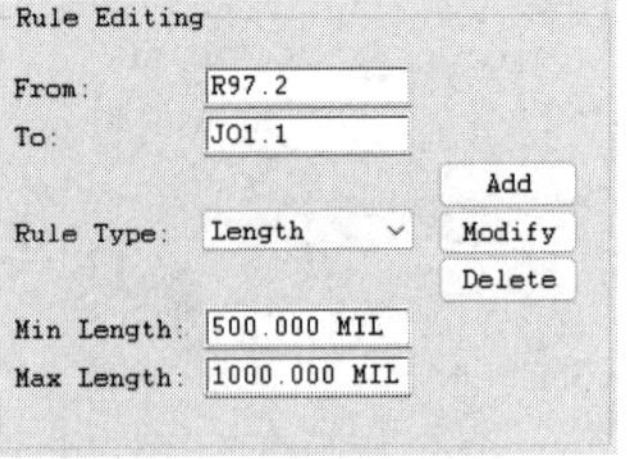

图 3-9-34　设置约束（2）

（5）单击“Add”按钮添加约束，如图 3-9-35 所示。

（6）从“Pins/Tees”列表框中选择“JO1.1”，在“Rule Editing”区域的“From”栏中现在显示“JO1.1”，从“Pins/Tees”列表框中选择“R238.1”，在“Rule Editing”区域的“To”栏中现在显示“R238.1”。在“Rule Type”下拉列表中选择“Length”，在“Min Length”栏中输入“200.000MIL”，在“Max Length”栏中输入“600.000MIL”，如图 3-9-36 所示。

（7）单击“Add”按钮添加约束，如图 3-9-37 所示。

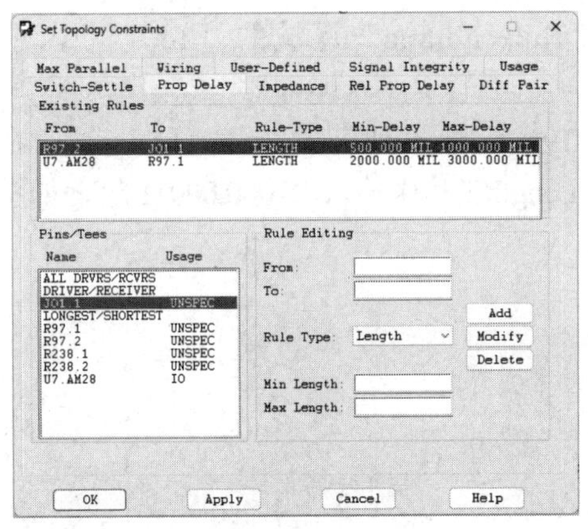

图 3-9-35　添加约束（2）

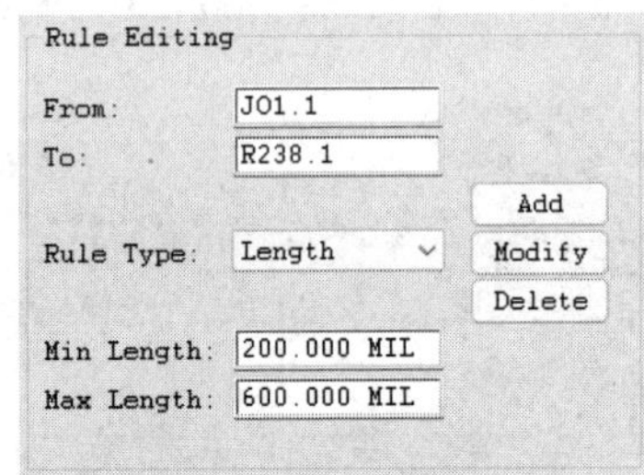

图 3-9-36　设置约束（3）

4）为 DDR_Template 拓扑添加 Rel Prop Delay 约束

（1）在“Set Topology Constraints”窗口中选择“Rel Prop Delay”选项卡，如图 3-9-38 所示。

（2）在“Rule Editing”区域的“Rule Name”栏中输入“BYTE_LANE”，从“Pins/Tees”列表框中选择“U7.AM28”，在“From”栏中现在显示“U7.AM28”；从“Pins/Tees”列表框中选择“JO1.1”，在“To”栏中现在显示“JO1.1”。在“Scope”下拉列表中选择“Bus”，在“Delta Type”下拉列表中选择“Length”，在“Delta”栏中输入“0.000MIL”，在“Tol Type”下拉列表中选择“Length”，在“Tolerance”栏中输入“100.000MIL”，如图 3-9-39 所示。

（3）单击“Add”按钮添加约束，如图 3-9-40 所示。

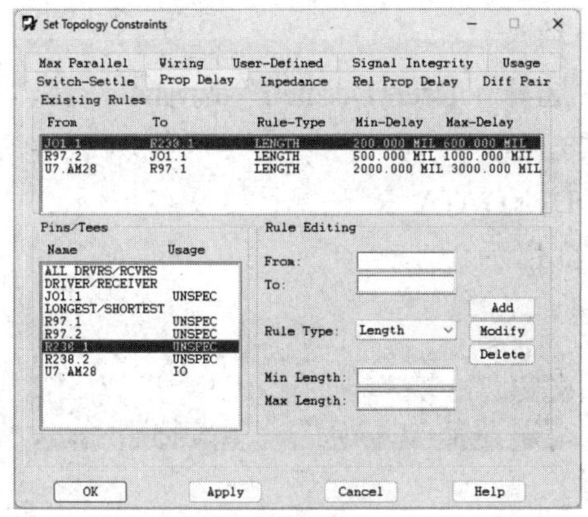

图 3-9-37　添加约束（3）

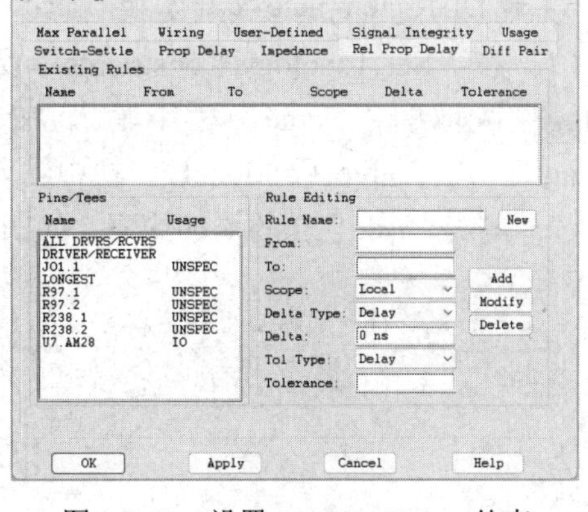

图 3-9-38　设置 Rel Prop Delay 约束

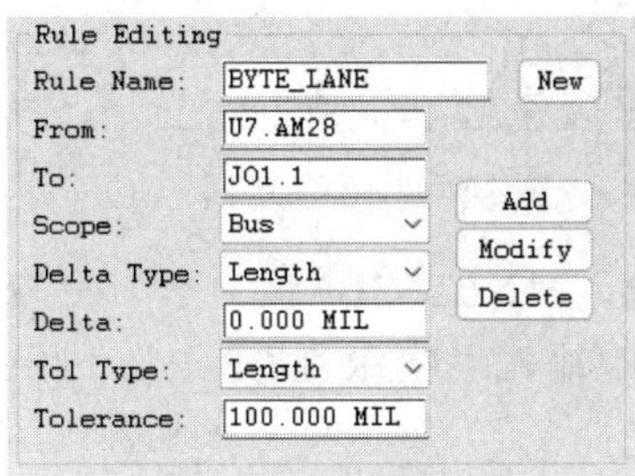

图 3-9-39　设置约束

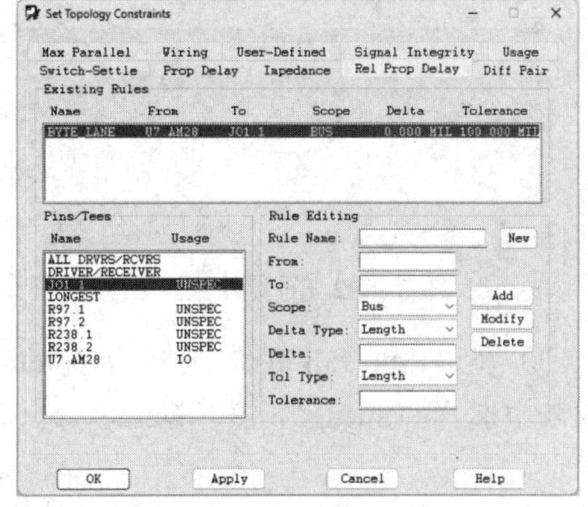

图 3-9-40　添加约束（4）

5）为 DDR_Template 拓扑添加 Wiring 约束

（1）在“Set Topology Constraints”窗口中选择“Wiring”选项卡，在“Topology”区域的“Mapping Mode”下拉列表中选择“Pinuse and Refdes”。

（2）在“Schedule”下拉列表中选择“Template”。

（3）在“Set Topology Constraints”窗口中单击“Apply”按钮，如图 3-9-41 所示。

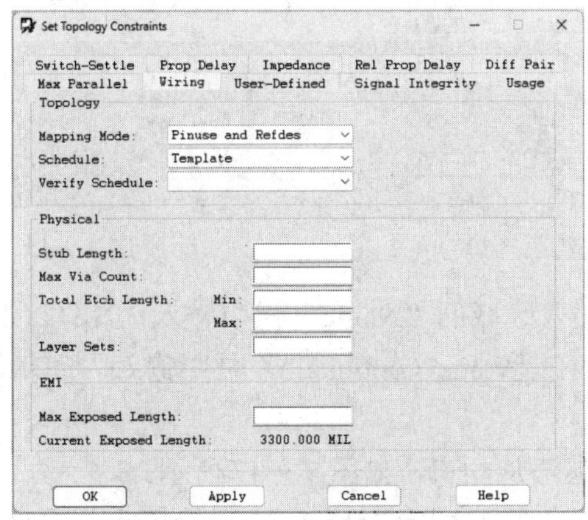

图 3-9-41　设置 Wiring 约束

6）为 DDR_Template 拓扑添加 User-Defined 约束

（1）在“Set Topology Constraints”窗口中选择“User-Defined”选项卡，在“Rule Editing”区域的“Name”栏中输入“NET_CLASS”，在“Type”下拉列表中选择“String”，在“Value（optional）”栏中输入“DDR_DATA_R”，如图 3-9-42 所示。

（2）单击“Add”按钮添加约束，如图 3-9-43 所示。

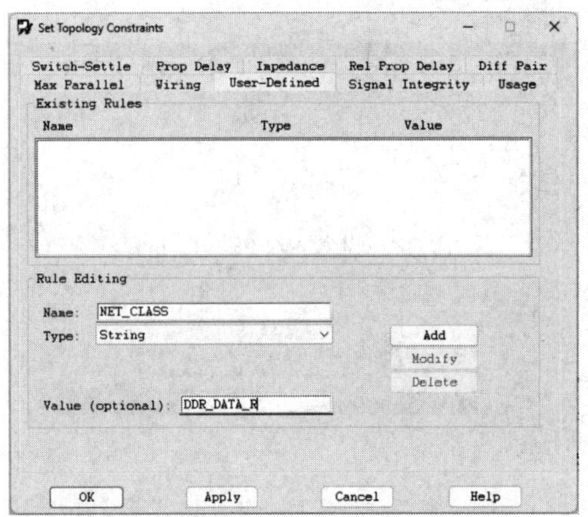

图 3-9-42　设置约束（1）

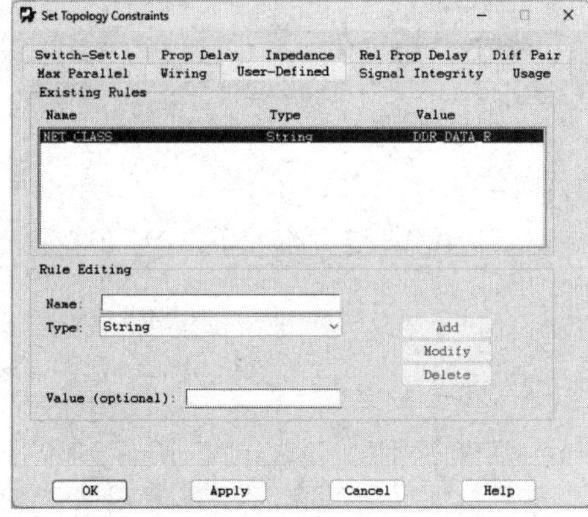

图 3-9-43　添加约束（1）

（3）在“Rule Editing”区域的“Name”栏中输入“NET_CLASS_1”，在“Type”下拉列表中选择“String”，在“Value（optional）”栏中输入“DDR_DQS_R”，如图 3-9-44 所示。

（4）单击“Add”按钮添加约束，如图 3-9-45 所示。

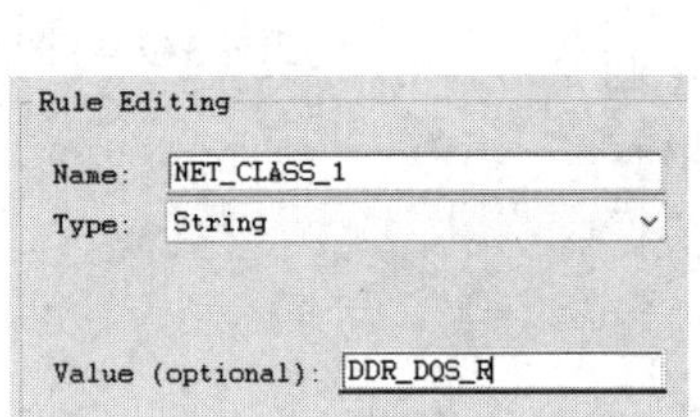

图 3-9-44　设置约束（2）

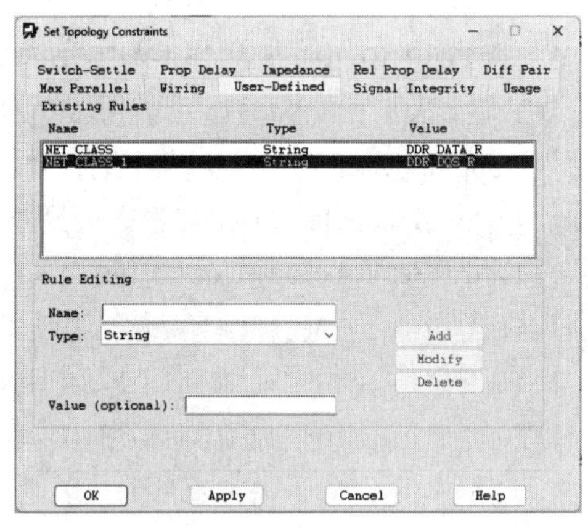

图 3-9-45　添加约束（2）

（5）在“Rule Editing”区域的“Name”栏中输入“NET_CLASS_2”，在“Type”下拉列表中选择“String”，在“Value（optional）”栏中输入“DDR_DATA_R”，如图 3-9-46 所示。

（6）单击“Add”按钮添加约束，如图 3-9-47 所示。

（7）单击“OK”按钮，关闭“Set Topology Constraints”窗口。

（8）在 SigXplorer PCB SI XL 窗口中执行菜单命令“File”→“Save”，保存拓扑。

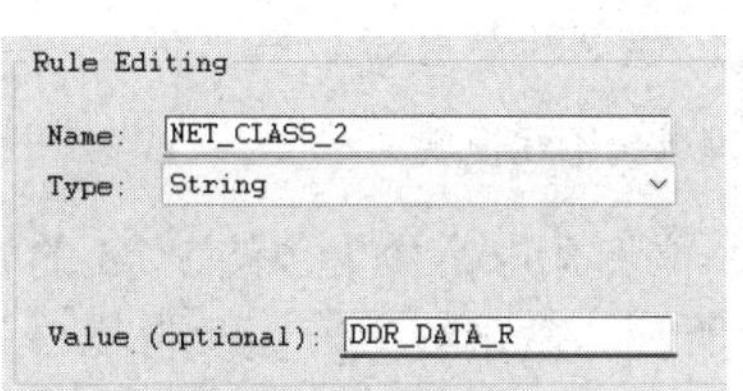

图 3-9-46　设置约束（3）

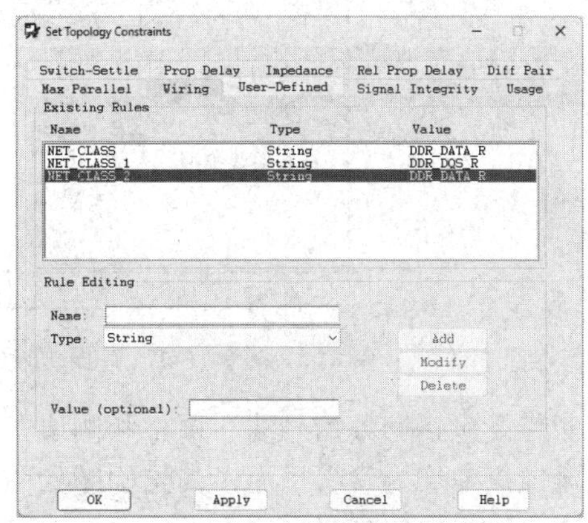

图 3-9-47　添加约束（3）

3.10　模板应用和约束驱动布局

【本节目的】本节主要学习建立串扰仿真的拓扑结构，根据串扰仿真的结果，以及其他一些设计规则建立电气约束规则，完成高速 PCB 的布局。

【使用软件】SigXplorer PCB SI XL，Allegro PCB SI XL，Allegro Constraint Manager。

【使用文件】physical\PCB_ver1\ xtalkwork，physical\PCB_ver1\hidesign3.brd。

1．基础知识

1）有损传输线

☺　传输线的分布参数 *R*、*G* 不能忽略，电压、电流为减幅波，沿线能量衰减。

☺　特性阻抗为复数，难以实现阻抗匹配。

☺　在 GHz 频率上和高速背板设计时，要考虑传输线的损耗，使用有损传输线模型进行分析。

2）均匀传输线

☺　若传输线的构成材料、几何尺寸、相对位置及周围介质沿线均无变化，则称为均匀传输线。

☺　由完全导体组成的二线均匀传输线周围的电磁波为 TEM 波。

☺　若导线有损耗，则有电磁能量从导线周围进入导线内部，其中一部分转化为热能，另一部分转化为储存在导线内部的磁场能，电场强度弹出和场传播方向相同的分量，二线传输线系统中的电磁波就不是 TEM 波。

☺　导体是良导体，损耗不大，所以即使导线有损耗仍可按 TEM 波分析，但必须把传输线吸收电磁能的效应考虑进去，使用有损传输线模型来分析。

有损传输线模型和理想传输线模型如图 3-10-1 所示。

3）PCB 板级传输线

PCB 板级传输线包括微带线（Microstrip）和带状线（Stripline）。

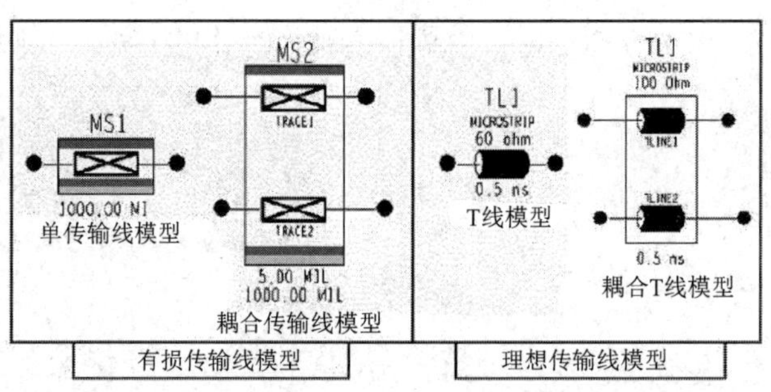

图 3-10-1　有损传输线模型和理想传输线模型

微带线包括一条信号线，顶部和侧边在空气中，位于介电常数为ε_r的 PCB 的表面上，以电源或接地层为参考平面，其结构图如图 3-10-2 所示。微带线有表面微带线、覆膜微带线和嵌入微带线三种类型。

带状线的导线夹在两个参考面之间，其结构图如图 3-10-3 所示，带状线有对称带状线和偏移带状线两种类型。

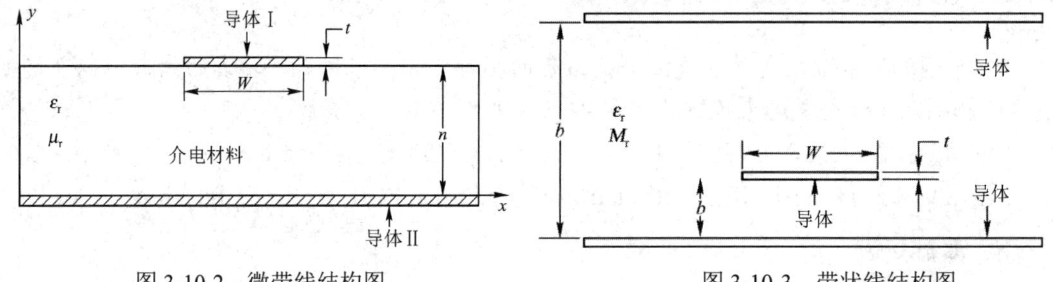

图 3-10-2　微带线结构图　　　　图 3-10-3　带状线结构图

4）串扰

（1）串扰的定义：容性耦合，即电场耦合，引发耦合电流，干扰源上的电压变化在被干扰对象上引起感应电流，从而导致电磁干扰。

感性耦合，即磁场耦合，引发耦合电压，干扰源上的电流变化产生的磁场在被干扰对象上引起感应电压，从而导致电磁干扰。

容性耦合信号和感性耦合信号统称为串扰。

（2）串扰分析：串扰分析模型如图 3-10-4 所示。

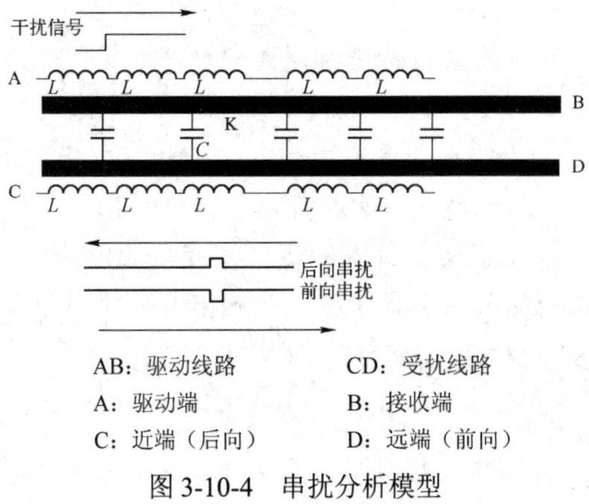

图 3-10-4　串扰分析模型

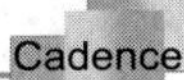

- ☺ 感性串扰分析：
  - ✧ 相当于在受扰网络中串联电压源。
  - ✧ 前向串扰电压和后向串扰电压极性相反、大小相等。
  - ✧ 前向串扰电流和后向串扰电流同向且相等。
  - ✧ 前向串扰具有累积效应，持续时间短（等于驱动源的上升/下降时间）。
  - ✧ 后向串扰不具有累积效应，持续时间长（等于 $2T_{pd}$）。
  - ✧ 前向串扰和后向串扰在 *U-t* 图上包围的面积相等。
- ☺ 容性串扰分析：
  - ✧ 相当于在受扰网络中并联电流源。
  - ✧ 前向串扰电压和后向串扰电压相等。
  - ✧ 前向串扰电流和后向串扰电流大小相等、方向相反。
  - ✧ 前向串扰具有累积效应，持续时间短（等于驱动源的上升/下降时间）。
  - ✧ 后向串扰不具有累积效应，持续时间长（等于 $2T_{pd}$）。
  - ✧ 前向串扰和后向串扰在 *U- t* 图上包围的面积相等。

若两条信号线具有完美的参考平面，处于均匀的介质中（如带状线），则感性耦合和容性耦合所产生的前向串扰的大小相等、极性相反，相互抵消，而后向串扰则表现为极性相同，两种感应产生的串扰电流（电压）相互叠加。

对于非理想的地平面（如参考平面开槽）或微带线，互感增大，感性耦合的影响要大于容性耦合，前向串扰不能完全抵消，感性耦合产生的串扰就比容性耦合产生的大很多，前向串扰呈负极性，串扰电压的波峰值可能要比后向串扰大得多。

（3）串扰的抑制：

- ☺ 将传输线间的距离 *S* 增大到规则允许的最大值。
- ☺ 尽量使导体靠近平面层，增强与平面层间的耦合。
- ☺ 对关键网络使用差分线技术。
- ☺ 相邻信号层的布线彼此正交。
- ☺ 最小化信号间平行布线的长度。
- ☺ 信号线应该设计成带状线或埋式微带线，以消除传输速度的变化。
- ☺ 妥善布局，防止布线时出现拥挤。
- ☺ 在满足时序要求的前提下，尽量使用上升沿慢的元器件。
- ☺ 加入保护地环。

2. 为串扰仿真建立拓扑

1）添加耦合模型

（1）从程序文件夹中单击“SigXplorer 17.4”图标，弹出产品选择对话框，如图 3-10-5 所示，选择“Allegro PCB SI XL”，单击“OK”按钮，打开 SigXplorer PCB SI XL 窗口。

（2）执行菜单命令“File”→“Save As”，弹出“另存为”对话框，选择路径为 physical\PCB_ver1，在“文件名”框中输入“xtalkwork”，单击“保存”按钮。

（3）执行菜单命令“Edit”→“Add Element...”，弹出“Add Element Browser”窗口，

如图 3-10-6 所示。

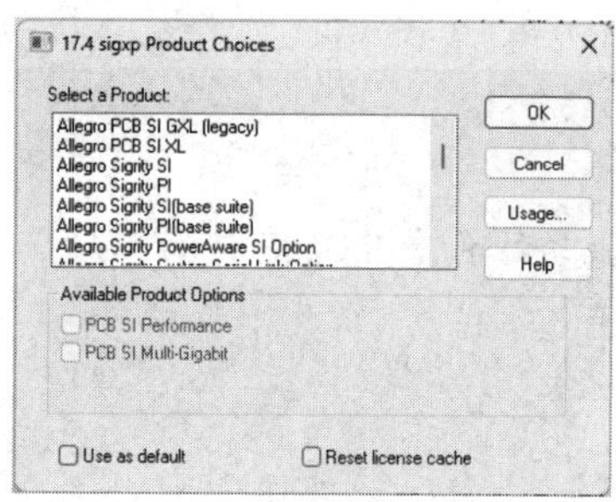

图 3-10-5　产品选择对话框

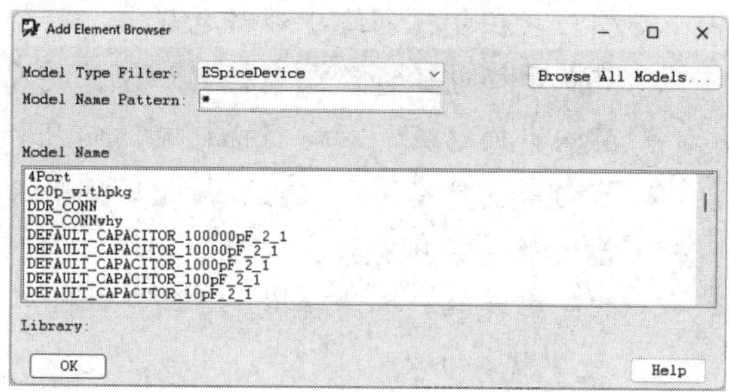

图 3-10-6　“Add Element Browser”窗口

（4）在“Add Element Browser”窗口的“Model Type Filter”下拉列表中选择“Interconnect”，在列表框中选择“Microstrip_3”，Microstrip_3 模型在 SigXplorer PCB SI XL 窗口随光标移动。

（5）移动光标到 SigXplorer PCB SI XL 窗口的工作空间，单击放置 Microstrip_3 模型，如图 3-10-7 所示。

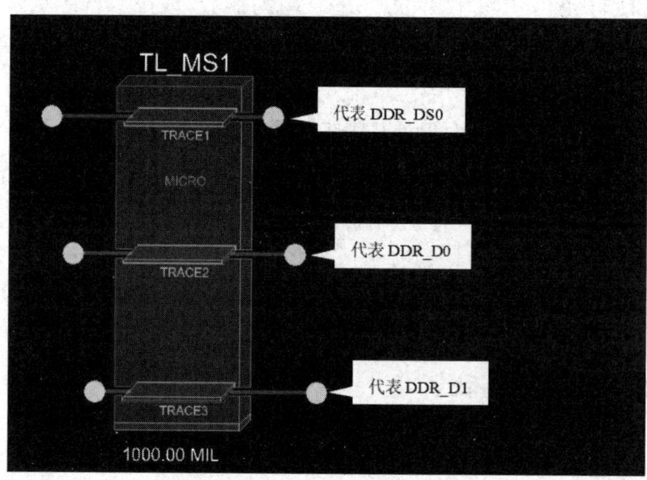

图 3-10-7　添加模型

（6）单击“OK”按钮，关闭“Add Element Browser”窗口。模型是一个 3 Trace 耦合模型。它代表能平行布线的主机总线的 3 位。参考耦合模型 Trace1 代表 DDR_DS0，Trace2 代表 DDR_D0，Trace3 代表 DDR_D1。

2）设置 3 Trace 模型的参数

（1）在 SigXplorer 工作空间单击 TL_MS1 的长度值（1000mil），“Parameters”表格的“Length”栏被高亮显示，单击鼠标右键，选择“View Trace Parameters”，弹出“View Trace Model Parameters”窗口，浏览模型参数，如图 3-10-8 所示。

☺　Cross Section Legend：设置定义参数后显示的横截面图。

☺　Parameter Values：Trace 模型的长度和用于确定分布参数的默认参数。

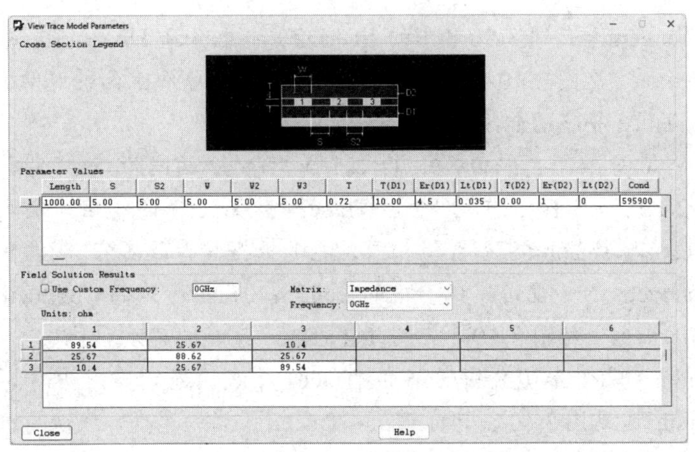

图 3-10-8　浏览模型参数

☺ Field Solution Results：field solver cutoff frequency（现在为 0）被显示，后面有两个下拉列表。

✧ Matrix：显示截止频率处的 Capcitance、Impedance、Inductance、Die-Conductance、Linear Resistance、Modal Velocity、Admittance、Near-End coupling、Modal Delay 值。

✧ Frequency：用于浏览频率相关的 AC 分布参数，现在没有设置截止频率。

（2）在 SigXplorer PCB SI XL 窗口的“Parameters”表格中显示的是 TL_MS1 模型的参数，如图 3-10-9 所示。

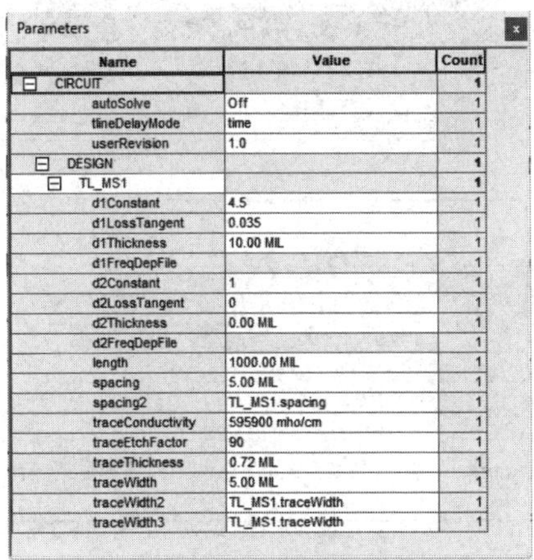

Parameters

Name	Value	Count
CIRCUIT		1
autoSolve	Off	1
tlineDelayMode	time	1
userRevision	1.0	1
DESIGN		1
TL_MS1		1
d1Constant	4.5	1
d1LossTangent	0.035	1
d1Thickness	10.00 MIL	1
d1FreqDepFile		1
d2Constant	1	1
d2LossTangent	0	1
d2Thickness	0.00 MIL	1
d2FreqDepFile		1
length	1000.00 MIL	1
spacing	5.00 MIL	1
spacing2	TL_MS1.spacing	1
traceConductivity	595900 mho/cm	1
traceEtchFactor	90	1
traceThickness	0.72 MIL	1
traceWidth	5.00 MIL	1
traceWidth2	TL_MS1.traceWidth	1
traceWidth3	TL_MS1.traceWidth	1

图 3-10-9　TL_MS1 模型的参数

☺ d1Constant［见图 3-10-8 中的 Er（D1）］：平面层表面和 Trace 导线之间材料的介电常数。

☺ d1LossTangent［见图 3-10-8 中的 Lt（D1）］：电介质 D1 的损耗因数。

☺ d1Thickness［见图 3-10-8 中的 T（D1）］：平面层表面和 Trace 导线之间材料的厚度。

☺ d2Constant［见图 3-10-8 中的 Er（D2）］：Trace 导线上面的材料的介电常数。

- ☺ d2LossTangent［见图 3-10-8 中的 Lt（D2）］：电介质 D2 的损耗因数。
- ☺ d2Thickness［见图 3-10-8 中的 T（D2）］：Trace 导线上面的绝缘材料的厚度。
- ☺ length：Trace 导线的长度。
- ☺ spacing（见图 3-10-8 中的 S）：Trace1 和 Trace2 的间距。
- ☺ spacing2（见图 3-10-8 中的 S2）：Trace2 和 Trace3 的间距。默认情况下 spacing2 [S2]参数值与 spacing S 参数值相同，能够根据需要改变它。
- ☺ traceConductivity（见图 3-10-8 中的 Cond）：Trace 导线的 Conductivity（电导率）。
- ☺ traceThickness（见图 3-10-8 中的 T）：Trace 导线的厚度。
- ☺ traceWidth（见图 3-10-8 中的 W）：Trace1 导线的宽度。
- ☺ traceWidth2（见图 3-10-8 中的 W2）：Trace2 导线的宽度。默认情况下，traceWidth2 参数值将和 traceWidth 参数值相同，能够根据需要改变它。
- ☺ traceWidth3（见图 3-10-8 中的 W3）：Trace3 导线的宽度。默认情况下，traceWidth3 参数值将和 traceWidth 参数值相同，能够根据需要改变它。

（3）在 SigXplorer PCB SI XL 窗口的“Parameters”表格中，双击“d1Thickness”包含“10MIL”的“Value”区域，输入 2.70MIL 并按“Tab”键。“View Trace Model Parameters”窗口中的 T（D1）也变为 2.7，如图 3-10-10 所示。

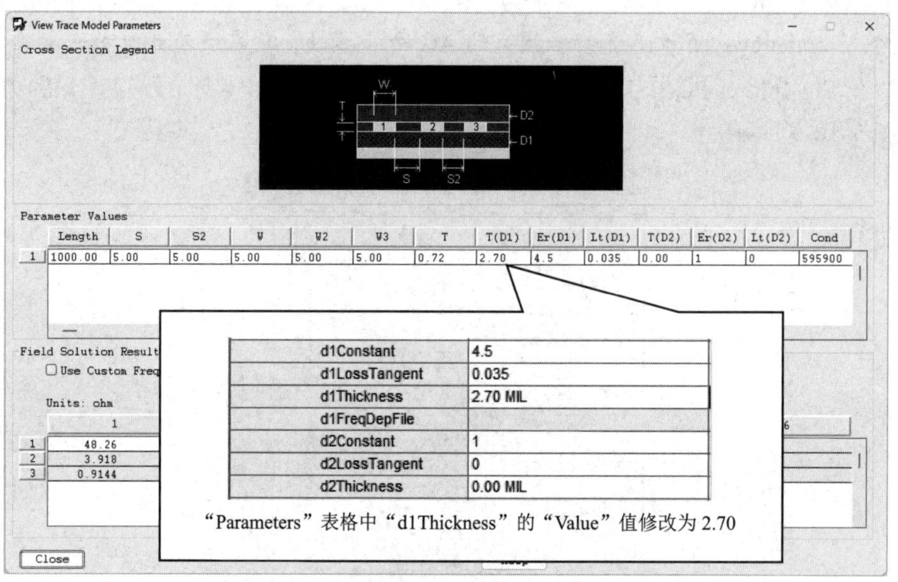

图 3-10-10 “View Trace Model Parameters”窗口

（4）在 SigXplorer PCB SI XL 窗口的“Parameters”表格中，单击“length”包含“1000MIL”的“Value”区域，一个向下的箭头显示在“1000MIL”区域的后面，单击向下的箭头，弹出“Set Parameter: length”窗口，如图 3-10-11 所示。

（5）选中“Set Parameter: length”窗口中的“Linear Range”单选按钮，在“Stop Value”栏中输入“6000.000MIL”并按“Tab”键；在“Start Value”栏中输入“2000.000MIL”并按“Tab”键；在“Count”栏中输入“5”并按“Tab”键；注意，“Step Size”栏中值表

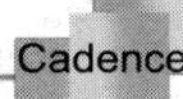

示上述值，在仿真后将以 1000mil 增量增加，如图 3-10-12 所示。

（6）单击“OK”按钮，关闭“Set Parameter: length”窗口。

（7）在 SigXplorer PCB SI XL 窗口的“Parameters”表格中，双击“traceThickness”包含“0.72MIL”的区域。

（8）输入“1.44”并按“Tab”键，这个值在 SigXplorer 工作空间改为 0.7mil。半盎司铜的厚度是 0.72mil；1 盎司铜的厚度是 1.44mil。

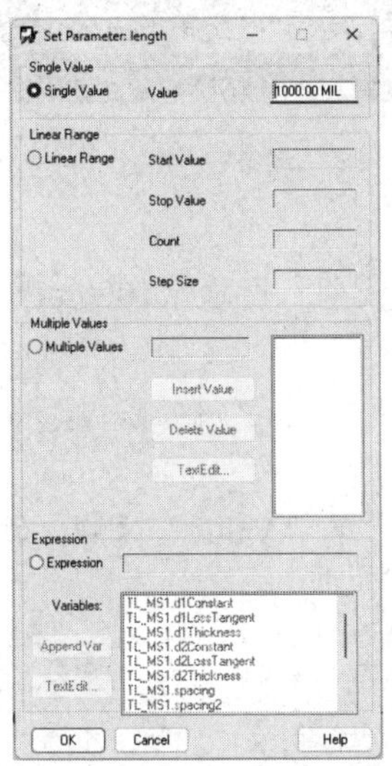

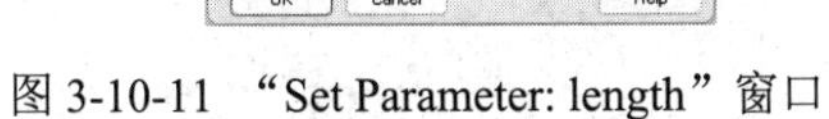

图 3-10-11 “Set Parameter: length”窗口

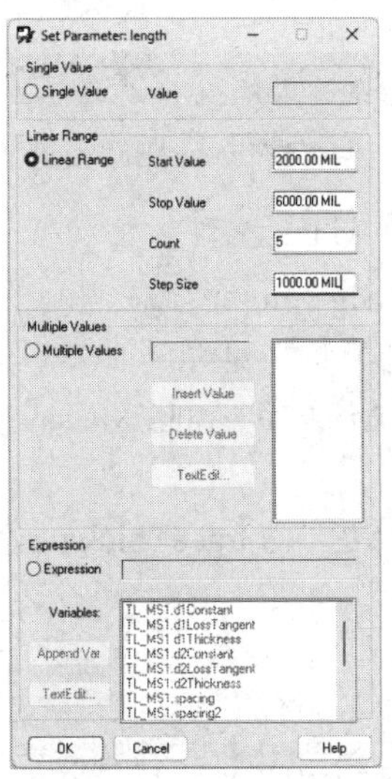

图 3-10-12 设置长度值

（9）注意“View Trace Model Parameters”对话框左下角的阻抗值。Trace1 和 Trace3 的阻抗值为 46.58Ω，Trace 2 的阻抗值为 46.29Ω，如图 3-10-13 所示。

Field Solution Results

☐ Use Custom Frequency: 0GHz　　Matrix: Impedance

Frequency: 0GHz

Units: ohm

	1	2	3	4
1	46.58	4.523	1.079	
2	4.523	46.29	4.523	
3	1.079	4.523	46.58	

图 3-10-13 阻抗值

“View Trace Model Parameters”窗口显示设置参数的传输线阻抗。

（10）单击“Close”按钮，关闭“View Trace Model Parameters”窗口。

3）添加单 Trace 模型

（1）在 SigXplorer PCB SI XL 窗口中执行菜单命令“Edit”→“Add Element...”，弹出“Add Element Browser”窗口，如图 3-10-14 所示。

（2）在“Add Element Browser”窗口的“Model Type Filter”下拉列表中选择“Interconnect”并从“Model Name”列表框中选择“Microstrip_1”，在 SigXplorer PCB SI XL 窗口选中 Microstrip_1 模型，移动光标到 SigXplorer 工作区间，单击摆放 Microstrip_1 模型，如图 3-10-15 所示。

（3）单击“OK”按钮，关闭“Add Element Browser”窗口。

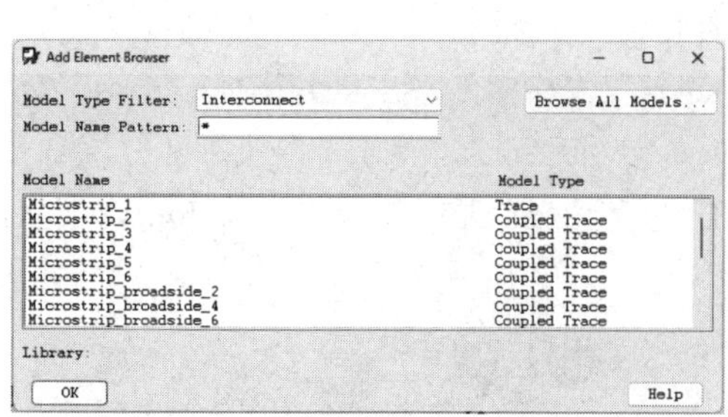

图 3-10-14 “Add Element Browser”窗口

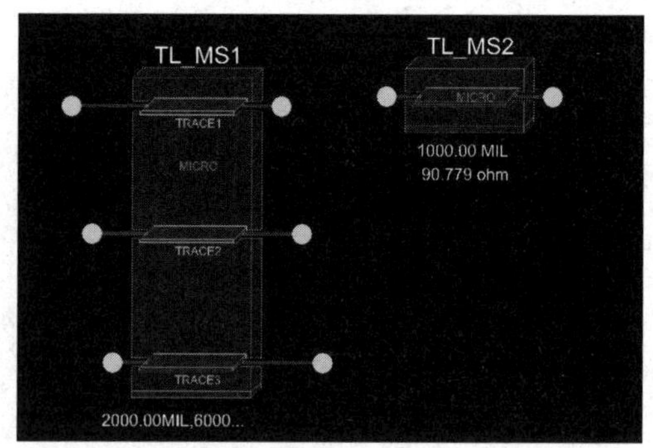

图 3-10-15 添加模型

4）设置单 Trace 模型参数

（1）单击 SigXplorer 工作空间的 TL_MS2 trace 模型长度值（1000mil），“Parameters”表格的“length”栏（见图 3-10-16）被高亮显示。

（2）双击 MS2 的 d1Thickness 包含“10MIL”的“Value”区域，输入“2.7MIL”并按“Tab”键。

（3）双击 MS2 的 traceThickness 包含“0.72MIL”的“Value”区域，输入“0.70MIL”并按“Tab”键，如图 3-10-17 所示。

⊟ TL_MS2		1
d1Constant	4.5	1
d1LossTangent	0.035	1
d1Thickness	10.00 MIL	1
d1FreqDepFile		1
d2Constant	1	1
d2LossTangent	0	1
d2Thickness	0.00 MIL	1
d2FreqDepFile		1
length	1000.00 MIL	1
traceConductivity	595900 mho/cm	1
traceEtchFactor	90	1
traceThickness	0.72 MIL	1
traceWidth	5.00 MIL	1

图 3-10-16 MS2 参数

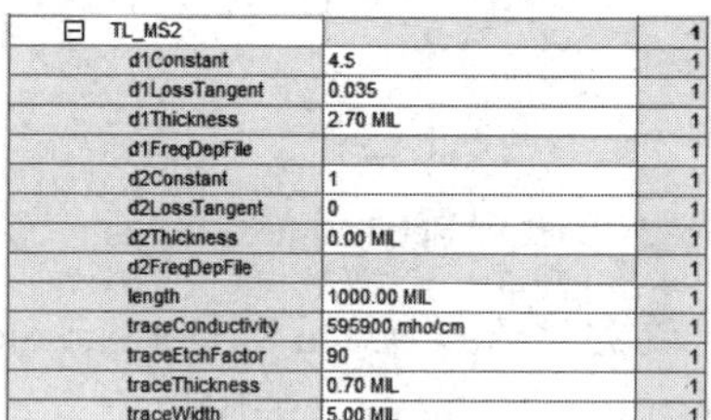

⊟ TL_MS2		1
d1Constant	4.5	1
d1LossTangent	0.035	1
d1Thickness	2.70 MIL	1
d1FreqDepFile		1
d2Constant	1	1
d2LossTangent	0	1
d2Thickness	0.00 MIL	1
d2FreqDepFile		1
length	1000.00 MIL	1
traceConductivity	595900 mho/cm	1
traceEtchFactor	90	1
traceThickness	0.70 MIL	1
traceWidth	5.00 MIL	1

图 3-10-17 修改 MS2 参数

（4）在 MS2 下面的表格区域单击鼠标右键，选择“View Trace Parameters”，注意“View Trace Model Parameters”对话框左下方的阻抗值，Trace 阻抗值是 48.5Ω，如图 3-10-18 所示。

（5）单击“Close”按钮，关闭“View Trace Model Parameters”窗口。

5）添加终端电阻

（1）在 SigXplorer PCB SI XL 窗口执行菜单命令“Edit”→“Add Element...”，弹出“Add Element Browser”窗口，如图 3-10-19 所示。

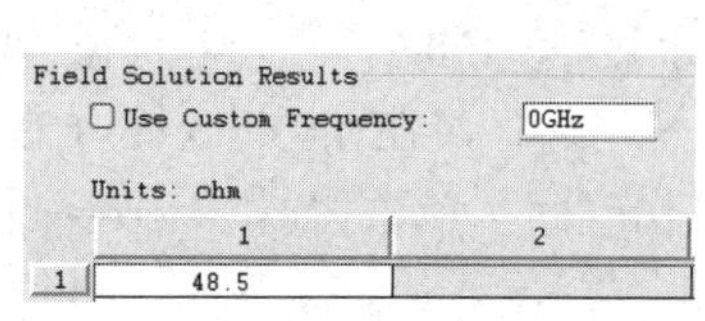

图 3-10-18 阻抗值

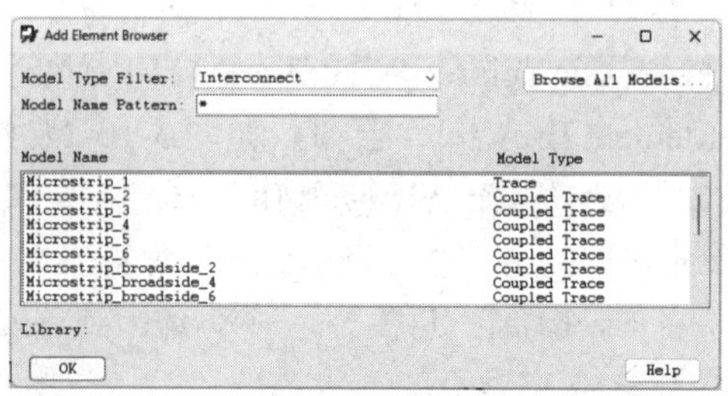

图 3-10-19 “Add Element Browser”窗口

（2）在“Add Element Browser”窗口的“Model Type Filter”下拉列表中选择“GenericElement”，在“Model Name”列表框中选择“Resistor”，在工作空间中单击摆放 Resistor，如图 3-10-20 所示。

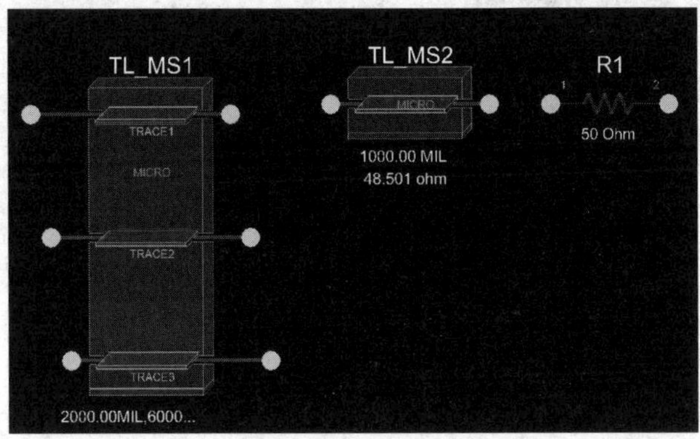

图 3-10-20　添加电阻

（3）单击“OK”按钮，关闭“Add Element Browser”窗口。

（4）在 SigXplorer 工作空间单击 50Ω 电阻值，resistance 栏被高亮显示，注意到电阻的阻值为 50Ω，如图 3-10-21 所示。

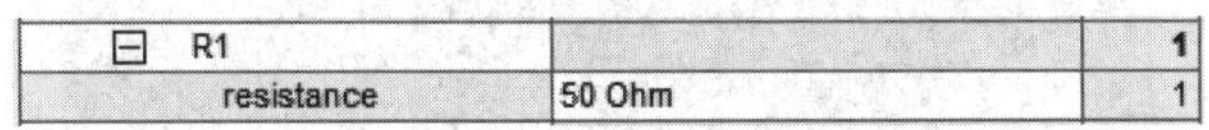

⊟ R1		1
resistance	50 Ohm	1

图 3-10-21　电阻值

（5）单击选中电阻，执行菜单命令“Edit”→“Rotate Right”，旋转元件到一个垂直位置，如图 3-10-22 所示（仅分立元件如电阻、电容、电导能被旋转）。

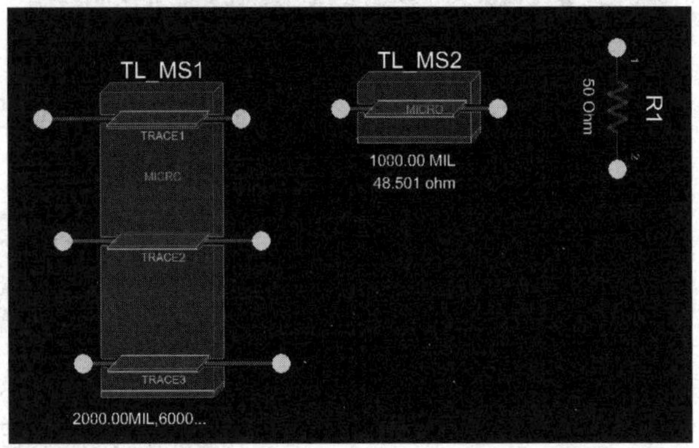

图 3-10-22　旋转元件

（6）先单击电阻 R1 标有“2”的引脚，再单击 MS2 无连接的点，连接引脚，如图 3-10-23 所示。

6）添加电源

（1）在 SigXplorer PCB SI XL 窗口执行菜单命令“Edit”→“Add Element...”，弹出“Add Element Browser”窗口，如图 3-10-24 所示。

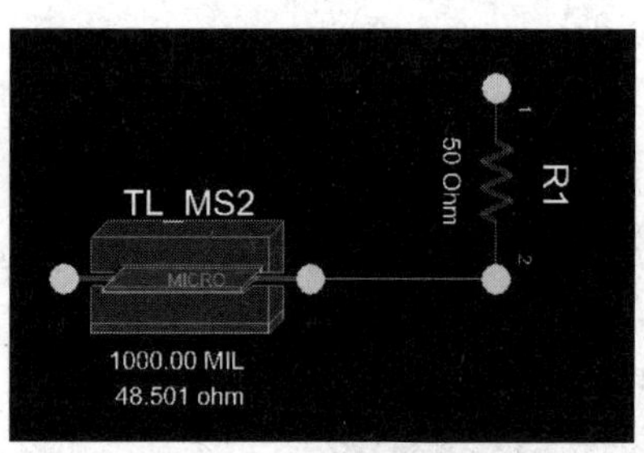

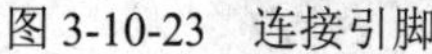
图 3-10-23　连接引脚

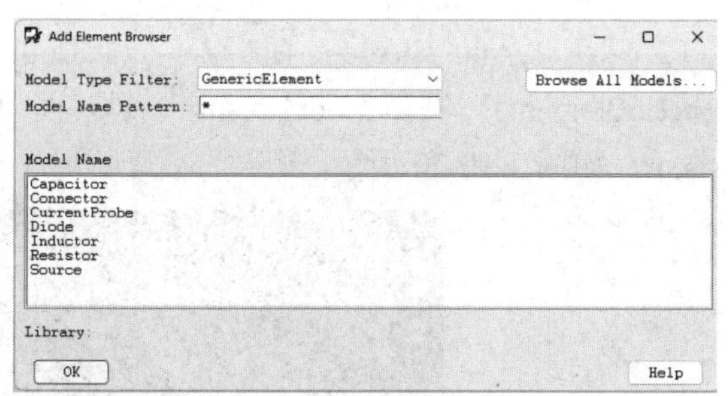

图 3-10-24　“Add Element Browser”窗口

（2）在“Model Name”列表框中选择“Source”，在工作空间单击摆放 Source，如图 3-10-25 所示。

（3）单击“OK”按钮，关闭“Add Element Browser”窗口。

（4）在 SigXplorer 工作空间单击 5V 的电压值，V1 下面的 voltage 栏会被高亮显示，如图 3-10-26 所示。

（5）双击“5V”表格区域，输入“2.5”并按“Tab”键。

（6）单击电阻 R1 的标有“1”的引脚，双击电源的连接点，如图 3-10-27 所示。

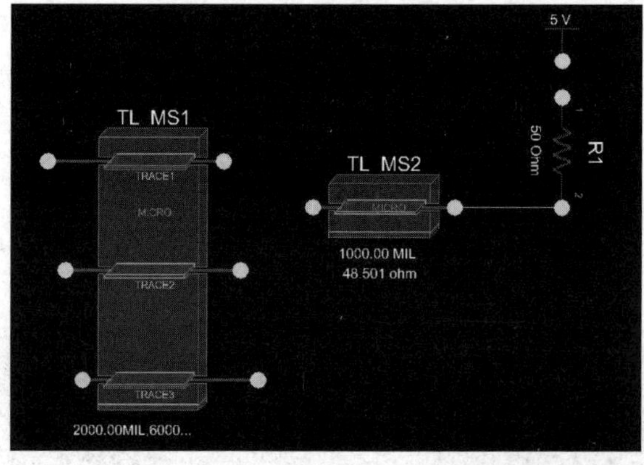

图 3-10-25　添加电源

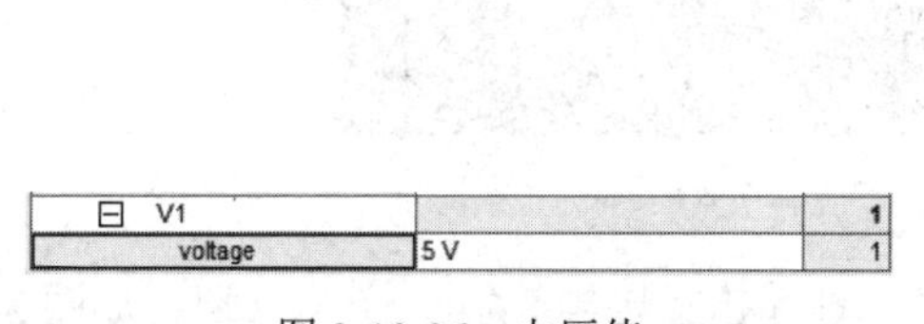

V1		1
voltage	5 V	1

图 3-10-26　电压值

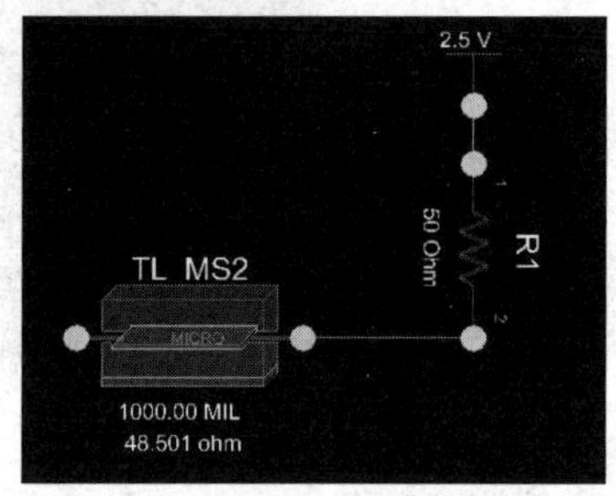

图 3-10-27　连接电源

7）添加其他元件

（1）框选电阻 R1、2.5V 电源和 MS2，在 SigXplorer PCB SI XL 窗口执行菜单命令“Edit”→“Copy”或单击鼠标右键，选择“Copy”，在工作空间中单击并按住鼠标左键，框选的元件随光标移动。

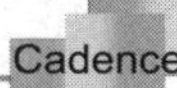

（2）在工作空间中移动光标到一个开放的区域，单击放置元件，重复上面的步骤 5 次，最终结果如图 3-10-28 所示。

8）重新连接电路

注意图 3-10-28 中左边的 3 组元件与 TL_MS1 连接不方便，所以需要移动电源的电阻到 Trace 的另一边。

（1）单击连接 TL_MS7 和 R6、TL_MS6 和 R5、TL_MS5 和 R4 的线，删除这些导线。

（2）框选电阻 R6 和 2.5V 电源，选择两个元件（这两个元件被高亮显示），执行菜单命令“Edit”→“Move”。

（3）在工作空间中 Trace 模型 TL_MS7 的另一边，单击放置元件，用同样的方法再移动另两组元件。

（4）单击 R6 的标有“2”的引脚，双击 Trace 模型 TL_MS7 的点，用同样的方法连接另两组元件，如图 3-10-29 所示。

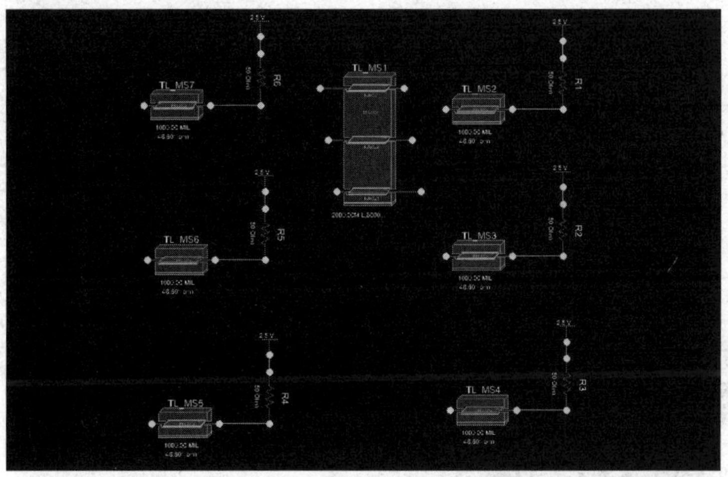

图 3-10-28　复制元件

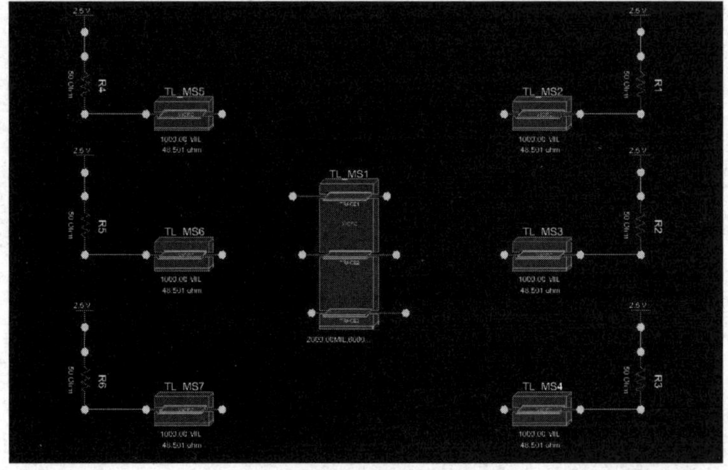

图 3-10-29　调整元件位置

9）为驱动器添加 IBISDevice 模型

测量的 Trace 是 DDR_DS0 网络，它连接 A U7.AM28 和 B U1.51。邻近的驱动器/接收器对是 DDR_D0，它连接 A U7.AM27 和 B U1.62。另一个邻近的驱动器/接收器对是 DDR_D1 网络，它连接 A U7.AL27 和 B U1.56。这些信息可以从原理图或 PCB 的网络表中提取。

（1）在 SigXplorer PCB SI XL 窗口执行菜单命令“Edit”→“Add Element...”，弹出“Add Element Browser”窗口，如图 3-10-30 所示，从“Model Type Filter”下拉列表中选择“IbisDevice”，在列表框中选择“EP1SGX25F（sigxp.dml）”，弹出“Select IBIS Device Pin”窗口，如图 3-10-31 所示，列出组成 IBISDevice 模型的所有引脚。列表也显示信号名、IOCell 模型名和 IOCell 模型的类型。

（2）在“Select IBIS Device Pin”窗口中选择“AM27”号引脚，选中 GTL_IO 模型，移动光标到工作空间并靠近 TL_MS5 Trace 模型，单击摆放模型，如图 3-10-32 所示。

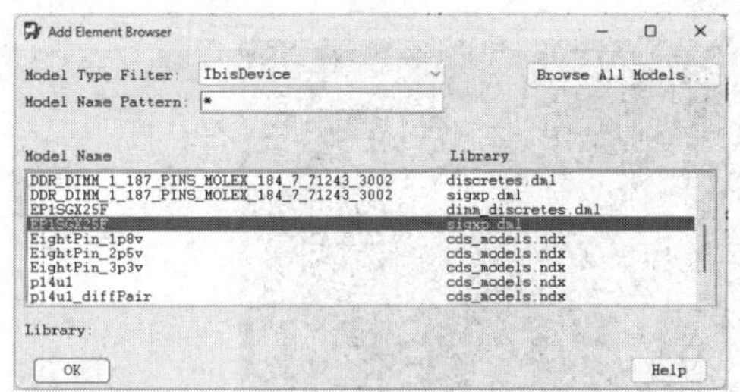

图 3-10-30 “Add Element Browser”窗口

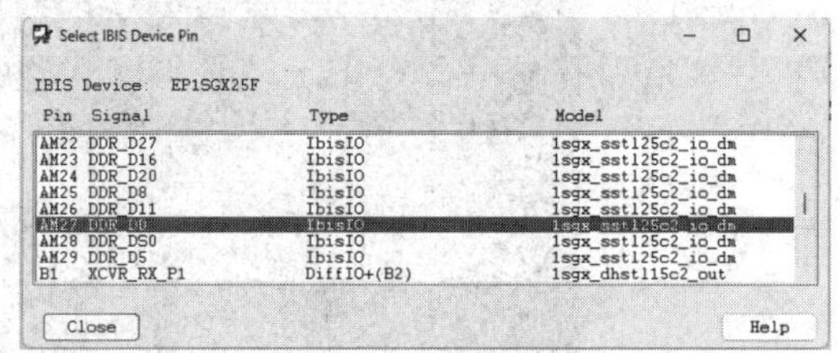

图 3-10-31 “Select IBIS Device Pin”窗口

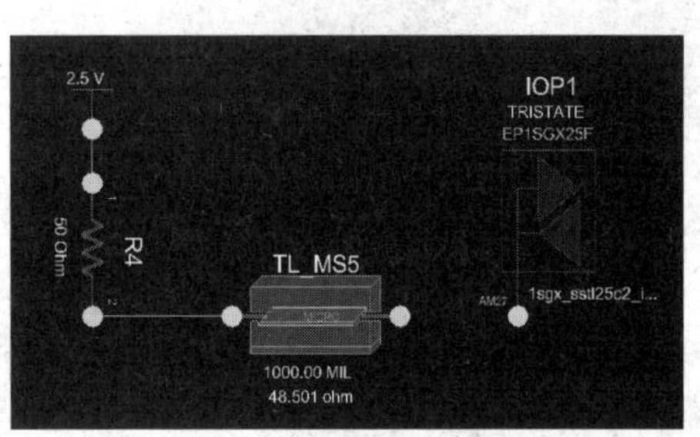

图 3-10-32 添加模型

（3）单击 IOCell 模型 IOP1 的标有“AM27”的端点，单击 Trace 模型 TL_MS5 的端点，单击连接模型 TL_MS1 的 TRACE1 点。

（4）在列表框中选择“AM28”号引脚（U7 的 IOCell 器件）。模型将跟随光标移动，移动光标到 SigXplorer 工作空间单击摆放模型。

（5）单击 IOCell 模型 IOP2 的标有“AM28”的端点，单击 Trace 模型 TL_MS6 的端点，单击连接模型 TL_MS1 的 TRACE2 点。

（6）在列表框中选择“AL27”号引脚（U7 的 IOCell 器件）。模型将跟随光标移动，移动光标到 SigXplorer 工作空间并单击摆放模型。

（7）单击 IOCell 模型 IOP3 的标有“AL27”的端点，单击 Trace 模型 TL_MS7 的端点，单击连接模型 TL_MS1 的 TRACE3 点，如图 3-10-33 所示。

（8）单击“Close”按钮，关闭“Select IBIS Device Pin”窗口。

10）为接收器添加 IBIS Device 模型

（1）在“Add Element Browser”窗口的列表框中选择“DDRSDRAM（sigxp.dml）”，弹出“Select IBIS Device Pin”窗口，如图 3-10-34 所示。

（2）在列表框中选择“62 DQ_HALF”引脚（U1 的 IOCell 器件），模型将跟随光标移

动，移动光标到工作区间并靠近 MS2 trace 模型，单击摆放模型，如图 3-10-35 所示。单击 IOCell 模型 IOP4 的标有“62”的点，单击 Trace 模型 MS2 的点，单击连接模型 TL_MS1 的 TRACE1 的无连接的点。

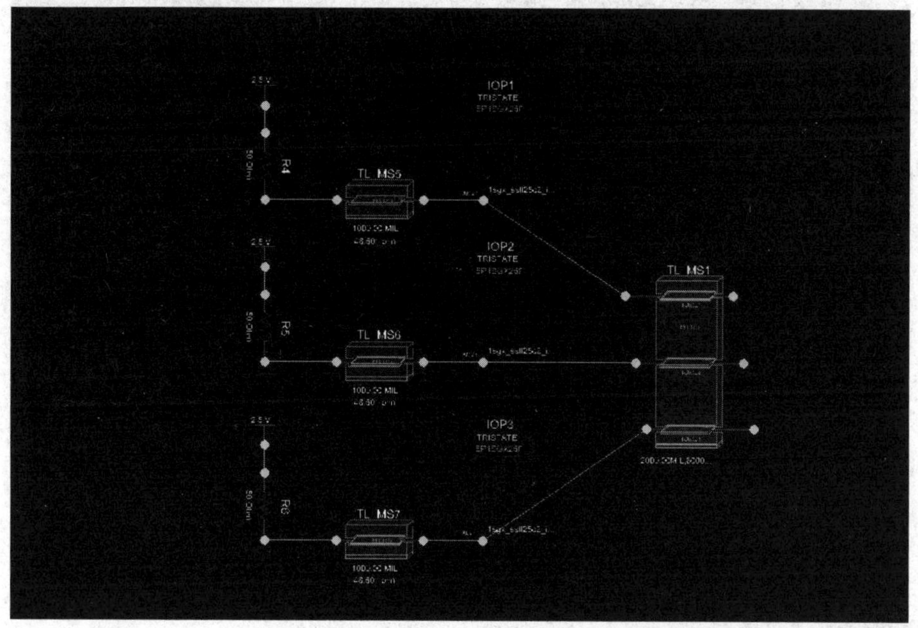

图 3-10-33　连接拓扑

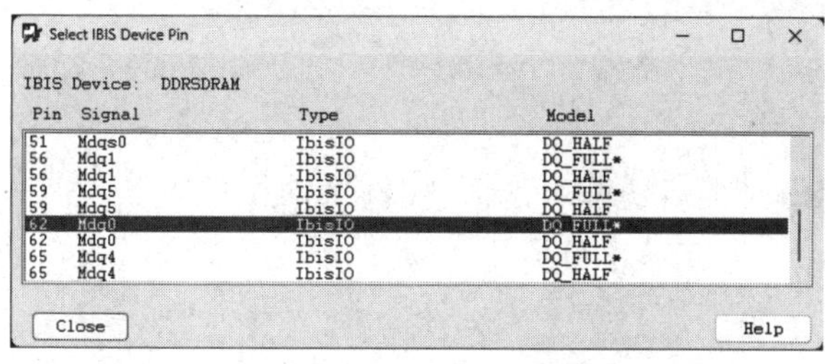

图 3-10-34　选择接收器模型

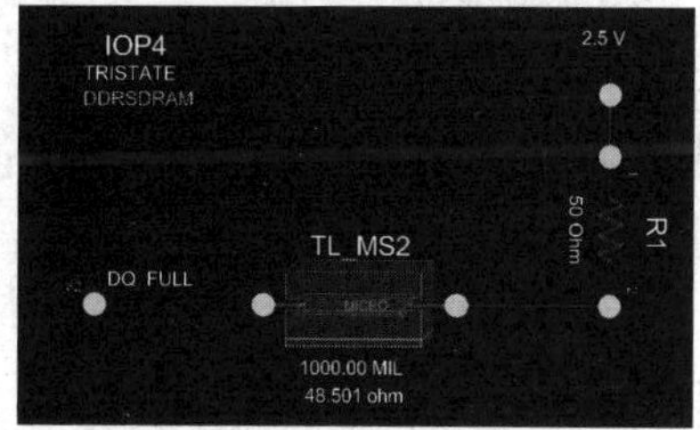

图 3-10-35　添加模型

（3）在列表框中选择“51 DQ_HALF”引脚，GTL_IO 模型将跟随光标移动，移动光标到工作区间并靠近 TL_MS3 Trace 模型，单击摆放 GTL_IO 模型。单击 IOCell 模型 IOP5 的标有“51”的点，单击 Trace 模型 MS3 的点，单击连接模型 TL_MS1 的 TRACE2 的无连接的点。

（4）在列表框中选择“56 DQ_HALF”引脚，GTL_IO 模型将跟随光标移动，移动光标到工作区间并靠近 TL_MS4 Trace 模型，单击摆放 GTL_IO 模型。单击 IOCell 模型 IOP6 的标有“56”的点，单击 Trace 模型 TL_MS4 的点，单击连接模型 TL_MS1 的 TRACE3 的无连接的点。

（5）执行菜单命令“Edit”→“Move”，对工作空间的元件位置进行调整，如图 3-10-36 所示。

（6）单击“Close”按钮，关闭“Select IBIS Device Pin”窗口。

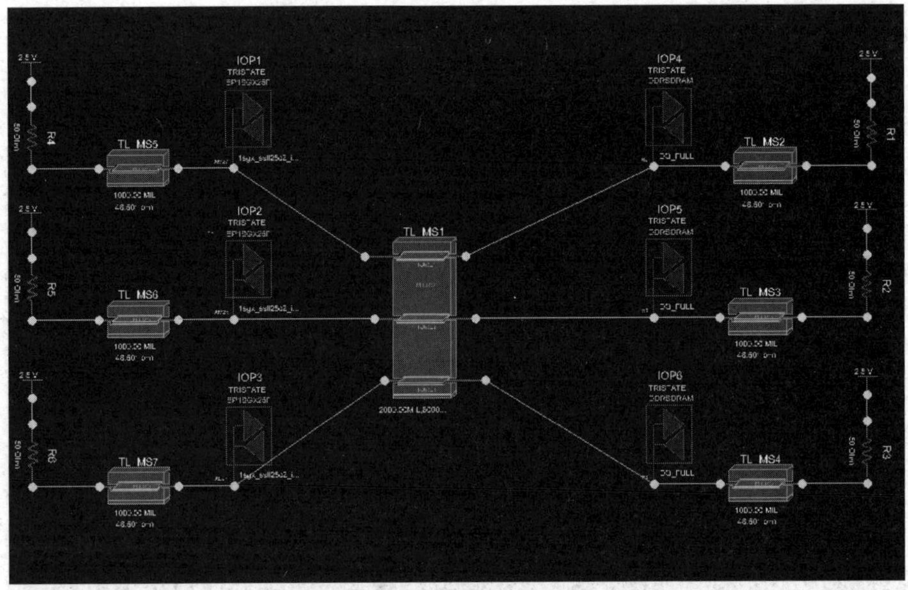

图 3-10-36　调整元件位置

（7）单击“OK”按钮，关闭“Add Element Browser”窗口。

（8）在 SigXplorer PCB SI XL 窗口执行菜单命令“File”→“Save”，保存拓扑。

3. 执行串扰仿真

1）设置参数

（1）在 SigXplorer PCB SI XL 窗口执行菜单命令“Analyze”→“Preferences”，弹出“Analysis Preferences”窗口，如图 3-10-37 所示。

（2）在“Pulse Stimulus”选项卡设置脉冲激励参数，如图 3-10-38 所示。

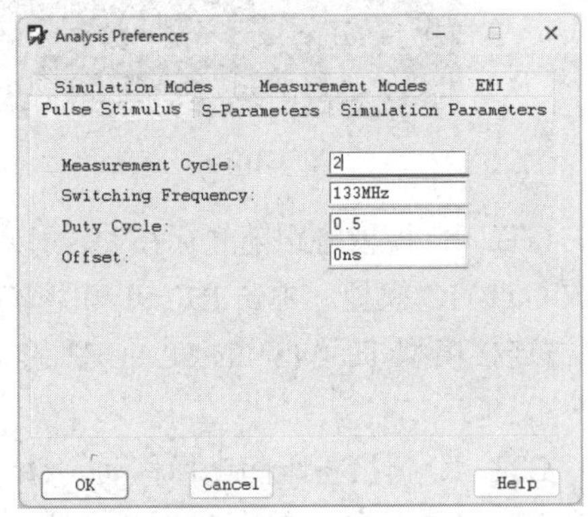

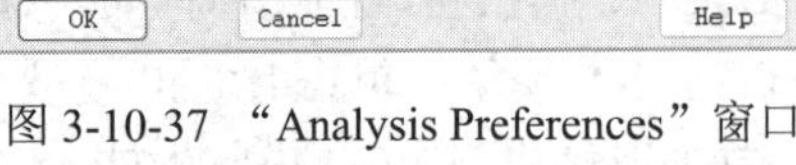
图 3-10-37　“Analysis Preferences”窗口

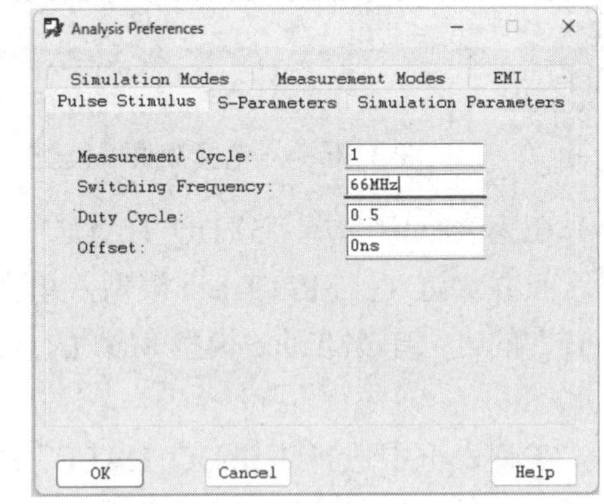

图 3-10-38　设置脉冲激励参数

（3）在“Simulation Parameters”选项卡设置仿真参数，如图 3-10-39 所示。

（4）在“Simulation Modes”选项卡设置仿真模式，如图 3-10-40 所示。

（5）在“Measurement Modes”选项卡设置测量模式，如图 3-10-41 所示。

（6）单击“OK”按钮，关闭“Analysis Preferences”窗口。

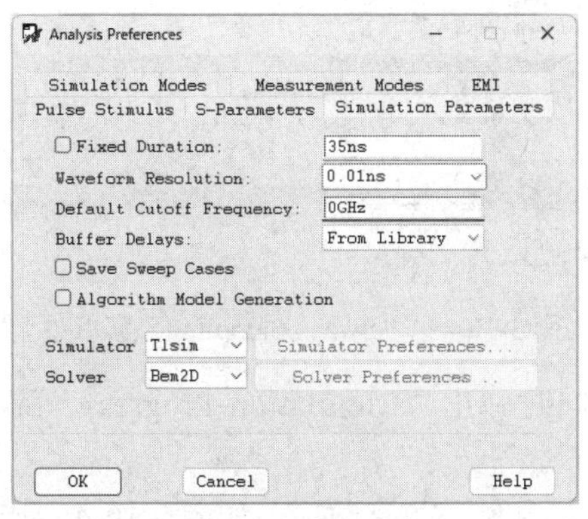

图 3-10-39 设置仿真参数

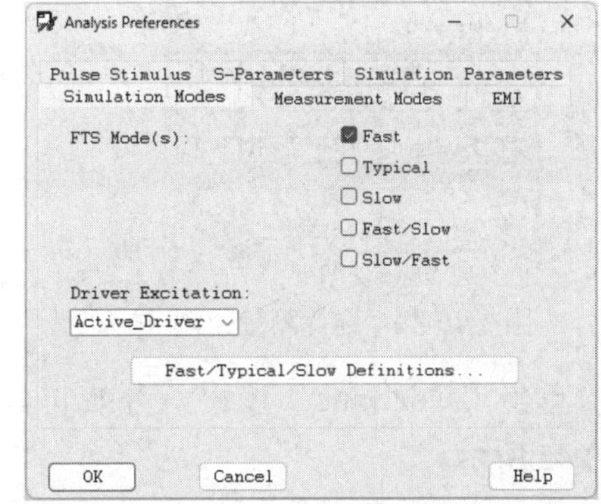

图 3-10-40 设置仿真模式

2）执行奇模式串扰仿真

（1）设置激励（攻击网络为 Rise，被攻击网络为 Low）。假定 IOP2 和 IOP5 间的网络为受攻击网络，其他两个网络是攻击网络。

① 在工作空间单击 IOP2 上面的文字“TRISTATE”，弹出“IO Cell(IOP2)Stimulus Edit”窗口，如图 3-10-42 所示。

② 在“Stimulus State”区域选中“Quiet Lo”单选按钮，单击“Apply”按钮。

③ 单击 IOP1 上面的文字“TRISTATE”，在“Stimulus State”区域选中“Rise”单选按钮，单击“Apply”按钮。

④ 单击 IOP3 上面的文字“TRISTATE”，在“Stimulus State”区域选中“Rise”单选按钮，单击“Apply”按钮。

⑤ 确认 IOP4、IOP5 和 IOP6 上面的激励设置为“TRISTATE”。

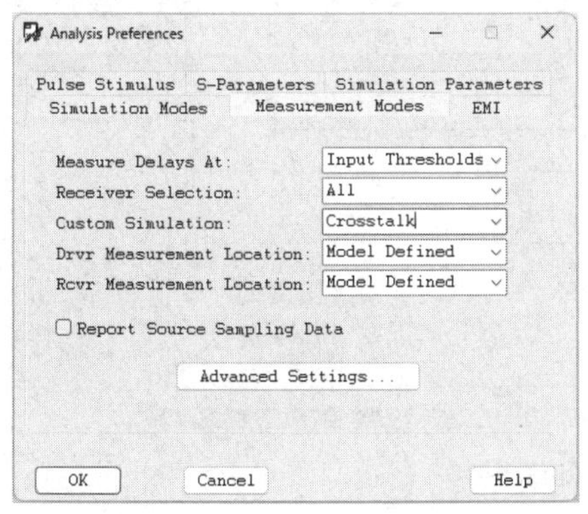

图 3-10-41 设置测量模式

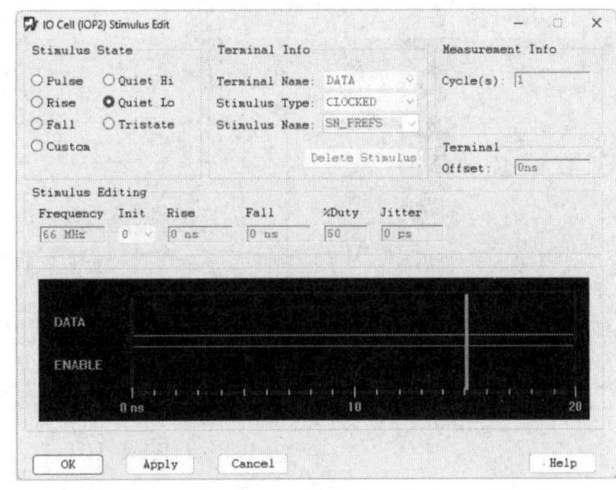

图 3-10-42 “IO Cell(IOP2)Stimulus Edit”窗口

⑥ 单击“OK”按钮，关闭“IO Cell(IOP2)Stimulus Edit”窗口。

（2）执行仿真。

① 在 SigXplorer PCB SI XL 窗口的“Measurements”表格中选中“Crosstalk”后的单选按钮，如图 3-10-43 所示，选择串扰仿真。

② 执行菜单命令“Analyze”→“Simulate”，弹出“Sweep Sampling”窗口，如图 3-10-44 所示。

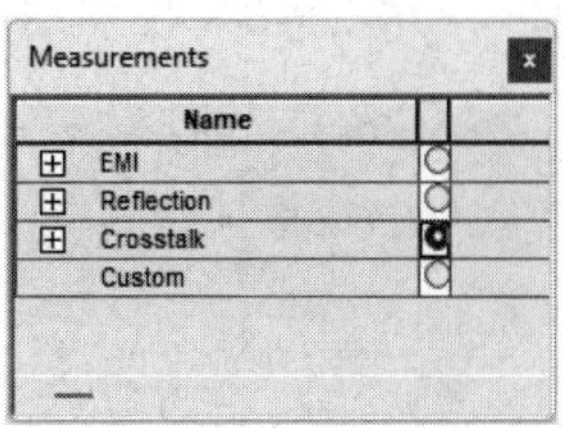

图 3-10-43　选择测量类型

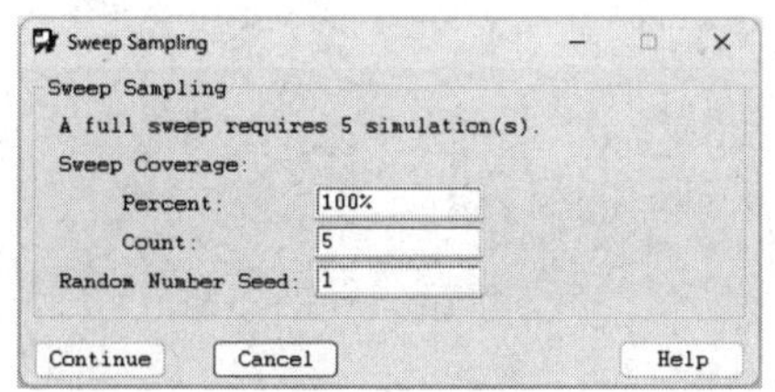

图 3-10-44　“Sweep Sampling”窗口

③ 单击“Continue”按钮，开始仿真。同时弹出“Simulation Progress”窗口，如图 3-10-45 所示。

④ 仿真结束后自动打开“Results”表格，共有 5 个仿真结果，如图 3-10-46 所示。

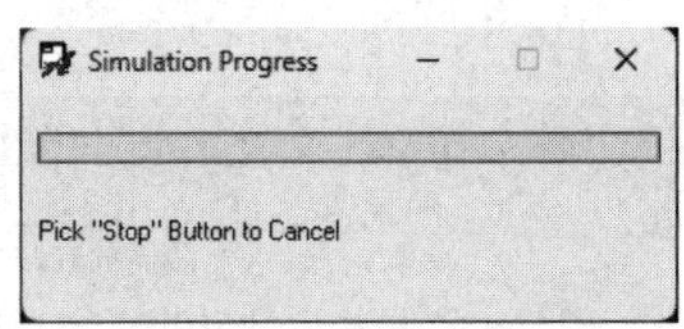

图 3-10-45　“Simulation Progress”窗口

Results

SimID	Driver	Receiver	FTSMode	TL_MS1.traceWidth3	TL_MS1.traceWidth2	TL_MS1.spacing2	TL_MS1.length	Crosstalk [mV]
1	DESIGN.IOP2.AM28	DESIGN.IOP5.51	Fast	5	5	5	2000	24.443
2	DESIGN.IOP2.AM28	DESIGN.IOP5.51	Fast	5	5	5	3000	26.696
3	DESIGN.IOP2.AM28	DESIGN.IOP5.51	Fast	5	5	5	4000	38.709
4	DESIGN.IOP2.AM28	DESIGN.IOP5.51	Fast	5	5	5	5000	32.029
5	DESIGN.IOP2.AM28	DESIGN.IOP5.51	Fast	5	5	5	6000	30.349

图 3-10-46　仿真结果

⑤ 在“Results”表格上单击鼠标右键，选择“View Waveform”，观察仿真结果，如图 3-10-47 所示。

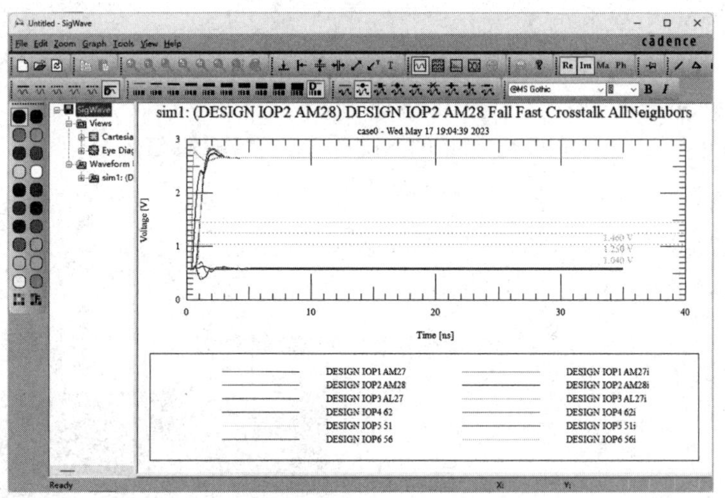

图 3-10-47　观察仿真结果

（3）设置激励（攻击网络为 Fall，被攻击网络为 High）。

① 在工作空间单击 IOP2 上面的文字“Quiet Lo”，弹出“IO Cell(IOP2)Stimulus Edit”窗口。

② 在“Stimulus State”区域选中“Quiet Hi”单选按钮，单击“Apply”按钮。

③ 单击 IOP1 上面的文字“Rise”，在“Stimulus State”区域选中“Fall”单选按钮，单击“Apply”按钮。

④ 单击 IOP3 上面的文字“Rise”，在“Stimulus State”区域选中“Fall”单选按钮，

单击“Apply”按钮。

⑤ 单击“OK”按钮，关闭“IO Cell(IOP2)Stimulus Edit”窗口。

（4）执行仿真。

① 执行菜单命令“Analyze”→“Simulate”，弹出提示窗口（为被攻击网络选择接收器）。

② 单击“确定”按钮，关闭提示窗口。

③ 在工作空间单击“IOP5”，IOP2 和 IOP5 被高亮显示，同时弹出“Sweep Sampling”窗口，如图 3-10-48 所示。

④ 单击“Continue”按钮，开始仿真。仿真结束后自动打开“Results”表格，共有 5 个仿真结果，如图 3-10-49 所示。

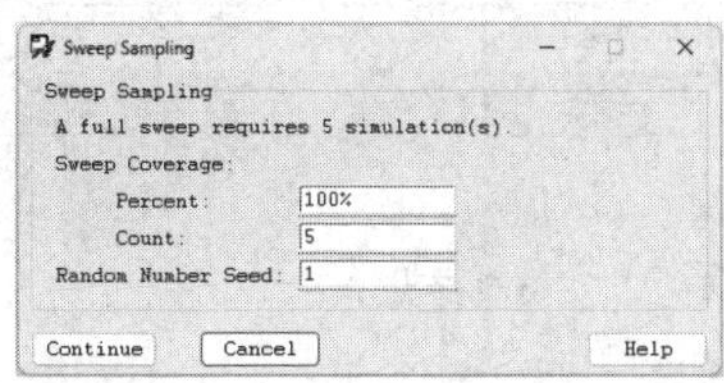

图 3-10-48 “Sweep Sampling”窗口

Results

SimID	Driver	Receiver	FTSMode	TL_MS1.traceWidth3	TL_MS1.traceWidth2	TL_MS1.spacing2	TL_MS1.length	Crosstalk [mV]
1	DESIGN.IOP2.AM28	DESIGN.IOP5.51	Fast	5	5	5	2000	22.36
2	DESIGN.IOP2.AM28	DESIGN.IOP5.51	Fast	5	5	5	3000	25.14
3	DESIGN.IOP2.AM28	DESIGN.IOP5.51	Fast	5	5	5	4000	36.14
4	DESIGN.IOP2.AM28	DESIGN.IOP5.51	Fast	5	5	5	5000	31.22
5	DESIGN.IOP2.AM28	DESIGN.IOP5.51	Fast	5	5	5	6000	30.16

图 3-10-49 仿真结果

⑤ 在“Results”表格上单击鼠标右键，选择“View Waveform”，观察仿真结果，如图 3-10-50 所示。

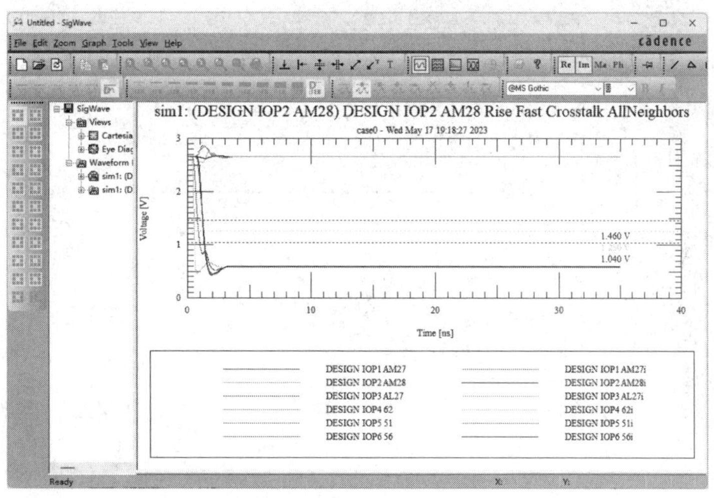

图 3-10-50 观察仿真结果

3）执行偶模式串扰仿真

（1）设置激励（攻击网络为 Fall，被攻击网络为 Low）。

① 在工作空间单击 IOP2 上面的文字“Quiet Hi”，弹出“IO Cell(IOP2)Stimulus Edit”窗口。

② 在“Stimulus State”区域选中“Quiet Lo”单选按钮，单击“Apply”按钮。

③ 单击“OK”按钮，关闭“IO Cell（IOP2）Stimulus Edit”窗口。

（2）执行仿真。

① 执行菜单命令“Analyze”→“Simulate”，弹出提示窗口（为被攻击网络选择接收器）。

② 单击“确定”按钮，关闭提示窗口。

③ 在工作空间单击“IOP5”，IOP2 和 IOP5 被高亮显示，同时弹出“Sweep Sampling”窗口，如图 3-10-51 所示。

④ 单击“Continue”按钮，开始仿真。仿真结束后自动打开“Results”表格，共有 5 个仿真结果，如图 3-10-52 所示。

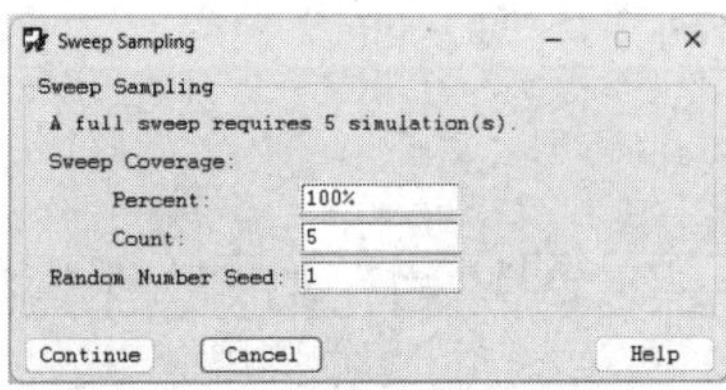

图 3-10-51 “Sweep Sampling”窗口

Results

SimID	Driver	Receiver	FTSMode	TL_MS1.traceWidth3	TL_MS1.traceWidth2	TL_MS1.spacing2	TL_MS1.length	Crosstalk [mV]
1	DESIGN.IOP2.AM28	DESIGN.IOP5.51	Fast	5	5	5	2000	184.006
2	DESIGN.IOP2.AM28	DESIGN.IOP5.51	Fast	5	5	5	3000	201.374
3	DESIGN.IOP2.AM28	DESIGN.IOP5.51	Fast	5	5	5	4000	238.819
4	DESIGN.IOP2.AM28	DESIGN.IOP5.51	Fast	5	5	5	5000	276.595
5	DESIGN.IOP2.AM28	DESIGN.IOP5.51	Fast	5	5	5	6000	314.272

图 3-10-52 仿真结果

⑤ 在“Results”表格上单击鼠标右键，选择“View Waveform”，显示仿真波形，如图 3-10-53 所示。

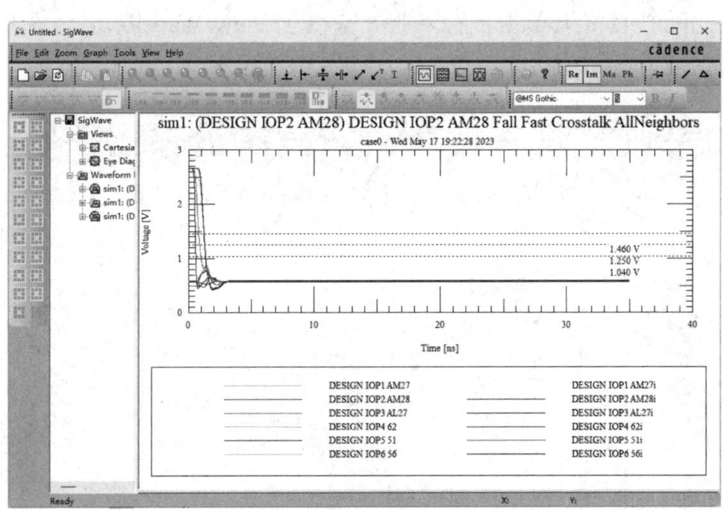

图 3-10-53 仿真波形

（3）设置激励（攻击网络为 Rise，被攻击网络为 High）。

① 在工作空间单击 IOP2 上面的文字“Quiet Lo”，弹出“IO Cell(IOP2)Stimulus Edit”窗口。

② 在“Stimulus State”区域选中“Quiet Hi”单选按钮，单击“Apply”按钮。

③ 单击 IOP1 上面的文字“Fall”，在“Stimulus State”区域选中“Rise”单选按钮，单击“Apply”按钮。

④ 单击 IOP3 上面的文字“Fall”，在“Stimulus State”区域选中“Rise”单选按钮，单击“Apply”按钮。

⑤ 单击“OK”按钮，关闭“IO Cell(IOP2)Stimulus Edit”窗口。

（4）执行仿真。

① 执行菜单命令“Analyze”→“Simulate”，弹出提示窗口（为被攻击网络选择接收器）。

② 单击“确定”按钮，关闭提示窗口。

③ 在工作空间单击“IOP8”，IOP2 和 IOP8 被高亮显示，同时弹出“Sweep Sampling”窗口，如图 3-10-54 所示。

④ 单击“Continue”按钮，开始仿真。仿真结束后自动打开“Results”表格，共有 5 个仿真结果，如图 3-10-55 所示。

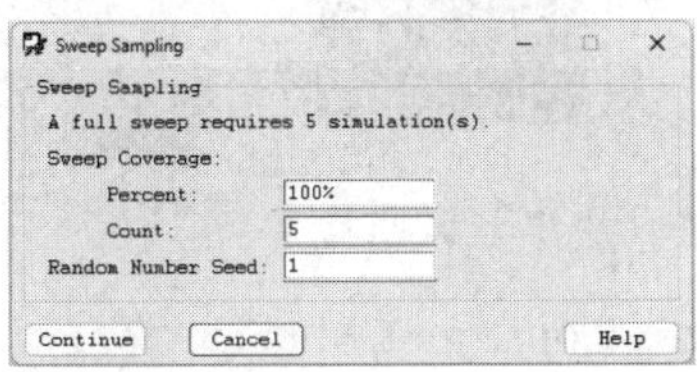

图 3-10-54 “Sweep Sampling”窗口

Results

SimID	Driver	Receiver	FTSMode	TL_MS1.traceWidt	TL_MS1.traceWidth2	TL_MS1.spacing2	TL_MS1.length	Crosstalk [mV]
1	DESIGN.IOP2.AM28	DESIGN.IOP5.51	Fast	5	5	5	2000	193.33
2	DESIGN.IOP2.AM28	DESIGN.IOP5.51	Fast	5	5	5	3000	203.94
3	DESIGN.IOP2.AM28	DESIGN.IOP5.51	Fast	5	5	5	4000	242.02
4	DESIGN.IOP2.AM28	DESIGN.IOP5.51	Fast	5	5	5	5000	280.28
5	DESIGN.IOP2.AM28	DESIGN.IOP5.51	Fast	5	5	5	6000	318.4

图 3-10-55　仿真结果

⑤ 在“Results”表格上单击鼠标右键，选择“View Waveform”，显示仿真波形，如图 3-10-56 所示。

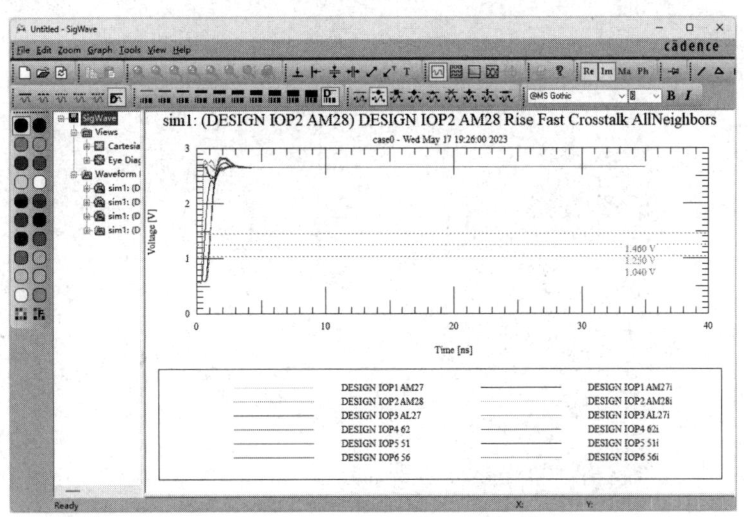

图 3-10-56　仿真波形

⑥ 执行菜单命令“File”→“Exit”，弹出窗口询问是否保存拓扑，单击“是”按钮，保存拓扑。

4．应用电气约束规则

（1）在程序文件夹中选择“Cadence PCB 17.4-2019”→“PCB Editor 17.4”，弹出产品选择对话框，选择“Allegro PCB SI XL”，如图 3-10-57 所示，打开编辑器。

（2）执行菜单命令“File”→“Open”，打开 D :\physical\PCB_ver1\hidesign3.brd 文件，如图 3-10-58 所示。

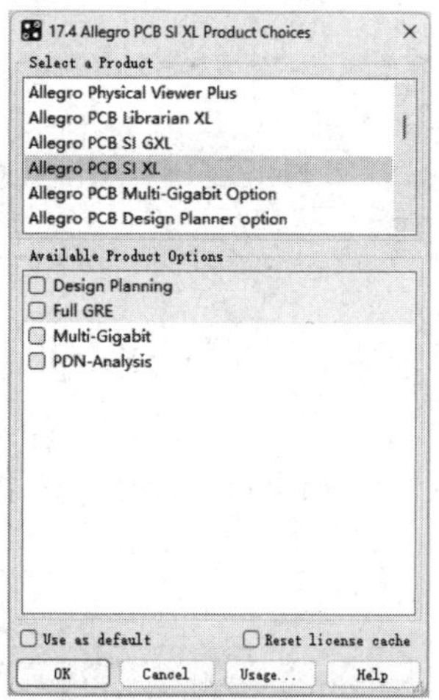

图 3-10-57　产品选择对话框

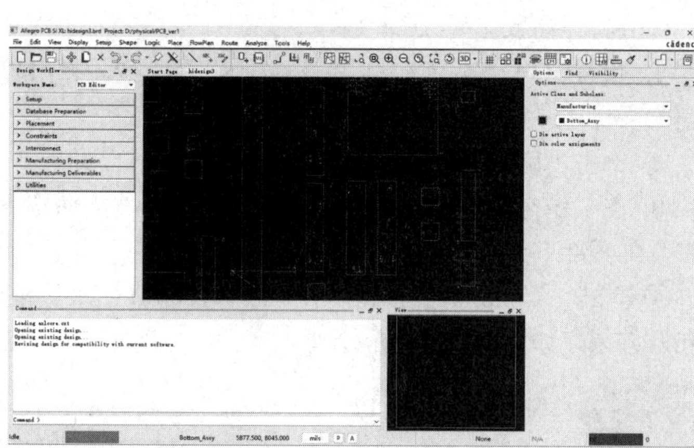

图 3-10-58　打开 PCB 文件

（3）单击“Constraint Manager”图标，打开 Allegro Constraint Manager 窗口，如图 3-10-59 所示。

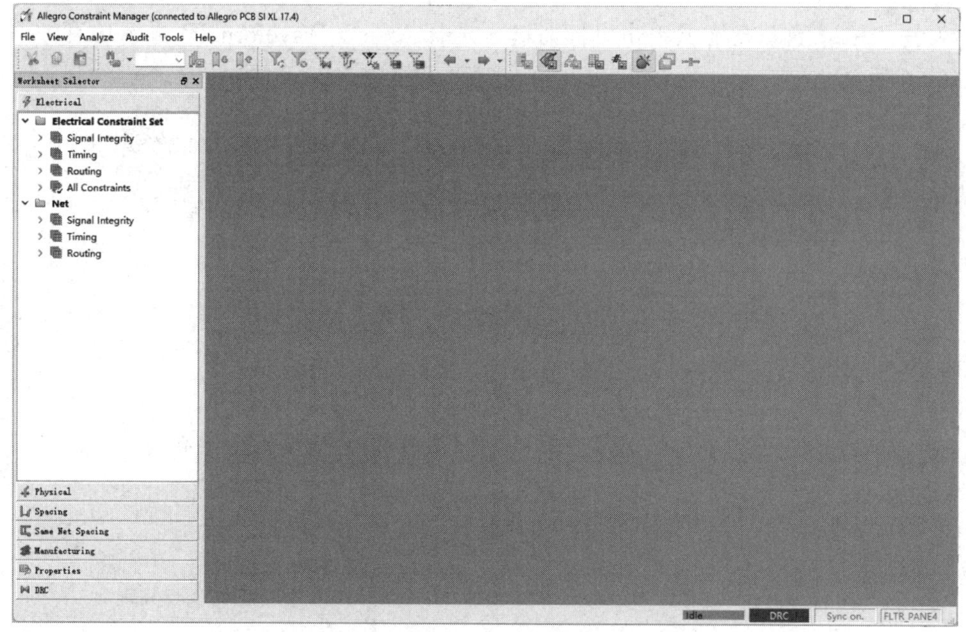

图 3-10-59　Allegro Constraint Manager 窗口

（4）单击“Electrical Constraint Set”→“All Constraints”表格符号，约束表格如图 3-10-60 所示。“All Constraints”表格保存设计中所有的 Electrical Constraint Set。

（5）在 Allegro Constraint Manager 窗口中执行菜单命令“File”→“Import”→“Electrical Csets”，弹出“Import an electrical ECSet file（.top）”对话框，如图 3-10-61 所示。在当前目录下列出所有拓扑文件。

（6）双击 DDR_Template.top，输入约束。

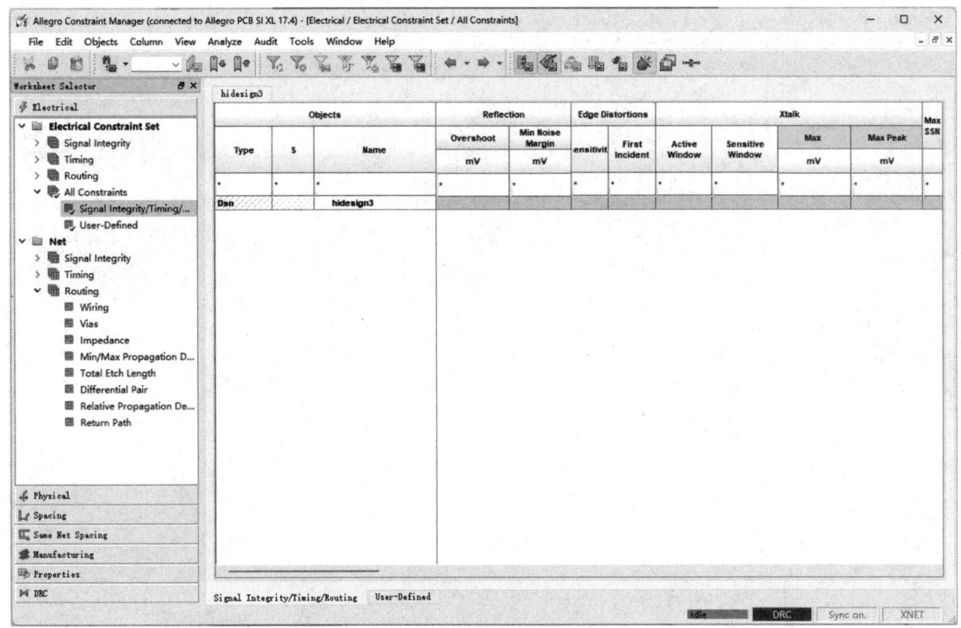

图 3-10-60　约束表格

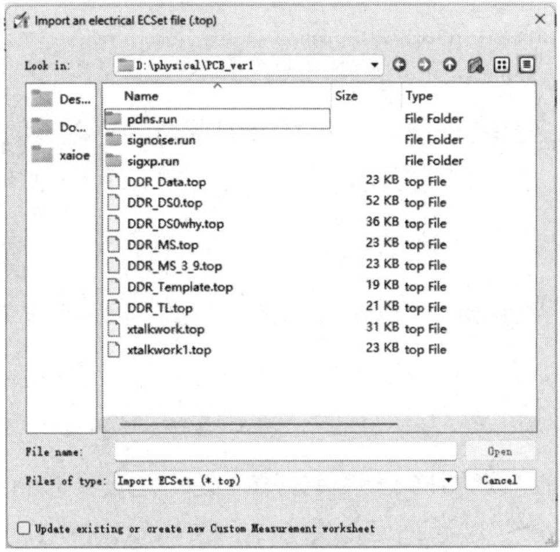

图 3-10-61　“Import an electrical ECSet file（.top）”对话框

（7）在 Allegro Constraint Manager 窗口的表格区域“Objects”栏中“hidesign3”前面的三角符号，显示该设计的电气约束 DDR_TEMPLATE。

在 DDR_Template.top 中已经保存了约束。它能被应用到与 Electrical CSet 的 PINUSE 属性匹配的任何网络或任何网络组。ECSet 被读到 Allegro Constraint Manager 中。

（8）单击“Objects”栏中“DDR_TEMPLATE”前的三角符号，查看引脚对信息，如图 3-10-62 所示。

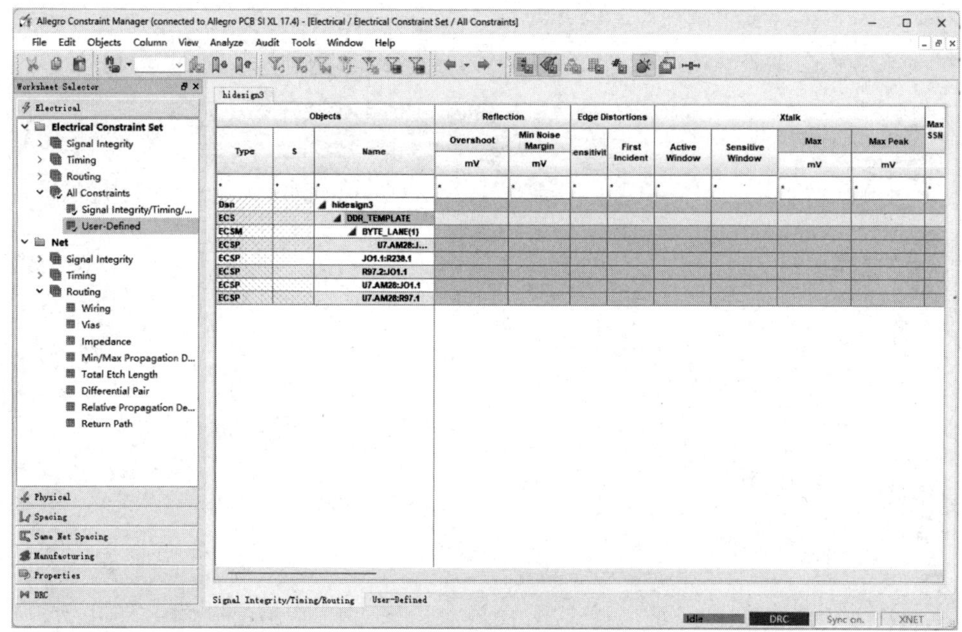

图 3-10-62　查看引脚对信息

（9）在 Allegro Constraint Manager 窗口中单击“Net”→“Routing”→“Min/Max Propagation Delays”表格符号。

（10）单击“BYTE_LANE0”前的三角符号展开总线，显示与总线有关的网络。

（11）单击“BYTE_LANE0”前的三角符号，不显示与总线有关的网络。

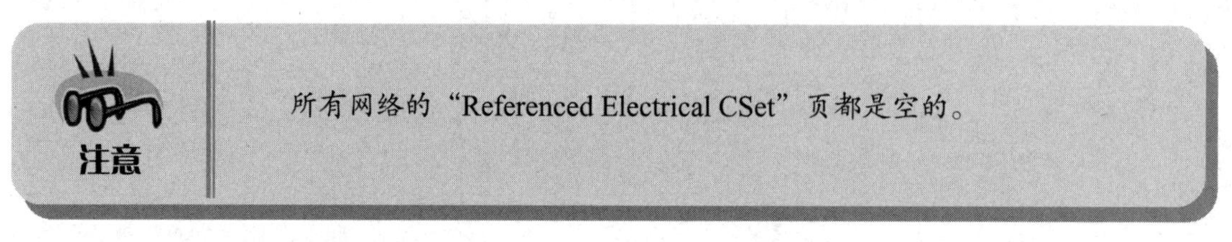

所有网络的“Referenced Electrical CSet”页都是空的。

（12）用鼠标右键单击总线“BYTE_LANE0”处，选择“Constraint Set References...”，弹出“Add To ElectricalCSet”对话框，如图 3-10-63 所示。

（13）单击“(None)”栏的下拉按钮，从下拉列表中选择“DDR_TEMPLATE”，如图 3-10-64 所示。

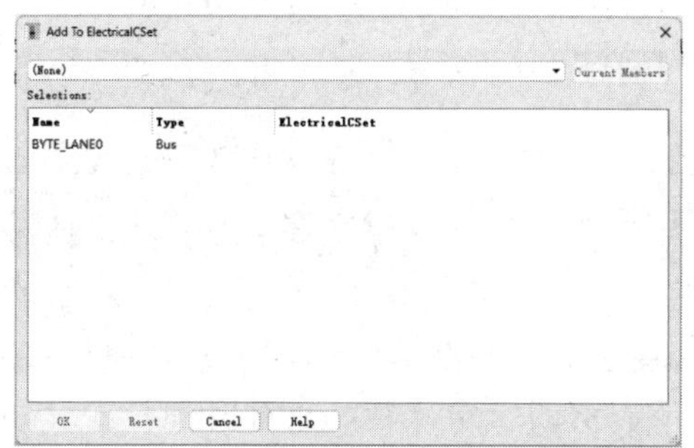

图 3-10-63　“Add To ElectricalCSet”对话框

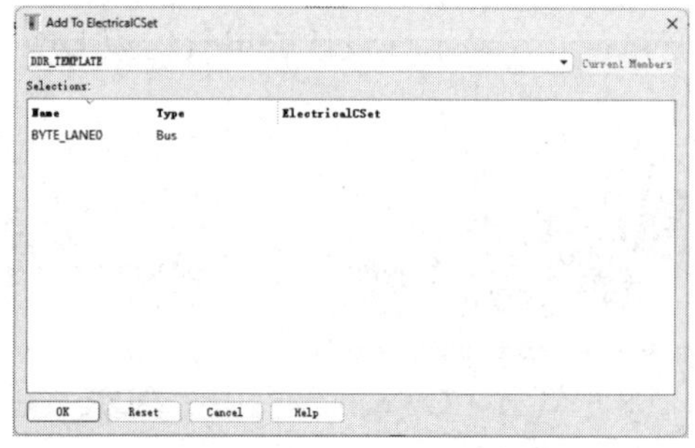

图 3-10-64　选择“DDR_TEMPLATE”

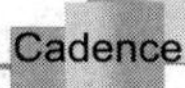

（14）单击“OK”按钮，关闭“Add To ElectricalCSet”对话框。

（15）单击表格的“Objects”栏中“BYTE_LANE0”前的三角符号展开总线，如图 3-10-65 所示。

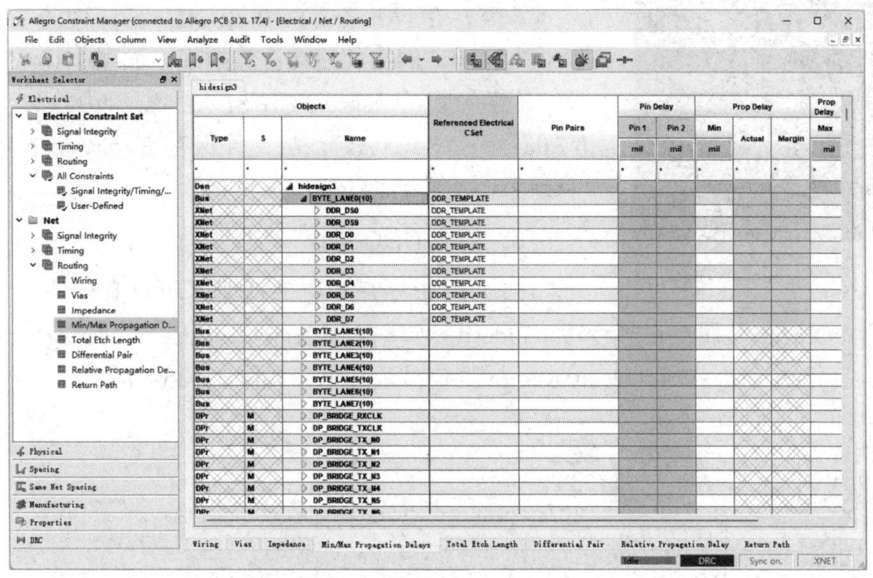

图 3-10-65　展开总线

（16）单击表格的“Objects”栏中“DDR_DS0”前的三角符号，查看引脚对信息。查看“Prop Delay”下面的“Min”栏和“Max”栏，这两栏的值显示为黑色文本。在“Prop Delay”下面的“Actual”和“Margin”栏也被填入值。绿色的值（方框内的值）表示满足约束，红色的值（方框外的值）表示不满足约束，如图 3-10-66 所示，显示红色的项目在 Allegro PCB SI XL 窗口有 DRC 标志。

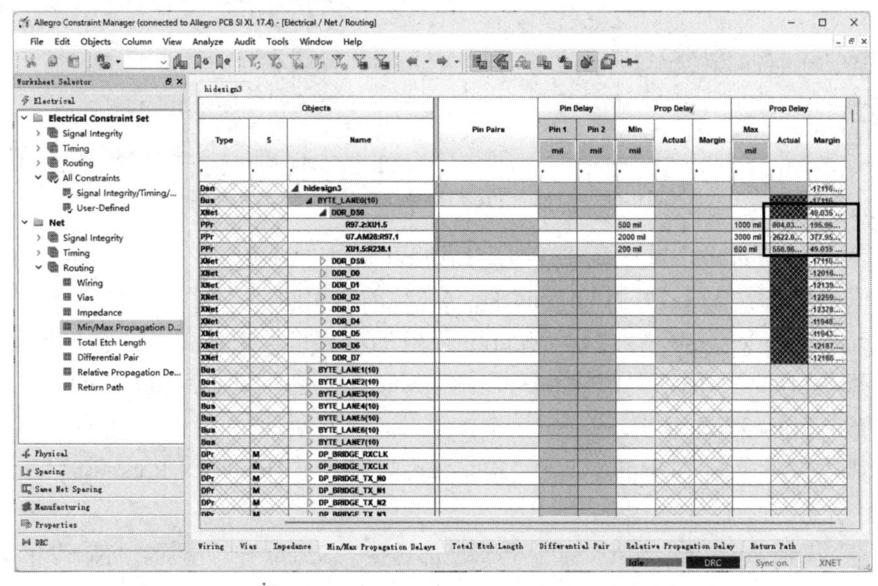

图 3-10-66　不满足约束的值显示红色

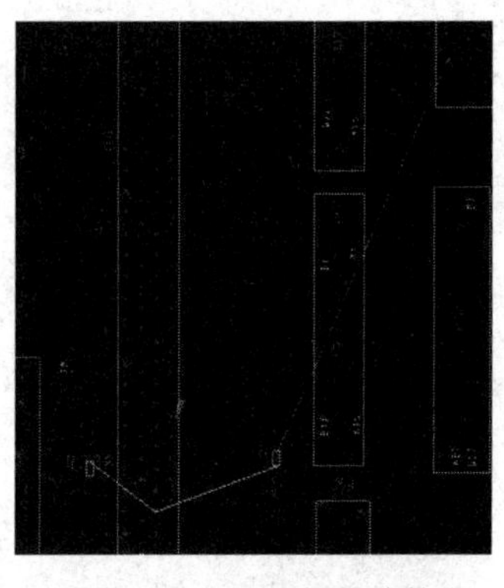

图 3-10-67　网络的连接

（17）单击表格的“Objects”栏中“DDR_DS0”前的三角符号，不显示引脚对信息。

（18）关闭约束管理器。

（19）在 Allegro PCB SI XL 窗口中查看“DDR_DS0”网络，网络的连接已经改变，如图 3-10-67 所示。

（20）在 Allegro PCB SI XL 窗口中执行菜单命令“File”→“Save As”，将文件保存在 physical\ PCB_ver1 目录下，文件名为 hidesign4.brd。

5．解决 DRC 错误

（1）重新打开约束管理器，可以看到约束管理器的“Dsn”的“Objects”属性已经变成“hidesign4”，在 Allegro Constraint Manager 窗口中，“hidesign4”行的“Max Prop Delay Margin”值显示红色，如图 3-10-68 所示。

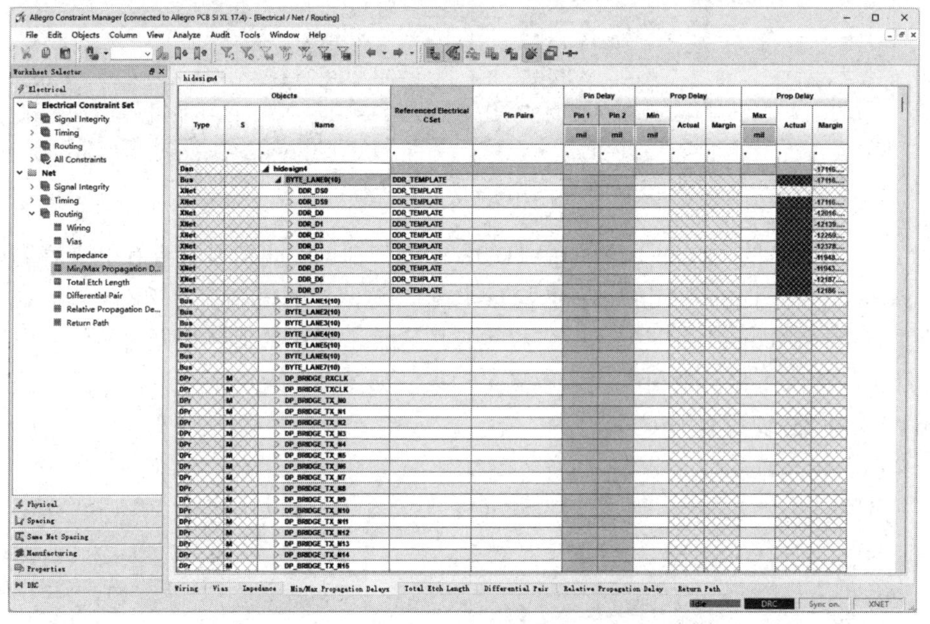

图 3-10-68　“Max Prop Delay Margin”值显示红色

（2）向下滚动表格，发现在“BYTE_LANE0”行“DDR_DS9”的“Max Prop Delay Margin”值同样显示红色，并且与“hidesign4”行的值相同。

（3）选择“hidesign4”行显示“Margin”值的单元格，单击鼠标右键，选择“Go to source”，表格自动显示网络“DDR_DS9”的“Margin”值，如图 3-10-69 所示。

（4）在 Allegro PCB SI XL 窗口中单击按钮，不显示所有飞线。

（5）执行菜单命令“Display”→“Ratsnest”，弹出“Display - Ratsnest”对话框，如图 3-10-70 所示。

（6）在“Display - Ratsnest”对话框的顶部选中“Select By”栏的“Net”单选按钮，并在“Net Filter”栏中输入“DDR_DS9”，如图 3-10-71 所示。

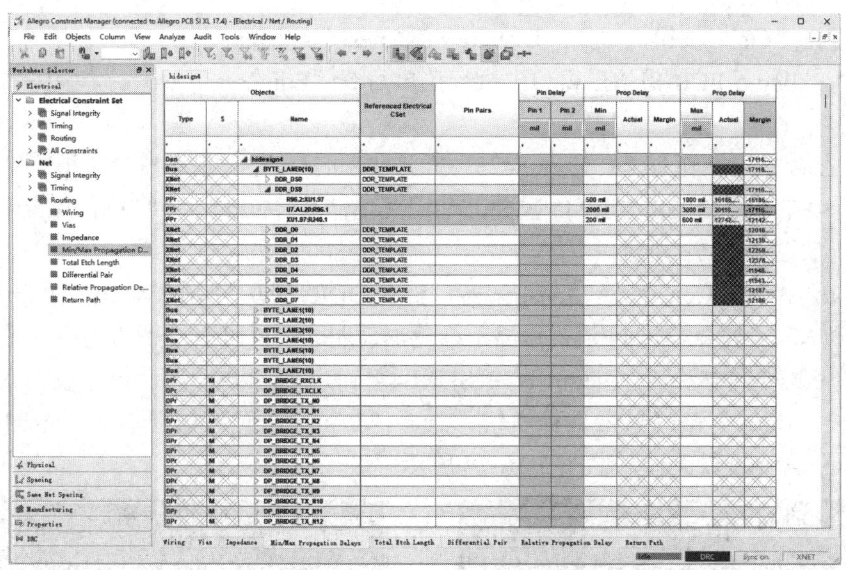

图 3-10-69　显示 DDR_DS9 网络约束

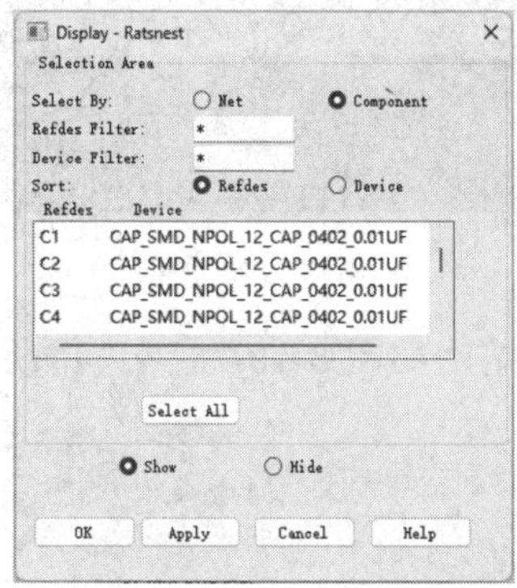

图 3-10-70　“Display - Ratsnest”对话框

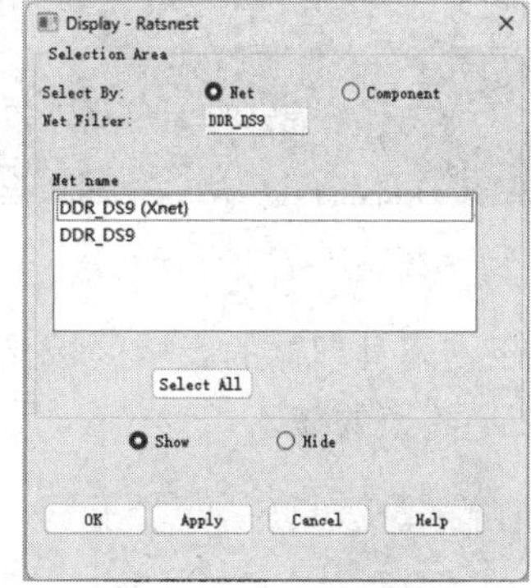

图 3-10-71　输入“DDR_DS9”

（7）单击“Select All”按钮，显示飞线，如图 3-10-72 所示。

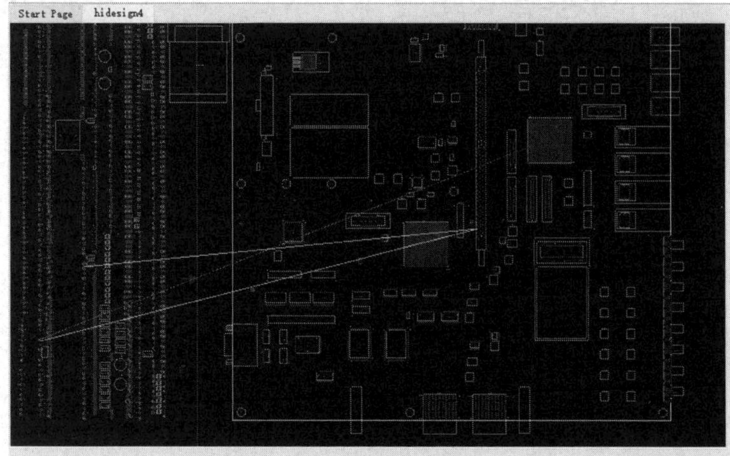

图 3-10-72　显示飞线

（8）单击“OK”按钮，关闭“Display - Ratsnest”对话框。

（9）在 Allegro PCB SI XL 窗口中执行菜单命令“Edit”→“Move”，在编辑窗口单击“R240”。

（10）在命令区域输入“x 6820 5425”并按“Enter”键，元件被放在指定的位置。此时 DDR_DS0 的元件 R238 与 R240 重叠，利用菜单命令“Edit”→“Spin”（旋转命令）将它们分开，如图 3-10-73 所示。

（11）在 Allegro Constraint Manager 窗口查看 DDR_DS9 网络的 XU1.97:R240.1 引脚对的 Actual 和 Margin Max Delay 值，已显示绿色，表明这个引脚对已不违反约束规则。

（12）用同样的方法在 Allegro PCB SI XL 窗口选中 R96，在命令区域输入“x 7725 5570”并按“Enter”键，单击鼠标右键，选择“Done”，元件被摆放在指定的位置，并使用“Spin”命令旋转元件，如图 3-10-74 所示。

图 3-10-73　分开元件

图 3-10-74　旋转元件

（13）在约束管理器的表格区域显示 DDR_DS9 网络，如图 3-10-75 中方框所示，没有红色的不满足约束的值。

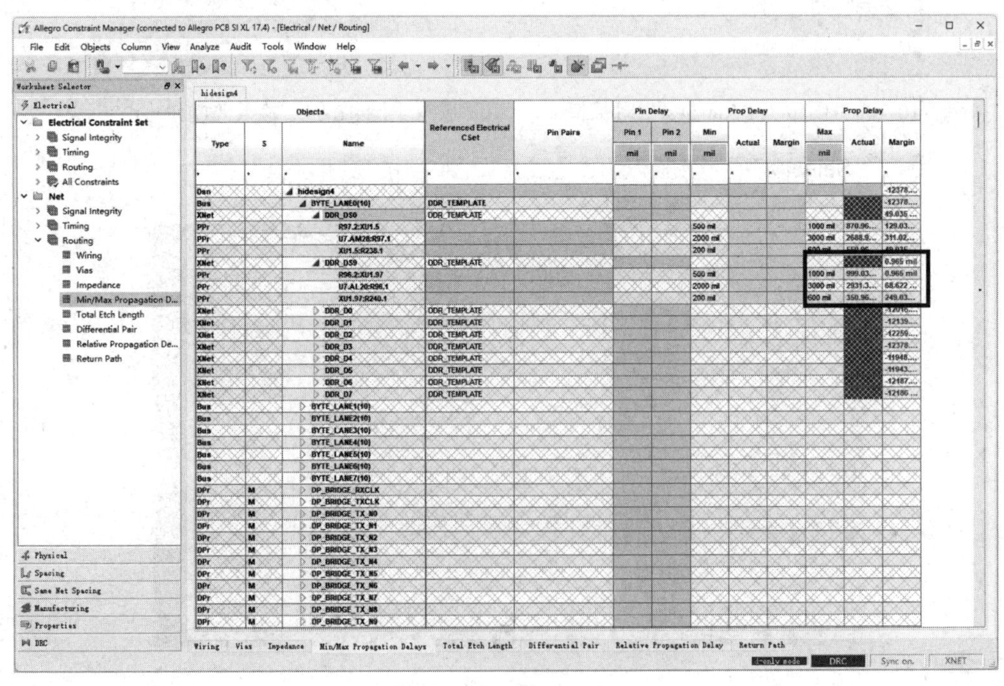

图 3-10-75　查看约束

（14）摆放其他元器件于板框上（可参考文件 hidesign5.brd），如图 3-10-76 所示。

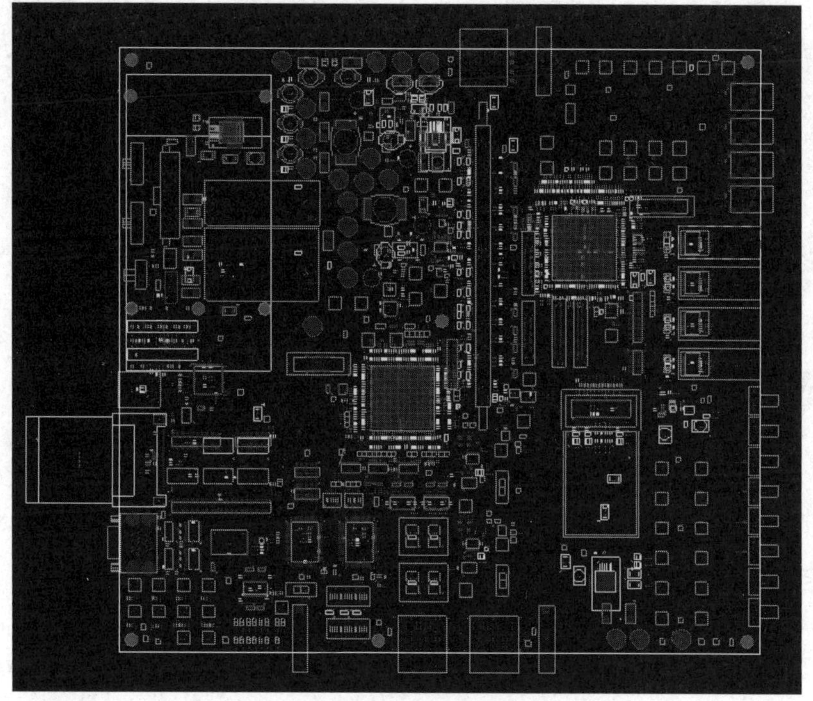

图 3-10-76 元器件布局图

（15）在 Allegro PCB SI XL 窗口中执行菜单命令“File”→“Save As”，弹出“另存为”对话框，在“文件名”框中输入“hidesign5”，单击“保存”按钮，保存 PCB 文件。

3.11 本章思考题

（1）信号反射会引起什么问题？应该如何减小反射带来的影响？

（2）串扰的定义是什么？分为几类？

（3）时序中的飞行时间如何计算？

（4）如何提取拓扑结构？

（5）有损传输线和理想传输线的区别有哪些？Cadence 仿真中如何设置有损传输线？

（6）如何利用仿真结果建立电气约束规则从而完成高速 PCB 布局？

第4章　约束驱动布线

4.1　学习目标

本章主要学习 PCB 约束驱动布线的方法。约束驱动布线包括手工布线和自动布线，这两种布线方法各有优缺点。通过本章的学习，应该掌握这两种基本的布线方法，并体会这两种布线方法各自的优缺点。

4.2　手工布线

【本节目的】学习对某一网络进行手工布线的方法。

【使用软件】Allegro PCB SI，Allegro Constraint Manager。

【使用文件】physical\PCB_ver1\hidesign5.brd，physical\PCB_ver1\ hidesign_manroute.brd。

1．手工为 DDR_DS0 网络布线

1）显示 DDR_DS0 网络的飞线

（1）启动“Allegro PCB SI XL”，打开 physical\PCB_ver1\hidesign5.brd 文件。

（2）执行菜单命令“Display”→“Ratsnest”，弹出“Display-Ratsnest”对话框，如图 4-2-1 所示。

（3）选中“Selection Area”区域“Select By”栏的“Net”单选按钮，如图 4-2-2 所示。

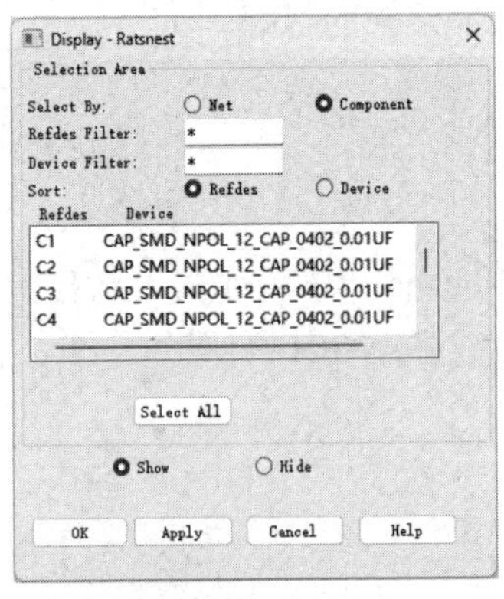

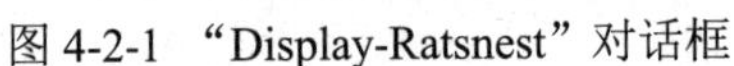
图 4-2-1　“Display-Ratsnest”对话框

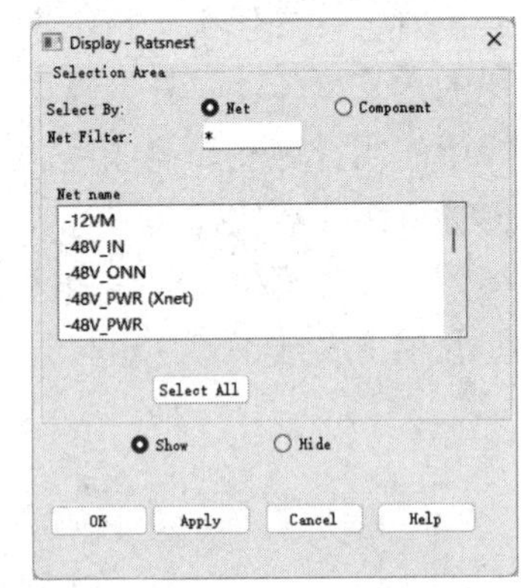

图 4-2-2　选中“Net”单选按钮

（4）在“Net Filter”栏中输入“DDR_DS0”并按“Tab”键，如图 4-2-3 所示，列表框中仅有与 DDR_DS0 相关的网络。

（5）确认已选中“Display-Ratsnest”对话框底部的“Show”单选按钮，单击“Select

All”按钮，显示 DDR_DS0 网络的飞线，如图 4-2-4 所示。

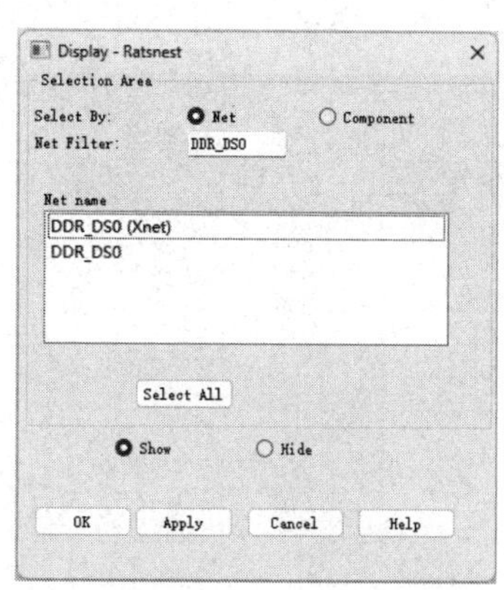

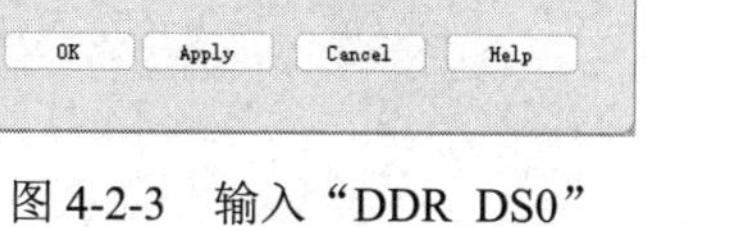

图 4-2-3　输入“DDR_DS0”

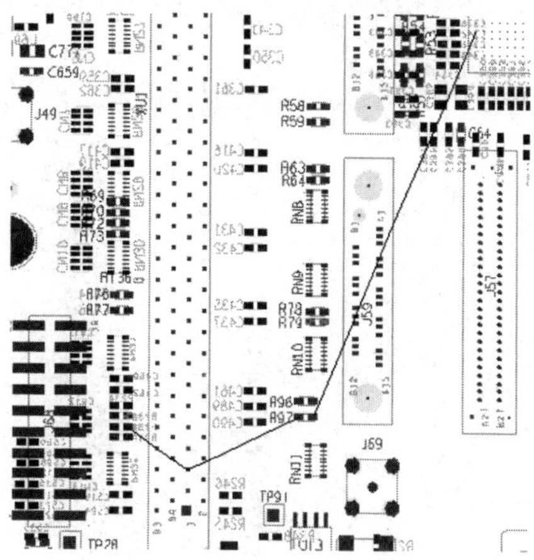

图 4-2-4　显示飞线

（6）单击“OK”按钮，关闭“Display - Ratsnest”对话框。

2）在 Allegro Constraint Manager 窗口中选择 DDR_DS0 网络

（1）执行菜单命令“Setup”→“Constraints”→“Electrical...”，弹出 Allegro Constraint Manager 窗口。

（2）在 Allegro Constraint Manager 窗口左侧列表框中单击“Net”→“Routing”→“Min/Max Propagation Delays”表格符号，如图 4-2-5 所示。

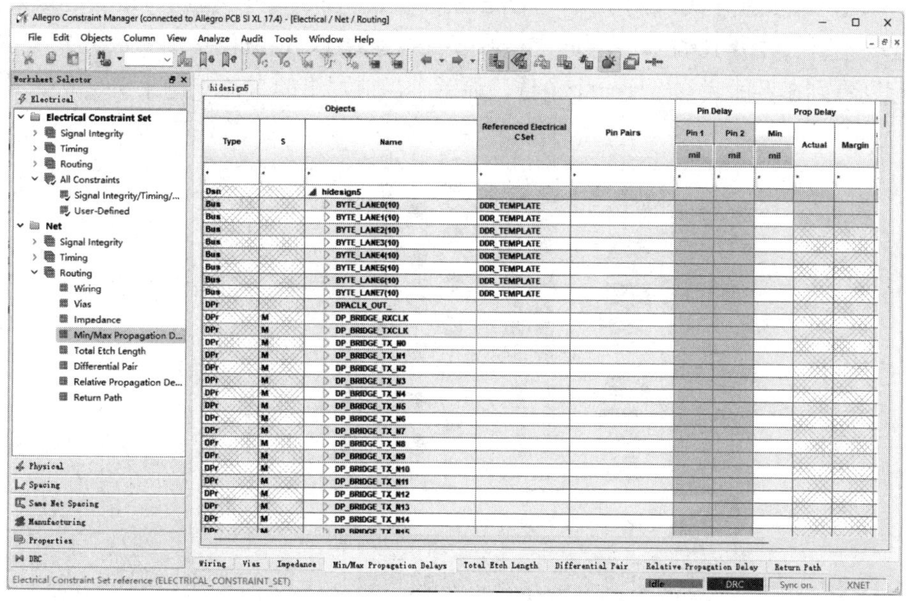

图 4-2-5　单击“Min/Max Propagation Delays”表格符号

（3）单击表格的“Objects”栏中“BYTE_LANE0”前的三角符号。

（4）单击表格中“DDR_DS0”前的三角符号，显示引脚对信息，如图 4-2-6 所示。

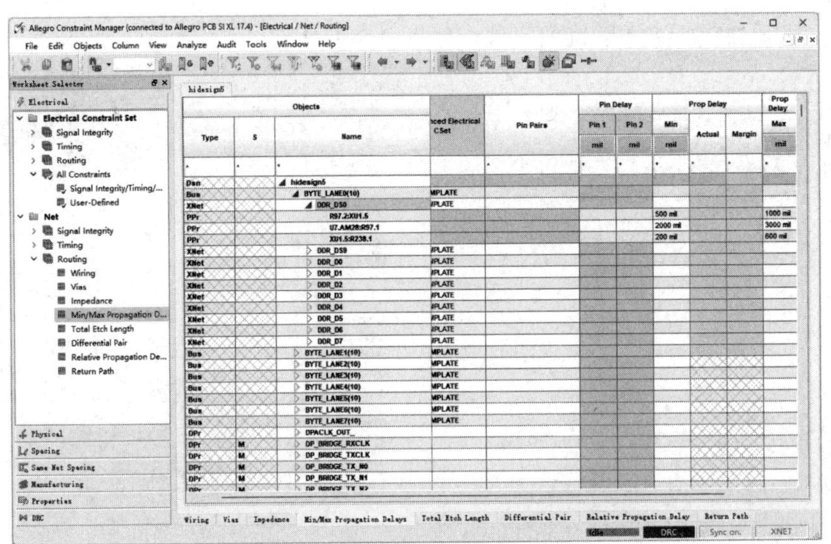

图 4-2-6　显示引脚对信息

3）为 DDR_DS0 网络手工布线

（1）在 Allegro PCB SI XL 窗口执行菜单命令“View”→“Zoom Points”，单击并拖动鼠标指针，建立一个包围 R238 的矩形区域，如图 4-2-7 所示。

（2）执行菜单命令“Route”→“Connect”，在控制面板的“Options”页面进行设置，如图 4-2-8 所示。

（3）单击 R238 显示飞线的引脚，“Options”页面“Net”区域显示 Ddr_Strobe0 网络，“Via”区域显示“<20R10VIA>”（Ddr_Strobe0 网络是 DDR_DS0 网络的一部分），如图 4-2-9 所示，可以看到在界面底部出现一个条框，显示了当前网络的 Delay 约束情况，如图 4-2-10 所示。

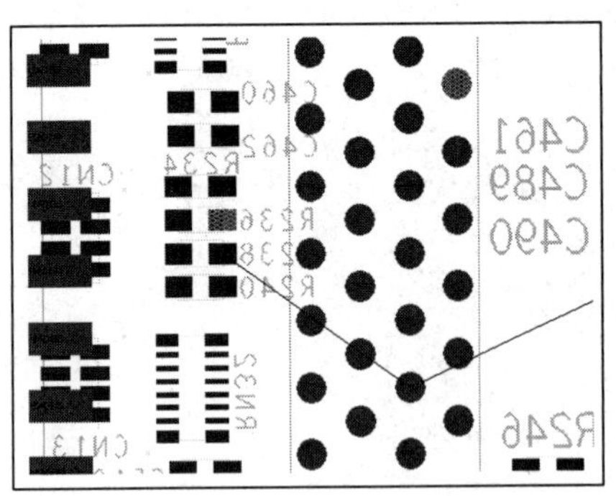

图 4-2-7　建立包围 R238 的矩形区域

（4）向 XU1 显示飞线的引脚移动光标，开始布线，在工作空间中单击一点，可以看到 DRC 标志出现在引脚上，并且 DRC 标志有“PL”文本，如图 4-2-11 所示。这违反了引脚到线的设计规则。将“Options”页面的“Bubble”选项设置为“Off”，允许完成布线。完成布线后出现 DRC 标志表明违反了设计规则。

（5）在工作空间单击鼠标右键，选择“Oops”，DRC 标志消失。

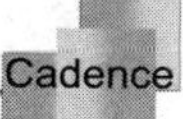

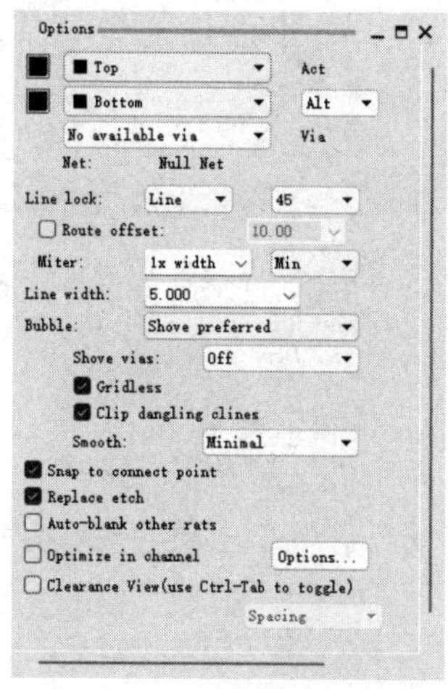

图 4-2-8 “Options”页面设置

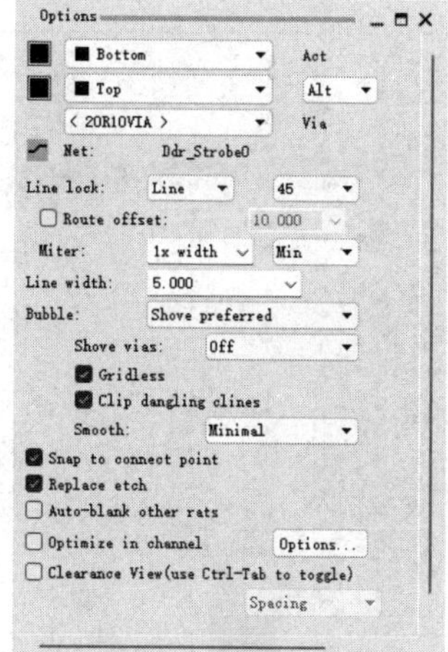

图 4-2-9 “Options”页面

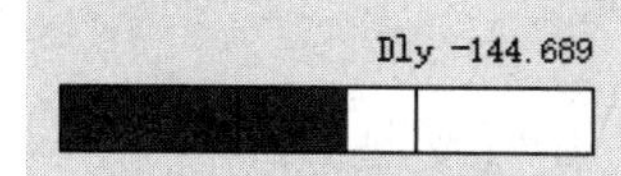

图 4-2-10　当前网络的 Delay 约束情况

（6）在控制面板的“Options”页面，改变“Bubble”选项为“Hug Preferred”，继续布线并移动光标到 XU1 的 5 号引脚。

（7）单击 XU1 的 5 号引脚，可以看到已经完成的布线没有违反设计规则。布线将按照“Options”页面的“Bubble”选项在障碍物周围设置自动避让，如图 4-2-12 所示。

（8）在工作空间单击鼠标右键，选择“Swap Layers”（交换层面），“Options”页面显示 TOP 层是“Act”层。

（9）单击 XU1 的 5 号引脚，拖动光标继续在 TOP 层布线，单击 R97 的 2 号引脚，如图 4-2-13 所示。

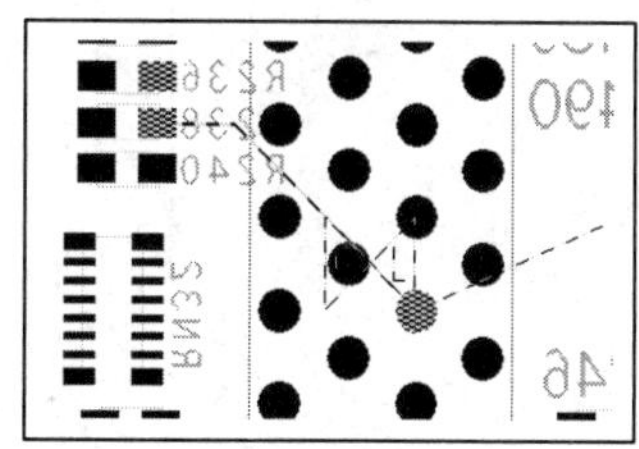

图 4-2-11　引脚上出现 DRC 标志

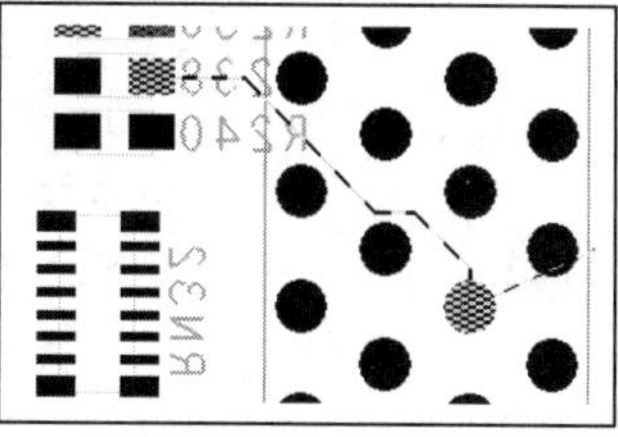

图 4-2-12　自动避让

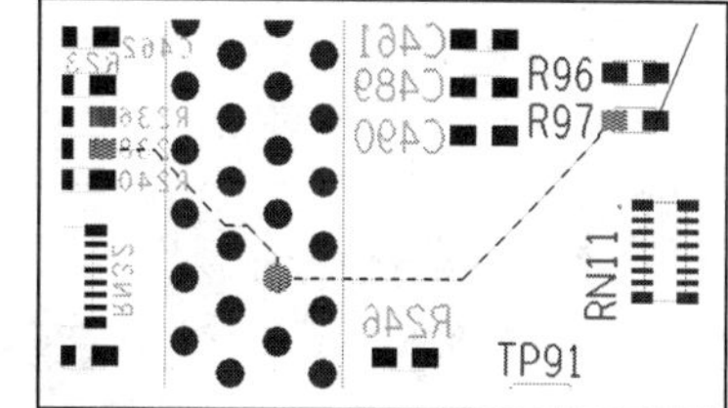

图 4-2-13　单击 R97 的 2 号引脚

（10）单击 R97 的 1 号引脚，拖动光标继续在 TOP 层布线，沿飞线到 U7 的 AM28 引脚，单击该引脚，单击鼠标右键，选择“Done”，布线结果如图 4-2-14 所示。

2. 布线后调整

1）使用“Slide”命令修改布线

（1）执行菜单命令“Route”→“Slide”，在控制面板的“Options”页面进行设置，如图 4-2-15 所示。

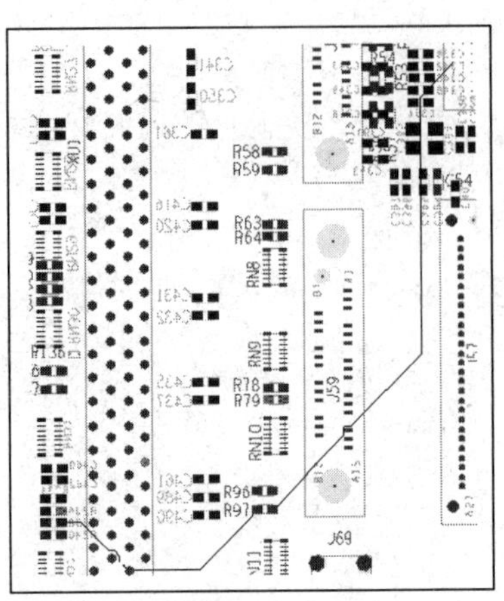

图 4-2-14　布线结果

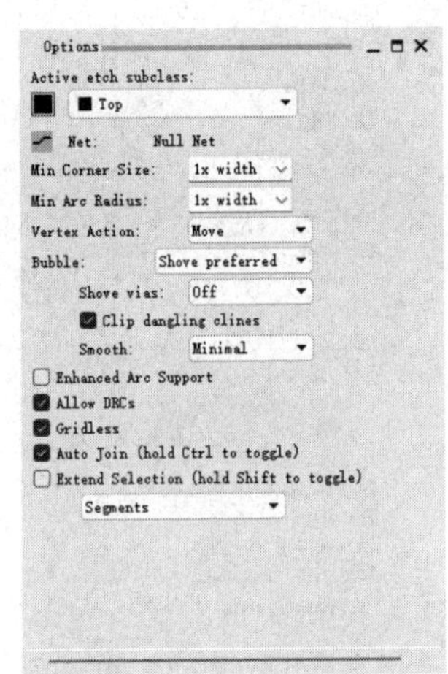

图 4-2-15　“Options”页面设置

☺　Min Corner Size：1x width。

☺　Min Arc Radius：1x width。

☺　Vertex Action：Line corner、Arc corner、Move、Edit、None。

☺　Bubble：Off、Hug only、Hug preferred、Shove preferred。

☺　Enhanced Arc Support：加强电弧支持。

☺　Allow DRCs：显示 DRC 警告标志。

☺　Gridless：是否在格点上对布线进行调整。

☺　Auto Join（hold Ctrl to toggle）：自动推挤。

☺　Extend Selection（hold Shift to toggle）：额外的选择。

（2）单击 R238 与 XU1 之间的布线，移动布线，调整好后单击鼠标右键，选择“Done”，结果如图 4-2-16 所示。

（3）调整 U7 与 R97 之间的布线，调整后如图 4-2-17 所示。

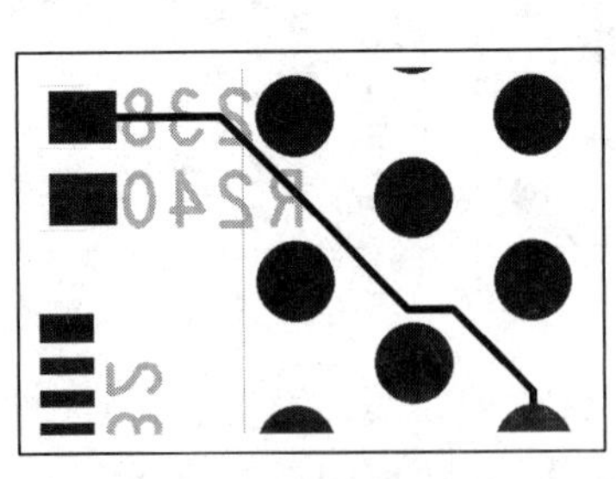

图 4-2-16　调整布线结果（1）

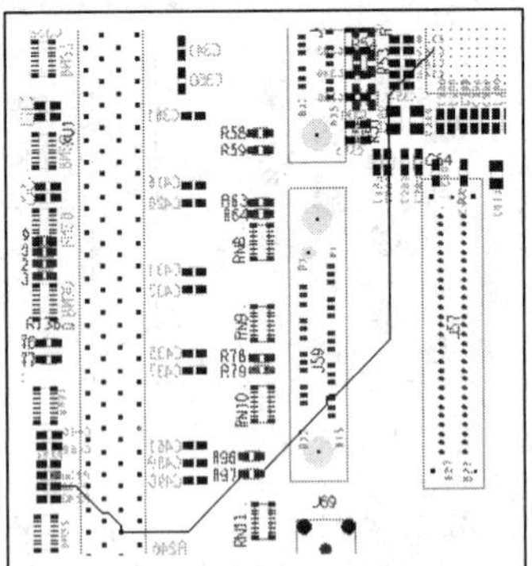

图 4-2-17　调整布线结果（2）

（4）使 Allegro Constraint Manager 窗口在前端显示，DDR_DS0 行中显示绿色的值，表示没有违反约束规则，如图 4-2-18 所示。

（5）在 Allegro Constraint Manager 窗口执行菜单命令“File”→“Close”，退出约束管理器。

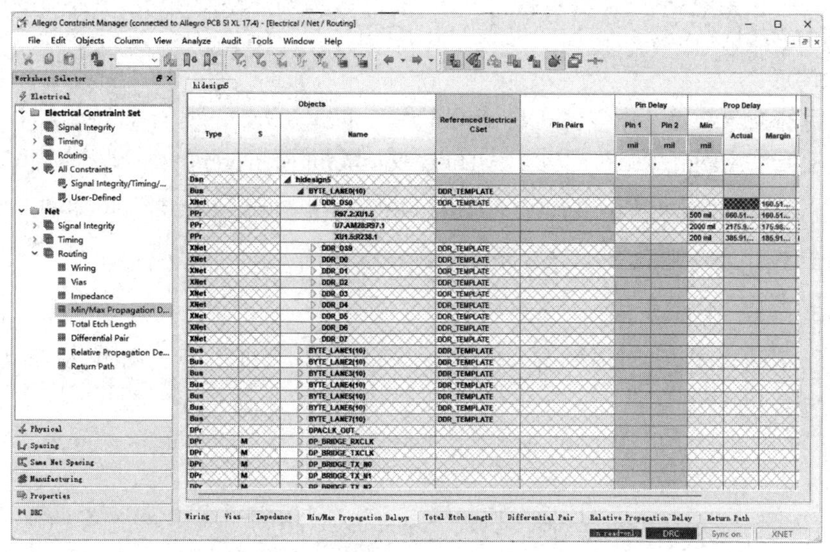

图 4-2-18　DDR_DS0 行中显示绿色的值

2）改变布线的宽度和文本大小

（1）执行菜单命令“Edit”→“Change”，在控制面板的“Options”页面进行设置，如图 4-2-19 所示。

（2）单击 DDR_DS0 网络的 R238 与 XU1 的引脚间的布线，布线变宽，但是会有 DRC 标志出现，如图 4-2-20 所示。

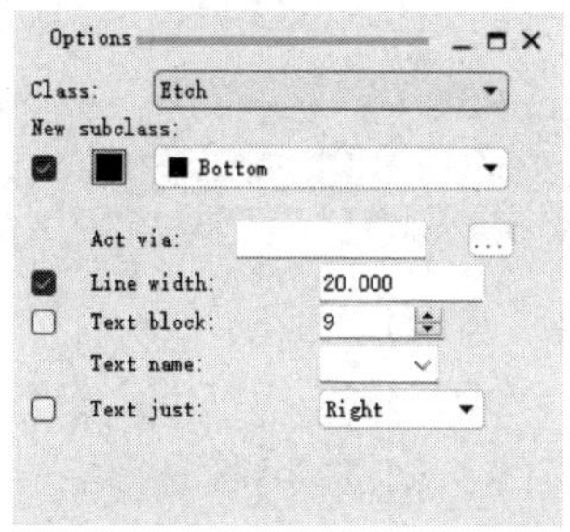

图 4-2-19　“Options”页面设置

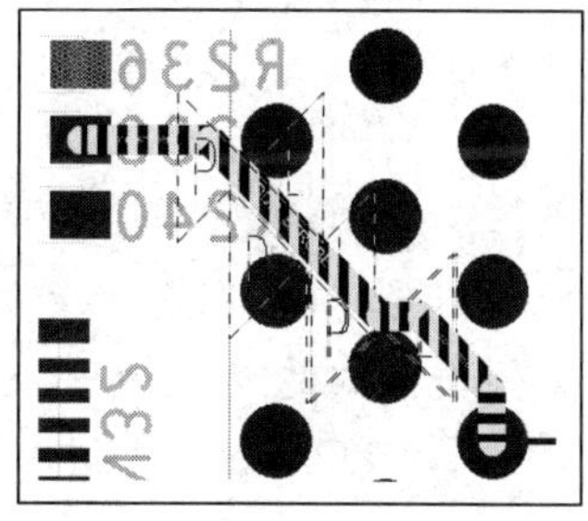

图 4-2-20　DRC 标志出现

（3）单击鼠标右键，选择“Oops”，撤销线宽的改变。

（4）执行菜单命令“View”→“Zoom Points”，放大显示电阻排 R97，修改“Options”页面设置，如图 4-2-21 所示。

（5）单击文本“R97”，该文本变大，单击鼠标右键，选择“Cancel”，取消已做的改变。

（6）执行菜单命令“File”→“Save As”，弹出“另存为”对话框，在“文件名”框中输入“hidesign_manroute”，单击“保存”按钮，保存文件。

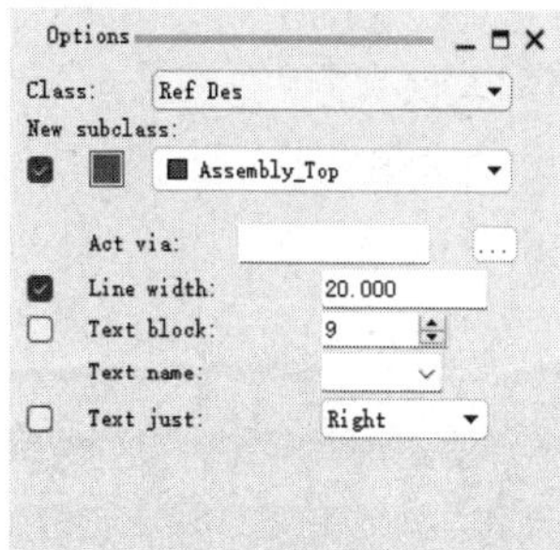

图 4-2-21　修改“Options”页面设置

4.3　自动布线

【本节目的】学习对某一网络进行自动布线的方法。

【使用工具】Allegro PCB SI XL，Allegro Constraint Manager。

【使用文件】physical\PCB_ver1\hidesign5.brd，physical\PCB_ver1\hidesign_autoroute。

1. 为 DDR_DS0 和 DDR_DS9 网络自动布线

1）显示 DDR_DS0 和 DDR_DS9 网络的飞线

（1）在 Allegro PCB SI XL 窗口中执行菜单命令“File”→“Open”，打开 physical\PCB_ver1\hidesign5.brd 文件。

（2）执行菜单命令“Display”→“Ratsnest”，弹出“Display-Ratsnest”对话框，如图 4-3-1 所示。

（3）确认选中“Selection Area”区域“Select By”栏的“Net”单选按钮。

（4）在“Net Filter”栏中输入“DDR_DS?”并按“Tab”键，如图 4-3-2 所示。

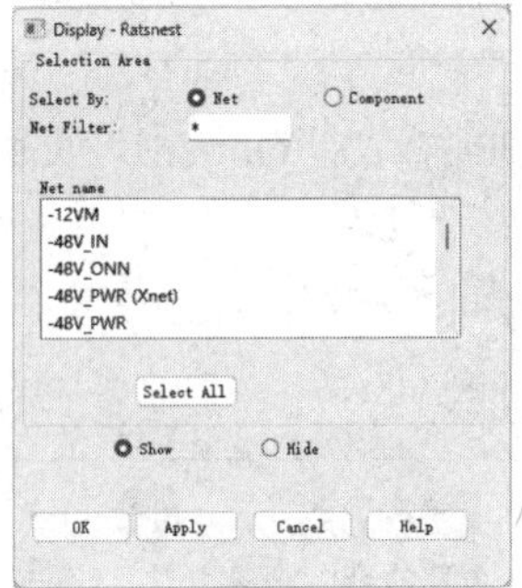

图 4-3-1　“Display-Ratsnest”对话框

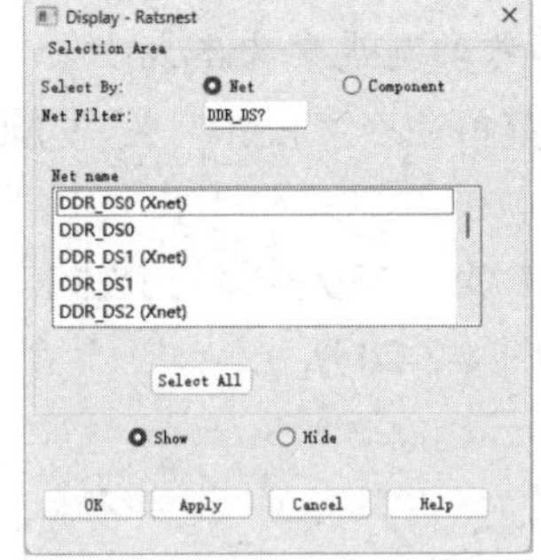

图 4-3-2　输入“DDR_DS?”

（5）选中“Display-Ratsnest”对话框中的“Show”单选按钮。

（6）单击列表框中的“DDR_DS0（Xnet）”、“DDR_DS0”、“DDR_DS9（Xnet）”和“DDR_DS9”，显示 DDR_DS0 和 DDR_DS9 网络的飞线，如图 4-3-3 所示。

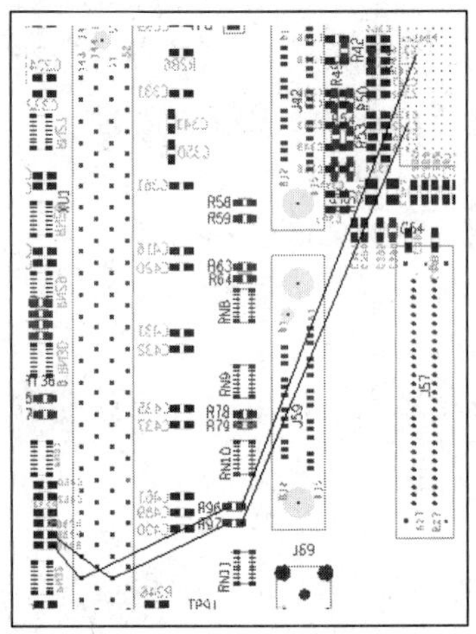

图 4-3-3　显示 DDR_DS0 和 DDR_DS9 网络的飞线

（7）单击“OK”按钮，关闭“Display-Ratsnest”对话框。

2）使用“Route Net by Pick”命令为 DDR_DS0 和 DDR_DS9 网络自动布线

（1）执行菜单命令“Route”→“PCB Router”→“Route Net（s）by Pick”，在工作空间内任意位置单击鼠标右键，选择“Setup”，弹出“Automatic Router”对话框，如图 4-3-4 所示。

（2）在“Router Setup”选项卡中选中“Use smart router”单选按钮，如图 4-3-5 所示。

（3）单击“Close”按钮，关闭“Automatic Router”对话框。

（4）单击并按住鼠标左键，在任意显示两个飞线的部分画一个选择框，弹出布线进度窗口，如图 4-3-6 所示，当进度窗口不显示时说明布线完成。

（5）在工作空间的任意位置单击鼠标右键，选择“Done”，结束布线，结果如图 4-3-7 所示。

（6）执行菜单命令“File”→“Save as”，将文件保存于 physical\PCB_ver1 目录下，文件名为“hidesign_autoroute”。

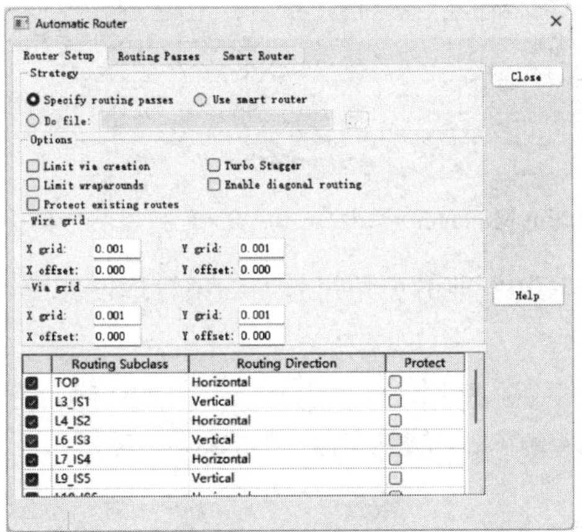

图 4-3-4　“Automatic Router”对话框

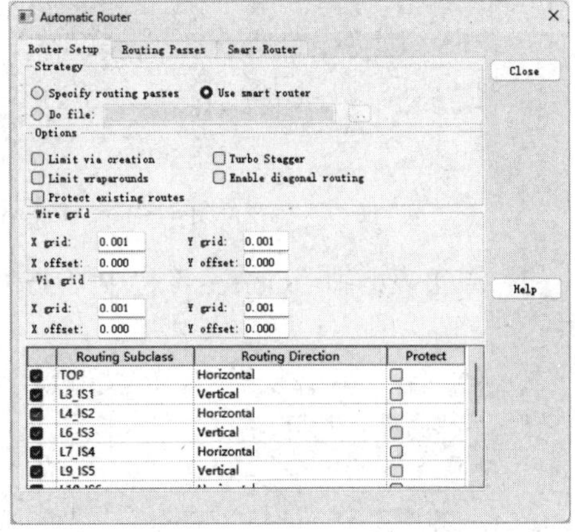

图 4-3-5　选中“Use smart router”单选按钮

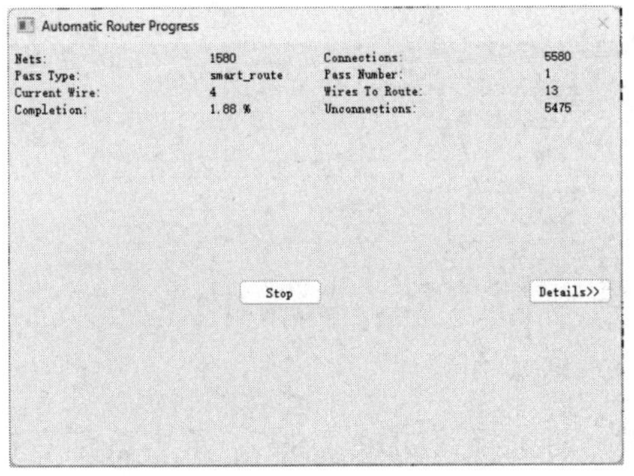

图 4-3-6　布线进度窗口

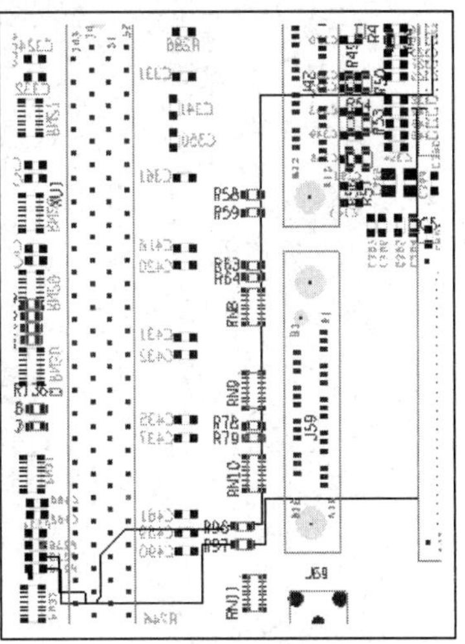

图 4-3-7　自动布线结果

2. 检查已布线延时约束

（1）执行菜单命令“Setup”→“Constraints”→“Electrical…”，打开 Allegro Constraint Manager 窗口，如图 4-3-8 所示。

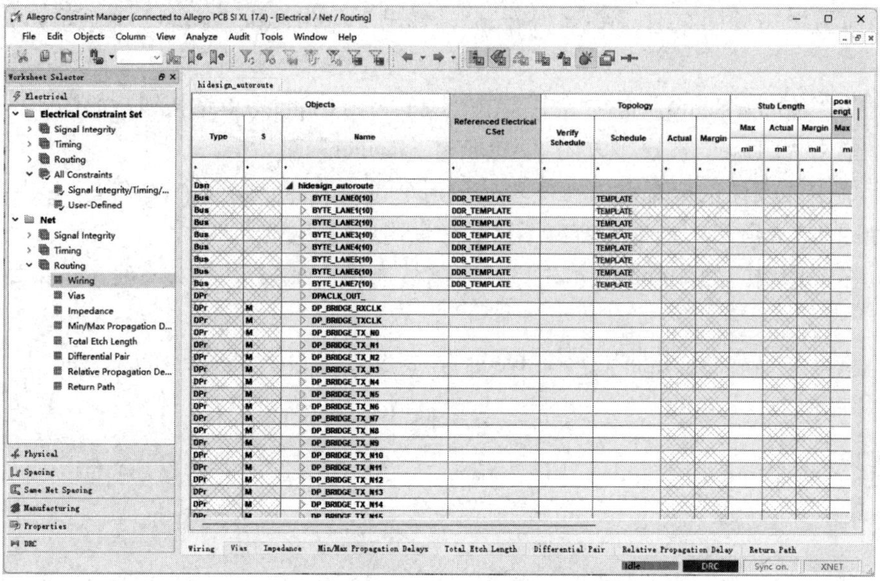

图 4-3-8 Allegro Constraint Manager 窗口

（2）单击表格中“Objects”栏中“BYTE_LANE0”前的三角符号，约束管理器如图 4-3-9 所示。

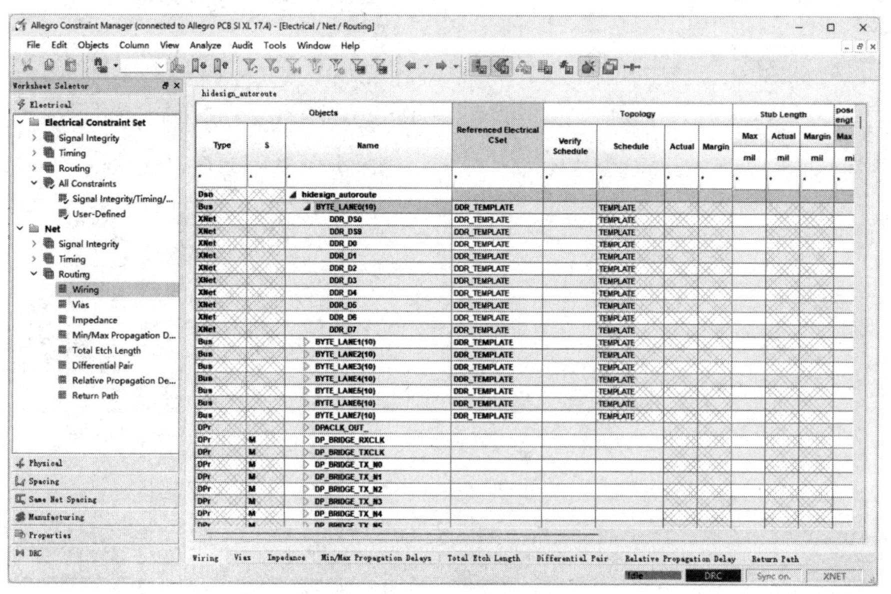

图 4-3-9 约束管理器

（3）先选择“DDR_DS0”，按住“Ctrl”键，再选择“DDR_DS9”，单击鼠标右键，选择“Analyze”，“Margin”栏有绿色的值（方框内的值）显示，如图 4-3-10 所示。

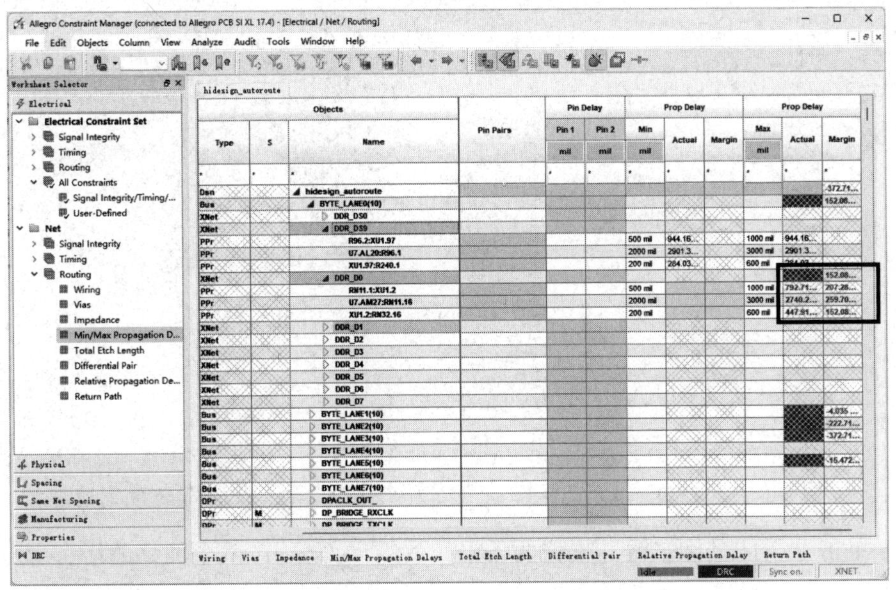

图 4-3-10　分析网络的约束

（4）选中“Max Prop Delay”栏的“Margin”列，单击鼠标右键，选择“Sort”。Margin 列的值会按升序排列，如图 4-3-11 所示。

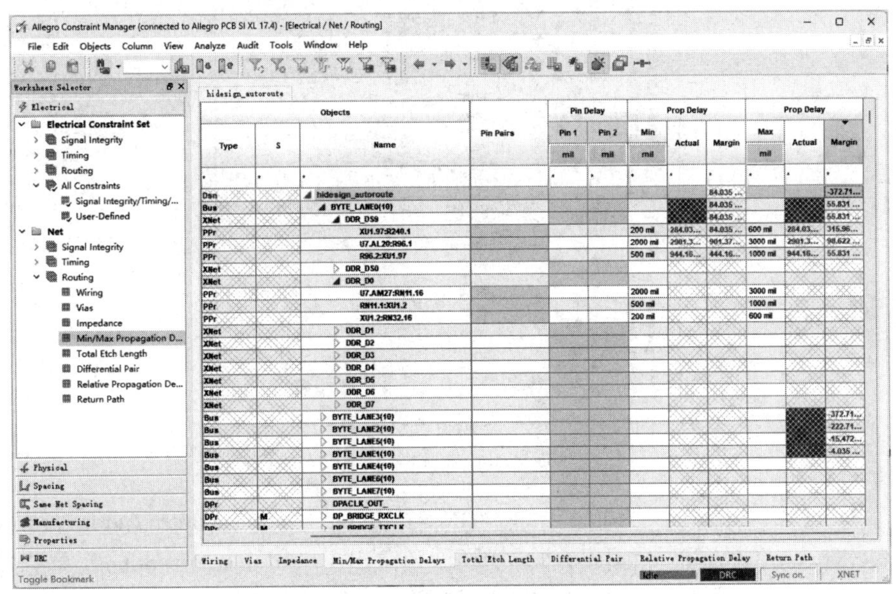

图 4-3-11　“Margin”列的值按升序排列

3．使用 Automatic Router 自动布线

（1）执行菜单命令“Edit”→“Delete”，在控制面板的“Find”页面进行设置，如图 4-3-12 所示。

（2）控制面板的“Options”页面设置如图 4-3-13 所示。

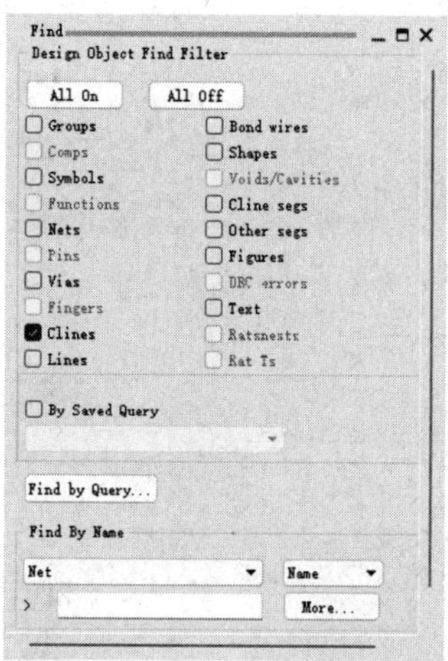

图 4-3-12 “Find”页面设置

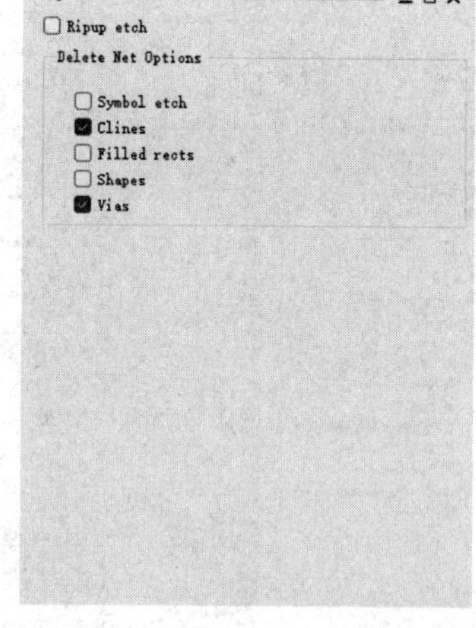

图 4-3-13 “Options”页面设置

（3）单击并按住鼠标左键，框住两条已布的线（部分），两个网络的所有部分都高亮显示。

（4）单击鼠标右键，选择“Done”，删除布线，如图 4-3-14 所示。

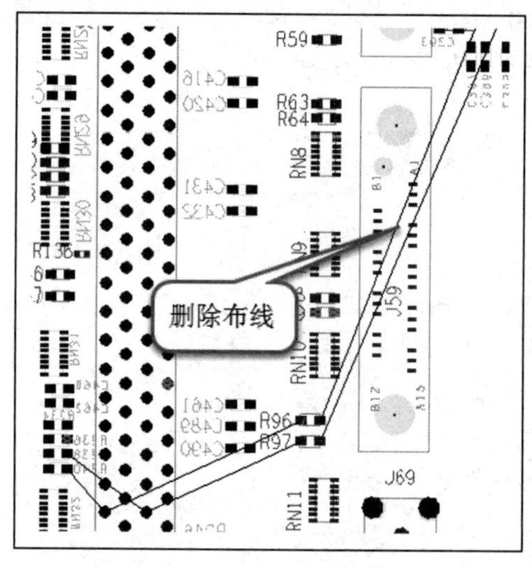

图 4-3-14 删除布线

（5）执行菜单命令“Route”→“PCB Router”→“Route Automatic”，弹出“Automatic Router”对话框，如图 4-3-15 所示，仍然选中“Use smart router”单选按钮。

（6）在“Automatic Router”对话框中选择“Selections”选项卡，选中“All selected”单选按钮，在“Available objects”区域的“Filter”栏中输入“DDR_DS?”并按“Tab”键，列表框中显示 DDR_DS0～DDR_DS9 网络，如图 4-3-16 所示。

（7）在“Available objects”区域的列表框中选择“DDR_DS0”和“DDR_DS9”，这两个网络被移到右边的“Selected Objects”列表框中，如图 4-3-17 所示。

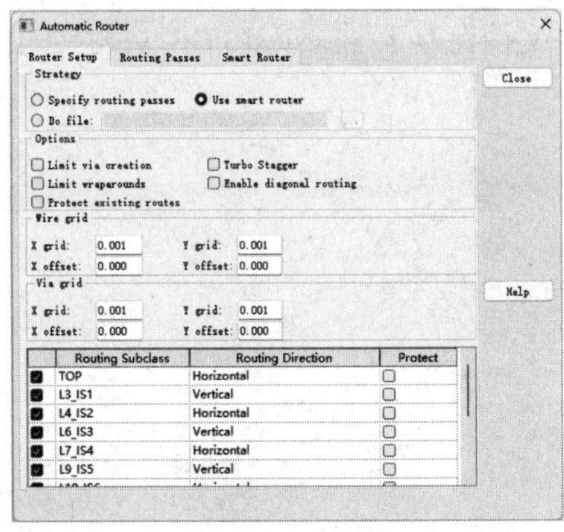

图 4-3-15　“Automatic Router”对话框

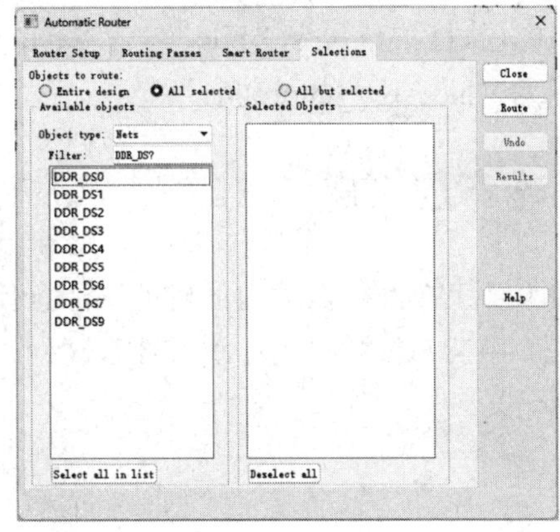

图 4-3-16　“Selections”选项卡参数设置

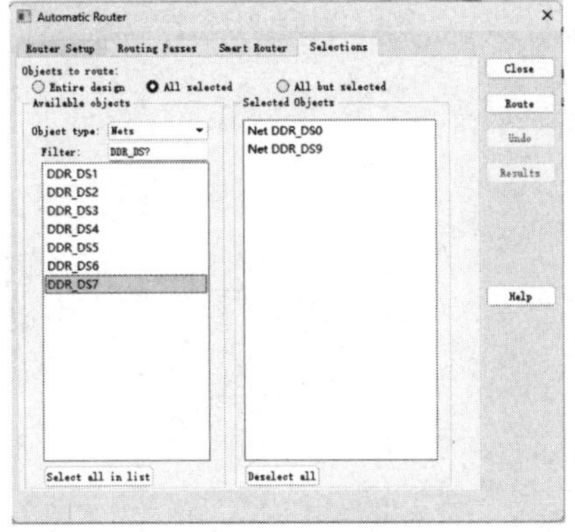

图 4-3-17　选择网络

（8）在“Automatic Router”对话框中单击“Route”按钮，弹出布线进度窗口，如图 4-3-18 所示。当布线进度窗口消失时，布线完成，“Automatic Router”对话框重新显示。

（9）单击“Automatic Router”对话框中的“Close”按钮，关闭该对话框。布线结果如图 4-3-19 所示。

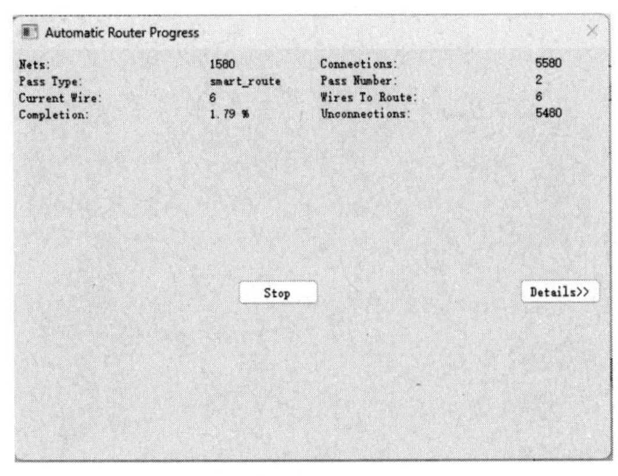

图 4-3-18　布线进度窗口

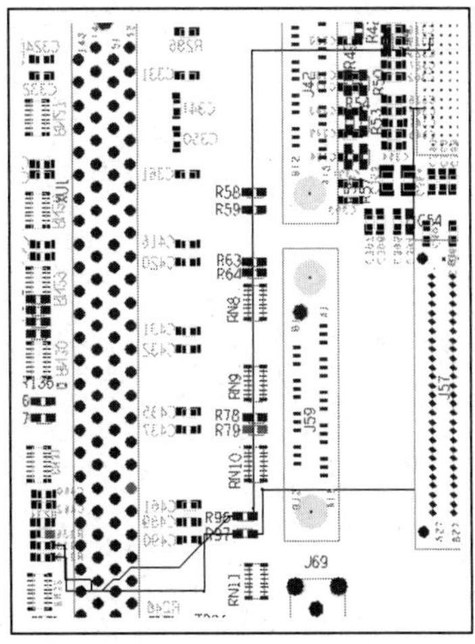

图 4-3-19　布线结果

（10）执行菜单命令“File”→“Save as”，将文件保存于 physical\PCB_ver1 目录下，文件名为“hidesign_autorouter”。

4.4 本章思考题

（1）手工布线、自动布线时应该注意什么问题？

（2）手工布线和自动布线有什么区别？

第5章 差分对设计

5.1 学习目标

本章主要学习对差分对进行仿真的方法，首先需要建立差分对并对其进行设置，然后提取差分对的拓扑并对其进行仿真和分析，根据分析结果建立差分对约束并进行差分对布线，最后对差分对进行布线后分析，检验是否满足设计要求。

5.2 建立差分对

【本节目的】主要学习建立差分对的方法，包括手工建立差分对和自动建立差分对，注意比较这两种方法的不同。

【使用工具】Allegro PCB SI XL。

【使用文件】physical\diffPair\PCI1.brd。

1．手工建立差分对

（1）启动 Allegro PCB SI XL，打开 physical\diffPair\PCI1.brd 文件，如图 5-2-1 所示。

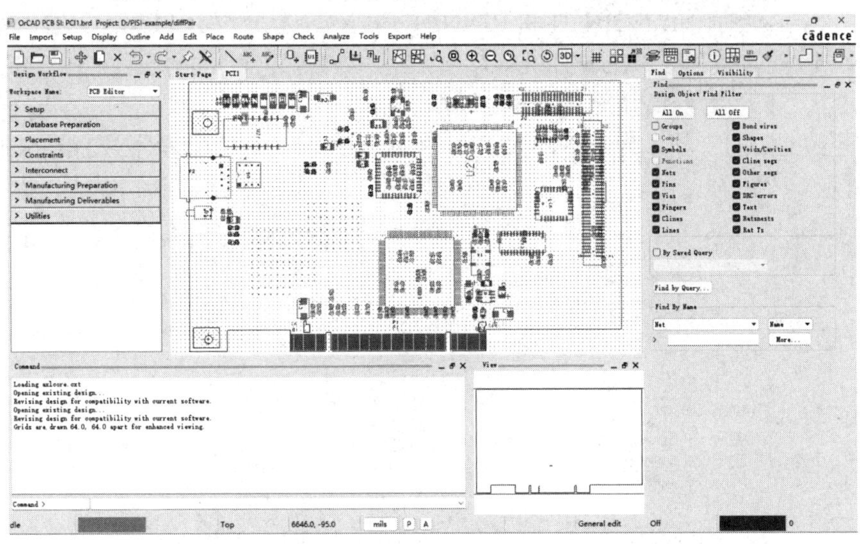

图 5-2-1 打开 PCB 文件

（2）执行菜单命令“Setup”→“Add Differential Pair...”，弹出“Assign Differential Pair”对话框，如图 5-2-2 所示。

（3）在“Assign Differential Pair”对话框的“Nets”区域的“Net filter”栏中输入

“RING*”并按“Tab”键，仅 4 个网络在“Net”列表框中列出，如图 5-2-3 所示。

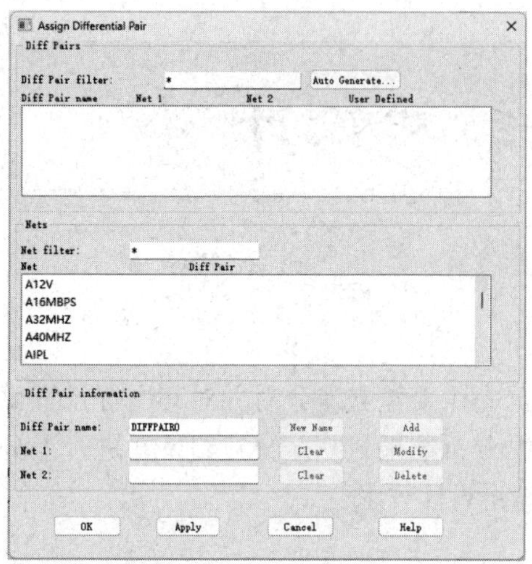

图 5-2-2 “Assign Differential Pair”对话框

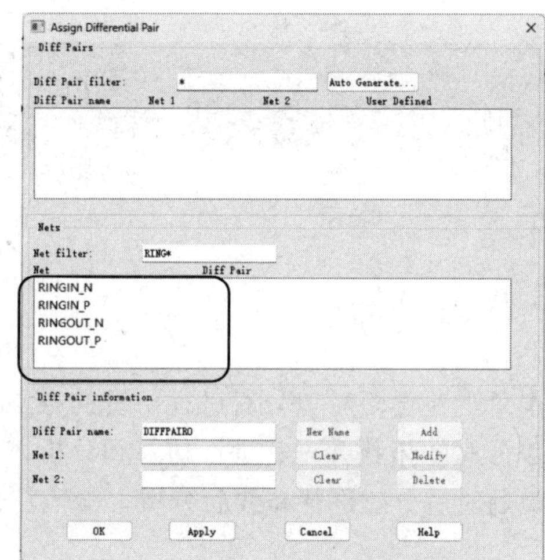

图 5-2-3 指定网络

（4）在“Assign Differential Pair”对话框的“Diff Pair information”区域的“Diff Pair name”栏输入“DIFFRING1”。

（5）单击“Nets”区域的“Net”列表框中的“RINGIN_P”，“Diff Pair information”区域的“Net 1”栏现在显示选择的网络“RINGIN_P”。

（6）单击“Nets”区域的“Net”列表框中的“RINGIN_N”，“Diff Pair information”区域的“Net 2”栏现在显示选择的网络“RINGIN_N”。

（7）单击“Diff Pair information”区域的“Add”按钮，“Diff Pairs”区域显示建立的差分对，如图 5-2-4 所示，RINGIN_N 和 RINGIN_P 是这个差分对 DIFFRING1 的成员网络。“Diff Pairs”区域的列表框“User Defined”栏显示“YES”，表示指定差分对在 SigNoise 模型中已经建立，已经为器件分配差分信号模型。

（8）重复上面的步骤，为 RINGOUT_N 和 RINGOUT_P 分配差分对 DIFFRING2，如图 5-2-5 所示。

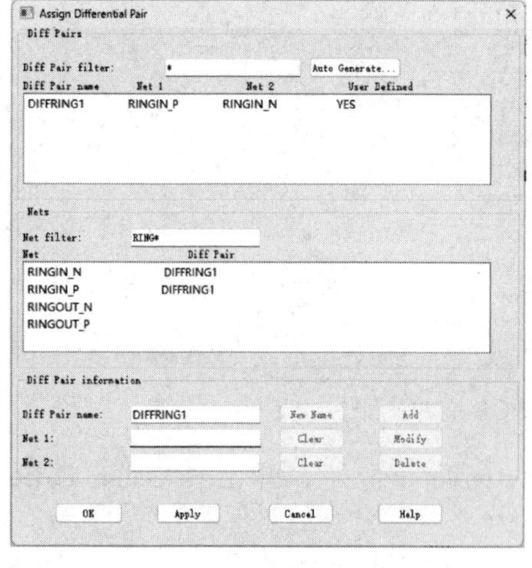

图 5-2-4 分配差分对 DIFFRING1

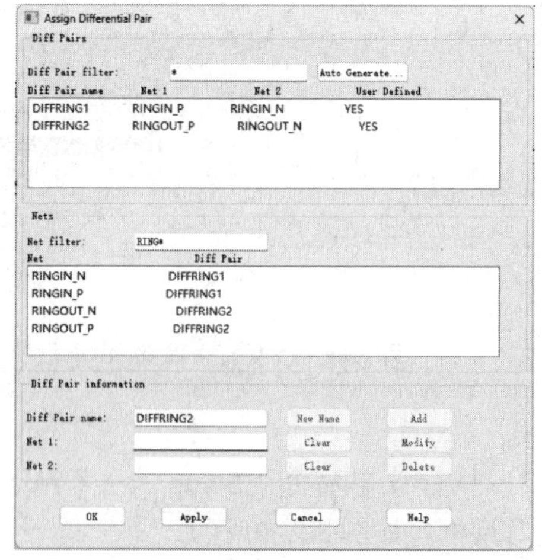

图 5-2-5 分配差分对 DIFFRING2

2．自动建立差分对

（1）在“Assign Differential Pair”对话框的“Diff Pairs”区域的“Diff Pair name”列表框中选择“DIFFRING1”，“Diff Pair information”区域显示 DIFFNET1 信息。

（2）单击“Assign Differential Pair”对话框的“Diff Pair information”区域的“Delete”按钮，差分对 DIFFRING1 被从列表框中删除。

（3）在“Assign Differential Pair”对话框的“Diff Pairs”区域的“Diff Pair name”列表框中选择“DIFFRING2”，“Diff Pair information”区域显示 DIFFNET2 信息。

（4）单击“Assign Differential Pair”对话框的“Diff Pair information”区域的“Delete”按钮，差分对 DIFFRING2 被从列表框中删除。

（5）单击“Auto Generate...”按钮，弹出“Auto Differential Pair Generator”对话框，如图 5-2-6 所示。在“DiffPair name prefix（optional）:”栏输入“DIFF”，产生的差分对名将有 DIFF 前缀。在“+polarity”栏输入“_P”，在“-polarity”栏输入“_N”。单击“Generate”按钮产生差分对。4 个差分对列在“Assign Differential Pair”对话框的“Diff Pairs”区域，如图 5-2-7 所示。

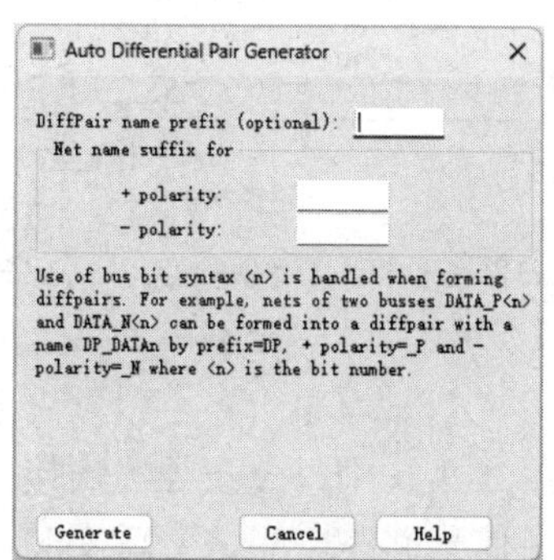

图 5-2-6　“Auto Differential Pair Generator”对话框

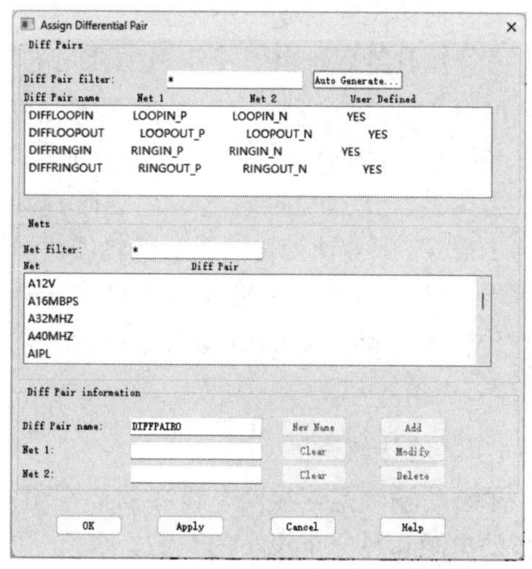

图 5-2-7　“Assign Differential Pair”对话框

（6）关闭“Auto Differential Pair Generator”对话框。

（7）单击“OK”按钮，关闭“Assign Differential Pair”对话框。

（8）执行菜单命令“File”→“Save As”，将文件保存于 physical\diffPair 目录下，文件名为“PCI2.brd”。

5.3　仿真前的准备工作

【本节目的】主要学习差分对仿真前的一些准备工作，包括对 PCB 传输线阻抗的控制和分配 SI 仿真模型。

【使用工具】Allegro PCB SI XL。

【使用文件】physical\diffPair\PCI2.brd，physical\diffPair\PCI3.brd。

1．阻抗控制

印制电路板 Trace 的关键参数之一就是特性阻抗，即波沿信号传输线路传送时电压与电流的比值，这是一个有关 Trace 物理尺寸（如 Trace 的宽度和厚度）和 PCB 底板材质的绝缘材料厚度的函数。Trace 的阻抗由其电感、电容和电阻决定。

实际情况中，PCB 传输线路通常由一个导线 Trace、一个或多个参考层及绝缘层组成。传输线路，即迹线和板材构成了控制阻抗层。PCB 通常采用多层结构，并且控制阻抗层也可以采用多层方式来构建。但是，无论使用什么方式，阻抗值都将由其物理结构和绝缘材料的电子特性决定，包括：

☺ Trace 的宽度和厚度。

☺ Trace 两侧的内核和预填充材质的高度。

☺ Trace 和层的配置。

☺ 内核和预填充材质的绝缘常数。

阻抗控制技术在高速 PCB 设计中显得尤为重要。阻抗控制技术包括如下两个含义。

☺ 阻抗控制的 PCB 信号线是指沿高速 PCB 信号线各处阻抗连续，也就是说同一个网络上阻抗是一个常数。

☺ 阻抗控制的 PCB 是指 PCB 上所有网络的阻抗都控制在一定的范围内，如 20～75Ω。

PCB 成为可控阻抗 PCB 的关键是使所有线路的特性阻抗在 25～70Ω之间。在多层 PCB 中，传输线性能良好的关键是使它的特性阻抗在整条线路中保持恒定。

当今具有快速切换速度或高速时钟速率的 Trace 必须被视为传输线。传输线可分为单端（非平衡式）传输线和差分（平衡式）传输线，其中单端传输线应用较多，如图 5-3-1 所示。

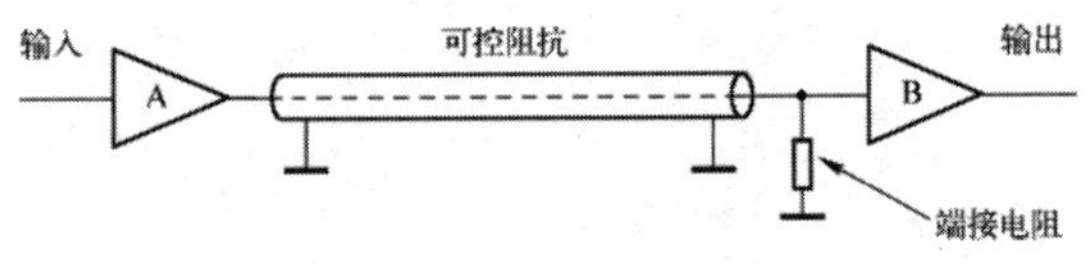

图 5-3-1 单端传输线

1）单端传输线

单端传输线是连接两个设备的最常用的传输线。在图 5-3-1 中，一条导线连接了一个设备的电源和另一个设备的负载，参考（接地）层提供了信号回路。当信号跃变时，电流回路中的电流是变化的，它将使地线回路产生电压降，形成地线回路噪声，这也成为系统中其他单端传输线接收器的噪声源，从而降低系统噪声容限。这是一个非平衡线路，信号线和回路线的几何尺寸不同。

单端传输线特性阻抗与传输线尺寸、介质层厚度、介电常数的关系如下。

☺ 与迹线到参考平面的距离（介质层厚度）成正比。

☺ 与迹线的线宽成反比。

☺ 与迹线的高度成反比。

☺ 与介电常数的平方根成反比。

通常情况下单端传输线特性阻抗的范围为 25～120Ω，几个常用的值是 28Ω、33Ω、50Ω、52.5Ω、58Ω、65Ω和 75Ω。

2）差分传输线

如图 5-3-2 所示，差分传输线适用于对噪声隔离和时钟频率要求较高的情况。在差分

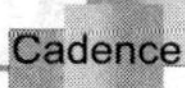

模式中，传输线路是成对布放的，两条线路上传输的信号电压和电流值均相等，但相位（极性）相反。由于信号在一对传输线中传输，在其中一条传输线上出现的任何噪声与另一条传输线上出现的噪声完全相同（并非反向），两条线路之间生成的场将相互抵消，因此与单端非平衡式传输线相比，只产生极小的地线回路噪声，并且减少了外部噪声。这是一个平衡线路，信号线和回路线的几何尺寸相同。平衡式传输线不会对其他线路产生噪声，同时也不易受系统其他线路产生的噪声的干扰。

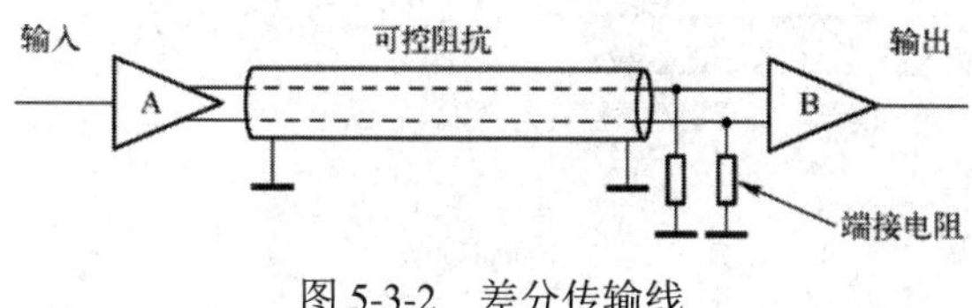

图 5-3-2　差分传输线

差分传输线的特性阻抗（也就是通常所说的差分阻抗）指的是差分传输线中两条导线之间的阻抗，它与差分传输线中每条导线对地的特性阻抗是有区别的，主要表现为：

☺　间距较远的差分对信号，其特性阻抗是单个信号线对地特性阻抗的 2 倍。

☺　间距较近的差分对信号，其特性阻抗比单个信号线对地特性阻抗的 2 倍小。

☺　当其他因素保持不变时，差分对信号之间的间距越近，其特性阻抗越低（差分阻抗与差分线对的间距成反比）。

☺　通常情况下差分传输线的特性阻抗为 100Ω，有时为 75Ω。

Cross-section Editor 包含 PCB 的全部层面，有不同的参数，有两种模式。对于普通网络（如 HA 总线），使用非差分模式，对于差分网络，使用差分模式（Differential Mode）。设置 Layout cross-section 获取期望的差分阻抗，可以设置边沿耦合 Trace 或全耦合 Trace 的差分阻抗。边沿耦合 Trace 是指 Trace 在同样的布线层。本设计使用边沿耦合 Trace。全耦合 Trace 是指 Trace 在用介质分开的两个邻近的层。本设计没有用介质层分开两个信号层，所以没有使用全耦合 Trace。在 Layout cross-section 中设置正在使用的差分对的差分阻抗为 100Ω。

（1）启动 Allegro PCB SI XL，打开 physical\diffPair\PCI2.brd 文件，执行菜单命令“Setup”→“Cross-Section...”，弹出“Cross-section Editor”窗口，执行菜单命令“View”→“Show All Columns”，可以看到 TOP 层的阻抗为 65.762 Ω，如图 5-3-3 所示。

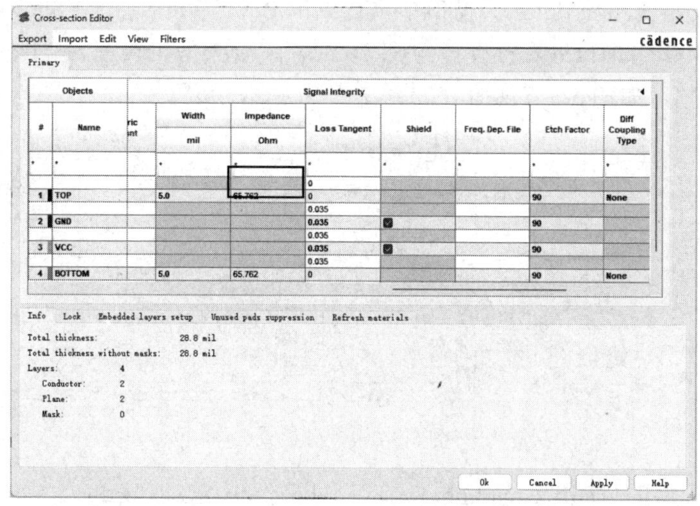

图 5-3-3　显示 TOP 层的阻抗

（2）单击“TOP”前面的数字“1”，单击鼠标右键，选择“Add Layer Above”，一个新 DIELECTRIC 层被加到 TOP 层上，如图 5-3-4 所示，这个层的“Dielectric Constant”值为 4.5，“Loss Tangent”值为 0.035，这是 FR-4 材料，TOP 层的阻抗变为 59.049Ω。

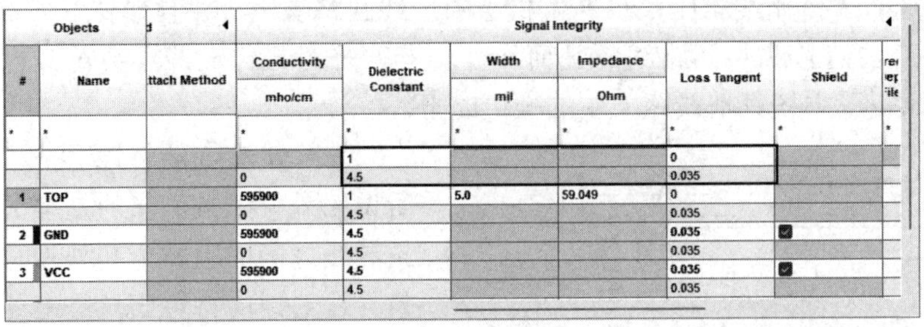

Objects			Signal Integrity						
#	Name	ttach Method	Conductivity mho/cm	Dielectric Constant	Width mil	Impedance Ohm	Loss Tangent	Shield	re ep ile
*	*		*	*	*	*	*	*	*
				1			0		
			0	4.5			0.035		
1	TOP		595900	1	5.0	59.049	0		
			0	4.5			0.035		
2	GND		595900	4.5			0.035	☑	
			0	4.5			0.035		
3	VCC		595900	4.5			0.035	☑	
			0	4.5			0.035		

图 5-3-4　添加层

（3）选择新添加层的“Material”栏，修改“FR-4”为“Conformal Coat”。Conformal Coat 的“Dielectric Constant”值为 3，“Loss Tangent”值为 0，“Thickness”值默认为 0.787402mil，TOP 层的 Trace 阻抗现在变为 64.256Ω，如图 5-3-5 所示。

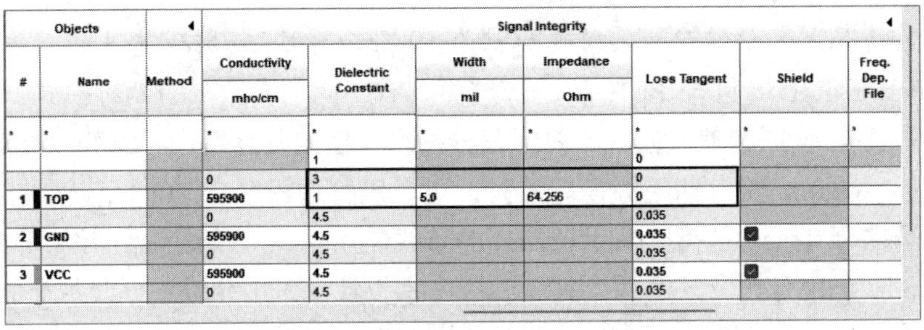

Objects			Signal Integrity						
#	Name	Method	Conductivity mho/cm	Dielectric Constant	Width mil	Impedance Ohm	Loss Tangent	Shield	Freq. Dep. File
*	*		*	*	*	*	*	*	*
				1			0		
			0	3			0		
1	TOP		595900	1	5.0	64.256	0		
			0	4.5			0.035		
2	GND		595900	4.5			0.035	☑	
			0	4.5			0.035		
3	VCC		595900	4.5			0.035	☑	
			0	4.5			0.035		

图 5-3-5　更改材料

（4）用右键单击新建层（Dielectric-Conformal Coat），选择“Remove Layer”，删除该层，阻抗又变为最初的 65.762Ω。

（5）在“Cross-section Editor”窗口中执行菜单命令“View”→“Show All Columns”，激活差分模式，TOP 的 Trace 阻抗设置为 65.762Ω，耦合类型也设置为“None”，“Diff Z0”栏没有显示任何值，如图 5-3-6 所示。

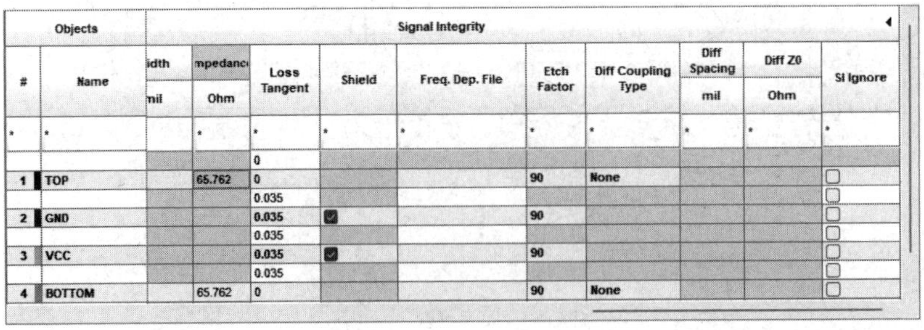

Objects		Signal Integrity									
#	Name	idth mil	mpedanc Ohm	Loss Tangent	Shield	Freq. Dep. File	Etch Factor	Diff Coupling Type	Diff Spacing mil	Diff Z0 Ohm	SI Ignore
*	*		*	*	*	*	*	*	*	*	*
				0							
1	TOP		65.762	0			90	None			☐
				0.035							☐
2	GND			0.035	☑		90				☐
				0.035							☐
3	VCC			0.035	☑		90				☐
				0.035							☐
4	BOTTOM		65.762	0			90	None			☐

图 5-3-6　差分模式

（6）从 TOP 层的“Diff Coupling Type”下拉列表中选择“Edge”，如图 5-3-7 所示，“Diff Spacing”栏现在显示 5.0mil，这就是由设计的间距规则约束得到的默认间距值。“Diff

Z0”栏现在显示 107.33Ω。

Objects		Signal Integrity									
#	Name	idth	mpedanc	Loss Tangent	Shield	Freq. Dep. File	Etch Factor	Diff Coupling Type	Diff Spacing	Diff Z0	SI Ignore
		mil	Ohm						mil	Ohm	
*	*		*	*	*	*	*	*	*	*	*
				0							
1	TOP		65.762	0			90	Edge	5.0	107.33	☐
				0.035							☐
2	GND			0.035	☑		90				☐
				0.035							☐
3	VCC			0.035	☑		90				☐
				0.035							☐
4	BOTTOM		65.762	0			90	None			☐

图 5-3-7　设置耦合类型

（7）单击“TOP”层的“Diff Z0”栏，弹出“Recalculate for Layer”对话框，在此对话框输入“100”，并按“Tab”键，如图 5-3-8 所示，显示两个选项，即“Line Spacing”和“Line Width”，将这两项重新计算以获得 100Ω的输入差分阻抗。

（8）选中“Line Width”单选按钮，单击“OK”按钮，TOP 层的“Spacing”栏变为新值（目标差分阻抗 100Ω）。差分阻抗值可能变为一个很接近的值，同时改变“Spacing”值，“Width”值变为 5.9mil，对于 5.9mil 线宽，差分阻抗是 100.51Ω，如图 5-3-9 所示，还可以从“Recalculate for Layer”对话框选择“Line Width”作为目标重新计算，以获得 100Ω的差分阻抗。

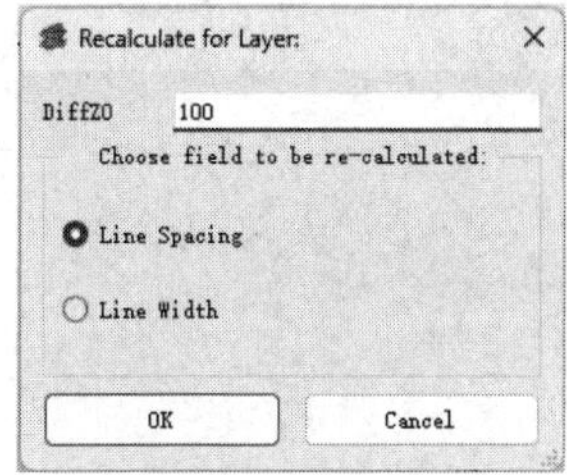

图 5-3-8 “Recalculate for Layer”对话框

Objects		Signal Integrity									
#	Name	idth	mpedanc	Loss Tangent	Shield	Freq. Dep. File	Etch Factor	Diff Coupling Type	Diff Spacing	Diff Z0	SI Ignore
		mil	Ohm						mil	Ohm	
*	*		*	*	*	*	*	*	*	*	*
				0							
1	TOP		61.109	0			90	Edge	5.0	100.51	☐
				0.035							☐
2	GND			0.035	☑		90				☐
				0.035							☐
3	VCC			0.035	☑		90				☐
				0.035							☐
4	BOTTOM		65.762	0			90	None			☐

图 5-3-9　设置差分阻抗

（9）单击“TOP”层的“Width”栏，输入“6.0”并按“Tab”键，则自动按照更改对“Differential Impedance”值进行计算，此时 TOP 层的差分阻抗为 99.814Ω，阻抗值为 60.636Ω，如图 5-3-10 所示。

Objects		Signal Integrity									
#	Name	idth	mpedanc	Loss Tangent	Shield	Freq. Dep. File	Etch Factor	Diff Coupling Type	Diff Spacing	Diff Z0	SI Ignore
		mil	Ohm						mil	Ohm	
*	*		*	*	*	*	*	*	*	*	*
				0							
1	TOP		60.636	0			90	Edge	5.0	99.814	☐
				0.035							☐
2	GND			0.035	☑		90				☐
				0.035							☐
3	VCC			0.035	☑		90				☐
				0.035							☐
4	BOTTOM		65.762	0			90	None			☐

图 5-3-10　更改线宽

（10）编辑 BOTTOM 层参数获得 100Ω差分阻抗，设置“Diff Coupling Type”为“Edge”，“Width”值为 6.0mil，“Diff Spacing”值为 5.0mil。现在差分阻抗值是 99.814Ω，

阻抗值是 60.636Ω，如图 5-3-11 所示。

Objects		Signal Integrity									
#	Name	idth mil	mpedanc Ohm	Loss Tangent	Shield	Freq. Dep. File	Etch Factor	Diff Coupling Type	Diff Spacing mil	Diff Z0 Ohm	SI Ignore
*	*	*	*	*	*	*	*	*	*	*	*
1	TOP		60.636	0			90	Edge	5.0	99.814	☐
				0.035							☐
2	GND			0.035	☑		90				☐
				0.035							☐
3	VCC			0.035	☑		90				☐
				0.035							☐
4	BOTTOM		60.636	0			90	Edge	5.0	99.814	☐
				0							

图 5-3-11 设置 BOTTOM 层参数

（11）单击“OK”按钮，关闭“Cross-section Editor”窗口。

（12）执行菜单命令“File”→“Save As”，保存为 physical\diffPair\PCI3.brd 文件。

2．分配器件模型

1）测量差分缓冲延时

（1）在 Allegro PCB SI XL 窗口执行菜单命令“Analyze”→“Model Browser...”，弹出“SI Model Browser”对话框，如图 5-3-12 所示。

（2）在“SI Model Browser”对话框的列表框中选择“sunspot”，下面的“Library”显示 sunspot.dml 库，单击“Edit”按钮，弹出“IBIS Device Model Editor”对话框，如图 5-3-13 所示。

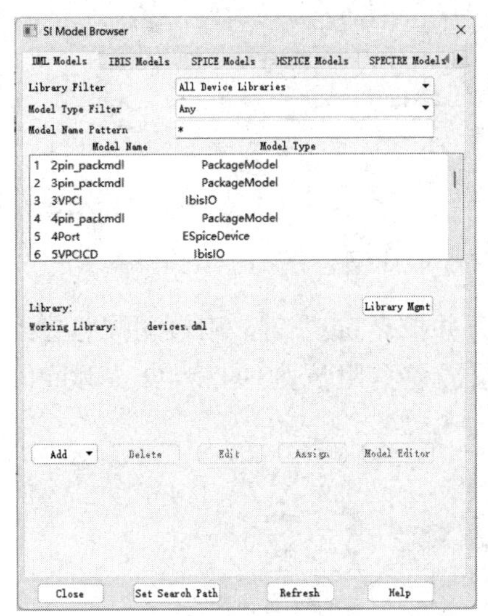

图 5-3-12 “SI Model Browser”对话框

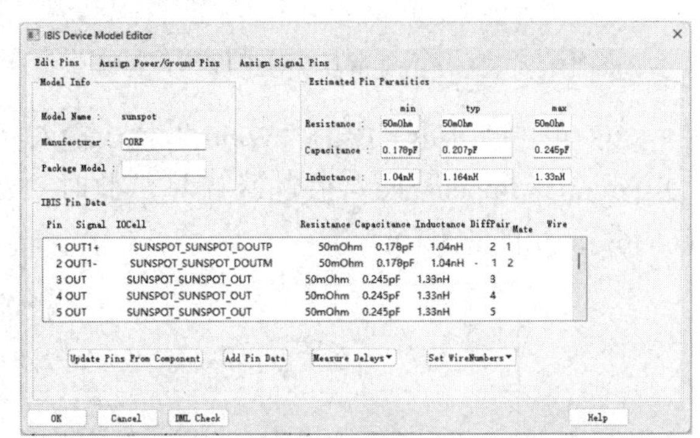

图 5-3-13 “IBIS Device Model Editor”对话框

（3）在“IBIS Pin Data”列表框单击“Pin 1”（第一行），弹出“IBIS Device Pin Data”对话框，如图 5-3-14 所示，在“Diff Pair Data”区域，从“Type”下拉列表中选择“Non-Inverting”，在“Mate Pin”栏中输入 2。

（4）单击“IBIS Device Pin Data”对话框底部的“Buffer Delays”按钮，弹出“Buffer Delays”对话框，如图 5-3-15 所示。

（5）在“Differential Buffer Delay”区域的“ESpice Model”下拉列表中选择“C5P”，在“Diff Ref Voltage”的“Min”、“Typical”和“Max”栏输入 0V，设置默认的差分参考电压为 0V，如图 5-3-16 所示。

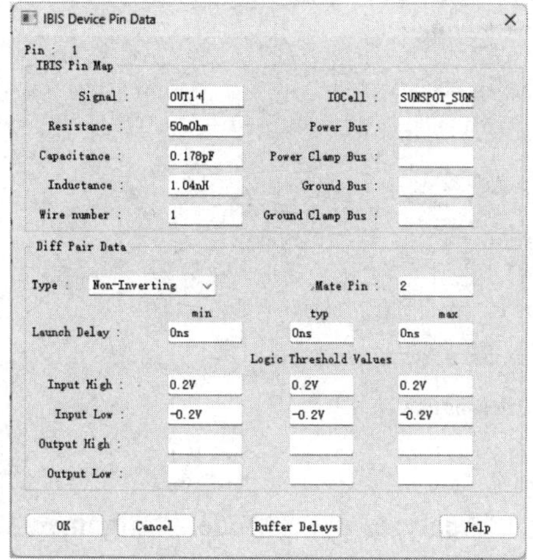

图 5-3-14　“IBIS Device Pin Data”对话框

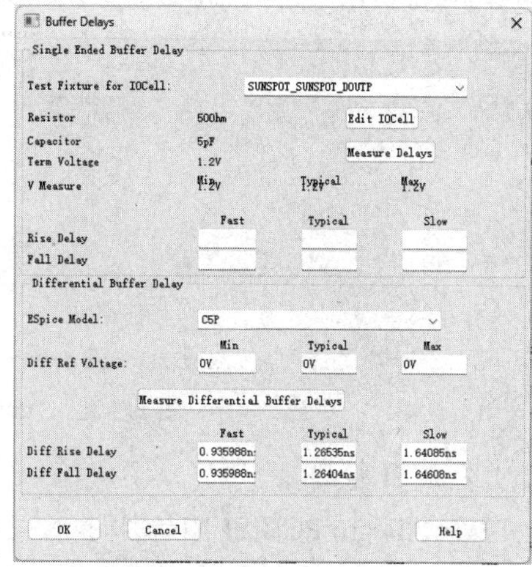

图 5-3-15　“Buffer Delays”对话框

（6）单击“Buffer Delays”对话框的“Differential Buffer Delay”区域的“Measure Differential Buffer Delays”按钮，测量这个驱动器的差分 Rise 和 Fall 延时。“Diff Rise Delay”和“Diff Fall Delay”区域显示了测量的缓冲延时值，如图 5-3-17 所示。

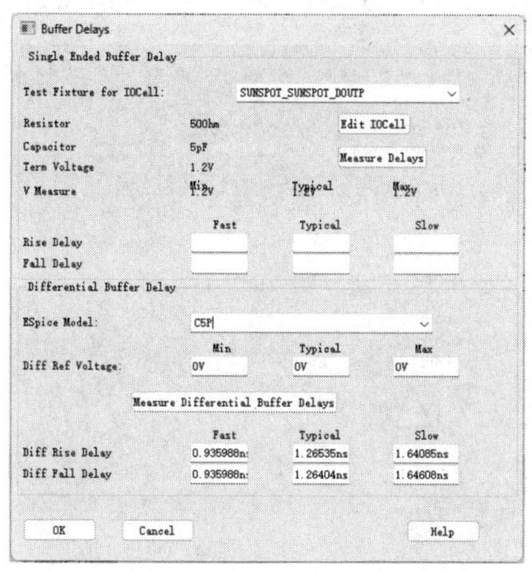

图 5-3-16　设置默认的差分参考电压

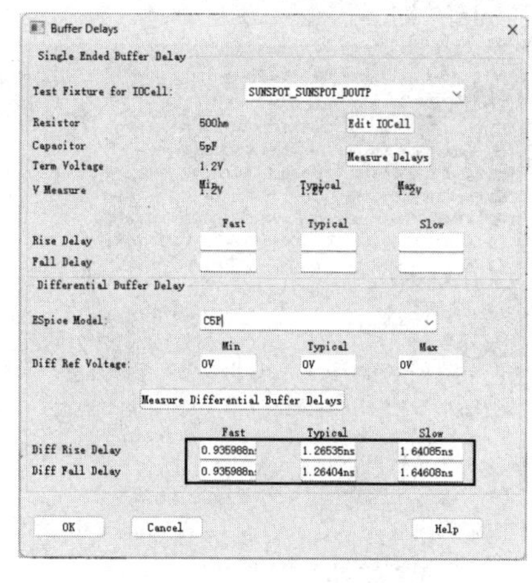

图 5-3-17　测量的缓冲延时值

（7）单击“OK”按钮，关闭“Buffer Delays”对话框。

（8）单击“OK”按钮，关闭“IBIS Device Pin Data”对话框。

（9）对于第 15 引脚和第 16 引脚重复上面步骤，测量缓冲差分延迟。

（10）单击“OK”按钮，关闭“IBIS Device Model Editor”对话框，弹出“dmlcheck messages”窗口，如图 5-3-18 所示。

（11）分析 dmlcheck 信息，Differential Buffer Delays 结果显示在 dml 模型中。

（12）关闭“dmlcheck messages”窗口。

（13）单击“Close”按钮，关闭“SI Model Browser”对话框。

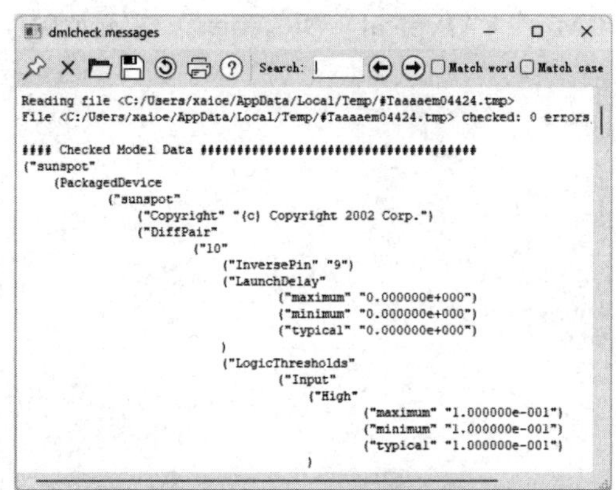

图 5-3-18 “dmlcheck messages”窗口

2）分配 SI 模型

（1）在 Allegro PCB SI XL 窗口执行菜单命令“Analyze”→“Model Assignment...”，弹出“Signal Model Assignment”对话框，如图 5-3-19 所示，单击“Auto Setup”按钮，滚动列表，可以看到一些器件分配了 SI 模型。

（2）滚动列表并从列表中选择“SUNSPOT-1”，单击“Signal Model Assignment”对话框中的“Find Model...”按钮，弹出“SI Model Browser”对话框，在“Model Name Pattern”栏输入“SUN*”并按“Tab”键，列表框中显示 sunspot，如图 5-3-20 所示。

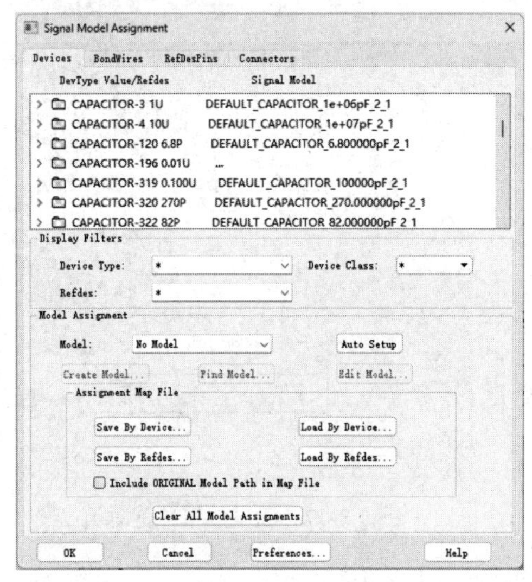

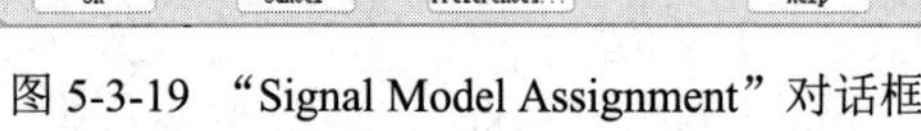
图 5-3-19 “Signal Model Assignment”对话框

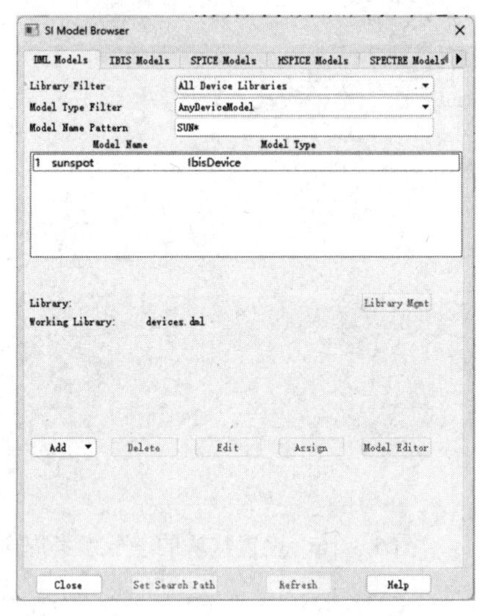

图 5-3-20 查找模型

（3）在“Model Name”列表框中选择“sunspot”，单击“Assign”按钮，“Signal Model Assignment”对话框中的“SUNSPOT-1”器件被分配了 sunspot 模型，如图 5-3-21 所示。

（4）重复前面的步骤，为 ATOMIC_TRAC-1 和 CMCHOKE-5 分配模型。

（5）单击“OK”按钮，关闭“Signal Model Assignment”对话框，弹出“Signal Model Assignment Changes”窗口，如图 5-3-22 所示。

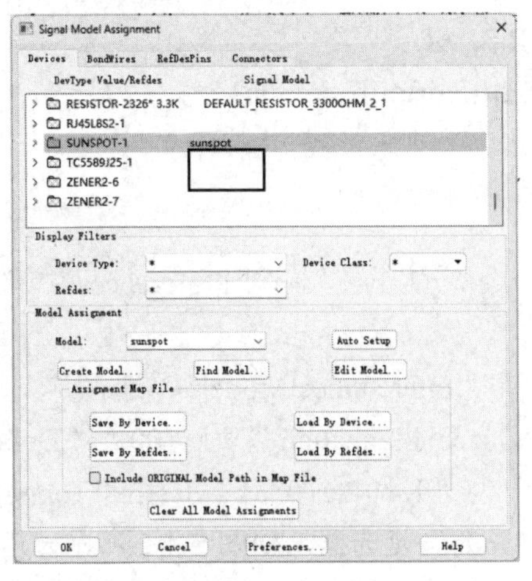

图 5-3-21　分配模型

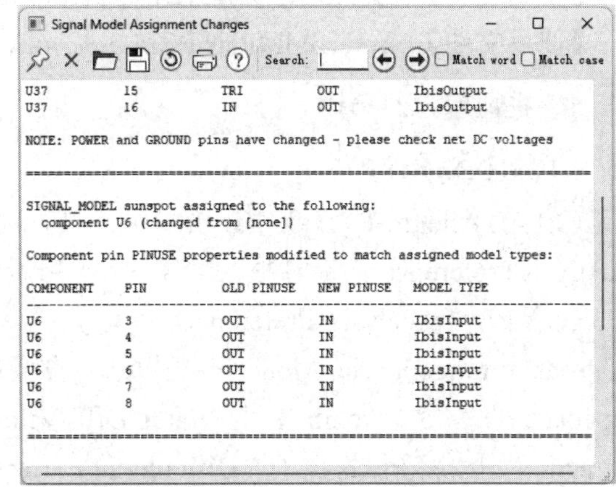

图 5-3-22　“Signal Model Assignment Changes”窗口

（6）关闭“Signal Model Assignment Changes”窗口。

（7）在 Allegro PCB SI XL 窗口执行菜单命令“File”→“Save As”，保存为文件 physical\diffPair\PCI4.brd。

3）检查网络（Net Audit）

（1）在 Allegro PCB SI XL 窗口执行菜单命令“Setup”→“SI Design Audit...”，弹出“SI Design Audit”对话框，如图 5-3-23 所示。

（2）在“SI Design Audit”对话框中单击“Next”按钮，在“Xnet Filter”栏输入“LOOP*”并按“Tab”键，以 LOOP 开头的网络显示在列表框中，如图 5-3-24 所示。

（3）从列表框中选择“Net LOOPIN_P”，单击“Next”按钮，在新对话框中单击“Report”按钮，得到诊断报告。

（4）重复前面步骤，检查其余网络报告，显示没有问题。

（5）关闭“SI Design Audit”对话框。

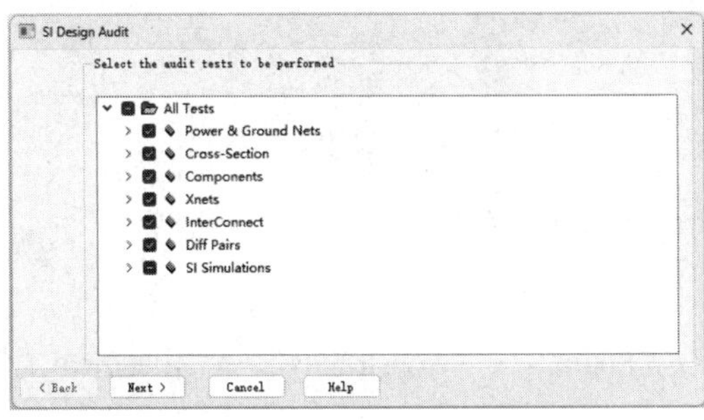

图 5-3-23　“SI Design Audit”对话框

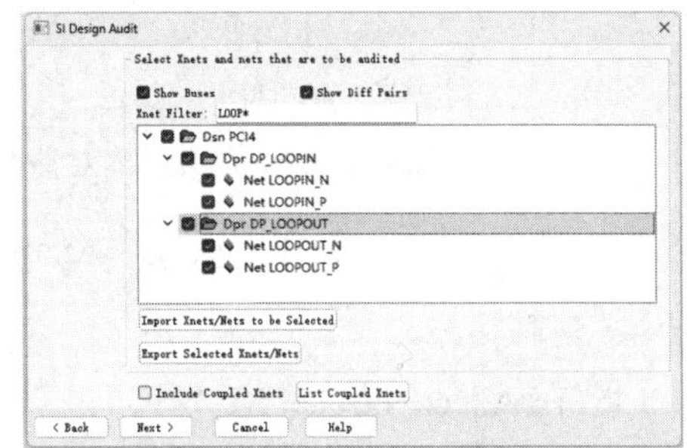

图 5-3-24　显示网络

5.4　仿真差分对

【本节目的】主要学习对差分对仿真的方法，首先需要提取差分对的拓扑，然后对其进行仿真并对仿真结果进行分析。

【使用工具】Allegro PCB SI XL，SigXplorer PCB SI XL。

【使用文件】physical\diffPair\PCI4.brd，physical\diffPair\diff_sim.top。

1. 提取差分对拓扑

1）设置互连模型参数

（1）在 Allegro PCB SI XL 窗口中，执行菜单命令“Analyze”→“Preferences”，弹出“Analysis Preferences”对话框，如图 5-4-1 所示。

（2）在“Analysis Preferences”对话框中选择“InterconnectModels”选项卡，在“Unrouted Interconnect Models”区域，设置“Percent Manhattan”为 100，“Default Impedance”为“100ohm”，“Default Diff-Velocity”为“1.4142e+08M/s”，在“Topology Extraction”区域确保勾选了“Differential Extraction Mode”复选框，如图 5-4-2 所示，若没有勾选该复选框，差分对拓扑将被看作 Xnet，提取的拓扑将仅使用理想传输线模型。为了使用理想的耦合传输线模型，必须勾选“Differential Extraction Mode”复选框。

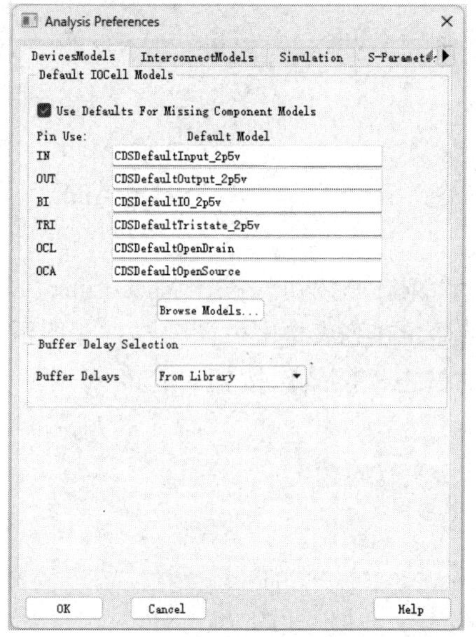

图 5-4-1 “Analysis Preferences”对话框

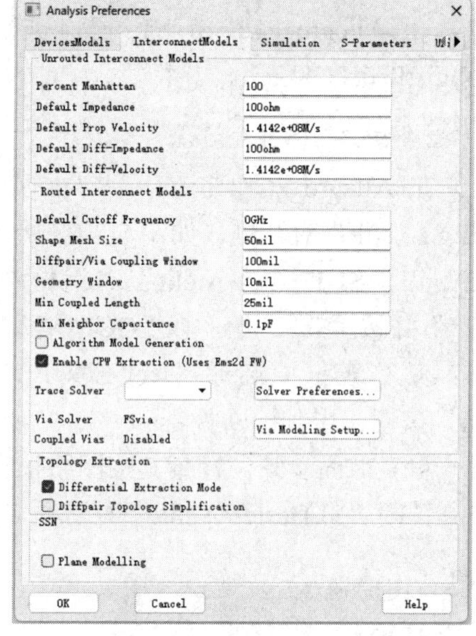

图 5-4-2 设置互连参数

（3）单击“OK”按钮，关闭“Analysis Preferences”对话框。

2）提取拓扑

（1）在 Allegro PCB SI XL 窗口执行菜单命令“Setup”→“Constraints”→“Electrical...”，弹出 Allegro Constraint Manager 窗口。

（2）在 Allegro Constraint Manager 窗口中选择“Net”→“Routing”→“Differential Pair”表格，如图 5-4-3 所示。

（3）在表格的“Objects”栏选择“DP_LOOPIN”，单击鼠标右键，选择“SigXplorer....”，弹出 SigXplorer PCB SI XL 窗口，提取选择的差分对的拓扑，在 SigXplorer PCB SI XL 窗口显示了理想耦合传输线模型的差分对拓扑，如图 5-4-4 所示。

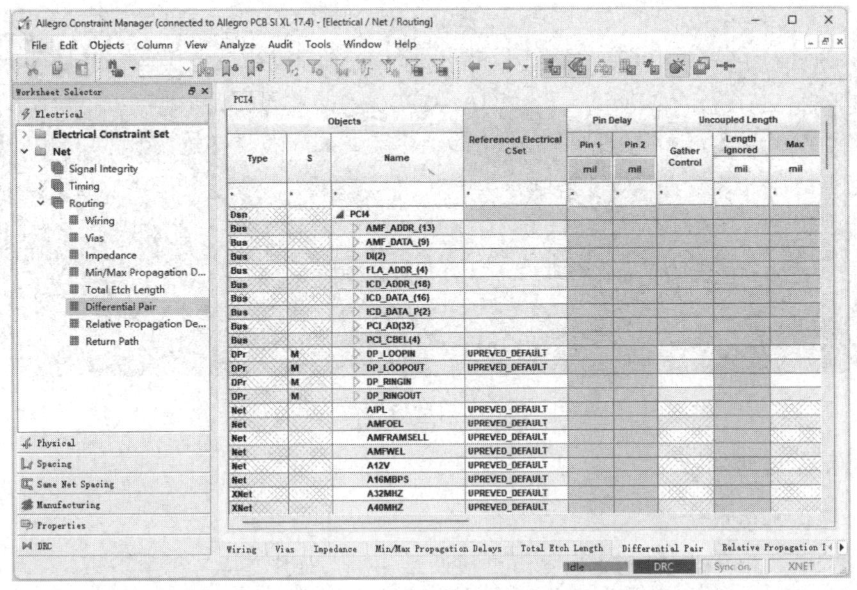

图 5-4-3　约束管理器

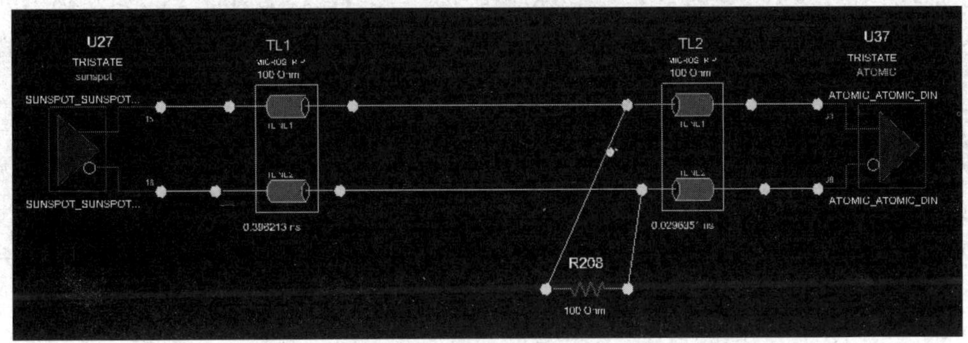

图 5-4-4　显示理想耦合传输线模型的差分对拓扑

（4）选择 SigXplorer PCB SI XL 窗口的“Parameters”表格，在“Name”栏显示“CIRCUIT”。

（5）单击“CIRCUIT”前面的“+”号展开表格，如图 5-4-5 所示。

Name	Value	Count
⊟ CIRCUIT		1
autoSolve	Off	1
tlineDelayMode	time	1
userRevision	1.0	1
⊞ PCI4		1

图 5-4-5　展开表格

（6）单击“CIRCUIT”下面“tlineDelayMode”行“Value”栏的“time”，从下拉列表中选择“length”并按“Tab”键，拓扑参数变为长度单位的参数，如图 5-4-6 所示。

（7）在 SigXplorer PCB SI XL 窗口执行菜单命令“File”→“Save”，将拓扑保存于当前目录下。

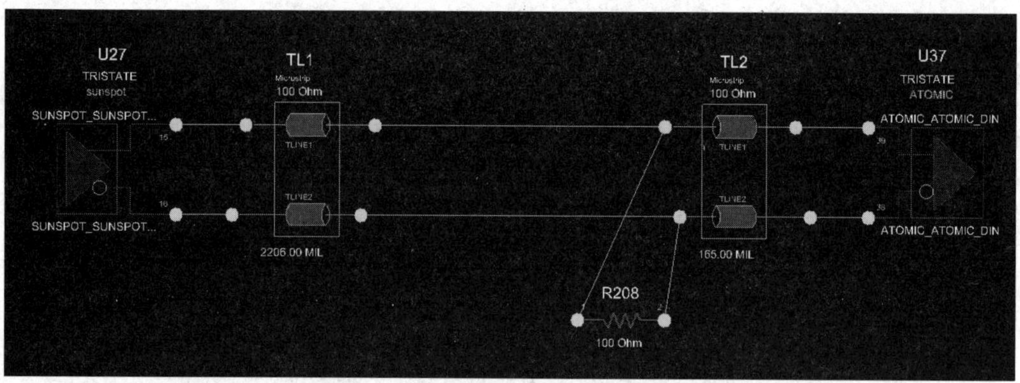

图 5-4-6　拓扑参数变为长度单位的参数

2. 分析差分对网络

1）设置仿真参数

（1）在 SigXplorer PCB SI XL 窗口重新调整拓扑，如图 5-4-7 所示。

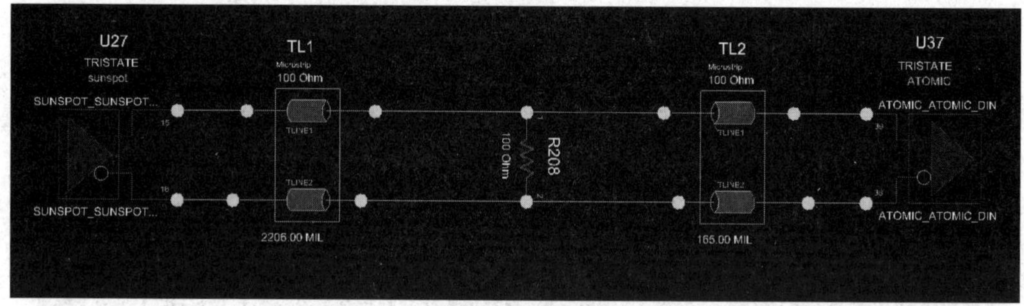

图 5-4-7　调整拓扑

（2）在 SigXplorer PCB SI XL 窗口执行菜单命令“Analyze”→“Preferences...”，弹出“Analysis Preferences”窗口，在“Pulse Stimulus”选项卡设置激励参数，如图 5-4-8 所示。

（3）在“Simulation Parameters”选项卡设置仿真参数，如图 5-4-9 所示。

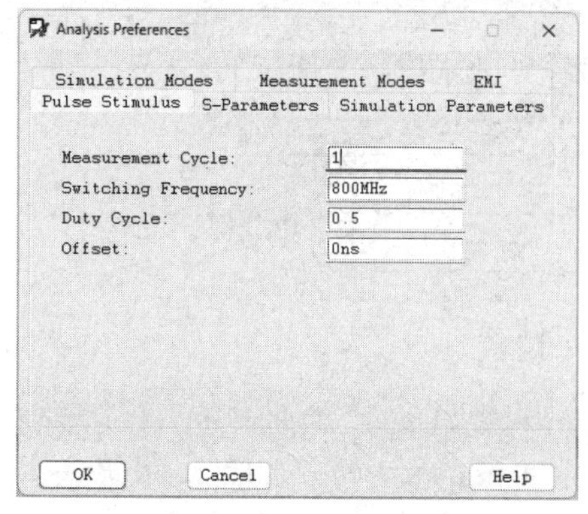

图 5-4-8　设置激励参数

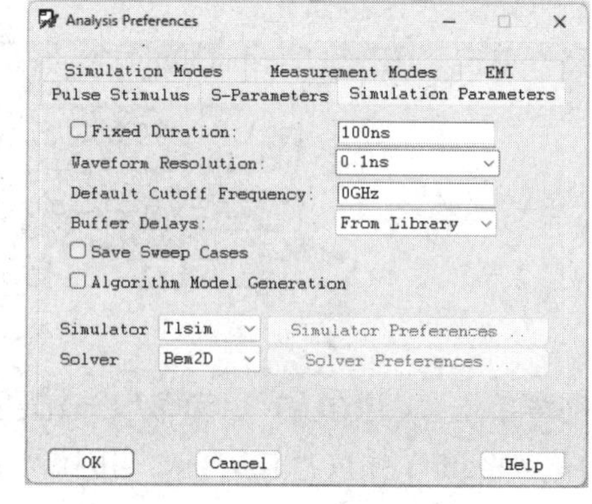

图 5-4-9　设置仿真参数

（4）在“Simulation Modes”选项卡设置仿真模式，如图 5-4-10 所示。

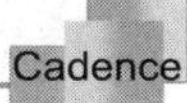

（5）在“Measurement Modes”选项卡设置测量模式，如图 5-4-11 所示。

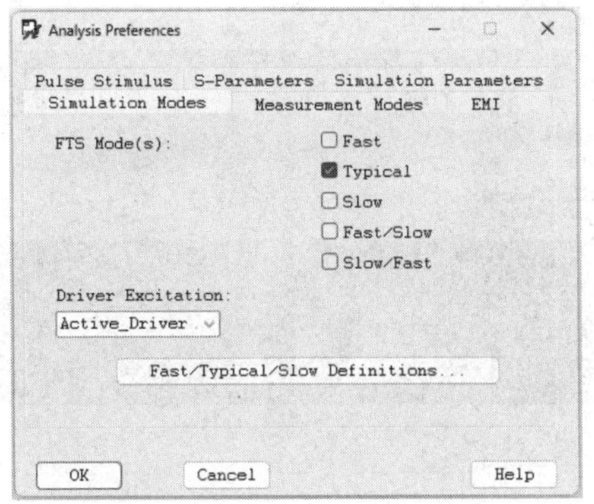

图 5-4-10　设置仿真模式

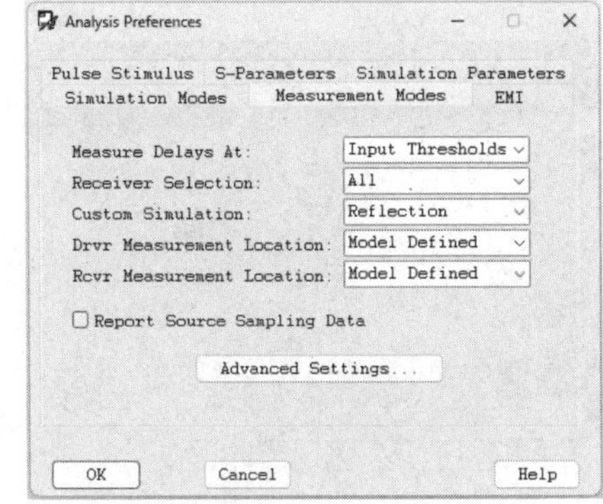

图 5-4-11　设置测量模式

（6）单击“OK”按钮，关闭“Analysis Preferences”窗口。

2）设置差分驱动器激励

（1）单击差分驱动器 U27 上面的文本“TRISTATE”，弹出“IO Cell (U27) Stimulus Edit”窗口，如图 5-4-12 所示。

（2）选中“IO Cell (U27) Stimulus Edit”窗口的“Stimulus State”区域的“Custom”单选按钮，在“Terminal Info”区域，从“Stimulus Type”下拉列表中选择“SYNC”，如图 5-4-13 所示。

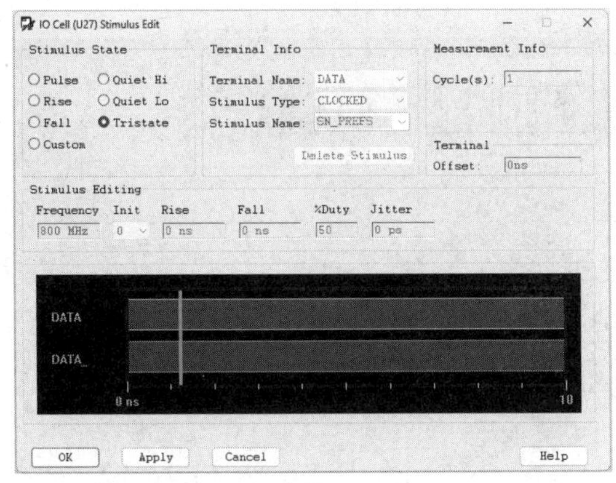

图 5-4-12　“IO Cell (U27) Stimulus Edit”窗口

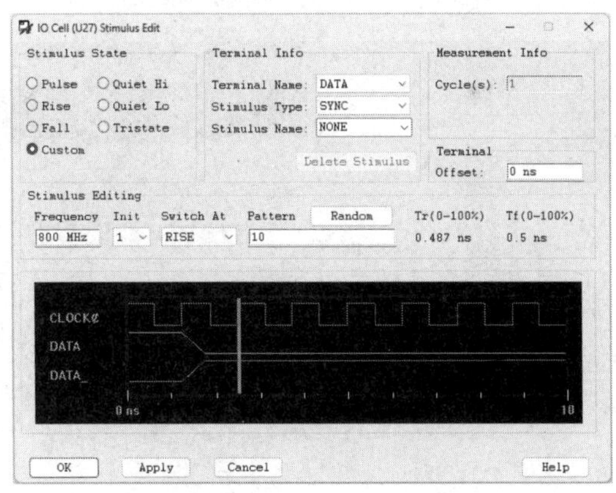

图 5-4-13　设置激励类型

（3）设置“IO Cell (U27) Stimulus Edit”窗口的“Stimulus Editing”区域的“Frequency”为“400MHz”，“Init”为 0，“Switch At”为“BOTH”，单击“Random”按钮，弹出“SigXplorer PCB SI XL”对话框，如图 5-4-14 所示。

（4）在“Enter pattern length”栏输入 1024，单击“OK”按钮，“IO Cell (U27) Stimulus Edit”窗口中设置的激励如图 5-4-15 所示。

（5）单击“OK”按钮，关闭“IO Cell (U27) Stimulus Edit”窗口。

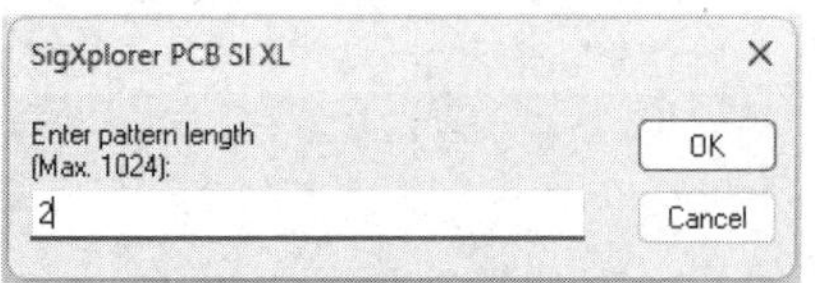

图 5-4-14 “SigXplorer PCB SI XL”对话框

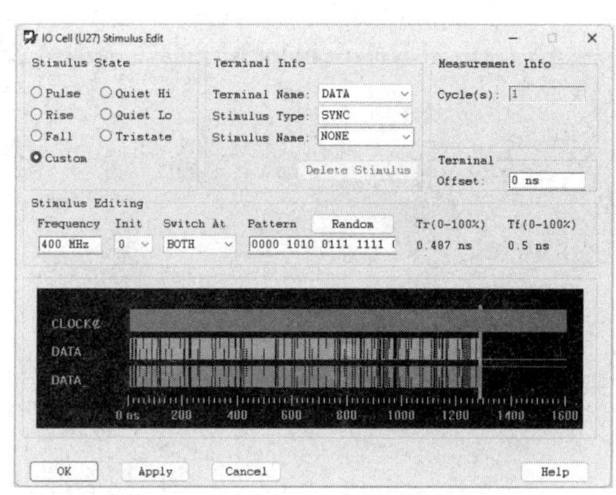

图 5-4-15 设置的激励

3）使用无损互连分析

（1）在 SigXplorer PCB SI XL 窗口执行菜单命令“Analyze”→“Simulate”，开始仿真。仿真将花费一些时间，因为设置“Pattern”长度为1024。当仿真完成时，“Results”表格被选择并显示一些测量结果为“NA”，弹出 SigWave 窗口，显示仿真波形，如图 5-4-16 所示。

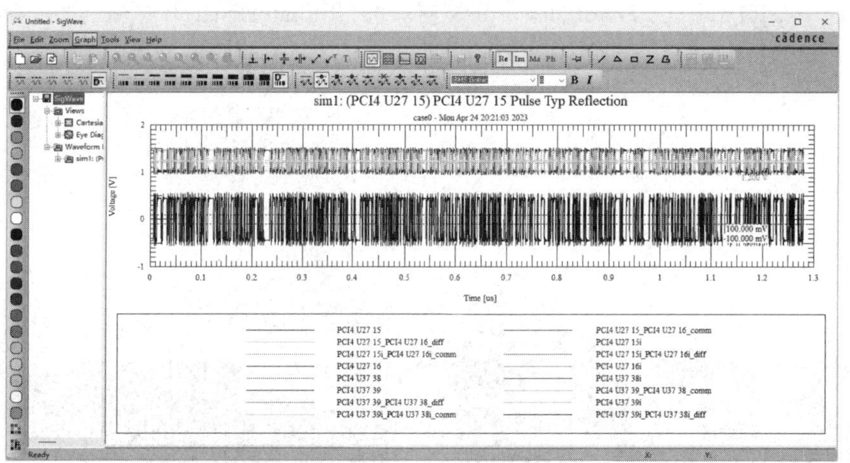

图 5-4-16 显示仿真波形

（2）在 SigWave 窗口执行菜单命令“Graph”→“Eye Diagram Preferences”，弹出“Eye Diagram Preferences”对话框，在“Clock Freq”栏输入“400.000000MHz”，“No. of Eyes”栏输入“1”，设置“Clock Offset”值为 1/2 时钟周期值（1.25ns），在“Clock Start”栏输入“0s”，如图 5-4-17 所示。

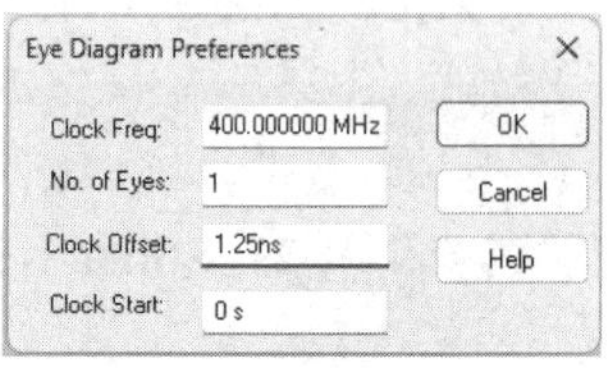

图 5-4-17 设置眼图参数

（3）单击“OK”按钮，关闭“Eye Diagram Preferences”对话框。

（4）在 SigWave 窗口执行菜单命令“Graph”→“Eye Diagram Mode”，波形的眼图显示在 SigWave 窗口，如图 5-4-18 所示。

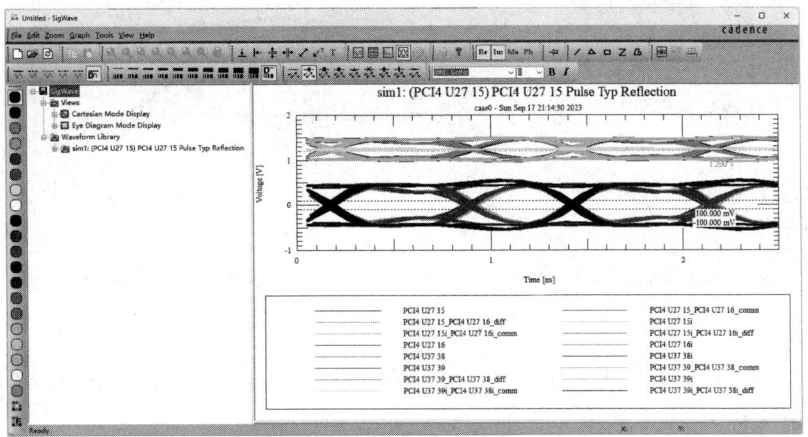

图 5-4-18　波形的眼图

（5）选择 SigWave 窗口左侧列表框中的波形库符号“Sim1: (PCI4 U27 15) PCI4 U27 15 Pulse Typ Reflection”，单击鼠标右键，选择“Hide All Subitems”，所有波形都不显示。

（6）单击“Sim1: (PCI4 U27 15) PCI4 U27 15 Pulse Typ Reflection”前面的“+”号，显示所有子项。

（7）双击“PCI4 U37 39_PCI4 U37 38_diff”前的波形符号，仅显示差分接收器波形，如图 5-4-19 所示。

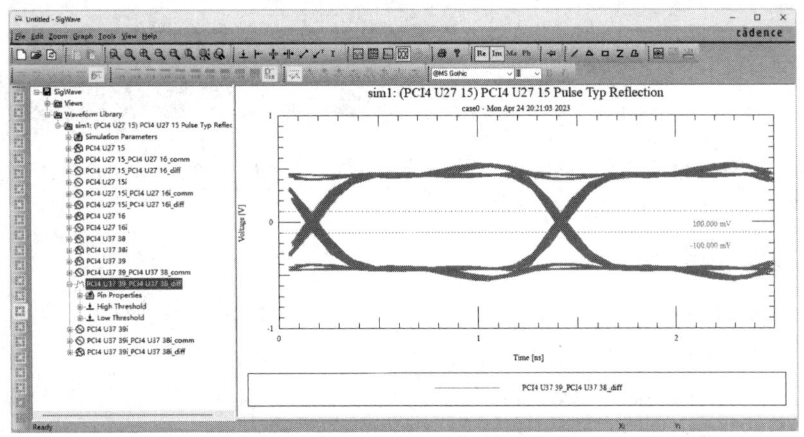

图 5-4-19　仅显示差分接收器波形

（8）在 SigWave 窗口执行菜单命令“Zoom”→“In Region”，放大眼孔图区域，窗口只显示 0～2ns 波形，如图 5-4-20 所示。

（9）单击 SigWave 窗口的图标，添加“Differential Vertical Marker”标志线，选中标志线，单击鼠标右键，选择“Line Style”，使标志线为实线，调整标志线位置，如图 5-4-21 所示。

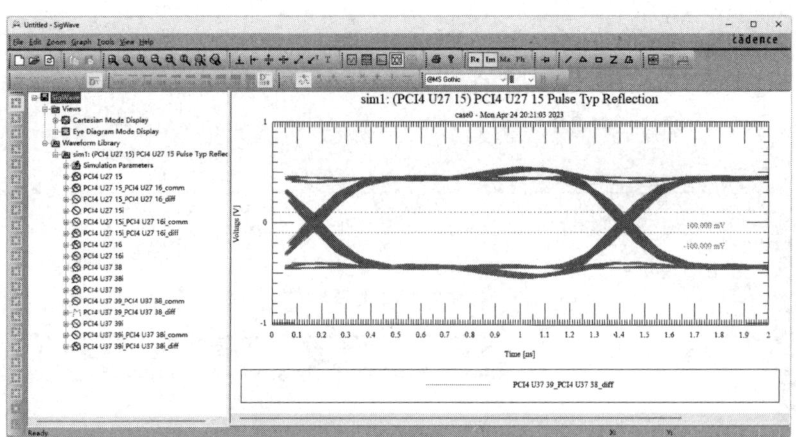

图 5-4-20　显示 0～2ns 波形

（10）在 SigWave 窗口单击图标，添加“Differential Horizontal Marker”标志线，并将标志线设置为红色。

（11）调整“Differential Horizontal Marker”标志线的位置，如图 5-4-22 所示。

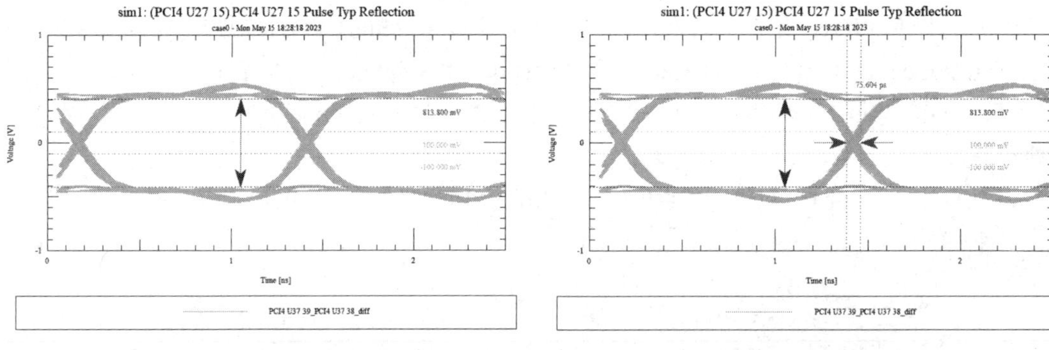

图 5-4-21　调整竖直标志线位置　　　　图 5-4-22　调整水平标志线位置

（12）在 SigXplorer PCB SI XL 窗口执行菜单命令“File”→“Save As”，将拓扑保存于当前目录，文件名为“diff_sim.top”。

4）使用有损互连分析

（1）在 SigXplorer PCB SI XL 窗口执行菜单命令“Edit”→“Add Element...”，弹出“Add Element Browser”窗口，如图 5-4-23 所示。

（2）在“Add Element Browser”窗口的“Model Type Filter”下拉列表中选择“Interconnect”，从列出的互连模型中选择“Microstrip_2”，在工作空间任意位置双击摆放“Microstrip_2”。

（3）单击“OK”按钮，关闭“Add Element Browser”窗口。

（4）单击 Trace 模型 MS1 的长度参数值 1000mil，TL_MS1 长度参数显示在“Parameters”表格中，在“length”栏单击鼠标右键，选择“View Trace Parameters”，弹出“View Trace Model Parameters”窗口，如图 5-4-24 所示。

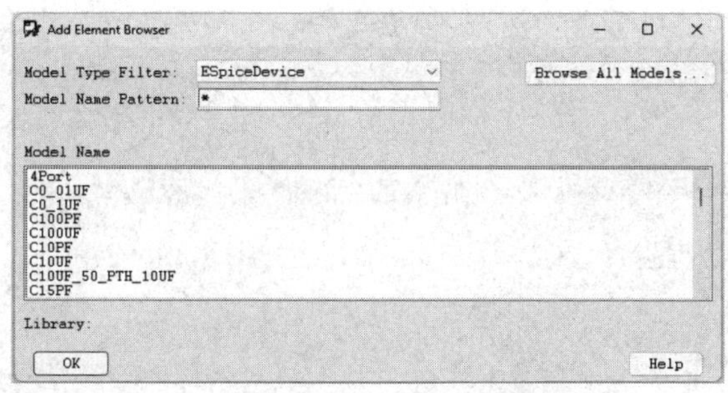

图 5-4-23 “Add Element Browser”窗口

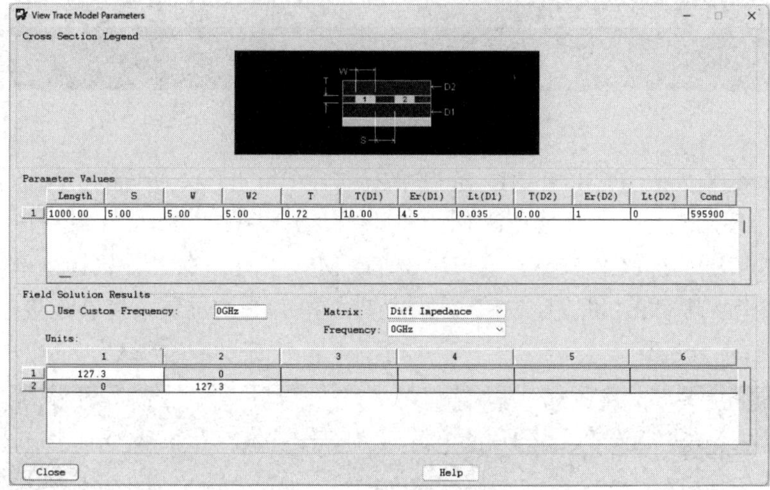

图 5-4-24 “View Trace Model Parameters”窗口

（5）在“Parameters”表格中设置 TL_MS1 的参数，如图 5-4-25 所示。

（6）在“View Trace Model Parameters”窗口显示差分阻抗，如图 5-4-26 所示。

⊟ TL_MS1		1
LayerName	N/A	1
d1Constant	4.5	1
d1LossTangent	0.035	1
d1Thickness	5.00 MIL	1
d1FreqDepFile		1
d2Constant	1	1
d2LossTangent	0	1
d2Thickness	0.00 MIL	1
d2FreqDepFile		1
length	1000.00 MIL	1
spacing	5.00 MIL	1
traceConductivity	595900 mho/cm	1
traceEtchFactor	90	1
traceThickness	1.20 MIL	1
traceWidth	6MIL	1
traceWidth2	TL_MS1.traceWidth	1

图 5-4-25　设置 TL_MS1 的参数

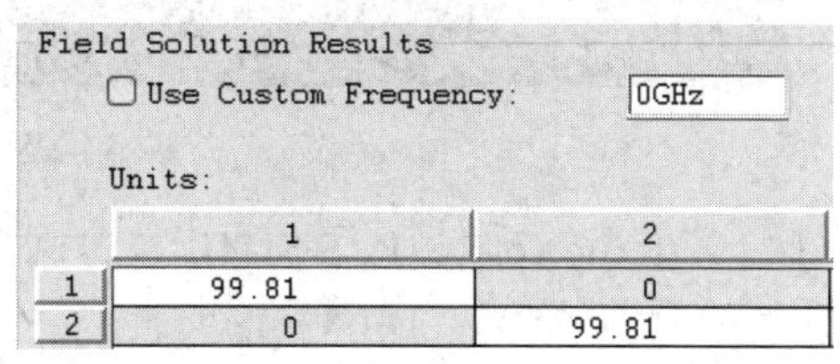

图 5-4-26　显示差分阻抗

（7）在 SigXplorer PCB SI XL 窗口单击 TL_MS1 模型，执行菜单命令“Edit”→“Copy”，在新的位置单击，添加模型 TL_MS2，如图 5-4-27 所示。

（8）改变 Trace 模型 TL_MS2 的长度为 200mil，不改变其他参数。

（9）单击“Close”按钮，关闭“View Trace Model Parameters”窗口。

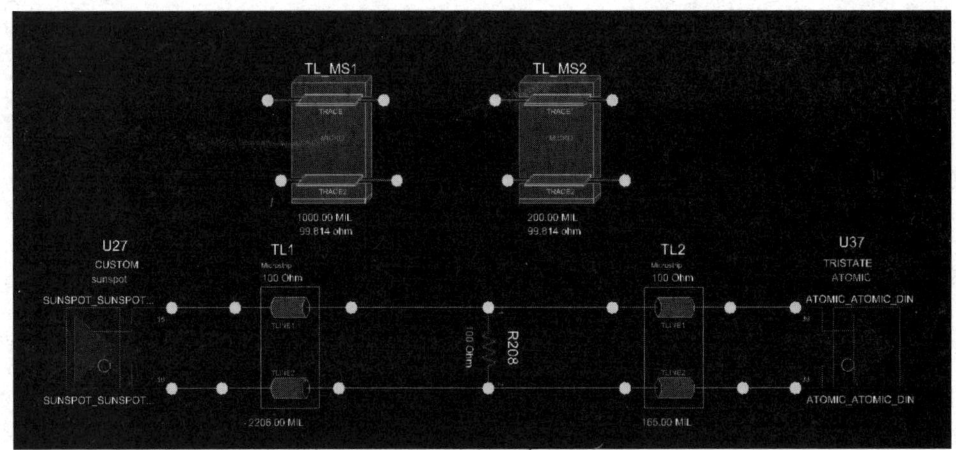

图 5-4-27　添加模型 TL_MS2

（10）在 SigXplorer PCB SI XL 窗口单击 TL1 和 TL2，执行菜单命令“Edit”→“Delete”，删除理想耦合传输线模型。

（11）在 SigXplorer PCB SI XL 窗口单击 TL_MS1 和 TL_MS2，执行菜单命令“Edit”→“Move”，移动 TL_MS1 和 TL_MS2 到原来 TL1 和 TL2 的位置，重新连接拓扑，如图 5-4-28 所示。

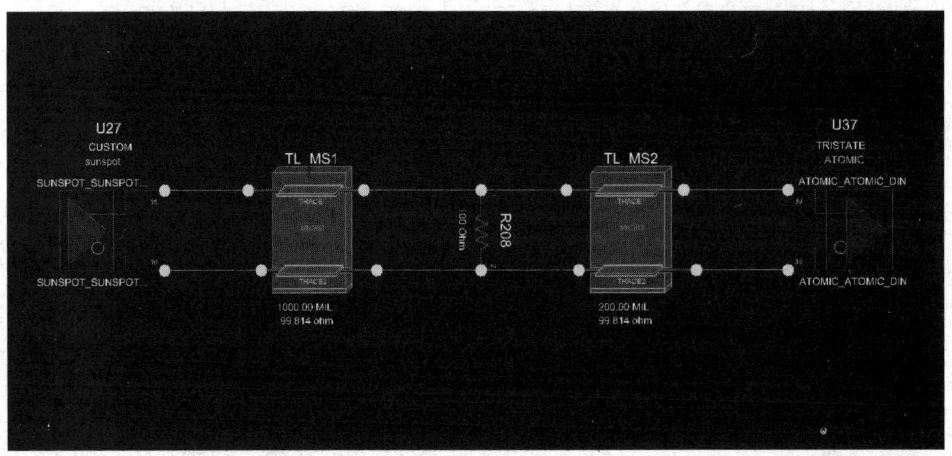

图 5-4-28　重新连接拓扑

（12）在 SigXplorer PCB SI XL 窗口执行菜单命令“File”→“Save As”，将文件保存于当前目录，文件名为“Diffloopin_trace.top”。

（13）在 SigXplorer PCB SI XL 窗口执行菜单命令“Analyze”→“Preferences...”，弹出“Analysis Preferences”窗口，如图 5-4-29 所示。

（14）在“Analysis Preferences”窗口选择“Simulation Parameters”选项卡，在“Default Cutoff Frequency”栏输入“3GHz”（开关频率设置为 800MHz，需要考虑 3 次谐波对 Trace 模型的影响，3 次谐波频率是 2400MHz，即仿真的截止频率），如图 5-4-30 所示。

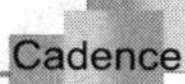

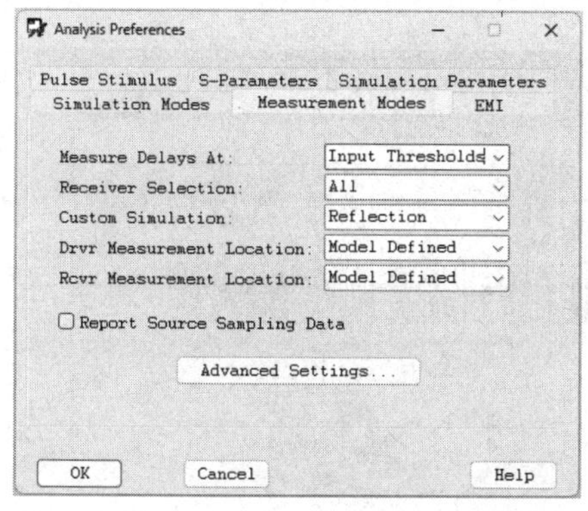

图 5-4-29　“Analysis Preferences”窗口

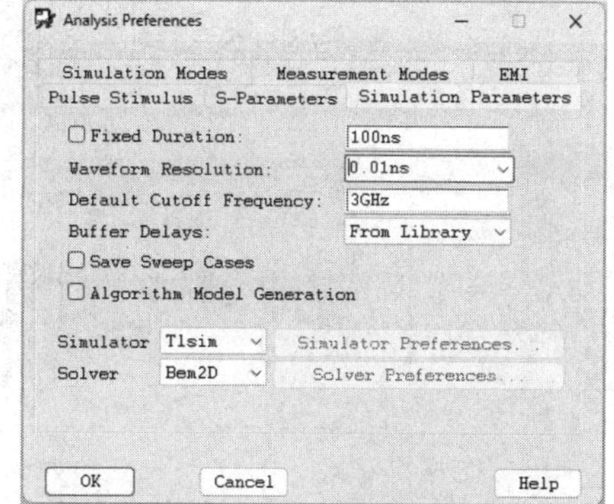

图 5-4-30　设置仿真参数

（15）单击“OK”按钮，关闭“Analysis Preferences”窗口。

（16）单击差分驱动器 U27 上面的文字“CUSTOM”，弹出“IO Cell (U27) Stimulus Edit”窗口，如图 5-4-31 所示。

（17）选中“IO Cell (U27) Stimulus Edit”窗口的“Stimulus Editing”区域的“Pattern”栏中的数字，单击鼠标右键，选择“Copy”，从“Terminal Info”区域的“Stimulus Type”下拉列表中选择“PERIODIC”，清除“Pattern”栏中的值，在“Pattern”栏单击鼠标右键，选择“Paste”，粘贴随机值，如图 5-4-32 所示。

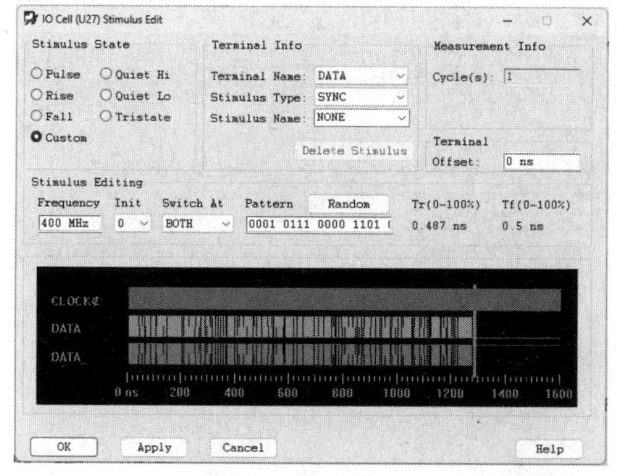

图 5-4-31　“IO Cell (U27) Stimulus Edit”窗口

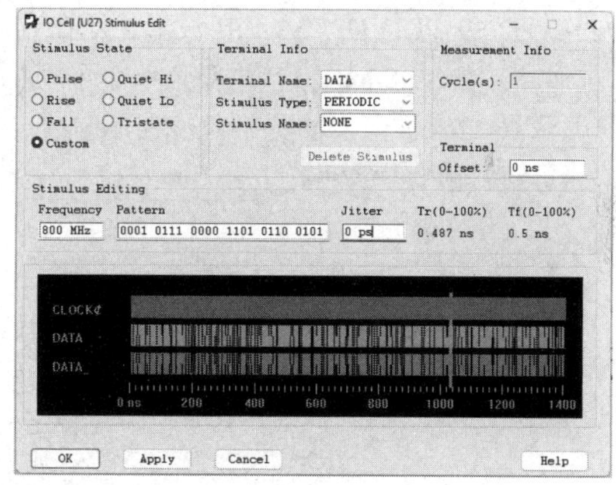

图 5-4-32　复制并粘贴 Pattern

（18）确认“Frequency”栏中为“800MHz”，在“IO Cell (U27) Stimulus Edit”窗口的“Stimulus Editing”区域的“Jitter”栏输入“250ps”。

（19）单击“OK”按钮，关闭“IO Cell (U27) Stimulus Edit”窗口。

（20）在 SigXplorer PCB SI XL 窗口执行菜单命令“Analyze”→“Simulate”，开始仿真（仿真将花费一些时间），当仿真完成时，弹出 SigWave 窗口，显示仿真波形，如图 5-4-33 所示。

前面仿真产生的波形没有显示，但仍然在波形库中。目前仿真的波形在波形库的第 2 个目录并显示在 SigWave 窗口中。

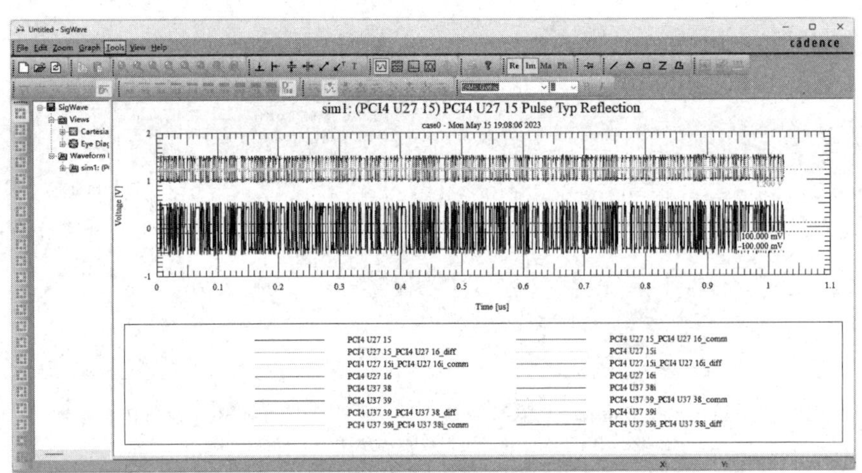

图 5-4-33　显示仿真波形

（21）选择 SigWave 窗口的波形符号“Sim1: (PCI4 U27 15) PCI4 U27 15 Pulse Typ Reflection”（新产生的波形），单击鼠标右键，选择“Hide All Subitems”，现在没有任何波形显示在 SigWave 窗口中。

（22）单击“Sim1: (PCI4 U27 15) PCI4 U27 15 Pulse Typ Reflection”（新产生的波形）前面的“+”号，展开项目，双击“PCI4 U37 39_PCI4 U37 38_diff”前的波形符号，仅 PCI4 U37 39_PCI4 U37 38_diff 波形显示在 SigWave 窗口中，如图 5-4-34 所示。

（23）在 SigWave 窗口执行菜单命令“Zoom”→“In Region”，放大眼孔图区域，窗口只显示 0～2ns 波形，如图 5-4-35 所示。

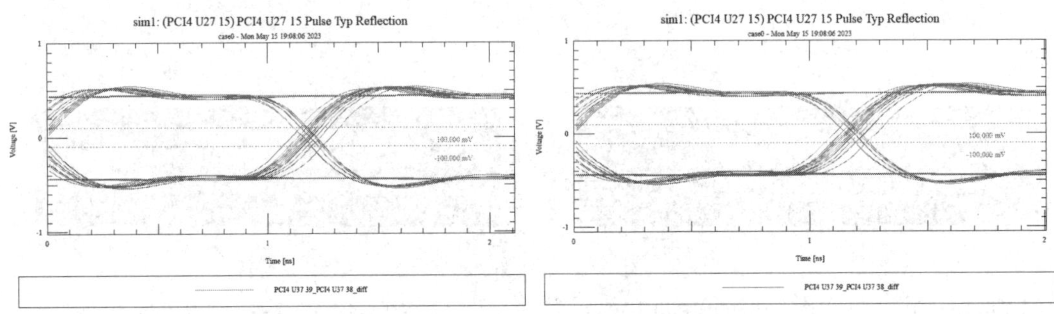

图 5-4-34　差分接收器波形　　　图 5-4-35　显示 0～2ns 波形

（24）单击 SigWave 窗口的图标，添加“Differential Vertical Marker”标志线，选中标志线，单击鼠标右键，选择“Line Style”，使标志线为实线，调整标志线位置，如图 5-4-36 所示。

（25）在 SigWave 窗口单击图标，添加“Differential Horizontal Marker”标志线，并将标志线设置为黑色。

（26）调整“Differential Horizontal Marker”标志线的位置，如图 5-4-37 所示。

（27）在 SigWave 窗口执行菜单命令“File”→“Exit”，退出该窗口。

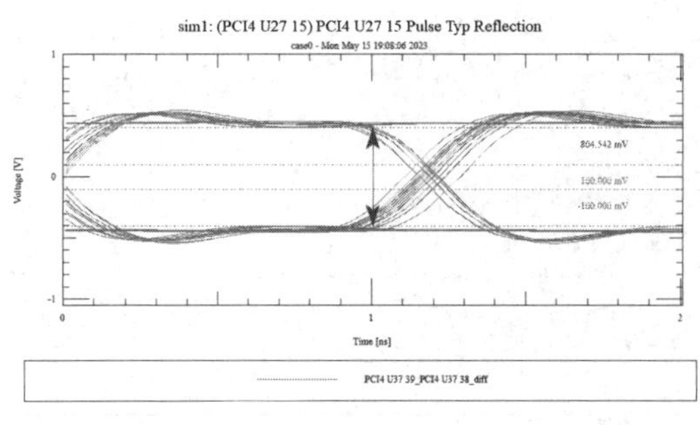

图 5-4-36　调整竖直标志线位置

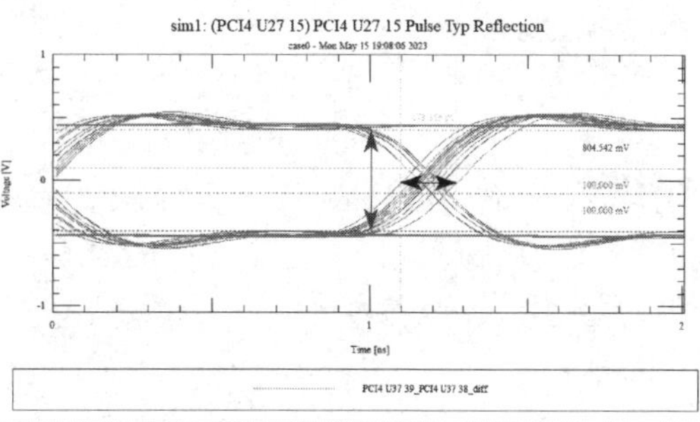

图 5-4-37　调整水平标志线位置

5.5　差分对约束

【本节目的】学习建立差分对约束的方法。

【使用工具】SigXplorer PCB SI XL，Allegro Constraint Manager。

【使用软件】physical\diffPair\diff_sim.top。

1．设置差分对约束

（1）在 SigXplorer PCB SI XL 窗口执行菜单命令“File”→“Open”，打开 physical\diffPair\diff_sim. top 拓扑，其结构如图 5-5-1 所示。

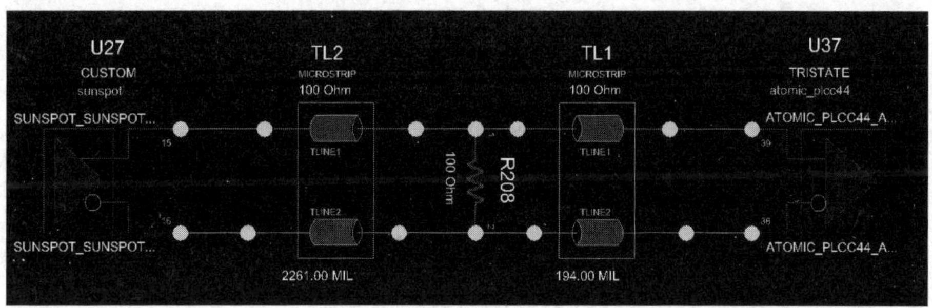

图 5-5-1　拓扑结构

（2）在 SigXplorer PCB SI XL 窗口执行菜单命令“Setup”→“Constraints…”，弹出“Set Topology Constraints”窗口，如图 5-5-2 所示。

（3）在“Set Topology Constraints”窗口中选择“Diff Pair”选项卡，设置差分约束，如图 5-5-3 所示。

（4）单击“OK”按钮，关闭“Set Topology Constraints”窗口。

（5）在 SigXplorer PCB SI XL 窗口执行菜单命令“File”→“Save”，保存拓扑。

（6）在 SigXplorer PCB SI XL 窗口执行菜单命令“File”→“Exit”，退出该窗口。

2．应用差分对约束

（1）打开 Allegro Constraint Manager 窗口，执行菜单命令“File”→“Import”→“Electrical CSets...”，弹出“Import an electrical ECSet file(.top)”对话框，如图 5-5-4 所示，双击 diff_sim.top，输入约束。

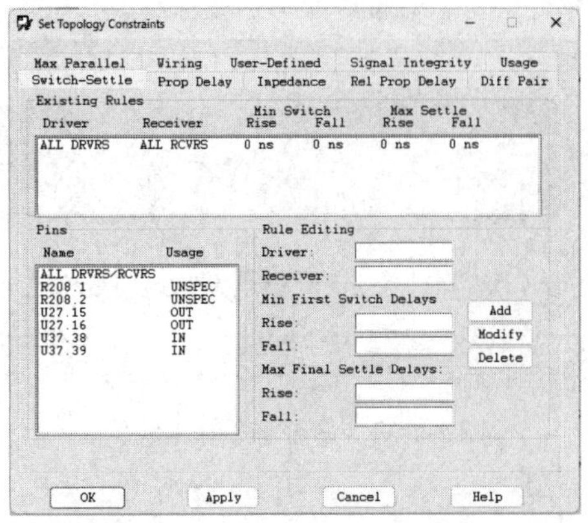

图 5-5-2 “Set Topology Constraints”窗口　　　　图 5-5-3　设置差分约束

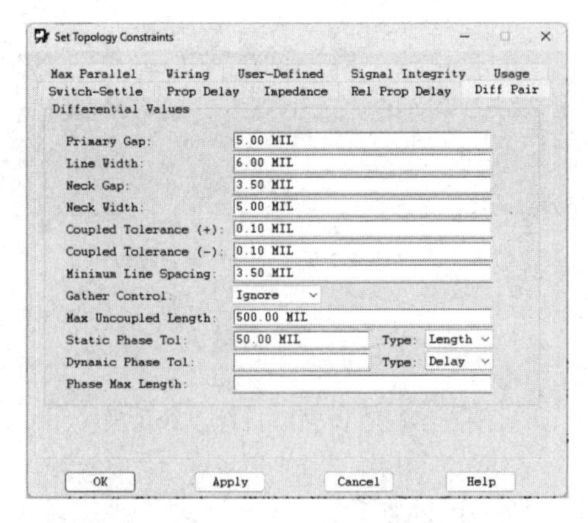

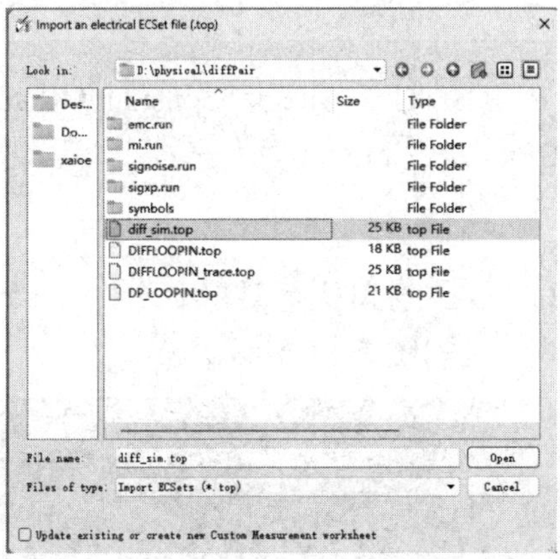

图 5-5-4 “Import an electrical ECSet file(.top)”对话框

（2）在 Allegro Constraint Manager 窗口单击“Electrical Constraint Set”→“All Constraints”前的表格符号（见图 5-5-5），双击表格的“Objects”栏中的“DIFF_ SIM”，拖动工具条到右边，显示在 ECSet 中定义的所有约束。

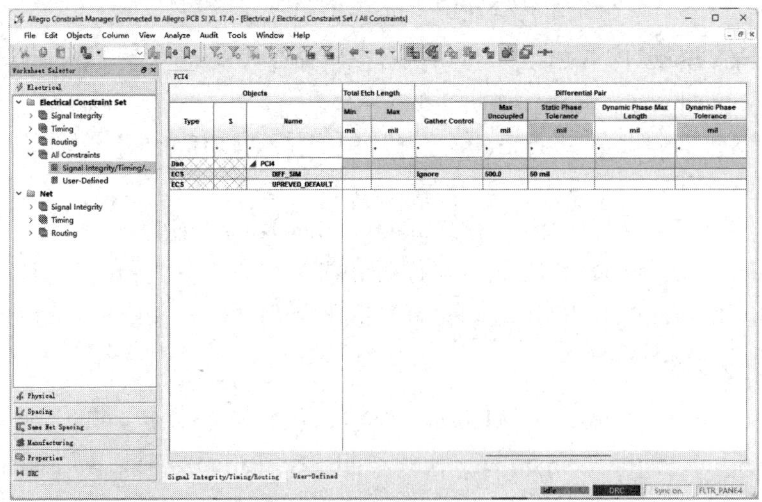

图 5-5-5　显示约束

（3）在 Allegro Constraint Manager 窗口单击“Net”→“Routing”→“Differential Pair”前的表格符号，显示差分对，如图 5-5-6 所示。

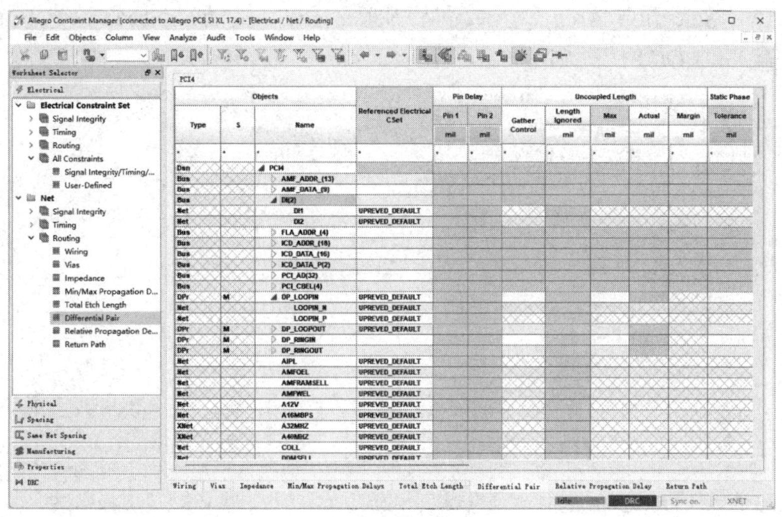

图 5-5-6　显示差分对

（4）用鼠标右键单击“DP_LOOPIN”后面的“Referenced Electrical CSet”单元格，选择“Change...”，弹出“Add to ElectricalCSet”对话框，从下拉列表中选择“DIFF_SIM”，如图 5-5-7 所示。

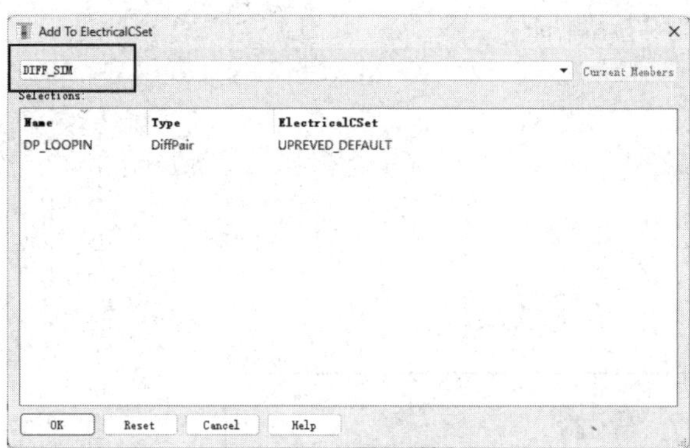

图 5-5-7　分配约束

（5）单击“OK”按钮，关闭“Add to ElectricalCSet”对话框。

（6）在 Allegro PCB SI XL 窗口执行菜单命令“File”→“Save As”，将文件保存于当前目录下，文件名为“PCI5.brd”。

5.6　差分对布线

【本节目的】学习在差分对约束的情况下进行差分对布线的方法。

【使用工具】Allegro PCB SI XL，Allegro Constraint Manager。

【使用文件】physical\diffPair\PCI5.brd。

（1）在 Allegro PCB SI XL 窗口执行菜单命令“Display”→“Ratsnest...”，弹出“Display-Ratsnest”对话框，如图 5-6-1 所示。

（2）选择“Selection Area”区域的“Select By”栏的“Net”单选按钮，在“Net Filter”栏中输入“LOOP*”，如图 5-6-2 所示。

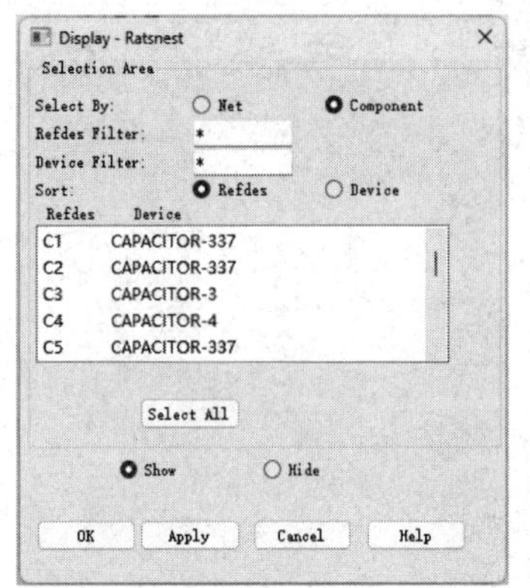

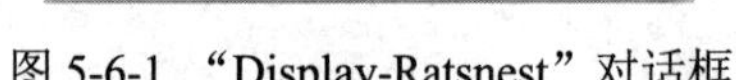

图 5-6-1 “Display-Ratsnest”对话框

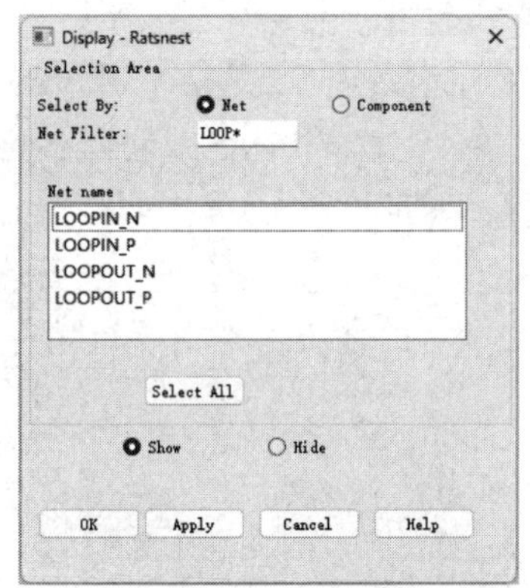

图 5-6-2 选择网络

（3）确保对话框底部的“Show”单选按钮被选中，单击“LOOPIN_P”和“LOOPIN_N”，显示飞线，如图 5-6-3 所示。

（4）单击“OK”按钮，关闭“Display-Ratsnest”对话框。

（5）在 Allegro PCB SI XL 窗口执行菜单命令“Route”→“Connect”，控制面板的“Options”页面设置如图 5-6-4 所示。

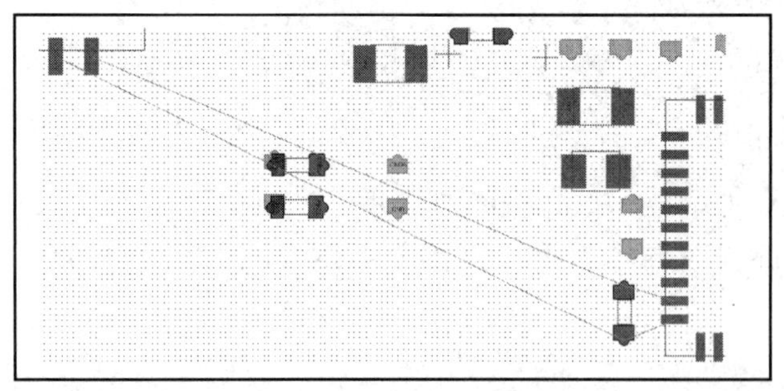

图 5-6-3 显示飞线

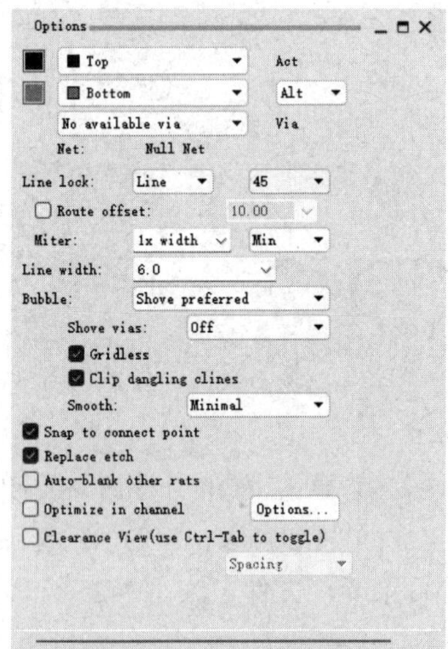

图 5-6-4 “Options”页面设置

（6）单击 U27 的引脚，从光标到目标引脚有 2 条飞线，如图 5-6-5 所示。一条飞线是 LOOPIN_P，另一条是 LOOPIN_N，网络名 Loopin_P 现在显示在“Options”页面，“<V016C030>”显示在“Options”页面的“Via”栏中。

（7）在 R208 附近单击，如图 5-6-6 所示。

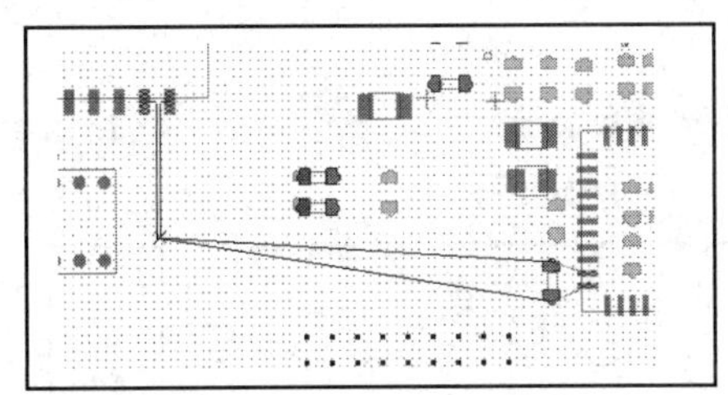

图 5-6-5 开始布线

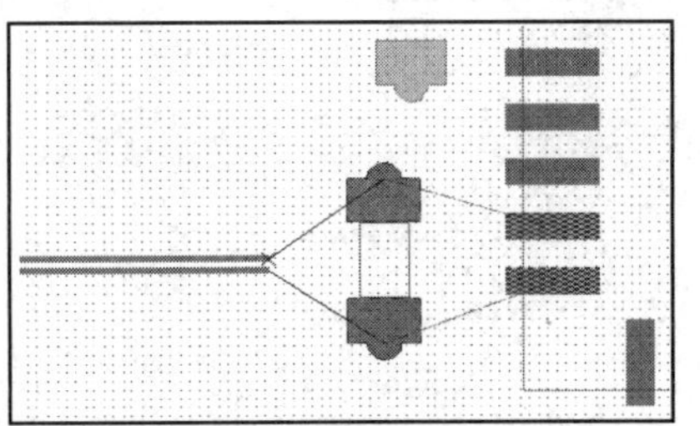

图 5-6-6 在 R208 附近单击

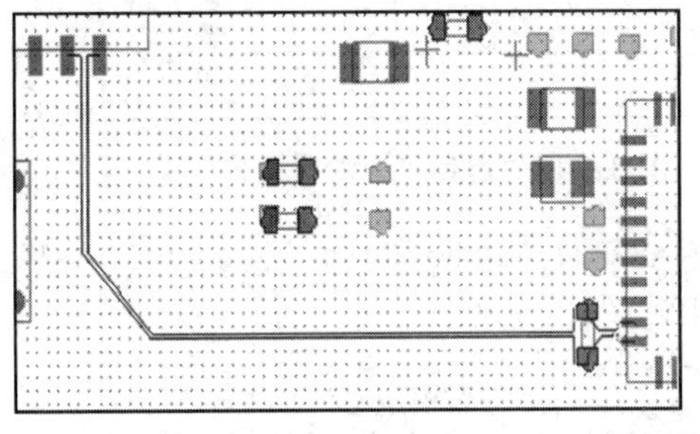

图 5-6-7 完成布线

（8）单击 R208 的引脚，布线自动完成。

（9）单击 U37 的一个引脚向 R208 布线，先在 R208 附近单击，再单击 R208 的引脚，单击鼠标右键，选择“Done”，完成布线，如图 5-6-7 所示。

（10）查看 Allegro Constraint Manager 窗口的约束，如图 5-6-8 所示，没有违反约束规则。

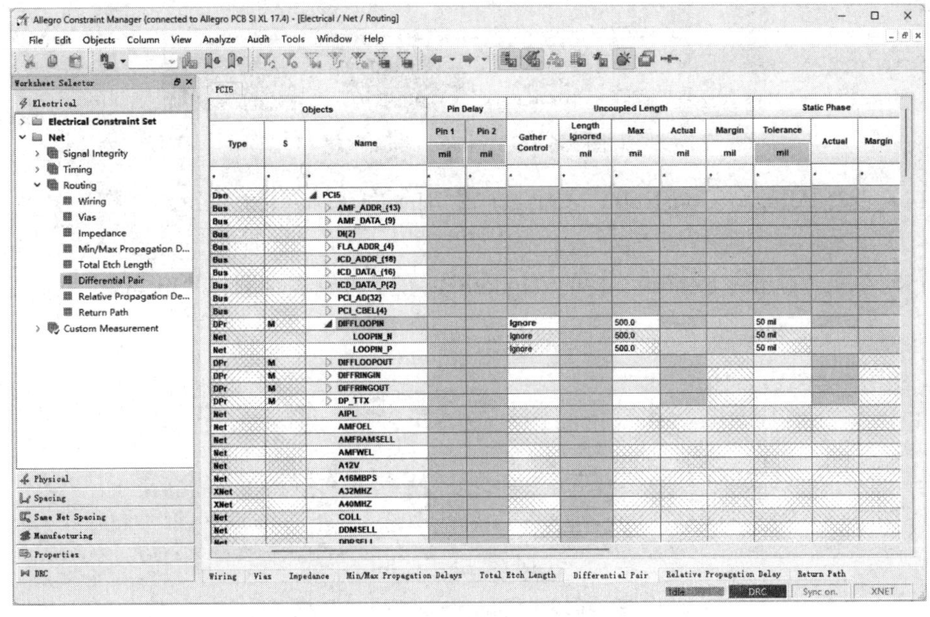

图 5-6-8 查看约束

（11）在 Allegro PCB SI XL 窗口执行菜单命令“Route”→“Slide”，控制面板的“Options”页面设置如图 5-6-9 所示。

（12）调整差分对布线，如图 5-6-10 所示。

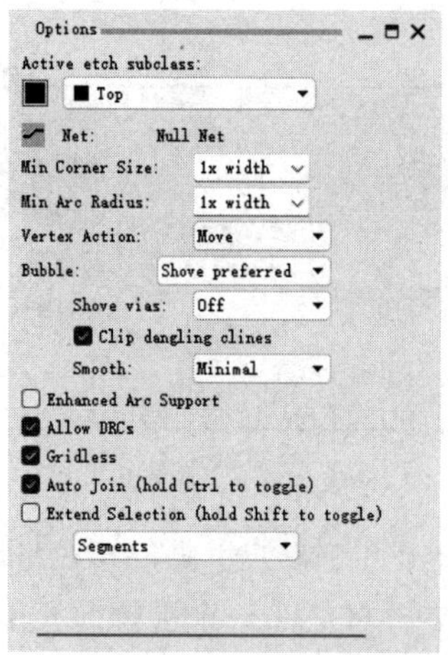

图 5-6-9 “Options”页面设置

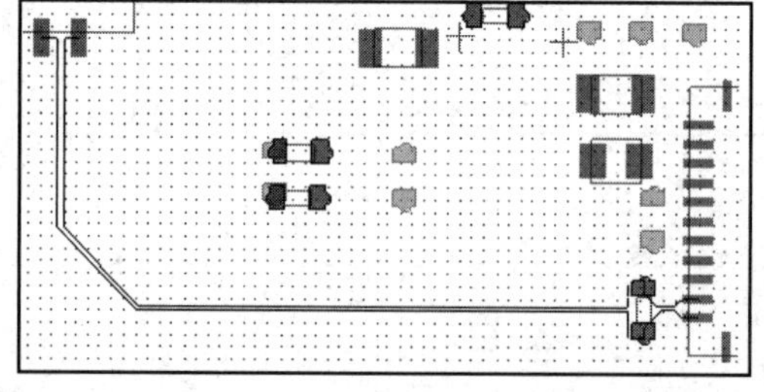

图 5-6-10 调整差分对布线

（13）查看 Allegro Constraint Manager 窗口的表格中的“Static Phase”栏，如图 5-6-11 所示。其中，Tolerance 值为允许的差分对两个成员网络的长度差。

Objects					Static Phase		
Type	S	Name	al	Margin mil	Tolerance mil	Actual	Margin
*	*	*		*	*	*	*
Bus		PCI_AD(32)					
Bus		PCI_CBEL(4)					
DPr	M	DIFFLOOPIN			50 mil		
Net		LOOPIN_N			50 mil		
Net		LOOPIN_P			50 mil		

图 5-6-11 “Static Phase”栏

（14）查看 Allegro Constraint Manager 窗口的“Uncoupled Length”栏，如图 5-6-12 所示。

（15）单击“Gather Control”栏的“Ignore”，在下拉列表中选择“Include”，如图 5-6-13 所示。

Objects			elay	Uncoupled Length				
Type	S	Name	Pin 2 mil	Gather Control	Length Ignored mil	Max mil	Actual mil	Margin mil
*	*	*	*	*	*	*	*	*
Bus		PCI_AD(32)						
Bus		PCI_CBEL(4)						
DPr	M	DIFFLOOPIN		Ignore		500.0		500.0
Net		LOOPIN_N		Ignore		500.0		500.0
RePP		U27.16:U37.38		Ignore	378.9	500.0	0.0	500.0
Net		LOOPIN_P		Ignore		500.0		500.0
RePP		U27.15:U37.39		Ignore	346.1	500.0	0.0	500.0

图 5-6-12 “Uncoupled Length”栏

Objects			elay	Uncoupled Length				
Type	S	Name	Pin 2 mil	Gather Control	Length Ignored mil	Max mil	Actual mil	Margin mil
*	*	*	*	*	*	*	*	*
Bus		PCI_AD(32)						
Bus		PCI_CBEL(4)						
DPr	M	DIFFLOOPIN		Include		500.0		121.1
Net		LOOPIN_N		Include		500.0		121.1
RePP		U27.16:U37.38		Include	0.0	500.0	378.9	121.1
Net		LOOPIN_P		Include		500.0		153.9
RePP		U27.15:U37.39		Include	0.0	500.0	346.1	153.9

图 5-6-13 “Gather Control”栏

当两个成员网络的间距超过“Primary Gap”约束值 5.0mil 时，报告为不耦合的长度值。“Gather Control”为“Ignore”时，不考虑成员网络的引脚的不耦合长度；“Gather Control”为“Include”时，应考虑成员网络的引脚的不耦合长度。

（16）在 Allegro PCB SI XL 窗口执行菜单命令“File”→“Save”，将文件保存在当前目录下。

5.7　后布线分析

【本节目的】主要学习对完成布线的差分对进行分析的方法。

【使用工具】Allegro PCB SI XL，Allegro Constraint Manager，SigXplorer PCB SI XL。

【使用文件】physical\diffPair\PCI5.brd。

（1）在 Allegro PCB SI XL 窗口执行菜单命令“Analyze”→“Preferences”，弹出“Analysis Preferences”对话框，选择“InterconnectModels”选项卡，设置互连参数，如图 5-7-1 所示。

（2）单击“OK”按钮，关闭“Analysis Preferences”对话框。

（3）在 Allegro Constraint Manager 窗口执行菜单命令“Tools”→“Options...”，弹出“Options”对话框，按图 5-7-2 所示进行设置。

（4）单击“OK”按钮，关闭“Options”对话框。

（5）在 Allegro Constraint Manager 窗口执行菜单命令“Objects”→“Filter...”，弹出“Filter”对话框，具体设置如图 5-7-3 所示。

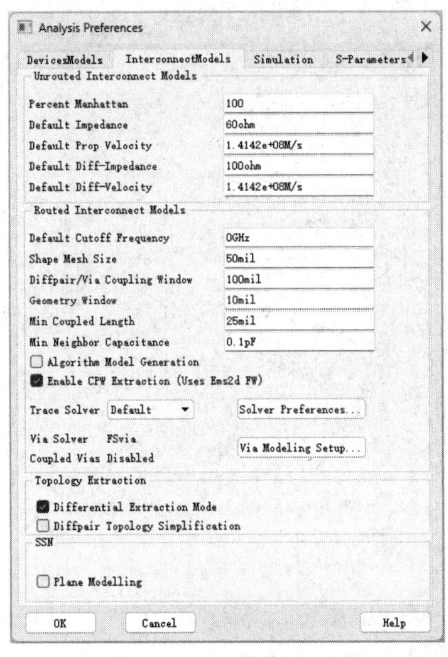

图 5-7-1　设置互连参数

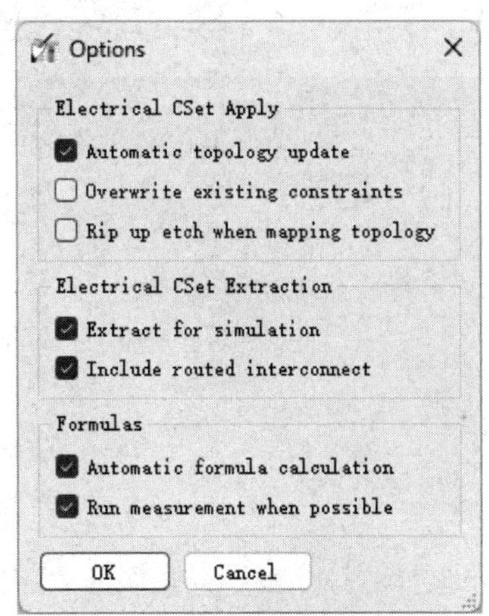

图 5-7-2　“Options”对话框

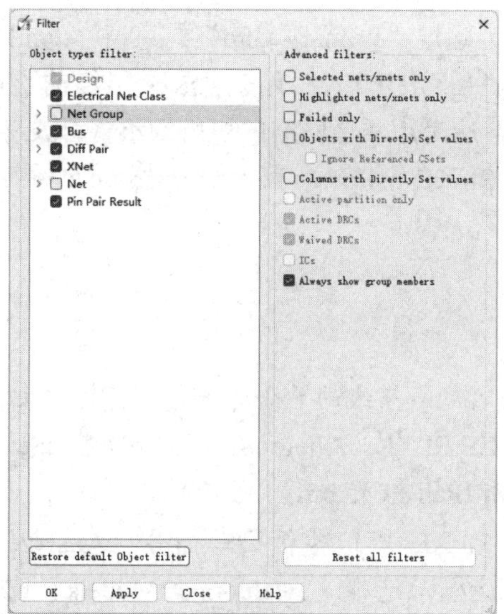

图 5-7-3 “Filter”对话框

（6）单击“OK”按钮，关闭“Filter”对话框。

（7）在 Allegro Constraint Manager 窗口单击“Net”→“Routing”→“Differential Pair”前的表格符号，显示差分对约束，如图 5-7-4 所示。

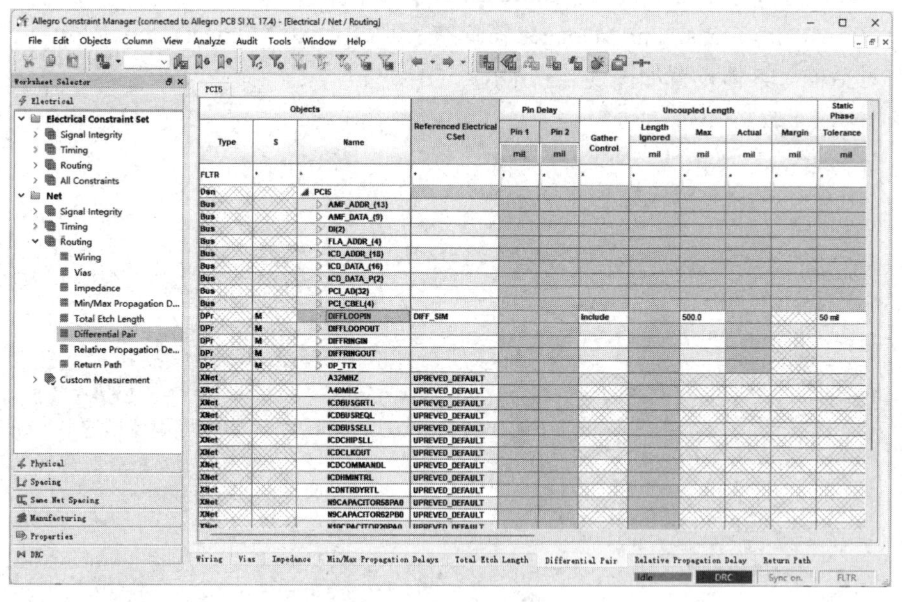

图 5-7-4 显示差分对约束

（8）选择“Objects”栏中的“DIFFLOOPIN”，单击鼠标右键，选择“SigXplorer...”，弹出 SigXplorer PCB SI XL 窗口，提取布线的拓扑，如图 5-7-5 所示。由图 5-7-5 可见，有单 Trace 也有耦合 Trace，单 Trace 是在弯曲处的额外的 Trace，且引脚的 Trace 没有按 5.0mil 间距耦合，驱动器 IO Cell 设置为 CUSTOM 激励。这与预布线分析过程中的 CUSTOM 激励相同。

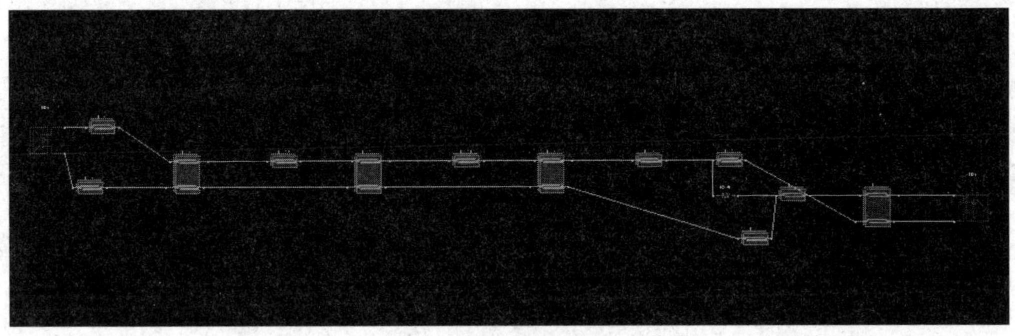

图 5-7-5　提取布线的拓扑

（9）在 SigXplorer PCB SI XL 窗口执行菜单命令“Analyze”→“Preferences...”，弹出“Analysis Preferences”窗口，在“Pulse Stimulus”选项卡设置激励参数，如图 5-7-6 所示。

（10）在“Simulation Parameters”选项卡设置仿真参数，如图 5-7-7 所示。

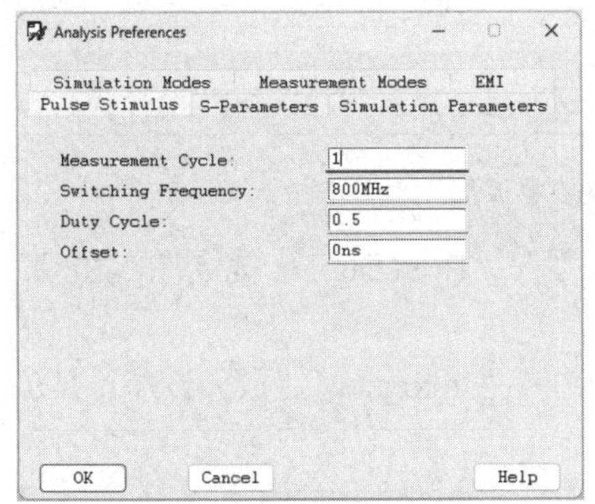

图 5-7-6　设置激励参数

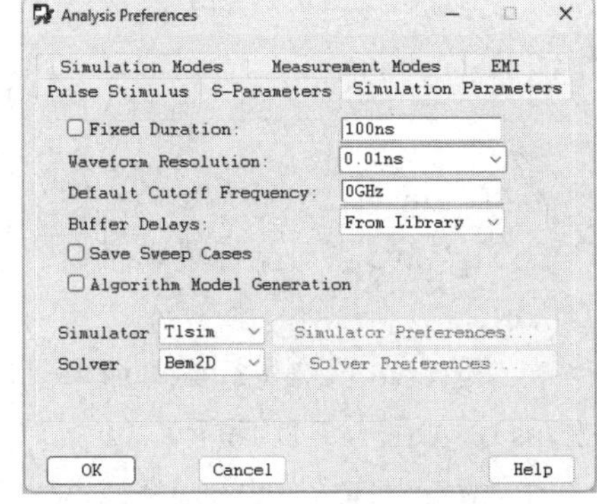

图 5-7-7　设置仿真参数

（11）单击“OK”按钮，关闭“Analysis Preferences”窗口，“Simulation Modes”选项卡和“Measurement Modes”选项卡保持不变。

（12）在 SigXplorer PCB SI XL 窗口执行菜单命令“Analyze”→“Simulate”，进行仿真。仿真完成后，弹出 SigWave 窗口，显示仿真波形，如图 5-7-8 所示。

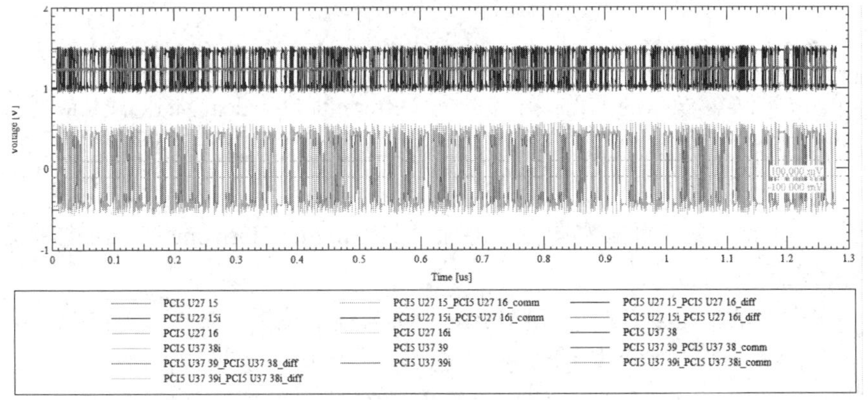

图 5-7-8　显示仿真波形

（13）选择波形库“Sim1:(PCI5 U27 15) PCI5 U27 15 Pulse Typ Reflection”，单击鼠标右键，选择“Hide All Subitems”，不显示子项。

（14）单击“Sim1:(PCI5 U27 15) PCI5 U27 15 Pulse Typ Reflection”前的“+”号展开项目，双击“PCI5 U37 39_ PCI5 U37 38_diff”前的波形符号，显示波形，如图 5-7-9 所示。

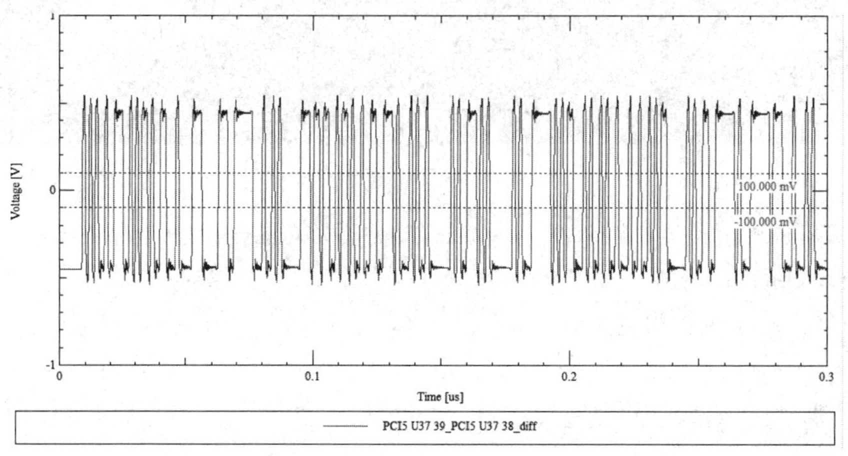

图 5-7-9　差分接收器波形

（15）在 SigWave 窗口执行菜单命令“Graph”→“Eye Diagram Mode”，显示眼图，如图 5-7-10 所示。

（16）在 SigWave 窗口执行菜单命令“Zoom”→“In Region”，放大波形，显示指定区域（0～1.7ns），如图 5-7-11 所示。

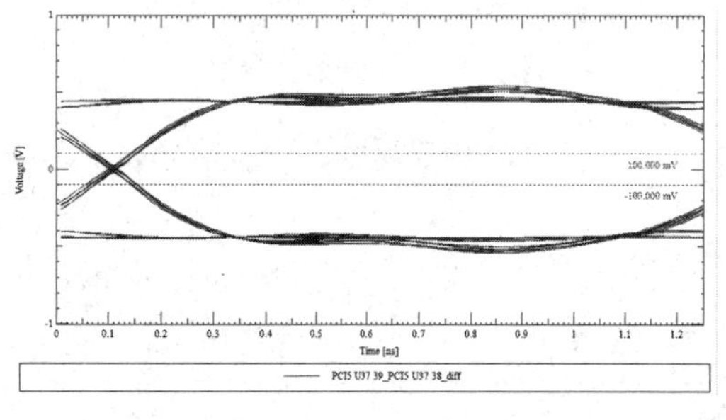

图 5-7-10　显示眼图

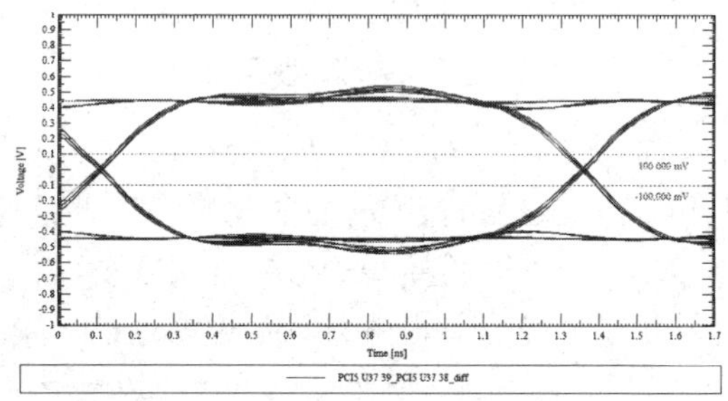

图 5-7-11　显示指定区域

（17）单击 SigWave 窗口的图标，添加“Differential Vertical Marker”标志线，选中标志线，单击鼠标右键，选择“Line Style”，使标志线为实线，调整标志线位置，如图 5-7-12 所示。

（18）在 SigWave 窗口单击图标，添加“Differential Horizontal Marker”标志线，设置标志线为红色。

（19）调整“Differential Horizontal Marker”标志线的位置，如图 5-7-13 所示。

（20）在 SigWave 窗口执行菜单命令“File”→“Exit”，退出该窗口。

（21）在 SigXplorer PCB SI XL 窗口执行菜单命令“File”→“Exit”，弹出提示信息，单击“是”按钮，保存拓扑。

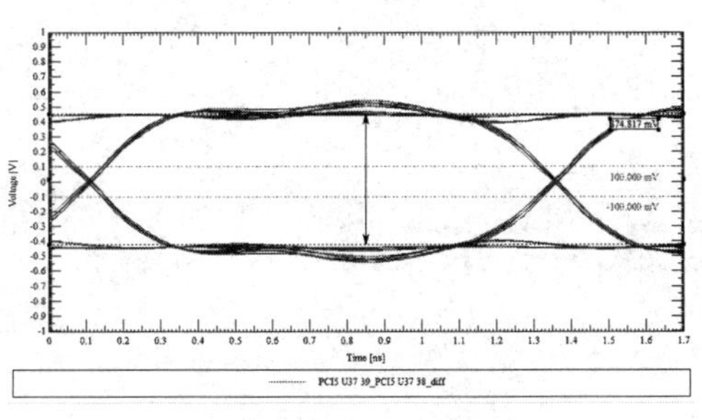

图 5-7-12　调整水平标志线位置

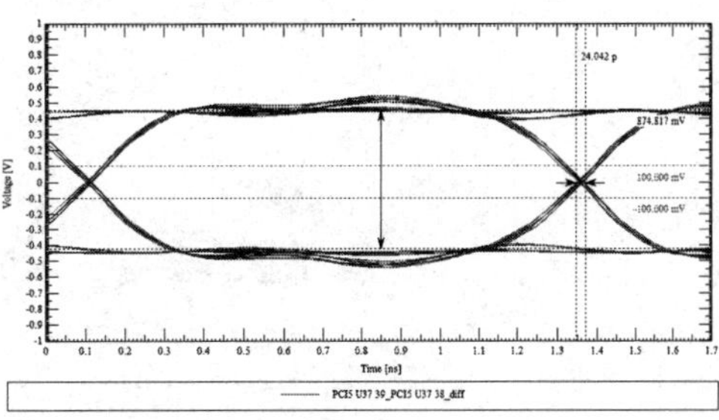

图 5-7-13　调整竖直标志线位置

（22）在 Allegro Constraint Manager 窗口执行菜单命令“File”→“Close”，关闭窗口。

（23）在 Allegro PCB SI XL 窗口执行菜单命令“File”→“Exit”，弹出提示信息，单击“否”按钮，退出。

5.8　本章思考题

（1）如何建立差分对并对其进行设置？

（2）如何对建立的差分对进行仿真与分析，并建立差分对约束？

（3）如何对布线后的差分对进行分析，检验其是否满足设计要求？

第6章　模型与拓扑

6.1 学习目标

本章将讲解如何对元器件建模和提取拓扑。通过本章的学习，应该掌握以下内容：

- “自上而下”的建模方法；
- 基本建模功能；
- IBIS 模型如何生效；
- 如何从约束管理器中提取拓扑；
- 采用拓扑的方式创建约束集。

6.2 设置建模环境

【使用文件】 SI_Base_lab_data\my_ddr3_mod1.brd。

【使用软件】 Allegro Signal Integrity。

（1）依次单击“开始”→“所有程序”→“Cadence PCB 17.4-2019”→“Signal Integrity 17.4”，如图 6-2-1 所示，由于操作系统不同，快捷方式位置可能会略有变化。

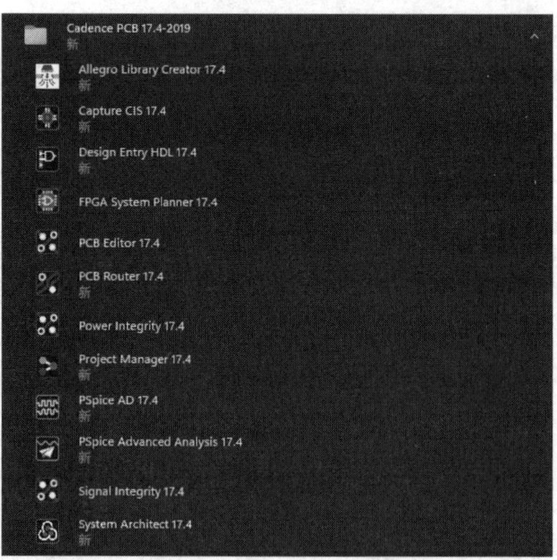

图 6-2-1　快捷方式所在位置

（2）用鼠标左键单击“Signal Integrity 17.4”图标，启动 Allegro Signal Integrity 软件，弹出“Allegro Sigrity SI Product Choices”对话框，如图 6-2-2 所示。

（3）在“Allegro Sigrity SI Product Choices”对话框的“Select a Product”列表框中选择

“Allegro Sigrity SI（for board）”，“Available Product Options”区域中出现 4 个复选框，分别是“Power-Aware SI”、“Serial Link SI”、“Design Planning”和“Full GRE”，如图 6-2-3 所示。

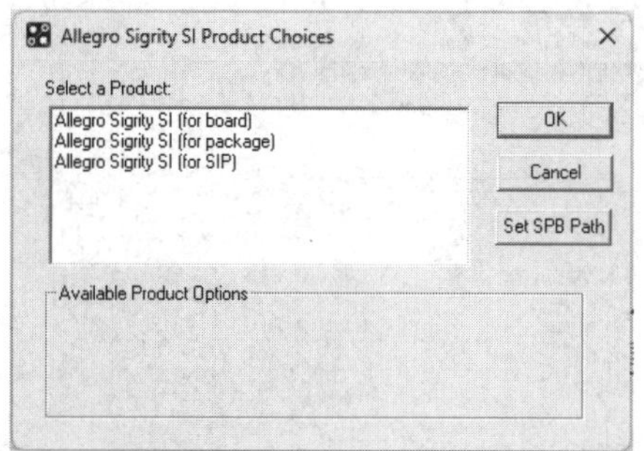

图 6-2-2　“Allegro Sigrity SI Product Choices”对话框

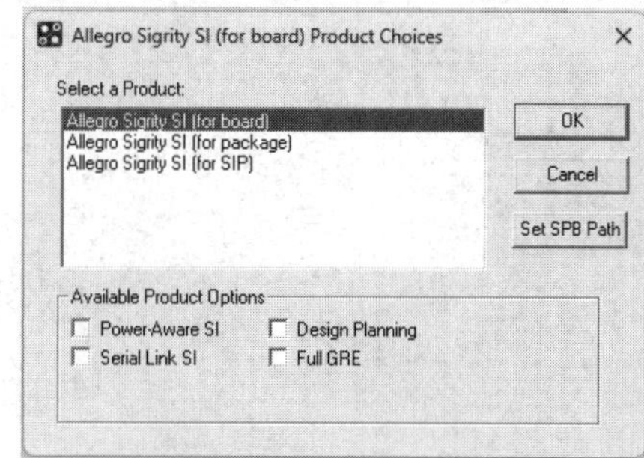

图 6-2-3　选择产品类型

（4）单击“Allegro Sigrity SI (for board) Product Choices”对话框中的“OK”按钮，进入 Allegro Signal Integrity 软件的主窗口。执行“File”→“Open...”命令，打开本章所使用的文件 my_ddr3_mod1.brd，如图 6-2-4 所示。

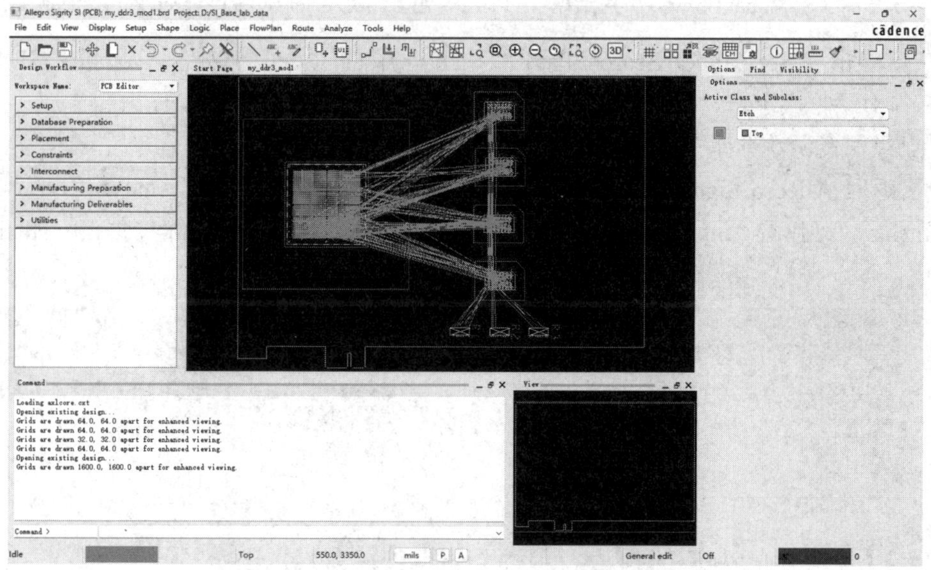

图 6-2-4　打开文件 my_ddr3_mod1.brd

（5）执行“Analyze”→“Model Browser...”命令，弹出“SI Model Browser”对话框，包含 6 个选项卡，分别是“DML Models”、“IBIS Models”、“SPICE Models”、“HSPICE Models”、“SPECTRE Models”和“IML Models”，如图 6-2-5 所示。

（6）单击“SI Model Browser”对话框底部的“Set Search Path”按钮，弹出“Set Model Search Path”对话框。单击“Set Model Search Path”对话框中“Reset to Default”按钮，将目录列表重置为默认状态，所有模型可以被直接搜索，并且以文件扩展名的形式存在于目录中。单击“Add Directory...”按钮，将本章使用文件的路径加入其中，如图 6-2-6 所示。

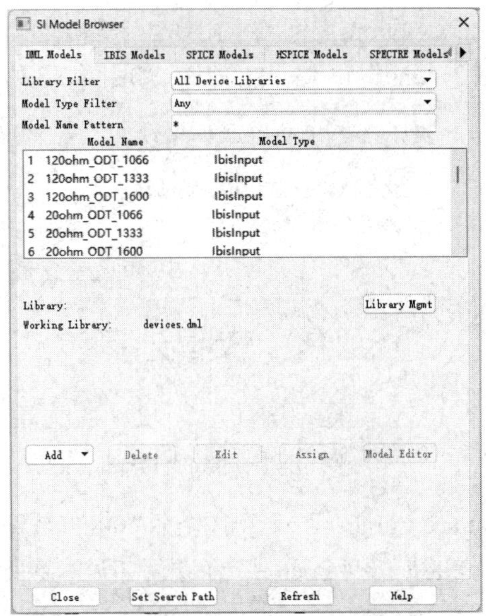

图 6-2-5 “SI Model Browser”对话框

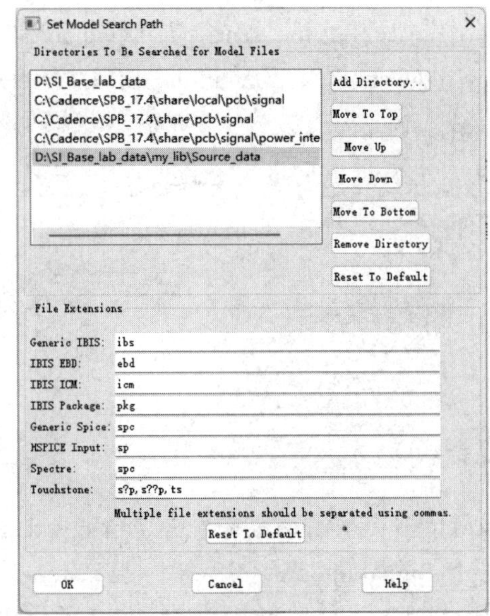

图 6-2-6 “Set Model Search Path”对话框

（7）单击“Set Model Search Path”对话框中的“OK”按钮，返回“SI Model Browser”对话框。单击“SI Model Browser”对话框中的“IBIS Models”选项卡，可见 2 个模型已经在资源数据库中，如图 6-2-7 所示。

（8）返回 Allegro Signal Integrity 软件的主窗口。执行菜单命令“Analyze”→“Model Assignment ...”，弹出“Signal Model Assignment”对话框，并显示出 3 个文件夹，如图 6-2-8 所示。

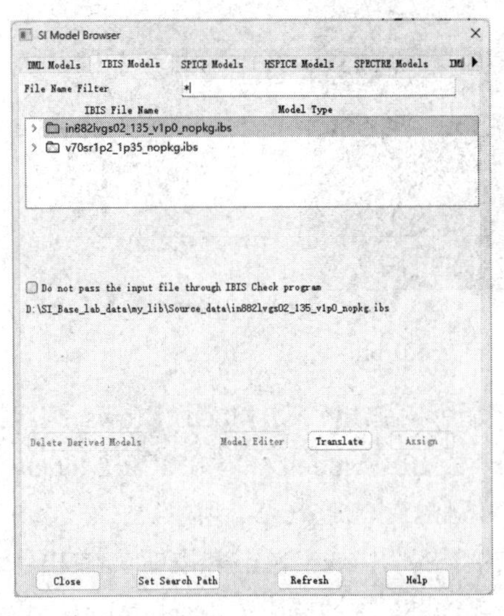

图 6-2-7 加入模型后的“SI Model Browser”对话框

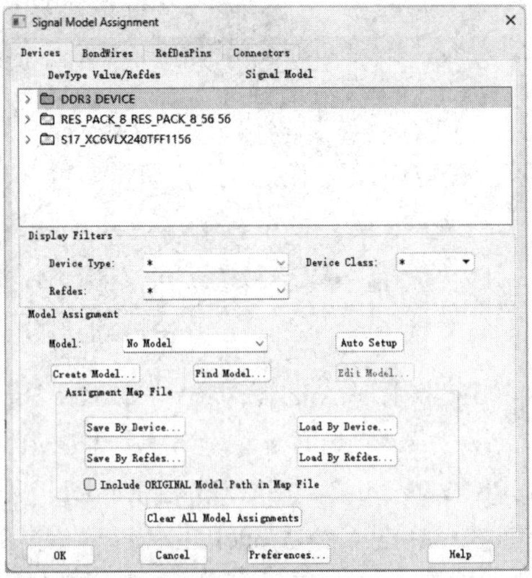

图 6-2-8 “Signal Model Assignment”对话框

（9）单击“Signal Model Assignment”对话框中“Auto Setup”按钮，为现有元件分配信号模型，并自动生成一个模型。单击“RES_PACK_8_RES_PACK_8_56”文件夹前的“>”，可以看到这个文件夹包含 3 个元件和刚刚生成的信号模型，如图 6-2-9 所示。

（10）返回“SI Model Browser”对话框，选择“IBIS Models”选项卡，在“File Name Filter”栏中输入“*”，并按“Tab”键，出现 2 个 IBIS 模型，分别是“in882lvgs02_135_v1p0_nopkg.ibs”和“v70sr1p2_1p35_nopkg.ibs”。选中“v70sr1p2_1p35_nopkg.ibs”模型，单击“SI Model Browser”对话框中的“Translate”按钮，将其转化为 DML 模型，弹出“IBIS Model Translation”对话框，如图 6-2-10 所示。

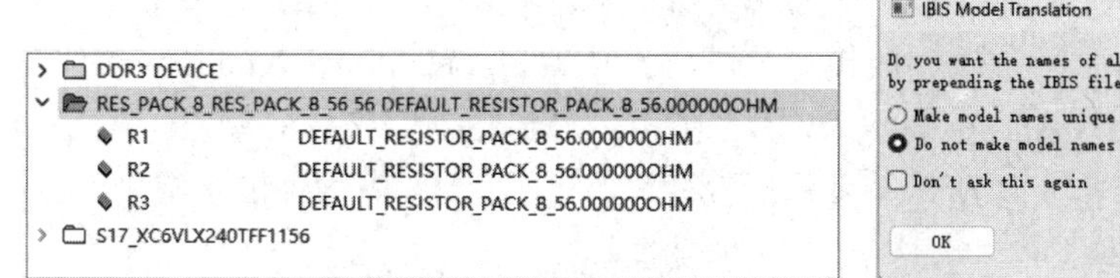

图 6-2-9 “RES_PACK_8_RES_PACK_8_56”文件夹

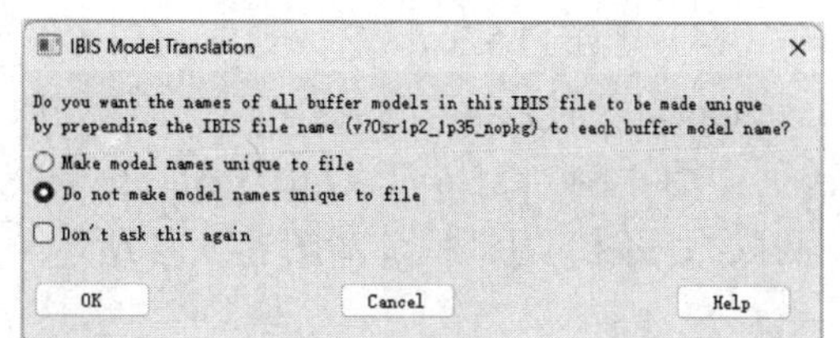

图 6-2-10 “IBIS Model Translation”对话框

（11）选中“IBIS Model Translation”对话框中的“Do not make model names unique to file”单选按钮，单击“OK”按钮，此时“v70sr1p2_1p35_nopkg.ibs”包含一系列子模型，如图 6-2-11 所示。

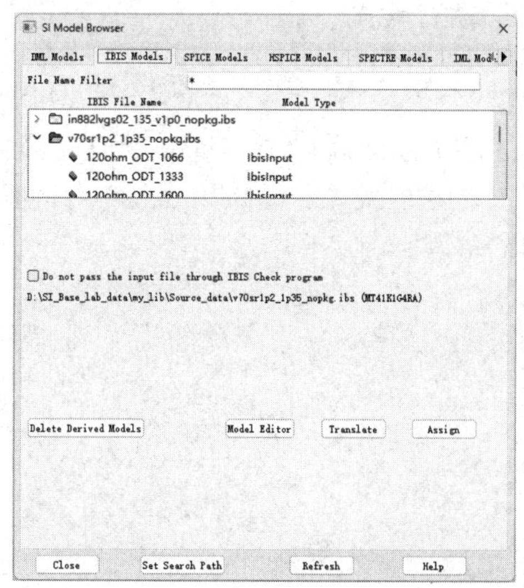

图 6-2-11 显示出的子模型

（12）选中子模型中的“MT41K256M16RE”，单击“SI Model Browser”对话框中的“Assign”按钮，将“MT41K256M16RE”模型分配到“DDR3 DEVICE”所包含的元件中，如图 6-2-12 所示。

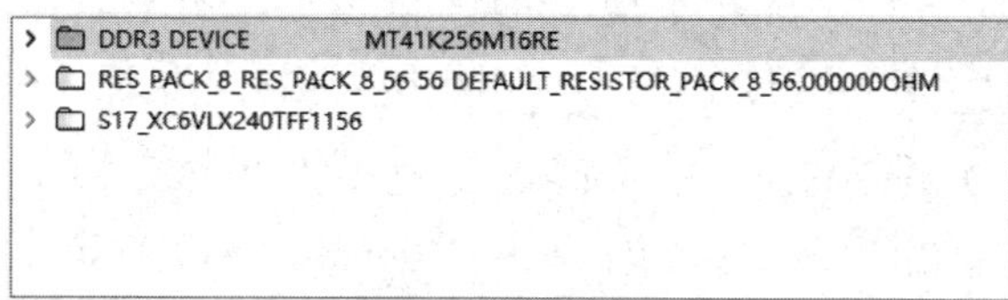

图 6-2-12 分配模型

（13）尝试以同样的方法，将“in882lvgs02_135_v1p0_nopkg.ibis”模型转换为 DML 模型，将“INSSTE32882LV_135_MIRROR_HIGH_QCSEN_HIGH”模型分配到“S17_XC6VLX240TFF1156”所包含的元件中，当单击“SI Model Browser”对话框中的“Assign”按钮时，弹出“Allegro Sigrity SI（PCB）”对话框，出现警告信息，如图 6-2-13 所示。由于模型和元件不匹配，大多数引脚不能在模型中找到，此方法未顺利完成模型分配。

（14）单击“Allegro Sigrity SI（PCB）”对话框中的“No”按钮，并返回“Signal Model Assignment”对话框。采用另一种方法完成模型分配，选中“Signal Model Assignment”对话框中的“S17_XC6VLX240TFF1156”，并单击“ Create Model...”按钮，弹出“Create Device Model”对话框，如图 6-2-14 所示。

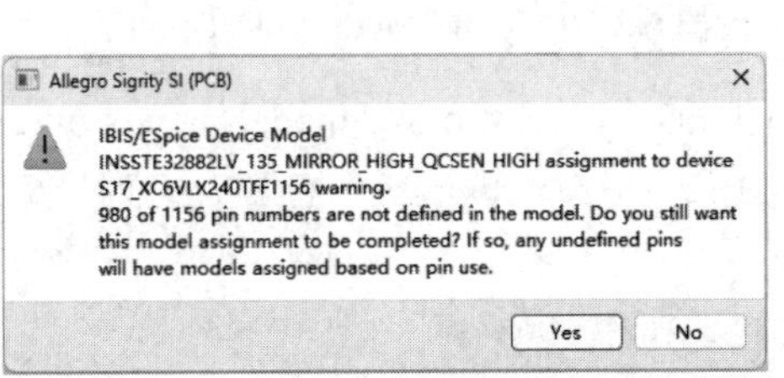

图 6-2-13 “Allegro Sigrity SI（PCB）”对话框

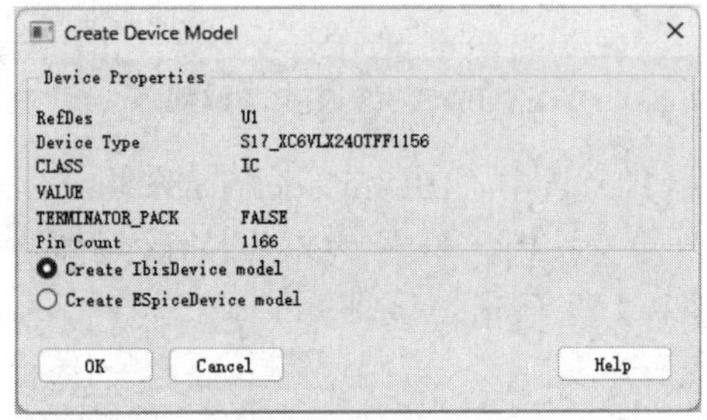

图 6-2-14 “Create Device Model”对话框

（15）确认选中“Create Device Model”对话框中的“Create IbisDevice model”单选按钮，单击“OK”按钮，弹出“IBIS Device Model Editor”对话框，根据元件的引脚信息等创建信号模型，如图 6-2-15 所示。

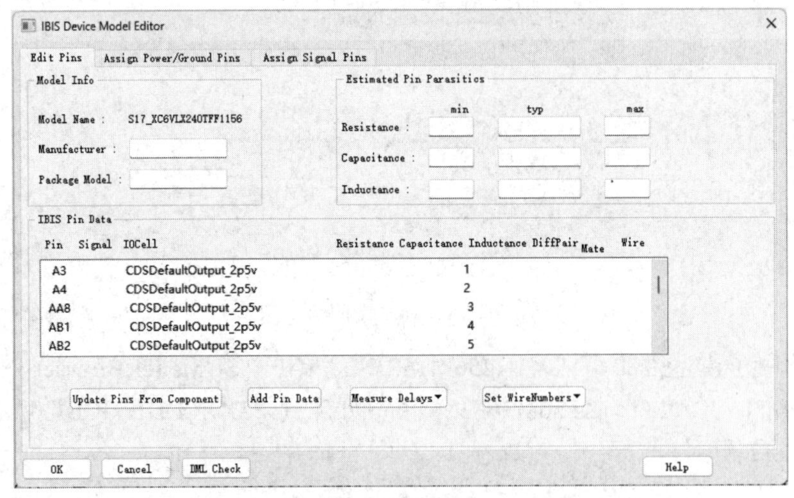

图 6-2-15 “IBIS Device Model Editor”对话框

（16）单击“IBIS Device Model Editor”对话框中的“OK”按钮，返回“Signal Model Assignment”对话框，单击“OK”按钮，弹出“Signal Model Assignment Changes”窗口，显示出已经发生变动的模型分配情况，如图 6-2-16 所示。

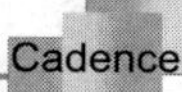

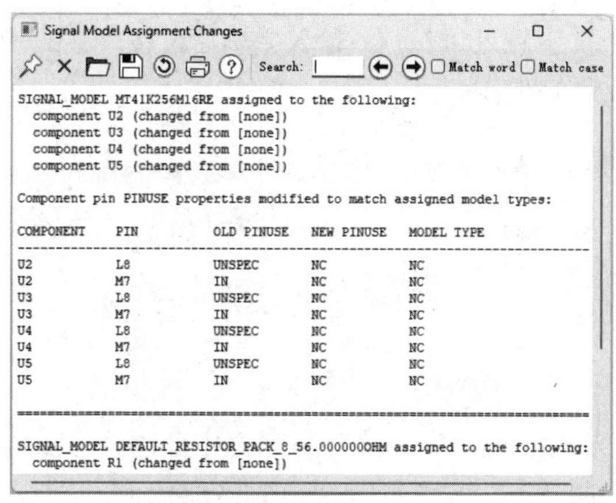

图 6-2-16 “Signal Model Assignment Changes”窗口

（17）关闭“Signal Model Assignment Changes”窗口，返回主窗口。在创建模型后编辑该模型将无法从设计中看到引脚和网络信息，因此需要返回“Signal Model Assignment”对话框，对信号模型进行编辑。执行菜单命令“Analyze”→“Model Assignment ...”，重新打开“Signal Model Assignment”对话框，选中“S17_XC6VLX240TFF1156”，并单击“Edit Model...”按钮，再次弹出“IBIS Device Model Editor”对话框，选择“Assign Signal Pins”选项卡，如图 6-2-17 所示，拖动“All Pins”区域列表框右侧的滚动条，可以观察各个引脚连接到的网络，如图 6-2-18 所示。

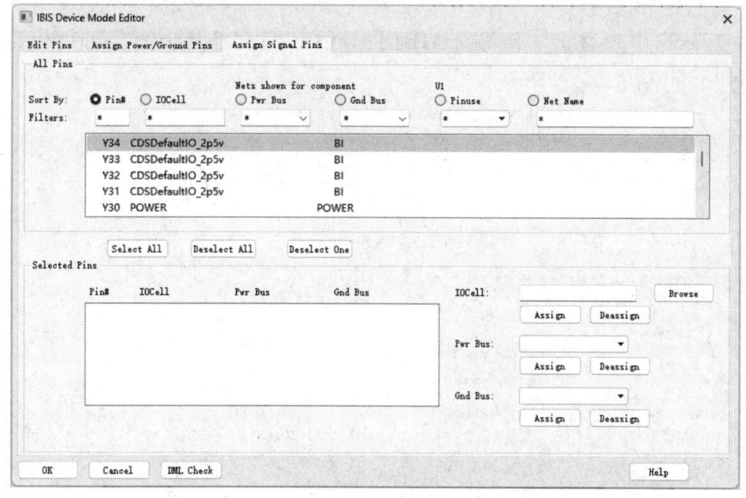

图 6-2-17　选择“Assign Signal Pins”选项卡

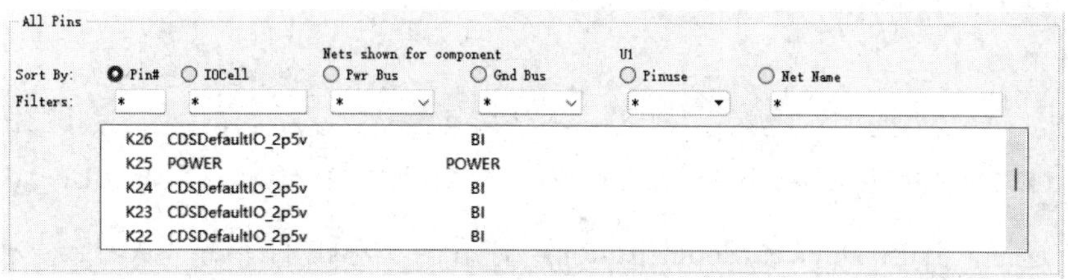

图 6-2-18　观察引脚的网络连接情况

（18）在“Net Name”下输入“*a*”，输入完毕后，按“Tab”键，将网络名含“a”的网络过滤出来，如图 6-2-19 所示。

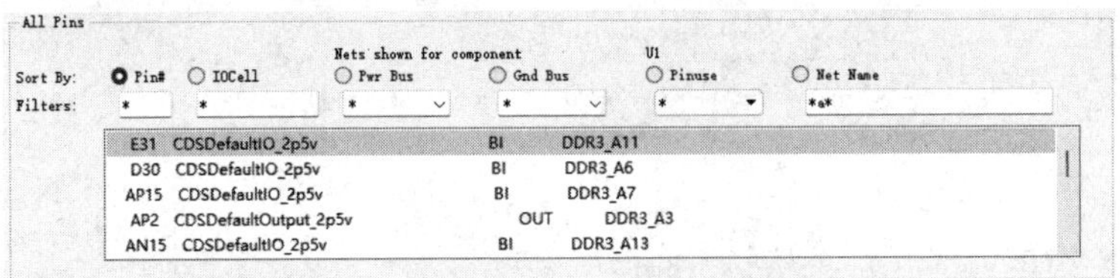

图 6-2-19　网络名含“a”的网络

（19）单击“IBIS Device Model Editor”对话框中部的“Select All”按钮，刚刚过滤出的网络均出现在“Selected Pins”区域中，如图 6-2-20 所示。

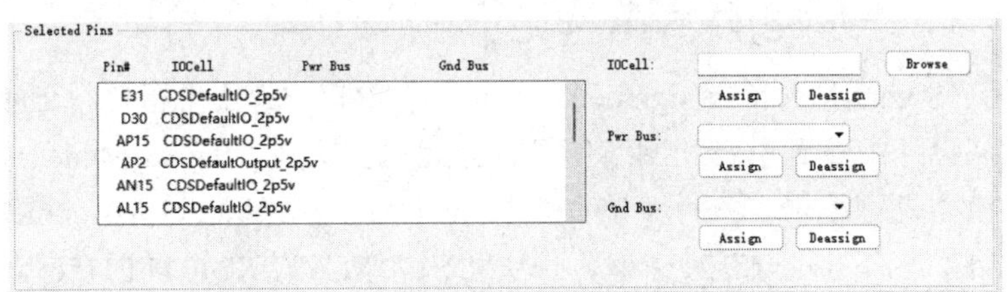

图 6-2-20　“Selected Pins”区域

（20）单击“IBIS Device Model Editor”对话框右侧的“Browse”按钮，弹出“SI Model Browser”对话框，选中“OUTBUF_MD”模型，如图 6-2-21 所示，单击“SI Model Browser”对话框中的“Assign”按钮，“IBIS Device Model Editor”对话框的右下部显示出“OUTBUF_MD”，如图 6-2-22 所示。

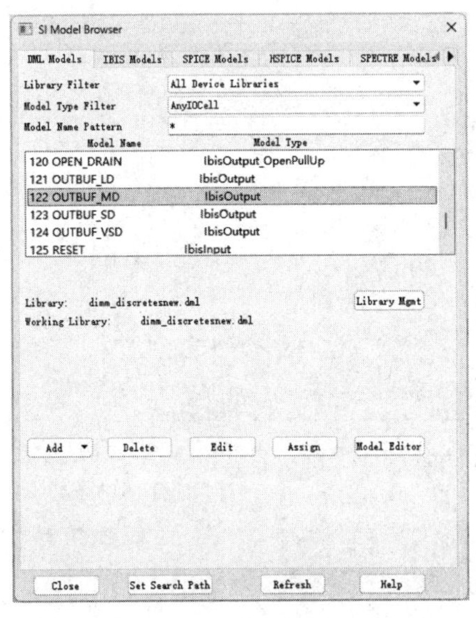

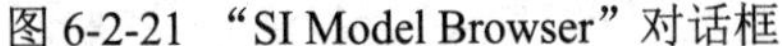

图 6-2-21　“SI Model Browser”对话框

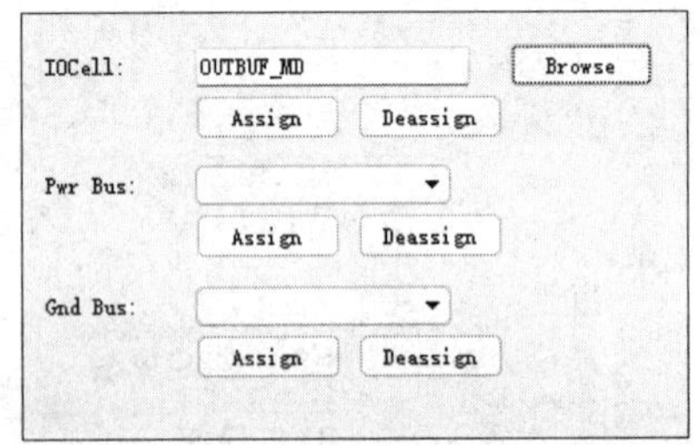

图 6-2-22　显示出“OUTBUF_MD”

（21）返回“IBIS Device Model Editor”对话框，单击右下部“Assign”按钮，可见“Selected Pins”栏中 IOCell 模型均改为“OUTBUF_MD”，如图 6-2-23 所示。

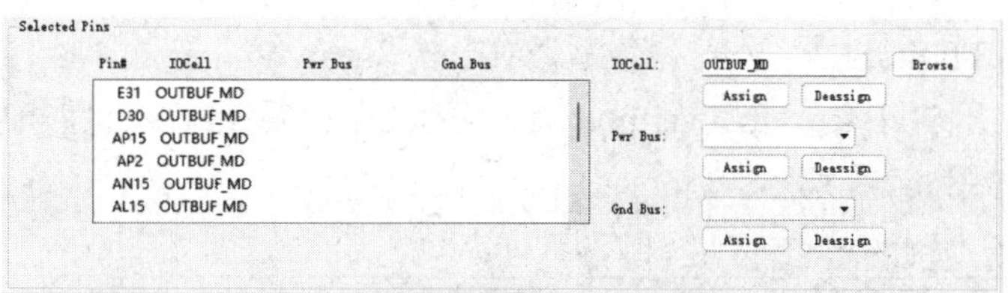

图 6-2-23　IOCell 模型均改为“OUTBUF_MD”

（22）单击“IBIS Device Model Editor”对话框中“Deselect All”按钮，清空“Selected Pins”区域中所有的引脚信息。重复之前的操作，在“Net Name”下输入“*dq*”，过滤出所有名字包含“dq”字符的网络，将这些网络和引脚全选到“Selected Pins”区域的列表框中，单击“Browse”按钮，将“DQ_40_ODT40_1600”加载到所有选中的引脚上，加载完毕后，如图 6-2-24 所示。

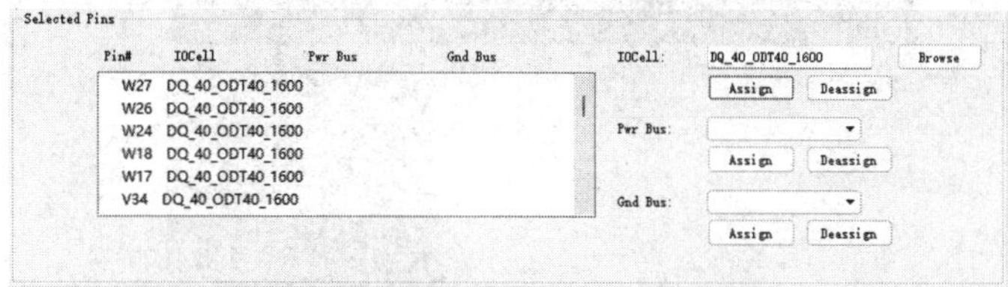

图 6-2-24　加载“DQ_40_ODT40_1600”到所有选中的引脚上

（23）单击“IBIS Device Model Editor”对话框中的“OK”按钮，返回“Signal Model Assignment”对话框，单击“OK”按钮，弹出“Signal Model Assignment Changes”窗口，如图 6-2-25 所示。

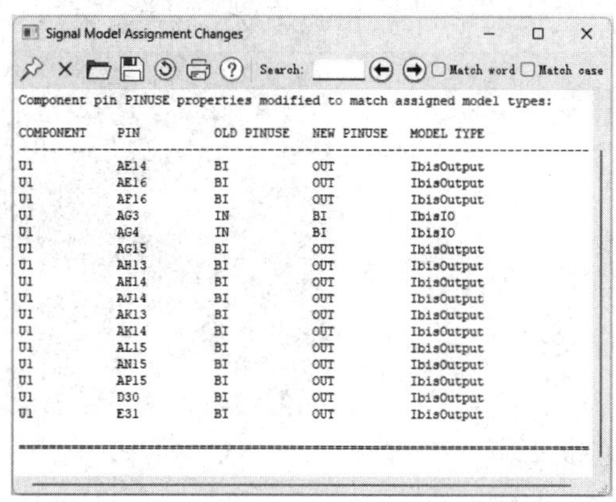

图 6-2-25　“Signal Model Assignment Changes”窗口

（24）关闭“Signal Model Assignment Changes”窗口。至此，模型已设计完成。本章主要讲解了自动生成模型，以及利用引脚和网络信息创建模型。

6.3　调整飞线显示与提取拓扑

【使用文件】SI_Base_lab_data\my_ddr3_mod2.brd。

【使用软件】Allegro Signal Integrity。

（1）启动 PCB Editor 17.4 软件，选择“Allegro Sigrity SI”模式，执行菜单命令“File”→“Open...”，打开 SI_Base_lab_data\my_ddr3_mod2.brd 文件。执行完毕后，Allegro Signal Integrity 主窗口如图 6-3-1 所示。

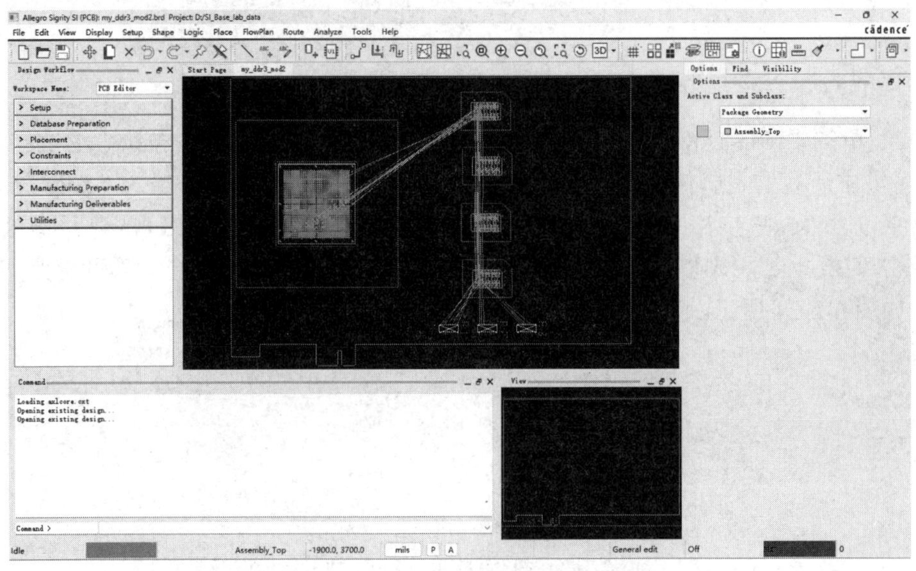

图 6-3-1　Allegro Signal Integrity 主窗口

（2）单击工具栏中的“Unrats All”按钮，如图 6-3-2 所示，将 my_ddr3_mod2.brd 文件中的所有飞线隐藏，结果如图 6-3-3 所示。

图 6-3-2 “Unrats All”按钮

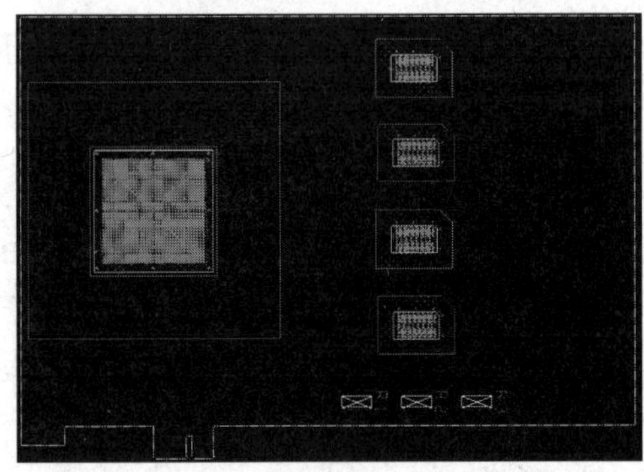

图 6-3-3 隐藏飞线

（3）执行“Display”→“Ratsnest...”命令，弹出“Display - Ratsnest”对话框，如图 6-3-4 所示。选中“Select By:”栏中的“Net”单选按钮，并在“Net Filter”栏中输入“*_A*”，输入完毕后，按“Tab”键，将网络名含“_A”的网络过滤出来，如图 6-3-5 所示。

（4）单击“Display - Ratsnest”对话框中的“Select All”按钮，显示出地址总线的飞线，如图 6-3-6 所示。单击“Display - Ratsnest”对话框中的“OK”按钮，退出“Display - Ratsnest”对话框。地址总线的连接线以飞线的形式进行连接，默认模式下连线的距离最短，但这样布线不符合设计要求。

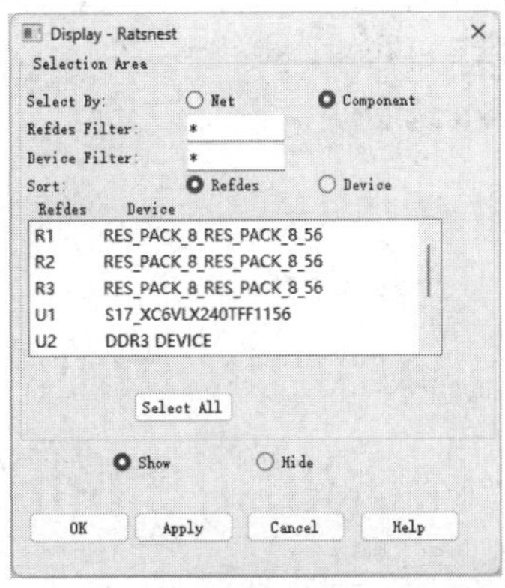

图 6-3-4　“Display - Ratsnest”对话框

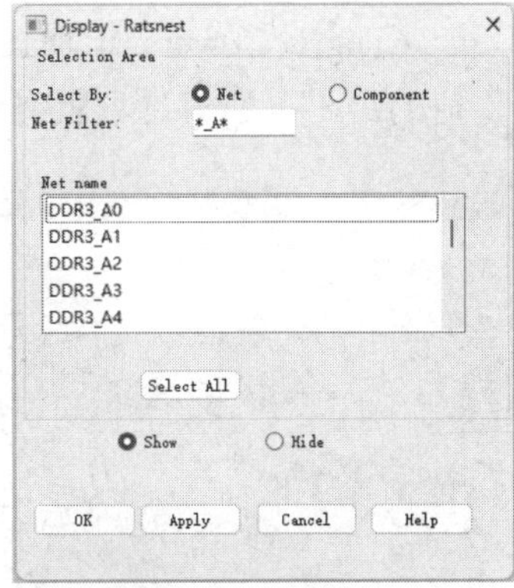

图 6-3-5　过滤出的网络

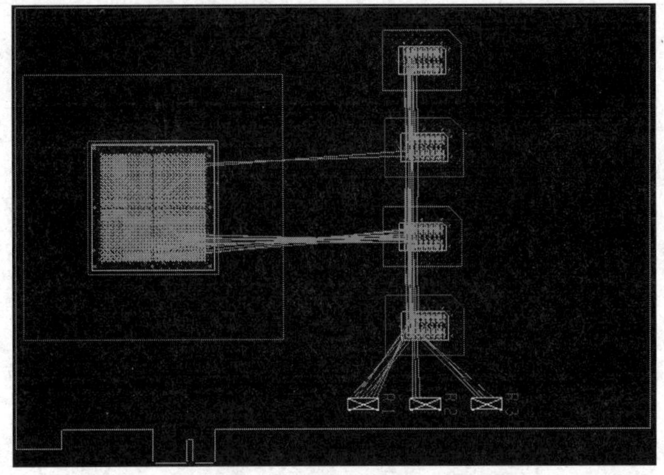

图 6-3-6　显示出地址总线的飞线

（5）在主窗口中，执行菜单命令“Setup”→“Constraints”→“Constraint Manager...”，弹出 Allegro Constraint Manager 窗口，如图 6-3-7 所示。

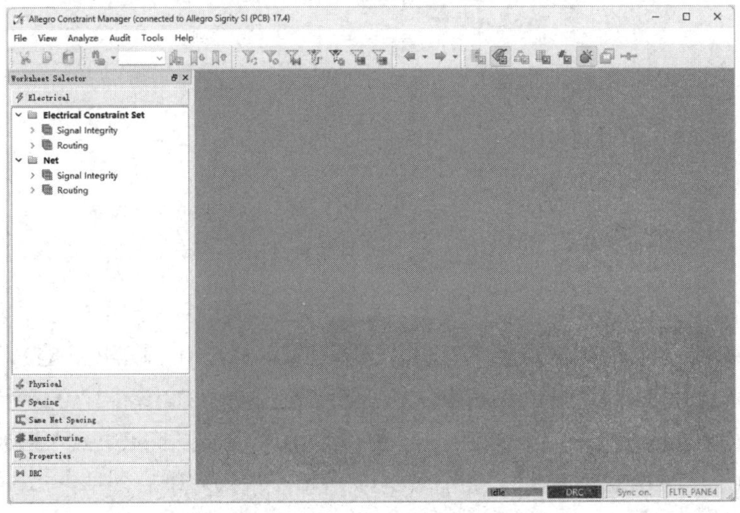

图 6-3-7　Allegro Constraint Manager 窗口

（6）在 Allegro Constraint Manager 窗口中单击“Electrical”→“Net”文件夹中“Routing”前的“>”，所有选项就显示出来，如图 6-3-8 所示。

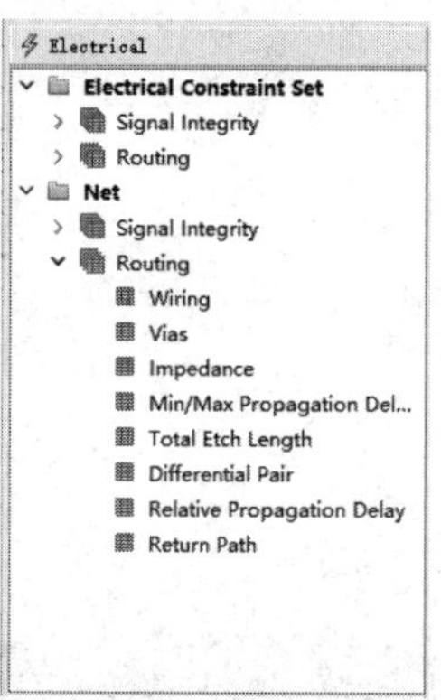

图 6-3-8　单击“Routing”前的“>”

（7）单击图 6-3-8 中的“Wiring”选项，Allegro Constraint Manager 窗口中将出现两种对象，分别是“DPr”和“Net”。

（8）单击选项前面的三角符号，显示出具体数据，如图 6-3-9 所示。

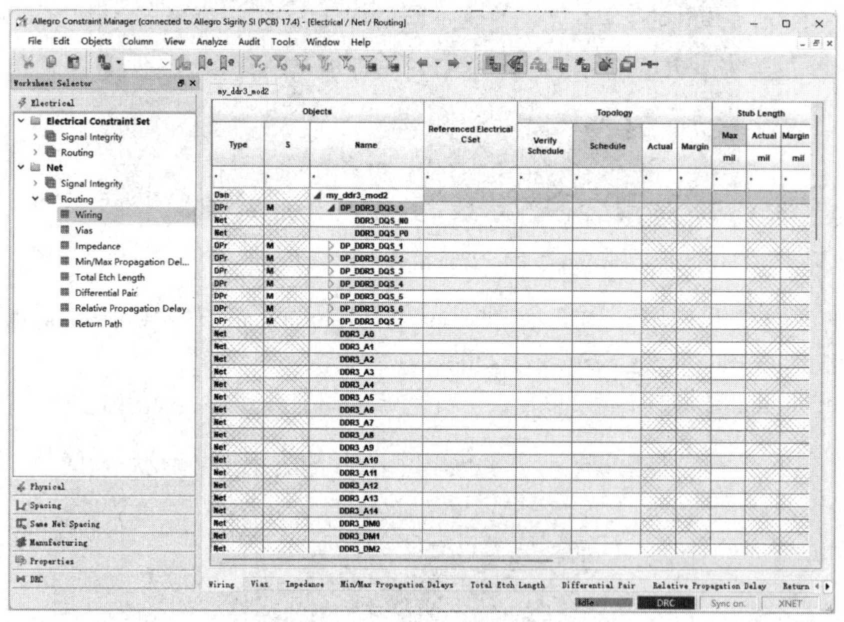

图 6-3-9　展开所有网络

（9）同时选中 DDR3_A0、DDR3_A1、DDR3_A2、DDR3_A3、DDR3_A4、DDR3_A5、DDR3_A6、DDR3_A7、DDR3_A8、DDR3_A9、DDR3_A10、DDR3_A11、DDR3_A12、DDR3_A13 和 DDR3_A14，单击鼠标右键，弹出右键菜单，如图 6-3-10 所示。

（10）执行“Create”→“Class...”命令，弹出“Create NetClass”对话框，在“Net Class”栏中输入“DDR3_ADDR”，如图 6-3-11 所示，输入完毕后，单击“Ok”按钮，成功创建网络组。

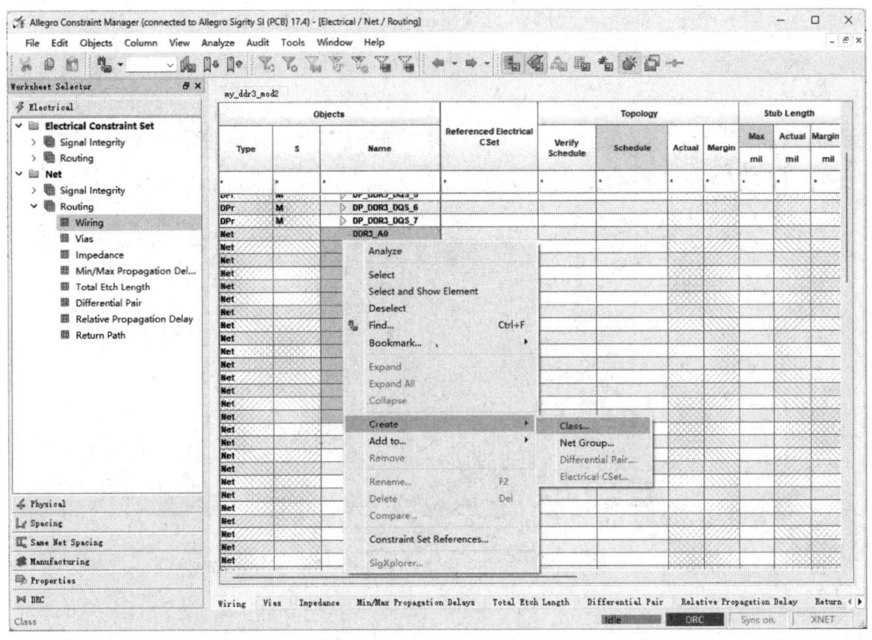

图 6-3-10　右键菜单

（11）在 Allegro Constraint Manager 窗口中，执行“Tools”→“Options...”命令，弹出“Options”对话框，确保“Electrical CSet Extraction”区域中 2 个复选框未被勾选，如图 6-3-12 所示。

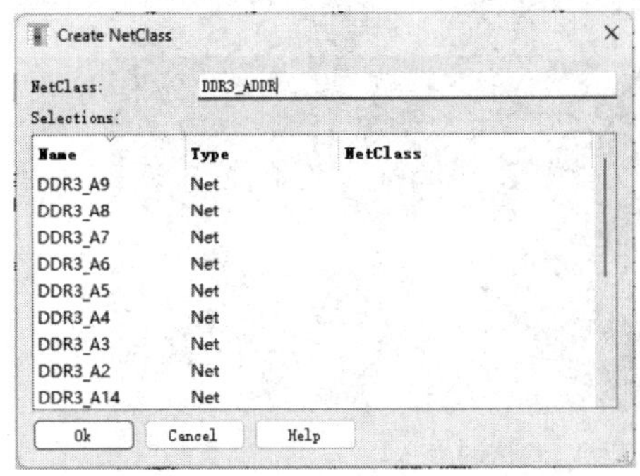

图 6-3-11　“Create NetClass”对话框

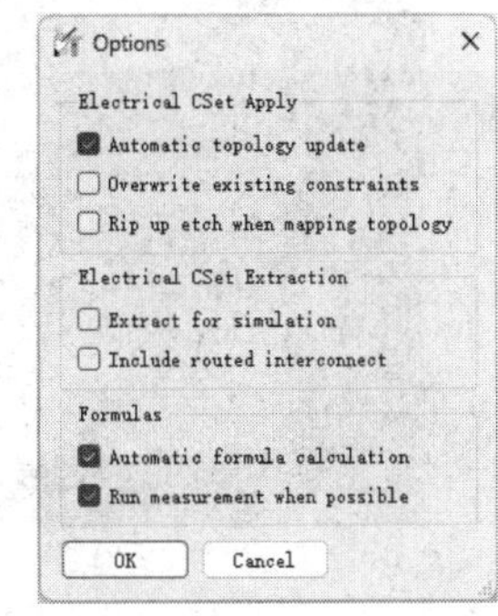

图 6-3-12　“Options”对话框

（12）设置完毕后，单击“Options”对话框中“OK”按钮，退出“Options”对话框。

（13）返回 Allegro Constraint Manager 窗口，选中新创建的“DDR3_ADDR”网络组，单击鼠标右键，弹出的菜单如图 6-3-13 所示，选择“SigXplorer...”，弹出 SigXplorer PCB SI XL 窗口，提取出的拓扑如图 6-3-14 所示。

（14）黄色线条代表元件之间的理想连接，可以删除黄色线条。通过单击和拖动，适当调整元件位置，各个元件位置调整后的结果如图 6-3-15 所示。

（15）在 SigXplorer PCB SI XL 窗口中，执行菜单命令“Setup”→“Constraints...”，弹出“Set Topology Constraints”窗口。

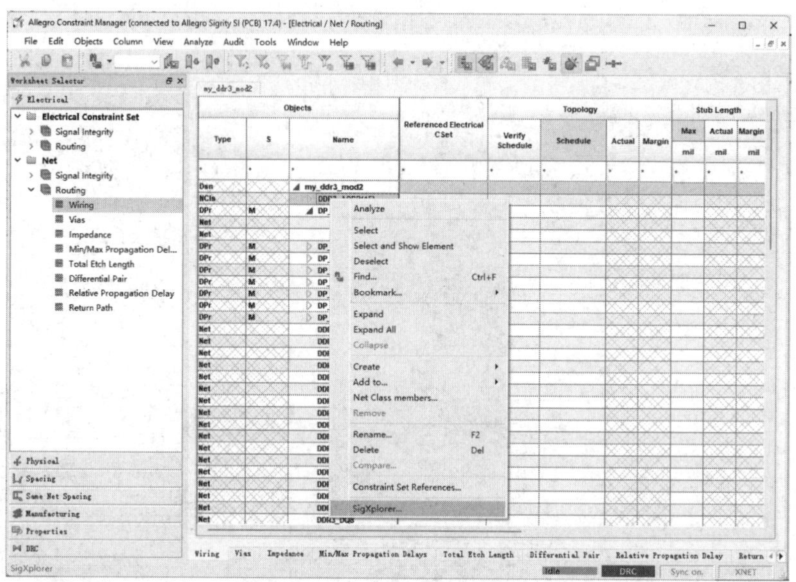

图 6-3-13　右键菜单

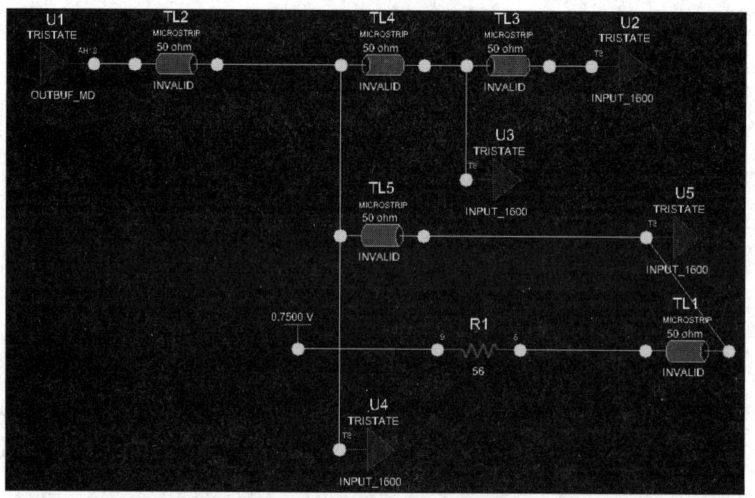

图 6-3-14　提取出的拓扑

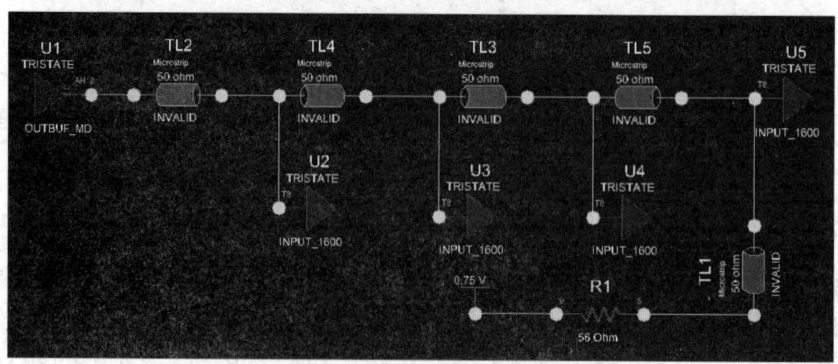

图 6-3-15　调整后的拓扑

（16）单击“Set Topology Constraints”窗口中的“Wiring”选项卡，如图 6-3-16 所示。

（17）修改“Wiring”选项卡中“Verify Schedule”和“Stub Length”等参数，如图 6-3-17 所示。

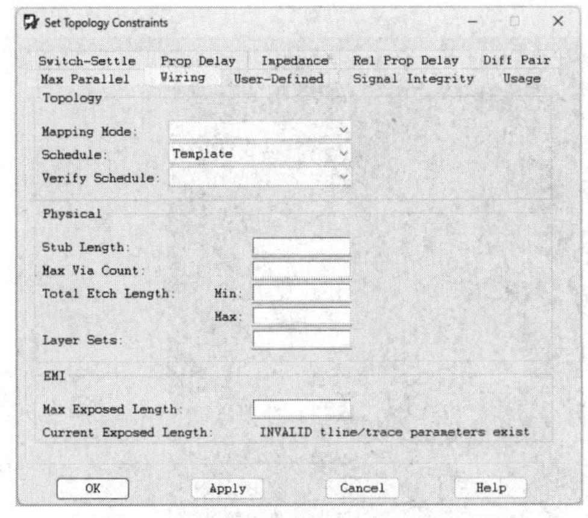

图 6-3-16　“Set Topology Constraints”窗口中的“Wiring”选项卡

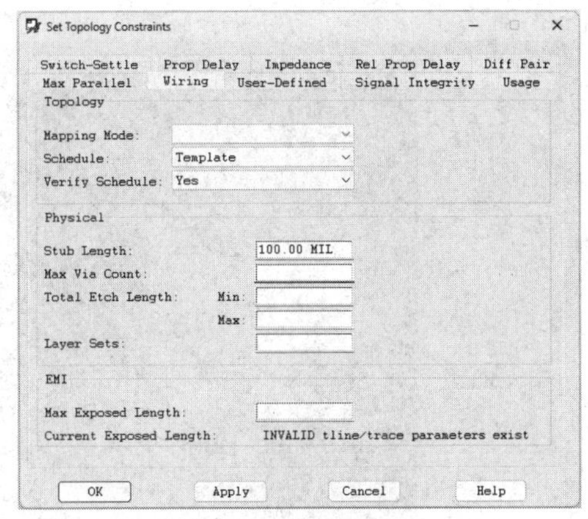

图 6-3-17　修改参数

（18）单击“Set Topology Constraints”窗口中的“Signal Integrity”选项卡，修改“Signal Integrity”选项卡中“Max Xtalk”和“Max Peak Xtalk”等参数，如图 6-3-18 所示。

（19）单击“Set Topology Constraints”窗口中的“OK”按钮，关闭“Set Topology Constraints”窗口，返回 SigXplorer PCB SI XL 窗口。

（20）执行菜单命令“Update Cm”，弹出警告提示框，如图 6-3-19 所示。

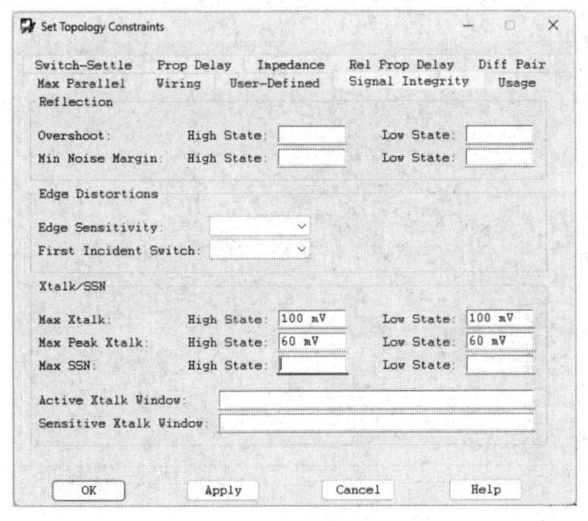

图 6-3-18　“Signal Integrity”选项卡

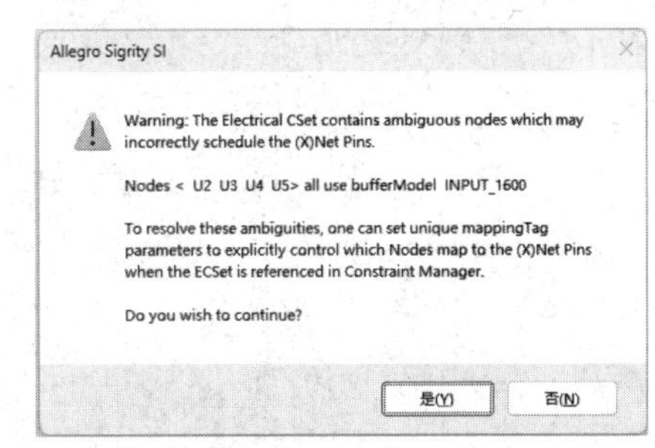

图 6-3-19　警告提示框

（21）单击警告提示框中的“是”按钮，再次弹出询问信息，如图 6-3-20 所示，单击“Yes”按钮，将约束应用到所有的类成员中。

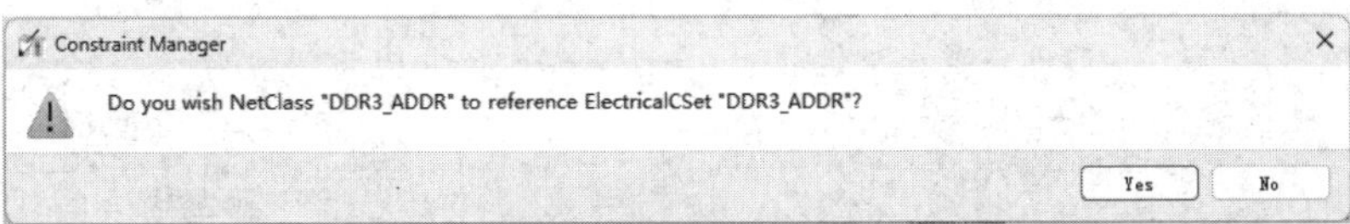

图 6-3-20　询问信息

（22）关闭 SigXplorer PCB SI XL 窗口，返回 Allegro Signal Integrity 主窗口。

（23）在 Allegro Signal Integrity 主窗口中观察 my_ddr3_mod6-3-brd 中飞线的改变，如图 6-3-21 所示。

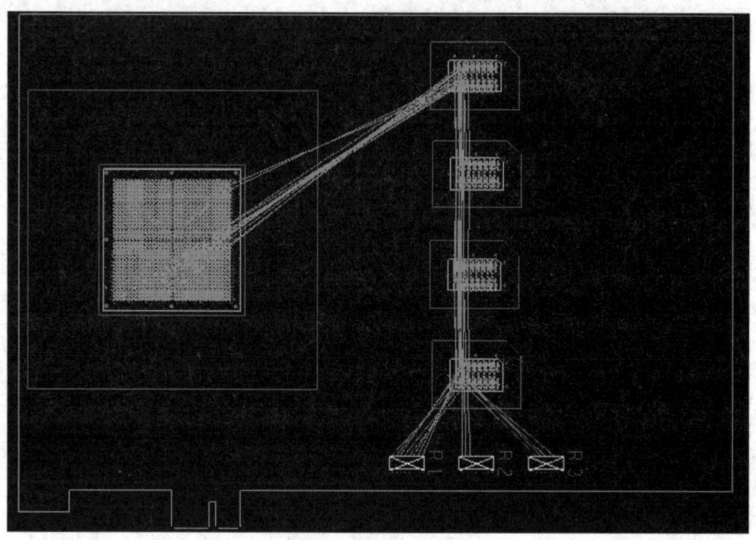

图 6-3-21　飞线的改变

（24）在 Allegro Constraint Manager 窗口中黄色列表头（见图 6-3-22 方框内）表明 DRC 对该特定检查禁用。工作表中的黄色单元格表示无法通过 DRC 检查或 DRC 检查失败，如图 6-3-22 所示。

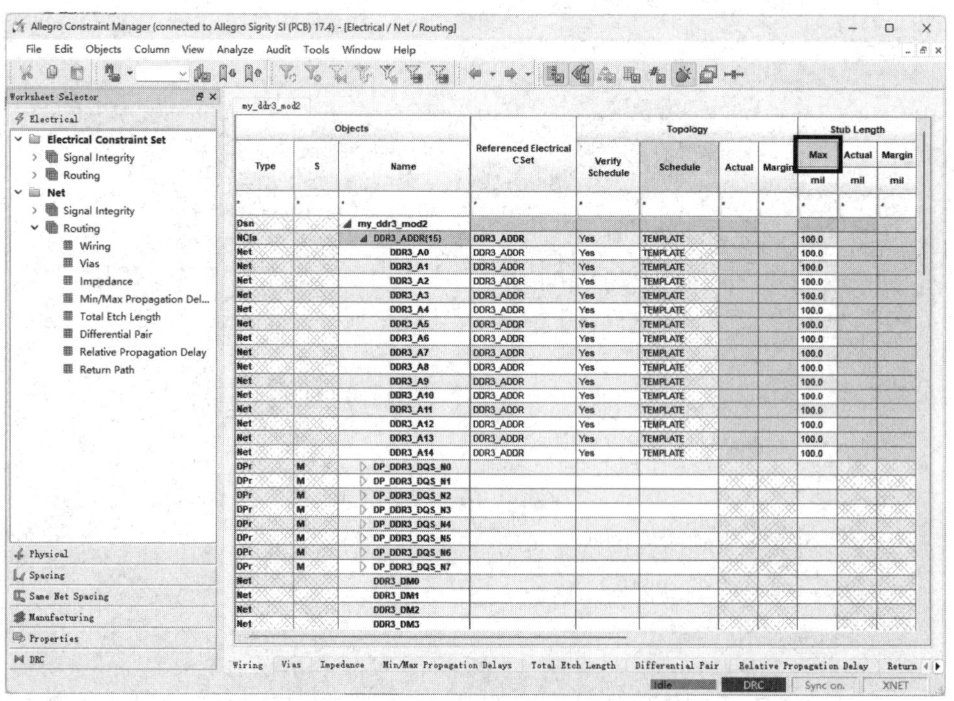

图 6-3-22　Allegro Constraint Manager 窗口

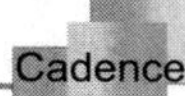

（25）关闭 Allegro Constraint Manager 窗口。

6.4　本章思考题

（1）如何建立 IBIS 模型？

（2）什么是“自上而下”的建模？

（3）如何提取 DDR3_DM0~DDR3_DM7 网络相关的拓扑？

第7章 板级仿真

7.1 学习目标

板级仿真可以在整个布局过程中进行。我们可以验证设计意图和屏蔽潜在的电气问题。基础 SI 分析可以直接在布局参数数据库中进行，不需进行任何转换，非常适合板级仿真。

通过本章的学习，应该掌握以下内容：

- 仿真未布线的网络；
- 基础 SI 分析；
- 基础 SI 中的 DRC 功能；
- 如何利用 SigXplorer 作为调试工具；
- 基础 SI 中的 ERC 功能；
- tabbed 布线；
- 背钻。

7.2 预布局

【使用文件】SI_Base_lab_data\my_ddr3_mod3_1st.brd。

【使用软件】Allegro Signal Integrity。

（1）启动 Signal Integrity 17.4 软件，选择“Allegro Sigrity SI（for board）”模式，执行菜单命令“File”→“Open...”，打开 SI_Base_lab_data\my_ddr3_mod3_1st.brd 文件，如图 7-2-1 所示。

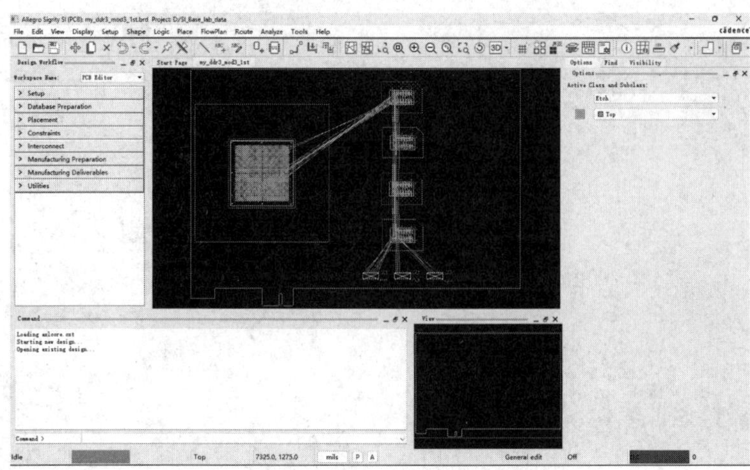

图 7-2-1 打开文件

（2）执行菜单命令“Analyze”→“Probe...”，弹出“Signal Analysis”窗口，如图 7-2-2 所示。

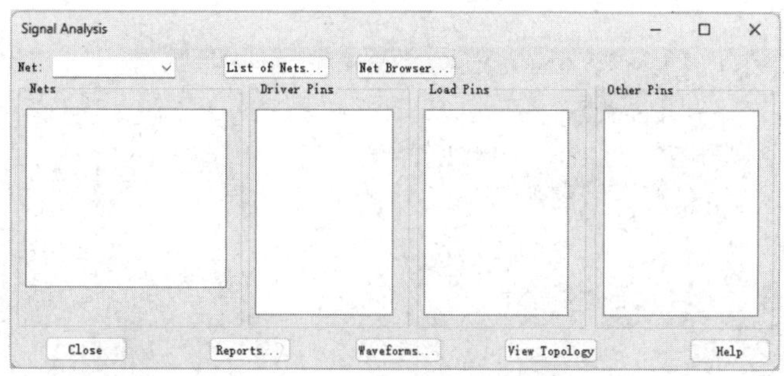

图 7-2-2　“Signal Analysis”窗口

（3）框选地址总线，如图 7-2-3 所示，即可自动获取所框选地址总线的网络名等参数，并显示在“Signal Analysis”窗口中，如图 7-2-4 所示。

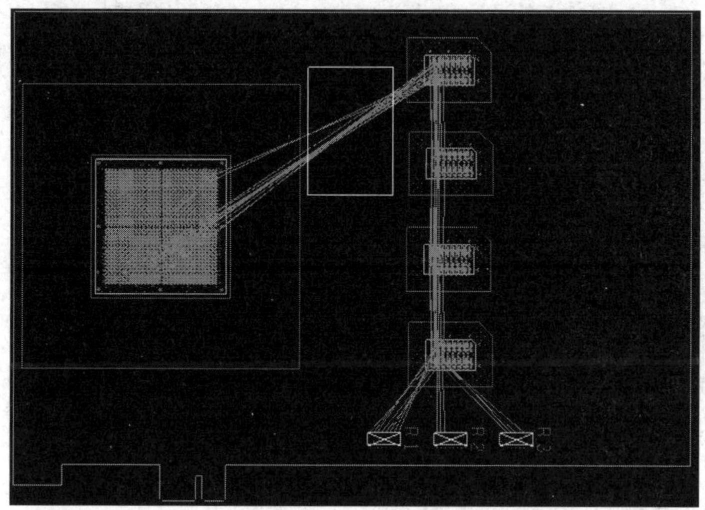

图 7-2-3　框选地址总线

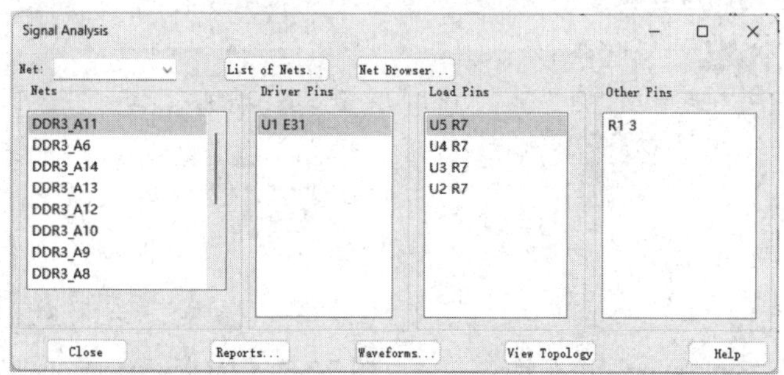

图 7-2-4　显示参数

（4）单击“Signal Analysis”窗口中的“Waveforms…”按钮，弹出“Analysis Waveform Generator”对话框，如图 7-2-5 所示。

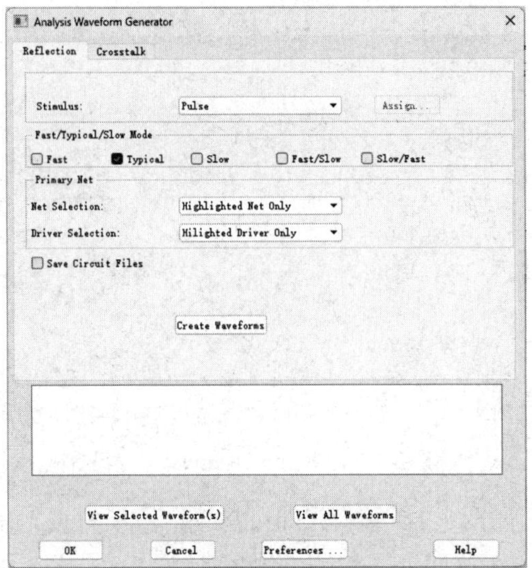

图 7-2-5 “Analysis Waveform Generator”对话框

（5）单击“Analysis Waveform Generator”对话框中的“Preferences...”按钮，弹出“Analysis Preferences”对话框，在“Simulation”选项卡中，将 Pulse cycle count 设为“4”，将 Pulse Clock Frequency 设为 266.75MHz，如图 7-2-6 所示。

（6）单击“Analysis Preferences”对话框中“InterconnectModels”选项卡，具体参数设置如图 7-2-7 所示。

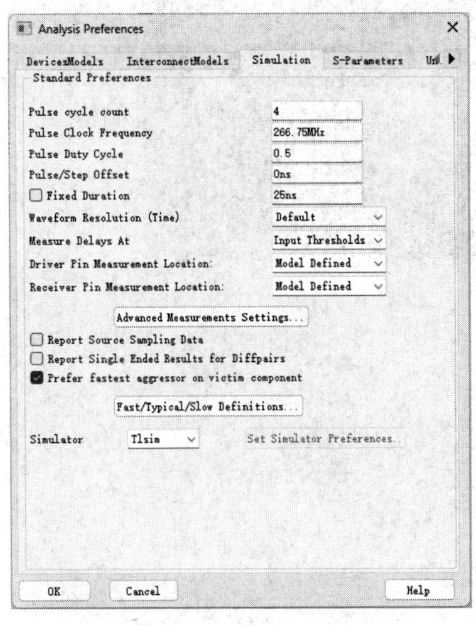

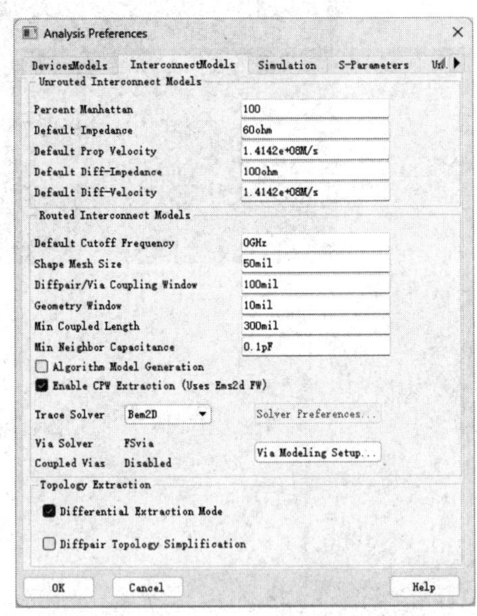

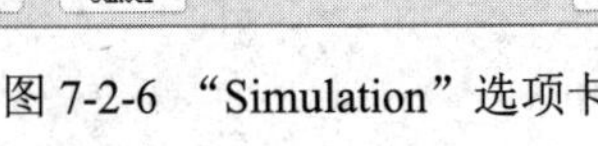
图 7-2-6 “Simulation”选项卡

图 7-2-7 “InterconnectModels”选项卡参数设置

（7）设置好参数后，单击“Analysis Preferences”对话框中“OK”按钮，返回“Analysis Waveform Generator”对话框。

（8）将“Analysis Waveform Generator”对话框中 Net Selection 设置为“All Selected Nets”，如图 7-2-8 所示。

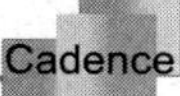

（9）单击“Analysis Waveform Generator”对话框中“Create Waveforms”按钮，弹出“Simulating for Waveforms...”对话框，仿真个数为 15 个，如图 7-2-9 所示。

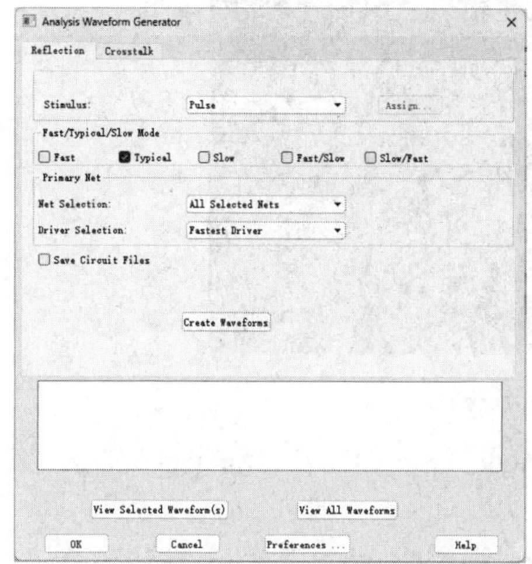

图 7-2-8　设置 Net Selection

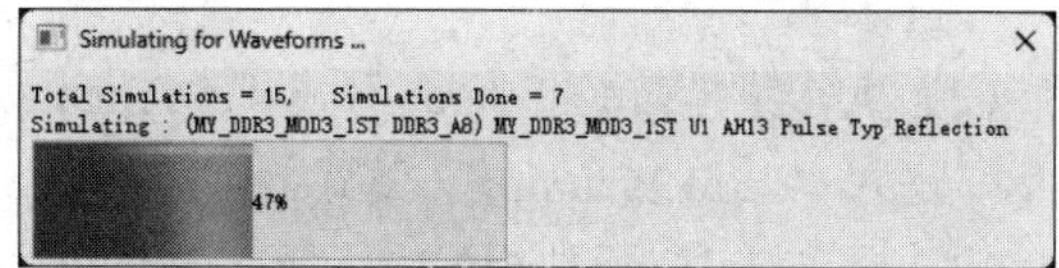

图 7-2-9　“Simulating for Waveforms...”对话框

（10）仿真完毕，返回“Analysis Waveform Generator”对话框，单击“View All Waveforms”按钮，即可观察到 15 条二维曲线，如图 7-2-10 所示。

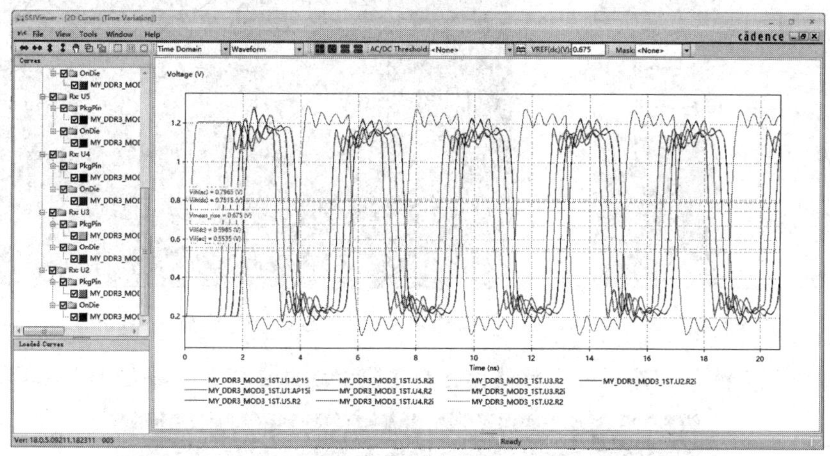

图 7-2-10　二维曲线

（11）关闭二维曲线显示窗口和“Analysis Waveform Generator”对话框。

7.3　规划线束

【使用文件】SI_Base_lab_data\my_ddr3_mod3_fp. brd。

【使用软件】Allegro Signal Integrity。

（1）启动 Signal Integrity 17.4 软件，选择“Allegro Sigrity SI（for board）”模式，执行菜单命令“File”→“Open...”，打开 SI_Base_lab_data\my_ddr3_mod3_fp.brd 文件，如图 7-3-1 所示。

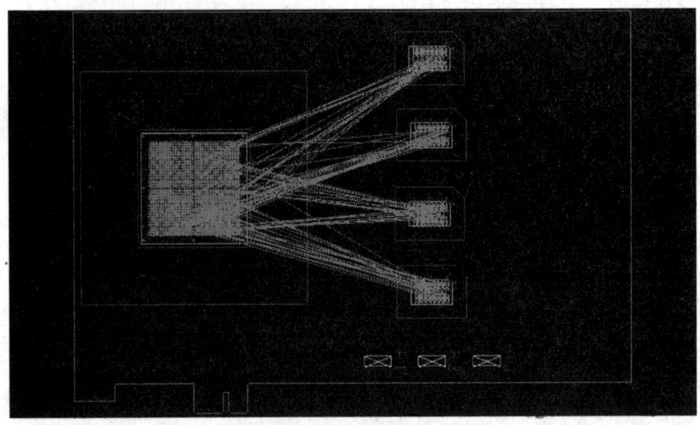

图 7-3-1　打开文件

（2）执行菜单命令“Setup”→“Application Mode ”→“Flow Planning”，如图 7-3-2 所示，进入“Flow Planning”模式。

（3）框选与 U2 元件相关的飞线，单击鼠标右键，选择“Create Bundle”，结果如图 7-3-3 所示。

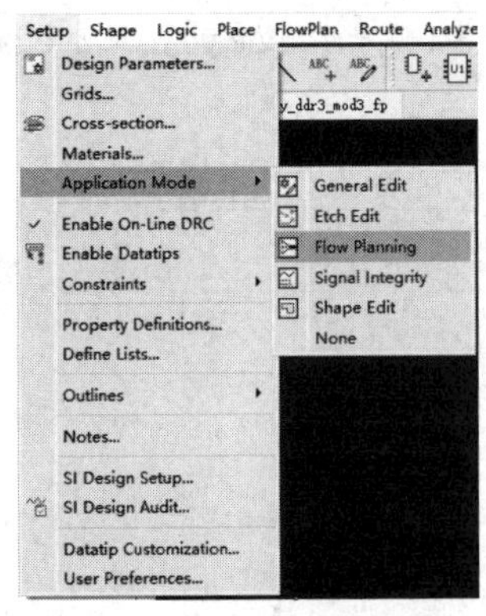

图 7-3-2　执行菜单命令

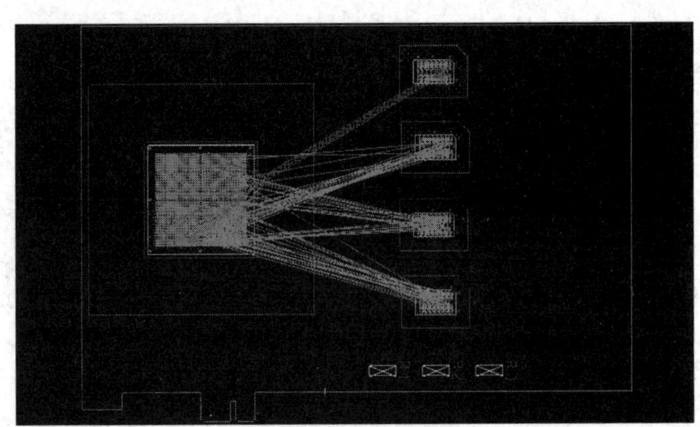

图 7-3-3　创建 1 路线束

（4）按照此方法，创建另外 3 路线束，4 路线束规划完毕，结果如图 7-3-4 所示。

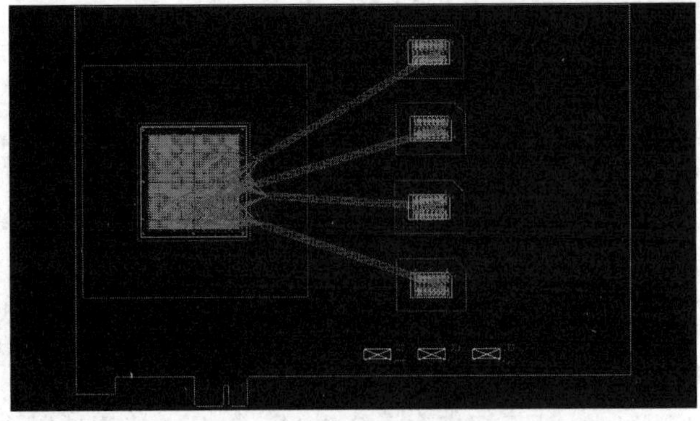

图 7-3-4　4 路线束规划完毕

（5）直接拖动第 1 条线束和第 4 条线束，结果如图 7-3-5 所示。

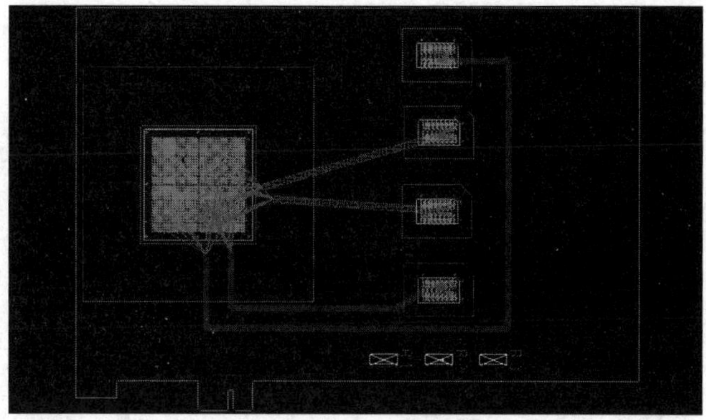

图 7-3-5　线束拖动结果

（6）执行菜单命令“Analyze”→“Probe...”，弹出“Signal Analysis”窗口，如图 7-3-6 所示。

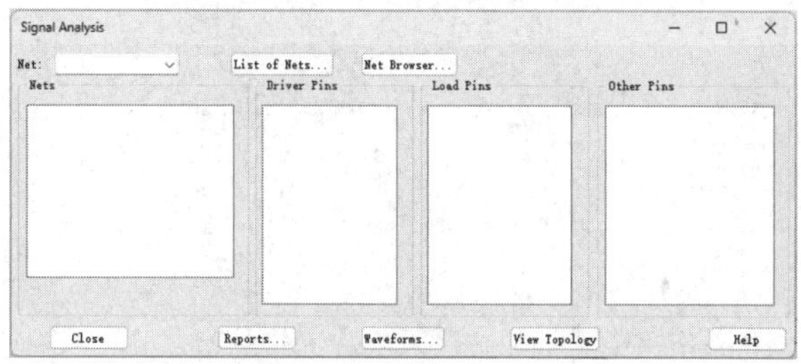

图 7-3-6　“Signal Analysis”窗口

（7）单击“Signal Analysis”窗口中“Net Browser…”按钮，弹出“Signal Select Browser”对话框，如图 7-3-7 所示。

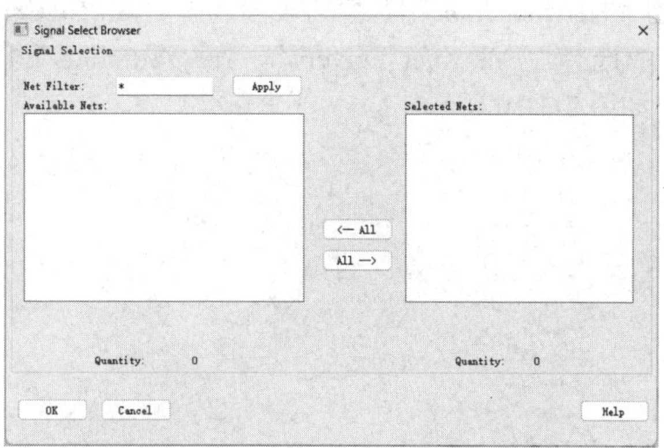

图 7-3-7　“Signal Select Browser”对话框

（8）在“Signal Select Browser”对话框中的“Net Filter”栏中输入“*DQ??”，并单击“Apply”按钮，即可搜索到相关网络，单击“All →”按钮，将搜索出的网络添加到“Selected Nets”列表框中。

（9）再次在“Signal Select Browser”对话框中的“Net Filter”栏中输入“*DQ?”，将相关网络添加到“Selected Nets”列表框中，如图 7-3-8 所示。

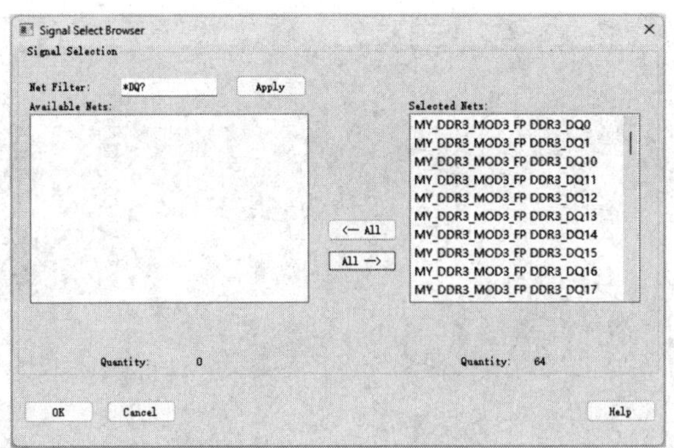

图 7-3-8　选择相关网络

（10）单击“Signal Select Browser”对话框中的“OK”按钮，返回“Signal Analysis”窗口，如图 7-3-9 所示。

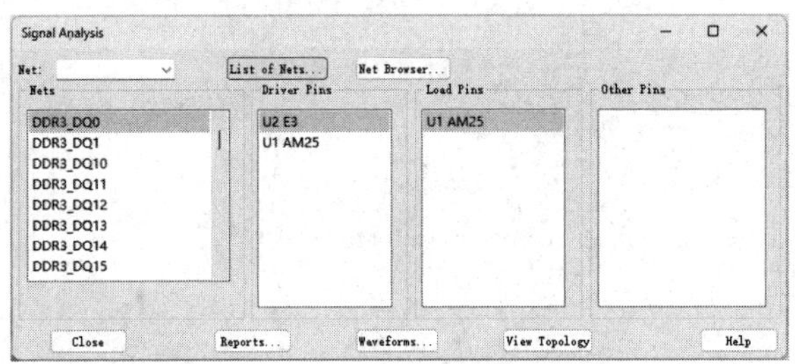

图 7-3-9　“Signal Analysis”窗口

（11）单击“Signal Analysis”窗口中的“Reports...”按钮，弹出“Analysis Report Generator”对话框，在“Report Types”区域中勾选“Waveform Quality”复选框，在“Primary Net”区域的“Net Selection”下拉列表中选择“All Selected Nets”，在“Driver Selection”下拉列表中选择“All Xnet Drivers”，在“Stimulus”区域中选中“Custom Stimulus”单选按钮，如图 7-3-10 所示。

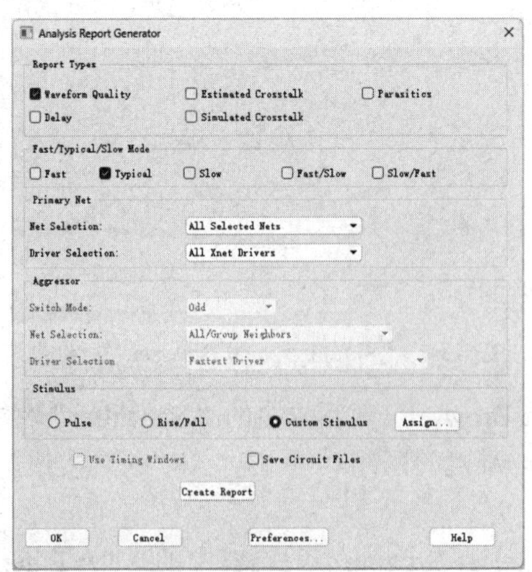

图 7-3-10　“Analysis Report Generator”对话框

（12）单击“Analysis Report Generator”对话框中“Assign...”按钮，弹出“Stimulus Setup”对话框，如图 7-3-11 所示。

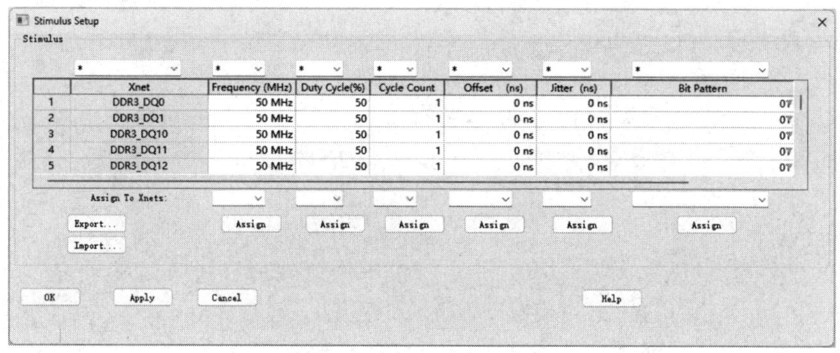

图 7-3-11　“Stimulus Setup”对话框

（13）将“Stimulus Setup”对话框中“Frequency”栏中参数设为“800 MHz”，将“Bit Pattern”栏中参数设为“1001 0101”，如图 7-3-12 所示。

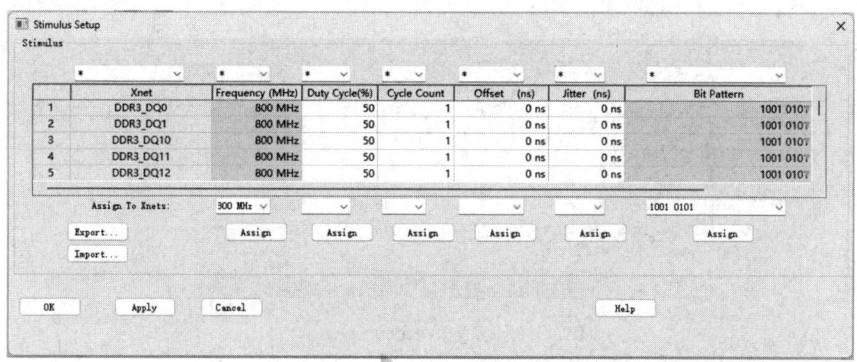

图 7-3-12　修改参数

（14）单击“Stimulus Setup”对话框中的“OK”按钮，保存修改后的参数，返回“Analysis Report Generator”对话框。

（15）单击“Analysis Report Generator”对话框中的“Create Report”按钮，弹出“Simulating Report ‘Ringing’ ...”对话框，仿真个数为 128 个，如图 7-3-13 所示。

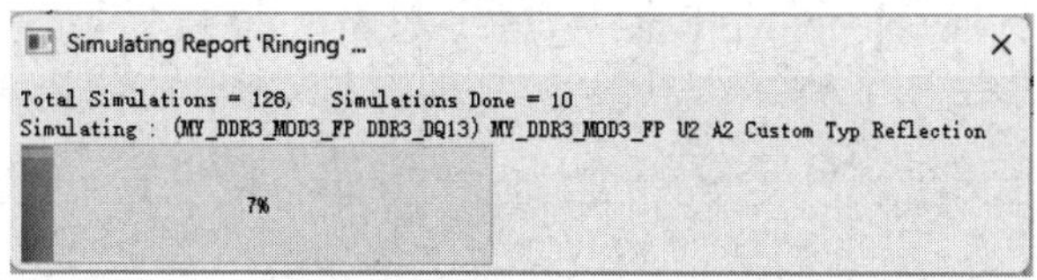

图 7-3-13　“Simulating Report ‘Ringing’ ...”对话框

（16）仿真进程结束后，弹出分析结果窗口，显示分析报告，如图 7-3-14 所示。

（17）向下拖动滚动条，可查看“Waveform Quality”，如图 7-3-15 所示。

（18）单击“DDR3_DQ0”中的“U1 AM25”和 “DDR3_DQ26”中的“U3 C8”，查看相关波形，可以适当改变曲线的线宽和颜色，调整后的波形如图 7-3-16 所示。

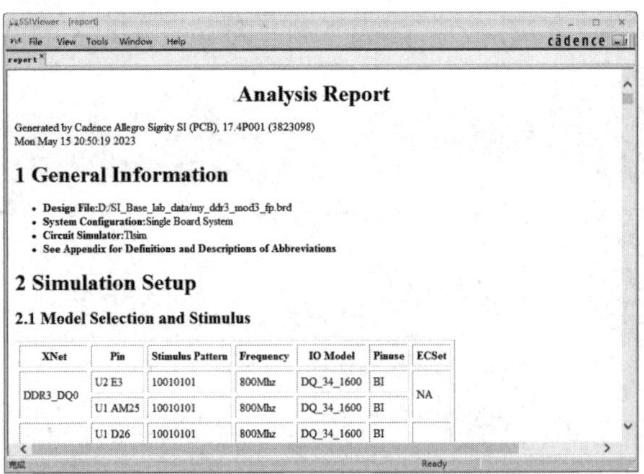

SSIViewer - [report]
File View Tools Window Help
cādence
report
Analysis Report
Generated by Cadence Allegro Sigrity SI (PCB), 17.4P001 (3823098)
Mon May 15 20:50:19 2023
1 General Information
Design File:D/SI_Base_lab_data/my_ddr3_mod3_fp.brd
System Configuration:Single Board System
Circuit Simulator:Tlsim
See Appendix for Definitions and Descriptions of Abbreviations
2 Simulation Setup
2.1 Model Selection and Stimulus
XNet | Pin | Stimulus Pattern | Frequency | IO Model | Pinuse | ECSet
DDR3_DQ0 | U2 E3 | 10010101 | 800Mhz | DQ_34_1600 | BI | NA
U1 AM25 | 10010101 | 800Mhz | DQ_34_1600 | BI
U1 D26 | 10010101 | 800Mhz | DQ_34_1600 | BI
Ready

图 7-3-14　分析报告

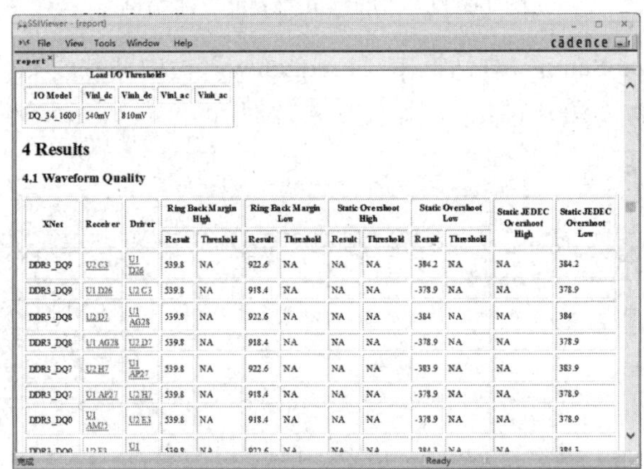

SSIViewer - [report]
File View Tools Window Help
cādence
report
Load I/O Thresholds
IO Model | Vinl_dc | Vinh_dc | Vinl_ac | Vinh_ac
DQ_34_1600 | 540mV | 810mV
4 Results
4.1 Waveform Quality
XNet | Receiver | Driver | Ring Back Margin High (Result, Threshold) | Ring Back Margin Low (Result, Threshold) | Static Overshoot High (Result, Threshold) | Static Overshoot Low (Result, Threshold) | Static JEDEC Overshoot High | Static JEDEC Overshoot Low
DDR3_DQ9 | U2 C3 | U1 D26 | 539.8 | NA | 922.6 | NA | NA | NA | -384.2 | NA | NA | 384.2
DDR3_DQ9 | U1 D26 | U2 C3 | 539.8 | NA | 918.4 | NA | NA | NA | -378.9 | NA | NA | 378.9
DDR3_DQ8 | U2 D7 | U1 AG28 | 539.8 | NA | 922.6 | NA | NA | NA | -384 | NA | NA | 384
DDR3_DQ8 | U1 AG28 | U2 D7 | 539.8 | NA | 918.4 | NA | NA | NA | -378.9 | NA | NA | 378.9
DDR3_DQ7 | U2 H7 | U1 AP27 | 539.8 | NA | 922.6 | NA | NA | NA | -383.9 | NA | NA | 383.9
DDR3_DQ7 | U1 AP27 | U2 H7 | 539.8 | NA | 918.4 | NA | NA | NA | -378.9 | NA | NA | 378.9
DDR3_DQ0 | U1 AM25 | U2 E3 | 539.8 | NA | 918.4 | NA | NA | NA | -378.9 | NA | NA | 378.9
Ready

图 7-3-15 “Waveform Quality”

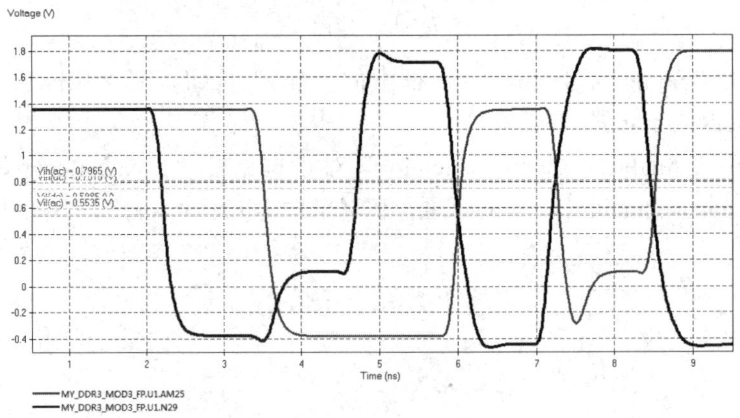

图 7-3-16　调整后的波形

（19）返回“Signal Analysis”窗口，单击“Signal Analysis”窗口中“View Topology”按钮，弹出 Allegro Sigrity SI 窗口，如图 7-3-17 所示。

（20）单击该窗口右侧的“CIRCUIT”前的“+”号，将“tlineDelayMode”栏中参数设置为“length”，如图 7-3-18 所示。

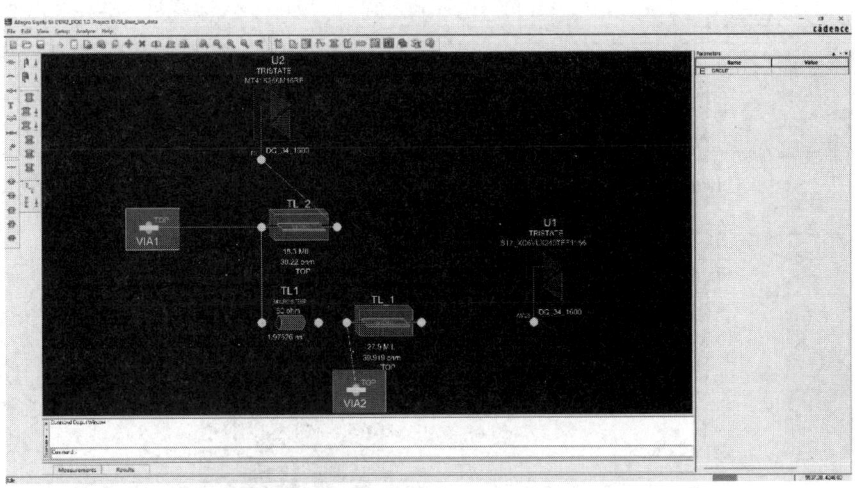

图 7-3-17 Allegro Sigrity SI 窗口

Name	Value	Count
⊟ CIRCUIT		1
autoSolve	Off	1
tlineDelayMode	length	1
userRevision	1.0	1
⊞ MY_DDR3_MOD3_FP		1

图 7-3-18　修改参数

（21）修改参数后，所提取的拓扑如图 7-3-19 所示。

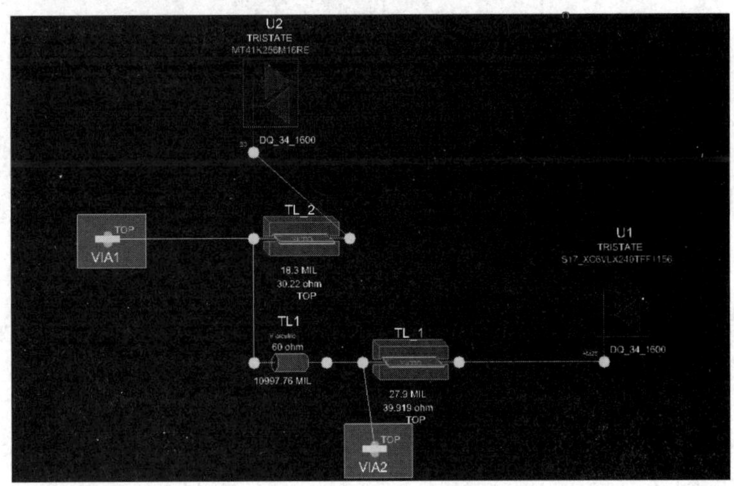

图 7-3-19　提取的拓扑

7.4　后布局

【使用文件】 D:\SI_Base_lab_data\my_ddr3_mod3_rte. brd。

【使用软件】 Allegro Signal Integrity。

（1）启动 Signal Integrity 17.4 软件，选择“Allegro Sigrity SI（for board）”模式，执行菜单命令“File”→“Open...”，打开 SI_Base_lab_data\my_ddr3_mod3_rte.brd 文件，如图 7-4-1 所示。

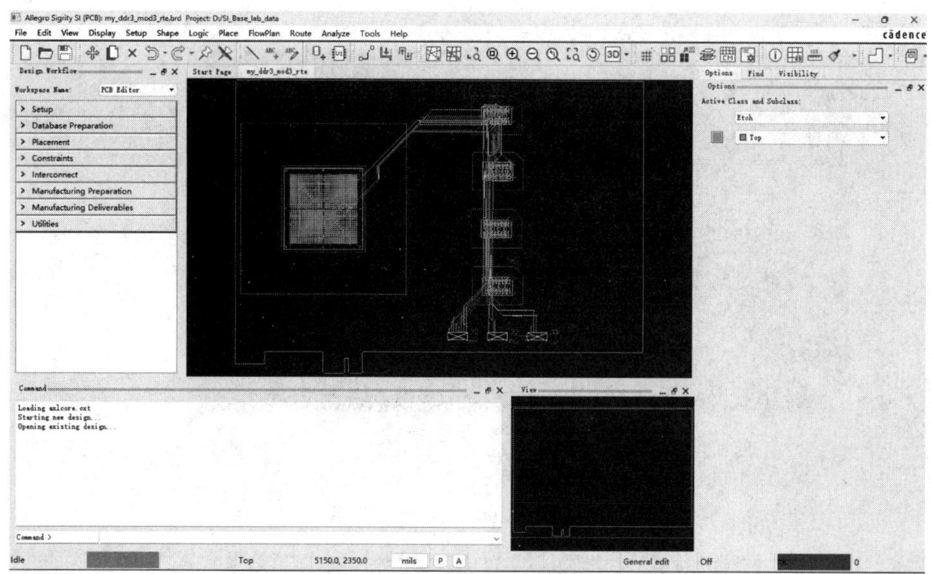

图 7-4-1　打开文件

（2）在主窗口中，执行菜单命令“Analyze”→“Probe...”，弹出“Signal Analysis”窗口，框选 U1 与 U2 之间的布线，共 15 个网络，框选完毕后，窗口显示如图 7-4-2 所示。

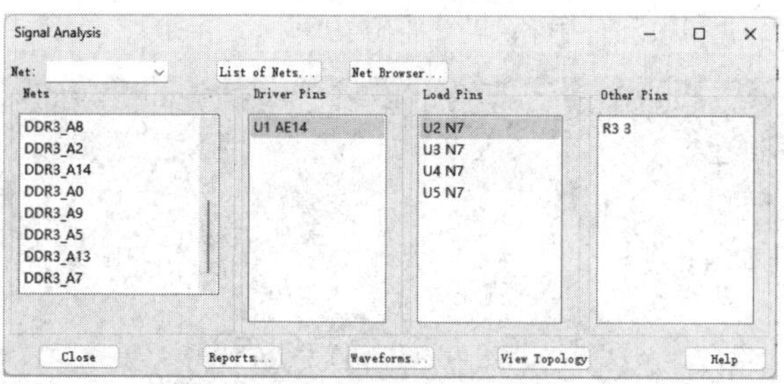

图 7-4-2　“Signal Analysis”窗口

（3）单击“Signal Analysis”窗口中“Reports...”按钮，弹出“Analysis Report Generator”对话框，在“Report Types”区域中勾选“Simulated Crosstalk”复选框，在“Primary Net”区域的“Net Selection”下拉列表中选择“All Selected Nets”，在“Driver Selection”下拉列表中选择“Fastest Driver”，在“Stimulus”区域中选中“Custom Stimulus”单选按钮，如图 7-4-3 所示。

（4）单击“Analysis Report Generator”对话框中“Create Report”按钮，仿真个数为 30 个，仿真完毕后，如图 7-4-4 所示，超过 100 的数值皆是违规的。

（5）关闭分析结果窗口，单击“Analysis Report Generator”对话框中“Cancel”按钮，再单击“Signal Analysis”窗口中“Close”按钮，返回 Allegro Signal Integrity 主窗口。

（6）在主窗口中，执行菜单命令“Setup”→“Constraints”→“Constraints Manager...”，弹出 Allegro Constraint Manager 窗口。

（7）在 Allegro Constraint Manager 窗口中，选择“Net”文件夹中的“Simulated Xtalk”表格，如图 7-4-5 所示。

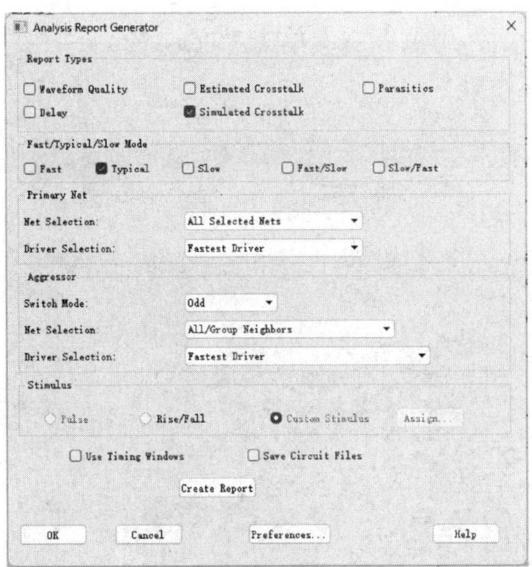

图 7-4-3 “Analysis Report Generator”对话框

4.1 Simulated Crosstalk

Victim XNet	Victim Receiver	Victim Driver	HS Odd Xtalk		HS Even Xtalk		LS Odd Xtalk		LS Even Xtalk	
			Result	Threshold	Result	Threshold	Result	Threshold	Result	Threshold
DDR3_A6	MY_DDR3_MOD3_RTE U3 R8	MY_DDR3_MOD3_RTE U1 D30	116.5	100	NA	100	117.1	100	NA	100
	MY_DDR3_MOD3_RTE U2 R8	MY_DDR3_MOD3_RTE U1 D30	114.3	100	NA	100	114.4	100	NA	100
DDR3_A7	MY_DDR3_MOD3_RTE U3 R2	MY_DDR3_MOD3_RTE U1 AP15	111.9	100	NA	100	112.2	100	NA	100
DDR3_A8	MY_DDR3_MOD3_RTE U3 T8	MY_DDR3_MOD3_RTE U1 AH13	105.9	100	NA	100	106.5	100	NA	100
DDR3_A7	MY_DDR3_MOD3_RTE U2 R2	MY_DDR3_MOD3_RTE U1 AP15	103.2	100	NA	100	103.6	100	NA	100
	MY_DDR3_MOD3_RTE U4 R2	MY_DDR3_MOD3_RTE U1 AP15	95.94	100	NA	100	96.56	100	NA	100
DDR3_A4	MY_DDR3_MOD3_RTE U4 P8	MY_DDR3_MOD3_RTE U1 AF16	78.04	100	NA	100	78.49	100	NA	100
DDR3_A1	MY_DDR3_MOD3_RTE U4 P7	MY_DDR3_MOD3_RTE U1 AG15	76.78	100	NA	100	77.29	100	NA	100
DDR3_A6	MY_DDR3_MOD3_RTE U4 R8	MY_DDR3_MOD3_RTE U1 D30	76.76	100	NA	100	77.18	100	NA	100
DDR3_A8	MY_DDR3_MOD3_RTE U4 T8	MY_DDR3_MOD3_RTE U1 AH13	73.95	100	NA	100	74.5	100	NA	100
DDR3_A13	MY_DDR3_MOD3_RTE U4 T3	MY_DDR3_MOD3_RTE U1 AN15	73.28	100	NA	100	73.98	100	NA	100
DDR3_A4	MY_DDR3_MOD3_RTE U2 P8	MY_DDR3_MOD3_RTE U1 AF16	68.59	100	NA	100	68.71	100	NA	100
DDR3_A13	MY_DDR3_MOD3_RTE U2 T3	MY_DDR3_MOD3_RTE U1 AN15	62.58	100	NA	100	62.91	100	NA	100
DDR3_A4	MY_DDR3_MOD3_RTE U3 P8	MY_DDR3_MOD3_RTE U1 AF16	60.46	100	NA	100	60.66	100	NA	100
DDR3_A8	MY_DDR3_MOD3_RTE U2 T8	MY_DDR3_MOD3_RTE U1 AH13	58.51	100	NA	100	58.99	100	NA	100

图 7-4-4　分析结果窗口

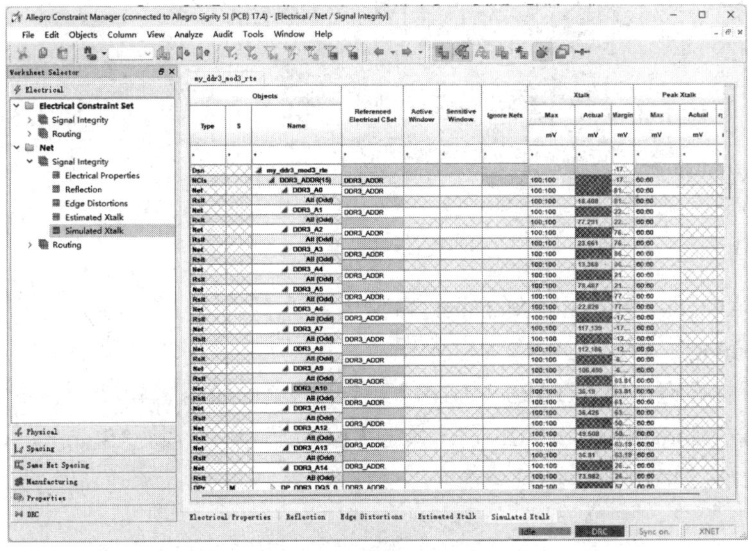

图 7-4-5　Allegro Constraint Manager 窗口

（8）以 DDR3_A6 为例，用鼠标右键单击“Peak Xtalk”栏中“Actual”下单元格，弹出的菜单如图 7-4-6 所示。

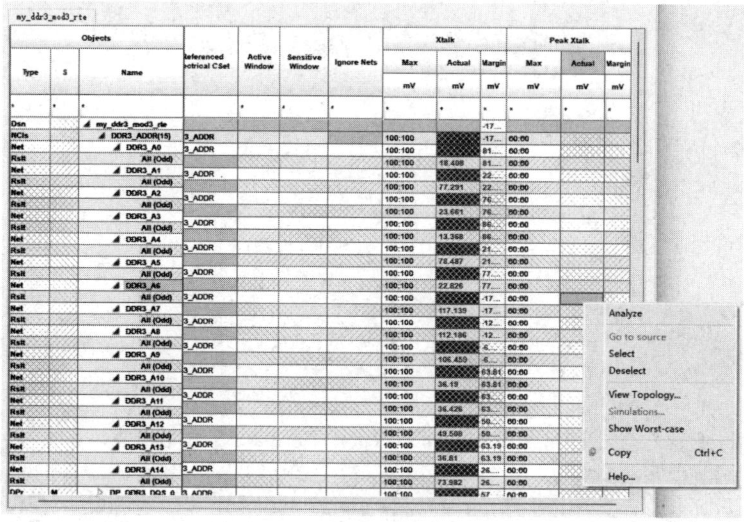

my_ddr3_mod3_rte

Objects			Referenced Electrical CSet	Active Window	Sensitive Window	Ignore Nets	Xtalk			Peak Xtalk		
Type	S	Name					Max	Actual	Margin	Max	Actual	Margin
							mV	mV	mV	mV	mV	mV
*	*	*		*	*	*	*	*	*	*	*	*
Dsn		my_ddr3_mod3_rte							-17...			
NCls		DDR3_ADDR(15)	3_ADDR				100:100		-17...	60:60		
Net		DDR3_A0	3_ADDR				100:100		81....	60:60		
Rslt		All (Odd)					100:100	18.408	81....	60:60		
Net		DDR3_A1	3_ADDR				100:100		22....	60:60		
Rslt		All (Odd)					100:100	77.291	22....	60:60		
Net		DDR3_A2	3_ADDR				100:100		76....	60:60		
Rslt		All (Odd)					100:100	23.661	76....	60:60		
Net		DDR3_A3	3_ADDR				100:100		86....	60:60		
Rslt		All (Odd)					100:100	13.368	86....	60:60		
Net		DDR3_A4	3_ADDR				100:100		21....	60:60		
Rslt		All (Odd)					100:100	78.487	21....	60:60		
Net		DDR3_A5	3_ADDR				100:100		77....	60:60		
Rslt		All (Odd)					100:100	22.826	77....	60:60		
Net		DDR3_A6	3_ADDR				100:100		-17...	60:60		
Rslt		All (Odd)					100:100	117.139	-17...	60:60		
Net		DDR3_A7	3_ADDR				100:100		-12...	60:60		
Rslt		All (Odd)					100:100	112.186	-12...	60:60		
Net		DDR3_A8	3_ADDR				100:100		-6....	60:60		
Rslt		All (Odd)					100:100	106.450	-6....	60:60		
Net		DDR3_A9	3_ADDR				100:100		63.81	60:60		
Rslt		All (Odd)					100:100	36.19	63.81	60:60		
Net		DDR3_A10	3_ADDR				100:100		63....	60:60		
Rslt		All (Odd)					100:100	36.426	63....	60:60		
Net		DDR3_A11	3_ADDR				100:100		50....	60:60		
Rslt		All (Odd)					100:100	49.508	50....	60:60		
Net		DDR3_A12	3_ADDR				100:100		63.19	60:60		
Rslt		All (Odd)					100:100	36.81	63.19	60:60		
Net		DDR3_A13	3_ADDR				100:100		26....	60:60		
Rslt		All (Odd)					100:100	73.982	26....	60:60		
Net		DDR3_A14										
Rslt		All (Odd)										
DPr	M	DP_DDR3_DQS_0	3_ADDR				100:100		57	60:60		

Analyze
Go to source
Select
Deselect
View Topology...
Simulations...
Show Worst-case
Copy Ctrl+C
Help...

图 7-4-6　弹出的菜单

（9）选择“Analyze”，分析结果如图 7-4-7 所示。

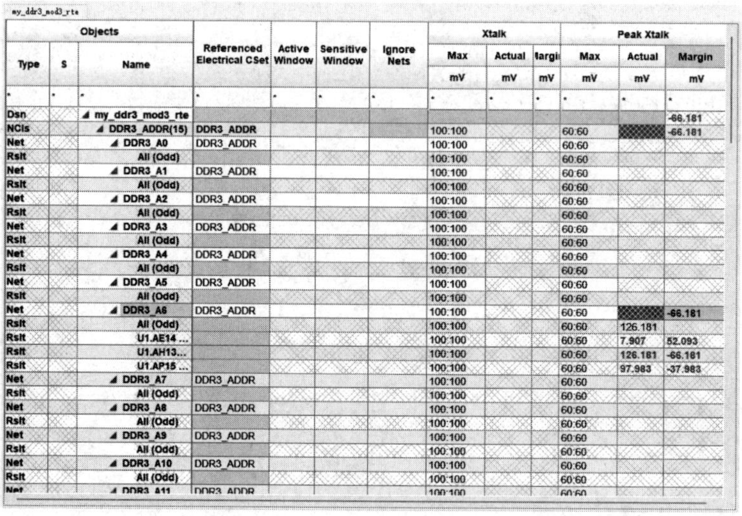

my_ddr3_mod3_rte

Objects			Referenced Electrical CSet	Active Window	Sensitive Window	Ignore Nets	Xtalk			Peak Xtalk		
Type	S	Name					Max	Actual	Margin	Max	Actual	Margin
							mV	mV	mV	mV	mV	mV
*	*	*	*	*	*	*	*	*	*	*	*	*
Dsn		my_ddr3_mod3_rte										-66.181
NCls		DDR3_ADDR(15)	DDR3_ADDR				100:100			60:60		-66.181
Net		DDR3_A0	DDR3_ADDR				100:100			60:60		
Rslt		All (Odd)					100:100			60:60		
Net		DDR3_A1	DDR3_ADDR				100:100			60:60		
Rslt		All (Odd)					100:100			60:60		
Net		DDR3_A2	DDR3_ADDR				100:100			60:60		
Rslt		All (Odd)					100:100			60:60		
Net		DDR3_A3	DDR3_ADDR				100:100			60:60		
Rslt		All (Odd)					100:100			60:60		
Net		DDR3_A4	DDR3_ADDR				100:100			60:60		
Rslt		All (Odd)					100:100			60:60		
Net		DDR3_A5	DDR3_ADDR				100:100			60:60		
Rslt		All (Odd)					100:100			60:60		
Net		DDR3_A6	DDR3_ADDR				100:100			60:60		-66.181
Rslt		All (Odd)					100:100			60:60	126.181	
Rslt		U1.AE14 ...					100:100			60:60	7.907	52.093
Rslt		U1.AH13...					100:100			60:60	126.181	-66.181
Rslt		U1.AP15 ...					100:100			60:60	97.983	-37.983
Net		DDR3_A7	DDR3_ADDR				100:100			60:60		
Rslt		All (Odd)					100:100			60:60		
Net		DDR3_A8	DDR3_ADDR				100:100			60:60		
Rslt		All (Odd)					100:100			60:60		
Net		DDR3_A9	DDR3_ADDR				100:100			60:60		
Rslt		All (Odd)					100:100			60:60		
Net		DDR3_A10	DDR3_ADDR				100:100			60:60		
Rslt		All (Odd)					100:100			60:60		
Net		DDR3_A11	DDR3_ADDR				100:100			60:60		

图 7-4-7　分析结果

（10）在 Allegro Constraint Manager 窗口中，选择“Net”文件夹中的“Routing”表格，打开“Routing”表格，如图 7-4-8 所示。

（11）用鼠标右键单击“DDR3_ADDR”，弹出的菜单如图 7-4-9 所示。

（12）单击“Goto Electrical CSet”，弹出“ECSet”窗口，将“Stub Length”栏中参数设为 50mil，如图 7-4-10 所示。

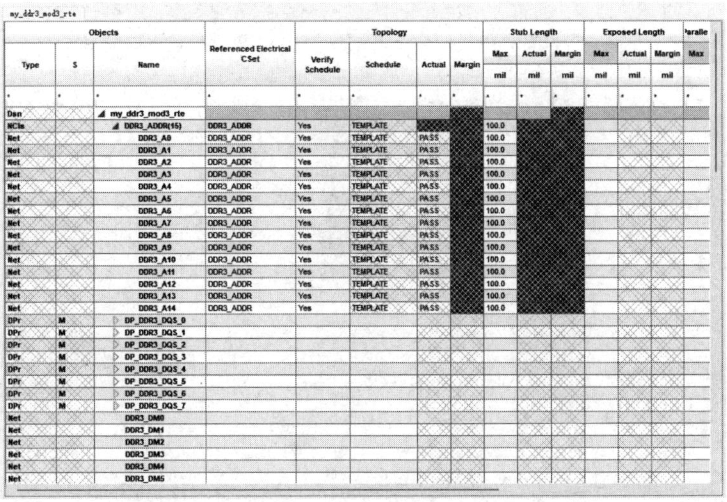

my_ddr3_mod3_rte

Objects			Referenced Electrical CSet	Topology				Stub Length			Exposed Length			Paralle
Type	S	Name		Verify Schedule	Schedule	Actual	Margin	Max	Actual	Margin	Max	Actual	Margin	Max
								mil	mil	mil	mil	mil	mil	
*	*	*	*	*	*	*	*	*	*	*	*	*	*	*
Dsn		◢ my_ddr3_mod3_rte												
NCls		◢ DDR3_ADDR(15)	DDR3_ADDR	Yes	TEMPLATE			100.0						
Net		DDR3_A0	DDR3_ADDR	Yes	TEMPLATE	PASS		100.0						
Net		DDR3_A1	DDR3_ADDR	Yes	TEMPLATE	PASS		100.0						
Net		DDR3_A2	DDR3_ADDR	Yes	TEMPLATE	PASS		100.0						
Net		DDR3_A3	DDR3_ADDR	Yes	TEMPLATE	PASS		100.0						
Net		DDR3_A4	DDR3_ADDR	Yes	TEMPLATE	PASS		100.0						
Net		DDR3_A5	DDR3_ADDR	Yes	TEMPLATE	PASS		100.0						
Net		DDR3_A6	DDR3_ADDR	Yes	TEMPLATE	PASS		100.0						
Net		DDR3_A7	DDR3_ADDR	Yes	TEMPLATE	PASS		100.0						
Net		DDR3_A8	DDR3_ADDR	Yes	TEMPLATE	PASS		100.0						
Net		DDR3_A9	DDR3_ADDR	Yes	TEMPLATE	PASS		100.0						
Net		DDR3_A10	DDR3_ADDR	Yes	TEMPLATE	PASS		100.0						
Net		DDR3_A11	DDR3_ADDR	Yes	TEMPLATE	PASS		100.0						
Net		DDR3_A12	DDR3_ADDR	Yes	TEMPLATE	PASS		100.0						
Net		DDR3_A13	DDR3_ADDR	Yes	TEMPLATE	PASS		100.0						
Net		DDR3_A14	DDR3_ADDR	Yes	TEMPLATE	PASS		100.0						
DPr	M	▷ DP_DDR3_DQS_0												
DPr	M	▷ DP_DDR3_DQS_1												
DPr	M	▷ DP_DDR3_DQS_2												
DPr	M	▷ DP_DDR3_DQS_3												
DPr	M	▷ DP_DDR3_DQS_4												
DPr	M	▷ DP_DDR3_DQS_5												
DPr	M	▷ DP_DDR3_DQS_6												
DPr	M	▷ DP_DDR3_DQS_7												
Net		DDR3_DM0												
Net		DDR3_DM1												
Net		DDR3_DM2												
Net		DDR3_DM3												
Net		DDR3_DM4												
Net		DDR3_DM5												

图 7-4-8 “Routing”表格

my_ddr3_mod3_rte

Objects			Referenced Electrical CSet	Topology				Stub Length			Exposed Length			Paralle
Type	S	Name		Verify Schedule	Schedule	Actual	Margin	Max	Actual	Margin	Max	Actual	Margin	Max
								mil	mil	mil	mil	mil	mil	
*	*	*	*	*	*	*	*	*	*	*	*	*	*	*
Dsn		◢ my_ddr3_mod3_rte												
NCls		◢ DDR3_ADDR(15)	DDR3_ADDR		ATE			100.0						
Net		DDR3_A0	DDR3_ADDR		ATE	PASS		100.0						
Net		DDR3_A1	DDR3_ADDR		ATE	PASS		100.0						
Net		DDR3_A2	DDR3_ADDR		ATE	PASS		100.0						
Net		DDR3_A3	DDR3_ADDR		ATE	PASS		100.0						
Net		DDR3_A4	DDR3_ADDR		ATE	PASS		100.0						
Net		DDR3_A5	DDR3_ADDR		ATE	PASS		100.0						
Net		DDR3_A6	DDR3_ADDR		ATE	PASS		100.0						
Net		DDR3_A7	DDR3_ADDR		ATE	PASS		100.0						
Net		DDR3_A8	DDR3_ADDR	Yes	TEMPLATE	PASS		100.0						
Net		DDR3_A9	DDR3_ADDR	Yes	TEMPLATE	PASS		100.0						
Net		DDR3_A10	DDR3_ADDR	Yes	TEMPLATE	PASS		100.0						
Net		DDR3_A11	DDR3_ADDR	Yes	TEMPLATE	PASS		100.0						
Net		DDR3_A12	DDR3_ADDR	Yes	TEMPLATE	PASS		100.0						
Net		DDR3_A13	DDR3_ADDR	Yes	TEMPLATE	PASS		100.0						
Net		DDR3_A14	DDR3_ADDR	Yes	TEMPLATE	PASS		100.0						
DPr	M	▷ DP_DDR3_DQS_0												
DPr	M	▷ DP_DDR3_DQS_1												
DPr	M	▷ DP_DDR3_DQS_2												
DPr	M	▷ DP_DDR3_DQS_3												
DPr	M	▷ DP_DDR3_DQS_4												
DPr	M	▷ DP_DDR3_DQS_5												
DPr	M	▷ DP_DDR3_DQS_6												
DPr	M	▷ DP_DDR3_DQS_7												
Net		DDR3_DM0												
Net		DDR3_DM1												
Net		DDR3_DM2												
Net		DDR3_DM3												
Net		DDR3_DM4												
Net		DDR3_DM5												

Go to source
Change...
Clear
Goto Electrical CSet
Audit Electrical CSet
SigXplorer...

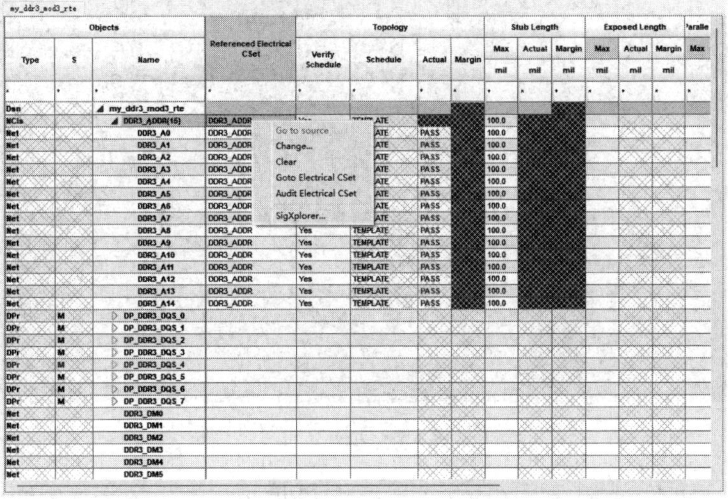

图 7-4-9　弹出的菜单

Objects			Topology			Stub Length	Max Exposed Length	Max Parallel	Layer Sets
Type	S	Name	Mapping Mode	Verify Schedule	Schedule	mil	mil	mil	
*	*	*	*	*	*	*	*	*	*
Dsn		◢ my_ddr3_m...							
ECS		DDR3_ADDR		Yes	TEMPL...	50.0			

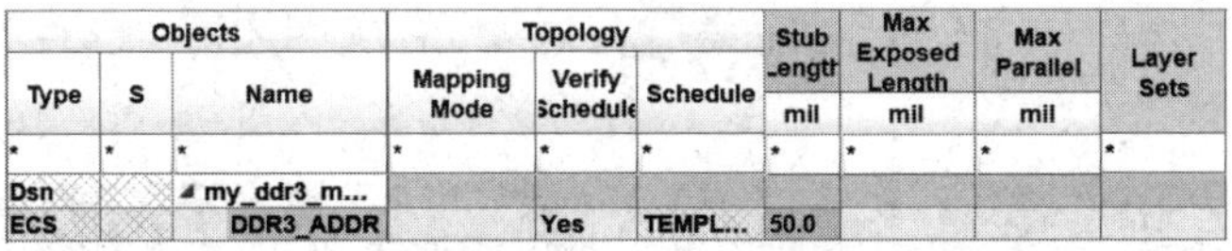

图 7-4-10 “ECSet”窗口

（13）返回“Routing”表格，如图 7-4-11 所示，可见“DDR3_A12”网络中存在长度违规。

（14）在 Allegro Constraint Manager 窗口中，执行菜单命令“Tools”→“Options...”，弹出“Options”对话框，勾选“Electrical CSet Extraction”区域中全部复选框，如图 7-4-12 所示。

（15）单击“Options”对话框中“OK”按钮，返回 Allegro Constraint Manager 窗口，用鼠标右键单击“DDR_A12”，选择“SigXplorer...”，所提取的网络如图 7-4-13 所示。

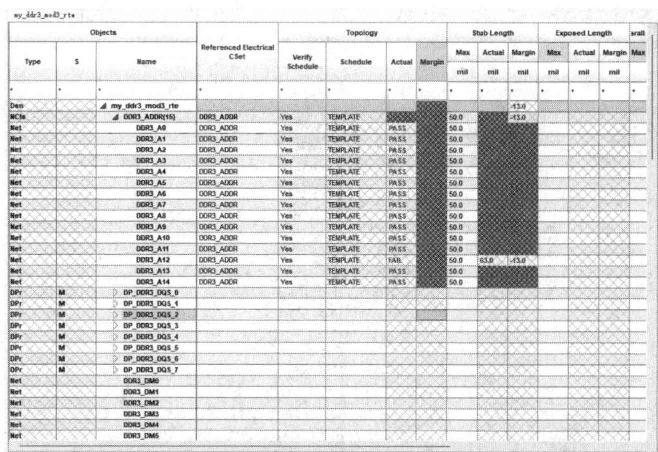

图 7-4-11 “Routing”表格

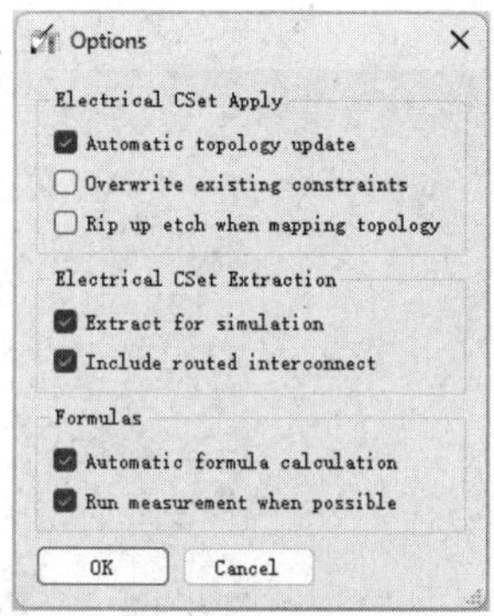

图 7-4-12 “Options”对话框

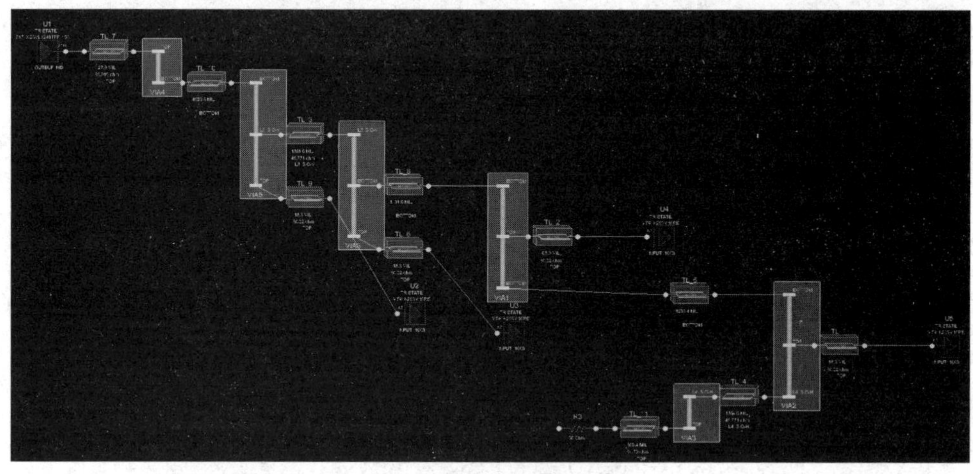

图 7-4-13 所提取的网络

（16）放大与 U4 引脚相关的网络，如图 7-4-14 所示，可见长度为 63mil。

（17）关闭 SigXplorer PCB SI XL 窗口和 Allegro Constraint Manager 窗口。

（18）放大 Allegro Constraint Manager 窗口中 PCB 版图，可见元件 U4 之中的 DRC 标记，如图 7-4-15 所示。

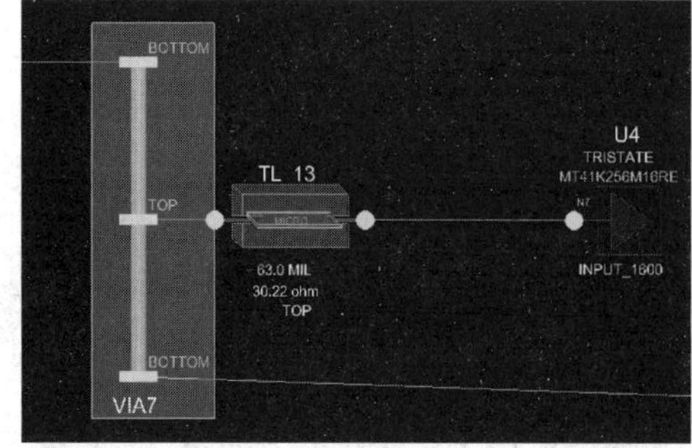

图 7-4-14 放大与 U4 引脚相关的网络

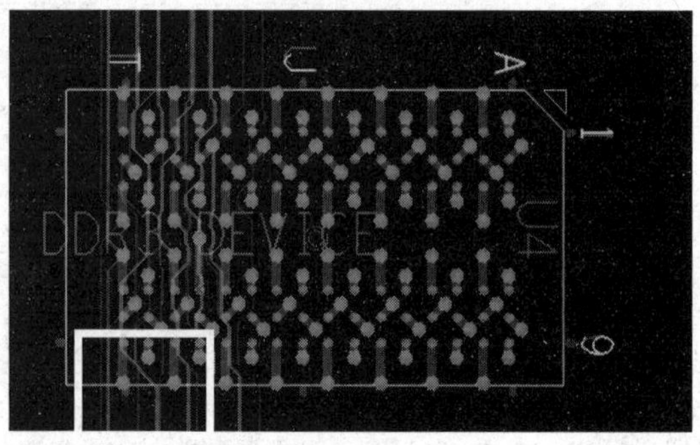

图 7-4-15 DRC 标记

7.5　tabbed 布线及背钻

【使用文件】SI_Base_lab_data\my_ddr3_mod4_tab. brd，
SI_Base_lab_data\my_ddr3_mod4_no_tab. brd。

【使用软件】Allegro Signal Integrity。

（1）启动 Allegro Signal Integrity 软件，选择“Allegro Sigrity SI（for board)”模式，执行菜单命令“File”→“Open...”，打开 SI_Base_lab_data\my_ddr3_mod3_tab.brd 文件，如图 7-5-1 所示。

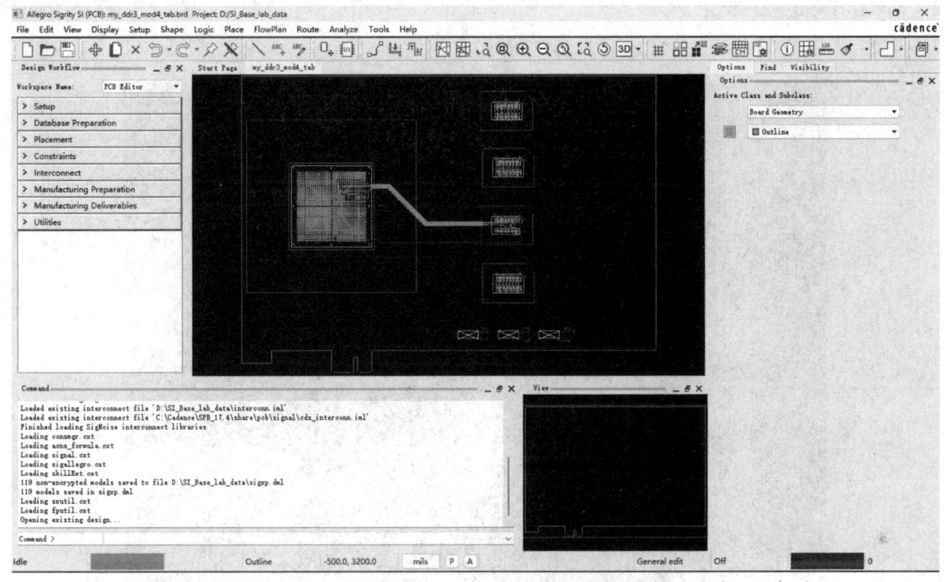

图 7-5-1　打开文件

（2）放大绿色总线，观察视图，如图 7-5-2 所示。

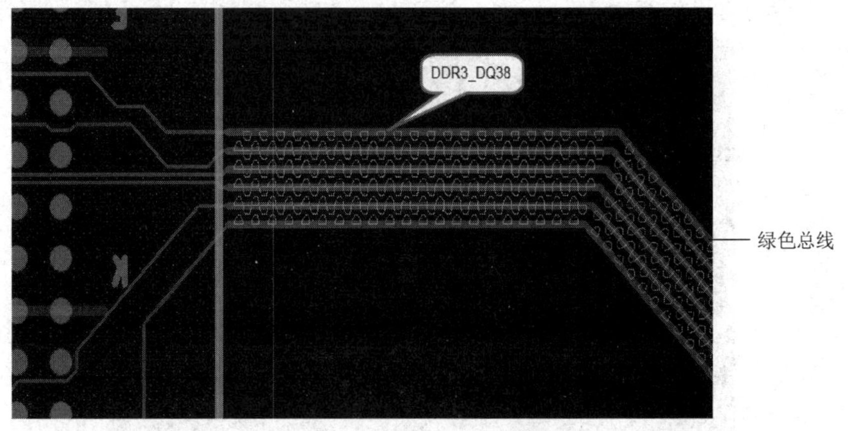

图 7-5-2　放大绿色总线

（3）在主窗口中，执行菜单命令“Analyze”→“Probe...”，弹出“Signal Analysis”窗口，单击“DDR3_DQ38”网络，如图 7-5-3 所示。

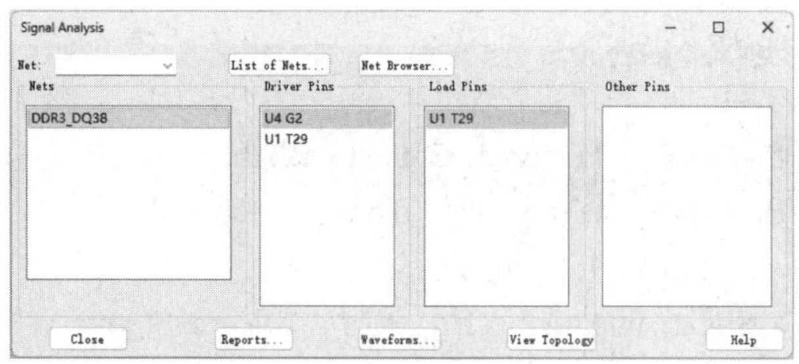

图 7-5-3 “Signal Analysis”窗口

（4）单击“Signal Analysis”窗口中的“View Topology”按钮，弹出 SigXplorer PCB SI XL 窗口，并调整窗口显示，“DDR3_DQ38”网络拓扑如图 7-5-4 所示。

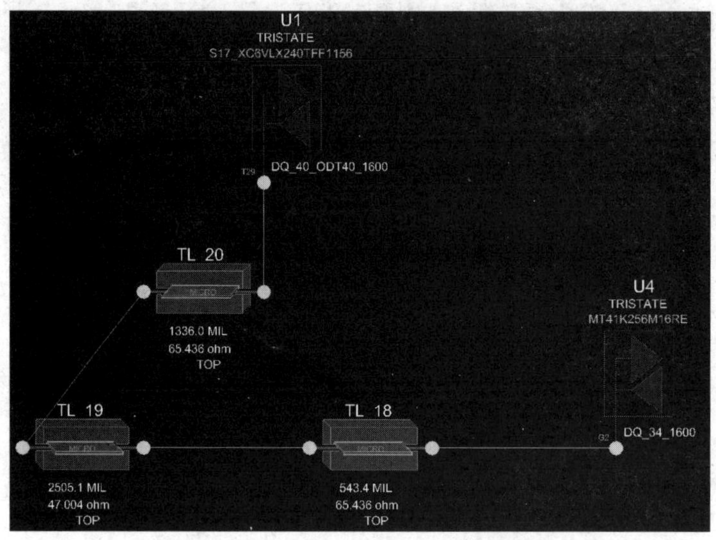

图 7-5-4 “DDR3_DQ38”网络拓扑

（5）用鼠标右键单击元件 U1，选择“Stimulus”→“Pulse”，如图 7-5-5 所示。

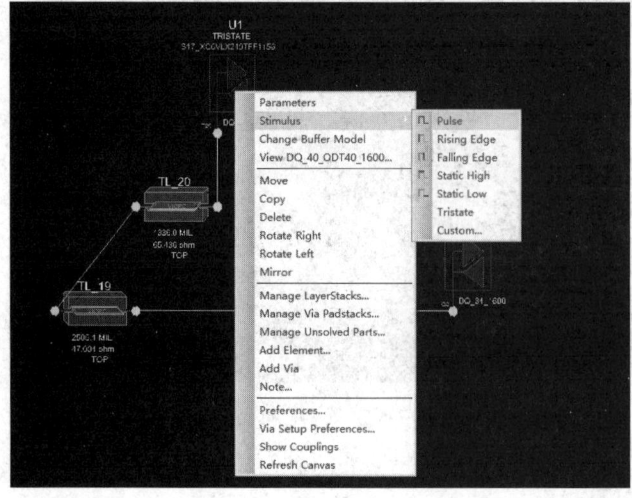

图 7-5-5 弹出的菜单

（6）在 SigXplorer PCB SI XL 窗口中，执行菜单命令“Analyze”→“Simulate”，显示出的波形如图 7-5-6 所示。

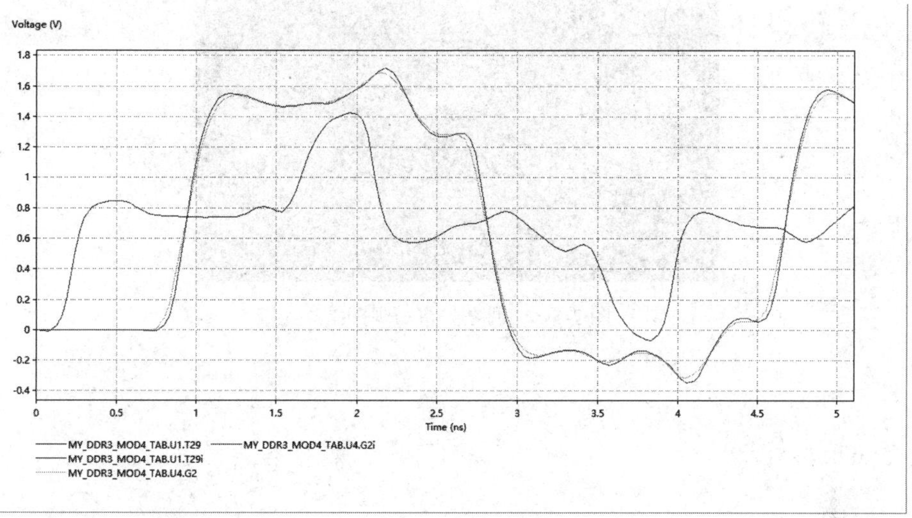

图 7-5-6　显示出的波形

（7）仿照此方法，提取“my_ddr3_mod4_no_tab. brd”文件中的“DDR3_DQ38”网络，并显示出其仿真波形。同时显示出“my_ddr3_mod4_tab.brd”文件中“DDR3_DQ38”网络的仿真波形，用以对比布线中有无“tab”的差别，如图 7-5-7 所示。

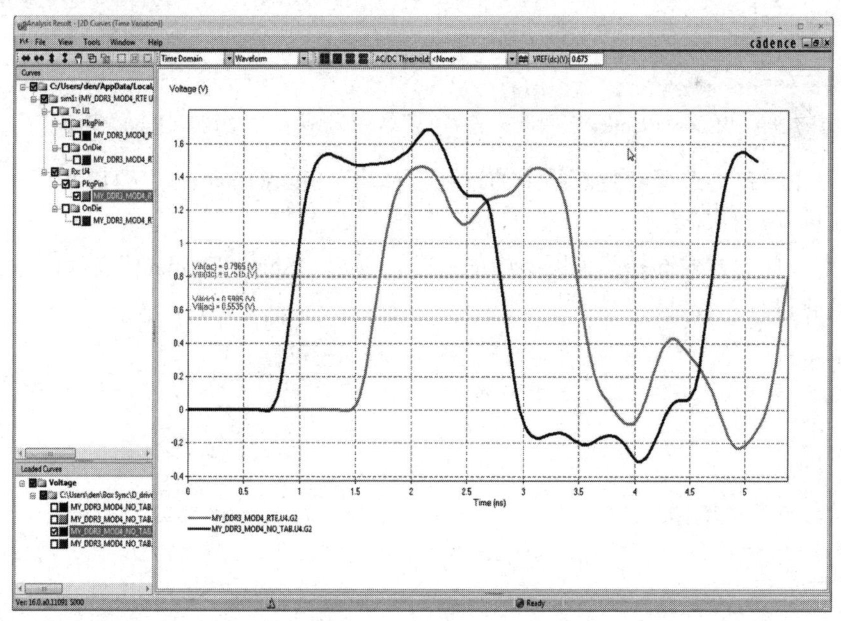

图 7-5-7　有无“tab”的布线

（8）调整主窗口视图，结果如图 7-5-8 所示。

（9）单击“Show Element”图标，如图 7-5-9 所示，在右侧“Find”页面中勾选“Vias”复选框，如图 7-5-10 所示。

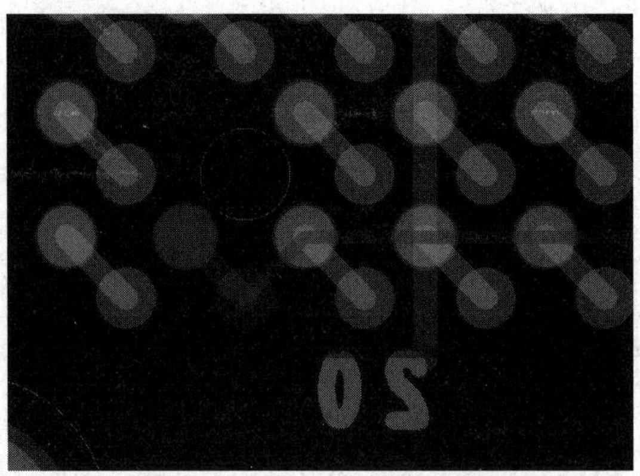

图 7-5-8　调整主窗口视图结果

图 7-5-9 “Show Element”图标

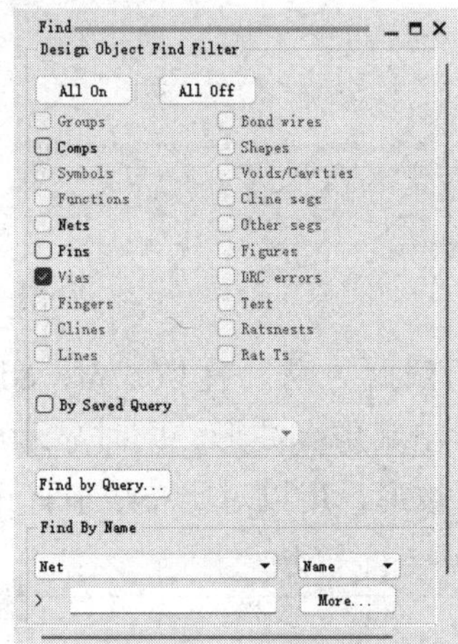

图 7-5-10 “Find”页面

（10）在主窗口中选择红色网络中的过孔，弹出“Show Element”窗口，如图 7-5-11 所示，可见此过孔没有背钻。

（11）用同样的方式选择蓝色网络中的过孔，弹出“Show Element”窗口，如图 7-5-12 所示，可见此过孔有背钻。

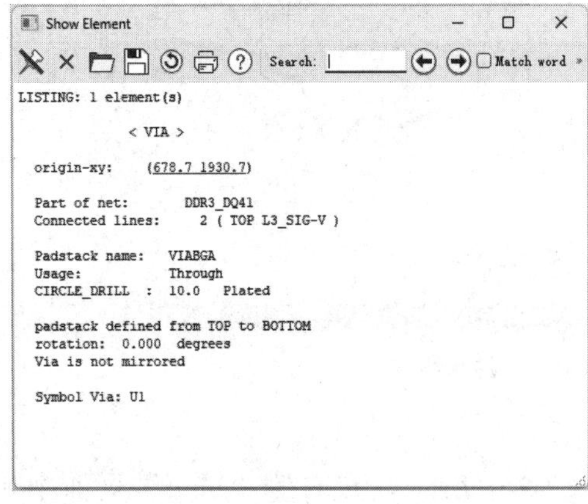

图 7-5-11 “Show Element”窗口（1）

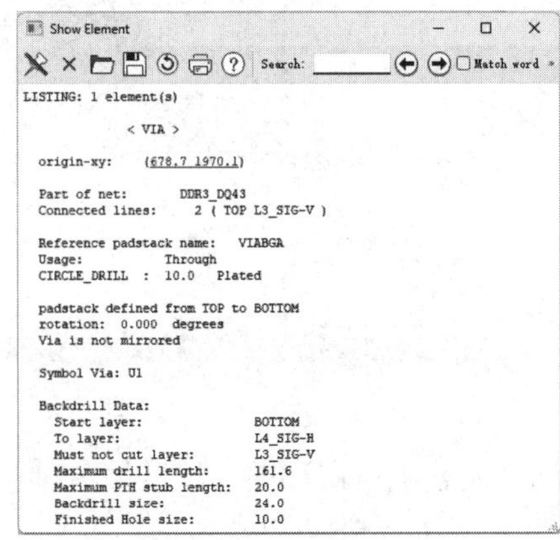

图 7-5-12 “Show Element”窗口（2）

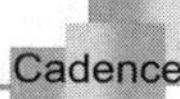

（12）打开 Sigrity 软件，进入主窗口。在“Power SI”窗口（见图 7-5-13）中，执行菜单命令“File”→“New”→“Layout”。

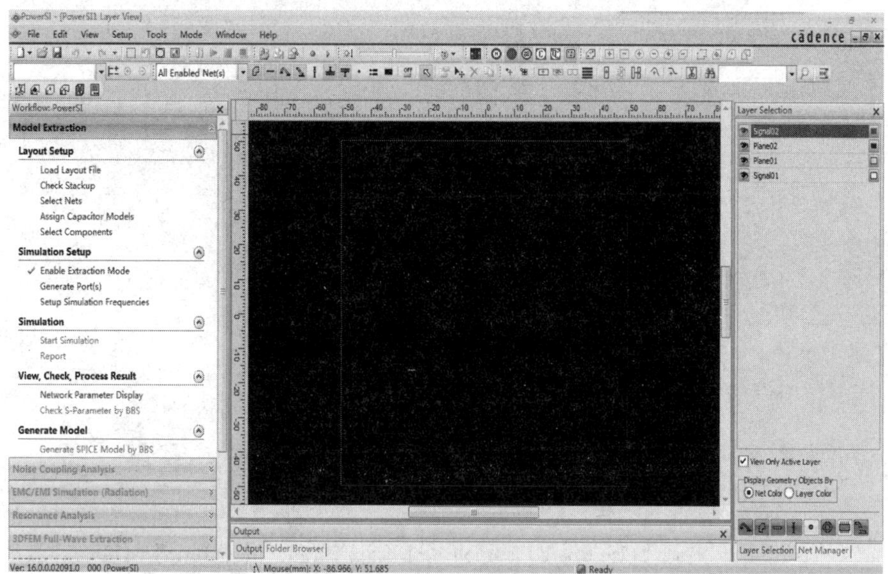

图 7-5-13 “Power SI”窗口

（13）执行菜单命令“Tools”→“Options”→“Edit Options”，弹出“Options”对话框，如图 7-5-14 所示。

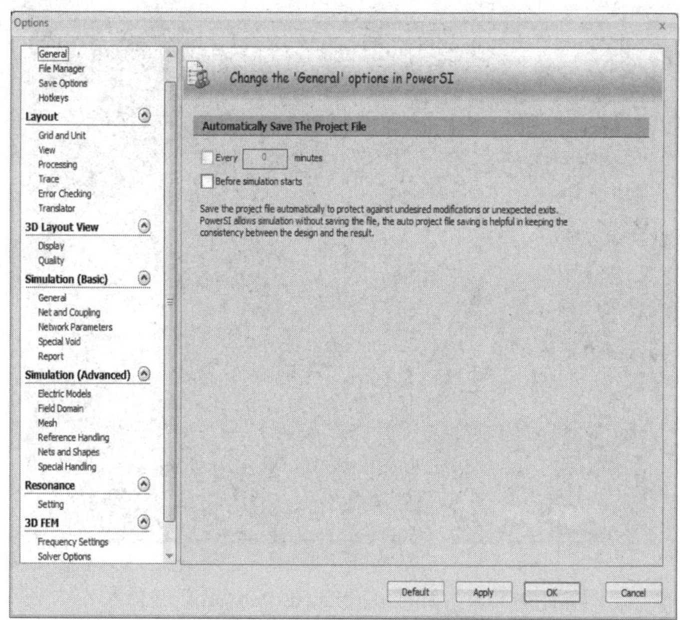

图 7-5-14 “Options”对话框

（14）单击左侧“Layout”下的“Translator”，勾选“Use Board Geometry > Design Outline for outline”复选框，如图 7-5-15 所示。

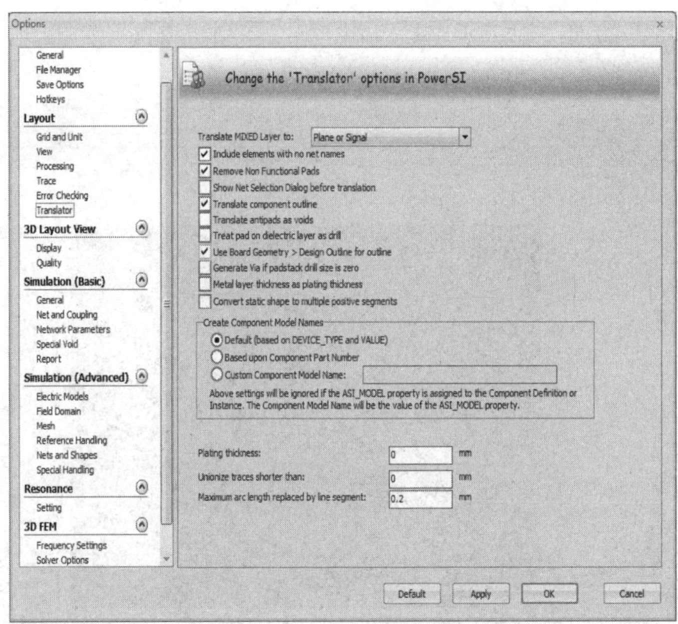

图 7-5-15　勾选“Use Board Geometry > Design Outline for outline”复选框

（15）单击“Options”对话框中的“OK”按钮，返回主窗口。

（16）执行菜单命令“File”→“Open”，打开“my_ddr3_mod4_tab.brd”文件，如图 7-5-16 所示。

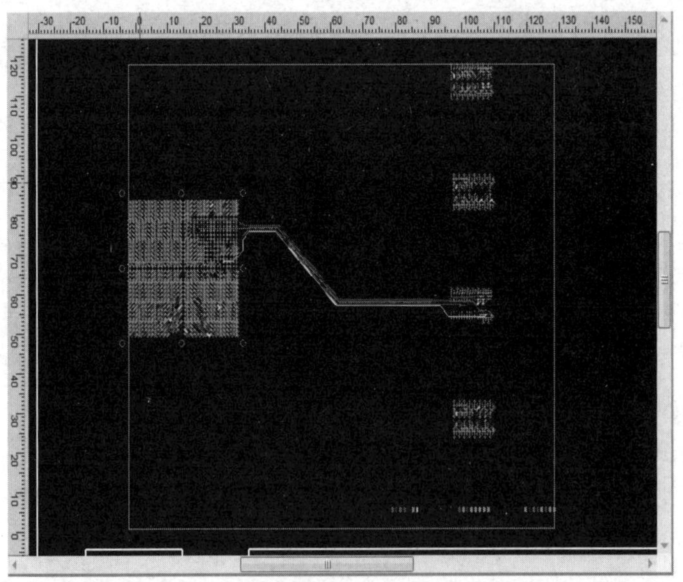

图 7-5-16　“my_ddr3_mod4_tab. brd”文件

（17）调整窗口，显示布线的细节，如图 7-5-17 所示。

（18）执行菜单命令“View”→“3D View”→“Partial 3D View”，可观察到背钻的三维效果，如图 7-5-18 所示。

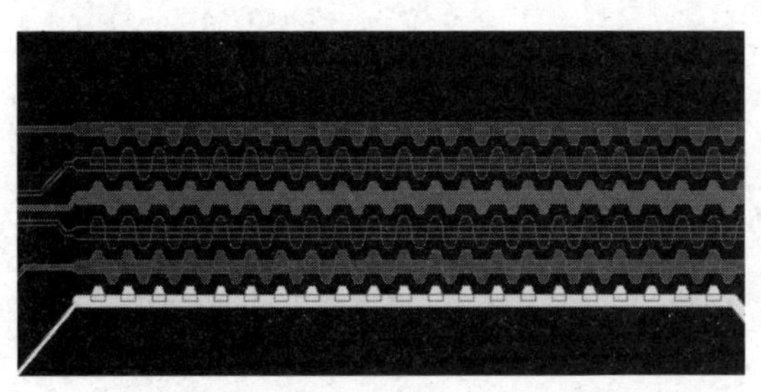

图 7-5-17　显示布线的细节

图 7-5-18　背钻的三维效果

7.6　本章思考题

（1）如何规划线束？

（2）如何利用 SigXplorer 作为调试工具？

（3）有“tab”的布线与无“tab”的布线相比，具有什么特点？

（4）如何使用 Sigrity 软件观察背钻？

第8章 AMI 生成器

8.1 学习目标

本章将介绍 AMI 生成器的功能，并创建一个典型的 AMI 模型。通过本章的学习，应该掌握以下内容：

- 配置编译器；
- 创建一个典型的 AMI 发送模型；
- 创建一个典型的 AMI 接收模型。

8.2 配置编译器

【使用文件】Signal Integrity Signoff\lab_AMI_Builder\lab_AMI_Builder. ssix。

【使用软件】SystemSI，Visual Studio 2013。

（1）登录微软官方网站，下载 Visual Studio 2013 安装文件，将 Visual Studio 2013 安装在计算机 C 盘中（其他版本的 Visual Studio 未必可以与 SystemSI 链接成功）。

（2）依次单击“开始”→“所有程序”→“Cadence”→“Cadence Sigity 2019”→“SystemSI”，由于操作系统不同，快捷方式位置可能会略有变化。启动 SystemSI 软件，单击“Load Workspace”按钮，打开 lab_AMI_Builder\lab_AMI_Builder. ssix 文件，System SI 主窗口如图 8-2-1 所示。

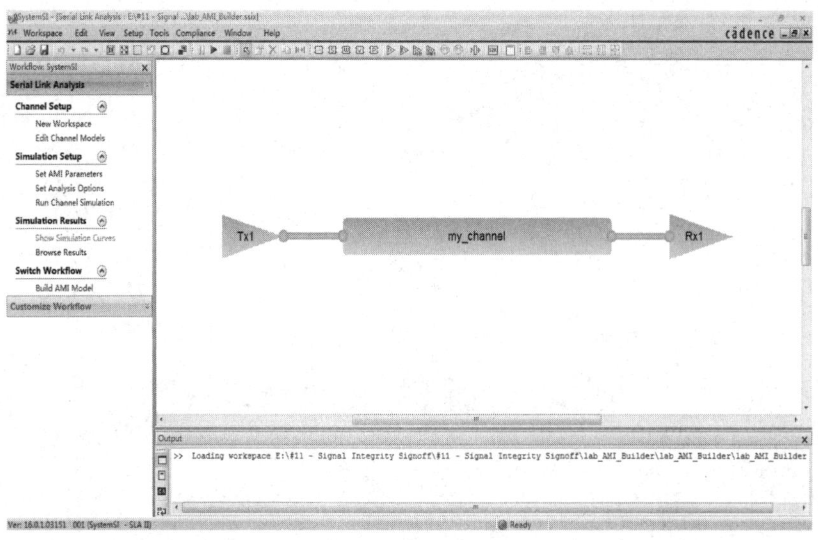

图 8-2-1　SystemSI 主窗口

（3）在主窗口中执行菜单命令“Tools”→“Options”→“Edit Options”，弹出“Options”对话框，如图 8-2-2 所示。

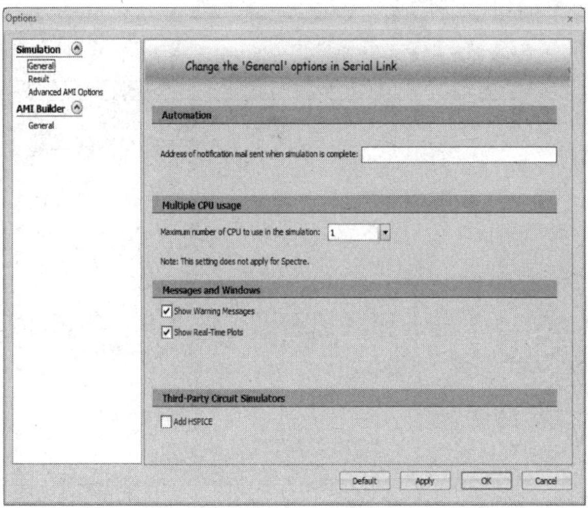

图 8-2-2　“Options”对话框

（4）单击“AMI Builder”下的“General”，加载 Visual Studio 2013 的启动项“devenv.exe”，路径为“C:\Program Files (x86)\Microsoft Visual Studio 12.0\Common7\IDE\devenv.exe”，加载完毕后，如图 8-2-3 所示。

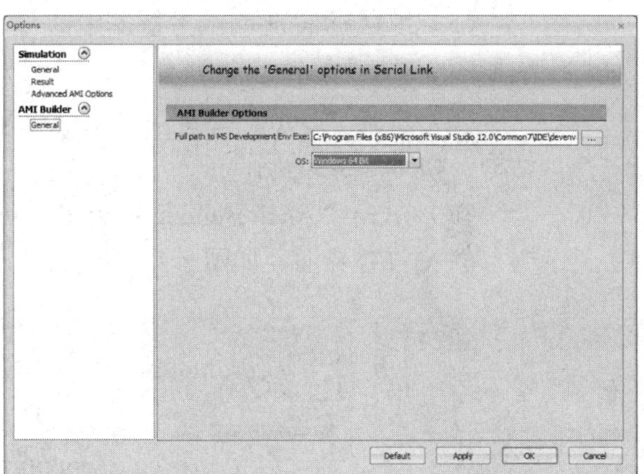

图 8-2-3　加载“devenv.exe”

（5）单击“Options”对话框中的“OK”按钮，退出该对话框，即可完成编译器的连接。

8.3　Tx AMI 模型

【使用文件】Signal Integrity Signoff\lab_AMI_Builder\lab_AMI_Builder. ssix。

【使用软件】SystemSI。

（1）使用 SystemSI 软件打开 lab_AMI_Builder\lab_AMI_Builder. ssix 文件。

（2）在主窗口中，执行菜单命令“Workspace”→“Save as...”，将要保存的文件命名为“lab_AMI_Builder_tx.ssix”。

（3）单击“Serial Link Analysis”选项卡中的“Run Channel Simulation”，开始进行仿真。仿真结果如图 8-3-1 所示。

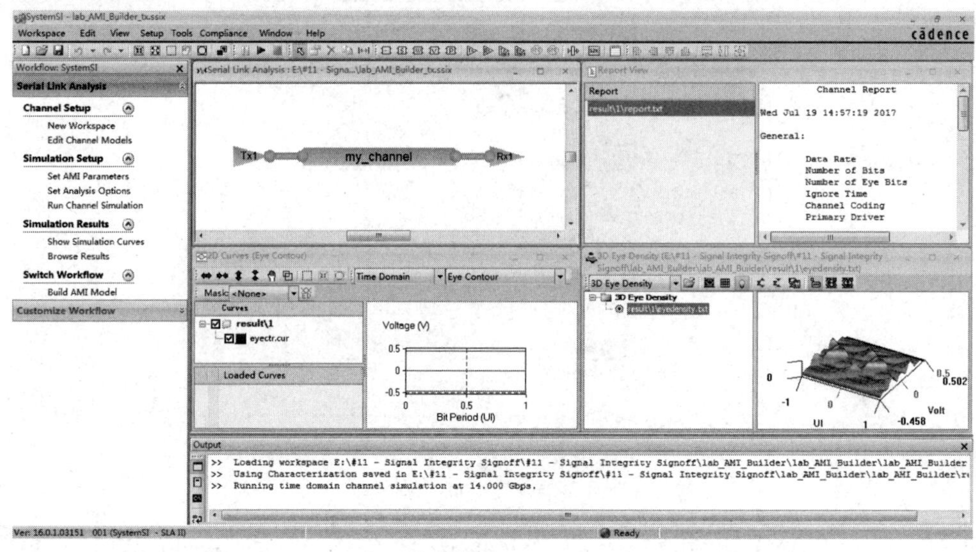

图 8-3-1　仿真结果

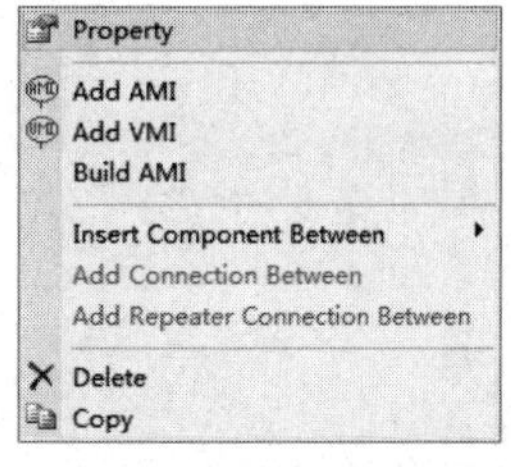

图 8-3-2　弹出的菜单

（4）保存仿真结果并关闭所有仿真窗口，返回主窗口。

（5）用鼠标右键单击主窗口中的“Tx1”模块，弹出的菜单如图 8-3-2 所示。

（6）选择“Build AMI”，弹出“AMI Builder Wizard”对话框，如图 8-3-3 所示。

（7）单击“AMI Builder Wizard”对话框中的“Next”按钮，进入 FFE 界面，如图 8-3-4 所示。

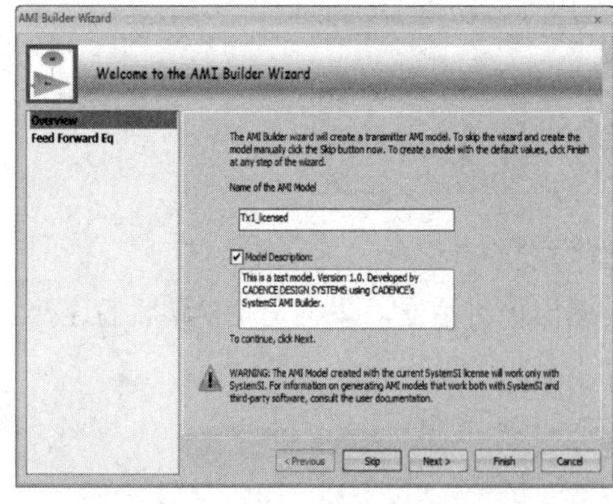

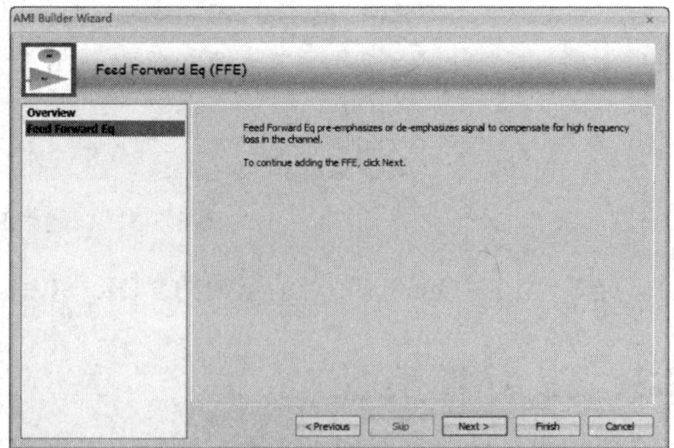

图 8-3-3　“AMI Builder Wizard”对话框　　　　图 8-3-4　FFE 界面

（8）单击“Next”按钮，进入参数设置界面，保持默认设置，如图 8-3-5 所示。

（9）继续单击“Next”按钮，进入 FFE Model 界面，选中“Assign preset taps”单选按钮，如图 8-3-6 所示。

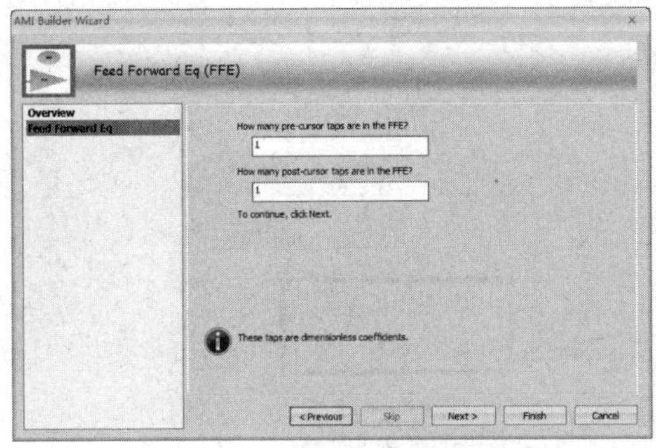

图 8-3-5　参数设置界面

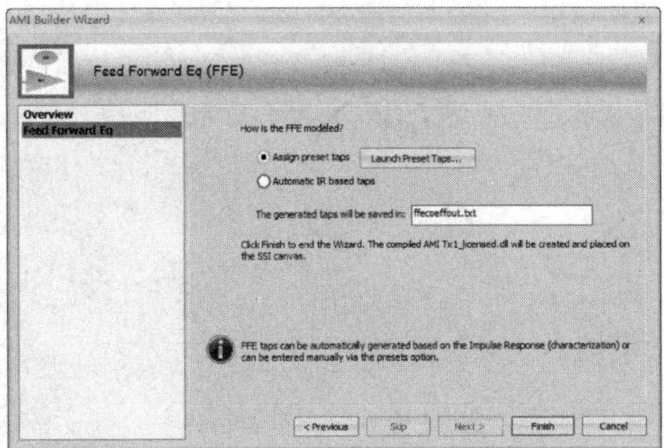

图 8-3-6　FFE Model 界面

（10）单击 FFE Model 界面中“Launch Preset Taps”按钮，弹出“AMI Builder Block Parameter Editor”对话框，如图 8-3-7 所示。

（11）单击“Add”按钮，可以增加一行“P10　0, 1, 0”，如图 8-3-8 所示。

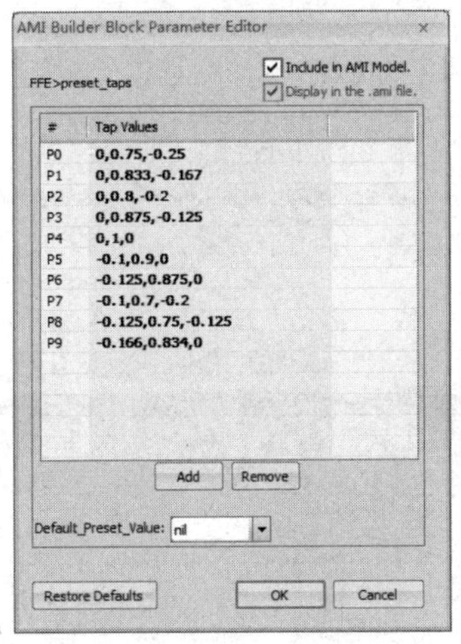

图 8-3-7　“AMI Builder Block Parameter Editor”对话框

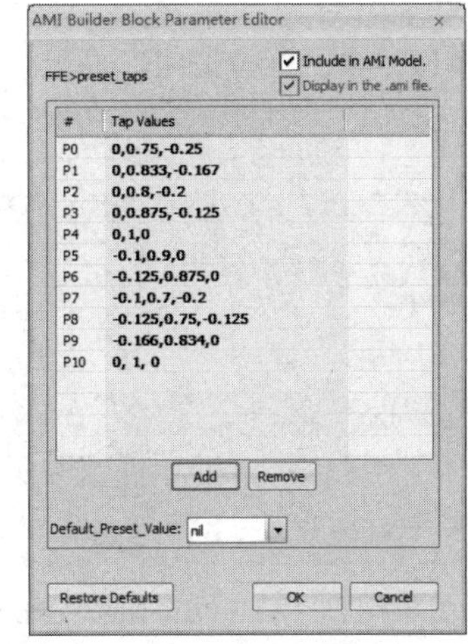

图 8-3-8　增加一行“P10 0,1,0”

（12）单击“OK”按钮，退出“AMI Builder Block Parameter Editor”对话框。

（13）单击“AMI Builder Wizard”对话框中的“Finish”按钮，退出“AMI Builder Wizard”对话框，AMI 模型创建完成，如图 8-3-9 所示。

图 8-3-9　AMI 模型创建完成

（14）双击“AMI”模块，弹出“Property”对话框，显示了“AMI”模块的具体参数，如图 8-3-10 所示。

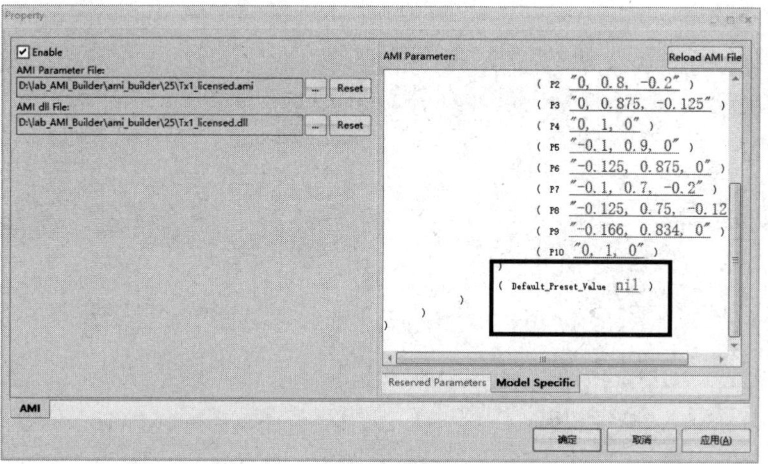

图 8-3-10 “Property”对话框

（15）单击“Property”对话框中“nil”，弹出“AMI Parameter Editor”对话框，如图 8-3-11 所示。

（16）单击下拉按钮，显示下拉列表，如图 8-3-12 所示。

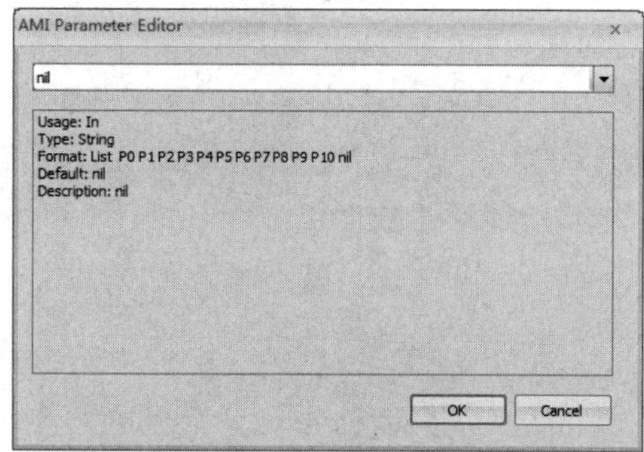

图 8-3-11 “AMI Parameter Editor”对话框

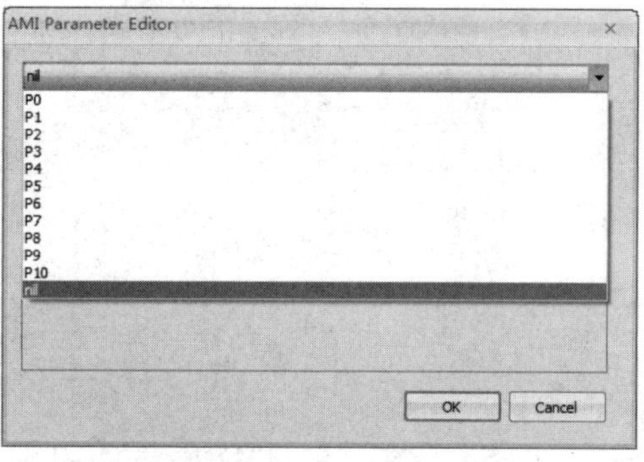

图 8-3-12 显示下拉列表

（17）选择“P7”，单击“AMI Parameter Editor”对话框中的“OK”按钮，关闭“AMI Parameter Editor”对话框，单击“Property”对话框中“确定”按钮，关闭“Property”对话框，返回主窗口。

（18）单击“Serial Link Analysis”选项卡中的“Run Channel Simulation”，开始进行仿真。仿真结果的二维图如图 8-3-13 所示，保存仿真结果。

（19）重复以上步骤，建立新通道的仿真，与 P7 仿真结果进行对比。将“Property”对话框中“Default_Preset_Value”设置为“nil”，如图 8-3-14 所示。

（20）单击“Serial Link Analysis”选项卡中的“Run Channel Simulation”，开始进行仿真。仿真结果的二维图如图 8-3-15 所示，保存仿真结果。

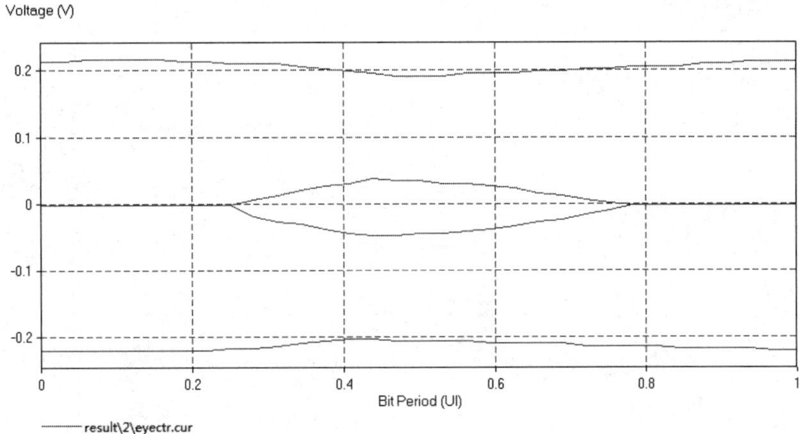

图 8-3-13　P7 仿真结果的二维图

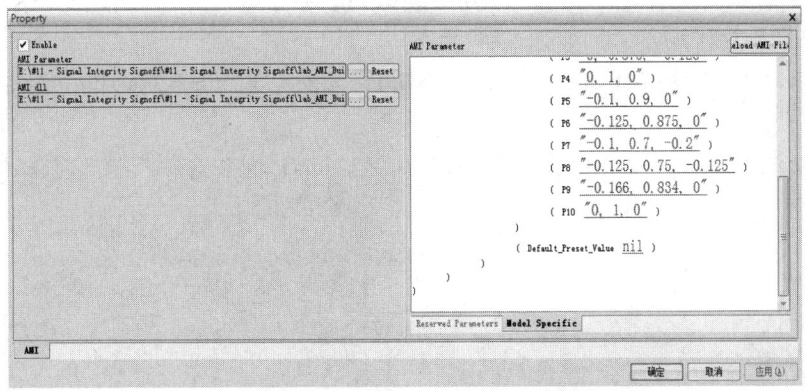

图 8-3-14　将“Default_Preset_Value”设置为“nil”

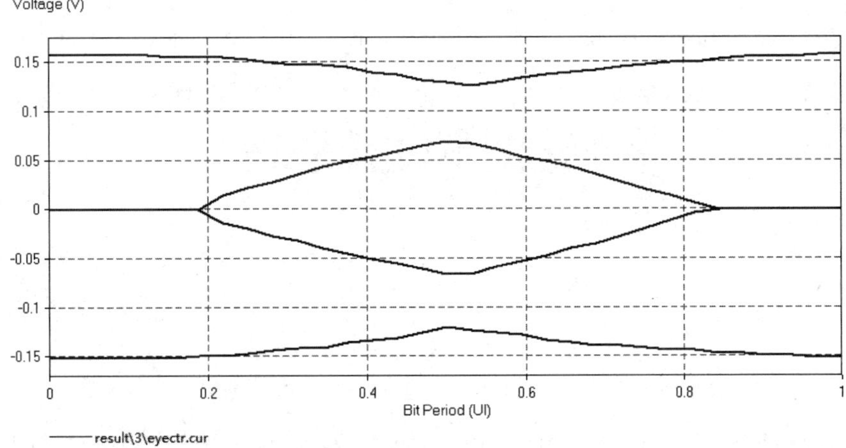

图 8-3-15　nil 仿真结果的二维图

（21）同时显示两次仿真结果，可见 nil 的仿真结果比 P7 的仿真结果略好，即眼图的开度大，如图 8-3-16 所示。

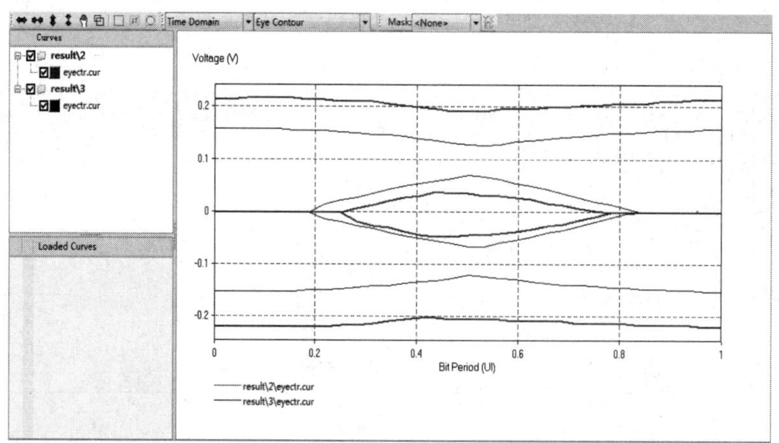

图 8-3-16　nil 与 P7 的仿真结果（眼图）对比

（22）双击“AMI”模块，弹出“Property”对话框，在右侧有一个名为“ffecoeffout.txt”的文件，如图 8-3-17 所示。

（23）双击“ffecoeffout. txt”，弹出“AMI Parameter Editor”对话框，查看相关信息，如图 8-3-18 所示。

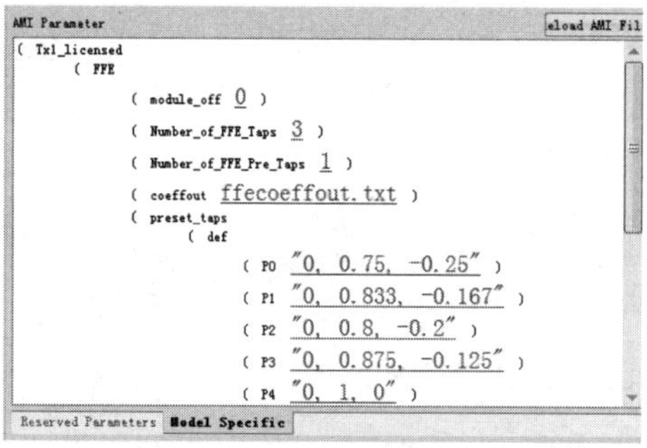

图 8-3-17　“ffecoeffout. txt”文件

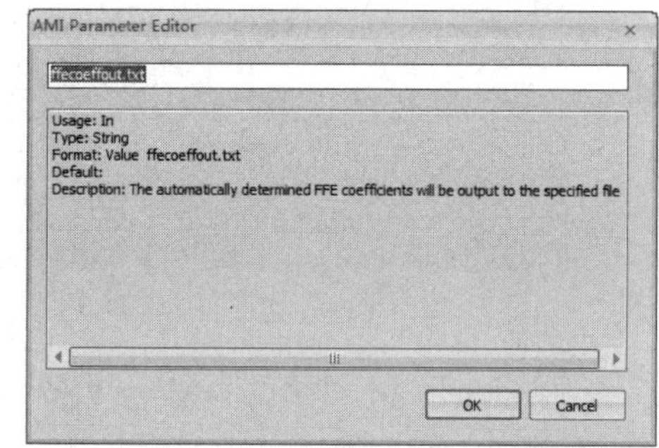

图 8-3-18　“ffecoeffout. txt”相关信息

（24）在保存路径中找到这个文件，并用记事本程序打开，如图 8-3-19 所示。

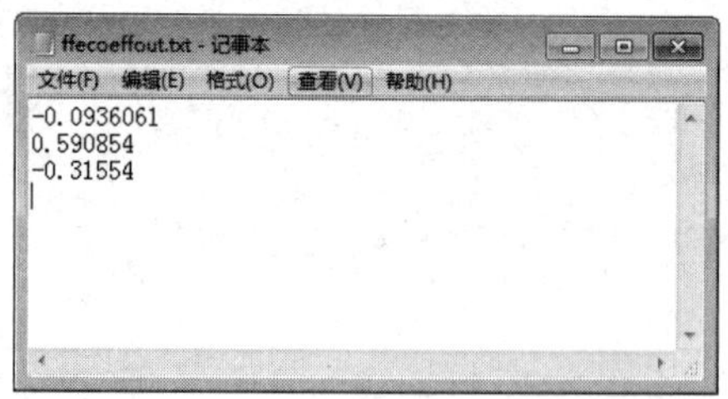

图 8-3-19　用记事本程序打开“ffecoeffout. txt”

（25）以相同的方法，修改“P10”相关参数。双击 P10 后的“0,1,0”，弹出“AMI Parameter Editor”对话框，输入“-0.1，0.6，-0.3”，如图 8-3-20 所示。

（26）单击“AMI Parameter Editor”对话框中的“OK”按钮，关闭“AMI Parameter Editor”对话框，将“Default_Preset_Value”设置为“P10”，如图 8-3-21 所示。

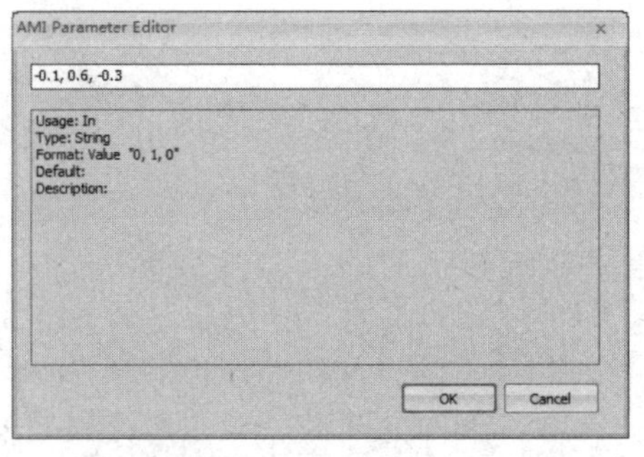

图 8-3-20　修改“P10”相关参数

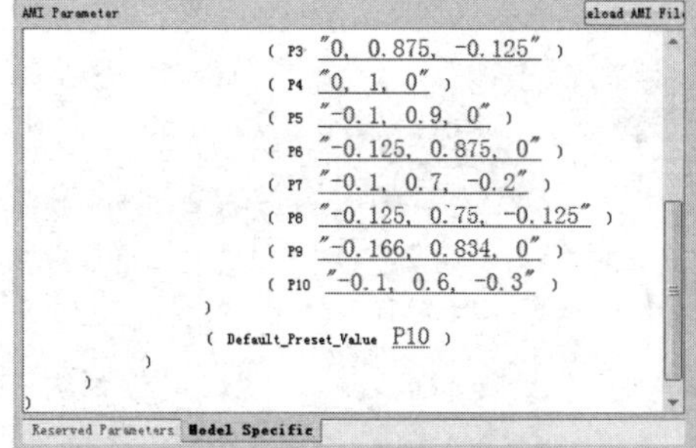

图 8-3-21　设置“Default_Preset_Value”为“P10”

（27）单击“Property”对话框中的“确定”按钮，关闭“Property”对话框，返回主窗口。

（28）单击“Serial Link Analysis”选项卡中的“Run Channel Simulation”，开始进行仿真。仿真后即出现结果，保存仿真结果。

8.4　Rx AMI 模型

【使用文件】 Signal Integrity Signoff\lab_AMI_Builder\lab_AMI_Builder. ssix。

【使用软件】 SystemSI。

（1）使用 SystemSI 软件打开 lab_AMI_Builder\lab_AMI_Builder. ssix 文件。

（2）在主窗口中，执行“Workspace”→“Save as...”命令，将要保存的文件命名为“lab_AMI_Builder_rx.ssix”。

（3）单击“Serial Link Analysis”选项卡中的“Set Analysis Options”，弹出“Analysis Options”对话框，将“Ignore Time”设为 1ns，如图 8-4-1 所示。

（4）单击“OK”按钮，关闭“Analysis Options”对话框，返回主窗口。

（5）用鼠标右键单击主窗口中“Rx1”模块，弹出的菜单如图 8-4-2 所示。

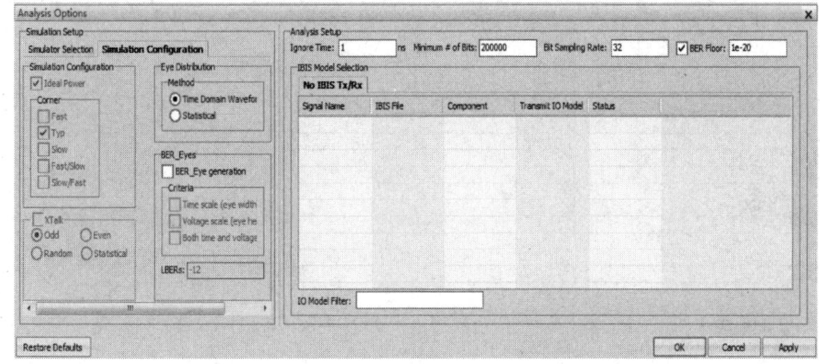

图 8-4-1　“Analysis Options”对话框

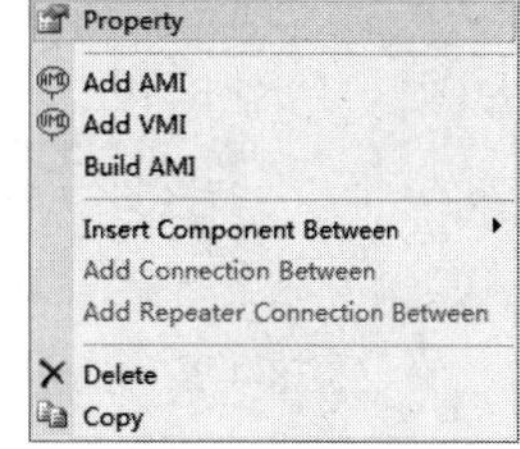

图 8-4-2　弹出的菜单

（6）选择“Build AMI”，弹出“AMI Builder Wizard”对话框，如图 8-4-3 所示。

（7）单击“Next”按钮，进入 AGC 界面，如图 8-4-4 所示。

（8）单击“Next”按钮，选中“Simple Gain Amplifier”单选按钮，如图 8-4-5 所示。

（9）继续单击“Next”按钮，选中“Yes”单选按钮，如图 8-4-6 所示。

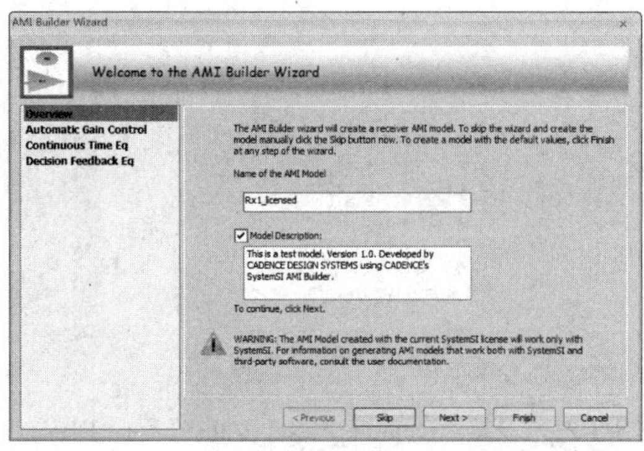

图 8-4-3 “AMI Builder Wizard”对话框

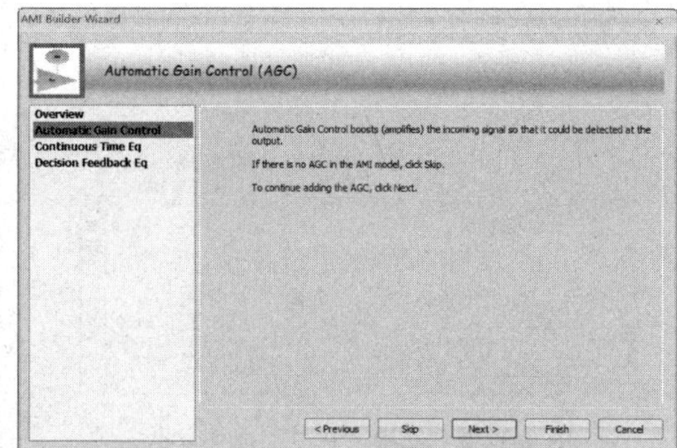

图 8-4-4 AGC 界面

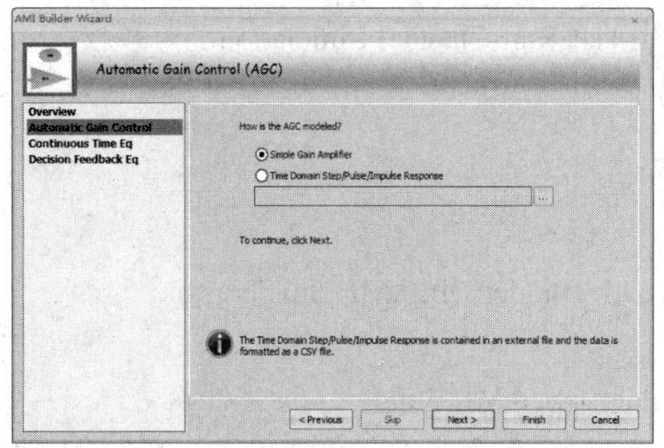

图 8-4-5 选中“Simple Gain Amplifier”单选按钮

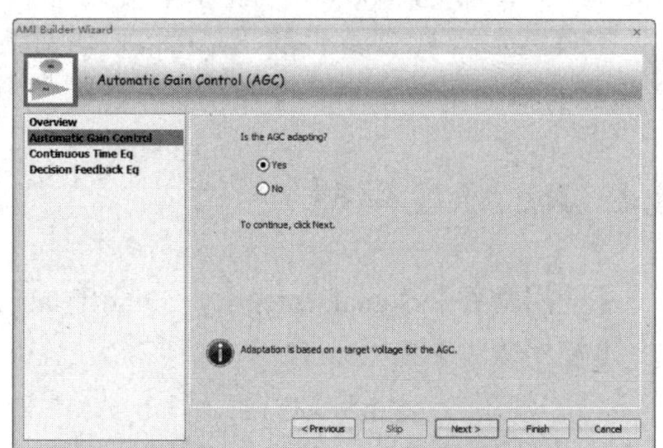

图 8-4-6 选中“Yes”单选按钮

（10）再次单击“Next”按钮，将电压值设为 100mV，如图 8-4-7 所示。

（11）单击“Next”按钮，进入 CTE 界面，如图 8-4-8 所示。

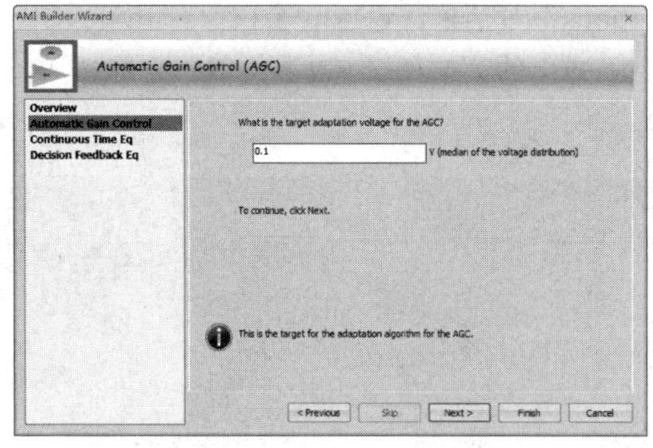

图 8-4-7 将电压值设为 100mV

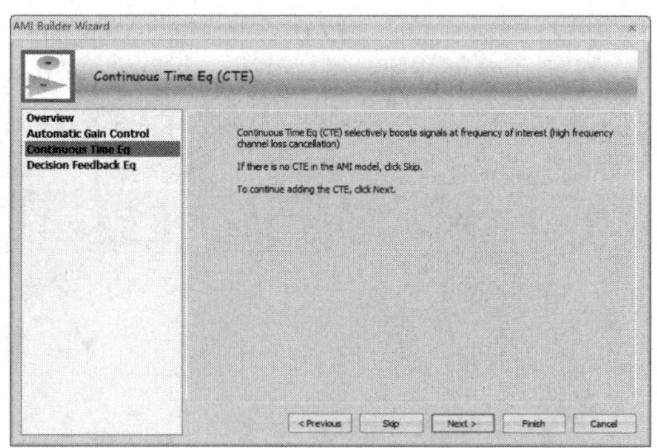

图 8-4-8 CTE 界面

（12）单击“Next”按钮，选中“Built-In 2 pole”单选按钮，如图 8-4-9 所示。

（13）再次单击“Next”按钮，选择“Yes”单选按钮，如图 8-4-10 所示。

（14）继续单击“Next”按钮，进入 DFE 界面，如图 8-4-11 所示。

（15）单击“Next”按钮，在文本框中输入“5”，如图 8-4-12 所示。

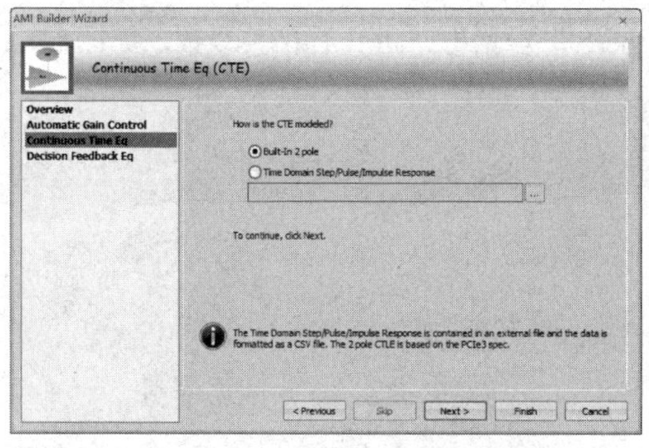

图 8-4-9 选中“Built-In 2 pole”单选按钮

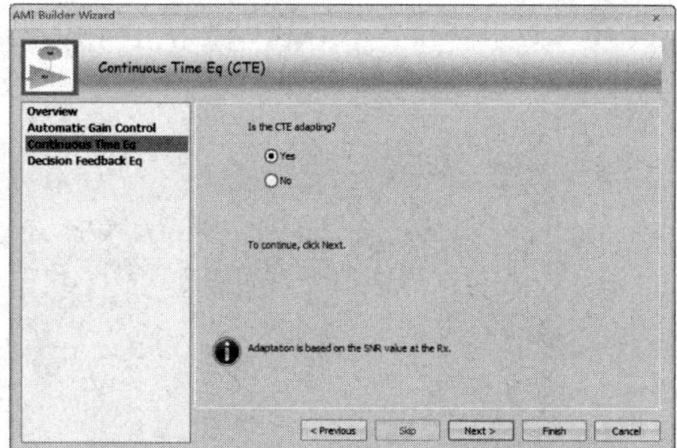

图 8-4-10 选中“Yes”单选按钮

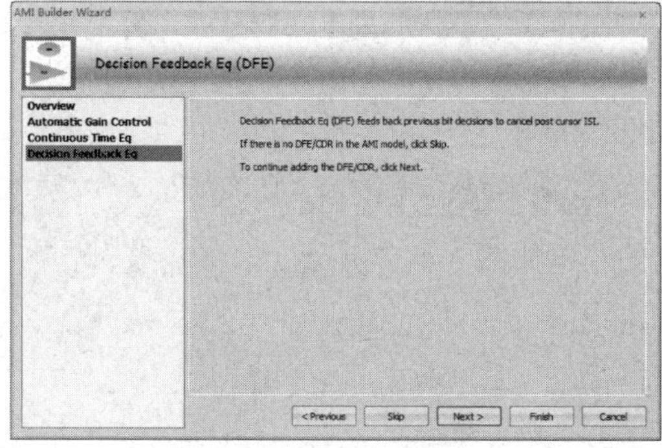

图 8-4-11 DFE 界面

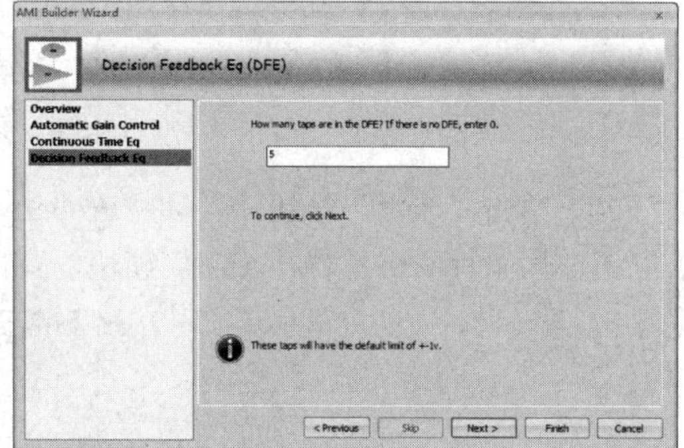

图 8-4-12 在文本框中输入“5”

（16）再次单击“Next”按钮，选中“Digital”单选按钮，如图 8-4-13 所示。

（17）继续单击“Next”按钮，界面如图 8-4-14 所示。

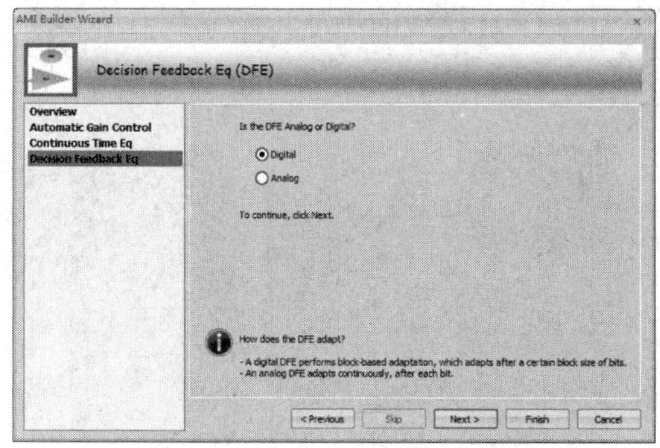

图 8-4-13 选中“Digital”单选按钮

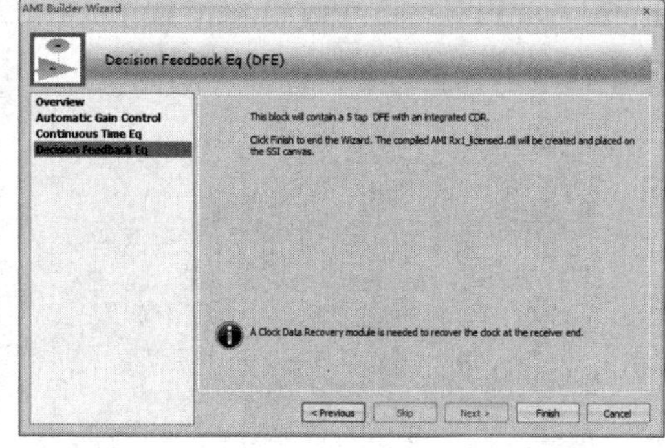

图 8-4-14 单击“Next”按钮后的界面

（18）单击“AMI Builder Wizard”对话框中的“Finish”按钮，关闭“AMI Builder Wizard”对话框。AMI 模型创建完毕，如图 8-4-15 所示。

图 8-4-15 AMI 模型创建完毕

（19）双击新建的“AMI”模型，弹出“Property”对话框，可查看相关参数，如图8-4-16所示。

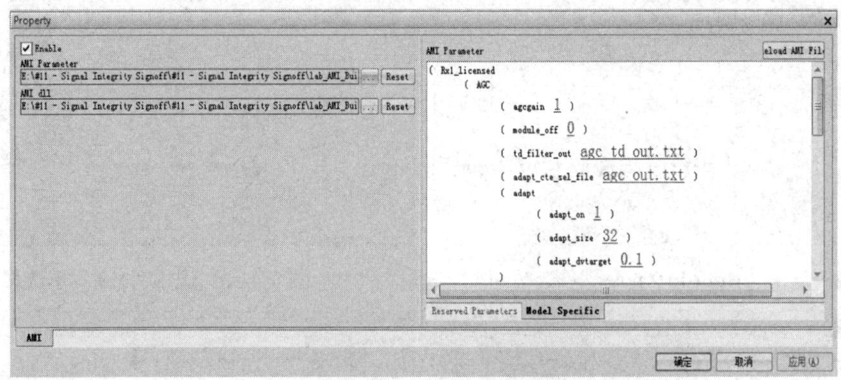

图 8-4-16　查看相关参数

（20）单击“取消”按钮，关闭“Property”对话框，返回主窗口。

（21）用鼠标右键单击“AMI”模块，弹出的菜单如图 8-4-17 所示。

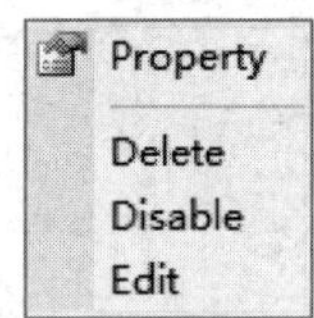

图 8-4-17　弹出的菜单

（22）选择“Edit”，主窗口模型如图 8-4-18 所示。

（23）使用鼠标适当调节 AGC 模型、CTE 模型和 DFE 模型的顺序，从左到右的顺序依次为 CTE 模型、AGC 模型、DFE 模型，如图 8-4-19 所示。

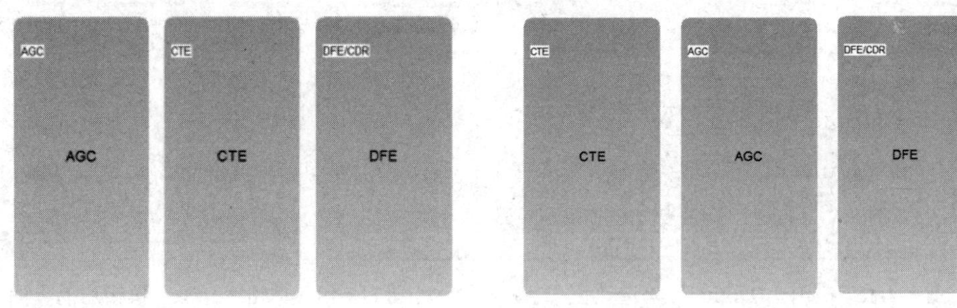

图 8-4-18　主窗口模型　　　　图 8-4-19　调节模型顺序

（24）双击 CTE 模块，弹出“Property”对话框，可以查看或编辑 CTE 模块的具体参数，如图 8-4-20 所示。

（25）单击“adapt_size”中的“2048”，弹出“AMI Builder Block Parameter Editor”对话框，如图 8-4-21 所示。

（26）将“Format”栏中的参数设为“4096 16 8192”，在“Default”栏中输入“4096”，如图 8-4-22 所示。

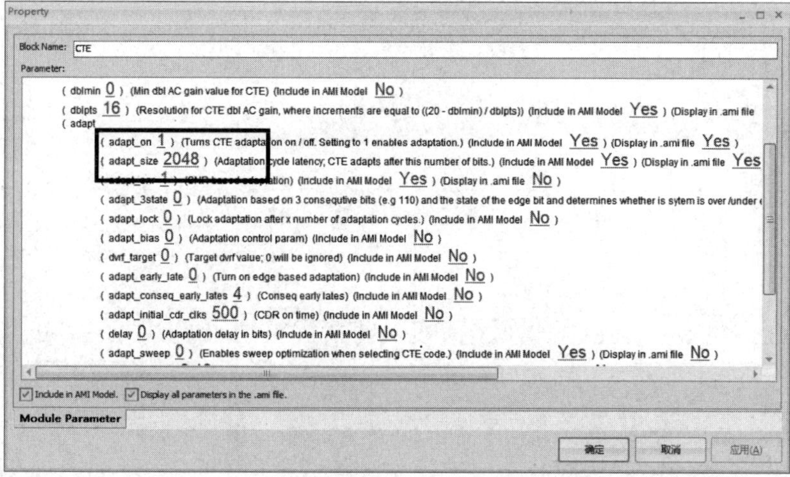

图 8-4-20　“Property”对话框（1）

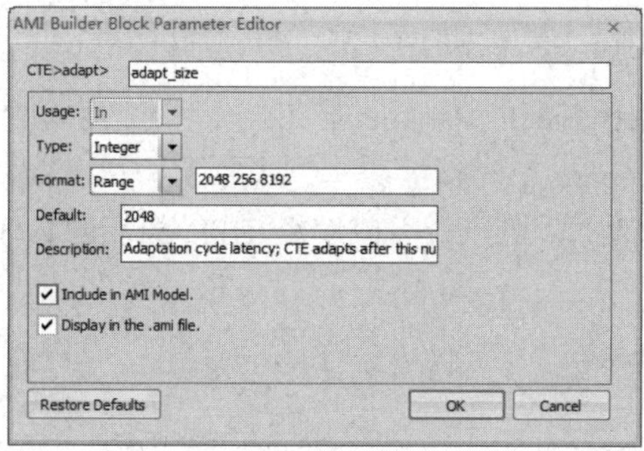

图 8-4-21　“AMI Builder Block Parameter Editor”对话框

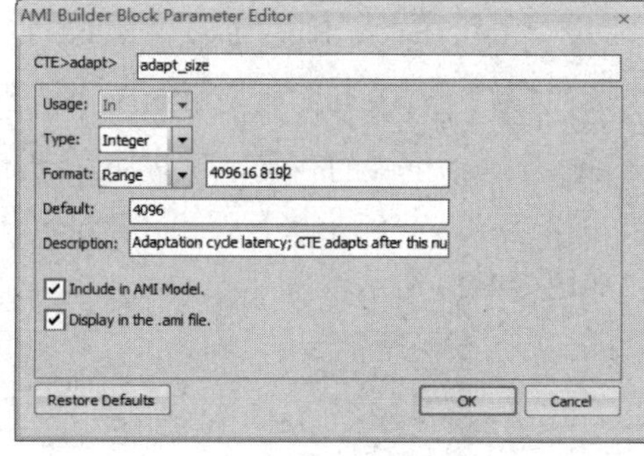

图 8-4-22　修改参数

（27）单击“OK”按钮，关闭“AMI Builder Block Parameter Editor”对话框。单击“Property”对话框中的“确定”按钮，关闭“Property”对话框。

（28）双击 AGC 模块，弹出“Property”对话框，可以查看或编辑 AGC 模块的具体参数，如图 8-4-23 所示。

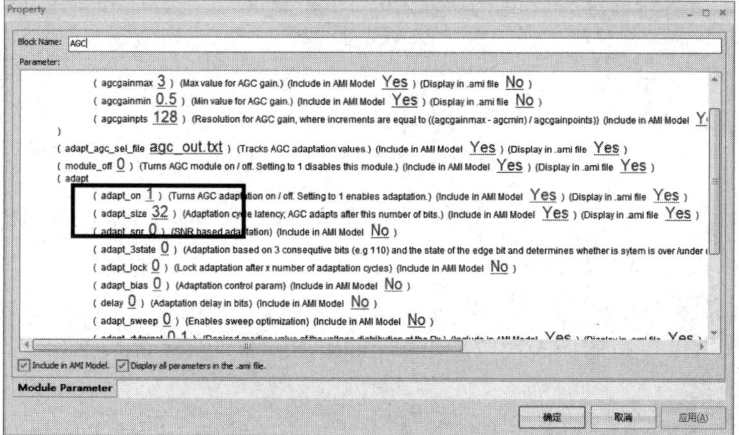

图 8-4-23　“Property”对话框（2）

（29）单击“adapt_size”中的“32”，弹出“AMI Builder Block Parameter Editor”对话框，如图 8-4-24 所示。

（30）将“Format”栏中的参数设为“2048 16 8192”，在“Default”栏中输入“2048”，如图 8-4-25 所示。

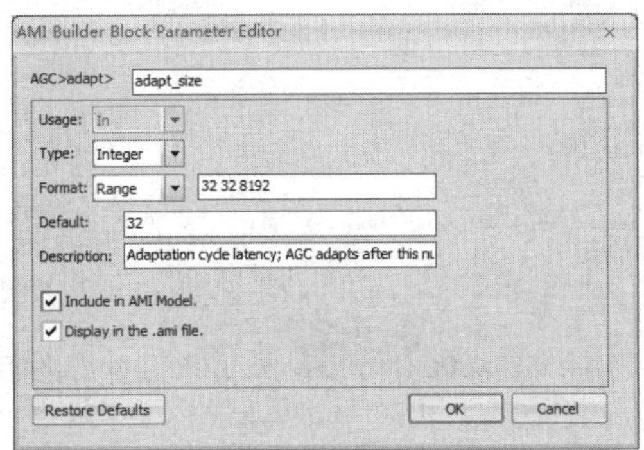

图 8-4-24 “AMI Builder Block Parameter Editor”对话框

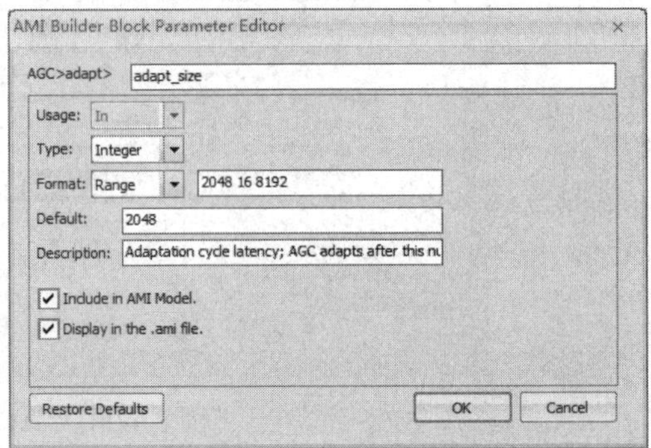

图 8-4-25 修改参数

（31）单击“OK”按钮，关闭“AMI Builder Block Parameter Editor”对话框。单击“Property”对话框中的“确定”按钮，关闭“Property”对话框。

（32）双击 DFE 模块，弹出“Property”对话框，可以查看或编辑 DFE 模块的具体参数，如图 8-4-26 所示。

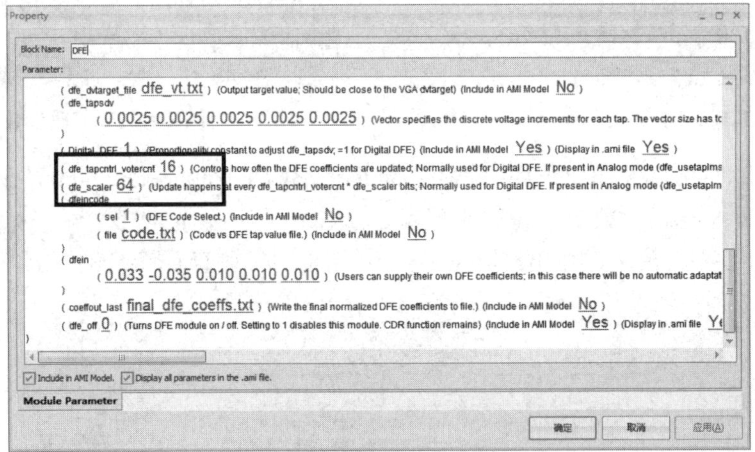

图 8-4-26 “Property”对话框

（33）单击“dfe_tapcntrl_votercnt”中的“16”，弹出“AMI Builder Block Parameter Editor”对话框，如图 8-4-27 所示。

（34）勾选“Display in the .ami file”复选框，如图 8-4-28 所示。

（35）单击“OK”按钮，关闭“AMI Builder Block Parameter Editor”对话框，返回“Property”对话框。

（36）单击“dfe_scaler”中的“64”，弹出“AMI Builder Block Parameter Editor”对话框，如图 8-4-29 所示。

（37）勾选“Display in the .ami file”复选框，如图 8-4-30 所示。

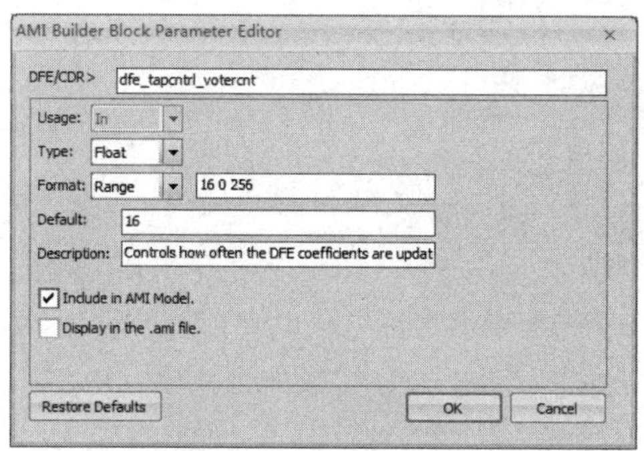

图 8-4-27 “AMI Builder Block Parameter Editor”对话框（1）

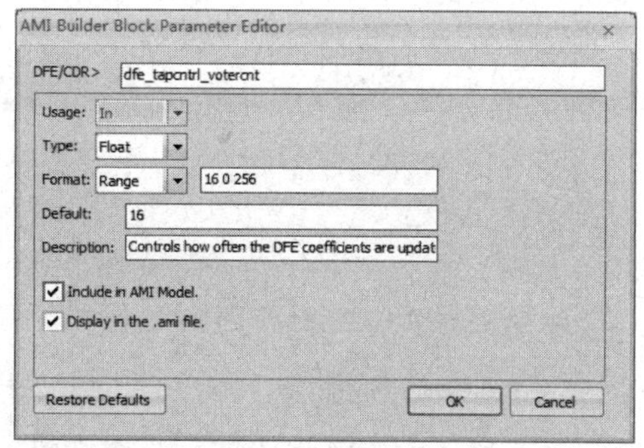

图 8-4-28 勾选“Display in the .ami file”复选框（2）

图 8-4-29 “AMI Builder Block Parameter Editor”对话框（2）

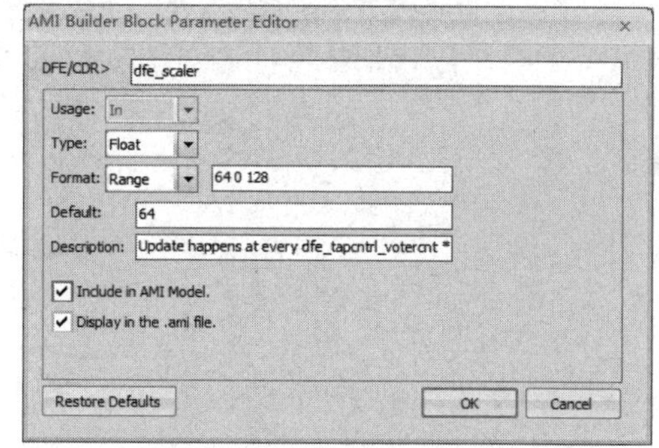

图 8-4-30 勾选“Display in the .ami file”复选框（2）

（38）单击“OK”按钮，关闭“AMI Builder Block Parameter Editor”对话框。单击“Property”对话框中的“确定”按钮，关闭“Property”对话框。

（39）单击主窗口中的“▶”按钮，即可新建 AMI 模型，如图 8-4-31 所示。

图 8-4-31 新建 AMI 模型

（40）双击新建的 AMI 模型，弹出“Property”对话框，可见 CTE 参数在 AGC 参数之前，如图 8-4-32 所示。

（41）将 CTE 栏中的“adapt_size”参数设置为“32”，将 AGC 栏中的“adapt_size”参数设置为“8192”，如图 8-4-33 所示。

（42）单击“确定”按钮，关闭“Property”对话框，返回主窗口。

Tx1
my_channel
Rx1
Property
Enable
AMI Parameter
AMI dll
Reset
Reset
(Rx1_licensed
(CTE
(pcix3spec2auto
(dbl 3)
(module_off 0)
(td_filter_out cte td out.txt)
(adapt_cte_sel_file cte out.txt)
(adapt
(adapt_on 1)
Reserved Parameters
Model Specific
AMI
确定
取消
应用(A)

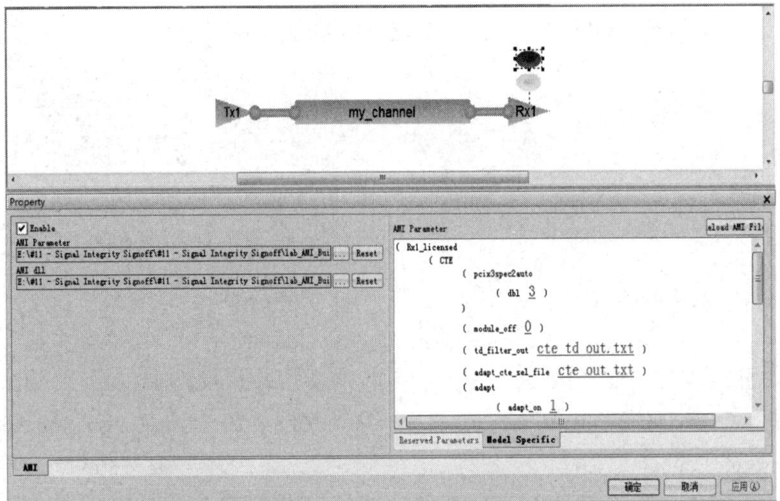

图 8-4-32 “Property”对话框

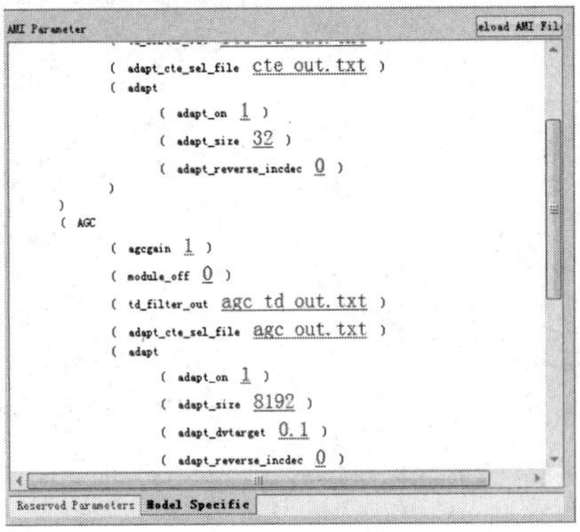

AMI Parameter
(adapt_cte_sel_file cte out.txt)
(adapt
(adapt_on 1)
(adapt_size 32)
(adapt_reverse_incdec 0)
)
)
(AGC
(agcgain 1)
(module_off 0)
(td_filter_out agc td out.txt)
(adapt_cte_sel_file agc out.txt)
(adapt
(adapt_on 1)
(adapt_size 8192)
(adapt_dvtarget 0.1)
(adapt_reverse_incdec 0)
Reserved Parameters
Model Specific

图 8-4-33 修改后的参数设置

（43）单击左侧“Serial Link Analysis”选项卡中的“Set Analysis Options”，弹出“Analysis Options”对话框，在“Simulation Name”区域选中“Custom”单选按钮，具体参数设置如图 8-4-34 所示。

Analysis Options
Simulation Setup
Simulator Selection
Simulation Configuration
Circuit Simulator
Simulator: SPDSIM
Characterization
Step Duration 30
Circuit Simulator Options
Channel Simulator Controls
* Add global .option and .include commands here.
* They'll be used for time domain characterization.
*.option delmax=1p
Channel Simulator OS: Windows 64 Bit
Simulation Name
Automatic
Custom
Restore Defaults
Analysis Setup
Ignore Time: 1
Minimum # of Bits: 200000
Bit Sampling Rate: 32
BER Floor: 1e-20
IBIS Model Selection
No IBIS Tx/Rx
Signal Name
IBIS File
Component
Transmit IO Model
Status
IO Model Filter:
OK
Cancel
Apply

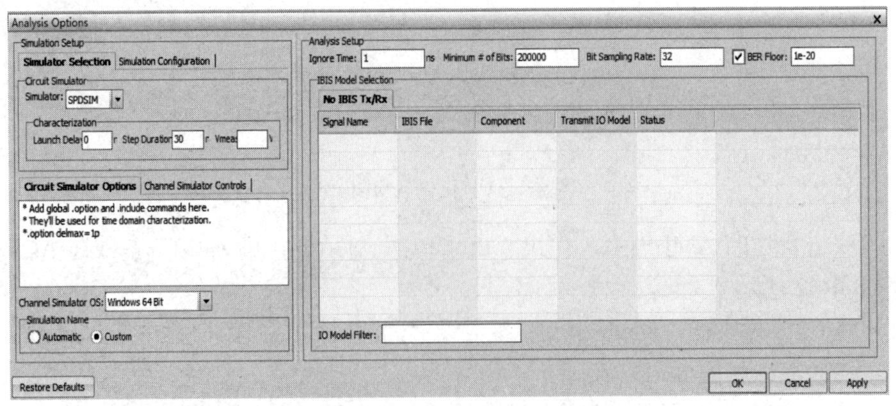

图 8-4-34 “Analysis Options”对话框

（44）单击“OK”按钮，关闭“Analysis Options”对话框，返回主窗口。

（45）单击左侧“Serial Link Analysis”选项卡中的“Run Channel Simulation”，弹出“Simulation Name”对话框，输入“cte32_agc8192”，如图 8-4-35 所示。

（46）单击“OK”按钮，关闭“Simulation Name”对话框，开始进行仿真，仿真结果如图 8-4-36 所示。

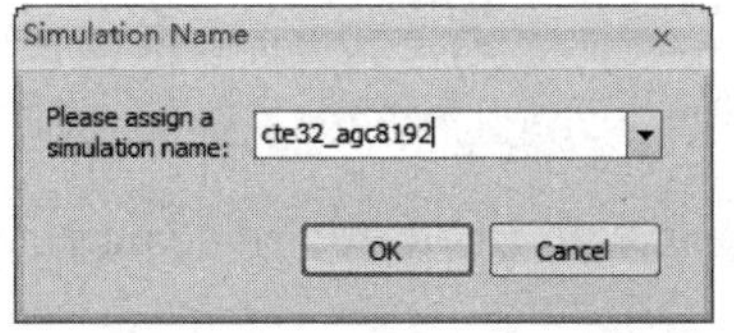

图 8-4-35　“Simulation Name”对话框（1）

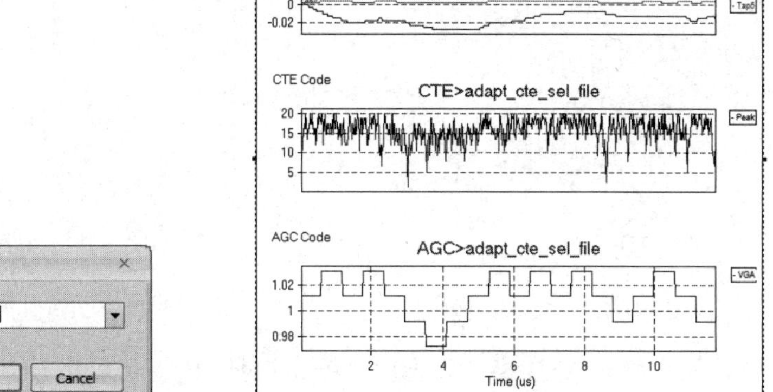

图 8-4-36　仿真结果（1）

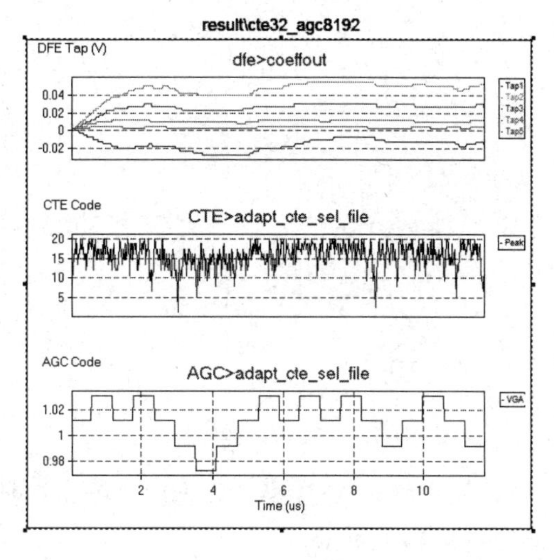

（47）再次双击 AMI 模型，弹出“Property”对话框，将 CTE 栏中的“adapt_size”参数设置为“4096”，将 AGC 栏中的“adapt_size”参数设置为“2048”。

（48）设置完毕后，单击“确定”按钮，退出“Property”对话框。

（49）单击左侧“Serial Link Analysis”选项卡中的“Run Channel Simulation”，弹出“Simulation Name”对话框，输入“cte4096_agc2048”，如图 8-4-37 所示。

（50）单击“OK”按钮，关闭“Simulation Name”对话框，开始进行仿真，仿真结果如图 8-4-38 所示。

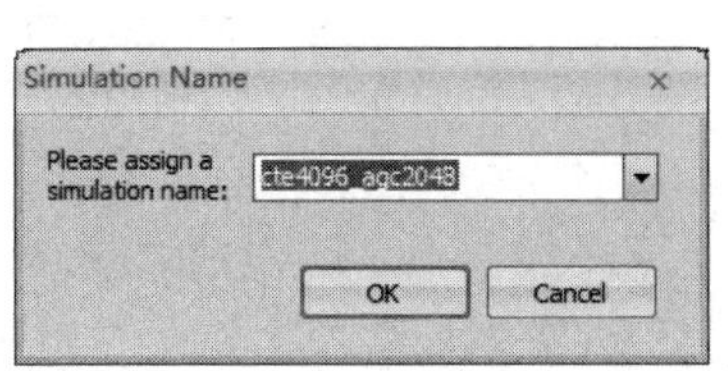

图 8-4-37　“Simulation Name”对话框（2）

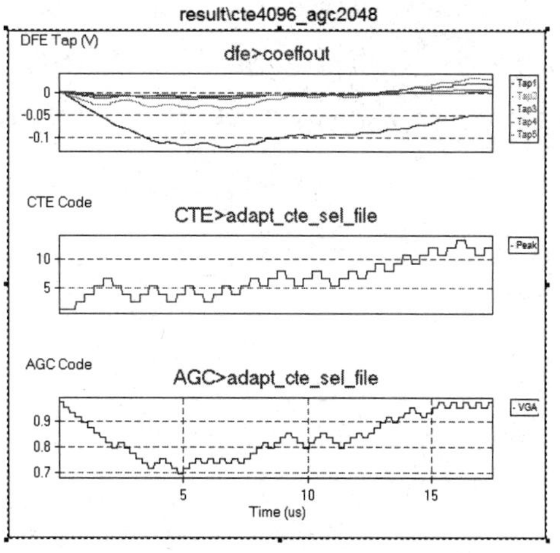

图 8-4-38　仿真结果（2）

（51）用鼠标右键单击仿真结果，弹出的菜单如图 8-4-39 所示。

（52）选择“Bits”，仿真结果如图 8-4-40 所示。

Zoom Fit
Close
Undock
Pin
X Axis
Tap Visibility
Time
Bits

图 8-4-39　弹出的菜单

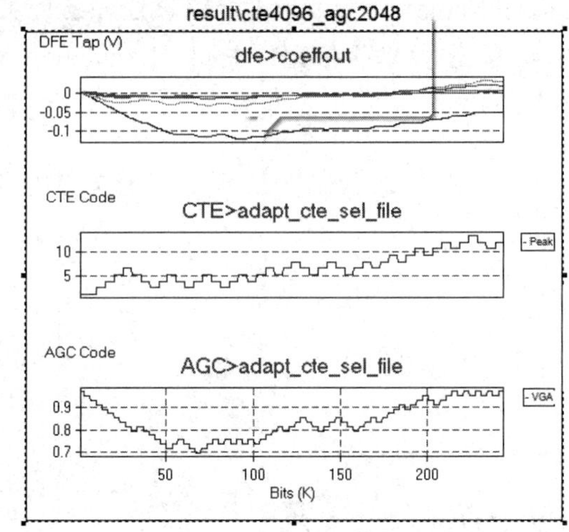

图 8-4-40　仿真结果（3）

（53）再次双击 AMI 模型，弹出“Property”对话框，单击“Reserved Parameters”选项卡，如图 8-4-41 所示。

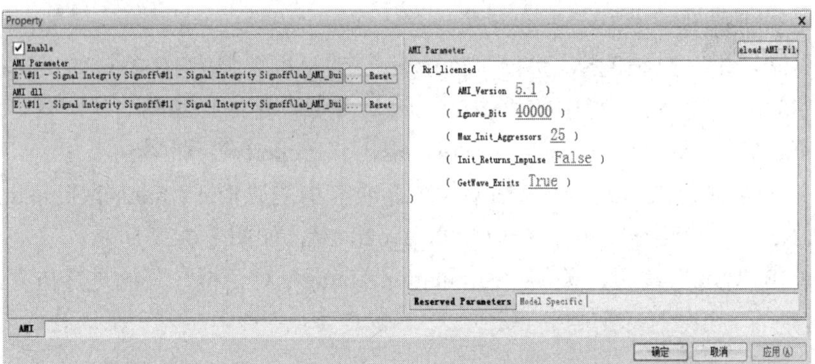

图 8-4-41　“Reserved Parameters”选项卡

（54）将“Ignore_Bits”参数设置为“250000”，如图 8-4-42 所示。

AMI Parameter
(Rx1_licensed
(AMI_Version 5.1)
(Ignore_Bits 250000)
(Max_Init_Aggressors 25)
(Init_Returns_Impulse False)
(GetWave_Exists True)
)
Reserved Parameters　Model Specific

图 8-4-42　修改“Ignore_Bits”参数

（55）单击“确定”按钮，关闭“Property”对话框。

（56）单击左侧“Serial Link Analysis”选项卡中的“Run Channel Simulation”，弹出“Simulation Name”对话框，输入“cte4096_agc2048_ib250k”，命名完毕后，单击“OK”按钮，关闭“Simulation Name”对话框，开始进行仿真，仿真结果如图 8-4-43 所示。

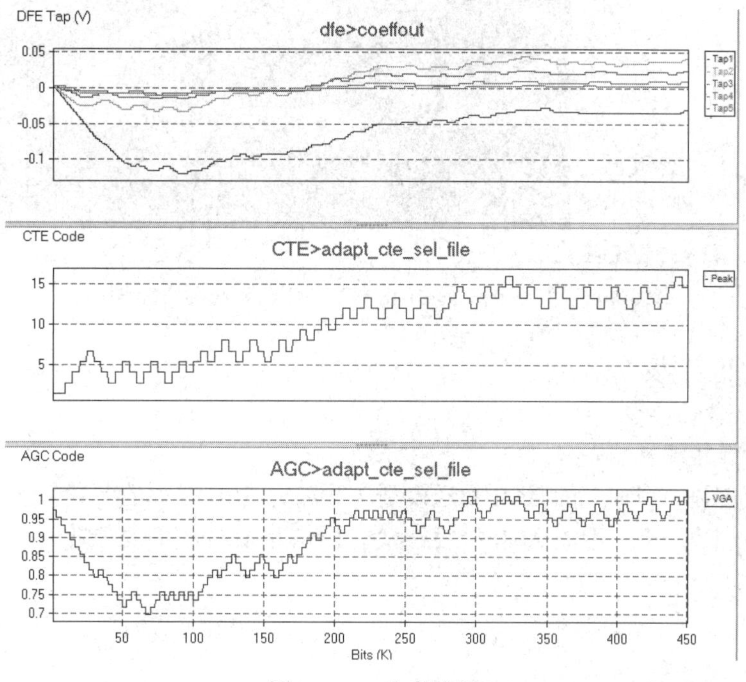

图 8-4-43　仿真结果

（57）分别查看“cte4096_agc2048”和“cte4096_agc2048_ib250k”仿真结果的三维眼图，如图 8-4-44 和图 8-4-45 所示。

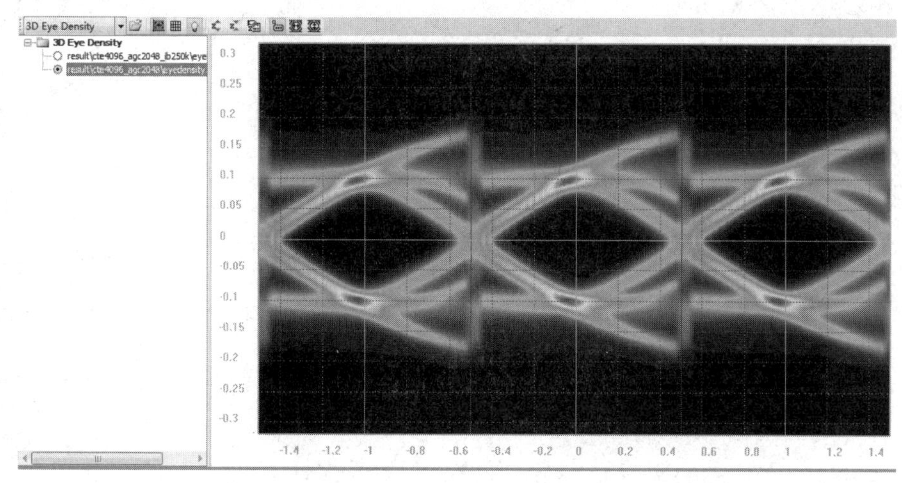

图 8-4-44　“cte4096_agc2048”仿真结果的三维眼图

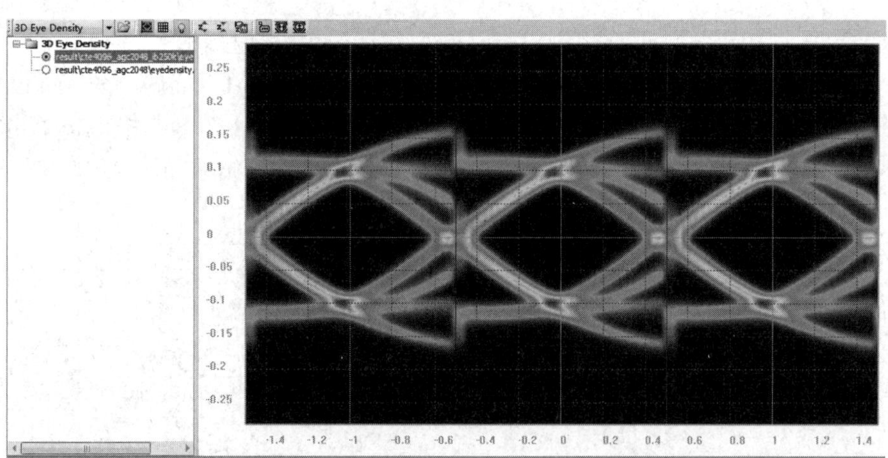

图 8-4-45 “cte4096_agc2048_ib250k”仿真结果的三维眼图

8.5 本章思考题

（1）如何链接编译器？

（2）如何创建一个典型的 AMI 发送模型，并编辑 AMI 模型的参数？

（3）如何创建一个典型的 AMI 接收模型，并编辑 AMI 模型的参数？

第9章 仿真 DDR4

9.1 学习目标

通过本章的学习，应该掌握以下内容：

- 从 SystemSI 中生成 PCB 封装模型；
- 提取或打开 Generator 所生成的模型；
- DDR4 的设计和分析；
- 使用 Generator 提取子电路。

9.2 使用 Generator 提取模型

【使用文件】Signal Integrity Signoff\DDR4_Lab_database\spreadtrum_ref.spd 。

【使用软件】Generator。

（1）依次单击“开始”→“所有程序”→“ Cadence Sigity 2019”→“Generator”，由于操作系统不同，快捷方式位置可能会略有变化。

（2）启动 Generator 软件，弹出“Choose License Suites”对话框，勾选“SPDGEN”复选框，如图 9-2-1 所示。

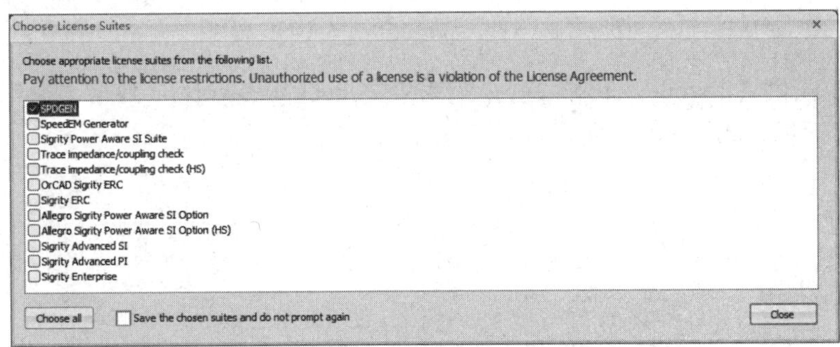

图 9-2-1 “Choose License Suites”对话框

（3）单击“Choose License Suites”对话框中的“Close”按钮，即可进入 Generator 的主窗口，如图 9-2-2 所示。

（4）单击左侧“Layout Setup”选项卡中的“Load Layout File”，打开 Signal Integrity Signoff\DDR4_Lab_database\spreadtrum_ref.spd 文件，然后单击“Model Extraction Setup”选项卡中的“Enable Model Extraction Mode”，如图 9-2-3 所示。

图 9-2-2 Generator 的主窗口

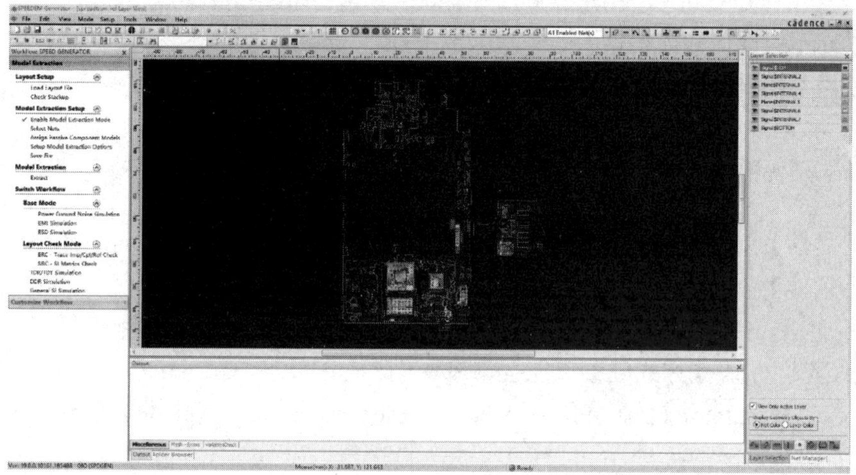

图 9-2-3 打开 spreadtrum_ref.spd 文件

（5）单击左侧“Layout Setup”选项卡中的“Check Stackup”，弹出“Layer Manager→Stack Up”对话框，如图 9-2-4 所示。

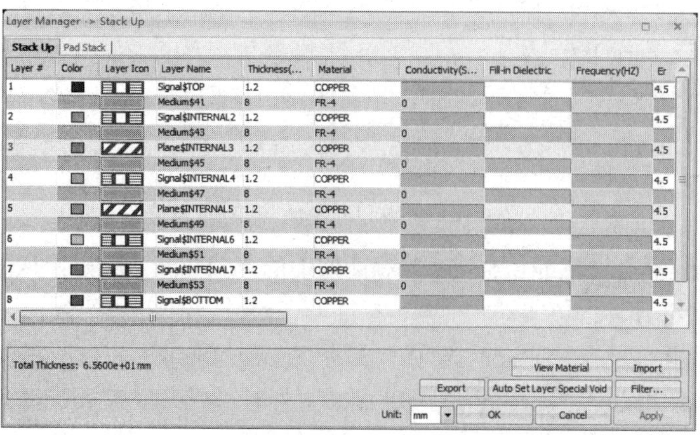

图 9-2-4 “Layer Manager→Stack Up”对话框

（6）不做修改，单击“OK”按钮，关闭“Layer Manager→Stack Up”对话框。

（7）单击主窗口右侧“Layer Selection”选项卡中的“Signal$INTERNAL2”，部分布线网络高亮显示，如图 9-2-5 所示。

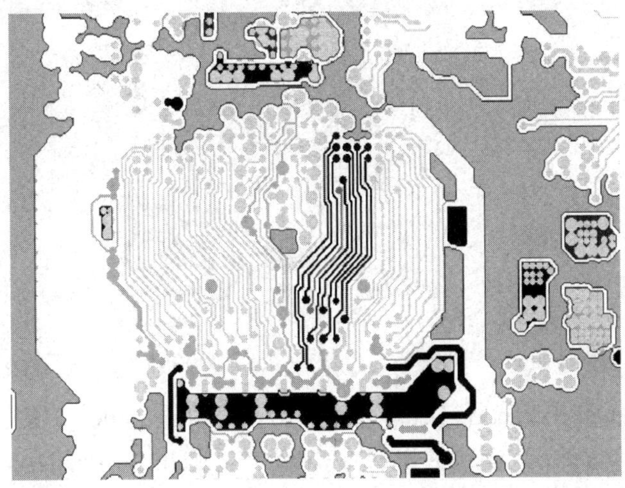

图 9-2-5　部分布线网络高亮显示

（8）切换到“Net Manager”选项卡，勾选 VDD1V8 网络、PowerNets 网络、GND 网络和网络名中含“EM”的网络，如图 9-2-6 所示，高亮显示的布线网络如图 9-2-7 所示。

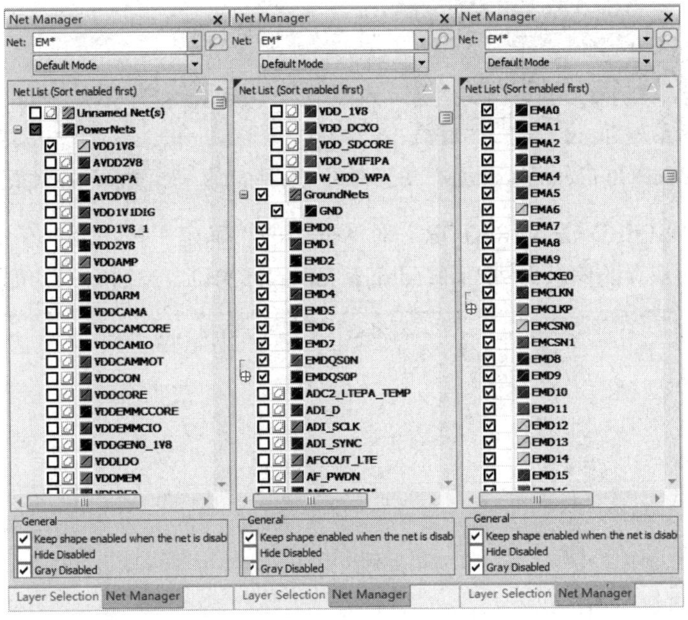

图 9-2-6　“Net Manager”选项卡

（9）单击“Model Extraction Setup”选项卡中的“Setup Model Extraction Options”，弹出“Setup Model Extraction Options”对话框，选中“Level-1”单选按钮，如图 9-2-8 所示。

（10）单击“OK”按钮，退出“Setup Model Extraction Options”对话框。

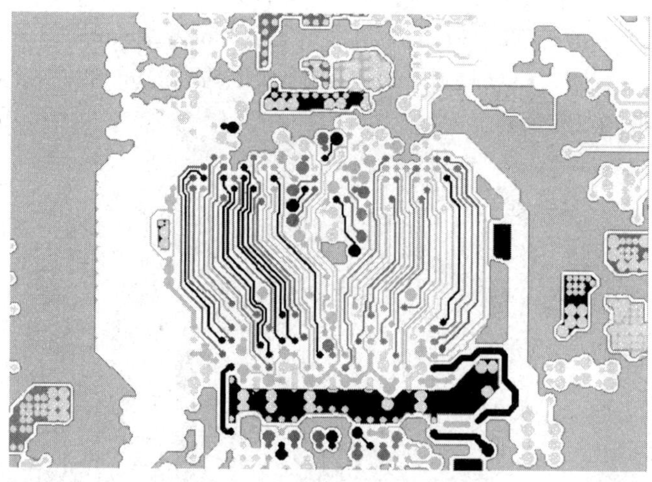

图 9-2-7　高亮显示的布线网络

（11）单击“Model Extraction Setup”选项卡中的“Save File”，保存提取出的网络，然后单击“Model Extraction”选项卡中的“Extract”，弹出“SPEED GENERATOR”对话框，如图 9-2-9 所示。

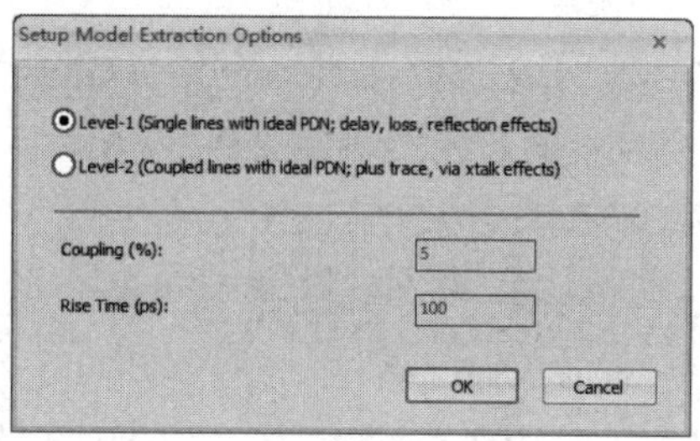

图 9-2-8 “Setup Model Extraction Options”对话框

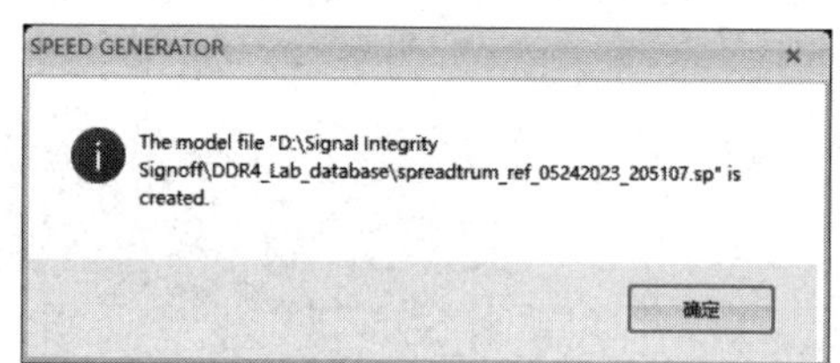

图 9-2-9 “SPEED GENERATOR”对话框

（12）单击“SPEED GENERATOR”对话框中的“确定”按钮。

（13）查看所保存的信息文件“spreadtrum_ref_07152017_135240.sp”，如图 9-2-10 所示。

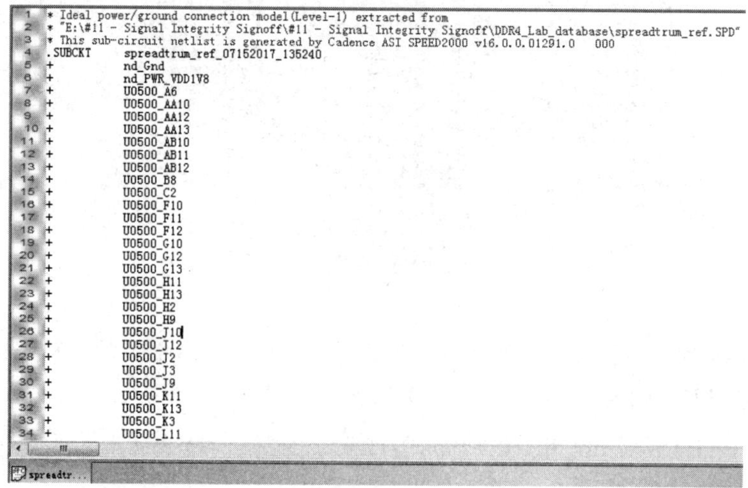

```
* Ideal power/ground connection model(Level-1) extracted from
* "E:\#11 - Signal Integrity Signoff\#11 - Signal Integrity Signoff\DDR4_Lab_database\spreadtrum_ref.SPD"
* This sub-circuit netlist is generated by Cadence ASI SPEED2000 v16.0.0.01291.0   000
.SUBCKT     spreadtrum_ref_07152017_135240
+           nd_Gnd
+           nd_PWR_VDD1V8
+           U0500_A6
+           U0500_AA10
+           U0500_AA12
+           U0500_AA13
+           U0500_AB10
+           U0500_AB11
+           U0500_AB12
+           U0500_B8
+           U0500_C2
+           U0500_F10
+           U0500_F11
+           U0500_F12
+           U0500_G10
+           U0500_G12
+           U0500_G13
+           U0500_H11
+           U0500_H13
+           U0500_H2
+           U0500_H9
+           U0500_J10
+           U0500_J12
+           U0500_J2
+           U0500_J3
+           U0500_J9
+           U0500_K11
+           U0500_K13
+           U0500_K3
+           U0500_L11
```

图 9-2-10 “spreadtrum_ref_07152017_135240.sp”文件

（14）单击“Model Extraction Setup”选项卡中的“Setup Model Extraction Options”，弹出“Setup Model Extraction Options”对话框，选中“Level-2”单选按钮，如图 9-2-11 所示。

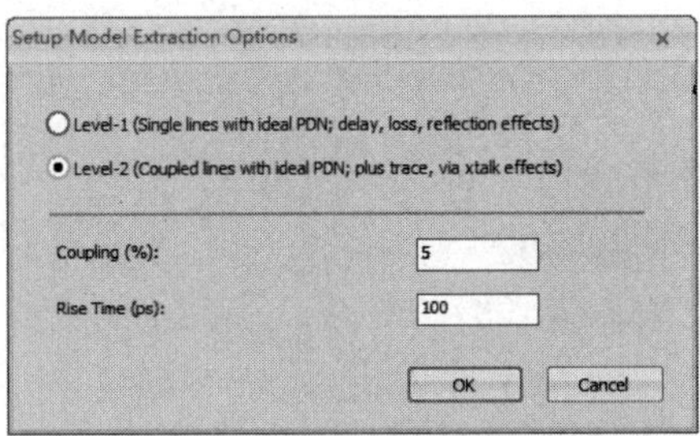

图 9-2-11　“Setup Model Extraction Options”对话框

（15）以同样的方式查看所保存的信息文件“spreadtrum_ref_07152017_140747.sp”，如图 9-2-12 所示。

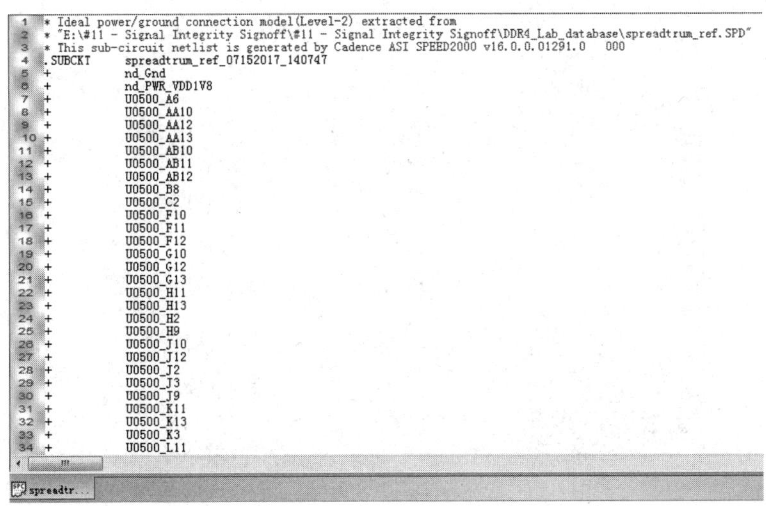

```
* Ideal power/ground connection model(Level-2) extracted from
* "E:\#11 - Signal Integrity Signoff\#11 - Signal Integrity Signoff\DDR4_Lab_database\spreadtrum_ref.SPD"
* This sub-circuit netlist is generated by Cadence ASI SPEED2000 v16.0.0.01291.0   000
.SUBCKT      spreadtrum_ref_07152017_140747
+            nd_Gnd
+            nd_PWR_VDD1V8
+            U0500_A6
+            U0500_AA10
+            U0500_AA12
+            U0500_AA13
+            U0500_AB10
+            U0500_AB11
+            U0500_AB12
+            U0500_B8
+            U0500_C2
+            U0500_F10
+            U0500_F11
+            U0500_F12
+            U0500_G10
+            U0500_G12
+            U0500_G13
+            U0500_H11
+            U0500_H13
+            U0500_H2
+            U0500_H9
+            U0500_J10
+            U0500_J12
+            U0500_J2
+            U0500_J3
+            U0500_J9
+            U0500_K11
+            U0500_K13
+            U0500_K3
+            U0500_L11
```

图 9-2-12　“spreadtrum_ref_07152017_140747.sp”文件

（16）可以使用 SystemSI 或其他仿真工具对两个 Spice 模型进行进一步仿真。

9.3　使用 SystemSI 提取模型

【使用文件】Signal Integrity Signoff\DDR4_Lab_database\ddr.ssix。

【使用软件】SystemSI。

（1）依次单击“开始”→“所有程序”→“ Cadence Sigity 2019”→“SystemSI”，由于操作系统不同，快捷方式位置可能会略有变化。

（2）启动 SystemSI 软件，单击“Load Workspace”，打开 Signal Integrity Signoff \DDR4_Lab_database\ddr.ssix 文件，SystemSI 主窗口如图 9-3-1 所示。

（3）双击 SystemSI 主窗口中的“PCB”模块，弹出“Property”对话框，并加载“spreadtrum_ref_07152017_135240.sp”文件，如图 9-3-2 所示。

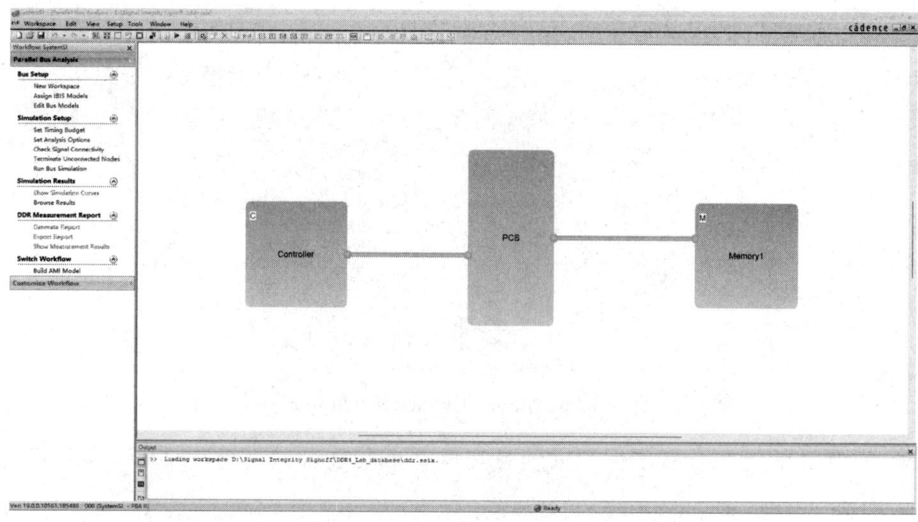

图 9-3-1　SystemSI 主窗口

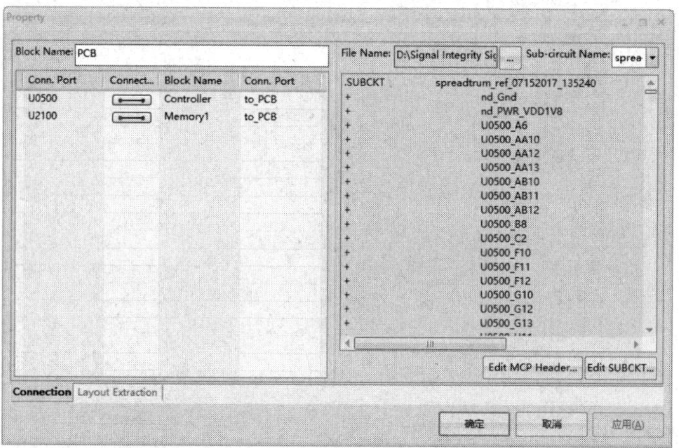

图 9-3-2　“Property”对话框

（4）单击“Property”对话框下部的“Layout Extraction”选项卡，如图 9-3-3 所示。

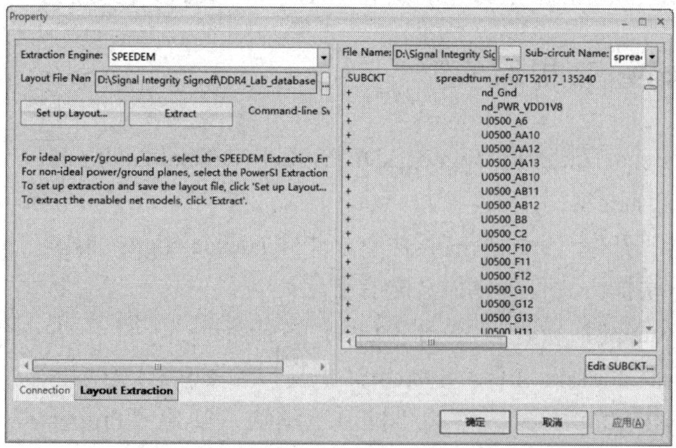

图 9-3-3　“Layout Extraction”选项卡

（5）单击“Layout File Name”栏中加载按钮，加载 Signal Integrity Signoff\spreadtrum_ref.spd 文件，加载完毕后，单击“Set up Layout...”按钮，调出 SPEED EM Generator 主窗口，如图 9-3-4 所示。

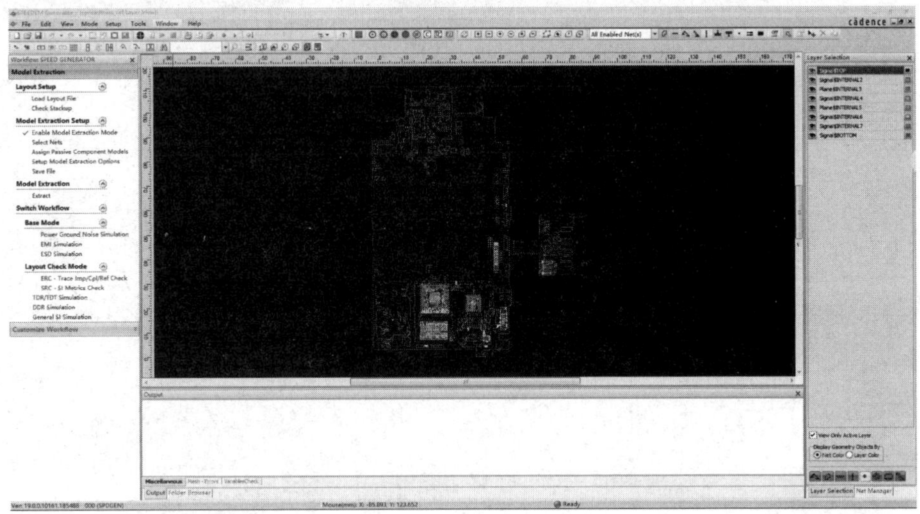

图 9-3-4　SPEED EM Generator 主窗口

（6）参考 9.2 节步骤（9）～步骤（12）提取模型，操作完毕后，关闭软件。

（7）返回“Property”对话框，单击“Edit SUBCKT”按钮，调出“SUBCKT Editor”选项卡，如图 9-3-5 所示。

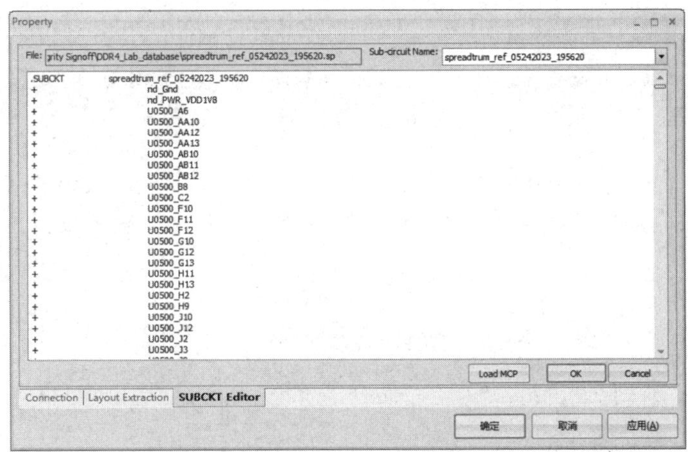

图 9-3-5　“SUBCKT Editor”选项卡

（8）单击“Property”对话框中的“确定”按钮，退出“Property”对话框。

（9）单击“Simulation Setup”选项卡中的“Set Analysis Options”，弹出“Analysis Options”对话框，如图 9-3-6 所示。

（10）保持默认设置，单击“OK”按钮，退出“Analysis Options”对话框。

（11）单击“Simulation Setup”选项卡中的“Run Bus Simulation”，在后续弹出的对话框中均单击“OK”按钮，执行结果如图 9-3-7 所示。

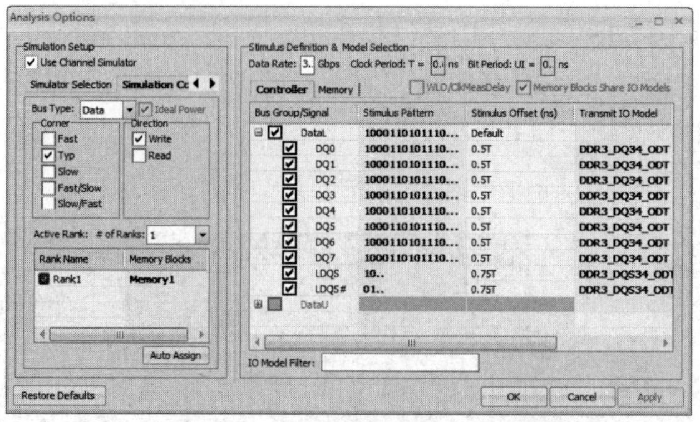

图 9-3-6 “Analysis Options”对话框

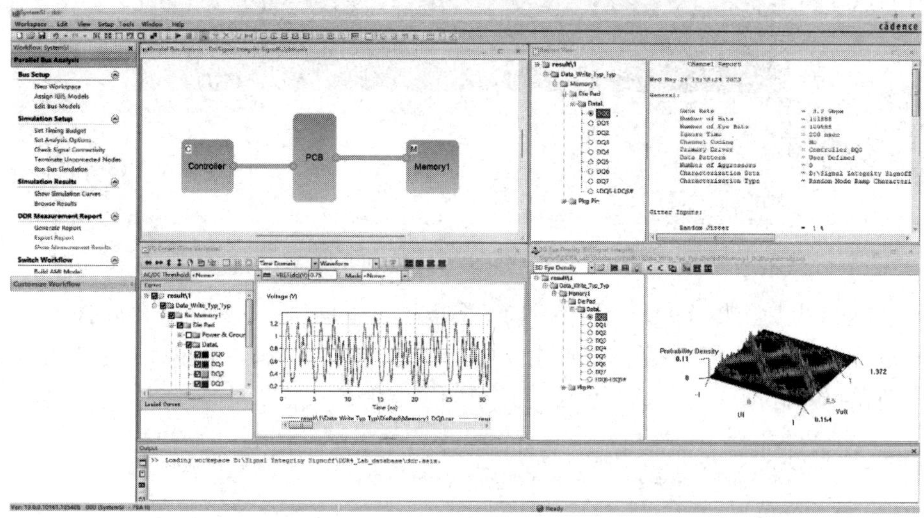

图 9-3-7 执行结果

（12）再次单击“Simulation Setup”选项卡中的“Set Analysis Options”，弹出“Analysis Options”对话框，单击“Memory”选项卡，将 IO 模型设置为 ODT 类型，如图 9-3-8 所示。

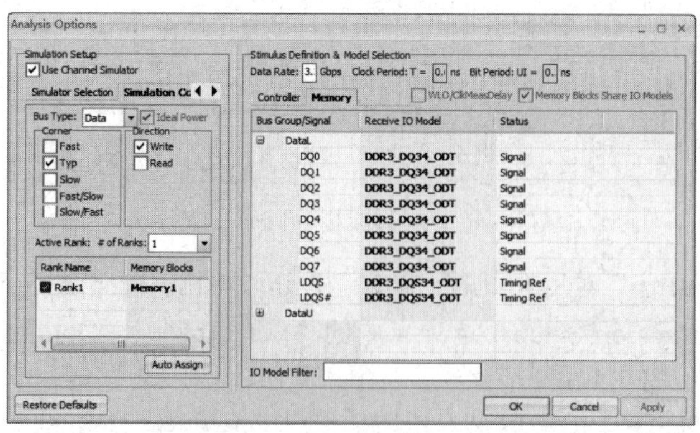

图 9-3-8 “Analysis Options”对话框中的“Memory”选项卡

（13）单击“Analysis Options”对话框中的“OK”按钮，返回主窗口。

（14）再次单击“Simulation Setup”选项卡中的“Run Bus Simulation”，在后续弹出的对话框中均单击“OK”按钮，执行结果如图 9-3-9 所示，可以比较两次的仿真波形。

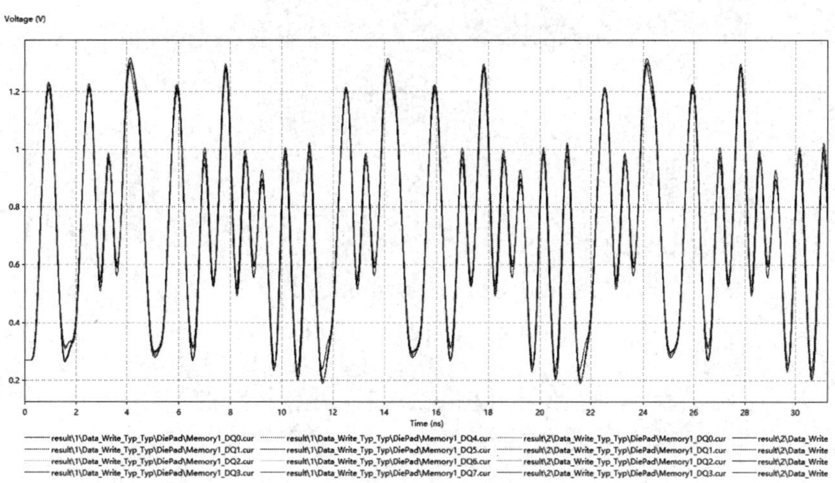

图 9-3-9　执行结果

9.4　使用 SystemSI 对 DDR4 仿真

【使用文件】Signal Integrity Signoff\DDR4_Lab_database\ddr.ssix。

【使用软件】SystemSI。

（1）单击“SystemSI”图标，启动 SystemSI 软件，打开 SystemSI 主窗口，单击“Load Workspace”，打开 Signal Integrity Signoff \DDR4_Lab_database\ddr.ssix 文件，如图 9-4-1 所示。

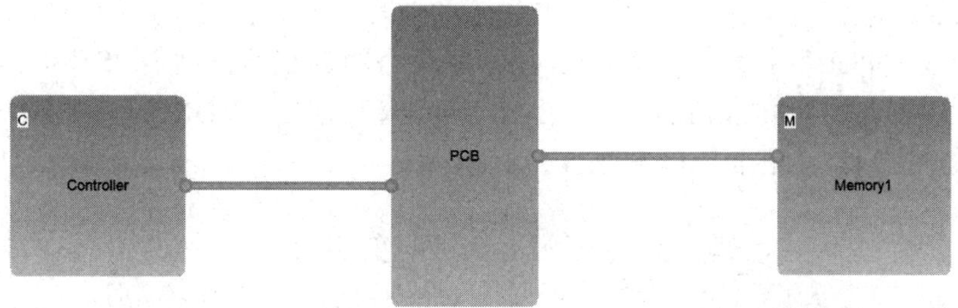

图 9-4-1　打开 ddr.ssix 文件

（2）双击 SystemSI 主窗口中的“PCB”模块，弹出“Property”对话框，并加载“spreadtrum_ref_07152017_135240.sp”文件，如图 9-4-2 所示。

（3）单击“Property”对话框中的“确定”按钮，退出“Property”对话框，返回 SystemSI 主窗口。

（4）双击“PCB”模块与“Controller”模块之间的连线，确保 DQ0-7(Controller)与 EMD0-7 (PCB)相连接，LDQS/LDQS#与 EMDQS0P/N 相连接，VDDQ 与 VDD1V8 相连接，VSS 与 GND 相连接，如图 9-4-3 所示。

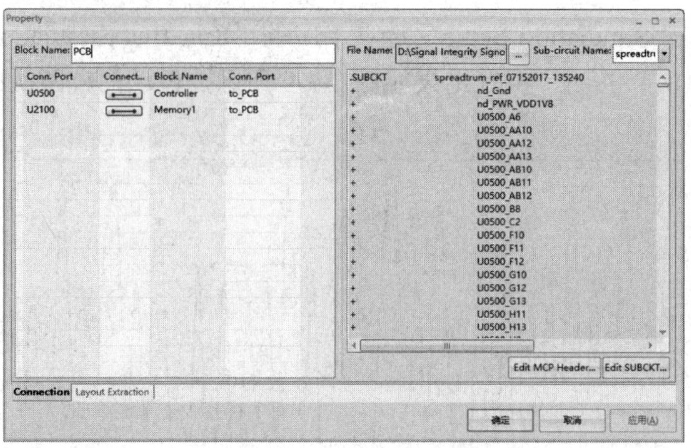

图 9-4-2 “Property”对话框

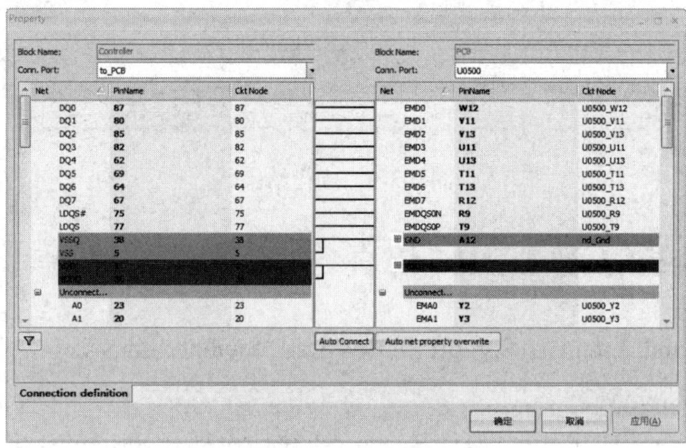

图 9-4-3 连接网络（1）

（5）单击“Property”对话框中的“确定”按钮，退出“Property”对话框，返回到SystemSI 主窗口。

（6）双击“PCB”模块与“Memory1”模块之间的连线，确保 DQ0-7(Memory1)与EMD0-7(PCB)相连接，LDQS/LDQS#与 EMDQS0P/N 相连接，VDDQ 与 VDD1V8 相连接，VSS 与 GND 相连接，如图 9-4-4 所示。

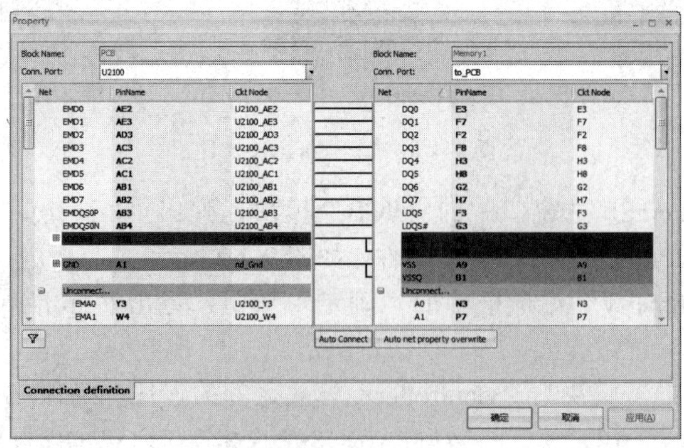

图 9-4-4 连接网络（2）

（7）单击“Property”对话框中的“确定”按钮，退出“Property”对话框，返回 SystemSI 主窗口。

（8）单击“Simulation Setup”选项卡中的“Set Analysis Options”，弹出“Analysis Options”对话框，注意不要勾选“Use Channel Simulator”复选框，如图 9-4-5 所示。

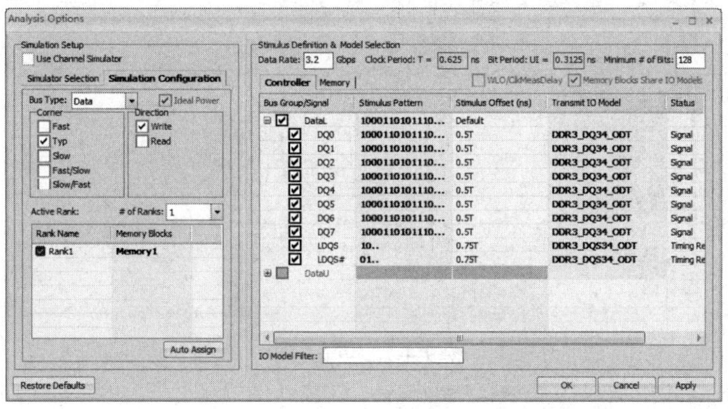

图 9-4-5　“Analysis Options”对话框

（9）单击“Analysis Options”对话框中的“Memory”选项卡，具体参数设置如图 9-4-6 所示。

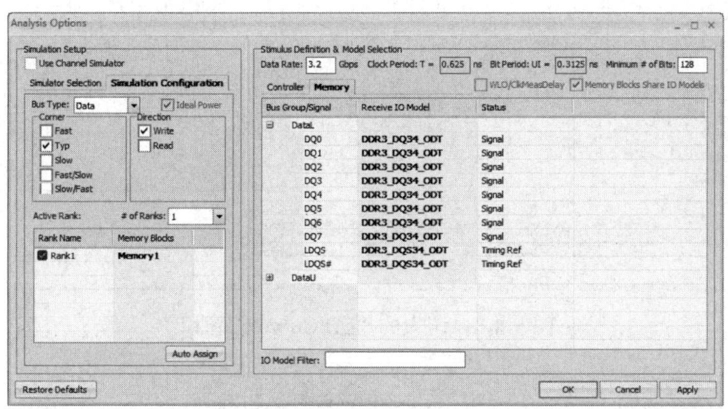

图 9-4-6　“Memory”选项卡参数设置

（10）单击“OK”按钮，关闭“Analysis Options”对话框。

（11）单击“Simulation Setup”选项卡中的“Run Bus Simulation”，开始进行仿真，仿真结果如图 9-4-7 所示。

（12）将“2D Curves”窗口调大，如图 9-4-8 所示。

（13）单击“2D Curves”窗口中的“Eye diagram”图标，查看所有 DQ 信号的眼图，如图 9-4-9 所示。

（14）将“2D Curves”窗口的“Trigger Period”栏中参数设为“TimingRef”，将“Offset”栏中参数设为“-162.25”，同时勾选“LDQS-LDQS#”网络，显示其信号眼图，如图 9-4-10 所示。

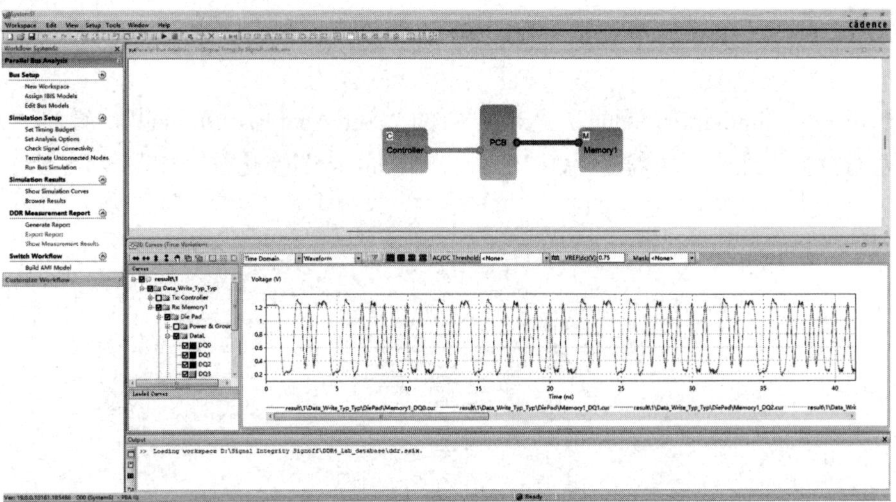

图 9-4-7　仿真结果

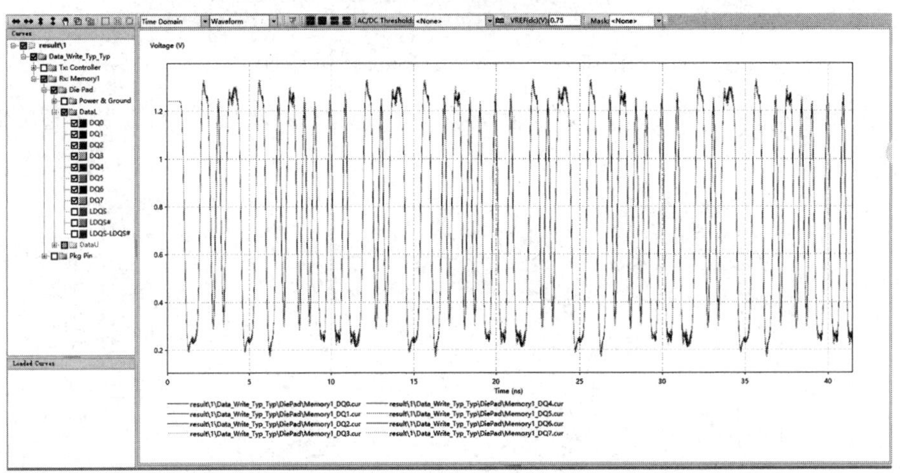

图 9-4-8　调大的“2D Curves”窗口

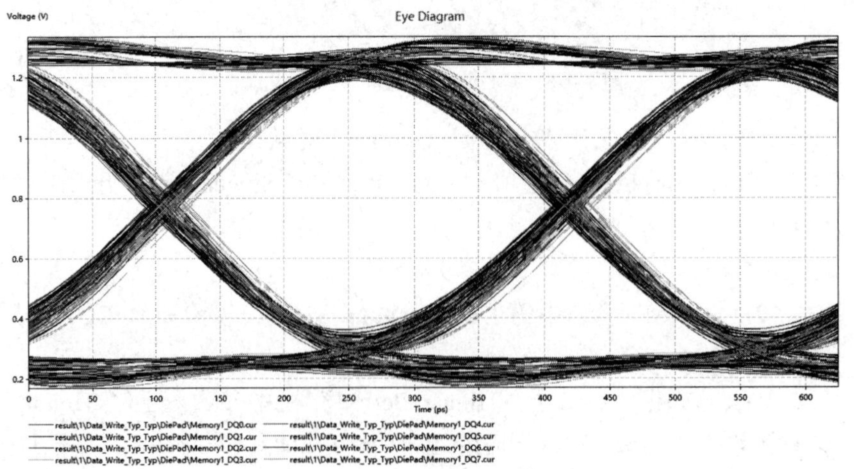

图 9-4-9　查看眼图

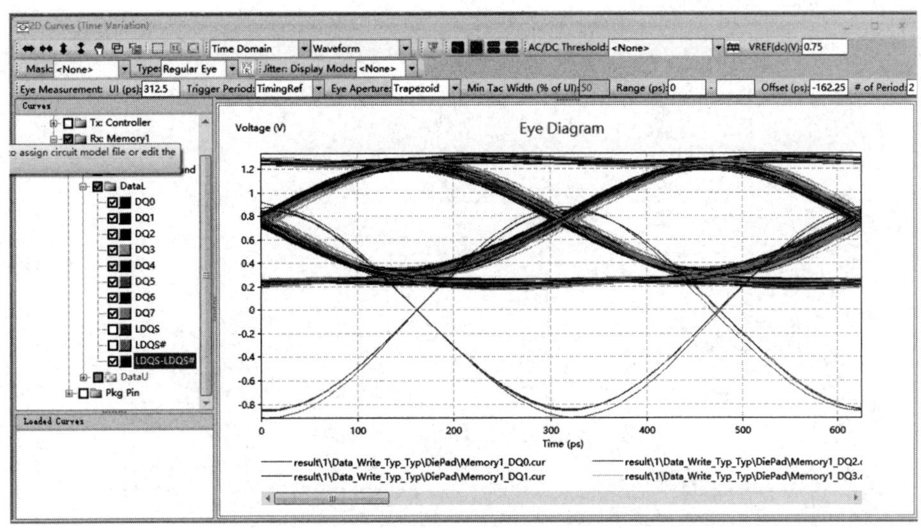

图 9-4-10　显示“LDQS-LDQS#”网络的信号眼图

（15）关闭“2D Curves”窗口。

（16）单击“DDR Measurement Report”选项卡中的“Generate Report”，弹出“Generate Report”对话框，具体参数设置如图 9-4-11 所示。

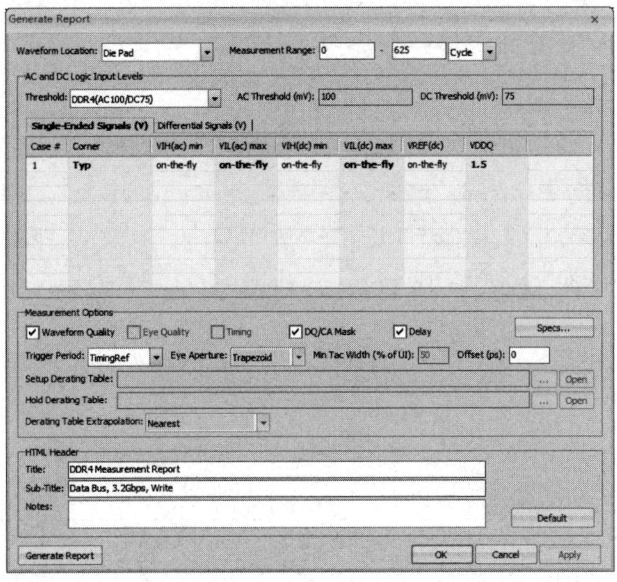

图 9-4-11　“Generate Report”对话框参数设置

（17）单击“Generate Report”对话框中的“Specs...”按钮，弹出“Specs”对话框，如图 9-4-12 所示。

（18）单击“Specs”对话框中的“OK”按钮，关闭“Specs”对话框。

（19）单击“Generate Report”对话框中的“Generate Report”按钮，显示所生成的报告，如图 9-4-13 所示。

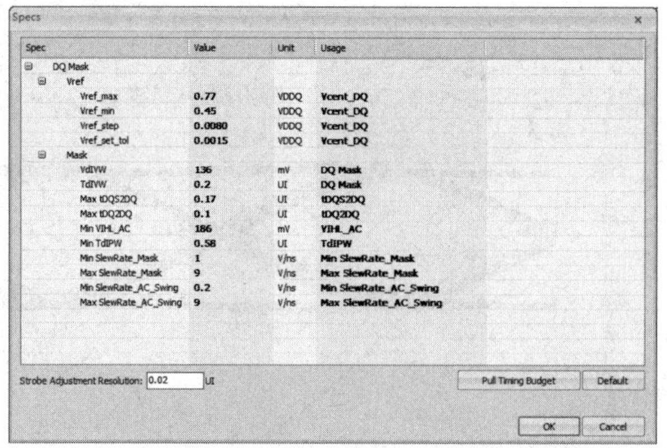

图 9-4-12 “Specs”对话框

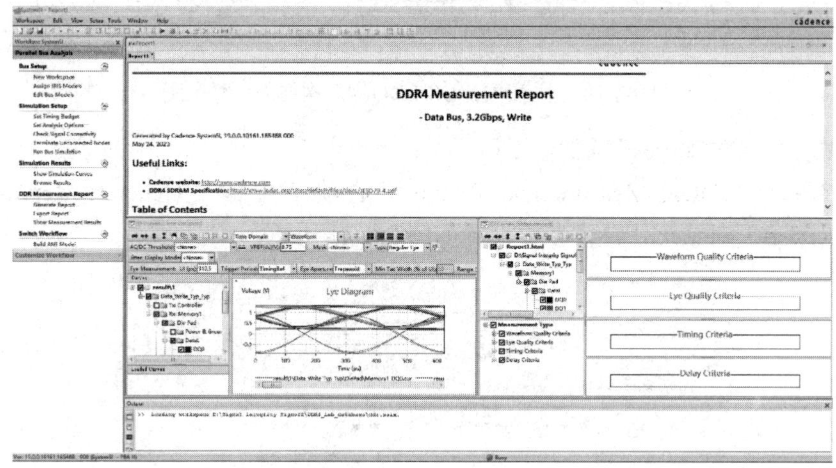

图 9-4-13 显示所生成的报告

（20）查看报告中的 4.2 项，并单击“DQ Mask Report”，显示“DQ Mask Report”，如图 9-4-14 所示。

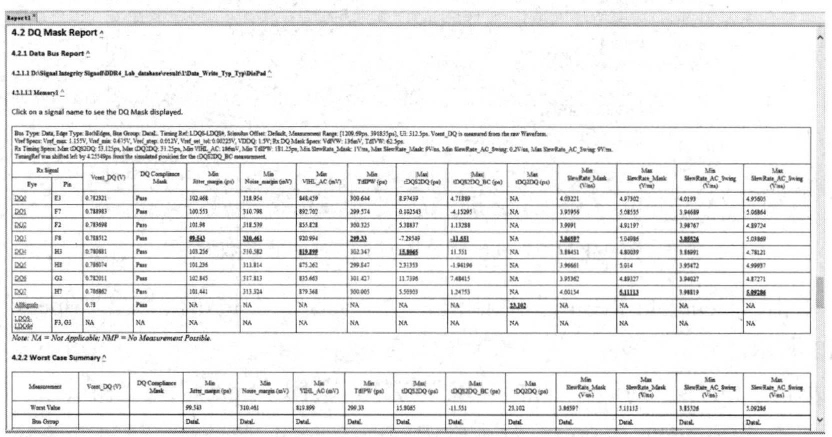
4.2 DQ Mask Report

4.2.1 Data Bus Report

4.2.1.1 D:\Signal Integrity Signoff\DDR4_Lab_database\result\1\Data_Write_Typ_Typ\DiePad

4.2.1.1.1 Memory1

Click on a signal name to see the DQ Mask displayed.

Bus Type: Data, Edge Type: BothEdges, Bus Group: DataL, Timing Ref: LDQS-LDQS#, Stimulus Offset: Default, Measurement Range: [1209.69ps, 391835ps], UI: 312.5ps. Vcent_DQ is measured from the raw Waveform.
Vref Specs: Vref_max: 1.155V, Vref_min: 0.675V, Vref_step: 0.012V, Vref_set_tol: 0.00225V, VDDQ: 1.5V; Rx DQ Mask Specs: VdIVW: 136mV, TdIVW: 62.5ps.
Rx Timing Specs: Max tDQS2DQ: 53.125ps, Max tDQ2DQ: 31.25ps, Min VIHL_AC: 186mV, Min TdIPW: 181.25ps, Min SlewRate_Mask: 1V/ns, Max SlewRate_Mask: 9V/ns, Min SlewRate_AC_Swing: 0.2V/ns, Max SlewRate_AC_Swing: 9V/ns.
TimingRef was shifted left by 4.25549ps from the simulated position for the tDQS2DQ_BC measurement.

Rx Signal		Vcent_DQ (V)	DQ Compliance Mask	Min Jitter_margin (ps)	Min Noise_margin (mV)	Min VIHL_AC (mV)	Min TdIPW (ps)	Max tDQS2DQ (ps)	Max tDQS2DQ_BC (ps)	Max tDQ2DQ (ps)	Min SlewRate_Mask (V/ns)	Max SlewRate_Mask (V/ns)	Min SlewRate_AC_Swing (V/ns)	Max SlewRate_AC_Swing (V/ns)
Eye	Pin													
DQ0	E3	0.782321	Pass	102.468	318.954	848.459	300.644	8.97439	4.71889	NA	4.03221	4.97302	4.0193	4.95605
DQ1	F7	0.788983	Pass	100.553	310.798	892.702	299.574	0.102543	-4.15295	NA	3.95956	5.08555	3.94689	5.06864
DQ2	F2	0.783698	Pass	101.98	318.539	855.828	300.325	5.38837	1.13288	NA	3.9991	4.91197	3.98767	4.89724
DQ3	F8	0.788512	Pass	**99.543**	**310.461**	920.994	**299.33**	-7.29549	**-11.551**	NA	**3.86597**	5.04986	**3.85526**	5.03869
DQ4	H3	0.780881	Pass	103.256	310.582	**819.899**	302.347	**15.8065**	11.551	NA	3.88451	4.80039	3.88991	4.78121
DQ5	H8	0.786074	Pass	101.236	313.814	875.262	299.847	2.31353	-1.94196	NA	3.96661	5.014	3.95472	4.99937
DQ6	G2	0.782011	Pass	102.845	317.813	835.663	301.427	11.7396	7.48415	NA	3.95362	4.89327	3.94027	4.87271
DQ7	H7	0.786862	Pass	101.441	313.324	879.368	300.005	5.50903	1.24753	NA	4.00154	**5.11113**	3.98819	**5.09286**
AllSignals		0.78	Pass	NA	NA	NA	NA	NA	NA	**23.102**	NA	NA	NA	NA
LDQS, LDQS#	F3, G3	NA	NA	NA	NA	NA	NA	NA	NA	NA	NA	NA	NA	NA

Note: NA = Not Applicable; NMP = No Measurement Possible.

4.2.2 Worst Case Summary

Measurement	Vcent_DQ (V)	DQ Compliance Mask	Min Jitter_margin (ps)	Min Noise_margin (mV)	Min VIHL_AC (mV)	Min TdIPW (ps)	Max tDQS2DQ (ps)	Max tDQS2DQ_BC (ps)	Max tDQ2DQ (ps)	Min SlewRate_Mask (V/ns)	Max SlewRate_Mask (V/ns)	Min SlewRate_AC_Swing (V/ns)	Max SlewRate_AC_Swing (V/ns)
Worst Value			99.543	310.461	819.899	299.33	15.8065	-11.551	23.102	3.86597	5.11113	3.85526	5.09286
Bus Group			DataL	DataL	DataL	DataL	DataL	DataL	DataL	DataL	DataL	DataL	DataL

图 9-4-14 DQ Mask Report

（21）以“DQ0”网络为例，单击“DQ0”，弹出“2D Curves”窗口，如图 9-4-15 所示。

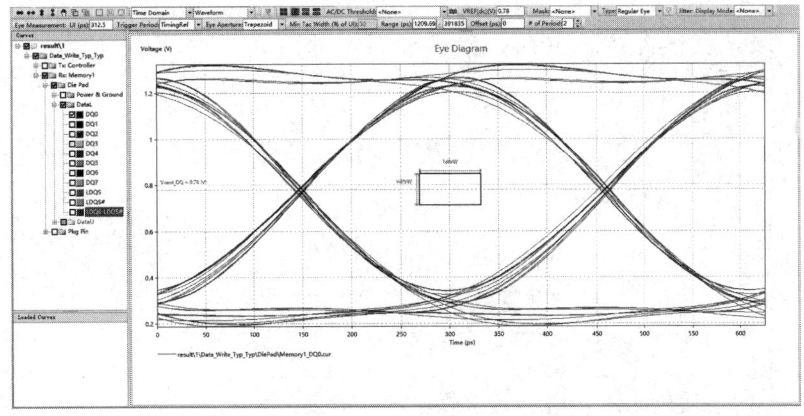

图 9-4-15　“2D Curves”窗口

（22）单击“Simulation Setup”选项卡中的“Set Analysis Options”，弹出“Analysis Options”对话框，注意勾选“Use Channel Simulator”复选框，对其他参数不做改变，如图 9-4-16 所示。

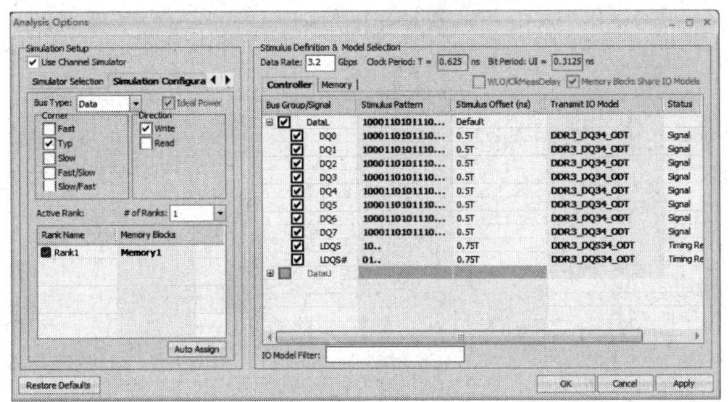

图 9-4-16　“Analysis Options”对话框

（23）单击“Simulation Setup”选项卡中的“Run Bus Simulation”，开始进行仿真，仿真结果如图 9-4-17 所示。

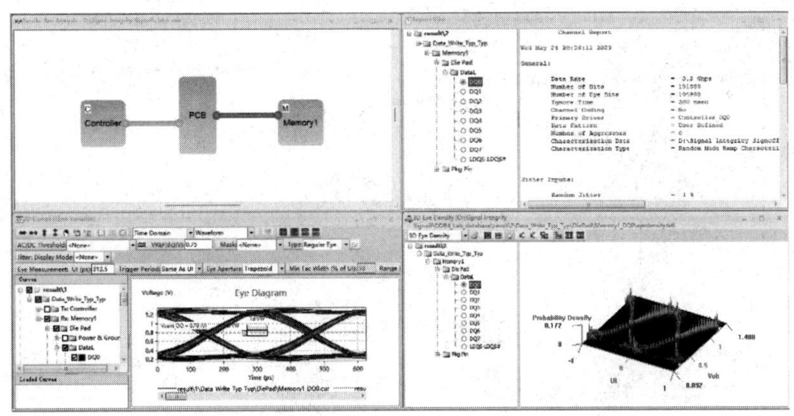

图 9-4-17　仿真结果

（24）进入“2D Curves”窗口，修改“Impulse Responses”参数，波形如图 9-4-18 所示。

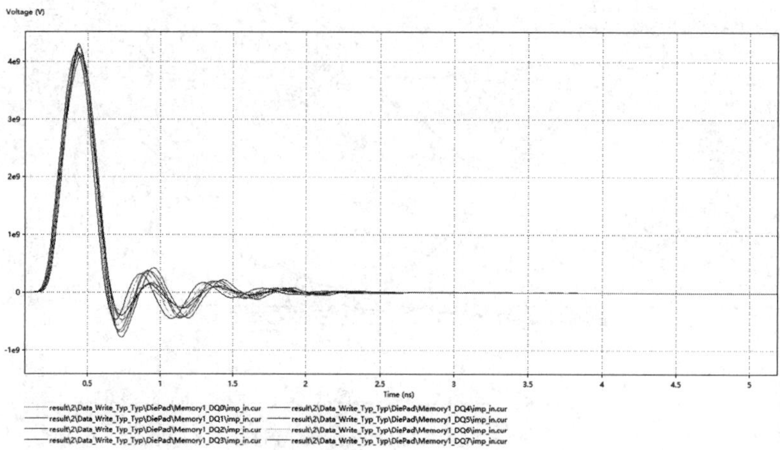

图 9-4-18　修改“Impulse Responses”参数后的波形

（25）以同样的方式分别查看“Characterization Reponses”、“Eye Contour”和“Bathtub”等参数修改后的波形，分别如图 9-4-19、图 9-4-20 和图 9-4-21 所示。

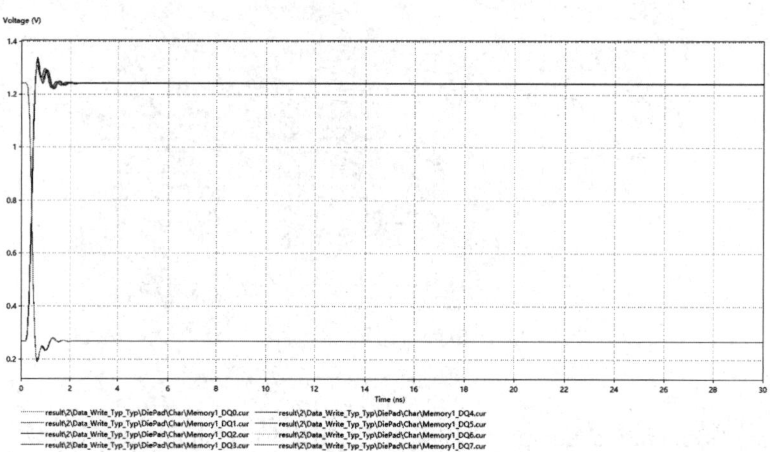

图 9-4-19　修改“Characterization Reponses”参数后的波形

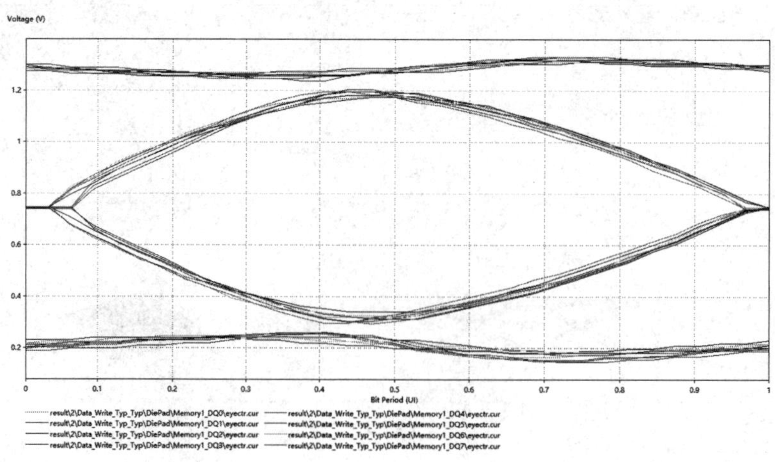

图 9-4-20　修改“Eye Contour”参数后的波形

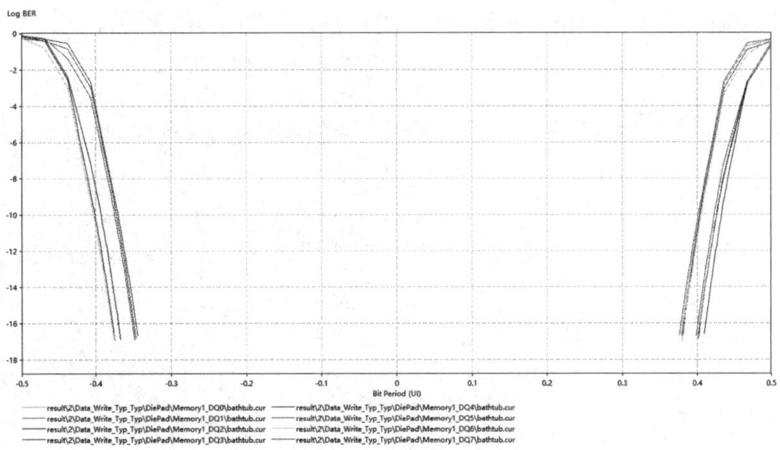

图 9-4-21　修改“Bathtub”参数后的波形

（26）关闭“2D Curves”窗口，查看 3D 眼图，如图 9-4-22 所示。

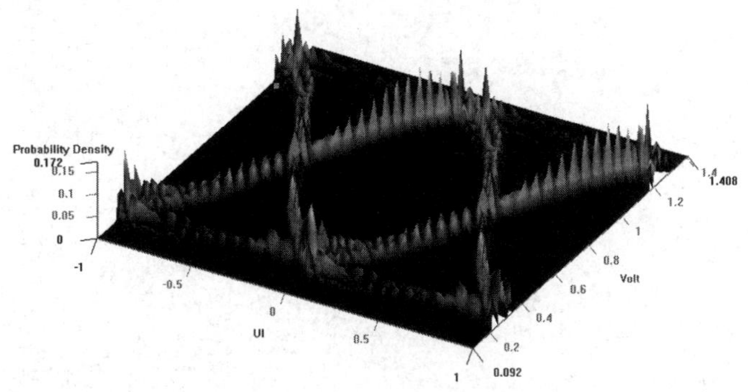

图 9-4-22　3D 眼图

9.5　额外练习

（1）单击“SystemSI”图标，启动 SystemSI 软件，单击“Load Workspace”，打开 Signal Integrity Signoff\DDR4_Lab_database\ddr.ssix 文件。

（2）单击“Add VRM Block”按钮，出现虚线框后，单击“PCB”模块的上方，即可添加 VRM 模块，如图 9-5-1 所示。

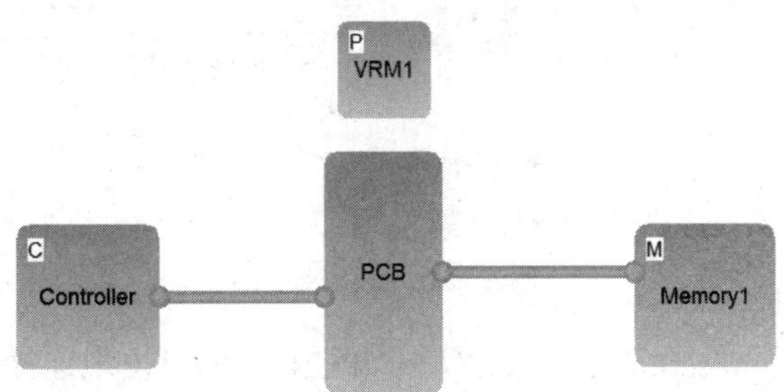

图 9-5-1　添加 VRM 模块

（3）双击 VRM 模块，弹出“Property”对话框，如图 9-5-2 所示。

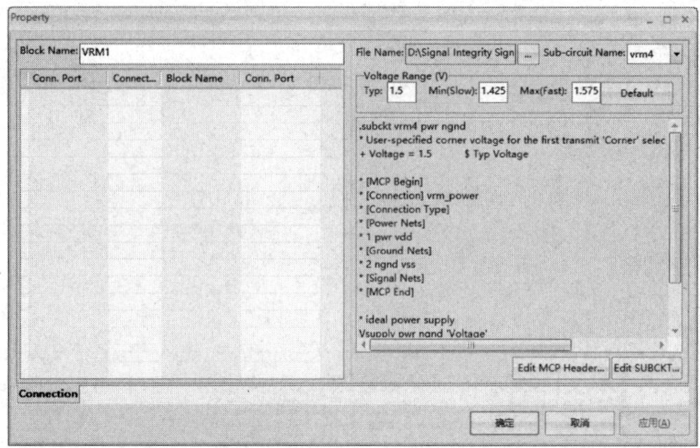

图 9-5-2　“Property”对话框

（4）改变“Property”对话框中“Voltage Range”区域的参数设置，如图 9-5-3 所示。

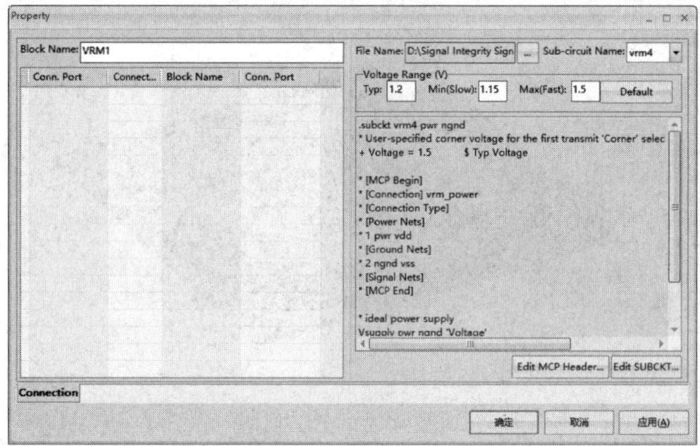

图 9-5-3　改变“Voltage Range”区域的参数设置

（5）单击“Property”对话框中的“确定”按钮，关闭“Property”对话框。

（6）用鼠标右键单击 VRM 模块，弹出的菜单如图 9-5-4 所示。

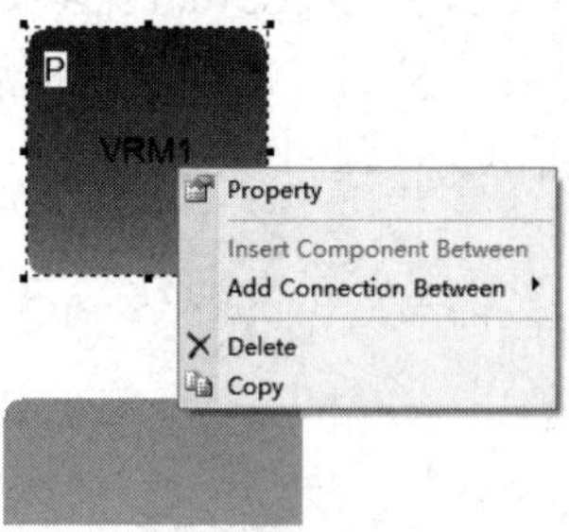

图 9-5-4　弹出的菜单

（7）选择“Add Connection Between”→“PCB”，即可出现连接线，如图 9-5-5 所示。

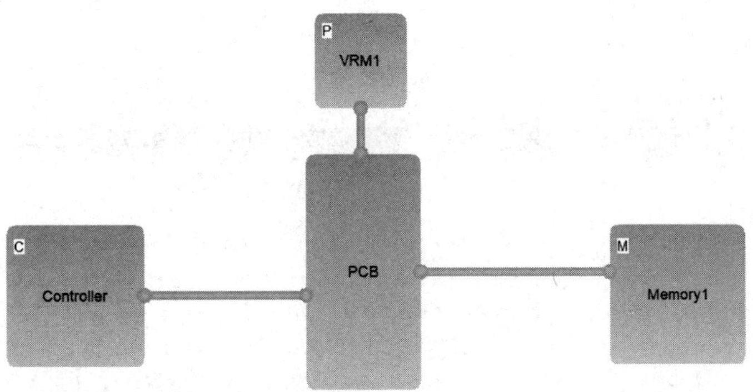

图 9-5-5　连接线

（8）双击 VRM 模块与“PCB”模块之间的连接线，弹出“Property”对话框，确保引脚连接正确，如图 9-5-6 所示。

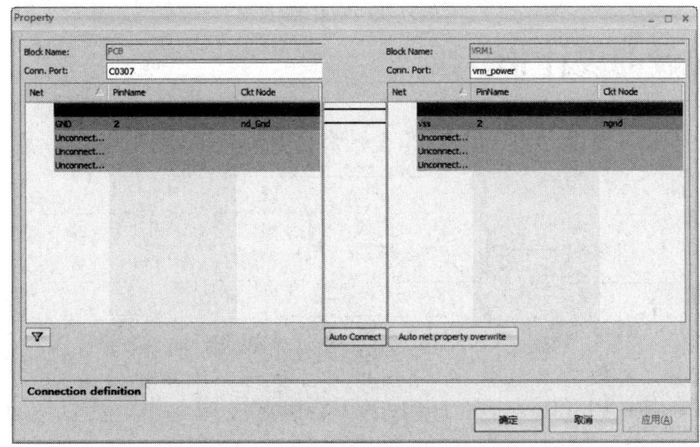

图 9-5-6 “Property”对话框

（9）单击“Property”对话框中的“确定”按钮，关闭“Property”对话框。

（10）保存工程文件，并命名为“ddr_with_vrm.ssix”。

（11）按照 9.4 节所介绍的步骤，对“ddr_with_vrm.ssix”进行仿真。

9.6　本章思考题

（1）如何在 SystemSI 中生成 PCB 封装模型？

（2）如何使用 Generator 提取子电路？

（3）如何生成 3D 眼图？

第10章　集成直流电源解决方案

10.1　学习目标

本章首先介绍利用 Allegro Sigrity PI 软件进行交互式运行直流分析，分析完成后加载仿真结果报告，利用它来查看元器件布局和相关的DRC错误，然后介绍在分析时的一些设置的复用方法，接着介绍基于批处理（Batch）模式来运行PowerDC，最后介绍去耦电容的约束设计和信息回注。

10.2　直流电源的设计和分析

对典型的企业客户来说，直流电源的设计和分析流程如图10-2-1所示，

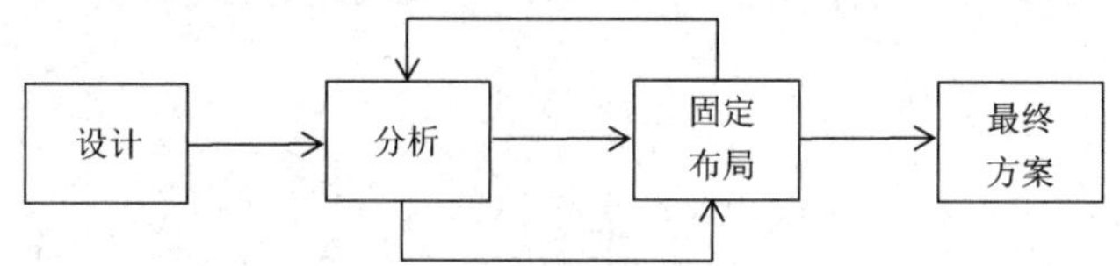

图10-2-1　直流电源的设计和分析流程

设计：方案设计由PI（Power Integrity）工程师来完成，设计可以一直持续到下一环节（分析）的开始。

分析：分析由PI工程师来实现，可以采用PowerDC或full-PDC。

固定布局：布局（Layout）工程师利用原始的DRC错误和设计环节的数据（这些数据都应用于最新的设计方案）来完成布局。布局完成后将再次返回分析环节，对布局结果再次进行分析，反复执行这两个步骤，直到满足设计要求为止。

最终方案：完成固定布局后由PI工程师确定最终的方案。

在这个设计流程中会涉及不同领域的专家，他们中的每一位将完成某一具体领域的分析和设计。例如，设计（Design）工程师主要关注原理图的设计，布局工程师主要完成布局设计，PI工程师主要完成PI的分析。当然，在一些规模较小的公司，所有这些工作可能由一个工程师单独来完成。

为了实现上述流程，相关软件必须具备以下功能：

- Interactive to run DC analysis：交互式运行直流分析。
- Load PowerDC report into Allegro PI Base canvas:加载 PowerDC 报告到 Allegro PI Base canvas。
- Load PowerDC results to mark DRCs to PI Base canvas:加载 PowerDC 结果到 PI Base canvas，以此来显示 DRCs。

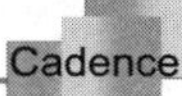

- Analysis settings reuse：分析设置复用。
- Batch mode to run PowerDC-Lite：运用批处理模式来运行 PowerDC-Lite。

10.3　交互式运行直流分析

【使用工具】Allegro Sigrity PI 和 Sigrity Power DC。

【使用文件】Module 1\Lab 1\PI_dc.brd。

（1）在程序文件夹中选择“Cadence PCB 17.4-2019”→“PCB Editor 17.4”，在弹出的对话框中选择“Allegro Sigrity PI”，如图 10-3-1 所示，单击“OK”按钮，关闭对话框。

（2）在弹出的 Allegro Sigrity PI 窗口中，执行菜单命令“File”→“Open...”，打开工程文件“Module1\Lab1\PI_dc.brd”，在“Active Class and Subclass”中设置 Active Class 为“Etch”，Subclass 为“Bottom”，如图 10-3-2 所示。

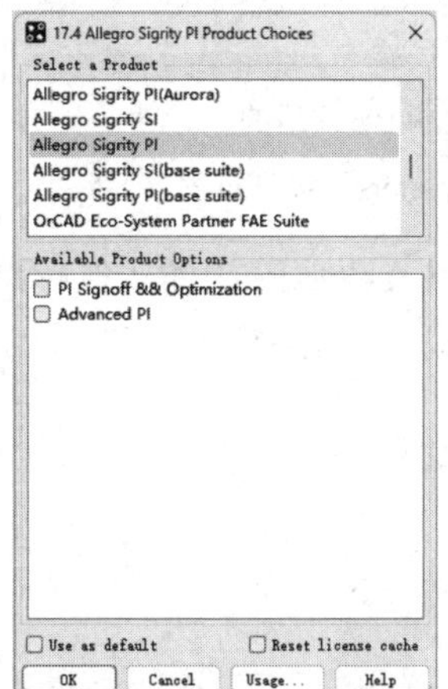

图 10-3-1　选择“Allegro Sigrity PI”

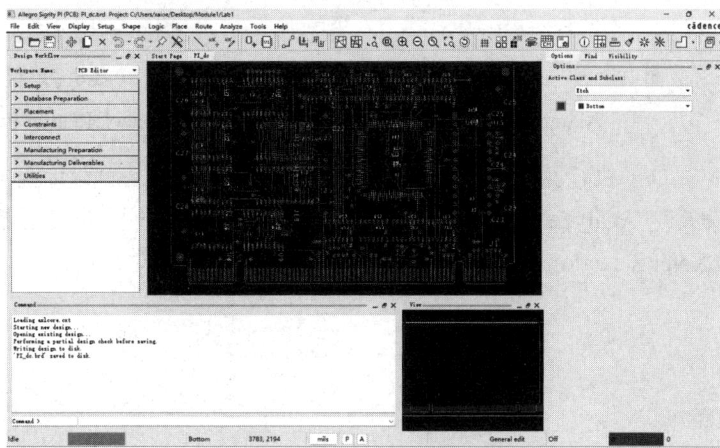

图 10-3-2　打开 PI_dc.brd

（3）执行菜单命令“Setup”→“Application Mode”→“Power Analysis”，转换到 PI 模式，如图 10-3-3 所示。执行菜单命令“Analyze”→“Padstack Plating Parameters...”，弹出“Padstack Plating Parameters”对话框，如图 10-3-4 所示。

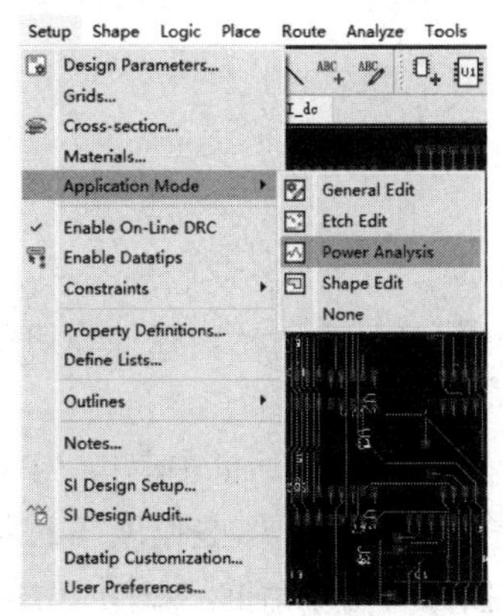

图 10-3-3　执行菜单命令

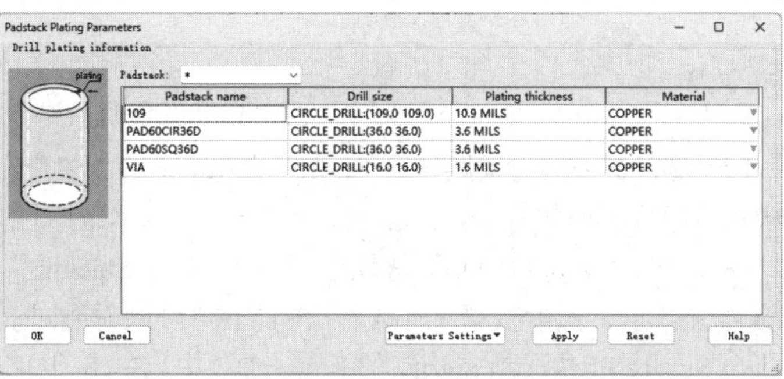

图 10-3-4　“Padstack Plating Parameters”对话框

（4）将鼠标指针移动到“Material”处，单击鼠标右键，选择“Change All”，弹出“Padstack Plating Material”对话框，如图 10-3-5 所示，选择“TIN”。单击“OK”按钮关闭对话框，完成将焊盘的材料从铜（COPPER）修改为锡（TIN）的操作。

（5）修改材料后的“Padstack Plating Parameters”对话框，如图 10-3-6 所示，单击“OK”按钮关闭对话框。

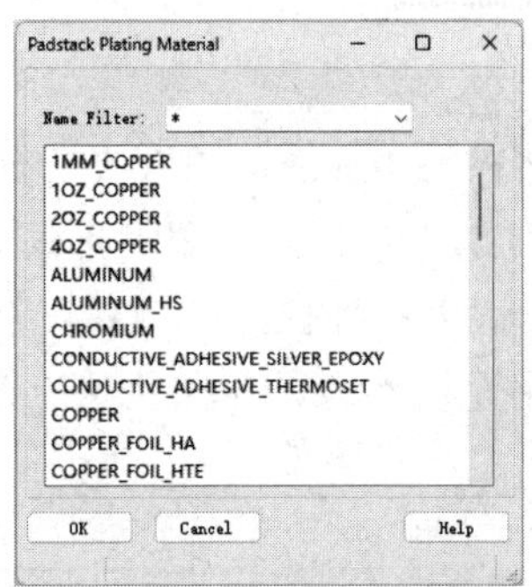

图 10-3-5 “Padstack Plating Material”对话框

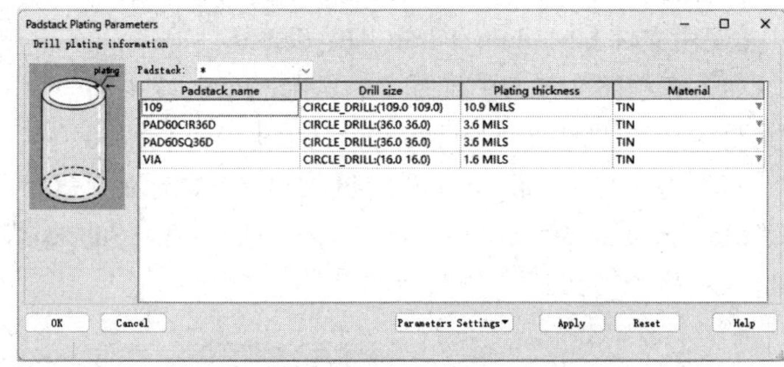

图 10-3-6 焊盘的材料修改后的“Padstack Plating Parameters”对话框

（6）执行菜单命令“File”→“Save”，保存上面对焊盘材料修改后的文件。执行菜单命令“Analyze”→“Power DC...”，进入直流分析的交互模式，弹出图 10-3-7 所示的“XNet Selection”对话框，单击“OK”按钮关闭对话框。

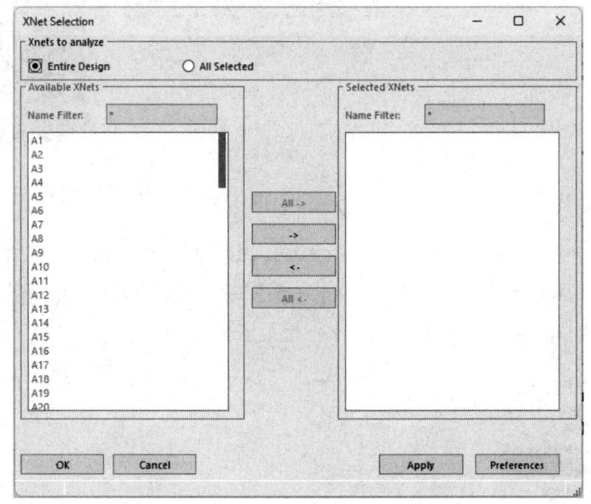

图 10-3-7 “XNet Selection”对话框

（7）这时界面会自动跳转到 Sigrity 的 Power DC 窗口，如图 10-3-8 所示，在该窗口中完成相关的分析操作。

（8）单击“Initial Setup”选项卡中的“Check Stackup”，在弹出的对话框中单击“Pad Stack”选项卡，然后选择“VIA”，在右下角可以看到过孔焊盘的厚度，这些厚度信息从 Allegro Sigrity PI 传送到 Sigrity 的 Power DC 中，单击“OK”按钮关闭对话框，如图 10-3-9 所示。

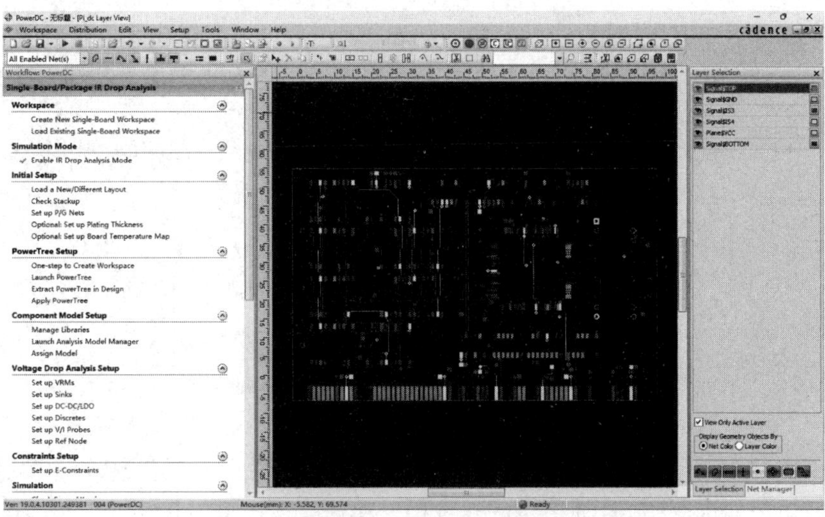

图 10-3-8　Power DC 窗口

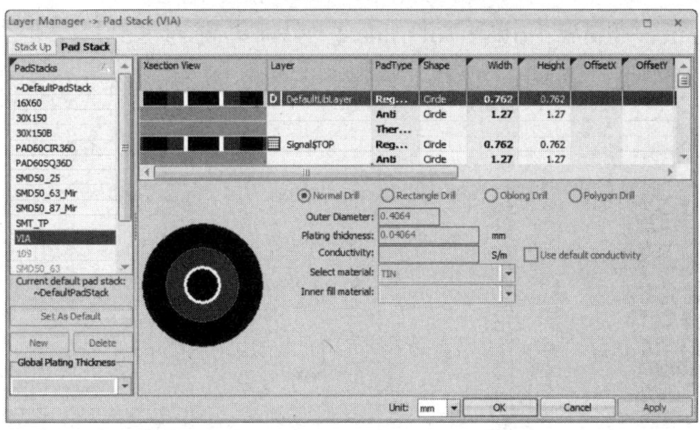

图 10-3-9　“Pad Stack”选项卡

（9）在 Power DC 窗口的右下角，单击“Net Manager”选项卡，确保“PowerNets”下的“VCC”被选中，同时“GroundNets”下的“GND”也被选中，如图 10-3-10 所示。

（10）单击“Set up VRMs”，在弹出的对话框中单击“下一页”按钮，接着继续单击“下一页”按钮，勾选“CONN140-1”复选框，如图 10-3-11 所示。

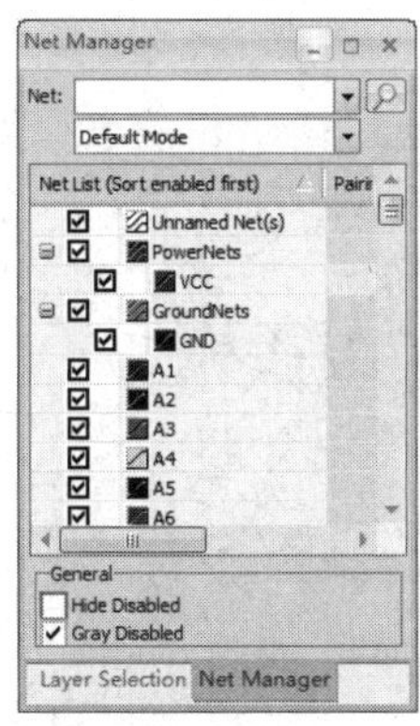

图 10-3-10　“Net Manager”选项卡

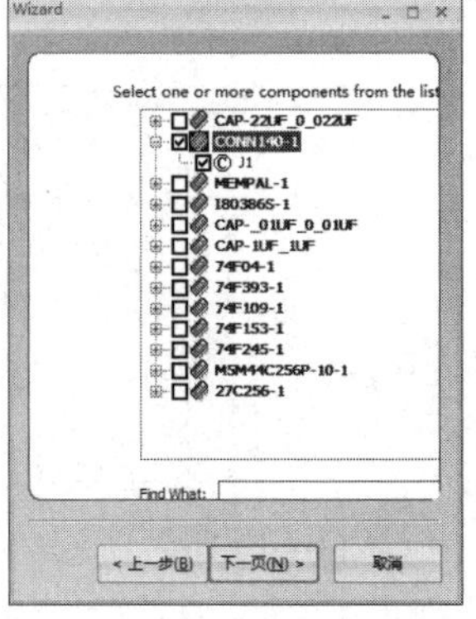

图 10-3-11　勾选“CONN140-1”复选框

（11）单击“下一页”按钮，勾选“Nominal Voltage（V）”复选框，在后面的文本框中输入“3.3”，如图 10-3-12 所示，单击“下一页”按钮，单击“完成”按钮，实现对 VRM 的相关设置。

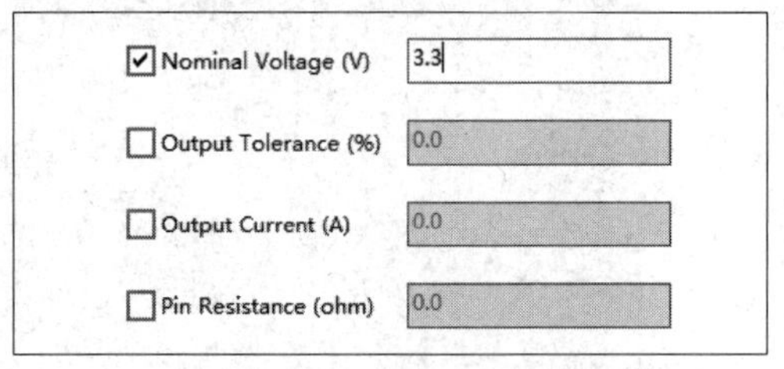

图 10-3-12　Nominal Voltage 设置

（12）单击“Set up Sinks”，在弹出的对话框中单击“下一页”按钮，接着继续单击“下一页”按钮，勾选图 10-3-13 所示的复选框，单击“下一页”按钮。

（13）在弹出的对话框中，勾选“Model”复选框，将 Nominal Voltage（V）设置为“3.3”，Upper Tolerance(+%)和 Lower Tolerance(−%)都设置为“5.0”，其他参数设置如图 10-3-14 所示，单击“下一页”按钮，单击“完成”按钮，实现对 Set up Sinks 的相关设置。

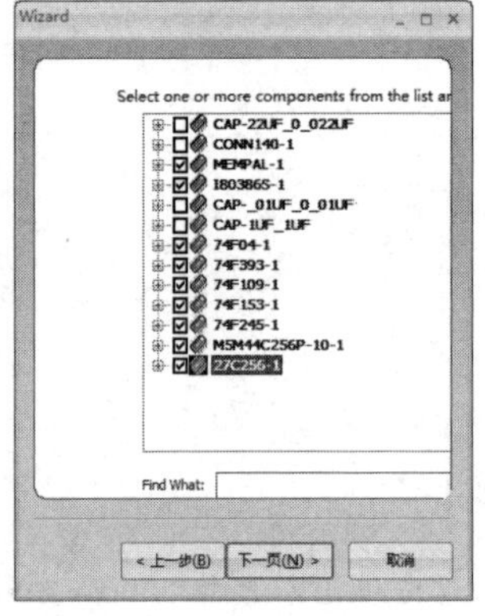

图 10-3-13　Set up Sinks 设置

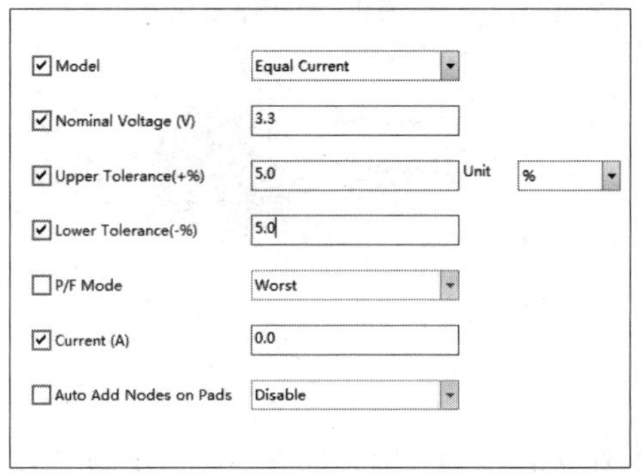

图 10-3-14　相关参数设置

（14）单击“Set up E-Constrains”，在弹出的窗口的下部选择“Via Current/Current Density”选项卡来检查系统有关过孔及平面基于“IPC”标准的相关限制设置，如图 10-3-15 所示。

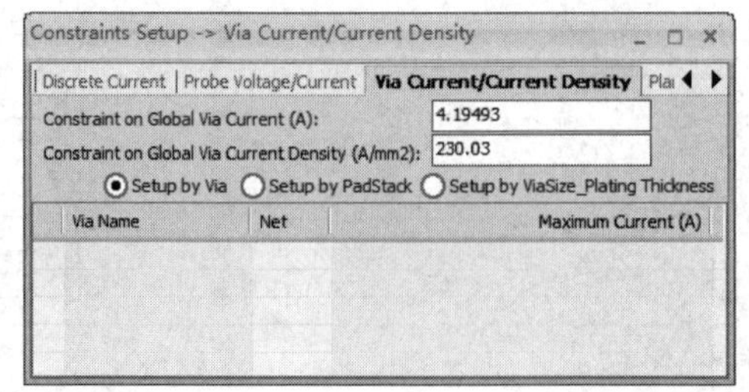

图 10-3-15　“Via Current/Current Density”选项卡

（15）执行菜单命令“Workspace”→“Save as...”，将设置完的工程文件命名为

“PI_dc_lab1”，保存地址设置为“Module1/Lab1”，进行图 10-3-16 所示的设置，单击“保存”按钮。

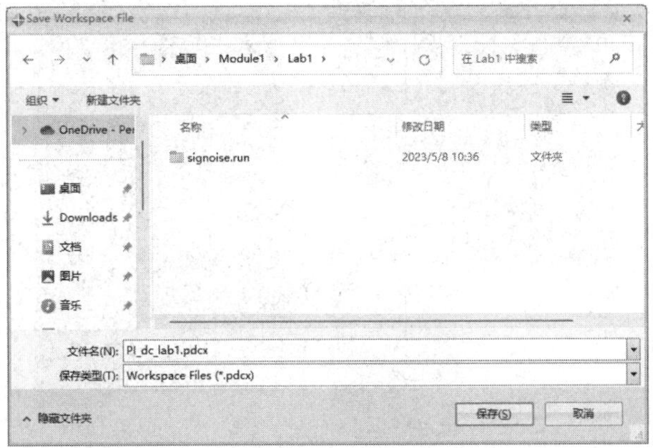

图 10-3-16　保存文件

（16）执行菜单命令“Tools”→“Options”→“Edit Options...”，弹出“Options”对话框，在该对话框中单击 Simulation（Basic）选项卡中的“Automation Result Savings”，确保“Automatically Save Signoff Report(.htm)”复选框没有被勾选，如图 10-3-17 所示，单击“OK”按钮关闭“Options”对话框。

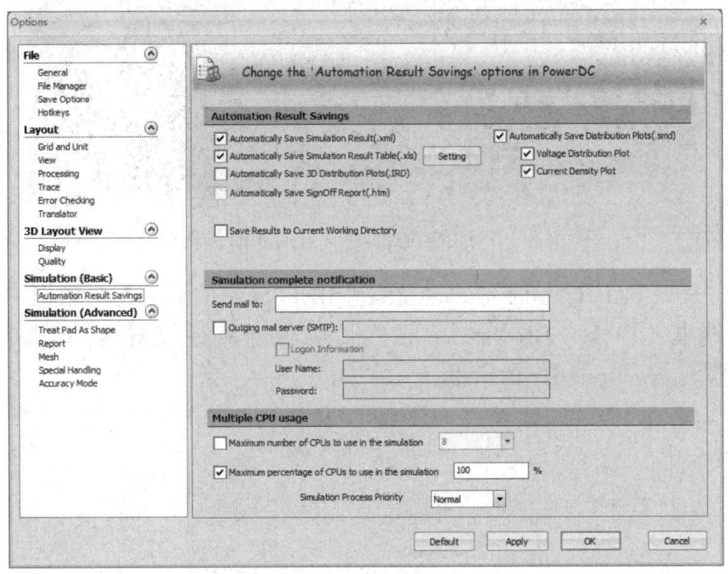

图 10-3-17　Automation Result Savings 选项设置

（17）单击“Start Simulation”，进行板级电压仿真，使 Power DC 窗口和 Allegro Sigrity PI 窗口同时显示，仿真结果如图 10-3-18 所示。

（18）在 Power DC 窗口中单击“View E-Results Table”→“Sink Voltage”→“SINK-U15-VCC-GND”，将看到针对 SINK-U15-VCC-GND 的仿真结果，如图 10-3-19 所示，可以按照以上操作步骤来查看其他一些过孔或平面层的仿真结果。

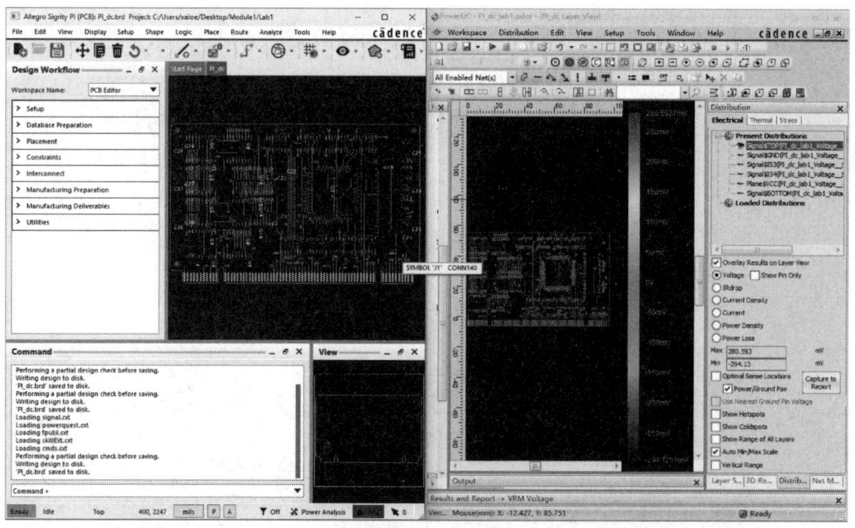

图 10-3-18　仿真结果

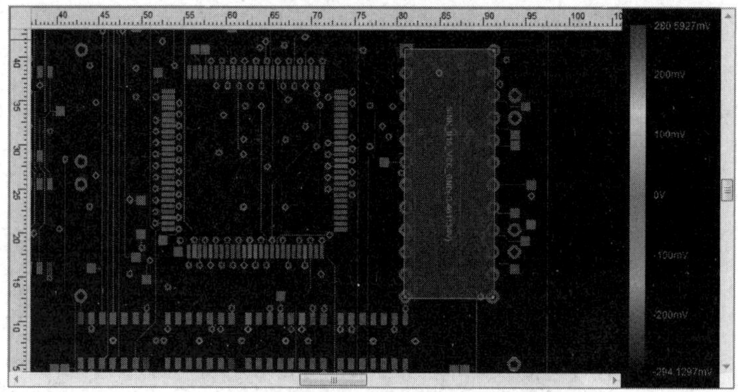

图 10-3-19　SINK-U15-VCC-GND 的仿真结果

（19）单击“Save Simulation Result”，在弹出的“Save Option”对话框中勾选图 10-3-20 所示的五个复选框，单击“Browse...”按钮，将保存路径设置为 Module1/Lab1，单击“OK”按钮关闭“Save Option”对话框。

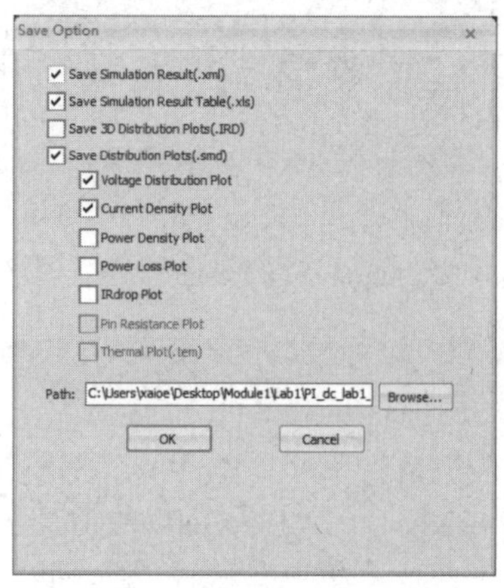

图 10-3-20　“Save Option”对话框设置

（20）单击“Generate Report”，进行图 10-3-21 所示的报告的相关设置，单击“OK”按钮生成报告。

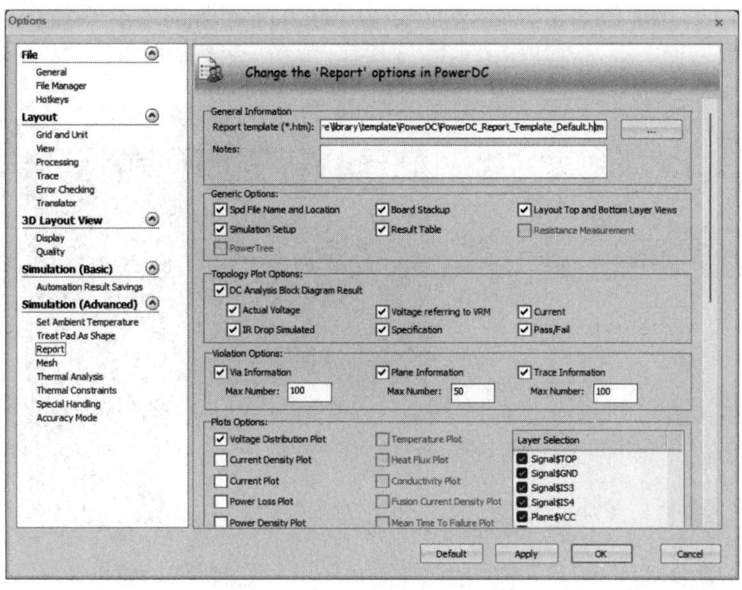

图 10-3-21　生成仿真结果报告

（21）单击“Save Report”，将生成的报告命名为“Lab1-Report.htm”，保存路径设置为“Module1/Lab1”，进行图 10-3-22 所示的设置，单击“保存”按钮，保存生成的仿真结果的报告。

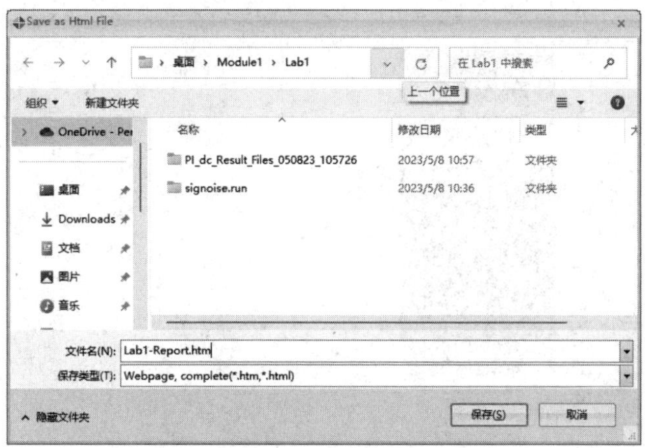

图 10-3-22　保存生成的仿真结果的报告

10.4　加载仿真结果报告和 DRC 错误标记

【使用工具】Allegro Sigrity PI。

【使用文件】Module 1\Lab 2\PI_dc.brd。

（1）在程序文件夹中选择“Cadence PCB 17.4-2019”→“PCB Editor 17.4”，在弹出的

对话框中选择“Allegro Sigrity PI”，如图 10-4-1 所示，单击“OK”按钮关闭对话框。

（2）在弹出的 Allegro Sigrity PI 窗口中，执行菜单命令“File”→“Open...”，打开工程文件“Module1\Lab2\PI_dc.brd”，设置“Active Class and Subclass”中的 Active Class 为“Etch”，Subclass 为“Bottom”，如图 10-4-2 所示。

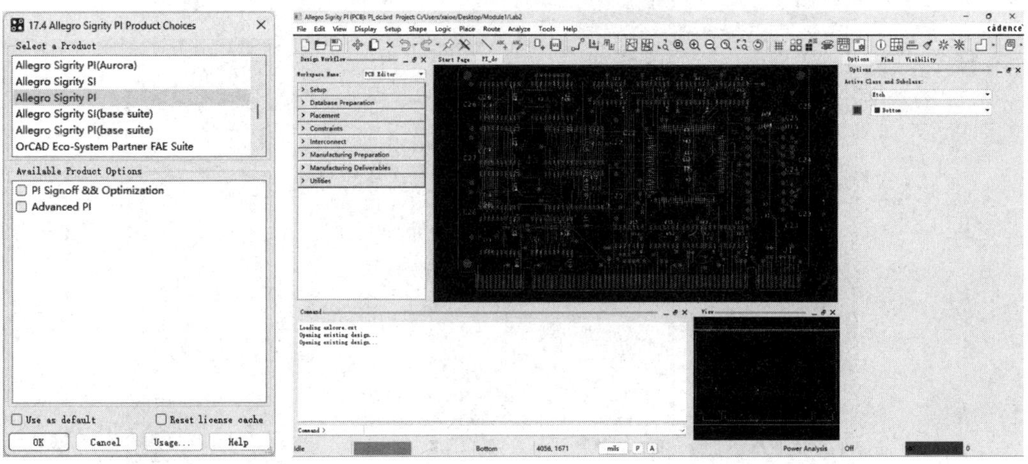

图 10-4-1　选择“Allegro Sigrity PI”　　　　图 10-4-2　打开 PI-dc.brd 文件

（3）如图 10-4-3 所示，执行菜单命令“Analyze”→“DC Report”→“Full Report...”。

（4）打开上面生成的 Module1/Lab1 中的“Lab1-Report.htm”报告，单击“Open”按钮，如图 10-4-4 所示。

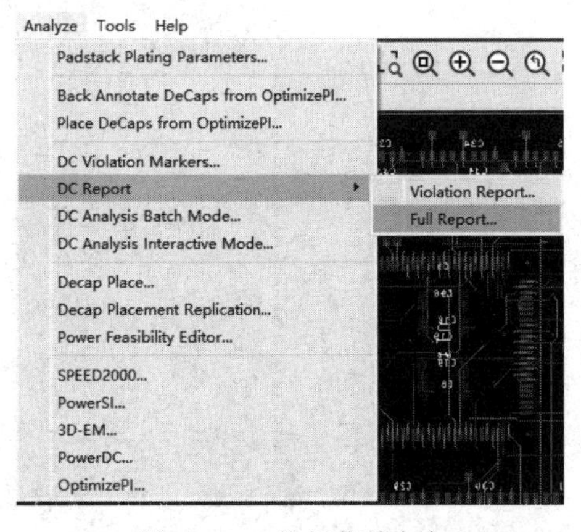

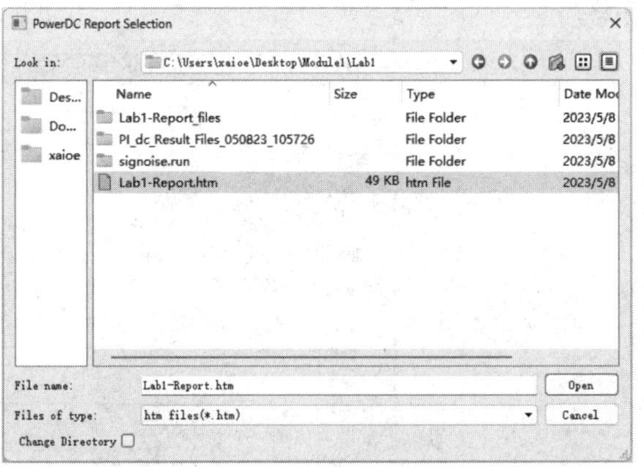

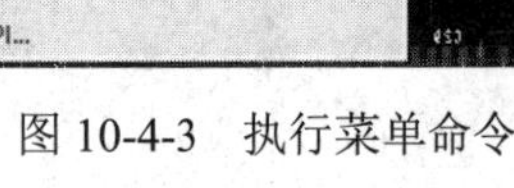

图 10-4-3　执行菜单命令　　　　图 10-4-4　打开“Lab1-Report.htm”报告

（5）使打开的报告和 Allegro Sigrity PI 窗口同时交互显示，当在 Allegro Sigrity PI 窗口中单击过孔或平面时，在报告界面中将会显示与之相关的信息，如图 10-4-5 所示。

（6）关闭生成的报告，执行菜单命令“Analyze”→“DC Report”→“Violation Report...”，将会出现图 10-4-6 所示的“Reports”对话框。

（7）在“Reports”对话框中单击“PowerDC result file”区域的“Browse...”按钮，选择上面 Module1/Lab1 中生成的 PI_dc_SimulationResult，如图 10-4-7 所示，单击“Open”按钮。

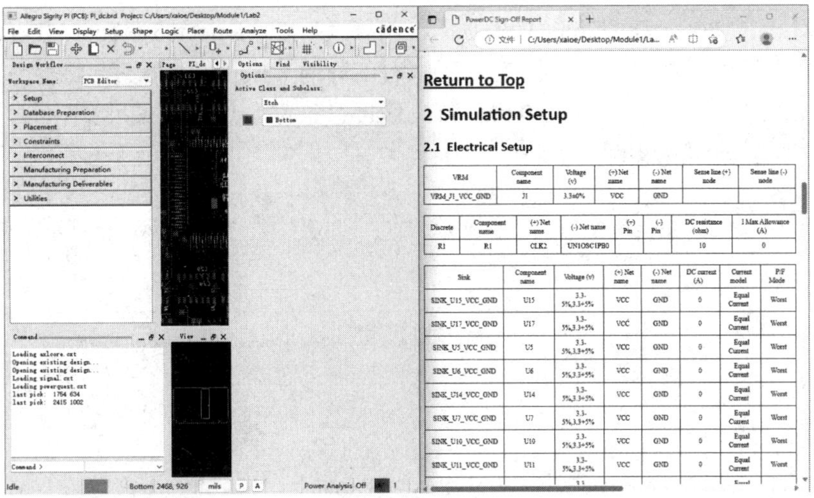

图 10-4-5　交互显示

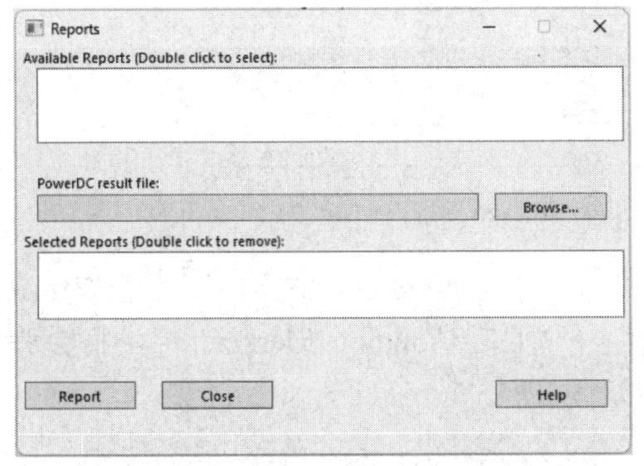

图 10-4-6　“Reports”对话框（1）

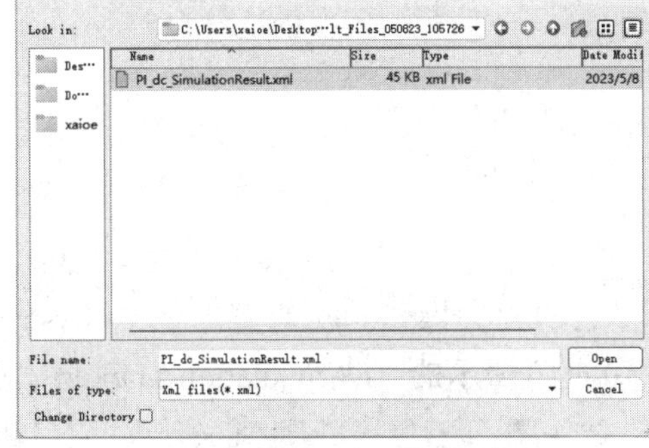

图 10-4-7　选择 PI-dc-SimulationResult

（8）单击“Yes”按钮关闭弹出的对话框，将会出现图 10-4-8 所示的“Reports”对话框，在“Available Reports(Double click to select)”列表框中将会自动出现“PowerDC Sink Voltage”。

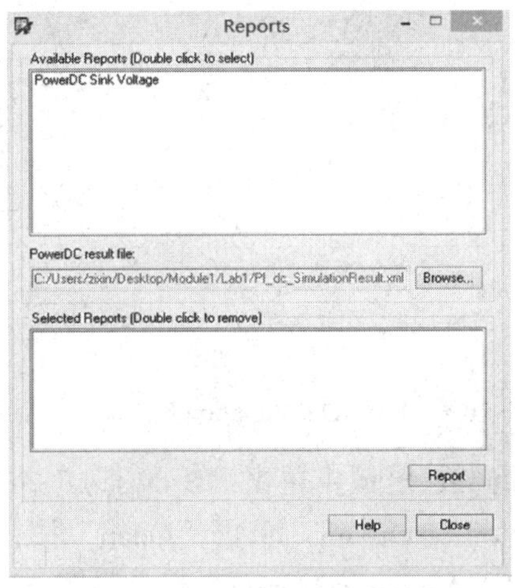

图 10-4-8　“Reports”对话框（2）

（9）双击“PowerDC Sink Voltage”，将其移入“Selected Reports(Double click to remove)”列表框中，单击“Reports”对话框右下方的“Report”按钮，将会弹出图 10-4-9 所示的“PowerDC Sink Voltage”窗口，可以通过这个窗口与 Allegro Sigrity PI 窗口进行交互来查看元件在 Allegro Sigrity PI 中的分布情况。

PowerDC Sink Voltage

Search: Match word Match case

Design Name C:/Users/xaioe/Desktop/Module1/Lab2/PI_dc
Date 2023-05-08 16:43:22
Total Number 18

PowerDC Sink Voltage

Name	Layer	LocXY	Nominal Voltage(V)	Upper Tolerance(%)	Lower Tolerance(%)	Actual Voltage(V)	Margin(V)
SINK_U15_VCC_GND	TOP	(3599.993 1599.997)	3.300	5.000000	5.000000	-0.461	-3.596
SINK_U17_VCC_GND	TOP	(2099.996 1029.998)	3.300	5.000000	5.000000	-0.484	-3.619
SINK_U5_VCC_GND	TOP	(2399.995 200.000)	3.300	5.000000	5.000000	-0.501	-3.636
SINK_U6_VCC_GND	TOP	(1999.996 200.000)	3.300	5.000000	5.000000	-0.539	-3.674
SINK_U14_VCC_GND	TOP	(3199.994 200.000)	3.300	5.000000	5.000000	-0.470	-3.605
SINK_U7_VCC_GND	TOP	(2774.994 399.999)	3.300	5.000000	5.000000	-0.461	-3.596
SINK_U10_VCC_GND	TOP	(1799.996 1799.996)	3.300	5.000000	5.000000	-0.524	-3.659
SINK_U11_VCC_GND	TOP	(3199.994 1799.996)	3.300	5.000000	5.000000	-0.504	-3.639
SINK_U12_VCC_GND	TOP	(2299.995 1799.996)	3.300	5.000000	5.000000	-0.518	-3.653
SINK_U13_VCC_GND	TOP	(2749.994 1799.996)	3.300	5.000000	5.000000	-0.511	-3.646
SINK_U8_VCC_GND	TOP	(1199.998 1624.997)	3.300	5.000000	5.000000	-0.532	-3.667
SINK_U9_VCC_GND	TOP	(1199.998 125.000)	3.300	5.000000	5.000000	-0.526	-3.661
SINK_U1_VCC_GND	TOP	(150.000 1999.996)	3.300	5.000000	5.000000	-0.533	-3.668
SINK_U2_VCC_GND	TOP	(150.000 1499.997)	3.300	5.000000	5.000000	-0.531	-3.666
SINK_U3_VCC_GND	TOP	(150.000 999.998)	3.300	5.000000	5.000000	-0.538	-3.673
SINK_U4_VCC_GND	TOP	(150.000 499.999)	3.300	5.000000	5.000000	-0.523	-3.658
SINK_U16_VCC_GND	TOP	(1549.997 1124.998)	3.300	5.000000	5.000000	-0.572	-3.707
SINK_U18_VCC_GND	TOP	(1549.997 624.999)	3.300	5.000000	5.000000	-0.525	-3.660

图 10-4-9 “PowerDC Sink Voltage”窗口

（10）依次关闭“PowerDC Sink Voltage”窗口和“Reports”对话框，完成加载仿真结果报告的相关操作。执行菜单命令“Analyze”→“DC Violation Markers...”，将会弹出图 10-4-10 所示的“DC Violation Marker”对话框。

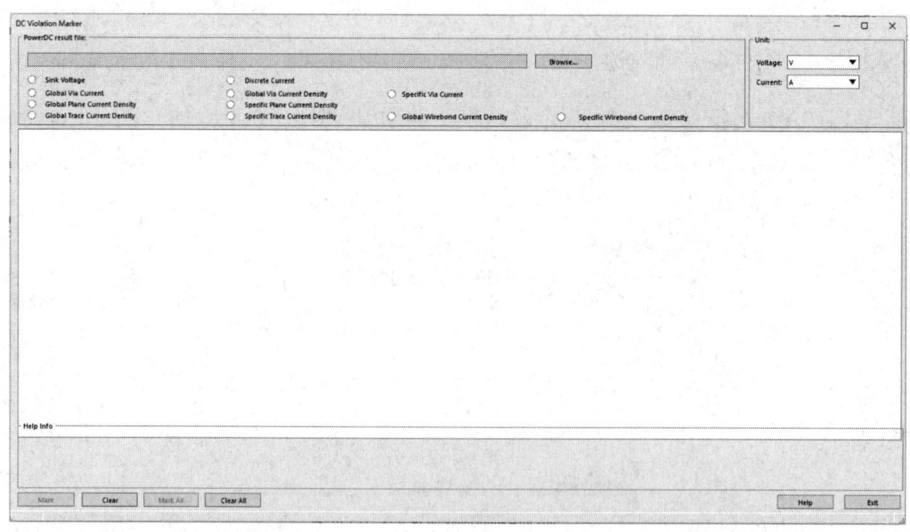

图 10-4-10 “DC Violation Marker”对话框

（11）在 PowerDC result file 区域中单击“Browse...”按钮，设置打开的文件路径为 Module1/Lab1/PI_dc_SimulationResult.xml，单击“Open”按钮，然后单击“Yes”按钮关闭弹出的对话框，这时的“DC Violation Marker”窗口如图 10-4-11 所示。

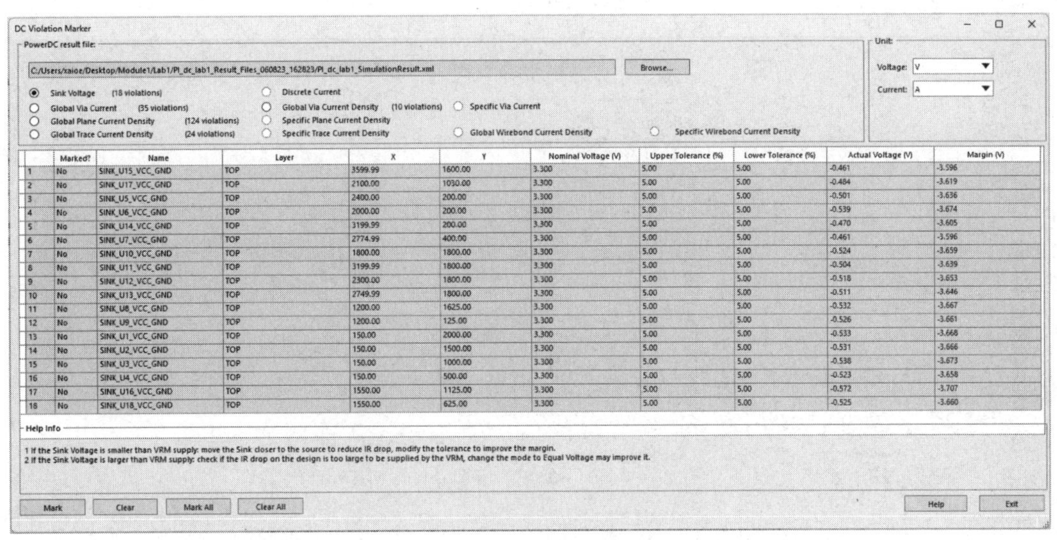

	Marked?	Name	Layer	X	Y	Nominal Voltage (V)	Upper Tolerance (%)	Lower Tolerance (%)	Actual Voltage (V)	Margin (V)
1	No	SINK_U15_VCC_GND	TOP	3599.99	1600.00	3.300	5.00	5.00	-0.461	-3.596
2	No	SINK_U17_VCC_GND	TOP	2100.00	1030.00	3.300	5.00	5.00	-0.484	-3.619
3	No	SINK_U5_VCC_GND	TOP	2400.00	200.00	3.300	5.00	5.00	-0.501	-3.636
4	No	SINK_U6_VCC_GND	TOP	2000.00	200.00	3.300	5.00	5.00	-0.539	-3.674
5	No	SINK_U14_VCC_GND	TOP	3199.99	200.00	3.300	5.00	5.00	-0.470	-3.605
6	No	SINK_U7_VCC_GND	TOP	2774.99	400.00	3.300	5.00	5.00	-0.461	-3.596
7	No	SINK_U10_VCC_GND	TOP	1800.00	1800.00	3.300	5.00	5.00	-0.524	-3.659
8	No	SINK_U11_VCC_GND	TOP	3199.99	1800.00	3.300	5.00	5.00	-0.504	-3.639
9	No	SINK_U12_VCC_GND	TOP	2300.00	1800.00	3.300	5.00	5.00	-0.518	-3.653
10	No	SINK_U13_VCC_GND	TOP	2749.99	1800.00	3.300	5.00	5.00	-0.511	-3.646
11	No	SINK_U8_VCC_GND	TOP	1200.00	1625.00	3.300	5.00	5.00	-0.532	-3.667
12	No	SINK_U9_VCC_GND	TOP	1200.00	125.00	3.300	5.00	5.00	-0.526	-3.661
13	No	SINK_U1_VCC_GND	TOP	150.00	2000.00	3.300	5.00	5.00	-0.533	-3.668
14	No	SINK_U2_VCC_GND	TOP	150.00	1500.00	3.300	5.00	5.00	-0.531	-3.666
15	No	SINK_U3_VCC_GND	TOP	150.00	1000.00	3.300	5.00	5.00	-0.538	-3.673
16	No	SINK_U4_VCC_GND	TOP	150.00	500.00	3.300	5.00	5.00	-0.523	-3.658
17	No	SINK_U16_VCC_GND	TOP	1550.00	1125.00	3.300	5.00	5.00	-0.572	-3.707
18	No	SINK_U18_VCC_GND	TOP	1550.00	625.00	3.300	5.00	5.00	-0.525	-3.660

图 10-4-11　打开 PI-dc-SimulationResult.xml

（12）默认 Sink Voltage(18 violations)单选按钮被选中，在对话框中列出了 18 处不同的错误，单击左下角的“Mark”按钮，这时在 Allegro Sigrity PI 窗口中将会显示 18 处红色标记来标明槽电压错误，如图 10-4-12 所示，另外，“DC Violation Marker”对话框中的“Marked?”栏将会由之前的“No”全部转变为“Yes”，这时完成了 DRC 错误的显示。

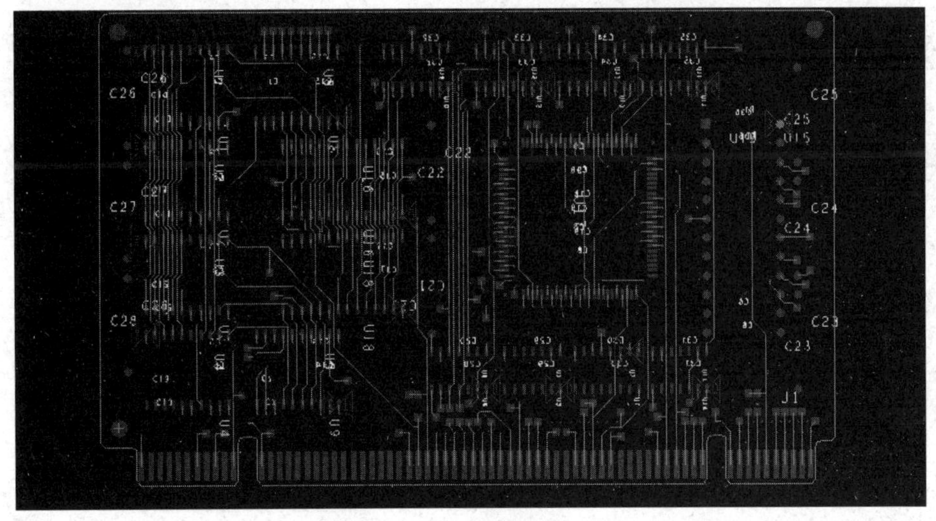

图 10-4-12　槽电压错误显示

10.5　基于 Batch 模式运行 PowerDC

【使用软件】Allegro Sigrity PI。

【使用文件】Module 1\Lab 4\PI_dc_gnd_trace_changed。

（1）在程序文件夹中选择“Cadence PCB 17.4-2019”→“PCB Editor 17.4”，在弹出的对话框中选择“Allegro Sigrity PI”，如图 10-5-1 所示，单击“OK”按钮关闭对话框。

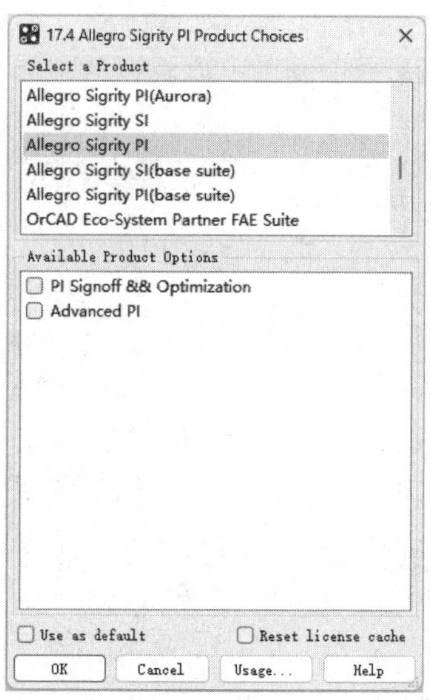

图 10-5-1　选择“Allegro Sigrity PI”

（2）在弹出的 Allegro Sigrity PI 窗口中，执行菜单命令“File”→“Open...”，打开工程文件“Module1\Lab4\PI_dc_gnd_trace_changed”，设置“Active Class and Subclass”中的 Active Class 为“Etch”，Subclass 为“Top”，如图 10-5-2 所示。

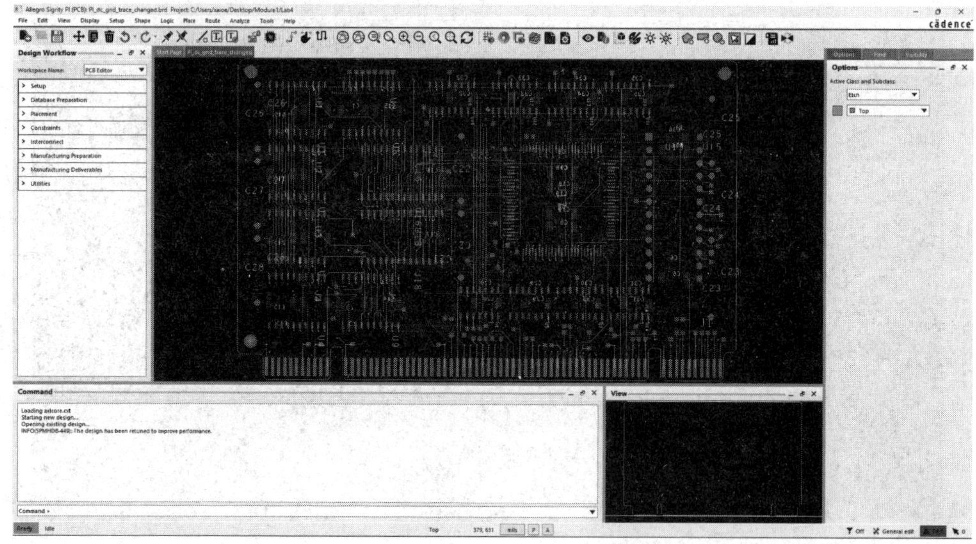

图 10-5-2　打开 PI_dc_gnd_trace_changed

（3）在 Allegro Sigrity PI 主界面的任意处单击鼠标右键，选择“Application Mode”→“General Edit”，使得文件进入“General Edit”模式，在“Visibility”页面中勾选“Enable layer select mode”复选框，选中“Bottom”层，使得只有 Bottom 层可见，其他层均不可见，如图 10-5-3 所示。

（4）在主界面中移动鼠标指针，定位到 Bottom 层的右下角，如图 10-5-4 所示。

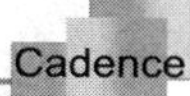

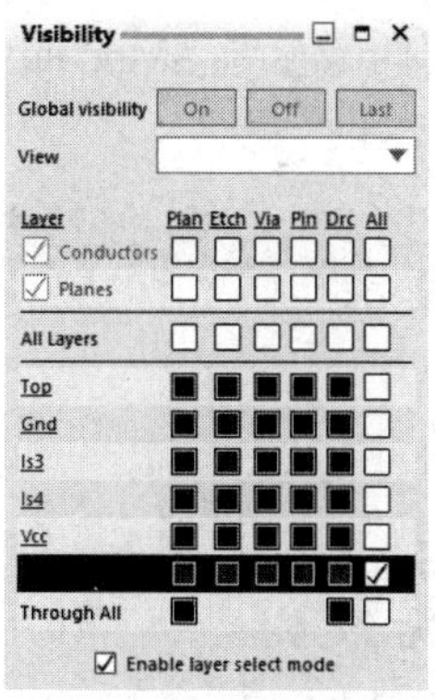

图 10-5-3　选中“Bottom”层

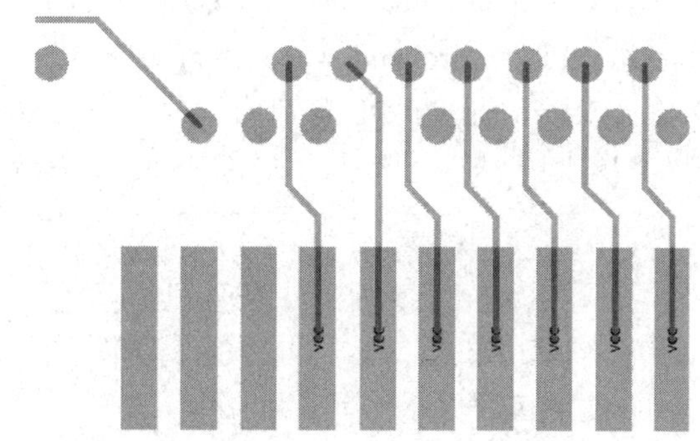

图 10-5-4　定位到 Bottom 层的右下角

（5）选中最右侧 VCC 连接的过孔，单击鼠标右键，选择“Slide”，将该过孔移动到相邻行最右侧过孔的正下方，用鼠标对该过孔进行重新定位，移动前后的位置对比如图 10-5-5 所示。

（6）对该区域其他与 VCC 连接的过孔进行同样的操作实现过孔的移动，移动后的过孔位置如图 10-5-6 所示。

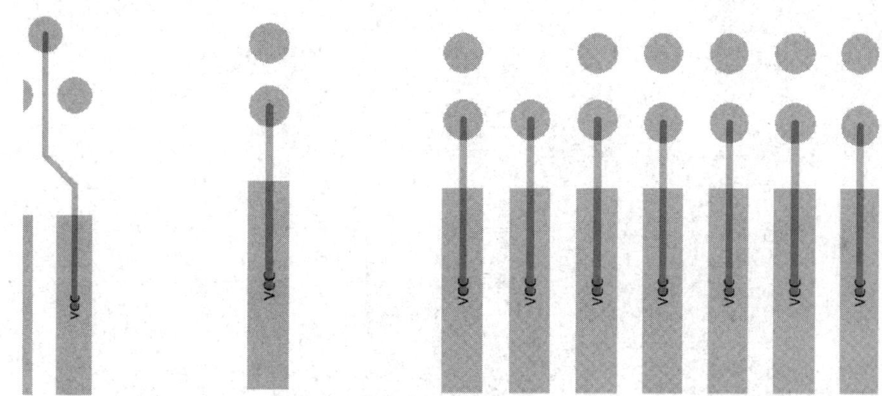

图 10-5-5　过孔移动前后位置对比图　　　　图 10-5-6　移动后的过孔位置

（7）从右到左依次选中过孔与 VCC 之间的连线，单击鼠标右键，选择“Change Width...”，设置线宽为“24”，在弹出的对话框中单击“OK”按钮，关闭对话框，修改完线宽后的图形如图 10-5-7 所示。

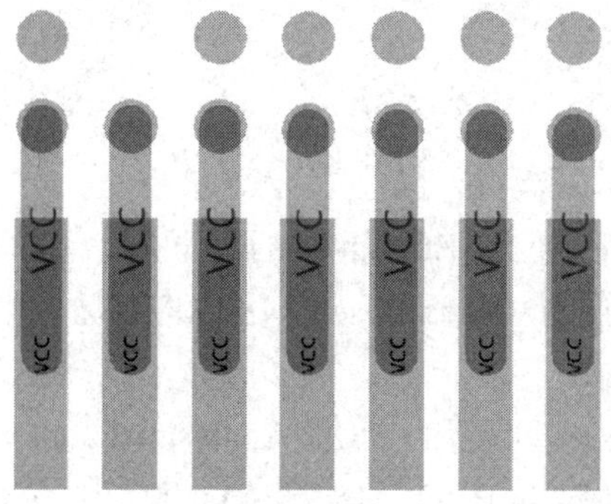

图 10-5-7　修改完线宽后的图形

（8）执行菜单命令“File”→“Save As...”，将上述修改的文件保存到“Module1/Lab4”中，并命名为“PI_dc_vcc_gnd_trace_changed.brd”。

（9）在 Allegro Sigrity PI 窗口中，执行菜单命令“Analyze”→“DC Analysis Batch Mode...”，将出现图 10-5-8 所示的“DC Analysis Batch Mode”对话框。

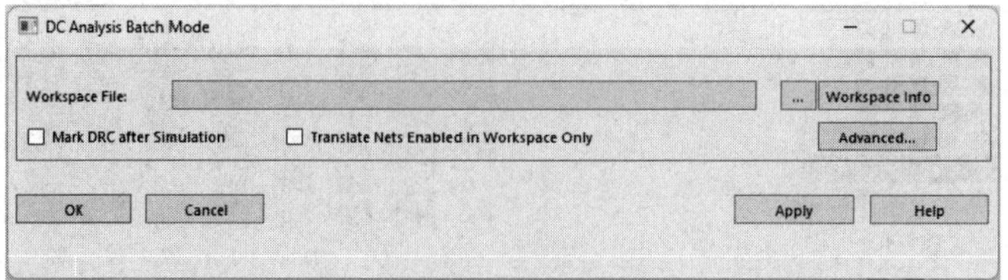

图 10-5-8　“DC Analysis Batch Mode”对话框

（10）将“Workspace File”设置为“Module1/Lab3/PI_dc_gnd_trace_changed.pdcx”，单击“Advanced”按钮，在新的“DC Analysis Batch Mode”对话框中勾选“Vertical Range Scale”区域中的“Enable”复选框，设置“Scale”的值为“80”，勾选“Area Based”区域中的“Enable”复选框，如图 10-5-9 所示。

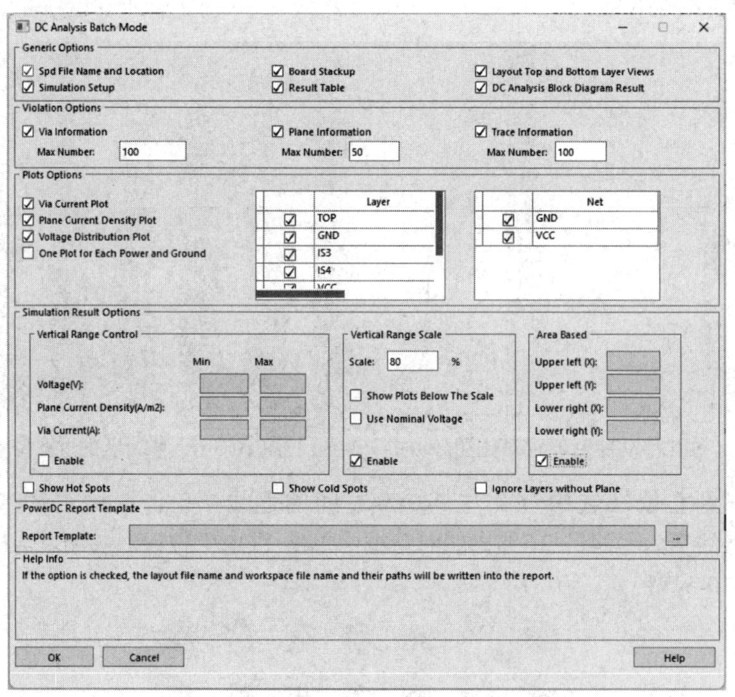

图 10-5-9　参数设置

（11）通过移动鼠标指针定位到 Bottom 层的右下角，选中一个矩形区域，这时在“DC Analysis Batch Mode”对话框的“Area Based”区域将会显示矩形区域的左上角和右下角的位置坐标，如图 10-5-10 所示。

（12）单击“OK”按钮关闭更新的“DC Analysis Batch Mode”对话框，单击“OK”按钮关闭更新前的“DC Analysis Batch Mode”对话框，在弹出的对话框中单击“Yes”按

钮，在弹出的“Save As”对话框中单击“保存”按钮，重新写入已经存在的 PI_dc_vcc_gnd_trace_changed.brd 文件。

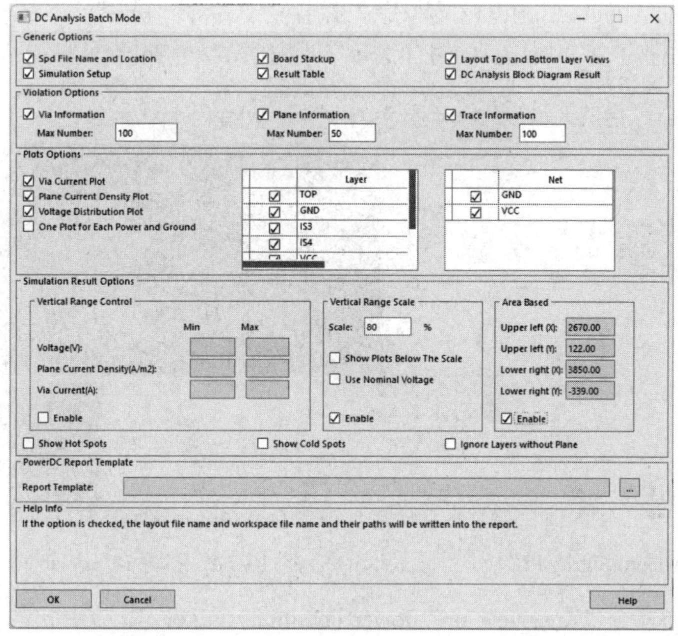

图 10-5-10　选中的矩形区域的左上角和右下角的位置坐标

10.6　去耦电容的约束设计和信息回注

这一部分主要介绍在电源完整性仿真时去耦电容约束的相关设计，主要思想是在基于层叠模型的集成电路设计时添加一系列的去耦电容来满足目标阻抗值的要求。有关集成电路去耦电容的约束可以被视为约束管理器中的一个模板，这些去耦电容及它们和集成电路的关系，以及相关的布局信息被称为 PICSet，这些信息可以被分配到其他的元件实例中。这些约束可以方便灵活地指导布局工程师在布局时合理地放置去耦电容。

主要内容包括：

- PICSet generation with Power Feasibility Editor（PFE）;
- Assign PICSet to component instances in Constraint Manager;
- Decap placement in design canvas。

另外，还介绍如何将 Optimize PI（OPI）中去耦电容分布的最优化结果导入 Allegro PI Base 中。可以先在 Optimize PI 中最优化去耦电容的分布，然后输出这些最优化的分布信息到 Allegro PI Base 中以更新其中去耦电容的分布。

10.7　Power Feasibility Editor 中生成 PICSet

【使用软件】Allegro Sigrity PI。

【使用文件】Module 2\Lab 1_2_3\PI_ac_lab 1_0.brd。

（1）在程序文件夹中选择“Cadence PCB 17.4-2019”→“PCB Editor 17.4”，在弹出的对话框中选择“Allegro Sigrity PI”，如图 10-7-1 所示，单击“OK”按钮关闭对话框。

（2）在弹出的 Allegro Sigrity PI 窗口中，执行菜单命令“File”→“Open...”，打开工程文件“Module 2\Lab 1_2_3\PI_ac_lab 1_0.brd”，如图 10-7-2 所示。

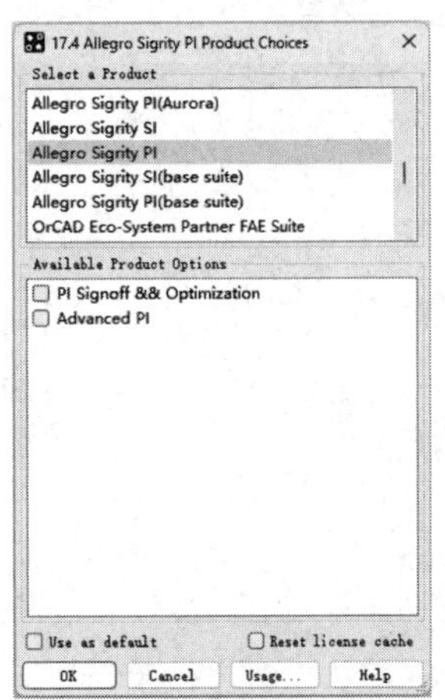

图 10-7-1　选择“Allegro Sigrity PI”

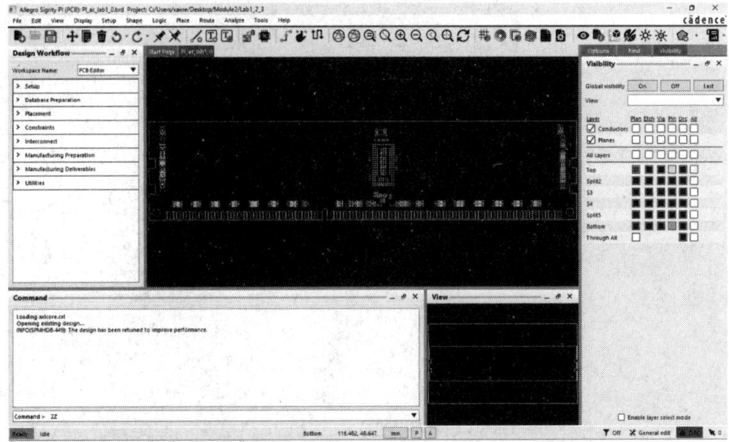

图 10-7-2　打开 PI_ac_lab 1_0.brd 文件

（3）执行菜单命令“Analyze”→“Power Feasibility Editor...”，在弹出的“Power Feasibility Editor”对话框中单击“DeCap Selection Flow”下的“P/G Nets Setup”，单击 VRM 下方的空白区域，选择 J1，使用默认的 VRM 模型参数。单击“IC Component Setup”，选择 U1 作为临界下沉的集成电路元件，“Setback Distance”和“Target Impedance”栏的相关参数设置如图 10-7-3 所示，单击右下角的“Apply”按钮，生成的目标阻抗值随频率变化的曲线显示在对话框的右上角。

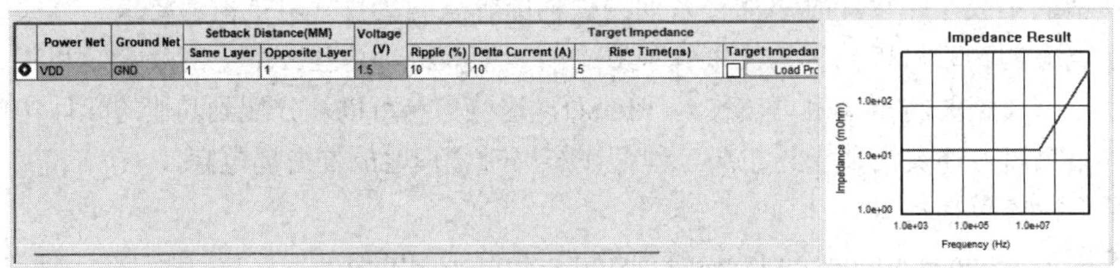

图 10-7-3　参数设置和图像显示

（4）在对话框下方的“Decoupling Capacitor Identification for the IC Component”栏中将会显示工程中的所有电容信息，可以通过操作增加电容及为电容分配相关的模型。单击左下角的“Browse...”按钮，在弹出的“Power Feasibility Editor-Capacitor Browser”对话框中单击“Schematic Components...”按钮，在弹出的 Component Browser-File Path 对话框中单击“Browse...”按钮，在弹出的对话框中选择“Module2/Lab 1_2_3”文件夹中的“demo.cpm”文件，如图 10-7-4 所示，单击“Open”按钮。

（5）在弹出的“Part Information Manager”窗口中选择“Libraries”文件夹下的“c”文件，选中下面表格中的第一行所列出的电容，如图 10-7-5 所示。

（6）在弹出的界面中选择“Select”，在“Power Feasibility Editor-Capacitor Browser”对

话框和“Decoupling Capacitor Identification for the IC Component”中都会显示上面选择的电容，单击“OK”按钮关闭“Power Feasibility Editor-Capacitor Browser”对话框。

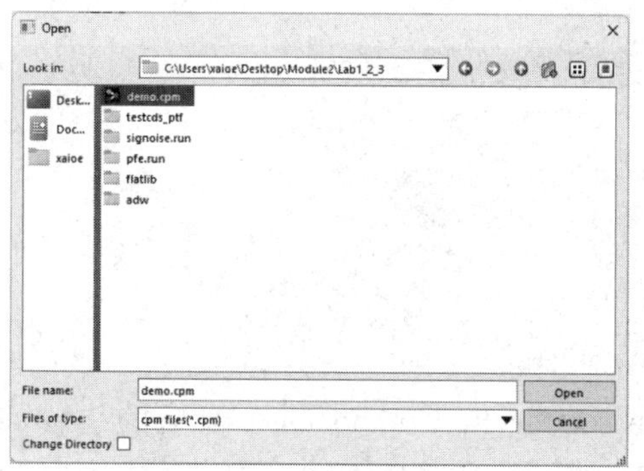

图 10-7-4　打开 demo.cpm 文件

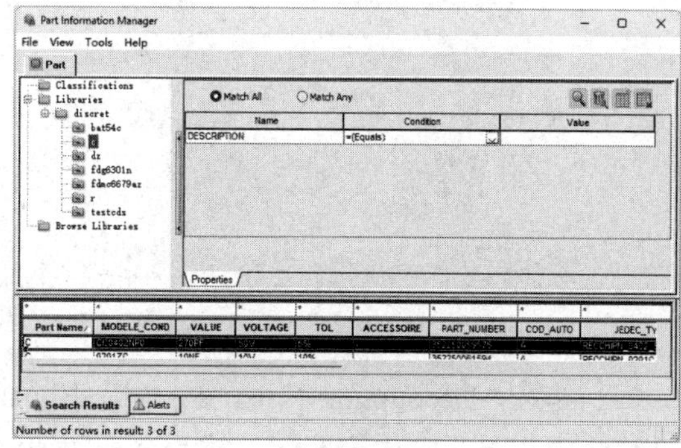

图 10-7-5　“Part Information Manager”窗口

（7）返回“Power Feasibility Editor”对话框，单击左下角的“Browse...”按钮，在弹出的“Power Feasibility Editor-Capacitor Browser”对话框中单击“Physical Devices...”按钮，可以在图 10-7-6 所示的“Library Browser”对话框中选择电容。

（8）单击“OK”按钮，关闭“Library Browser”对话框，单击“OK”按钮关闭“Power Feasibility Editor-Capacitor Browser”对话框，在“Decoupling Capacitor Identification for the IC Component”栏中会显示上面选择的电容。上面两种不同的方式都可以完成电容的添加。

（9）对电容分配模型，在“Power Feasibility Editor”对话框中以编号为 352250059575 的电容为例，介绍两种不同的分配模型的方法。

选中该编号的电容，单击右下角的“Assign Models...”按钮，在“Power Feasibility Editor-Model Assignment”对话框中单击“Browse”按钮，在弹出的对话框中设置“Vendor Decap Model Library”的路径为 Sigrity 安装文件下的“share\library\decap library\Murata-Netlist\Murata-Ceramic-Capacitors-Netlist”，单击“打开”按钮，如图 10-7-7 所示。

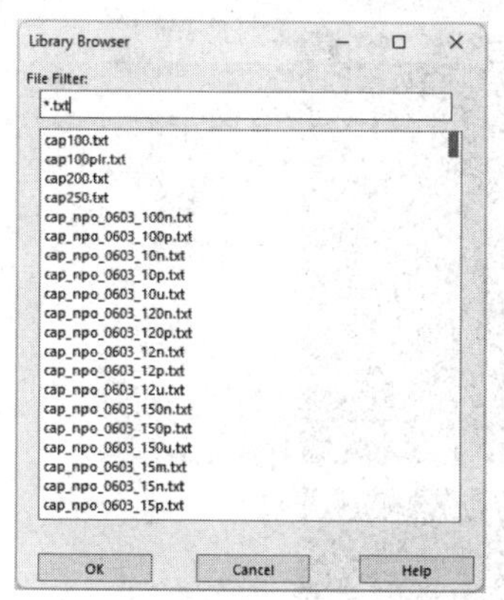

图 10-7-6　“Library Browser”对话框

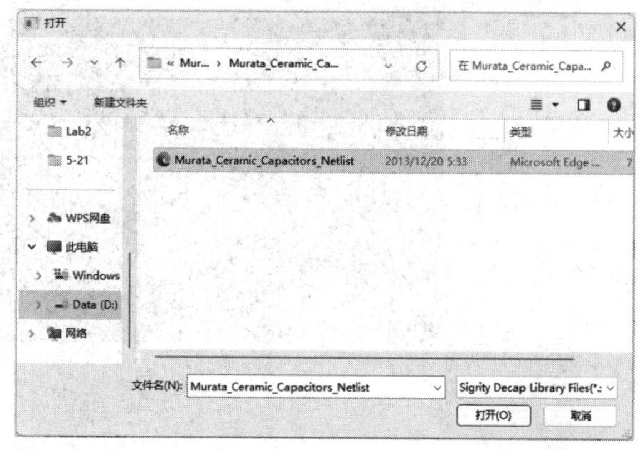

图 10-7-7　Vendor Decap Model Library 的路径设置

（10）在“Power Feasibility Editor-Model Assignment”对话框中单击“Search”按钮，找到与电容相匹配的模型，选中“Model Assignment Result”列表中的第一个单选按钮，单击“OK”按钮关闭对话框，进而完成对编号电容的模型分配，如图 10-7-8 所示。

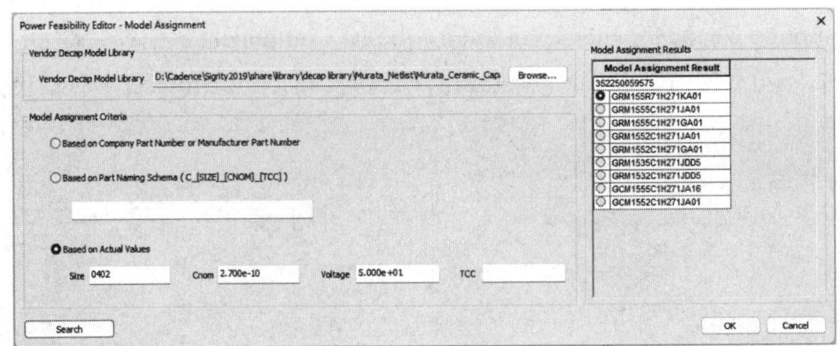

图 10-7-8　模型分配

（11）在“Decoupling Capacitor Identification for the IC Component”表格的“Model Type”栏中将显示与电容匹配的模型名称“SPICE”，如图 10-7-9 所示，可以使用同样的操作为其他电容添加模型。也可以在电容的“Model Type”栏中通过选择来添加 RLC 模型类型，或者通过直接输入为电容添加 ESL、ESR 和 C 模型类型。

Decoupling Capacitors Identification for the IC Component

ID		Part No.	Package	Unit of Size	Model Type	Capacitance (F)	C (F)	ESL (H)	ESR (Ohm)	SRF (Hz)	Component Cost	Mounting Cost	BOM Penalty	Upper Tolerance
1	☐	2PORT_CAP-100NF,SM	SMD_1005	Metric		1.000e-07					1			-100%
10	☐	CAP_NPO_0805_82P	0805RF_WV_12D	English		8.200e-11					1			5%
2	☐	2PORT_CAP-4.7UF,SMD	SMD_1608	Metric		4.700e-06					1			-100%
3	☐	CAP_NPO_0603_12N	0603RF_WV_12D	English		1.200e-08					1			5%
4	☐	CAP_NPO_0603_150N	0603RF_WV_12D	English		1.500e-07					1			10%
5	☐	CAP_NPO_0603_150U	0603RF_WV_12D	English		1.500e-04					1			5%
6	☐	CAP_NPO_0603_33U	0603RF_WV_12D	English		3.300e-05					1			5%
7	☐	CAP_NPO_0603_3_3P	0603RF_WV_12D	English		3.300e-12					1			5%
8	☐	CAP_NPO_0603_68U	0603RF_WV_12D	English		6.800e-05					1			5%
9	☐	CAP_NPO_0603_82U	0603RF_WV_12D	English		8.200e-05					1			5%
11	☐	352250059575	RECCHIPN_0402_SMR	English	SPICE	2.700e-10	2.700e-10	2.856e-10	6.391e-01	5.731e+08	1			10%

图 10-7-9　显示模型名称

（12）在 Allegro Sigrity PI 窗口中，执行菜单命令“File”→“Open...”，打开工程文件“Module2\Lab1_2_3\PI_ac_lab 1_1.brd”，如图 10-7-10 所示。

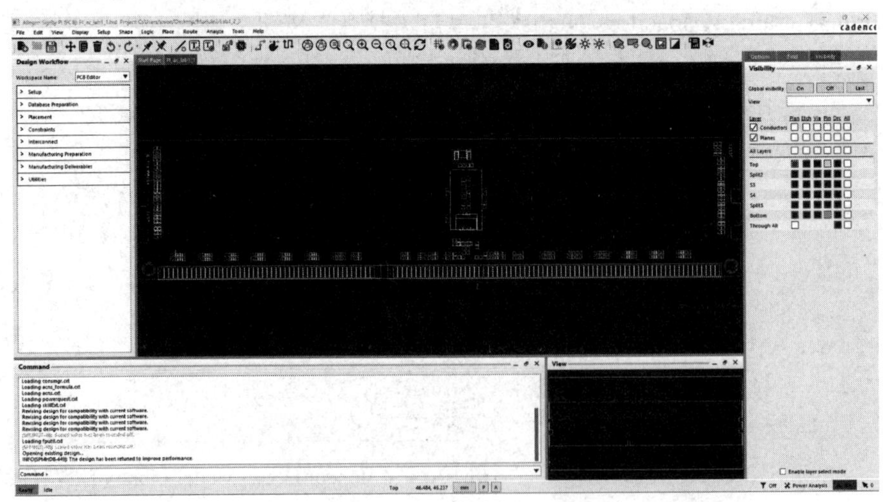

图 10-7-10　打开 PI_ac_lab 1_1.brd 文件

（13）执行菜单命令“Analyze”→“Power Feasibility Editor...”，在弹出的“Power Feasibility Editor”对话框中将会看到所有的电容都被匹配了相应的电容模型，单击

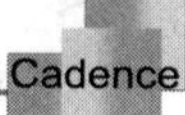

“DeCap Selection Flow”下的“IC Component Setup”，确保编号为 1、10、11、12、14、16、2、5、7、9 的电容都被选中，如图 10-7-11 所示。

Decoupling Capacitors Identification for the IC Component

ID		Part No.	Package	Unit of Size	Model Type	Capacitance (F)	C (F)	ESL (H)	ESR (Ohm)	SRF (Hz)	Component Cost	Mounting Cost	BOM Penalty	Upper Tolerance
1	☒	2PORT_CAP-100NF,SM	SMD_1005	English	RLC	1.000e-07	1.000e-07	3.250e-10	2.000e-02	2.792e+07	1			-100%
10	☒	CAP_NPO_0603_33U	0603RF_WV_12D	English	RLC	3.300e-05	3.300e-05	3.250e-10	3.000e-02	1.537e+06	1			5%
11	☒	CAP_NPO_0603_3_3P	0603RF_WV_12D	English	RLC	3.300e-12	3.300e-12	3.250e-10	2.000e-02	4.860e+09	1			5%
12	☒	CAP_NPO_0603_68U	0603RF_WV_12D	English	RLC	6.800e-05	6.800e-05	1.000e-09	2.000e-02	6.103e+05	1			5%
14	☒	CAP_NPO_0603_82U	0603RF_WV_12D	English	RLC	8.200e-05	8.200e-05	1.000e-09	3.000e-02	5.558e+05	1			5%
16	☒	CAP_NPO_0805_82P	0805RF_WV_12D	English	SPICE	8.200e-05	8.200e-11	6.503e-10	2.056e-01	6.892e+08	1			5%
2	☒	2PORT_CAP-4.7UF,SMD	SMD_1608	Metric	RLC	4.700e-06	4.700e-06	3.250e-10	3.000e-02	4.072e+06	1			-100%
5	☒	CAP_NPO_0603_12N	0603RF_WV_12D	English	RLC	1.200e-08	1.200e-08	3.250e-10	3.000e-02	8.059e+07	1			5%
7	☒	CAP_NPO_0603_150N	0603RF_WV_12D	English	SPICE	1.500e-07	1.500e-07	4.735e-10	1.752e-02	1.888e+07	1			10%
9	☒	CAP_NPO_0603_150U	0603RF_WV_12D	English	RLC	1.000e-04	1.500e-04	1.000e-09	3.000e-02	4.109e+05	1			5%
13	☐	CAP_NPO_0603_70U	0603RF_WV_12D	English	RLC	7.000e-05	7.000e-05	3.250e-10	3.000e-02	1.055e+06	1			5%
15	☐	CAP_NPO_0805_6_8U	0805RF_WV_12D	English	RLC	6.800e-06	6.800e-06	3.250e-10	2.000e-02	3.386e+06	1			5%
17	☐	CAP_NPO_1206_150P	1206RF_WV_12D	English	RLC	1.500e-10	1.500e-10	3.250e-10	1.000e-03	7.208e+08	1			5%
3	☐	CAP_NPO_0603_100N	0603RF_WV_12D	English	RLC	1.000e-07	1.000e-07	3.250e-10	2.000e-03	2.792e+07	1			5%
4	☐	CAP_NPO_0603_100P	0603RF_WV_12D	English	SPICE	1.000e-10	1.000e-10	6.124e-10	1.868e-01	6.431e+08	1			5%
6	☐	CAP_NPO_0603_12U	0603RF_WV_12D	English	RLC	1.200e-05	1.200e-05	3.250e-10	3.000e-02	2.549e+06	1			5%
8	☐	CAP_NPO_0603_150P	0603RF_WV_12D	English	SPICE	1.500e-10	1.500e-10	5.904e-10	1.455e-01	5.348e+08	1			5%

图 10-7-11　选中部分电容

（14）单击“DeCap Selection Flow”下的“Decap Configuration”，单击“Analyze”按钮，阻抗值随频率变化的曲线如图 10-7-12 所示，如果得到的曲线与目标要求的曲线一致，那么每一种类型电容的“Part No.”将会被确定下来。

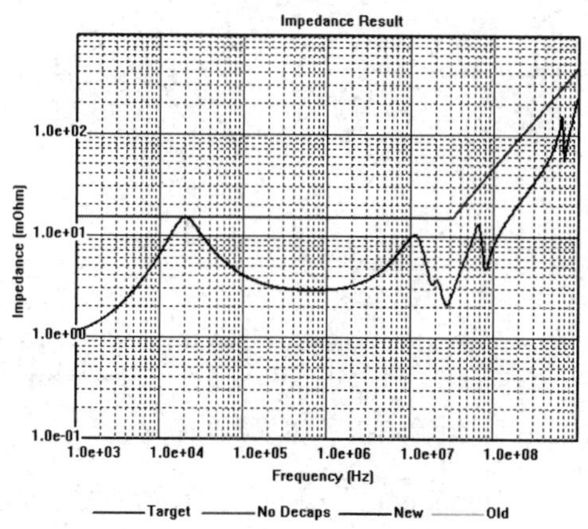

图 10-7-12　阻抗值随频率变化的曲线

（15）单击“DeCap Selection Flow”下的“Decap Template Generation”，单击“Generate”按钮生成模板 U1 的 PICSet，Decap Template Summary 如图 10-7-13 所示，单击“OK”按钮关闭“Power Feasibility Editor”对话框。

Decap Template Summary

IC Component	Power Net	Setback Distance On Same Layer	Setb
U1	VDD	1.0	

DeCap PartNo.	Package	Number of DeCaps On Same Layer	Number of DeCaps On Opposite Layer
2PORT_CAP-100NF,SMD_1005-SMD_1A_SMD_1005_100NF_+/-5%	SMD_1005	6	3
CAP_NPO_0603_33U	0603RF_WV_12D	0	0
CAP_NPO_0603_3_3P	0603RF_WV_12D	0	0
CAP_NPO_0603_68U	0603RF_WV_12D	2	0
CAP_NPO_0603_82U	0603RF_WV_12D	0	0
CAP_NPO_0805_82P	0805RF_WV_12D	2	0
2PORT_CAP-4.7UF,SMD_1608-SMD_1A_SMD_1608_4.7uF_+/-10%	SMD_1608	1	0
CAP_NPO_0603_12N	0603RF_WV_12D	4	0

图 10-7-13　Decap Template Summary

10.8 在约束管理器中分配 PICSet

【使用工具】Allegro Sigrity PI。

【使用文件】Module2\Lab 1_2_3\PI_ac_lab 1_1.brd。

（1）在 Allegro Sigrity PI 窗口中，执行菜单命令“File”→“Open...”，打开工程文件“Module2\Lab1_2_3\PI_ac_lab1_1.brd”。执行菜单命令“Setup”→“Constraints”→“Constraint Manager...”，在弹出的 Allegro Constraint Manager 窗口中单击“Constraint Set”下“Power Ingerity”前的三角符号，单击展开后的“DeCap Template”，再单击表格中 U1 前的三角符号，展开 PICSet U1 模板的信息，如图 10-8-1 所示，可以看到，PICSet U1 模板的相关约束信息包括每一种类型电容的“Part No.”被增加到 Constraint Manager 中。

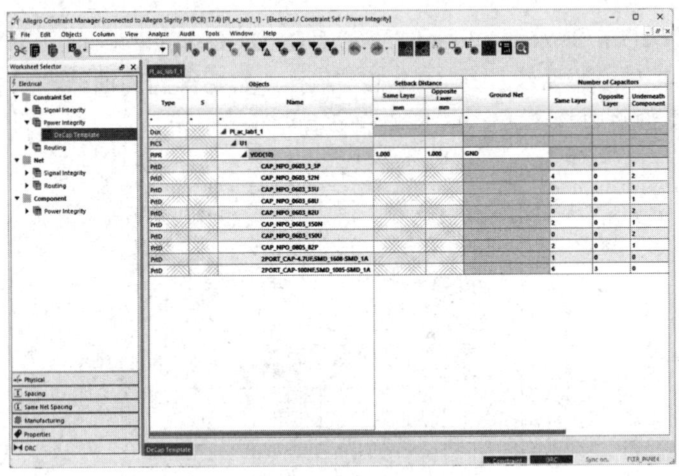

图 10-8-1 U1 模板的信息

（2）单击“Electrical”下“Component”前的三角符号，单击展开后的“Power Integrity”前的三角符号，单击展开后的“DeCap Template”，单击表格中第二行的三角符号，可以看到 PICSet U1 约束自动关联到 U1 部分，如图 10-8-2 所示。

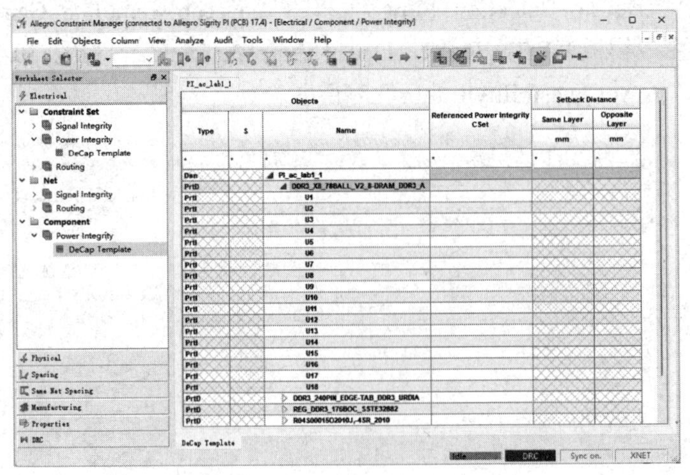

图 10-8-2 PICSet U1 约束关联到 U1

（3）也可以将 PICSet U1 约束关联到其他部分，例如 U2。单击 U2 右侧相邻的单元格，从下拉列表中选择 U1 就可以完成 PICSet U1 约束的关联。

10.9　放置去耦电容

【使用工具】 Allegro Sigrity PI。

【使用文件】 Module2\Lab 1_2_3\PI_ac_lab 1_1.brd。

（1）在 Allegro Sigrity PI 窗口中，执行菜单命令“File”→“Open...”，打开工程文件“Module2\Lab 1_2_3\PI_ac_lab 1_1.brd”。执行菜单命令“Analyze”→“Decap Place...”，在“Options”页面中，可以在“PartNo”的下拉列表中选择将要放置的电容类型，如图 10-9-1 所示。

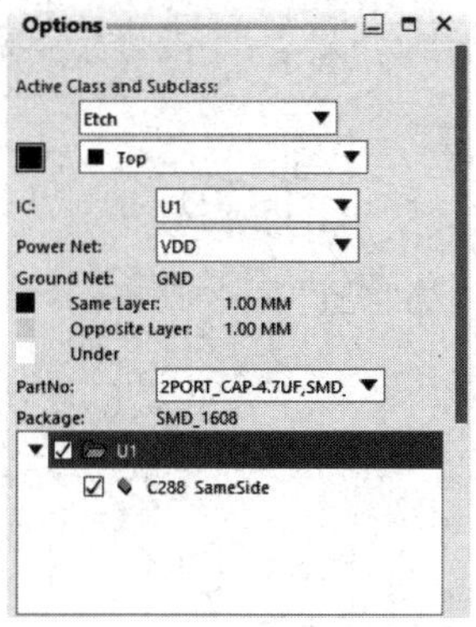

图 10-9-1　选择电容类型

（2）选择完电容的类型后，移动鼠标指针到适当位置，单击放置电容，当放置完一个电容后，可以重复同样操作在其他合适位置放置电容。

下面介绍将 Optimize PI（OPI）中去耦电容分布的最优化结果导入 Allegro PI Base 中。可以先在 Optimize PI 中最优化去耦电容的分布，然后输出这些最优化的分布信息到 Allegro PI Base 中来更新其中去耦电容的分布。

10.10　在 OPI 中电容的最优化分布和最优化分布数据输出

【使用工具】 Allegro Sigrity PI。

【使用文件】 Module3\Lab 1_2\opi_back_annotation.brd。

（1）在程序文件夹中选择“Cadence PCB 17.4-2019”→“Allegro PCB Editor”，在弹出的对话框中选择“Allegro Sigrity PI”，如图 10-10-1 所示，单击“OK”按钮关闭对话框。

（2）在弹出的 Allegro Sigrity PI 窗口中，执行菜单命令“File”→“Open...”，打开工程文件“Module3\Lab 1_2\opi_back_annotation.brd”，如图 10-10-2 所示。

（3）打开“Cadence Sigrity 2019”，启动 OptimizePI，在弹出的 OptimizePI 界面中执行菜单命令“Workspace”→“Open...”，在弹出的对话框中选择要打开的文件 Module3\Lab1_2\opi_back_annotation_EMI，单击“打开”按钮，如图 10-10-3 所示。

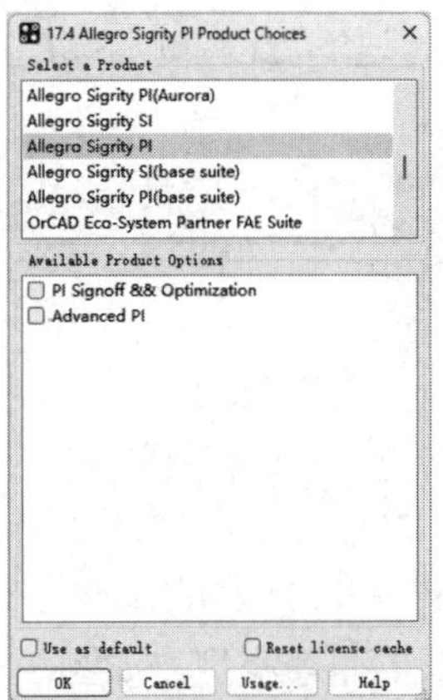

图 10-10-1 选择“Allegro Sigrity PI”

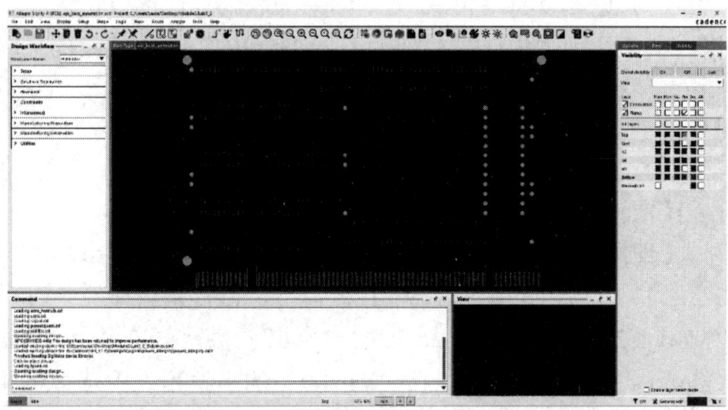

图 10-10-2 打开 opi_back_annotation.brd 文件

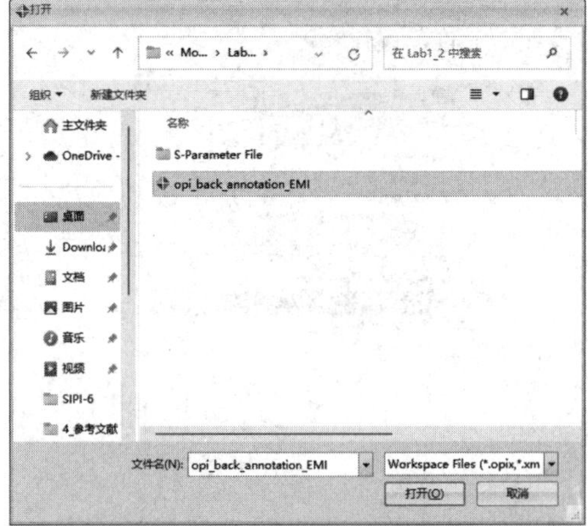

图 10-10-3 打开 opi_back_annotation_EMI 文件

（4）在 OptimizePI 界面中单击“Load/Edit Capacitor Library”，可以看到“Device Name”和“Package Symbol”属性被增加给每一种类型的电容，如图 10-10-4 所示。

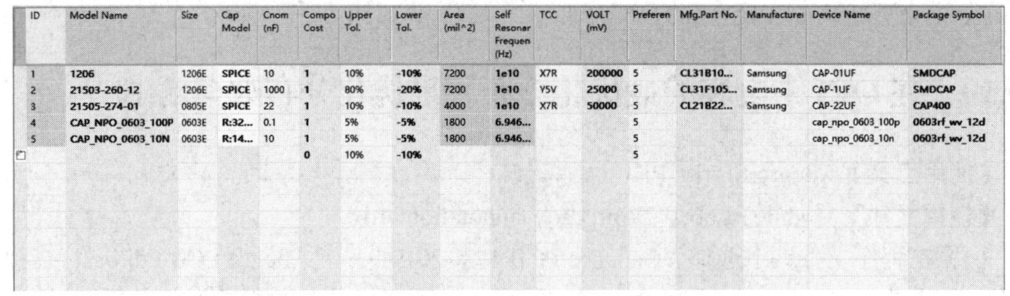

ID	Model Name	Size	Cap Model	Cnom (nF)	Compo Cost	Upper Tol.	Lower Tol.	Area (mil^2)	Self Resonar Frequen (Hz)	TCC	VOLT (mV)	Preferen	Mfg.Part No.	Manufacture	Device Name	Package Symbol
1	1206	1206E	SPICE	10	1	10%	-10%	7200	1e10	X7R	200000	5	CL31B10...	Samsung	CAP-01UF	SMDCAP
2	21503-260-12	1206E	SPICE	1000	1	80%	-20%	7200	1e10	Y5V	25000	5	CL31F105...	Samsung	CAP-1UF	SMDCAP
3	21505-274-01	0805E	SPICE	22	1	10%	-10%	4000	1e10	X7R	50000	5	CL21B22...	Samsung	CAP-22UF	CAP400
4	CAP_NPO_0603_100P	0603E	R:32...	0.1	1	5%	-5%	1800	6.946...			5			cap_npo_0603_100p	0603rf_wv_12d
5	CAP_NPO_0603_10N	0603E	R:14...	10	1	5%	-5%	1800	6.946...			5			cap_npo_0603_10n	0603rf_wv_12d
					0	10%	-10%					5				

图 10-10-4 “Device Name”和“Package Symbol”属性

（5）对于这一工作空间，仿真已经完成，可以通过单击 OptimizePI 界面中的“View EMI Optimizition Results”来查看去耦电容的最优化结果，如图 10-10-5 所示。

（6）单击“Export Scheme Data”，在弹出的“Scheme Data Export”对话框中将“EMI”设置为“Scheme 1”，同时勾选“Generate netlist for Allegro back annotation”复选框，单击

“OK”按钮关闭对话框，如图 10-10-6 所示。单击“否”按钮关闭弹出的“OptimizePI”对话框，如图 10-10-7 所示。

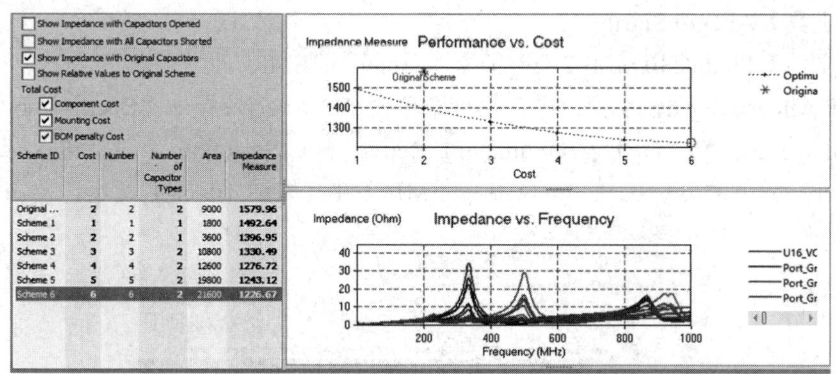

图 10-10-5　去耦电容的最优化结果

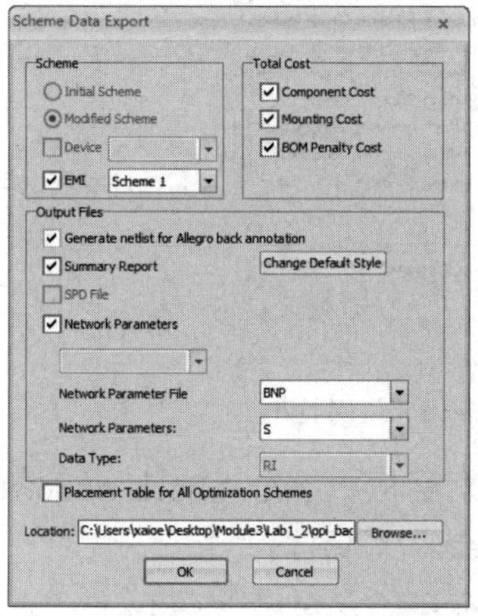

图 10-10-6　“Scheme Data Export”对话框设置

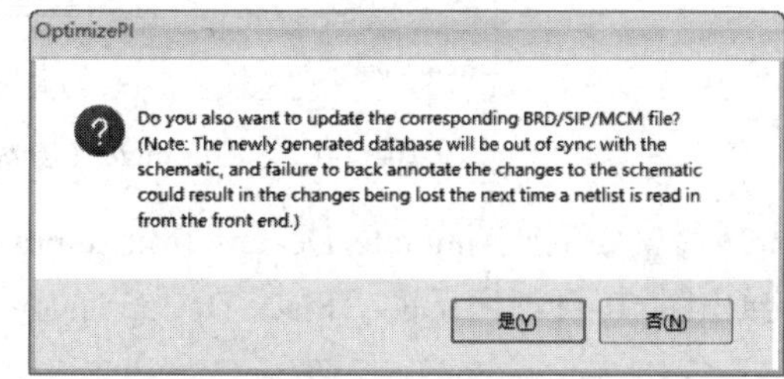

图 10-10-7　“OptimizePI”对话框

（7）按照同样的步骤将“EMI”设置为“Scheme 2”～“Scheme 6”进行上述操作，打开文件“Module 3/Lab 1_2/opi_back_annotation_EMI”，可以看到生成的报告文件，如图 10-10-8 所示。

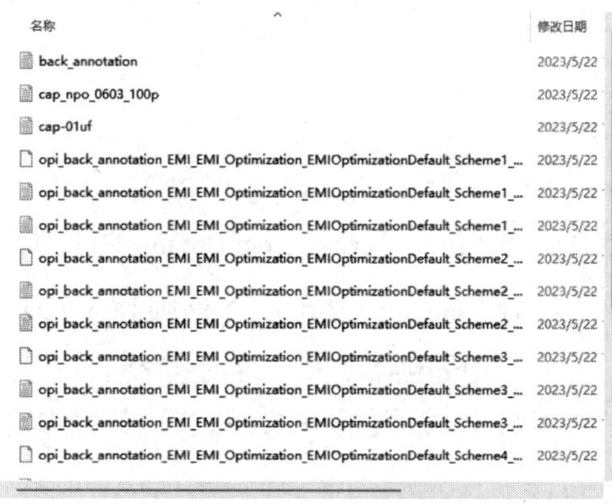

图 10-10-8　生成的报告文件

10.11 在 PI Base 中去耦电容的放置和更新

【使用工具】Allegro Sigrity PI。

【使用文件】Module3/Lab 1_2/opi_back_annotation_EMI。

（1）在 Allegro Sigrity PI 窗口中，执行菜单命令“Analyze”→“Back Annotate Decaps from Optimize PI...”，弹出“OptimizePI Report File Selection”对话框，选中路径 Module3/Lab1_2 下的 opi_back_annotation_EMI 文件，如图 10-11-1 所示，单击“Open”按钮。

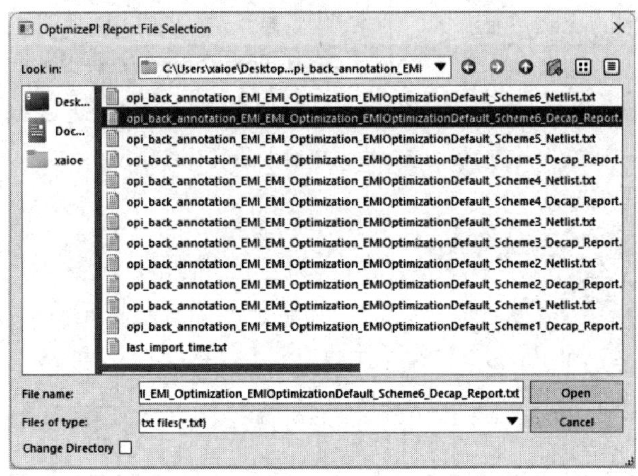

图 10-11-1 “OptimizePI Report File Selection”对话框

（2）在“Back Annotate Decaps from OptimizePI”对话框中单击“Back Annotate”按钮，弹出图 10-11-2 所示的“Place DeCaps from OptimizePI”对话框。

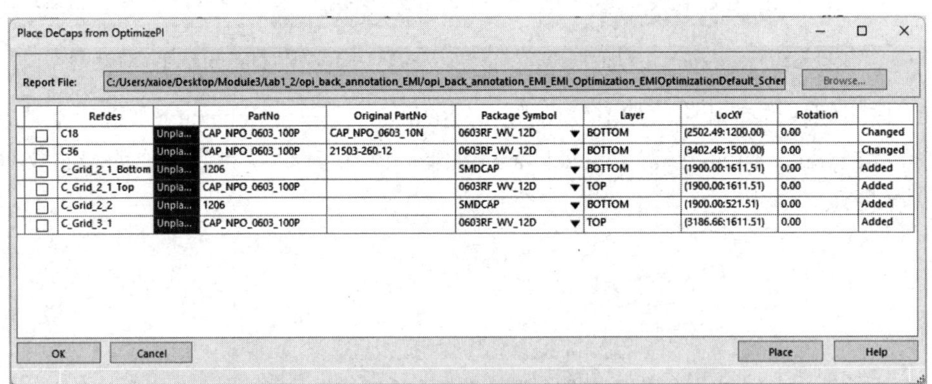

图 10-11-2 “Place DeCaps from OptimizePI”对话框

（3）选中 C18，在 Allegro 软件的工作区中将会看到 C18 的位置，单击图 10-11-2 所示对话框右下角的“Place”按钮，完成电容放置，这时电容 C18 的放置状态由“Unplaced”变为“Placed”，如图 10-11-3 所示，按照同样的方法放置其他电容。

	Refdes	
☐	C18	Placed
☐	C36	Unplac...
☐	C_Grid_2_1_Bottom	Unplac...
☐	C_Grid_2_1_Top	Unplac...
☐	C_Grid_2_2	Unplac...

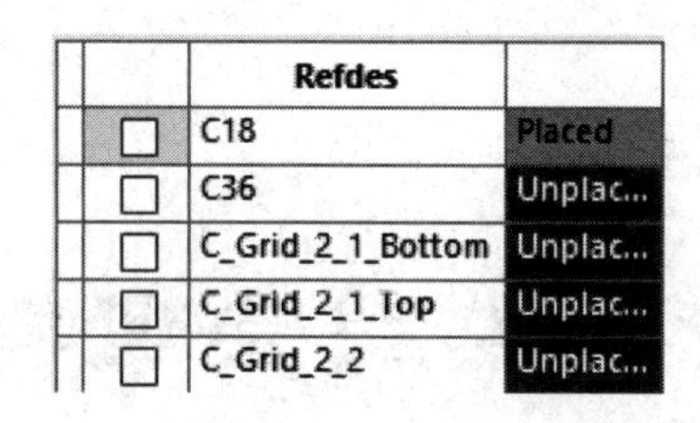

图 10-11-3　电容 C18 的放置状态变为“Placed”

10.12　本章思考题

（1）如何利用仿真结果报告，查看元件的布局和相关的 DRC 错误？

（2）如何复用分析时的相关设置？

（3）如何基于批处理模式运行 PowerDC？

（4）如何在基于层叠模型的集成电路设计时添加一系列的去耦电容来满足目标阻抗值的要求？

（5）仿真时去耦电容约束相关设计的方法有哪些？

（6）如何将 Optimize PI（OPI）中去耦电容分布的最优化结果回注到 Allegro PI Base 中？

第11章 分析模型管理器和协同仿真

11.1 学习目标

本章介绍 PowerDC 中的分析模型管理器（Analysis Model Manager，AMM），主要包括 AMM overview、Standalone AMM updata 和 Model assignment 三部分的内容。

AMM 被视为所有的 Sigrity 工具和 Allegro SI/PI 工具的通用分析模型管理器平台，目前 AMM 已经在 OPI/PSI 中部分实现，这里我们主要关注在 PI Base 中 AMM 和 PowerDC 的结合，在 AMM 中包括 IC 和 VRM 等一些类型的模型。

AMM 可以作为一个独立的可执行文件运行，可以使用独立的 AMM 来获得部分模型的数据。AMM 具有多个外部库和一个工程库，不具有模型分配功能，可以直接打开一个 AMM 库文件或从一个文件夹中打开一个库。

另外，还介绍了在 PI Base 中的其他类型的增强方法，例如导入/导出焊盘数据和将 PDC 全局报告导入 PI Base 中等，对于一个封装如何利用 PowerDC 来提取热电阻网络，如何利用提取的模型在 PowerDC 中进行 PCB 系统级的协同仿真。

11.2 在 PowerDC 中使用 DC Settings AMM

【使用工具】Allegro Sigrity PI 和 PowerDC。

【使用文件】PDC_labs\Module4\Lab 1\amm_demo.brd。

（1）打开“PCB Editor 17.4”，在弹出的对话框中选择“Allegro Sigrity PI”，如图 11-2-1 所示，单击“OK”按钮关闭对话框。

（2）在弹出的 Allegro Sigrity PI 窗口中，执行菜单命令“File”→“Open...”，打开工程文件 PDC_labs\Module4\Lab1\amm_demo.brd，设置“Active Class and Subclass”中的 Active Class 为“Etch”，Subclass 为“Bottom”，如图 11-2-2 所示。

（3）执行菜单命令“Display”→“Element”，保证 Find 下只有“Comps”被选中，单击主界面中的“U1”，将会弹出“Show Element”窗口，显示 U1 的信息，如图 11-2-3 所示，可以看到“ASI_MODEL”属性和 U1 关联起来，关闭该窗口。

（4）执行菜单命令“Analyze”→“DC Analysis Interactive Mode...”，弹出图 11-2-4 所示的“Net Selection and Simulation Options”对话框，单击“OK”按钮关闭对话框，进入 PowerDC 界面。

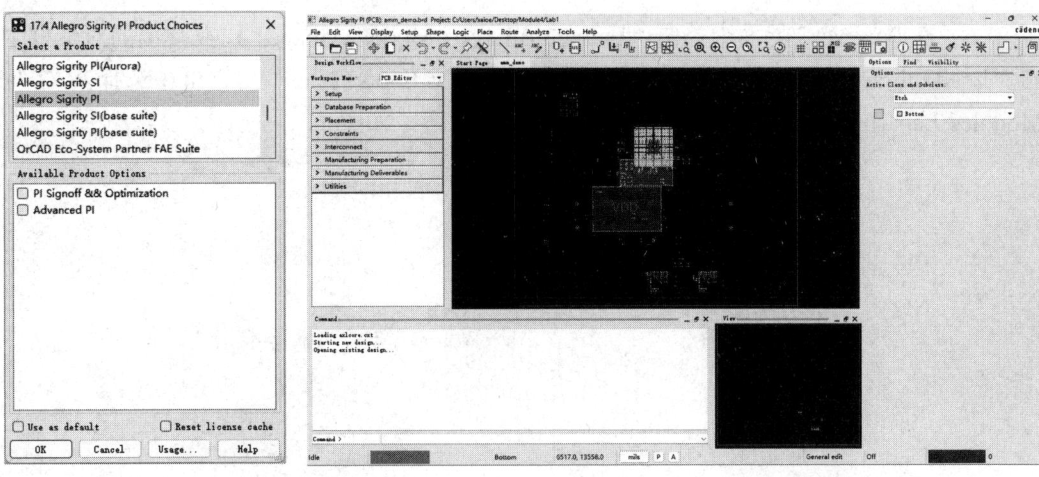

图 11-2-1　选择“Allegro Sigrity PI”　　　　图 11-2-2　打开 amm_demo.brd 文件

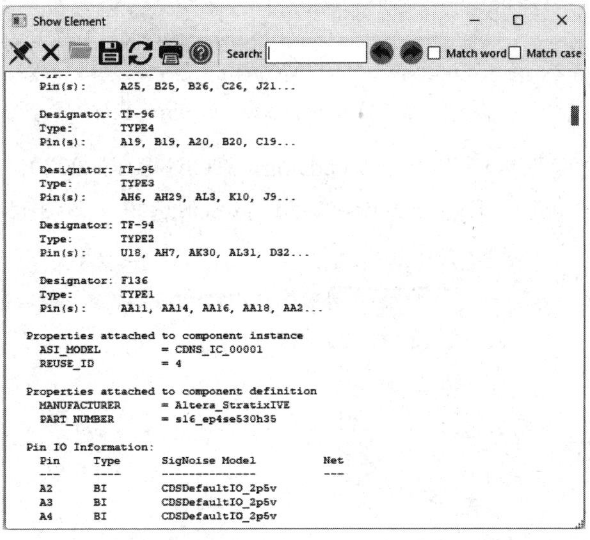

图 11-2-3　显示 U1 的信息

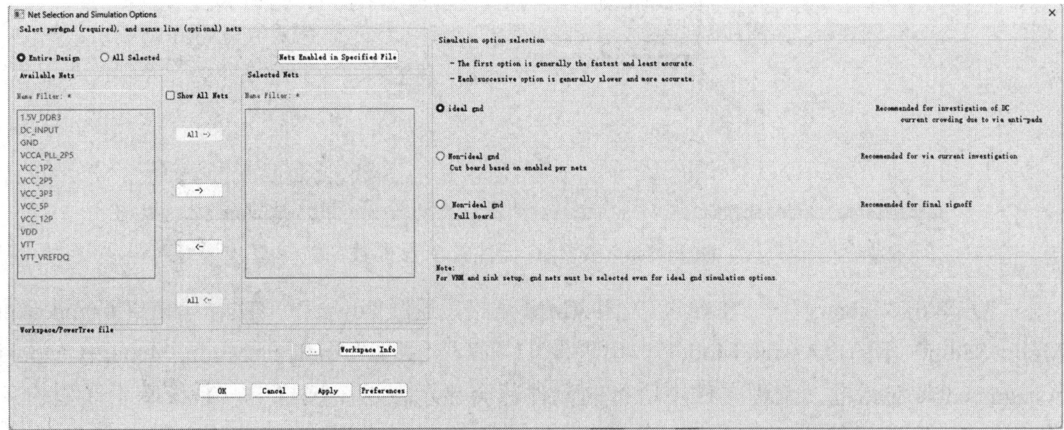

图 11-2-4　“Net Selection and Simulation Options”对话框

（5）在 PowerDC 界面中单击“Launch Analysis Model Manager”，在弹出的对话框中单击“Load Library File”按钮，在打开的“Open AMM Import Files”对话框中选择 PDC_labs\Module4\Lab1\pinbasedamm.amm，单击“打开”按钮，如图 11-2-5 所示。

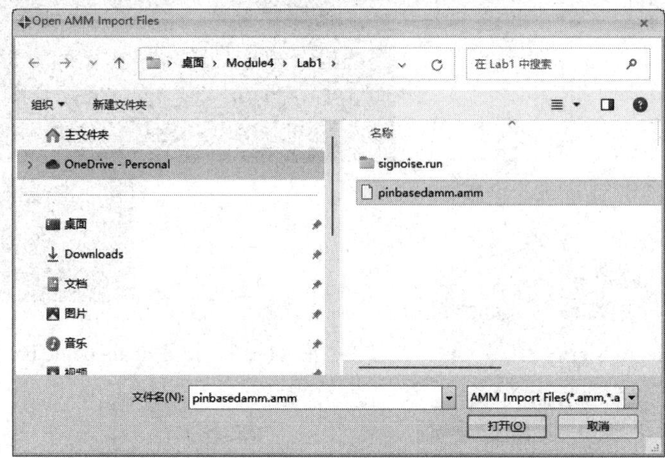

图 11-2-5　打开 pinbasedamm.amm 文件

（6）单击“IC”选项卡中的“pinbasedamm”“CDNS_IC_00001”“DC Model”，查看 IC 元件的 Sink 参数，保证“By Pin Name”单选按钮被选中，如图 11-2-6 所示。

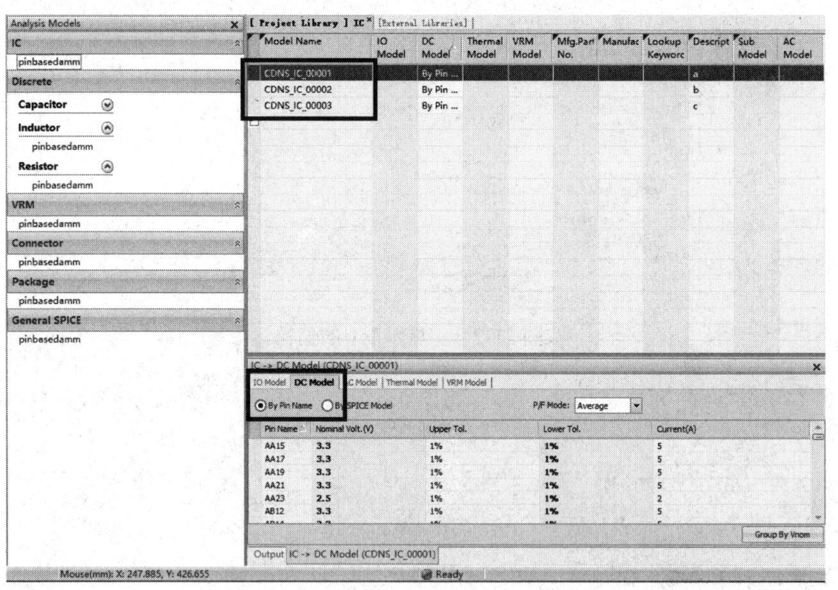

图 11-2-6　查看 IC 元件的 Sink 参数

（7）单击“Library”→“Exit”，关闭 AMM 表格，返回 PowerDC 界面，单击“Component Model Setup”下的“Assign Model”，出现图 11-2-7 所示的“Analysis Model Manager-Model Assignment”对话框，工程文件中所有的元件都会显示在这个表格中，系统基于模型的名称将会自动匹配元件和 AMM 库。

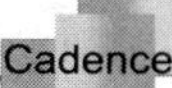

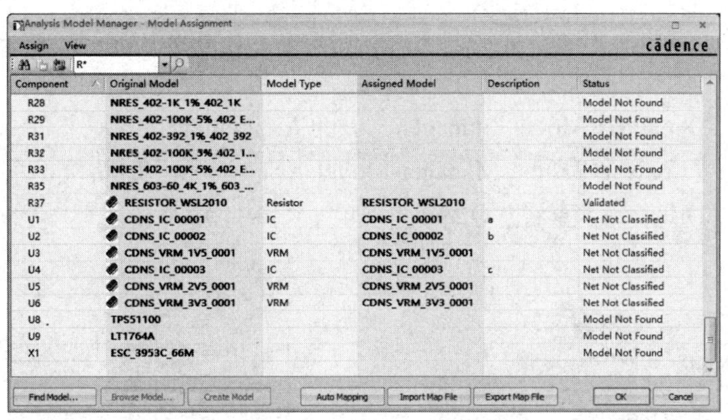

图 11-2-7　“Analysis Model Manager - Model Assignment”对话框

（8）单击按钮后将能看到所有的元件基于模型或元件实例显示在表格中，如图 11-2-8 所示。

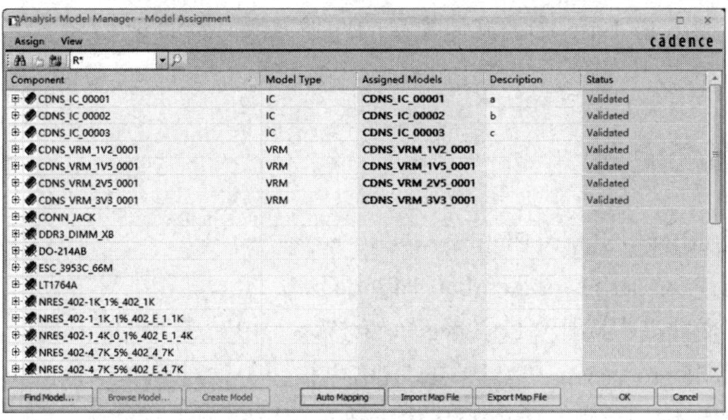

图 11-2-8　基于模型显示

（9）单击“Component”，基于元件的名称来归类所有的元件；单击“Status”，基于模型的状态来归类所有的元件，保证所有处于“Validated”状态的元件位于表格的上方，如图 11-2-9 所示。

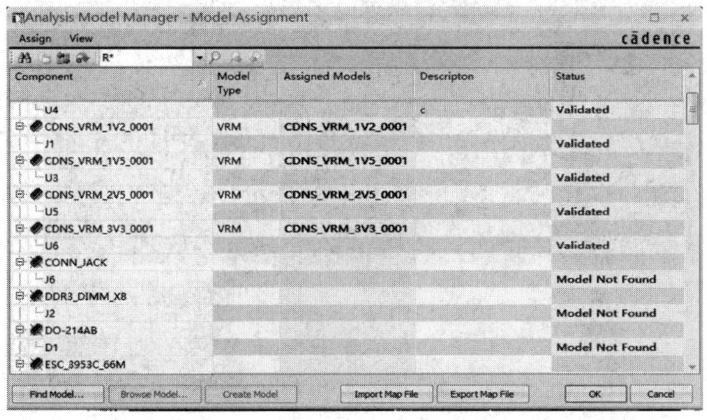

图 11-2-9　处于“Validated”状态的元件置顶显示

（10）在“Layer Selection”选项卡中将层切换到“Bottom”层，同时保证没有被选中，如图 11-2-10 所示。

（11）选择“Analysis Model Manager-Model Assignment”对话框中的“R20”，单击“OK”按钮关闭“Analysis Model Manager-Model Assignment”对话框，系统将会自动生成 VRMs、Sinks 和 Discretes，查看“Output”，如图 11-2-11 所示。

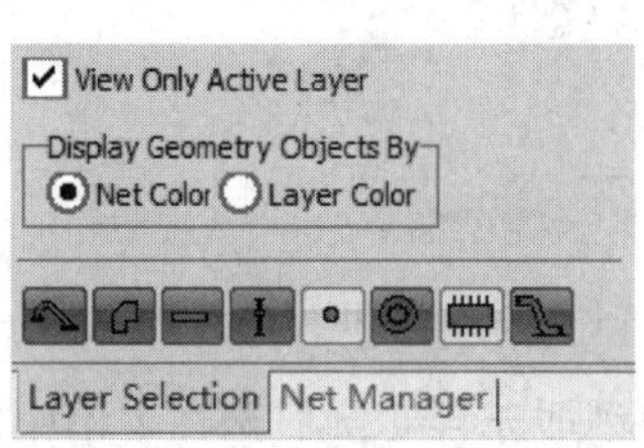

图 11-2-10 Layer Selection 设置

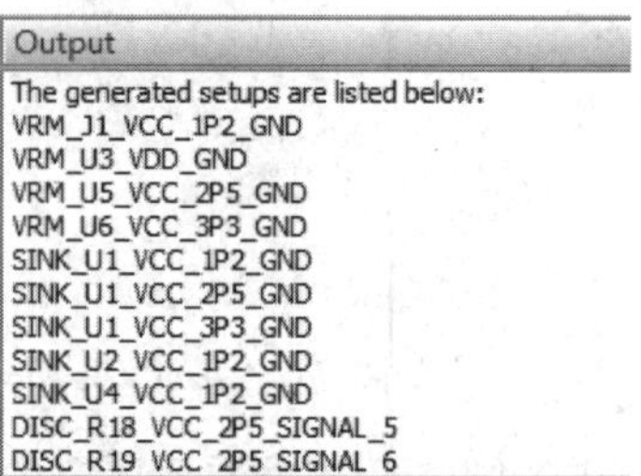

图 11-2-11 Output 显示

接着介绍一些在 PI Base 中的其他类型的增强方法，例如导入/导出焊盘数据和将 PDC 全局报告导入 PI Base 中等。

11.3 增量布局更新

【使用工具】Allegro Sigrity PI 和 PowerDC。

【使用软件】PDC_labs\Module5\Lab 1\PI_dc.brd。

（1）在程序文件夹中选择“Cadence PCB 17.4-2019”→“PCB Editor 17.4”，在弹出的对话框中选择“Allegro Sigrity PI”，单击“OK”按钮关闭对话框。

（2）在弹出的 Allegro Sigrity PI 窗口中，执行菜单命令“File”→“Open...”，打开工程文件“PDC_labs\Module5\Lab 1\PI_dc.brd”，如图 11-3-1 所示。

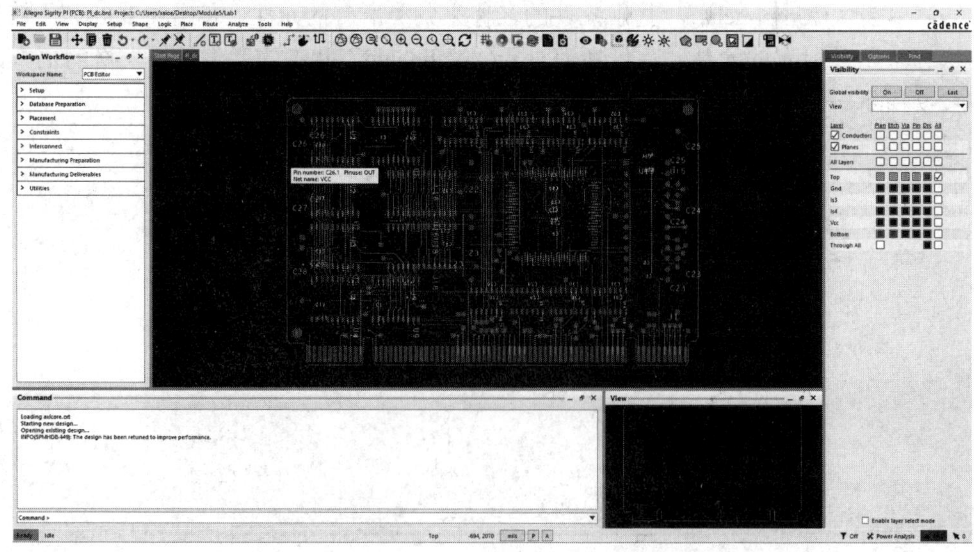

图 11-3-1 打开 PI_dc.brd 文件

（3）执行菜单命令“Analyze”→“PowerDC...”，弹出“XNet Selection”对话框，如图 11-3-2 所示。单击“OK”按钮，关闭“XNet Selection”对话框，返回 PowerDC 界面，如图 11-3-3 所示。

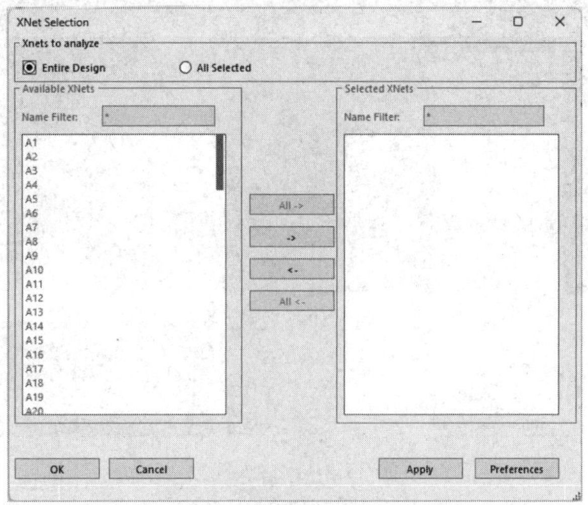

图 11-3-2　“XNet Selection”对话框

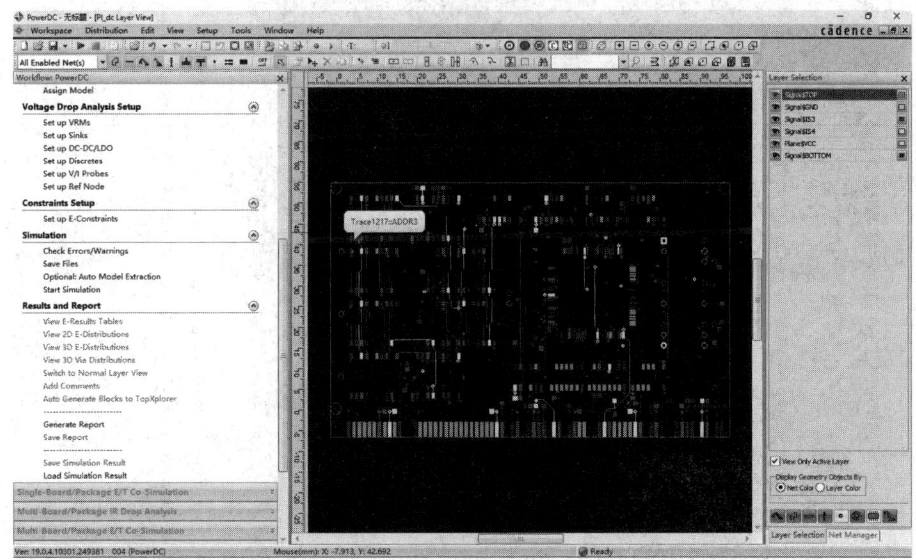

图 11-3-3　PowerDC 界面

（4）回到 Allegro Sigrity PI 窗口，保证“Find”页面中只有“Clines”复选框被勾选，单击左下角的连线，从弹出的菜单中选择“Change Width...”，将线宽的值设置为“24”，如图 11-3-4 所示。

（5）回到 PowerDC 界面，选择“Net Manager”→“VCC”，单击鼠标右键，选择“Updata Selected Nets”，将会在 PowerDC 界面中看到对应的线宽的改变（图中左下角箭头所指），如图 11-3-5 所示。

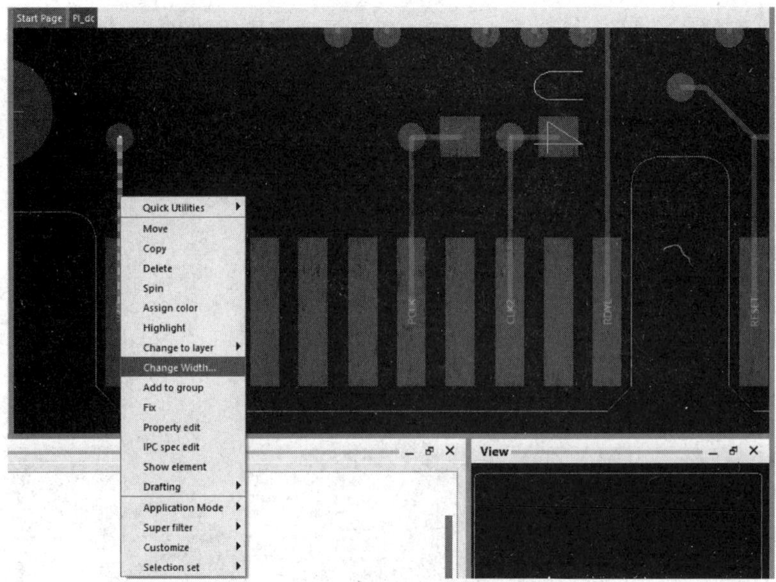

图 11-3-4　修改线宽

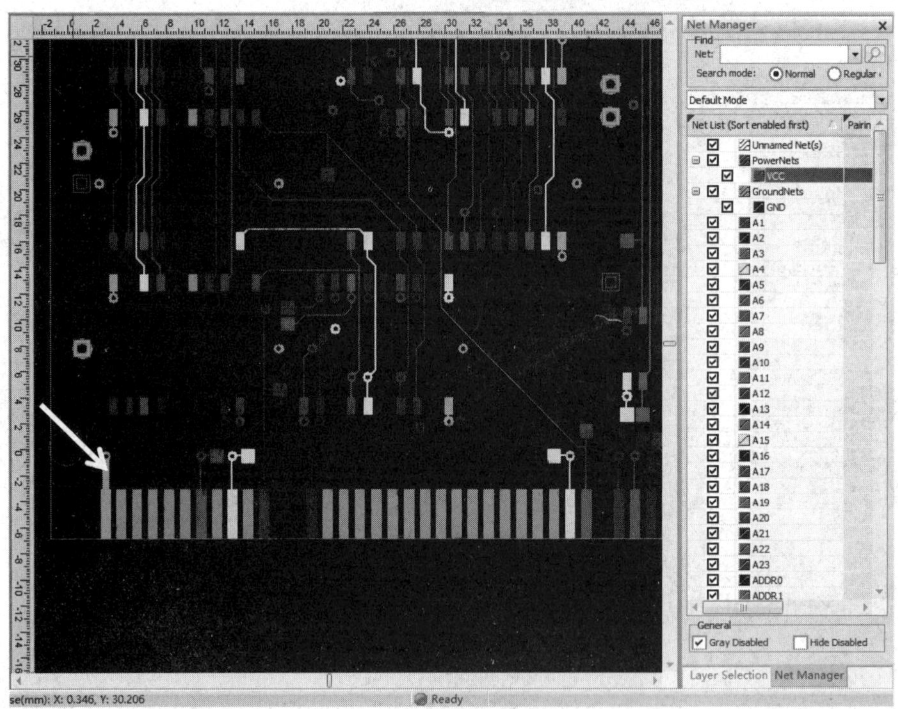

图 11-3-5　在 PowerDC 界面中显示线宽改变

（6）回到 Allegro Sigrity PI 窗口，保证“Visibility”页面中只有“Gnd”层可见，如图 11-3-6 所示。

（7）执行菜单命令“Shape”→“Manual Void”→“Rectangle”，在界面中选中一个矩形区域，即如图 11-3-7 所示的矩形框。

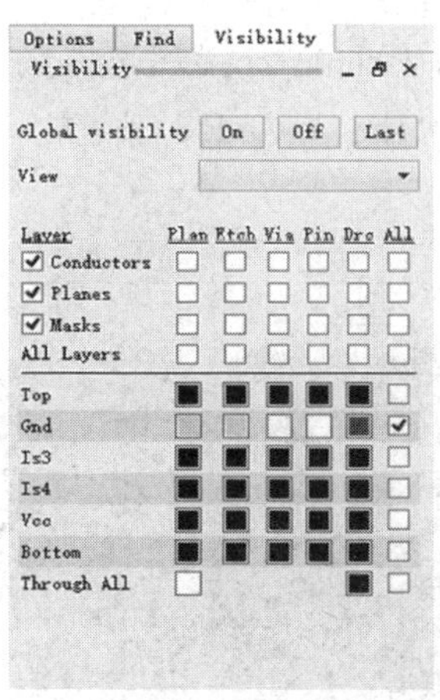

图 11-3-6　Visibility 页面设置

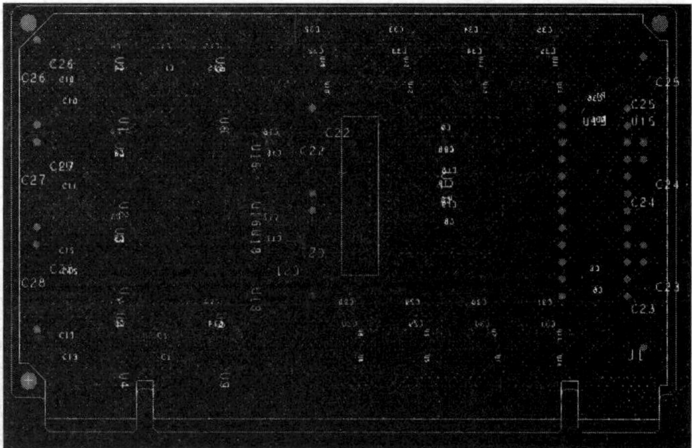

图 11-3-7　选中矩形区域

（8）回到 PowerDC 界面中，选择“Net Manager”→“GND”，单击鼠标右键，选择“Updata Selected Nets”，布局将会自动更新，如图 11-3-8 所示。

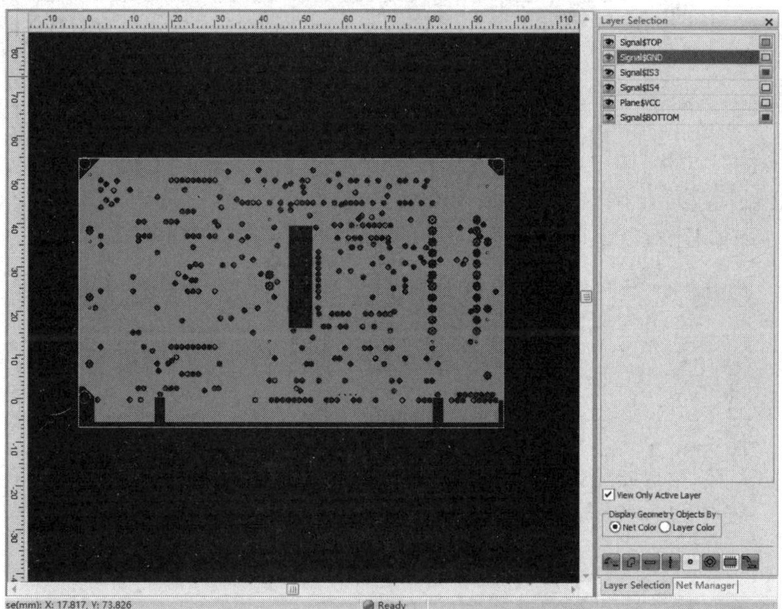

图 11-3-8　PowerDC 界面中布局更新

最后介绍对于一个封装，如何利用 PowerDC 来提取热电阻网络，以及如何利用提取的模型在 PowerDC 中进行 PCB 系统级的协同仿真。

11.4　封装信息的协同提取

【使用工具】 PowerDC。

【使用软件】 PDC_labs\Module6\Lab 1\demo_co_extract.pdcx。

（1）打开“Cadence Sigrity 2019”，单击“PowerDC”，打开 PowerDC 界面。在打开的界面

中单击“Workspace”→“Open...”，打开“PDC_labs\Module6\Lab 1\demo_co_extract.pdcx”，打开之前确保 Simulation Mode 选项卡中的“Enable E/T Co-ExtRaction Mode”被选中，如图 11-4-1 所示。

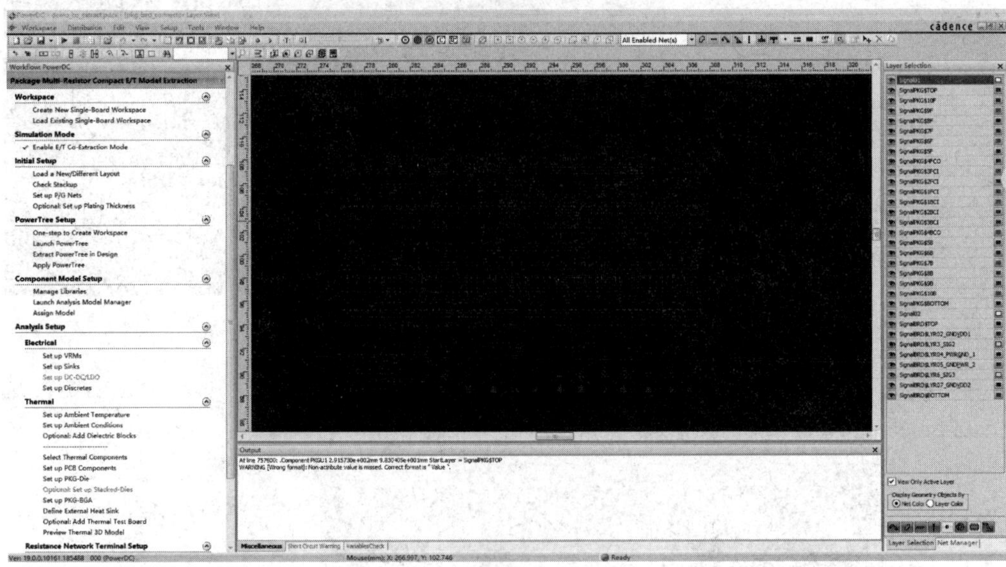

图 11-4-1　打开 demo_co_extract.pdcx 文件

（2）检查电气设置，确保“Set up VRMs”、“Set up Sinks”和“Set up Discretes”的设置分别如图 11-4-2~图 11-4-4 所示。

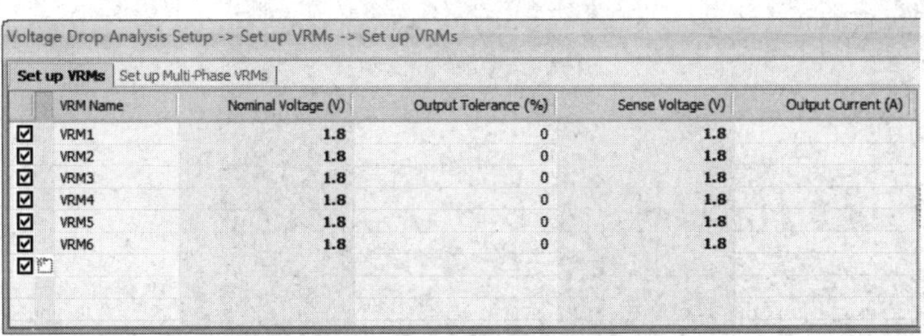

Voltage Drop Analysis Setup -> Set up VRMs -> Set up VRMs

Set up VRMs | Set up Multi-Phase VRMs

	VRM Name	Nominal Voltage (V)	Output Tolerance (%)	Sense Voltage (V)	Output Current (A)
☑	VRM1	1.8	0	1.8	
☑	VRM2	1.8	0	1.8	
☑	VRM3	1.8	0	1.8	
☑	VRM4	1.8	0	1.8	
☑	VRM5	1.8	0	1.8	
☑	VRM6	1.8	0	1.8	

图 11-4-2　“Set up VRMs”设置

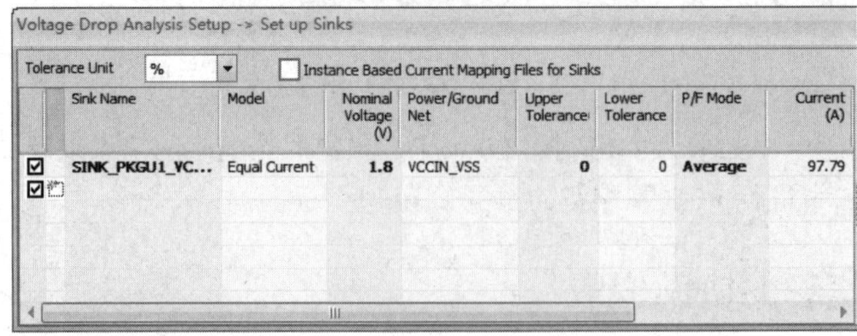

Voltage Drop Analysis Setup -> Set up Sinks

Tolerance Unit %　☐ Instance Based Current Mapping Files for Sinks

	Sink Name	Model	Nominal Voltage (V)	Power/Ground Net	Upper Tolerance	Lower Tolerance	P/F Mode	Current (A)
☑	SINK_PKGU1_VC...	Equal Current	1.8	VCCIN_VSS	0	0	Average	97.79

图 11-4-3　“Set up Sinks”设置

（3）单击“Select Thermal Components”，弹出“Component Manager”对话框，保证“PKGA1”“PKGU1”和所有的 VRMs 都被选中，如图 11-4-5 所示。

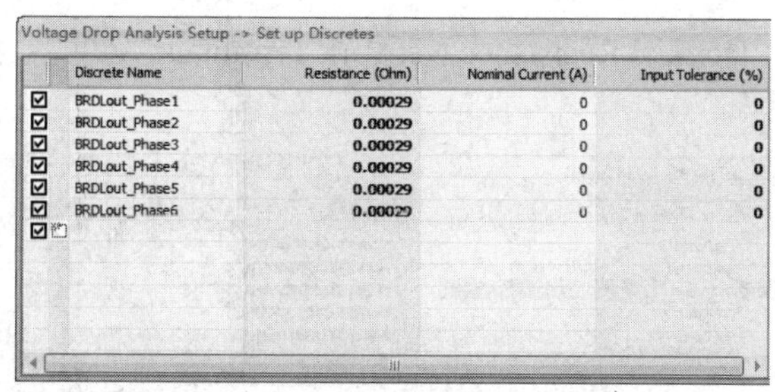

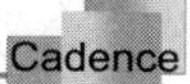

图 11-4-4 “Set up Discretes”设置

（4）单击“Set up PCB Components”，保证所有的 VRMs 的设置如图 11-4-6 所示。

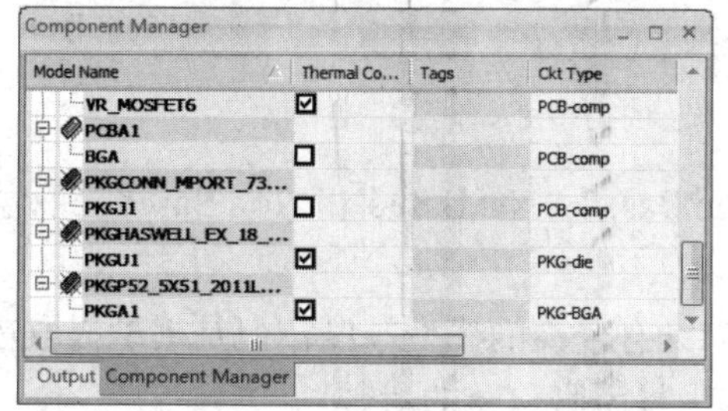

图 11-4-5 “Component Manager”对话框设置

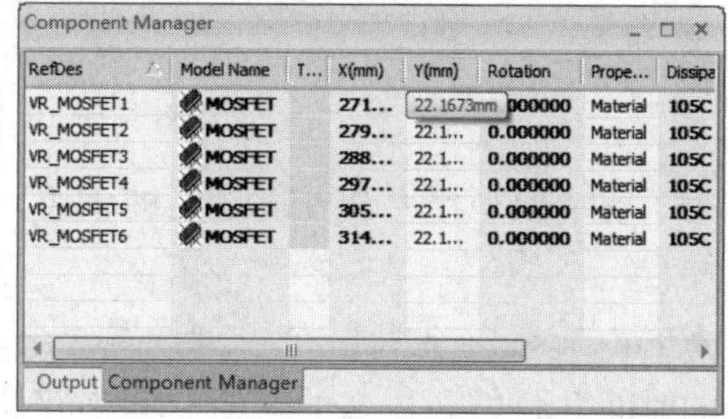

图 11-4-6 所有的 VRMs 的设置

（5）单击“Set up PKG-Die”，保证设置如图 11-4-7 所示。

（6）单击“Set up PKG-BGA”，保证设置如图 11-4-8 所示。

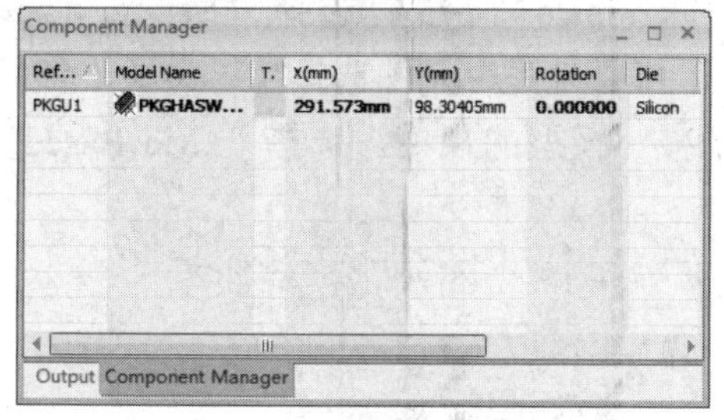

图 11-4-7 Set up PKG-Die 设置

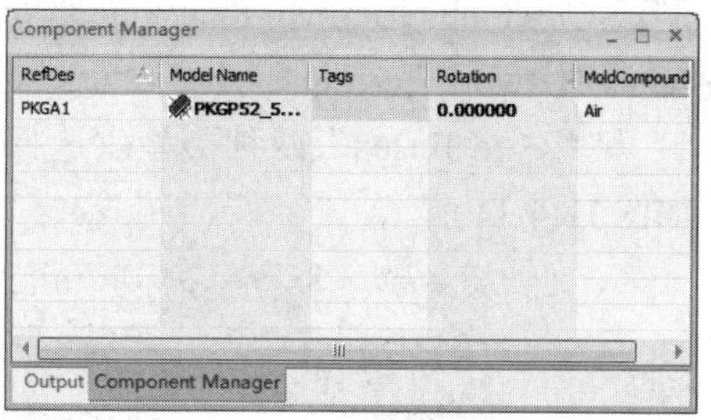

图 11-4-8 Set up PKG-BGA 设置

（7）布局包括封装信息和参考板的信息，而我们只需要提取封装模型，故添加一个虚拟的称为“BGA”的元件在顶层。单击“Define External Heat Sink”，将看到“PKGA1”新增加了“PKGA1_HeatSink”，如图 11-4-9 所示。

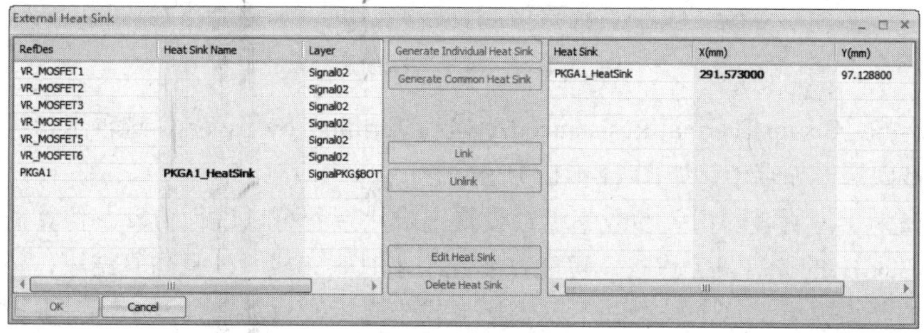

图 11-4-9 新增加的 PKGA1_HeatSink

（8）单击“Set up Electrical Resistance Network Terminals”，可以为每个元件添加端子的类型，如图 11-4-10 所示。

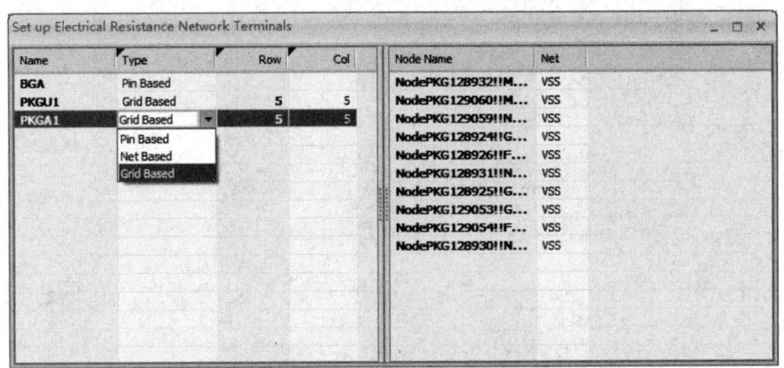

图 11-4-10　添加端子的类型

为了解决模型精度和性能之间的矛盾，有 Pin Based、Net Based 和 Grid Based 三种类型供选择。

◆ Pin Based：为每一个引脚设置一个端子，具有较高的模型精度，但是模型提取需要大量的时间并且需要更多的存储空间来存储具有大量引脚信息的封装。

◆ Net Based：为系统中的同一网络设置一个端子，具有较好的模型精度和性能。

◆ Grid Based：每一层网络都将被视为一个端子，能快速地提取模型但是模型精度较差。

单击“Set up Thermal Resistance Network Terminals”，然后选择“Set up Thermal Resistance Network Terminal by Circuits”选项卡，可以为每个元件选择端子类型，有“Pin Based”和“Grid Based”两种类型供选择，为了减小模型的规模，选择“Grid Based”类型，如图 11-4-11 所示。

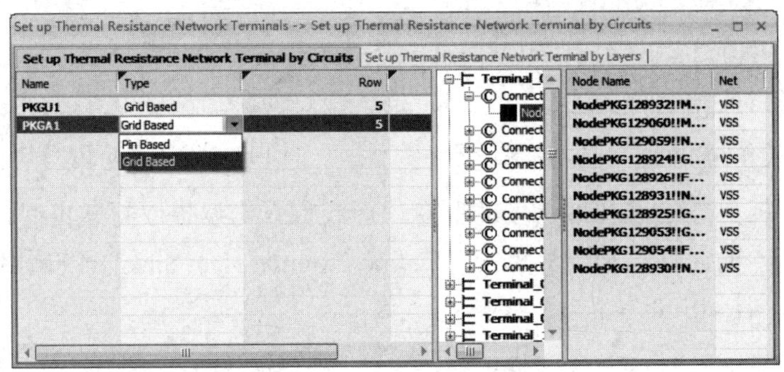

图 11-4-11　端子类型的选择

（9）选择“Set up Thermal Resistance Network Terminal by Layers”选项卡，可以明确地为封装的基底层添加端子，如图 11-4-12 所示。

到现在为止，所有的相关参数都已经设置完成，接着可以进行仿真。仿真需要在内存空间超过 32GB 的计算机上进行，可能需要几个小时来完成。一旦仿真结束，将会得到一个多电阻的网络模型。这个模型并不以表格形式来表示，只能在 PowerDC 中被打开和使用，并且模型涉及热电阻网络模型和电流与功率损耗效应。

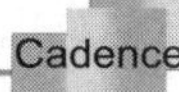

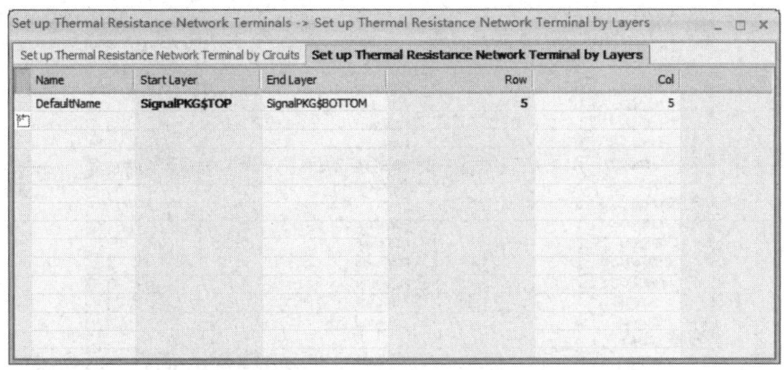

图 11-4-12　为封装的基底层添加端子

11.5　对于提取出的模型的协同仿真

【使用工具】 Sigrity Power DC。

【使用软件】 PDC_labs\Module6\Lab2\test_co_sim.pdcx。

（1）打开“Cadence Sigrity 2019”，单击“PowerDC”，打开 PowerDC。在打开的界面中单击“Single-Board/Package E/T Co-Simulation”→“Load Existing Single-Board Workspace”，在弹出的对话框中选择 PDC_labs\Module6\Lab2\test_co_sim.pdcx，如图 11-5-1 所示，单击“打开”按钮，这时的 PowerDC 界面如图 11-5-2 所示。

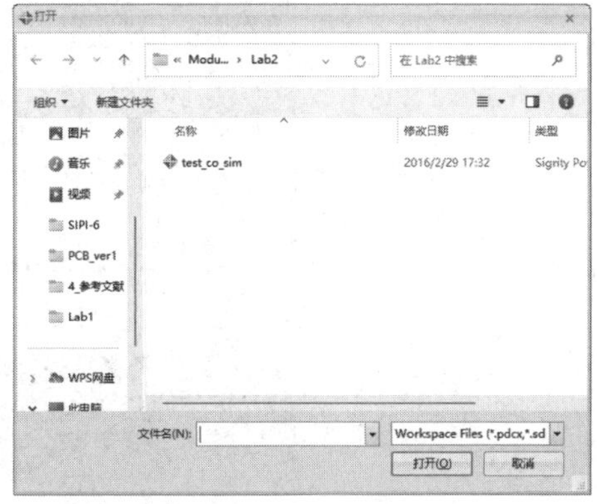

图 11-5-1　打开 test_co_sim.pdcx 文件

（2）单击“Select Thermal Components”，弹出“Component Manager”对话框，保证所有的 VRMs 和 BGA 元件都被选中，如图 11-5-3 所示。

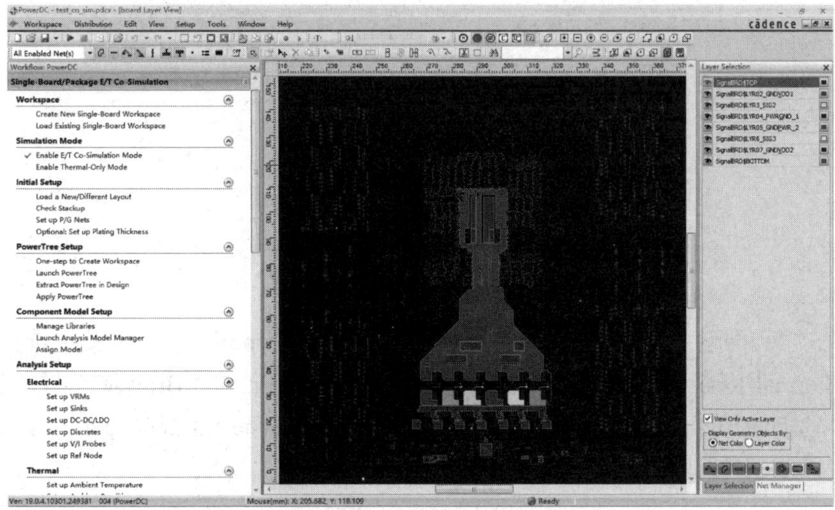

图 11-5-2　PowerDC 界面

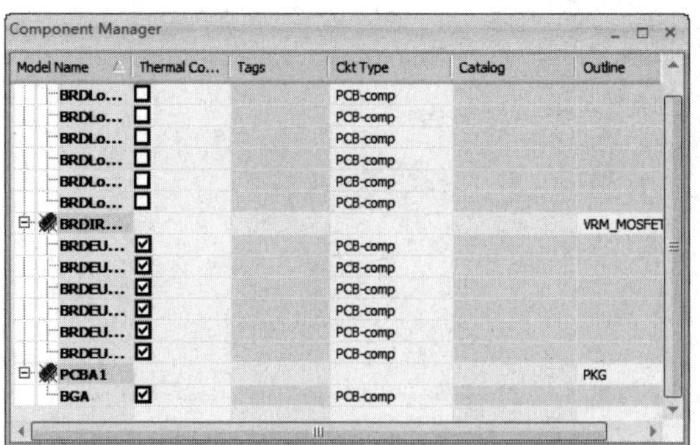

图 11-5-3 “Component Manager”对话框

（3）单击“Set up PCB Components”，保证所有的 VRMs 的设置如图 11-5-4 所示。然后单击“Property”下面的“Material”，弹出图 11-5-5 所示的“Property”对话框。

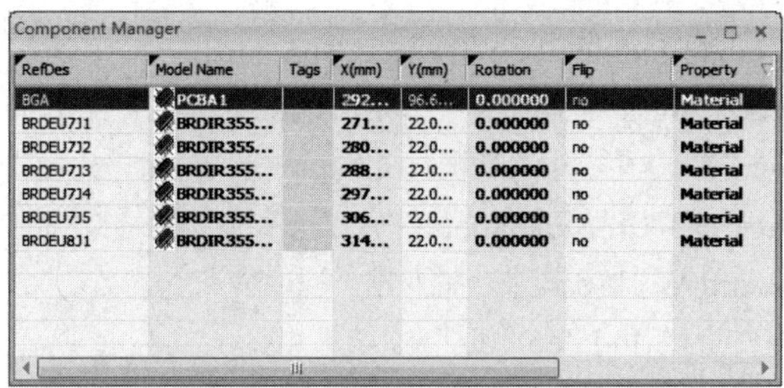

图 11-5-4 所有的 VRMs 的设置

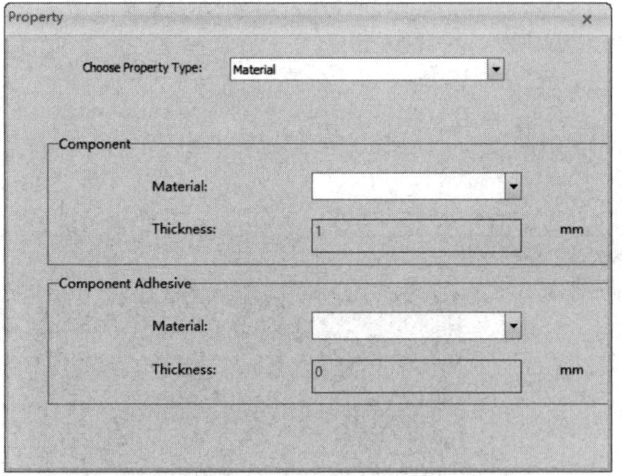

图 11-5-5 “Property”对话框

（4）在“Property”对话框中的“Choose Property Type”下拉列表中选择“Sigrity Electrical-Thermal Resistance Model”，单击“File Path”后面的“Browse...”按钮，设置打开路径为“Module2/Lab2/demo_co_extract_PackageElectricalThemalModel.petm”，如图 11-5-6 所示，单击“OK”按钮关闭“Property”对话框。

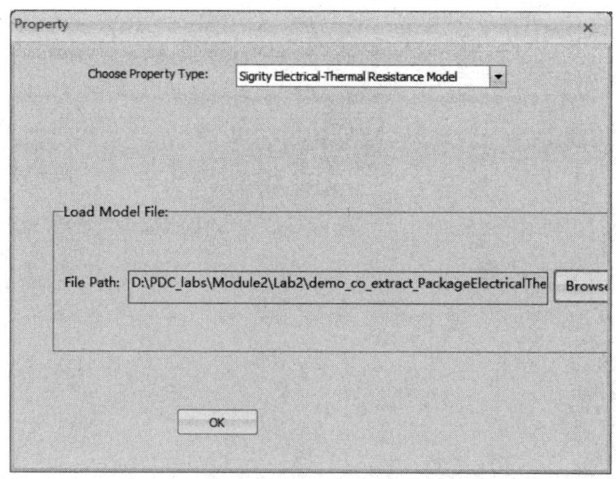

图 11-5-6　“Property”对话框设置

（5）执行菜单命令“Setup”→“Component Manager”，在“Component Manager”对话框中选择“BGA”，单击“Edit”按钮，如图 11-5-7 所示，将会弹出图 11-5-8 所示的“Edit Model”对话框。

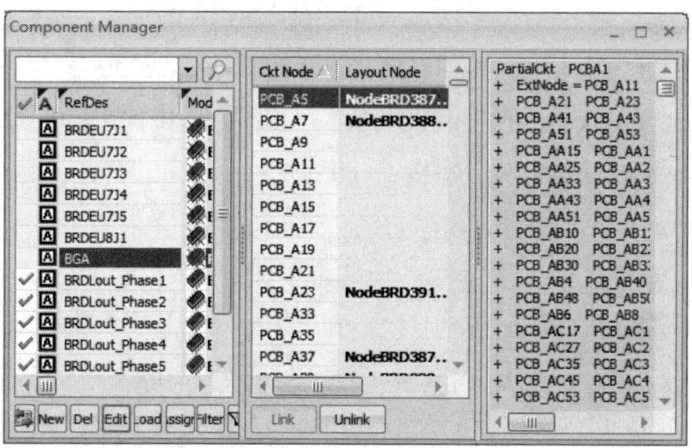

图 11-5-7　“Component Manager”对话框

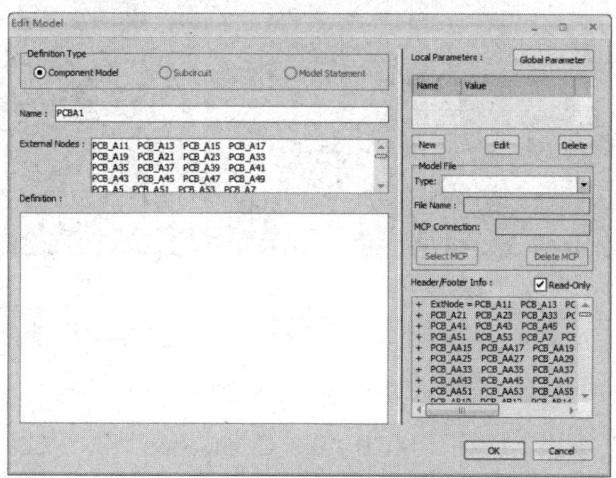

图 11-5-8　“Edit Model”对话框

（6）在“Edit Model”对话框中通过下拉列表将“Model File”区域的“Type”设置为

“MCP-Sigrity Model Connection Protocol”，然后单击“Select MCP”按钮，将会出现图 11-5-9 所示的“MCP Editor”对话框。

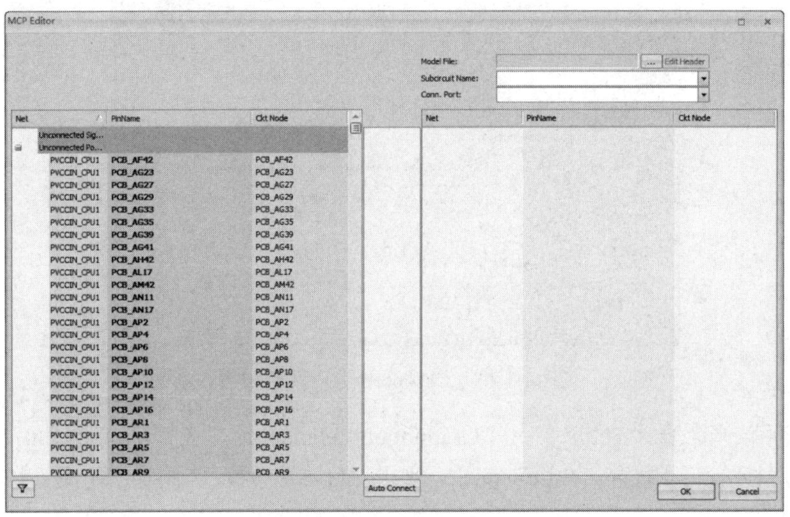

图 11-5-9 “MCP Editor”对话框

（7）在“MCP Editor”对话框中将“Model File”的路径设置为“Module6/Lab2/demo_co_extract_PackageElectricalThemalModel.petm”。然后单击“Auto Connect”按钮，弹出“MCP Auto Connection”对话框，如图 11-5-10 所示。选中“Pin name match”单选按钮，如图 11-5-11 所示。

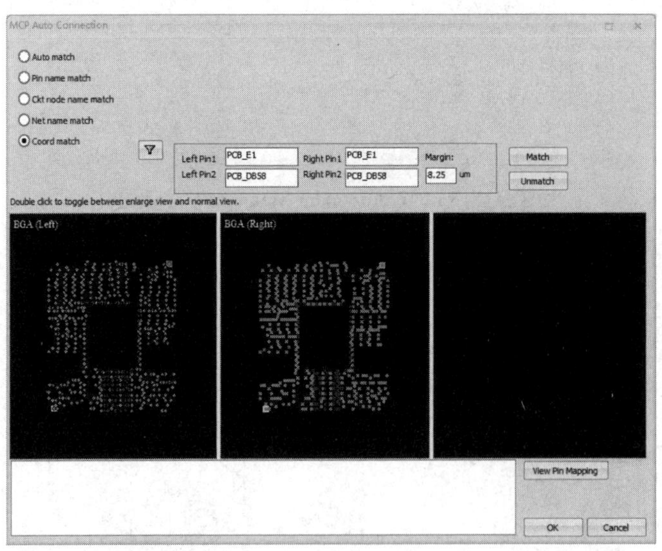

图 11-5-10 “MCP Auto Connection”对话框

（8）单击“OK”按钮，关闭“MCP Auto Connection”对话框，继续单击“OK”按钮，关闭“MCP Editor”对话框。这时的“Edit Model”对话框如图 11-5-12 所示，单击“OK”按钮关闭“Edit Model”对话框。

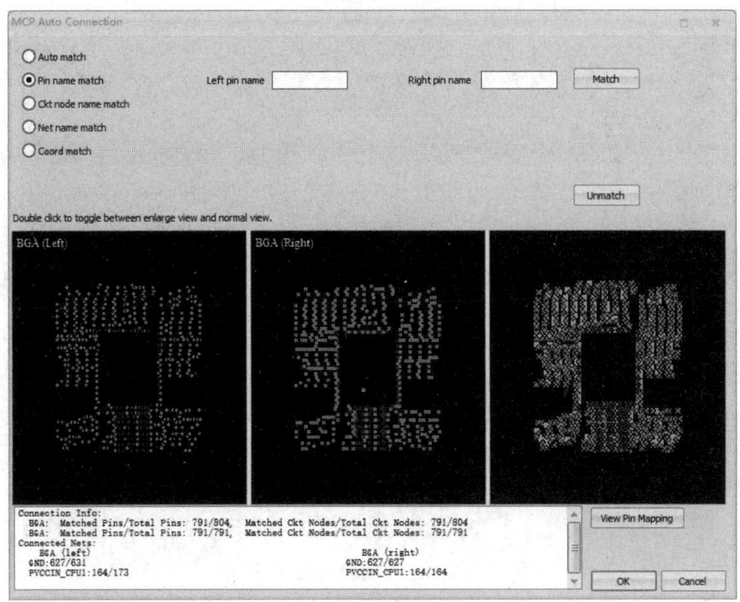

图 11-5-11　选中“Pin name match”单选按钮

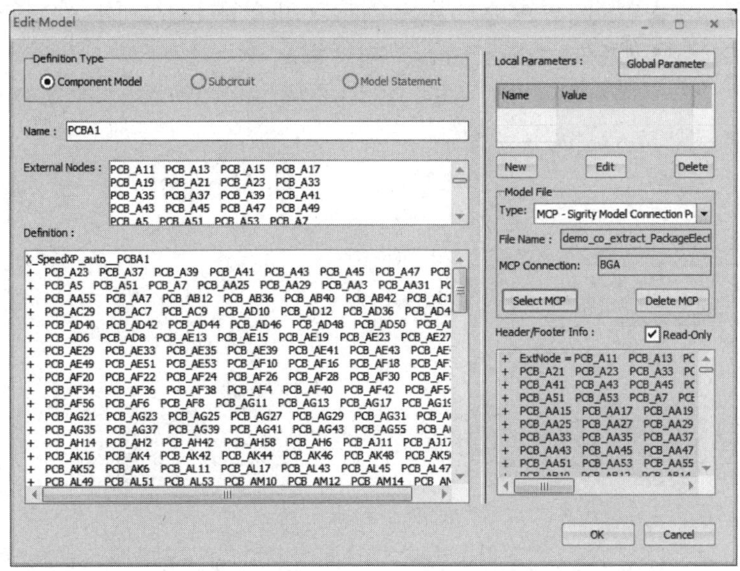

图 11-5-12　参数设置完毕的“Edit Model”对话框

（9）返回“Component Manager”对话框，单击按钮，可以看到BGA元件模型是有效的。选择“SpiceNetList”，单击“Edit”按钮，将会出现图 11-5-13 所示的“Edit Model”对话框。

（10）在“Definition”列表框中下滑滚动条到最后可以看到原始的漏电流导出模型，在这个模型中有一个全局变量“value_0”，通过改变这个变量的值来适应不同的漏电流导出模型，单击“Global Parameter”按钮可改变这个值。将“value_0”的值从“97.79A”变为“110A”，如图 11-5-14 所示。

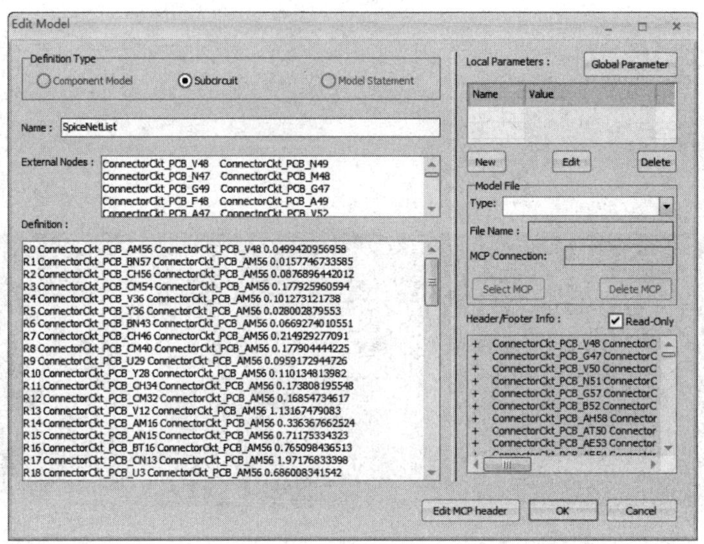

图 11-5-13 “Edit Model”对话框

（11）单击“OK”按钮关闭“Macro Editing”对话框，再单击“OK”按钮关闭“Edit Model”对话框。单击“Set up PCB Components”，再单击 BGA 栏中“Dissipation”下的按钮，弹出图 11-5-15 所示的“Dissipation”对话框。

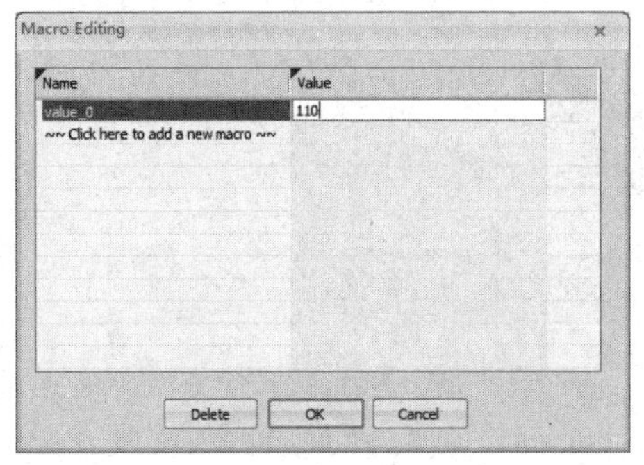

图 11-5-14 设置 value_0 的值

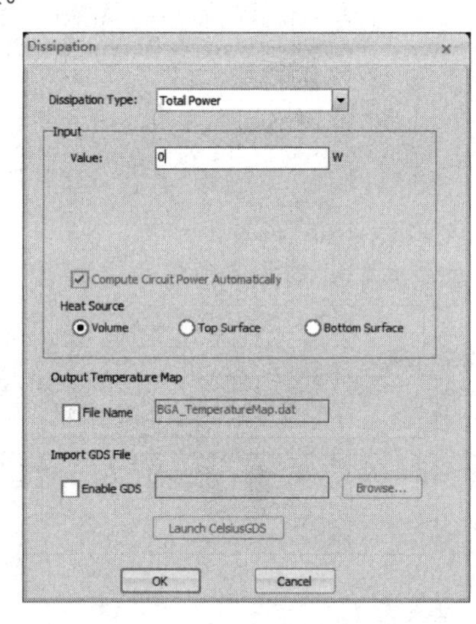

图 11-5-15 “Dissipation”对话框

（12）在“Dissipation”对话框中设置 Value 的值为“1.5”，确保“Compute Circuit Power Automatically”复选框被勾选，单击“OK”按钮关闭“Dissipation”对话框，这时 BGA 栏中“Dissipation”的值变为“1.5”。

现在可以进行仿真了，仿真需要计算机的内存至少为 24GB 并且会花费大约 10 分钟。为了实现快速仿真，可以在 PowerDC 界面中执行菜单命令“Tools”→“Options”→“Edit Options...”，在打开的“Options”对话框中单击“Simulation（Basic）”选项卡中的“Automation Result Savings”，保证“Automatically Save SignOff Report(.htm)”复选框没有被勾选，如图 11-5-16 所示，单击“OK”按钮关闭对话框。

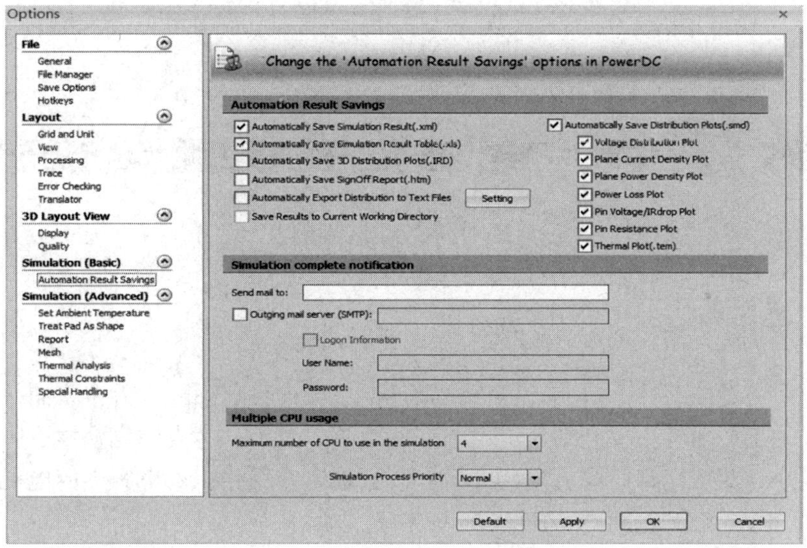

图 11-5-16　快速仿真设置

11.6　本章思考题

（1）PowerDC 中的分析模型管理器的组成及各部分的作用是什么？

（2）PI Base 中的其他类型的增强方法有哪些？

（3）如何在 PowerDC 中进行 PCB 系统级的协同仿真？

第12章 电源完整性优化设计

12.1 学习目标

本章介绍电源完整性方面的一些优化设计，主要内容包括以下五个方面：①电容器的回路电感，这部分内容主要介绍集成电路回路电感的分析；②电源完整性引脚电感，这部分内容主要介绍集成电路引脚的电感分析；③去耦电容优化；④电容器的电磁干扰优化；⑤通过增加 Dcaps 来提高 PDN 的性能。

12.2 电容器回路电感

【使用工具】 Sigrity 2019/OptimizePI。

【使用文件】 OptimizePI_lab/1_cap_loop_inductance/completed/board_cut.spd。

在集成电路设备中，电容器回路电感分析是最有效的评估电容器安装位置和安装结构的方法。这一方法包括以下三个方面的内容：

- Define ports at capacitors and IC devices：在电容器和集成电路设备上定义端口。
- Extract impedance matrix for these ports at 1MHz：在 1MHz 频率下提取端口的阻抗矩阵。
- Short one device or all device to measure the inductances observed from capacitors：针对一个设备或全部设备观察电容器的测量电感。

（1）打开“Cadence Sigrity 2019”，启动 OptimizePI。在打开的界面中执行菜单命令“Workspace”→“New...”，弹出“Select New Workspace Analysis Type”对话框，选中第 4 项的单选按钮，对集成电路设备电容器回路电感进行分析，如图 12-2-1 所示，单击“OK”按钮关闭对话框。

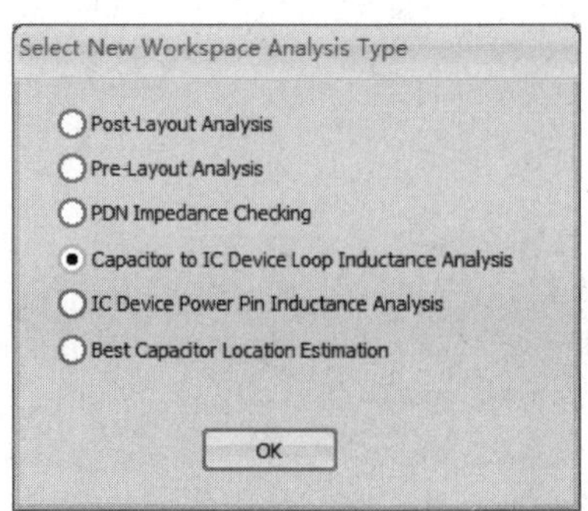

图 12-2-1 “Select New Workspace Analysis Type”对话框设置

（2）在界面左侧的选择栏中单击“Load New/Different Layout”，弹出“Attach Layout File”对话框，选中“Load an existing layout”单选按钮，如图 12-2-2 所示，单击“OK”按钮关闭对话框。

（3）在弹出的“Open Layout File”对话框中，选择 OptimizePI_lab/1_cap_loop_inductance/board_cut.spd，单击“OK”按钮关闭对话框，如图 12-2-3 所示。

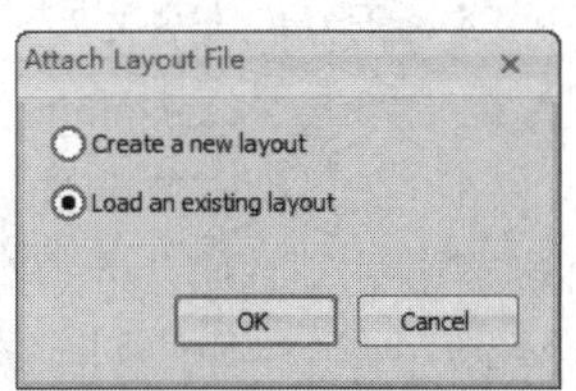

图 12-2-2　“Attach Layout File”对话框设置

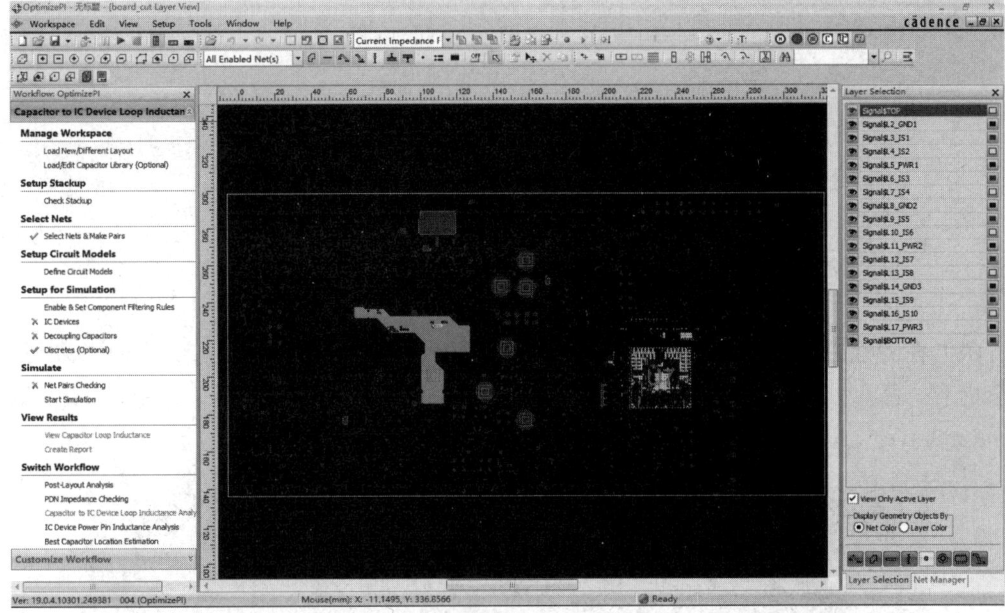

图 12-2-3　打开 board_cut.spd 文件

（4）在界面左侧的选择栏中单击“Select Nets & Make Pairs”，在界面右侧的“Net Manager”选项卡中可以看到“1.5V”被归类于“PowerNets”下，“GND”被归类于“GroundNets”下，“1.5V”和“GND”匹配在一起，如图 12-2-4 所示。

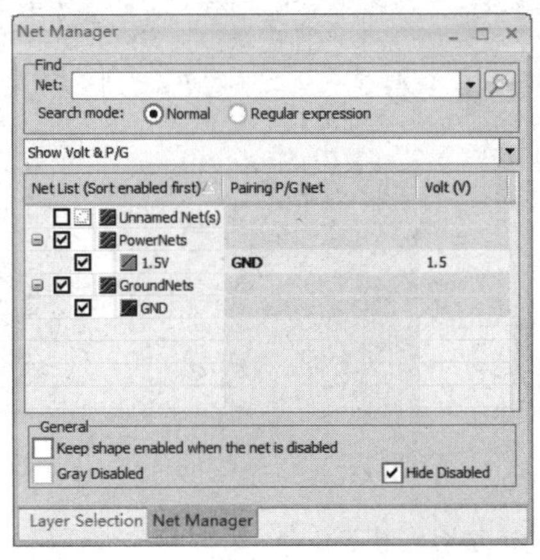

图 12-2-4　“1.5V”和“GND”匹配

（5）在界面左侧的选择栏中单击“Enable & Set Component Filtering Rules”，在弹出的对话框中勾选“Capacitors”和“IC Devices”复选框，单击“OK”按钮，如图 12-2-5 所示。

（6）在界面左侧的选择栏中单击“IC Devices”，在界面下方可以看到两个元件已经被自动识别出来，其中的“U7”是所需元件。选中“U36”，单击鼠标右键，选择“Remove”，移除该元件，在弹出的对话框中单击“是”按钮，确定移除，单击“OK”按钮完成对“IC Devices”的操作，如图 12-2-6 所示。

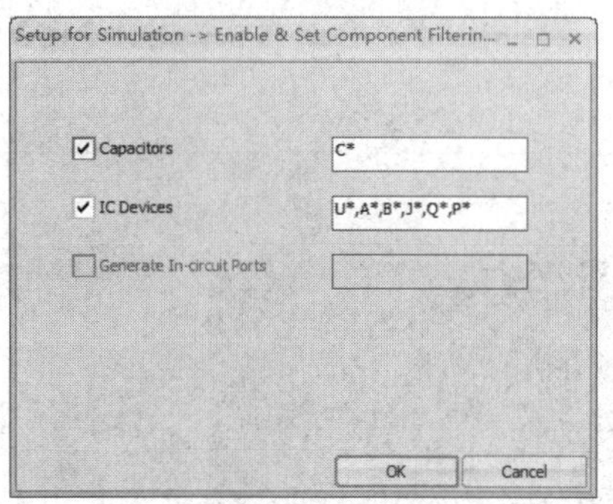

图 12-2-5　勾选“Capacitors”和“IC Devices”复选框

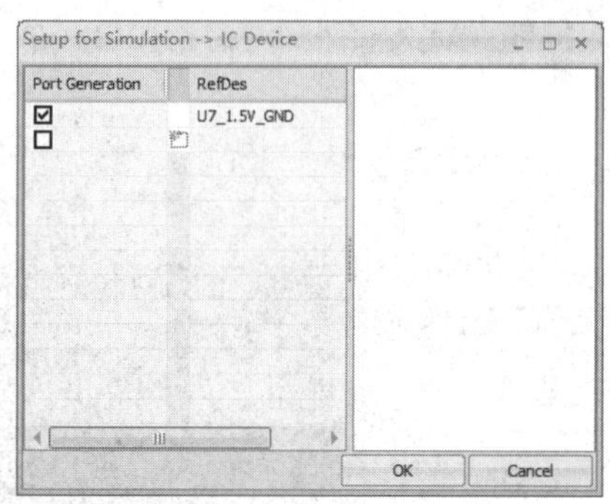

图 12-2-6　移除 U36 元件

（7）在界面左侧的选择栏中单击“Decoupling Capacitors”，任意选中界面下方列出的一个电容，按 Ctrl+A 组合键选中所有的电容。单击界面右侧的“Layer Selection”，选中“Bottom Layer”单选按钮，查看电容的分布，如图 12-2-7 所示。

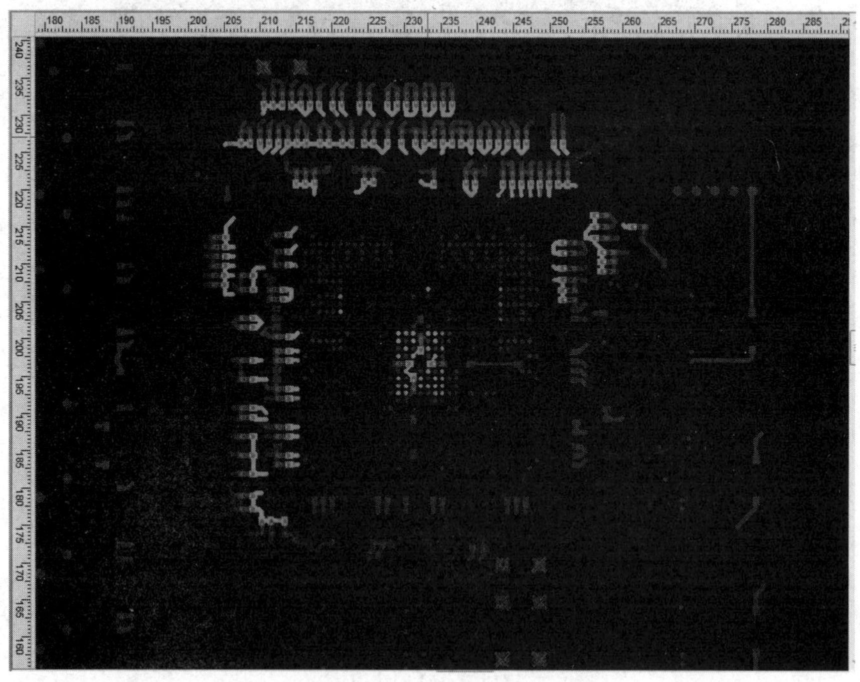

图 12-2-7　电容的分布

（8）单击界面下方表格右上角的“关闭”按钮，关闭电容列表框。

（9）保存相关设置，并进行仿真。正如 Sigrity 中的其他工具一样，OptimizePI 需要使

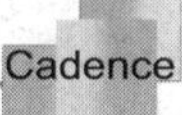

用 SPD 文件和 Workspace 文件，保存时要先保存 SPD 文件再保存 Workspace 文件，这样能够保证在 Workspace 文件中保存了正确的 SPD 文件名。执行菜单命令"Workspace"→"Layout File"→"Save As..."，将 SPD 文件命名为 board_cut_cap_loop_L.spd，单击"保存"按钮，如图 12-2-8 所示。

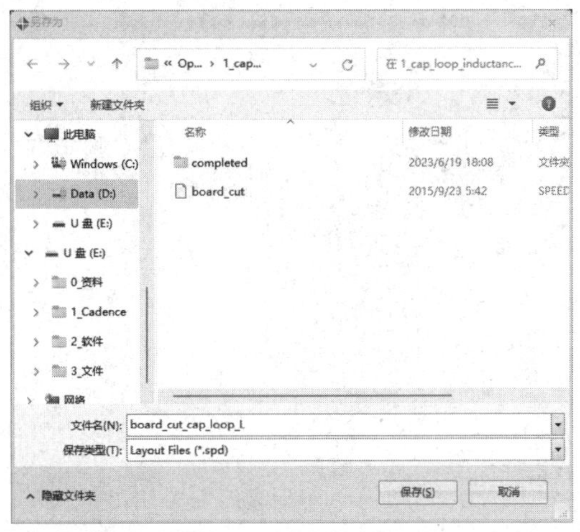

图 12-2-8　保存文件

（10）执行菜单命令"Workspace"→"Save As..."，保证保存路径为 1_cap_loop_inductance/completed，将 Workspace 文件命名为"cap_loop_inductance"，单击"保存"按钮。

（11）在界面左侧的选择栏中单击"Simulate"下的"Start Simulation"，进行仿真，仿真结果如图 12-2-9 所示。

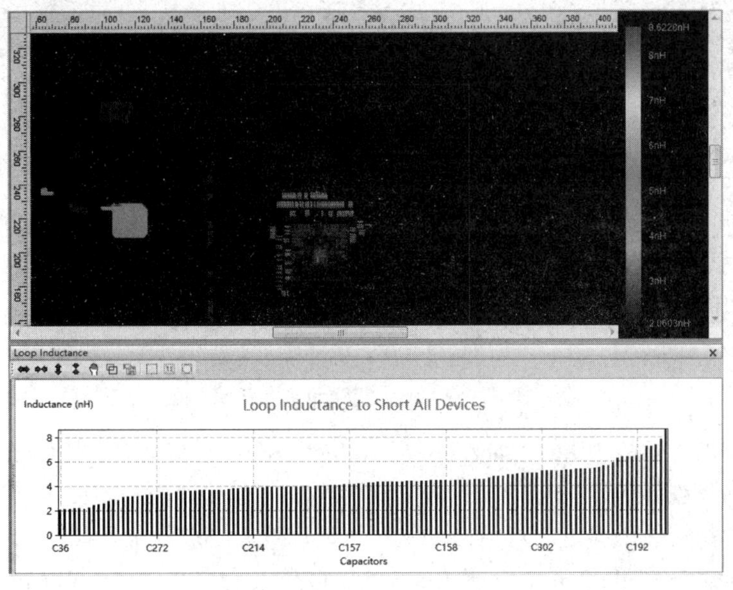

图 12-2-9　仿真结果

仿真结果由两部分组成，一部分以坐标图的形式显示集成电路设备上所有电容器对应的回路电感值，可以看出存在电感值最大的电容器，另一部分以图的形式通过电容器的不同颜色来表示回路电感的大小。单击“关闭”按钮关闭坐标图显示窗口，通过缩放另一部分的仿真结果图可以看到一个红色的电容器，它的回路电感值最大，如图 12-2-10 所示。

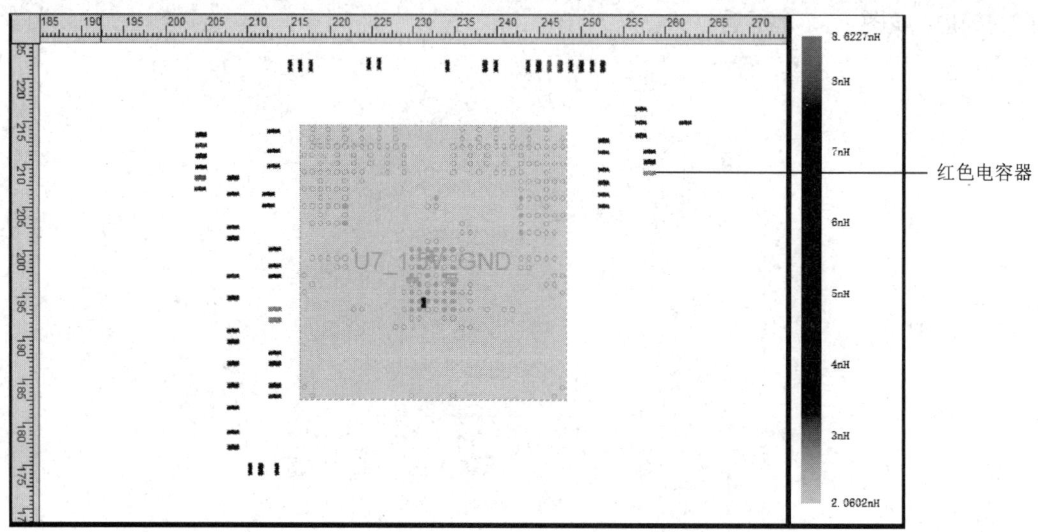

图 12-2-10　红色的电容器

（12）现在通过调节一些显示的设置来寻找这个电容具有最大回路电感的原因。单击界面右侧的“Layer Selection”，保证“View Only Active Layer”复选框不被勾选。执行菜单命令“View”→“Show”，在弹出的对话框中选中“Show Shapes”和“Show Traces”单选按钮，通过调节仿真图来查看红色电容器的安装痕迹，如图 12-2-11 所示。

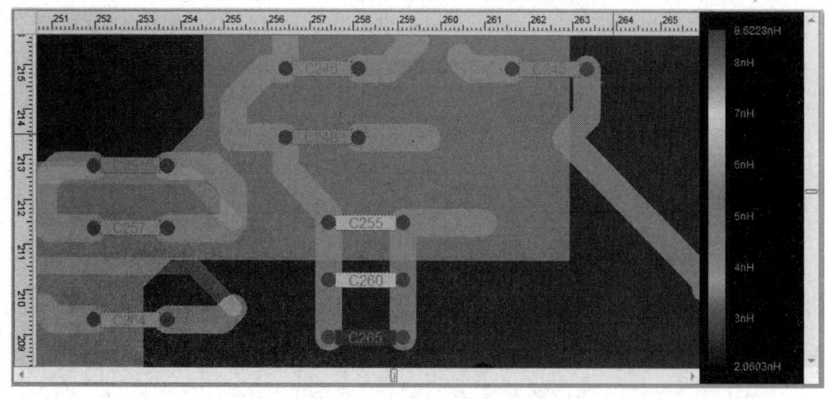

图 12-2-11　显示 Shapes 和 Traces

（13）单击右下角的“View Capacitor Loop Inductance”，然后单击“Capture to Report”，直接单击“OK”按钮关闭弹出的对话框。在界面左侧单击“Create Report”按钮，再单击出现的“OK”按钮关闭弹出的对话框，保存默认设置。生成的报告如图 12-2-12 所示。

执行菜单命令“File”→“Save Report”，将报告命名为“OptimizePI Report”，单击“保存”按钮。

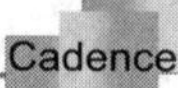

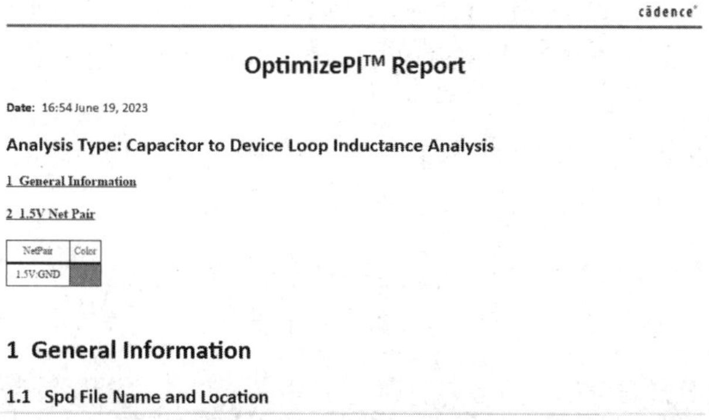

cādence

OptimizePI™ Report

Date: 16:54 June 19, 2023

Analysis Type: Capacitor to Device Loop Inductance Analysis

1 General Information

2 1.5V Net Pair

NetPair	Color
1.5V:GND	

1 General Information

1.1 Spd File Name and Location

图 12-2-12　生成的报告

（14）双击保存的 OptimizePI Report.htm 文件，在浏览器中查看报告的内容，通过查看“Manually Captured Plots”，可以看到红色电容器周围的布线问题，如图 12-2-13 所示，对于布局工程师，这是发现布线问题的比较有效的方法。关闭浏览器，返回主界面，单击“关闭”按钮，关闭生成的报告，但不关闭 OptimizePI 界面，接着进行下面的相关设置。

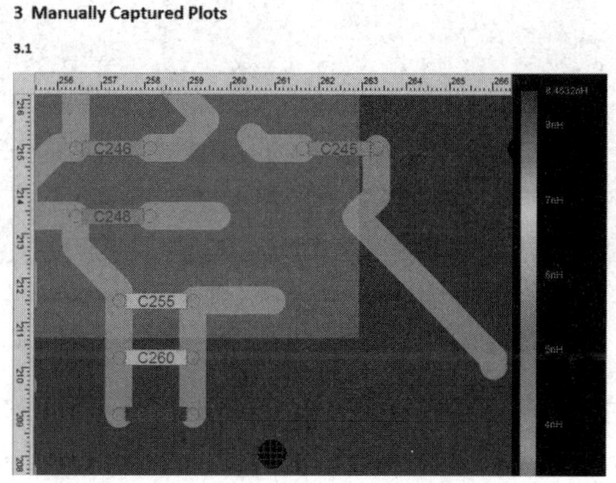

图 12-2-13　显示 Manually Captured Plots

12.3　电源完整性引脚电感

【使用工具】Sigrity 2019/OptimizePI。

【使用文件】OptimizePI_lab/2_pin_inductance/module_2_start.opix。

集成电路设备引脚电感分析是快速获得电源引脚电感的方法。利用这一方法，OptimizePI 软件可以实现以下四方面的内容：

- Short all capacitors and VRMs：将所有的电容器和电压调节模块短路。
- Lump all ground pins of each device to form negative terminal of one port, and use one power pin of one IC device to form positive terminal of the port：将设备的所有接地引脚固定在一个端口上形成负极，集成电路设备的一个电源引脚构成端口的负极。
- Extract impedance matrix for these ports at 1MHz：在 1MHz 频率下提取端口的阻抗矩阵。

● Measure inductance observed from one port, and define this inductance as the inductance of one power pin：测量从一个端口上观察到的电感，并将这个电感定义为电源引脚的电感。

（1）可以接着 12.2 节继续操作，也可以重新打开文件进行操作。打开“Cadence Sigrity 2019”，启动 OptimizePI。在打开的界面中执行菜单命令“Workspace”“Open...”，打开“2_pin_inductance/module_2_start.opix”文件，如图 12-3-1 所示。

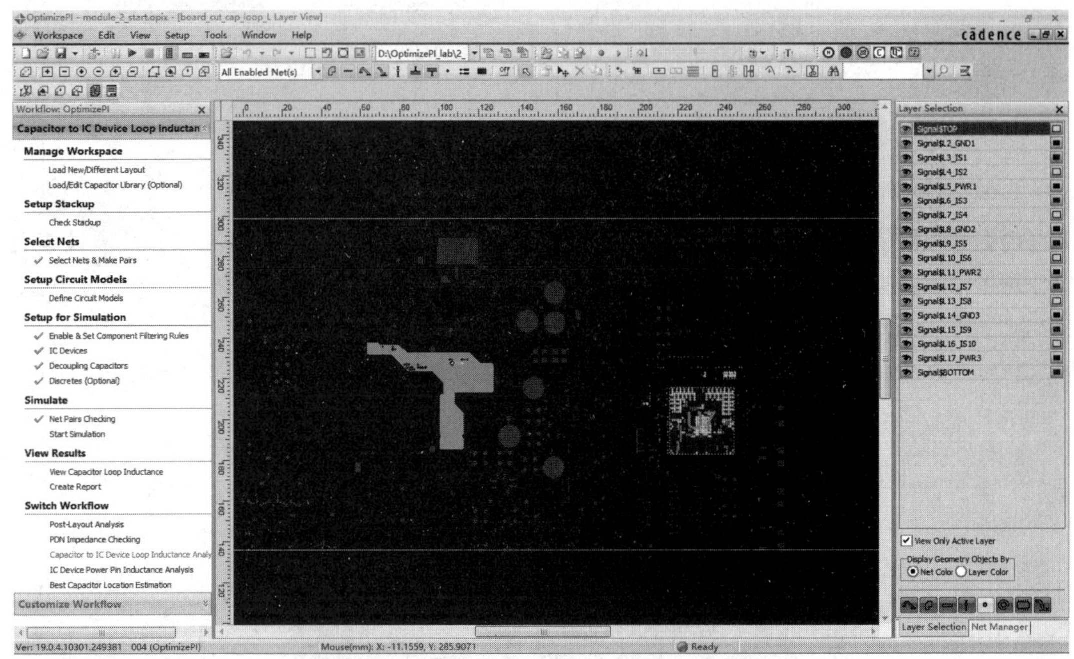

图 12-3-1　打开 module_2_start.opix 文件

（2）在界面左侧的选择栏中单击“Switch Workflow”下的“IC Device Power Pin Inductance Analysis”，进行集成电路设备电源引脚的电感分析。

（3）保存相关设置，进行仿真。正如 Sigrity 中的其他工具一样，OptimizePI 需要使用 SPD 文件和 Workspace 文件，保存时要先保存 SPD 文件再保存 Workspace 文件，这样能够保证在 Workspace 文件中保存了正确的 SPD 文件名。执行菜单命令“Workspace”→“Layout File”→“Save As...”，将 SPD 文件命名为 board_cut_pin_loop_L.spd，单击“保存”按钮。

（4）执行菜单命令“Workspace”→“Save As...”，保证保存路径为 2_pin_inductance/completed，将 Workspace 文件命名为“pin_loop_inductance”，单击“保存”按钮。

（5）在界面左侧的选择栏中单击“Simulation”下的“Start Simulation”，进行仿真，仿真结果如图 12-3-2 所示，可以通过视图和坐标图来查看引脚电感的仿真结果。

通过观察可以看到一个电源引脚呈现红色，表示其电感值最大。

（6）单击界面右侧的“Layer Selection”，保证“View Only Active Layer”复选框不被勾选。执行菜单命令“View”→“Show”，在弹出的对话框中选中“Show Shapes”和“Show Traces”单选按钮，适当调节仿真界面，观察红色电源引脚周围的布线，同时注意到该引脚在电源平面的角落处，如图 12-3-3 所示。

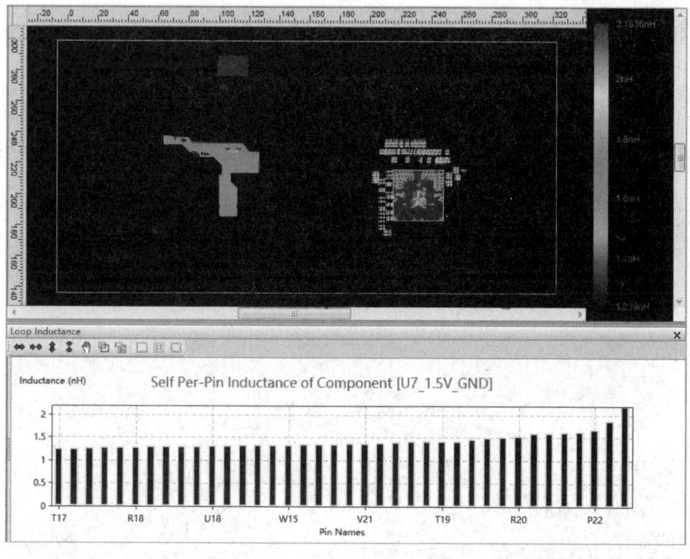

图 12-3-2　仿真结果

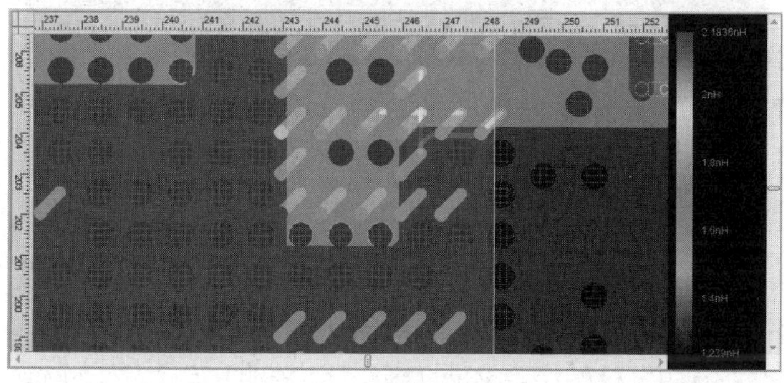

图 12-3-3　红色电源引脚周围布线

（7）在界面左侧的选择栏中单击“View Capacitor Loop Inductance”下的“Capture to Report”，弹出“Manually Captured Plots”对话框，单击“OK”按钮关闭弹出的对话框。在界面左侧的选择栏中单击“Create Report”，弹出对话框，单击“OK”按钮关闭弹出的对话框，保存默认设置。生成的报告如图 12-3-4 所示。

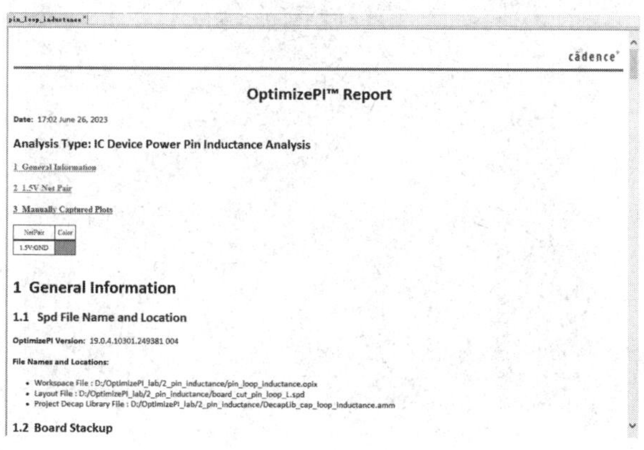

图 12-3-4　生成的报告

执行菜单命令“File”→“Save As...”，将报告命名为“OptimizePI Report”，单击“保存”按钮。

（8）双击保存的“OptimizePI Report.htm”文件，在浏览器中查看报告的内容，通过查看“Manually Captured Plots”，可以看到红色电源引脚周围的布线问题，如图 12-3-5 所示。关闭浏览器，返回主界面，单击“关闭”按钮，关闭生成的报告，但不关闭 OptimizePI 界面，接着进行下面的相关设置。

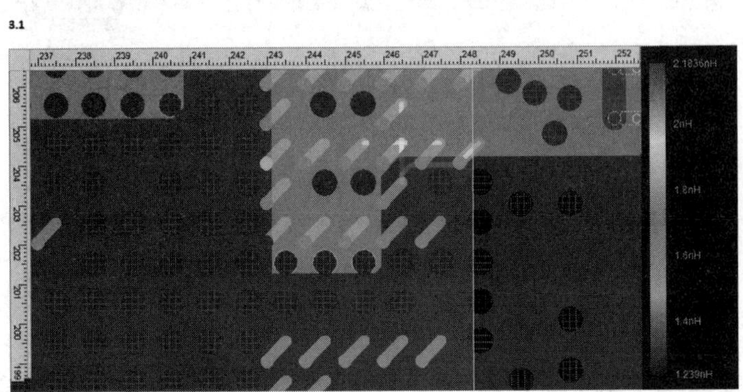

图 12-3-5　显示 Manually Captured Plots

12.4　去耦电容优化

【使用工具】Sigrity 2019/OptimizePI。

【使用文件】OptimizePI_lab/3_decap_optimization/module_3_start.opix。

（1）可以接着 12.3 节继续操作，也可以重新打开文件。打开“Cadence Sigrity 2019”，启动 OptimizePI。执行菜单命令“Workspace”→“Open...”，打开 3_decap_optimization/module_3_start.opix 文件，如图 12-4-1 所示。

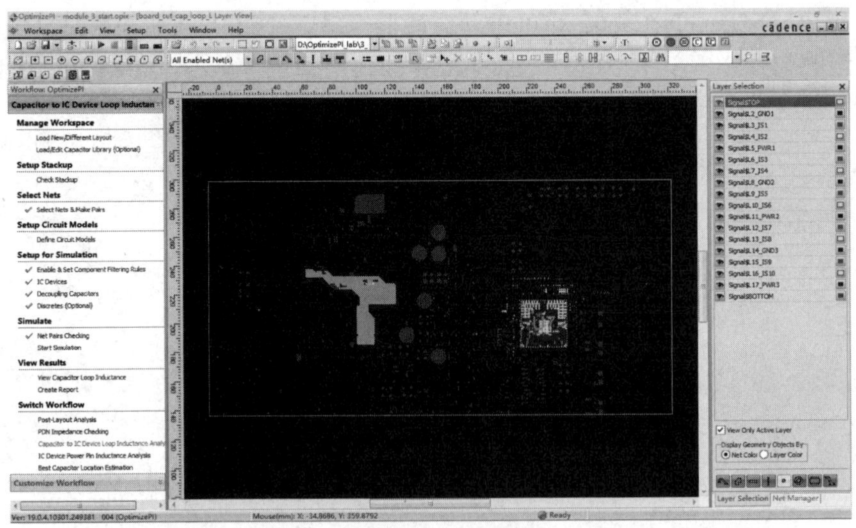

图 12-4-1　打开 module_3_start.opix 文件

（2）在界面的左侧单击“Switch Workflow”下的“Post-Layout Analysis”。

（3）在界面的左侧单击“Load/Edit Capacitor Library”，将会出现电容库并且是一个空的表格，如图 12-4-2 所示。

（4）选中“DecapLIib_cap_loop_inductance”，单击鼠标右键，选择“Remove Library”，在弹出的对话框中单击“是”按钮，确定移除库操作。

（5）单击界面中的“Load Library File”，加载 Cadence\Sigrity2019\share\library\decap library 下的“Sigrity_Default_Library”文件，如图 12-4-3 所示。

（6）单击界面中的“Capacitor”下的“Sigrity_Default_Library”，库中的 28 个电容将会显示在表格中，如图 12-4-4 所示。

（7）选中表格中的任意一个电容，在下方会显示这个电容模型的相关信息。单击下方的“Impedances”，将会显示选中电容阻抗随频率变化的曲线。按组合键 Ctrl+A 选中所有的电容。

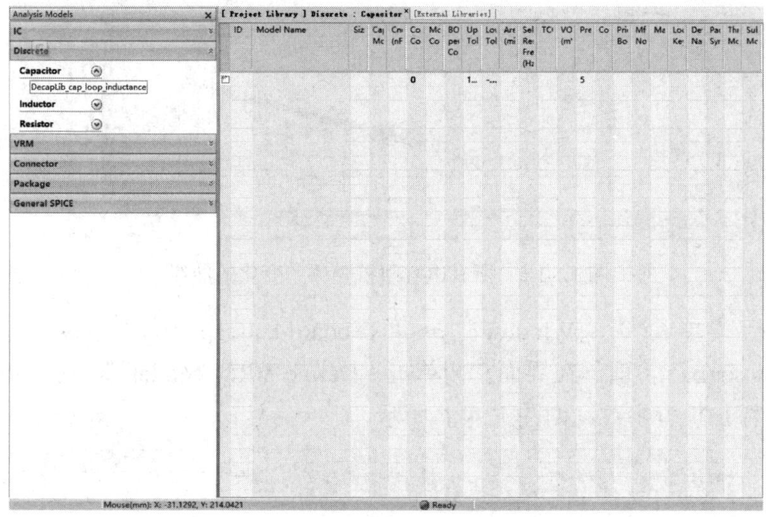

图 12-4-2　显示电容库

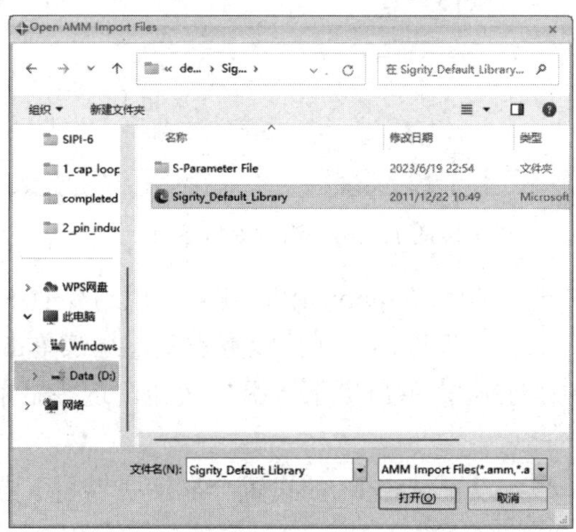

图 12-4-3　加载 Sigrity_Default_Library 文件

ID	Model Name	Size	Cap Model	Cnom (nF)	Componer Cost	N C	E F C	Uppe Tol.	L T	Area (mil^2	Self Resonance Frequency (Hz)	TCC	VOLT (mV)
13	0402_470nF_X5R_1...	0402E	SPICE	470	0.011			10%	-	800	1.1e7	X5R	6300
14	0402_1uF_X5R_10...	0402E	SPICE	1000	0.006			10%	-	800	1e7	X5R	6300
15	0603_1uF_X5R_10...	0603E	SPICE	1000	0.005			10%	-	1800	7.35642e6	X5R	10000
16	0603_2.2uF_X5R_1...	0603E	SPICE	2200	0.016			10%	-	1800	5.4117e6	X5R	6300
17	0603_4.7uF_X5R_1...	0603E	SPICE	4700	0.018			10%	-	1800	3.98107e6	X5R	6300
18	0603_10uF_X5R_20...	0603E	SPICE	10000	0.047			20%	-	1800	2.51189e6	X5R	6300
19	0805_10uF_X5R_10...	0805E	SPICE	10000	0.033			10%	-	4000	2.92864e6	X5R	6300
20	0805_22uF_X5R_20...	0805E	SPICE	22000	0.045			20%	-	4000	2.15443e6	X5R	6300
21	1206_22uF_X5R_10...	1206E	SPICE	22000	0.084			10%	-	7200	1.58489e6	X5R	6300
22	1206_47uF_X5R_20...	1206E	SPICE	47000	0.185			20%	-	7200	1.35936e6	X5R	6300
23	1206_100uF_X5R_2...	1206E	SPICE	100000	0.314			20%	-	7200	857696	X5R	6300
24	1210_22uF_X5R_10...	1210E	SPICE	22000	0.426			10%	-	12000	1.84785e6	X5R	25000
25	1210_33uF_X5R_20...	1210E	SPICE	33000	0.337			20%	-	12000	1.58489e6	X5R	6300
26	1210_47uF_X5R_20...	1210E	SPICE	47000	0.239			20%	-	12000	1.35936e6	X5R	16000
27	1210_47uF_X5R_10...	1210E	SPICE	47000	0.325			10%	-	12000	1e6	X5R	10000
28	1210_100uF_X5R_2...	1210E	SPICE	100000	0.386			20%	-	12000	1e6	X5R	6300
					0			10%	-				

图 12-4-4　显示电容

这时所有电容阻抗随频率变化的曲线如图 12-4-5 所示。

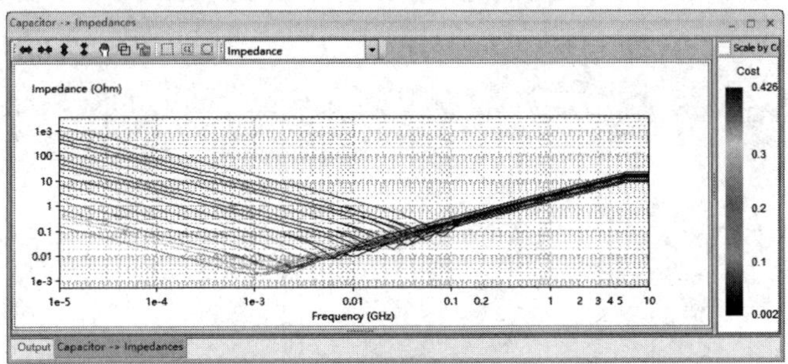

图 12-4-5　所有电容阻抗随频率变化的曲线

（8）执行菜单命令“Window”→“1 board-cut-cap-loop-L Layer View”，返回“module_3_start.opix”界面。在界面左侧单击“Define VRM Models”，在 VRM Models 表格中的第一行添加模型参数，如图 12-4-6 所示。

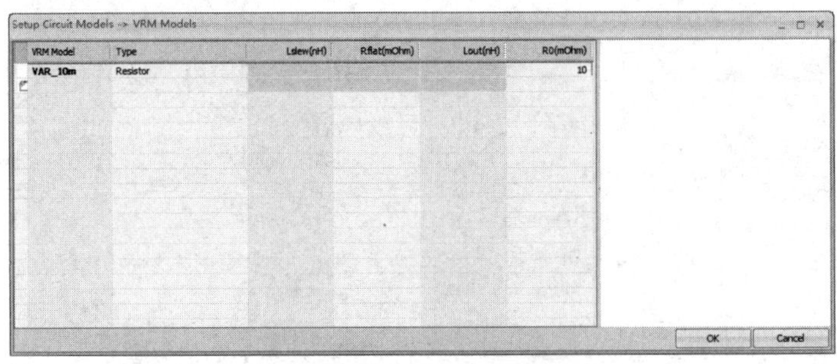

图 12-4-6　添加模型参数

（9）在界面的左侧单击“VRM (Optional)”，在新出现的界面中保持“Create by Nets”单选按钮被选中，单击“下一页”按钮，保持设置不变，继续单击“下一页”按钮。展开“DC-DC_SOIC20”，选中“U36”，单击“下一页”按钮。选择之前建立的“VRM_10m”模型，如图 12-4-7 所示。

单击“完成”按钮，结束设置。VRM 的设置会显示在界面下方的表格中，如图 12-4-8 所示，单击“OK”按钮。

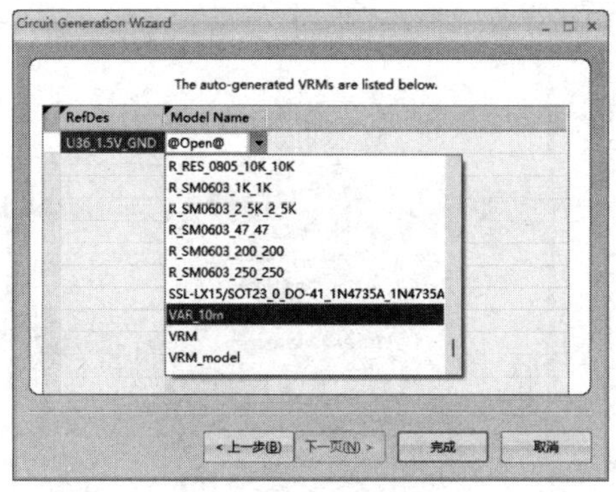

图 12-4-7　添加模型

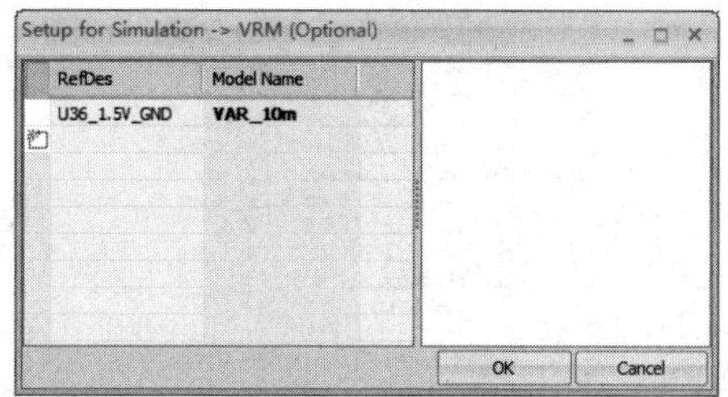

图 12-4-8　VRM 设置

（10）在界面中单击“Decoupling Capacitors”，在界面的下方会显示电容列表，单击“Model Name”，表格内容会以模型的名称重新排序，如图 12-4-9 所示。

单击表格下方的“View Capacitor Library”按钮，AMM Decap 库将会显示，放大显示表格中的内容，如图 12-4-10 所示。

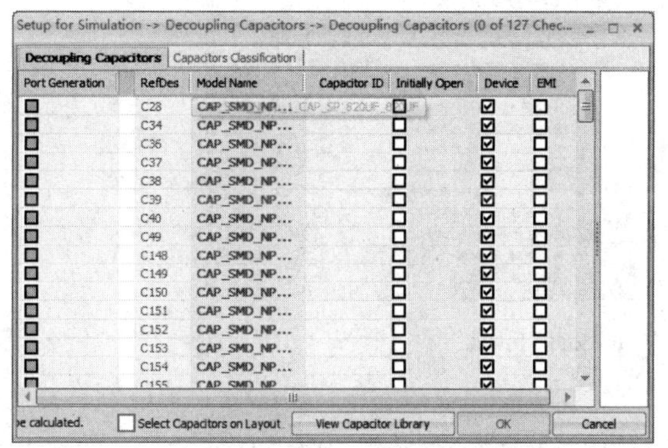

图 12-4-9　电容列表（以模型的名称重新排序）

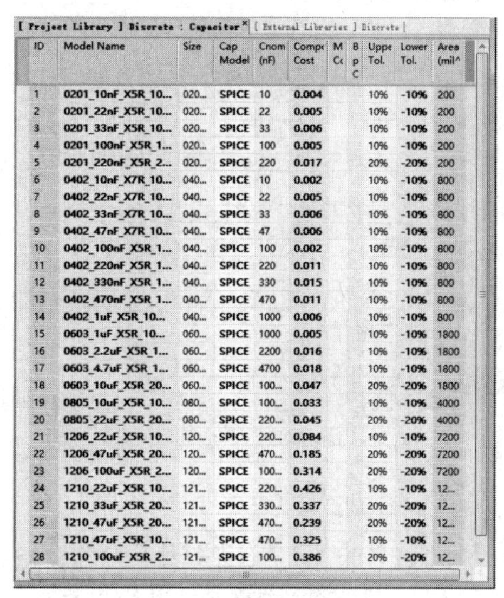

图 12-4-10　AMM Decap 库

（11）在界面下方的表格中，将“0402”电容的编号设置为“6”，将“0603”电容的编号设置为“15”，将“820”电容的编号设置为“28”，如图 12-4-11 所示。

单击“OK”按钮后电容编号将由灰色变为黑色，表明编号修改有效。

（12）执行菜单命令“Window”→“1 board-cut-cap-loop-L Layer View”，返回“module_3_start.opix”界面。在界面的左侧单击“Frequency / Time Range”，设置开始频率为“100kHz”，结束频率为“100MHz”，单击“OK”按钮完成频率设置。

（13）在界面的左侧单击“Analysis Type”，在弹出的对话框中选中“Optimization”单选按钮，如图 12-4-12 所示，单击“OK”按钮。

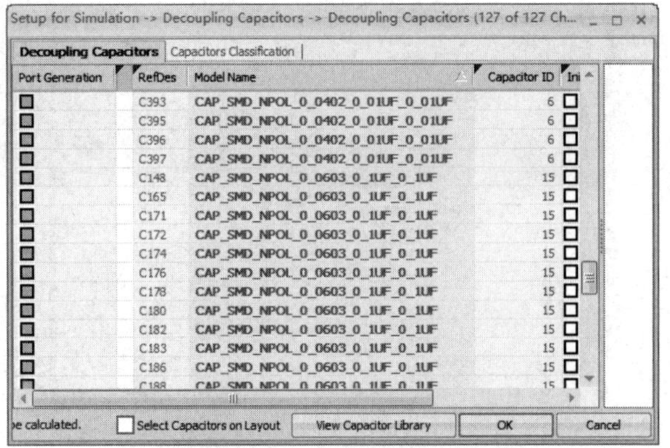

图 12-4-11　设置电容编号

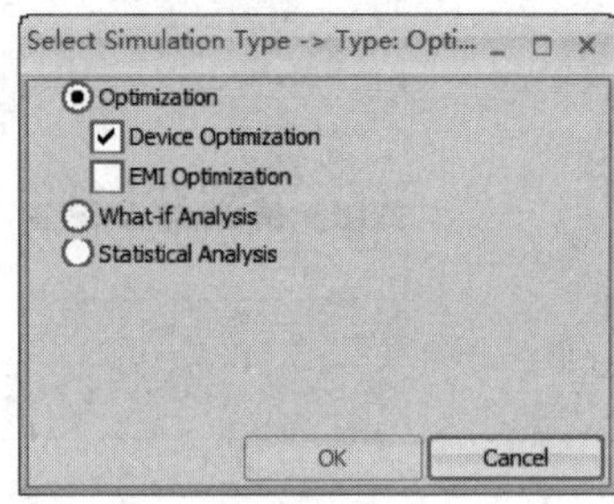

图 12-4-12　选中“Optimization”单选按钮

（14）在界面的左侧单击“Device Optimization Parameters”，在界面中单击“Decoupling Capacitors”选项卡，确保“Candidate Filter”栏为“Same or Smaller Area”，如图 12-4-13 所示。

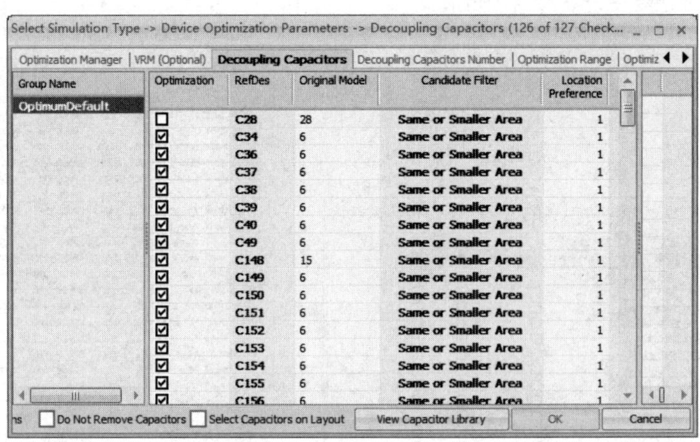

图 12-4-13　“Candidate Filter”栏

单击“关闭”按钮关闭下方的窗口。

（15）保存相关设置，进行仿真。正如 Sigrity 中的其他工具一样，OptimizePI 需要使用 SPD 文件和 Workspace 文件，保存时要先保存 SPD 文件再保存 Workspace 文件，这样能够保证在 Workspace 文件中保存了正确的 SPD 文件名。执行菜单命令“Workspace”→“Layout File”→“Save As...”，将 SPD 文件命名为“board_cut_optimization.spd”，单击“保存”按钮。

（16）执行菜单命令“Workspace”→“Save As...”，保证保存路径为 3_decap_optimization/completed，将 Workspace 文件命名为“cost_optimization”，单击“保存”按钮。单击“Start Simulation”进行仿真，仿真过程需要较长时间，务必耐心等待。

（17）仿真结束后，单击“Scheme 7”，显示对应的阻抗值随频率变化的曲线，如图 12-4-14 所示。

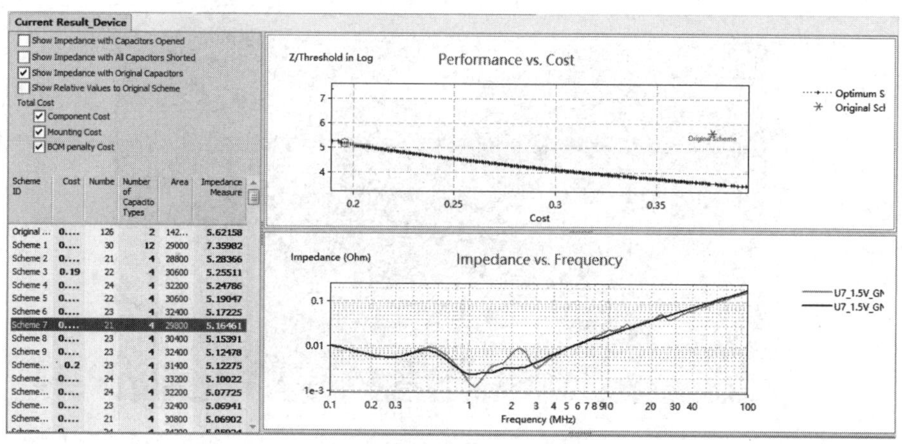

图 12-4-14　Scheme 7 仿真结果

（18）在界面的左侧单击“Draw Capacitor Placement”，返回主界面，效果如图 12-4-15 所示。

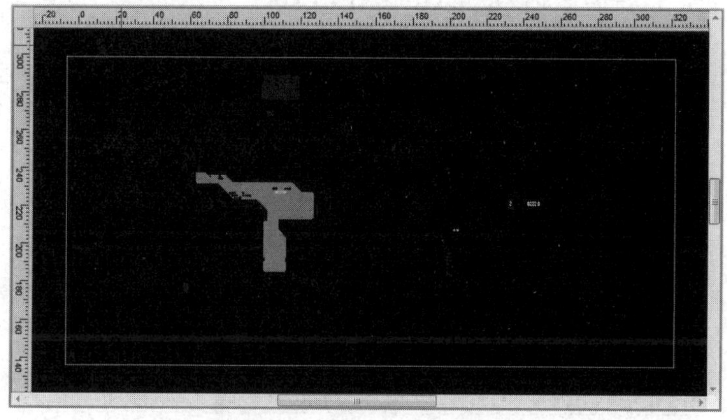

图 12-4-15　主界面显示效果

（19）在主界面右侧的电容设置区域进行如图 12-4-16 所示的设置。

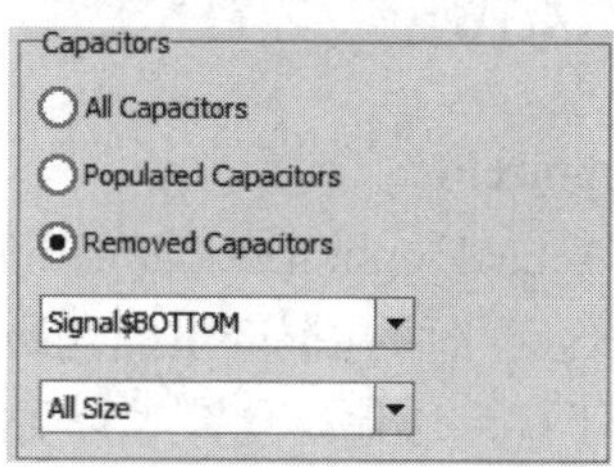

图 12-4-16　电容设置

（20）单击界面右侧的“Layer Selection”，执行菜单命令“View”→“Show”，在弹出的对话框中选中“Show Traces”单选按钮，适当调节界面显示，如图 12-4-17 所示。

（21）单击“Draw Capacitor Placement”→“Capture to Report”，在弹出的对话框中，将“user comment”设置为“Removed Capacitors”类型，单击“OK”按钮关闭对话框。

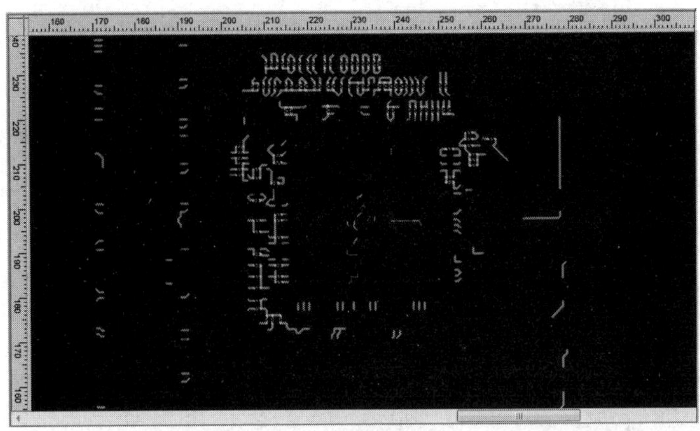

图 12-4-17　调节界面显示结果

（22）在界面的左侧单击“Create Report”，产生“Scheme 7”的报告，在弹出的对话框中单击“OK”按钮，保存默认的设置。报告生成后执行菜单命令“File”→“Save As...”，保存报告，报告的名称为“OptimizePI Report – Scheme 7.htm”。生成的报告如图 12-4-18 所示。

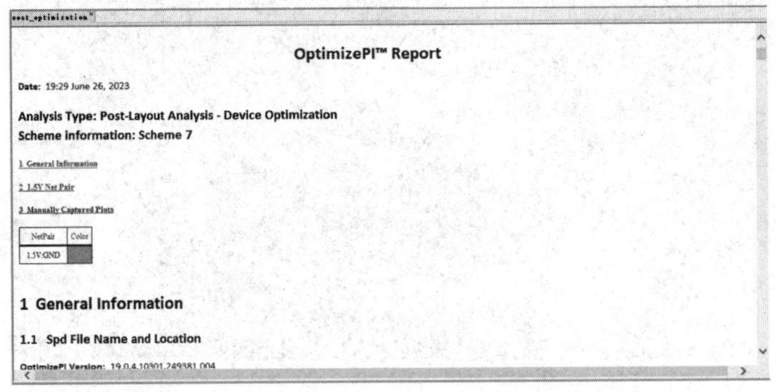

图 12-4-18　生成的报告

12.5　电容器的电磁干扰优化

【使用工具】Sigrity 2019/OptimizePI。

【使用文件】OptimizePI_lab/4_EMI_optimization/module_4_start.opix。

电磁干扰优化的目的是减少电源平面共振产生的电磁干扰，这里的电磁干扰是由最小的电磁干扰电容器引起的。电磁干扰优化建议只针对必要的电容器进行。

（1）打开“Cadence Sigrity 2019”，启动 OptimizePI。在打开的界面中执行菜单命令“Workspace”→“Open...”，打开 4_EMI_optimization\module_4_start.opix 文件，如图 12-5-1 所示。

（2）在界面的左侧单击“Unload Pre-computed Data File”，在界面的下方会出现空的表格，如图 12-5-2 所示。

（3）在界面的左侧单击“Analysis Type”，取消勾选“Device Optimization”复选框，

勾选“EMI Optimization”复选框，如图 12-5-3 所示，单击“OK”按钮，保存设置。

（4）在界面的左侧单击“Frequency/Time Range”，将起始频率设置为“100kHz”，终止频率设置为“1GHz”，单击“OK”按钮。

（5）在界面的左侧单击“EMI Optimization Parameters”，进行如图 12-5-4 所示的设置，单击“OK”按钮。

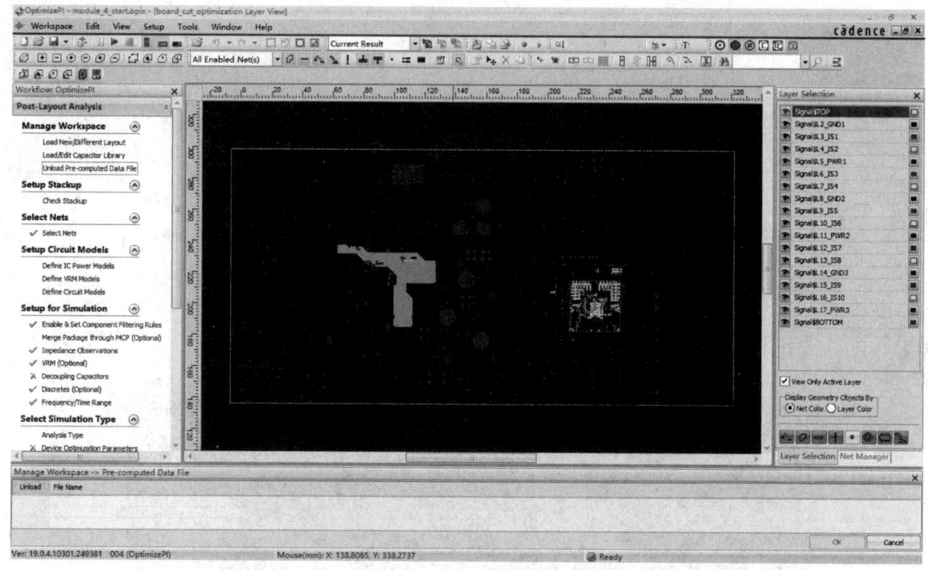

图 12-5-1　打开 module_4_start.opix 文件

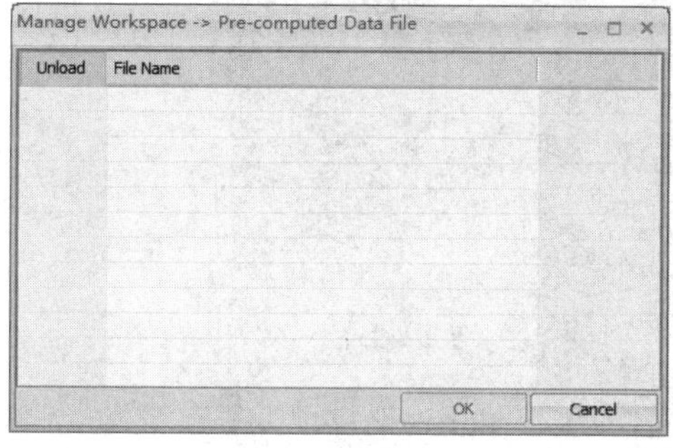

图 12-5-2　空的表格

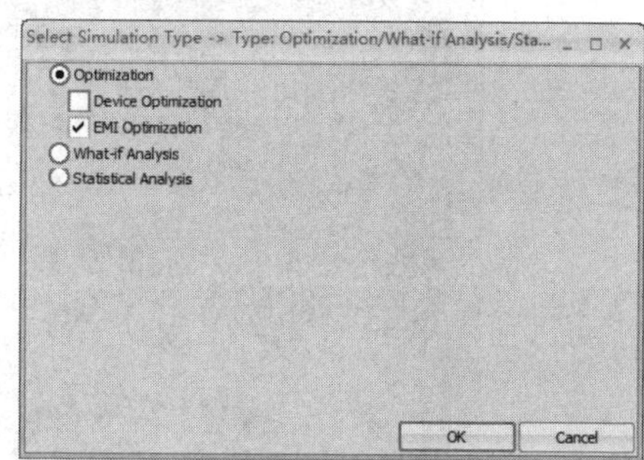

图 12-5-3　勾选“EMI Optimization”复选框

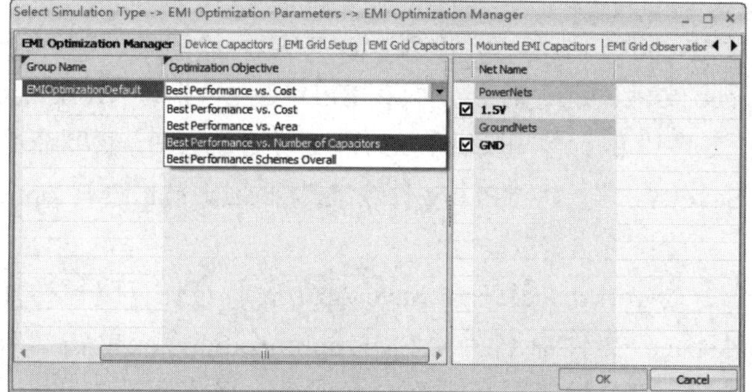

图 12-5-4　“Optimization Objective”设置

（6）单击“EMI Grid Setup”，显示 EMI Grid X 和 EMI Grid Y 的值分别为“11”和“6”，如图 12-5-5 所示。

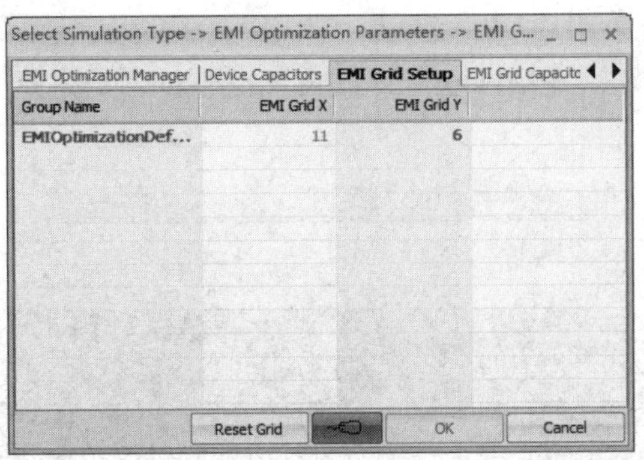

图 12-5-5　EMI Grid X 和 EMI Grid Y 的值

（7）单击界面右侧的“Layer Selection”，取消勾选“View Only Active Layer”复选框，查看视图界面，如图 12-5-6 所示。

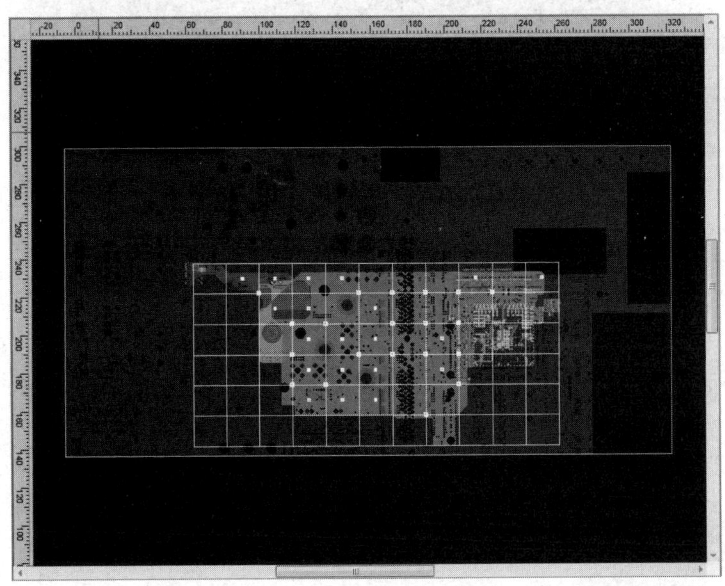

图 12-5-6　视图界面

（8）保存相关设置，进行仿真。正如 Sigrity 中的其他工具一样，OptimizePI 需要使用 SPD 文件和 Workspace 文件，保存时要先保存 SPD 文件再保存 Workspace 文件，这样能够保证在 Workspace 文件中保存了正确的 SPD 文件名。执行菜单命令“Workspace”→“Layout File”→“Save As...”，将 SPD 文件命名为 board_cut_EMI_optimization.spd，单击“保存”按钮。

（9）执行菜单命令“Workspace”→“Save As...”，保证保存路径为 4_EMI_optimization/completed。将 Workspace 文件命名为“EMI_optimization”，单击“保存”按钮。单击“Start Simulation”进行仿真，仿真过程需要较长时间，务必耐心等待。

（10）单击“Scheme 13”显示仿真结果，如图 12-5-7 所示。

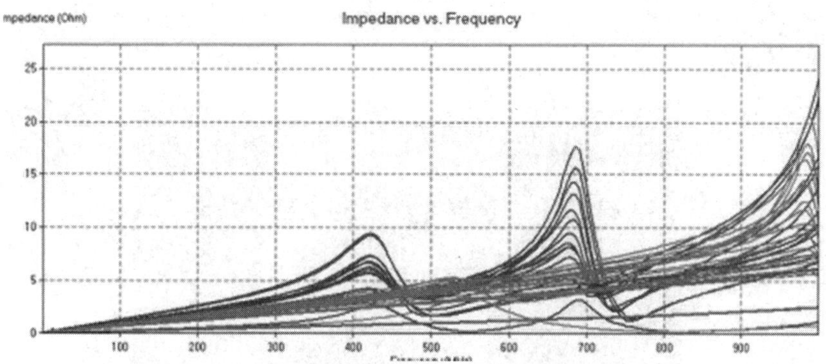

图 12-5-7　Scheme 13 仿真结果

（11）在界面的左侧单击“Create Report”，生成仿真结果报告，在弹出的对话框中单击“OK”按钮，保存默认设置。执行菜单命令“File”→“Save As...”，将报告命名为“OptimizePI Report – Scheme number.htm”进行保存。

12.6　通过增加 Dcaps 来提高 PDN 的性能

【使用工具】 Sigrity 2019/OptimizePI。

【使用文件】 OptimizePI_lab/5_add_decaps/board_cut.spd。

OptimizePI 可以估计放置电容的最好位置。

（1）打开“Cadence Sigrity 2019”，启动 OptimizePI。在打开的界面中执行菜单命令“Workspace”→“New...”，在弹出的对话框中选中最后一项的单选按钮，单击“OK”按钮，如图 12-6-1 所示。

（2）在界面的左侧单击“Load New/Different Layout”，在弹出的对话框中选中“Load an existing layout”单选按钮，单击“OK”按钮，如图 12-6-2 所示。

（3）在弹出的“打开”对话框中选择 5_add_decaps\board_cut.spd，打开文件，如图 12-6-3 所示。

（4）在界面的左侧单击“Select Nets & Make Pairs”，在界面右侧的“Net Manager”选项卡中可以看到“1.5V”被归类于“PowerNets”下，“GND”被归类于“GroundNets”下，“1.5V”和“GND”匹配在一起。

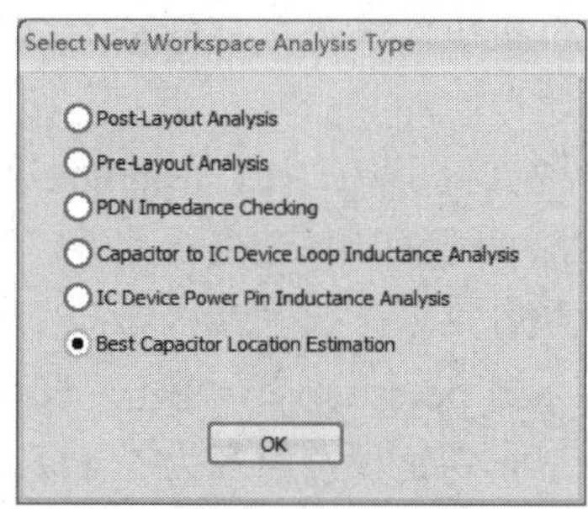

图 12-6-1　“Select New Workspace Analysis Type”对话框

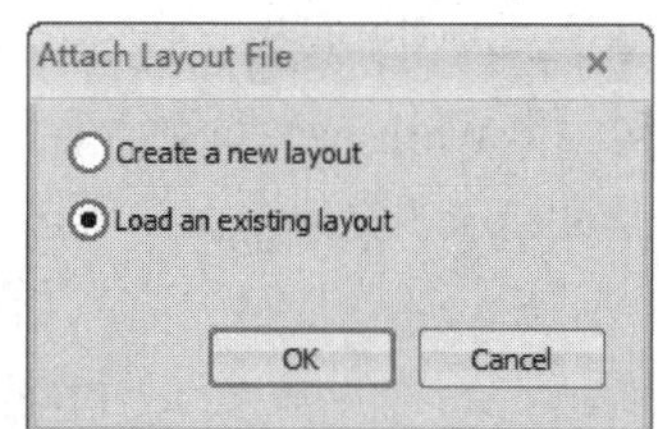

图 12-6-2　“Attach Layout File”对话框

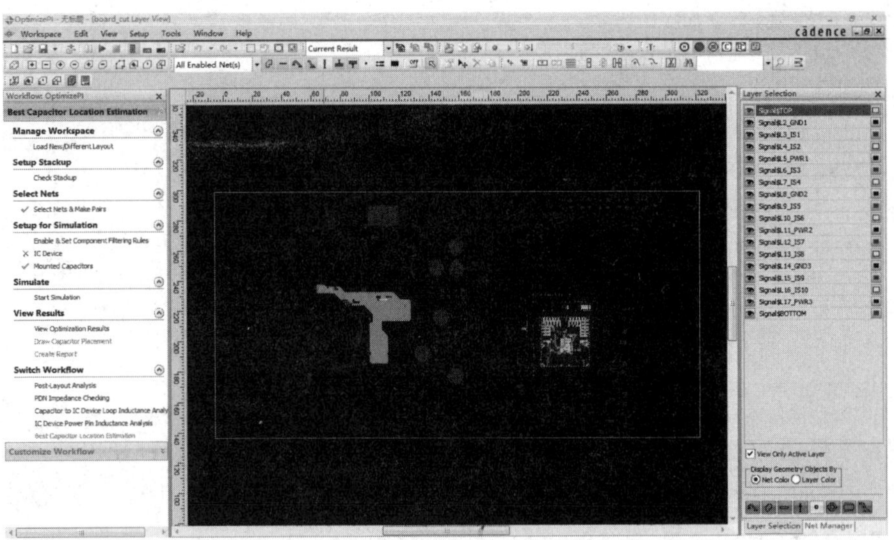

图 12-6-3　打开 board_cut.spd 文件

（5）在界面的左侧单击“IC Devices”，保存 Power Net 为“1.5V”和 Ground Net 为“GND”的默认设置，单击“下一页”按钮。

（6）单击“FBGA_1020”模型前的加号，勾选“U7”复选框，如图 12-6-4 所示，单击“下一页”按钮。

（7）当看到 U7 在列表中时，单击“完成”按钮，如图 12-6-5 所示。

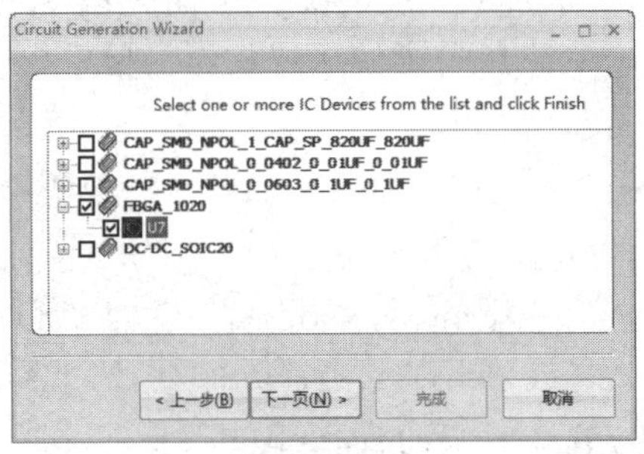

图 12-6-4　勾选“U7”复选框

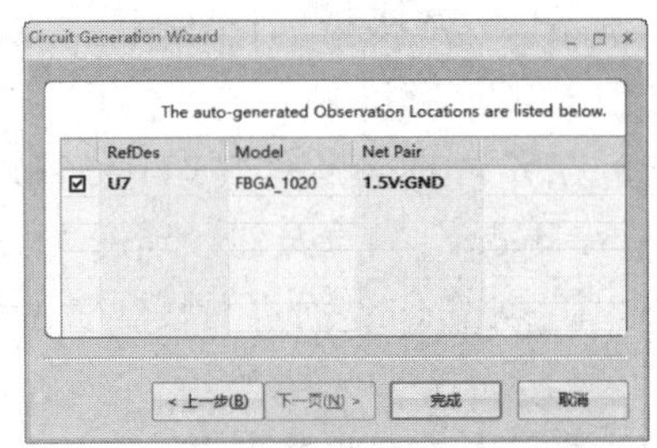

图 12-6-5　U7 在列表中显示

（8）在主界面的下方，单击“Capacitors for Device”，将 Grid X 和 Grid Y 的值分别设置为“10”和“10”，如图 12-6-6 所示，单击“OK”按钮，单击右上角的“关闭”按钮关闭列表。

（9）保存相关设置，进行仿真。正如 Sigrity 中的其他工具一样，OptimizePI 需要使用 SPD 文件和 Workspace 文件，保存时要先保存 SPD 文件再保存 Workspace 文件，这样能够保证在 Workspace 文件中保存了正确的 SPD 文件名。执行菜单命令“Workspace”→“Layout File”→“Save As...”，将 SPD 文件命名为“board_cut_add_decaps.spd”，单击“保存”按钮。

（10）执行菜单命令“Workspace”→“Save As...”，保证保存路径为 5_add_decaps，将 Workspace 文件命名为“add_decaps”，单击“保存”按钮。单击“Start Simulation”进行仿真，仿真过程需要较长时间，务必耐心等待。

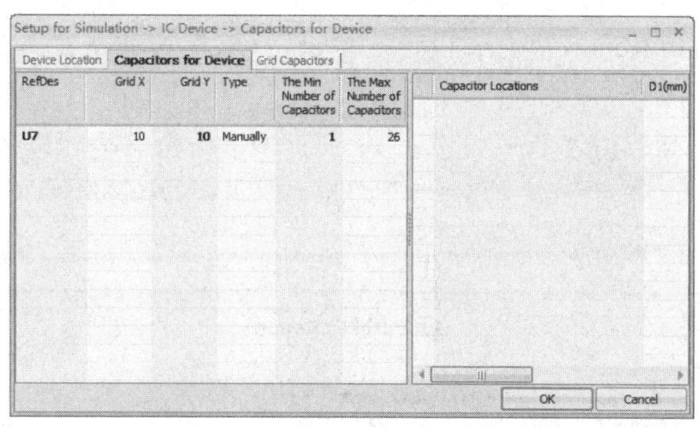

图 12-6-6　Capacitors for Device 设置

（11）仿真结果显示出设备的回路电感值和电容数量的关系，如图 12-6-7 所示，从这条曲线可以看出，大部分的回路电感值下降发生在前 5 个电容上，另外 6 个电容上仅降低电感值的 10%。

（12）在界面的左侧单击“Draw Capacitor Placement”，适当调整主界面，使视图显示完整，如图 12-6-8 所示。

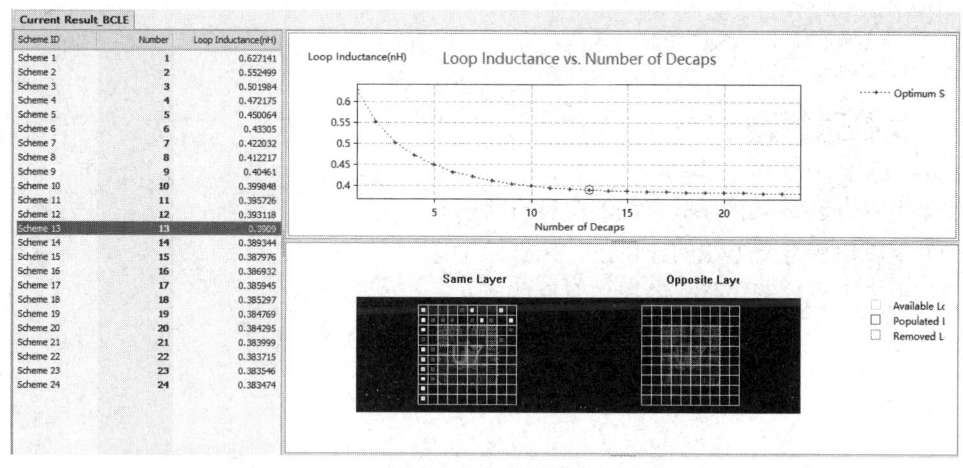

Scheme ID	Number	Loop Inductance(nH)
Scheme 1	1	0.627141
Scheme 2	2	0.552499
Scheme 3	3	0.501984
Scheme 4	4	0.472175
Scheme 5	5	0.450064
Scheme 6	6	0.43305
Scheme 7	7	0.422032
Scheme 8	8	0.412217
Scheme 9	9	0.40461
Scheme 10	10	0.399848
Scheme 11	11	0.395726
Scheme 12	12	0.393118
Scheme 13	13	0.3909
Scheme 14	14	0.389344
Scheme 15	15	0.387976
Scheme 16	16	0.386932
Scheme 17	17	0.385945
Scheme 18	18	0.385297
Scheme 19	19	0.384769
Scheme 20	20	0.384295
Scheme 21	21	0.383999
Scheme 22	22	0.383715
Scheme 23	23	0.383546
Scheme 24	24	0.383474

图 12-6-7　回路电感值和电容数量的关系曲线

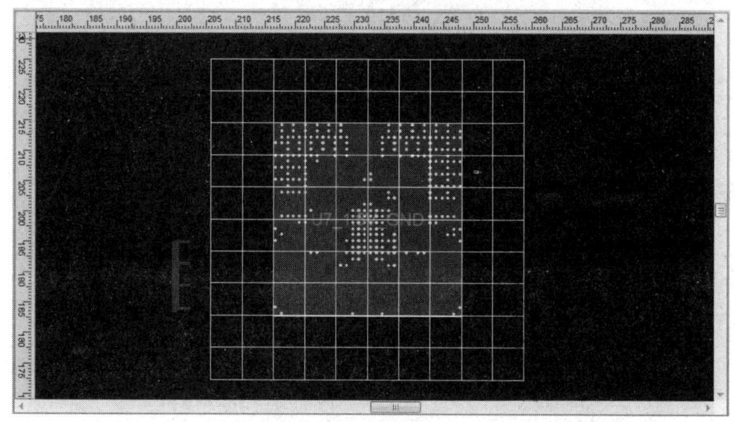

图 12-6-8　视图界面

（13）单击“Create Report”生成报告，单击“OK”按钮关闭弹出的对话框，生成的报告如图 12-6-9 所示。

（14）执行菜单命令“File”→“Save As...”，将报告命名为“OptimizePI Report.htm”进行保存。

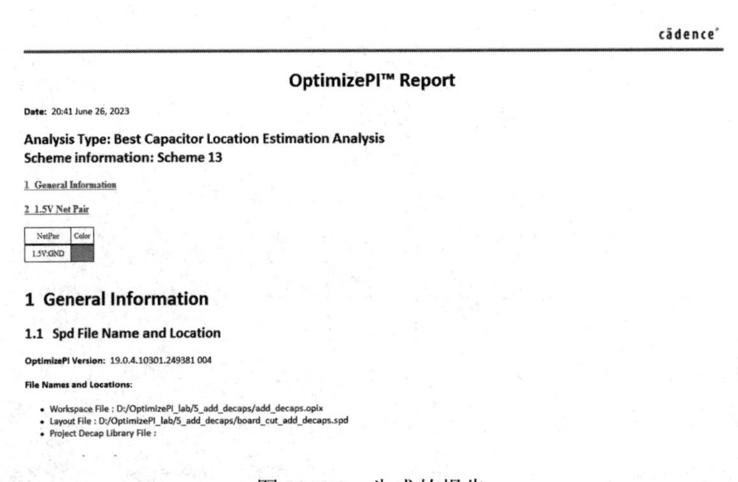
cādence

OptimizePI™ Report

Date: 20:41 June 26, 2023

Analysis Type: Best Capacitor Location Estimation Analysis
Scheme information: Scheme 13

1 General Information

2 1.5V Net Pair

NetPair	Color
1.5V:GND	

1 General Information

1.1 Spd File Name and Location

OptimizePI Version: 19.0.4.10301.249381 004

File Names and Locations:

- Workspace File : D:/OptimizePI_lab/5_add_decaps/add_decaps.opix
- Layout File : D:/OptimizePI_lab/5_add_decaps/board_cut_add_decaps.spd
- Project Decap Library File :

图 12-6-9　生成的报告

12.7　本章思考题

（1）电容器回路电感分析方法的内容有哪些？

（2）引脚电感分析方法的作用是什么？

（3）电容器电磁干扰优化的操作有哪些？

第13章 其他增强及 AMM 和 PDC 结合

13.1 学习目标

本章介绍在电热分析中的其他增强功能，这些增强功能包括许多约束的设置、热分析模型的 3D 预览、热沉模型的 3D 显示和报告的更新等。另外，还介绍对于单块板子或封装的基于 AMM 设置的增强，主要内容包括 AMM Overview、Standalone AMM Updata 和 Model assignment 三部分。

13.2 电热分析设置的增强

【使用工具】Sigrity Power DC。

【使用文件】Module1/Lab1/demo_4_1.pdcx。

（1）打开“Cadence Sigrity 2019”，单击“PowerDC”，打开PowerDC界面。在“Single-Board/Package E/T Co-Simulation”栏中单击“Load Existing Single-Board Workspace”，打开文件“Module1/Lab1/demo_4_1.pdcx”，打开后的界面如图 13-2-1 所示。

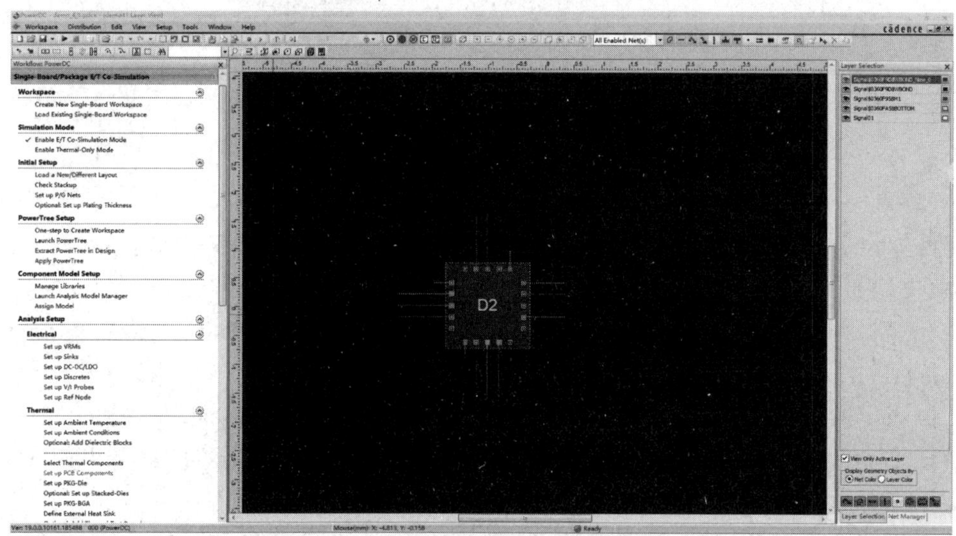

图 13-2-1　打开 demo_4_1.pdcx 文件

（2）保证“Enable E/T Co-Simulation Mode”被选中，单击“Define External Heat Sink”，

选中右侧的“BGA1_HeatSink”，如图 13-2-2 所示。单击“Edit Heat Sink”按钮，弹出的“Heat Sink”对话框如图 13-2-3 所示。

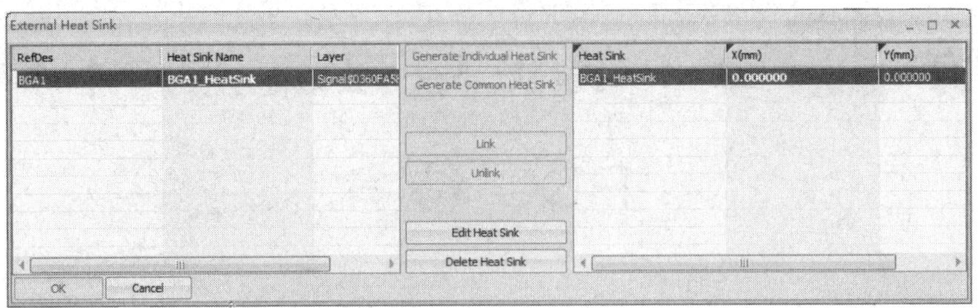

图 13-2-2 选中 BGA1_HeatSink

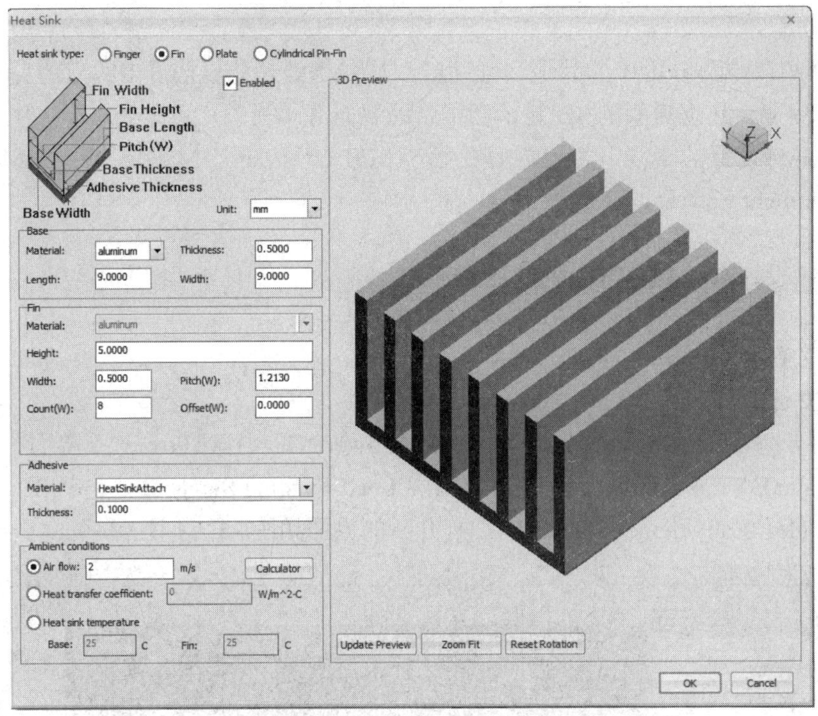

图 13-2-3 “Heat Sink”对话框

（3）将“Heat sink type”的类型从“Fin”切换到“Finger”，然后单击下方的“Update Preview”按钮，这时可以看到热沉的 3D 效果，如图 13-2-4 所示。

（4）将“Heat sink type”的类型从“Finger”切换到“Plate”，然后单击下方的“Update Preview”按钮，这时可以看到板子的 3D 效果，如图 13-2-5 所示。

（5）将“Heat sink type”的类型从“Plate”切换到“Cylindrical Pin-Fin”，然后单击下方的“Update Preview”按钮，这时可以看到 Cylindrical Pin-Fin 的 3D 效果如图 13-2-6 所示。

（6）将“Heat sink type”的类型从“Cylindrical Pin-Fin”切换到“Fin”，然后单击下方的“Update Preview”按钮，再单击“OK”按钮关闭“Heat Sink”对话框。单击“Preview Thermal 3D Model”，这时热分析模型的 3D 效果如图 13-2-7 所示。

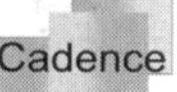

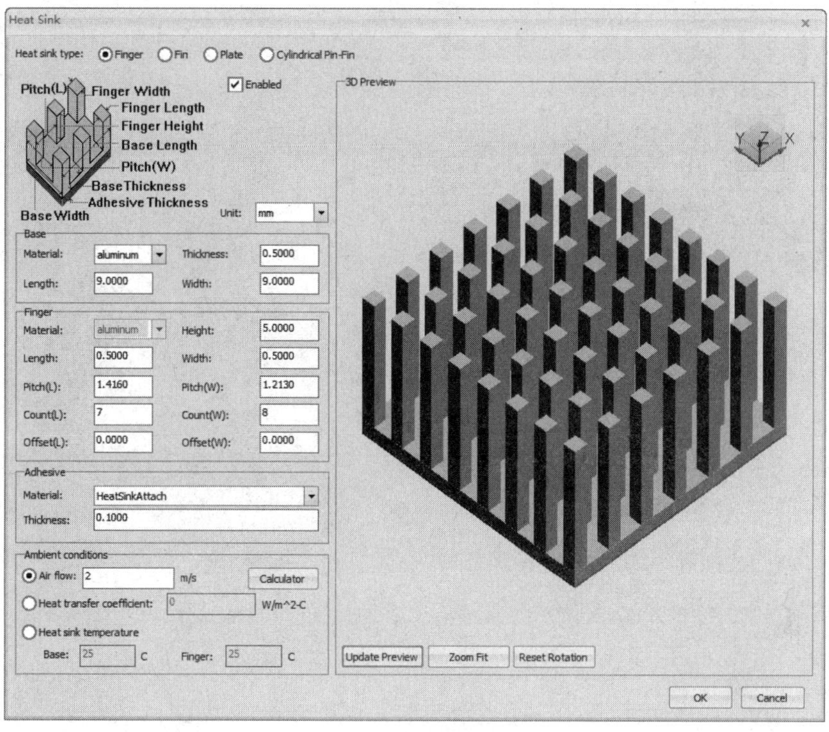

图 13-2-4　热沉的 3D 效果

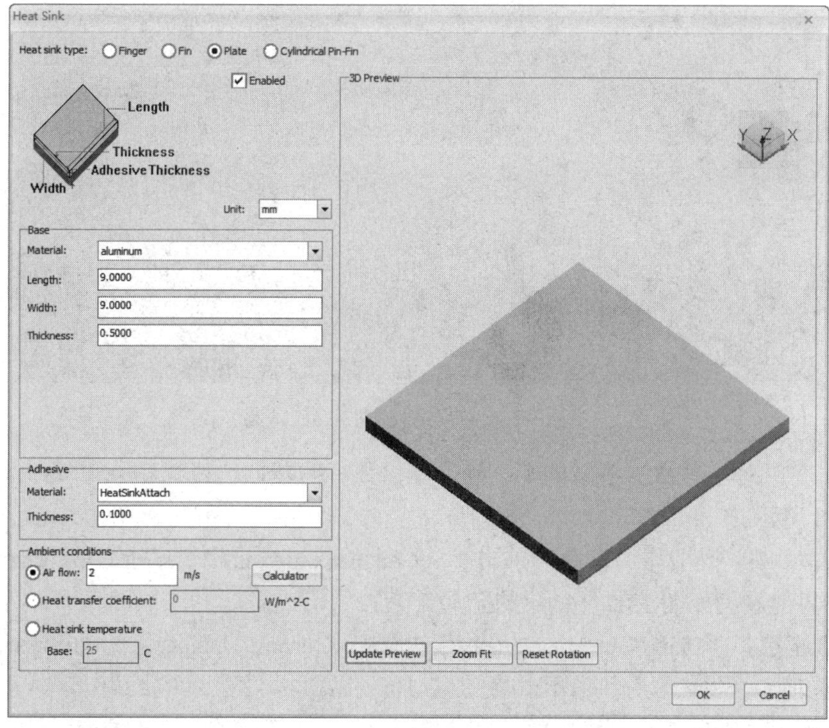

图 13-2-5　板子的 3D 效果

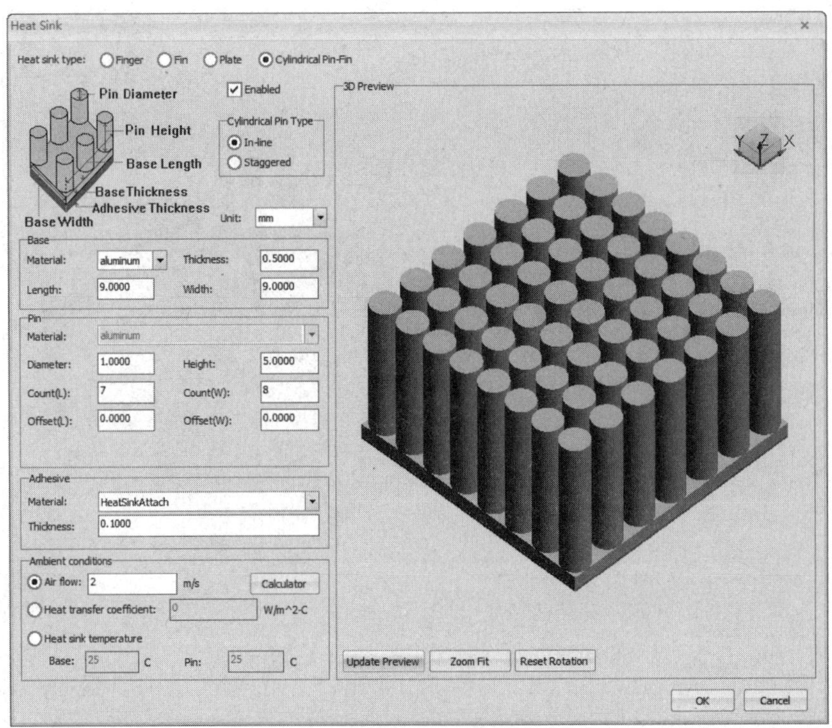

图 13-2-6 Cylindrical Pin-Fin 的 3D 效果

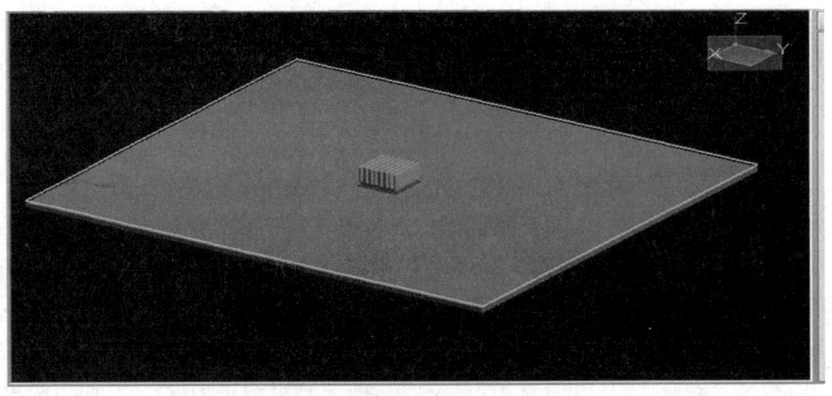

图 13-2-7 热分析模型的 3D 效果

（7）任意选择上述 3D 模型的某一处，单击鼠标右键，选择“Hide”，这时的显示界面如图 13-2-8 所示。

（8）关闭 3D 模型显示窗口，单击“Set up E-Constrains”，选择“Via Current/Current Density”，将能看到如图 13-2-9 所示的全局约束。

（9）分别选择“Plane Current Density”、“Trace Current Density”和“Wirebond Current Density”选项卡，将可以分别看到如图 13-2-10～图 13-2-12 所示的约束。

（10）单击“Report Constraint”，单击按钮，在打开的界面中框选一个矩形区域，将文件显示的内容选中，此时的“Report Constraint”选项卡会显示选中区域的尺寸，如图 13-2-13 所示。

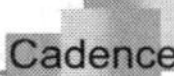

图 13-2-8　隐藏模型后的效果

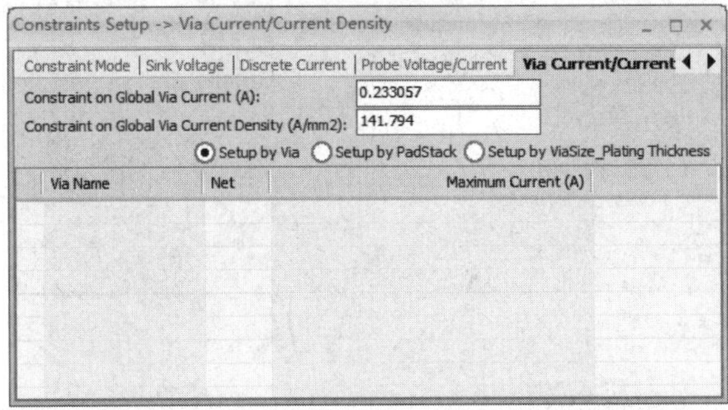

图 13-2-9　Via Current/Current Density 全局约束

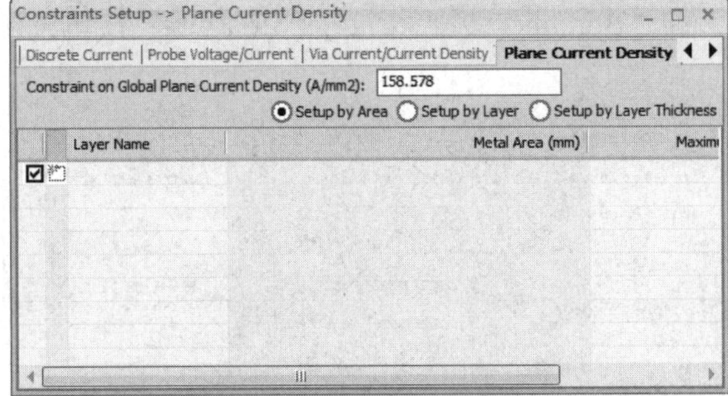

图 13-2-10　Plane Current Density 约束

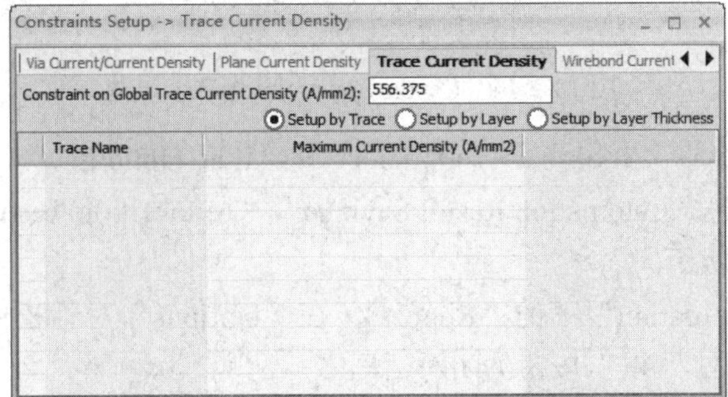

图 13-2-11　Trace Current Density 约束

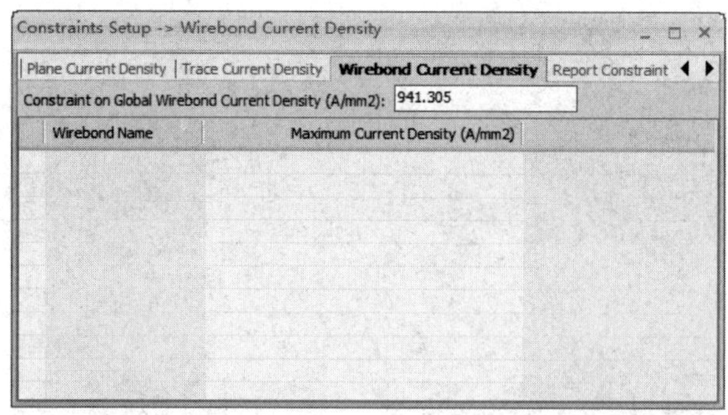

图 13-2-12　Wirebond Current Density 约束

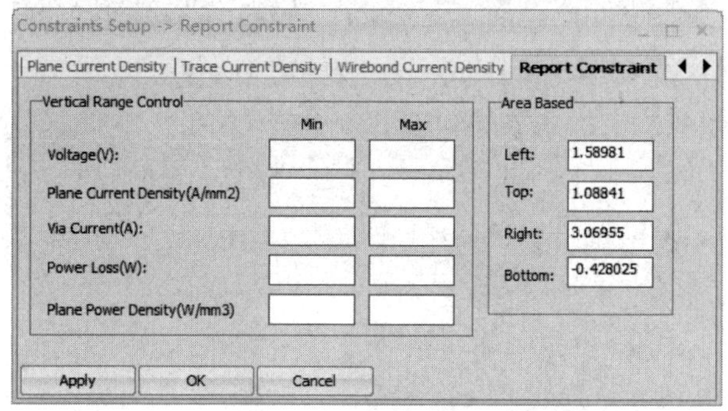

图 13-2-13　显示区域尺寸

（11）将“Vertical Range Control”区域的“Voltage(V)”的最小值设置为“0.8”，最大值设置为“0.9”，在“Area Based”区域设置选择区域的尺寸（“Left”为“−3”、“Top”为“2”、“Right”为“1”和“Bottom”为“−2”），单击“OK”按钮关闭对话框，如图 13-2-14 所示。

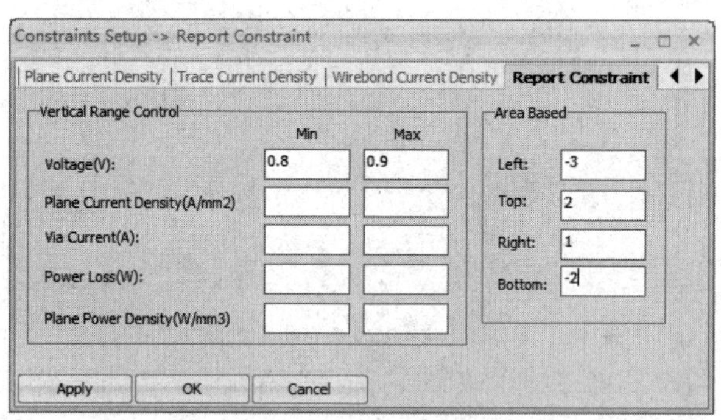

图 13-2-14　Report Constraint 选项卡设置

（12）执行菜单命令“Tools”→“Options”→“Edit Options...”，在弹出的对话框中单击“Simulation”下的“Automation Result Savings”，“Automation Result Savings”区域选项的设置如图 13-2-15 所示。

（13）单击“Simulation”下的“Report”，在“Options”对话框中进行参数设置，如图 13-2-16 所示，单击“OK”按钮关闭对话框。

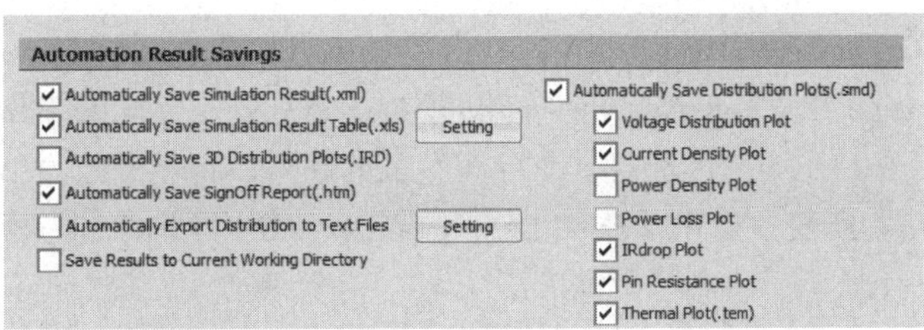

图 13-2-15　“Automation Result Savings”区域选项设置

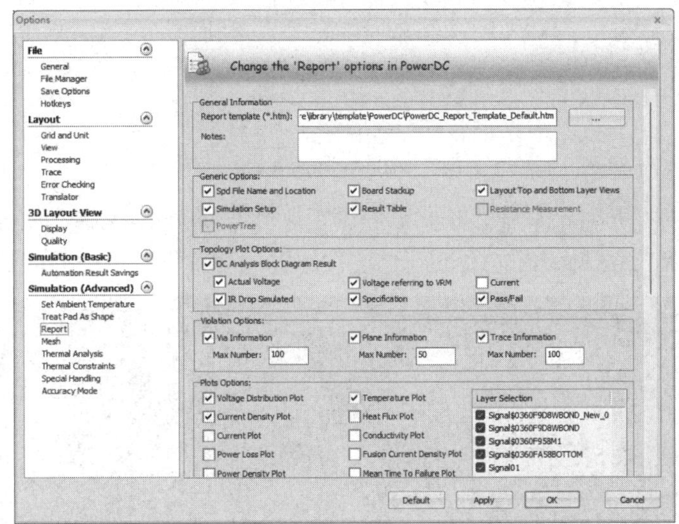

图 13-2-16　在“Options”对话框中进行参数设置

（14）单击“Start Simulation”进行仿真，将得到如图 13-2-17 所示的仿真结果。

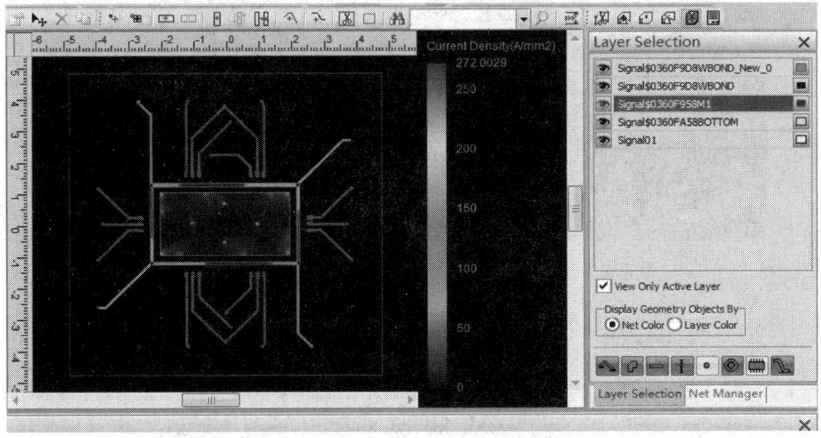

图 13-2-17　仿真结果

13.3　基于 AMM 的 PDC Settings

【使用工具】Sigrity Power DC。

【使用软件】Module2/Lab1/amm_demo。

（1）打开“Cadence Sigrity 2019”，单击“PowerDC”，打开 PowerDC 界面。选择“Single-Board/Package IR Drop Analysis”，单击“Create New Single-Board Workspace”→“Load a New/Different Layout”，加载一个已经存在的布局，将会弹出“Attach Layout File”对话框，如图 13-3-1 所示，选中“Load an existing layout”单选按钮，然后单击“OK”按钮关闭对话框。

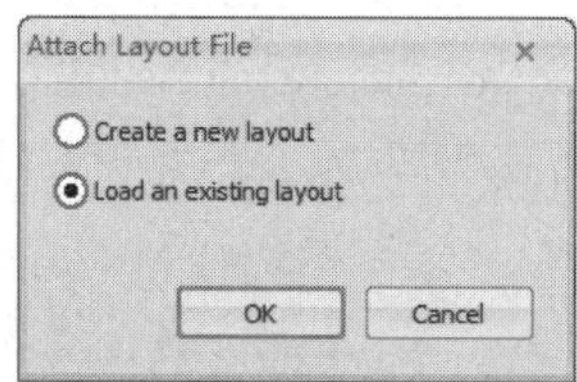

图 13-3-1 “Attach Layout File”对话框

（2）在弹出的打开对话框中，选择要打开的文件“Module2/Lab1/amm_demo.spd”，同时保证“Enable IR Drop Analysis Mode”单选按钮被选中，打开后的界面如图 13-3-2 所示。

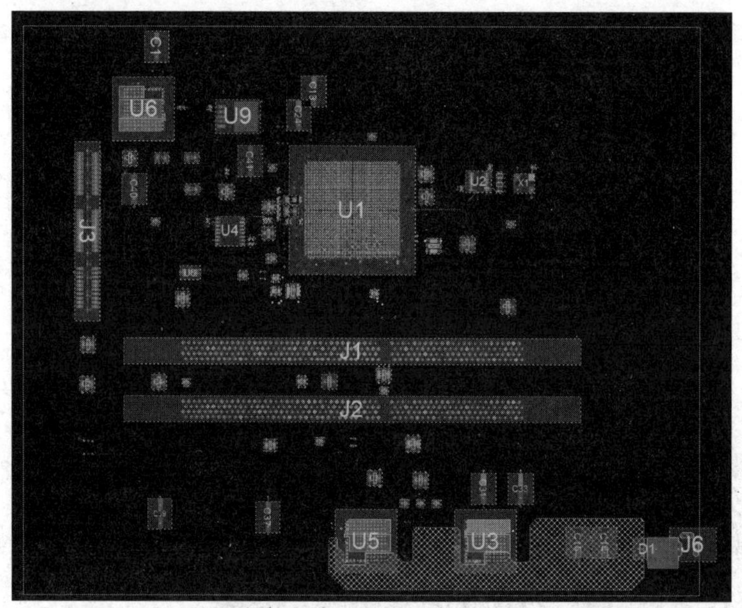

图 13-3-2 打开 amm_demo.spd 文件

（3）将这个工程保存在“Module2/Lab1”下，命名为“pin-amm-demo.pdcx”。单击“Net Manager”选项卡，可以看到所有的网络都被选中，如图 13-3-3 所示。

（4）单击“Launch Analysis Mode Manager”，在弹出的对话框中单击“Load Library File”按钮，在弹出的对话框中将要打开文件的路径设置为“Module2/Lab1/pinbasedamm.amm”，单击“打开 ”按钮，如图 13-3-4 所示。

（5）单击“IC”下面的“pinbasedamm”→“CDNS_IC_00001”，在弹出的对话框中选择“DC Model”选项卡，在保证“By Pin Name”单选按钮被选中的条件下查看 IC 元件的参数，如图 13-3-5 所示。单击“VRM”→“CDNS_VRM_1V5_0001”，查看 VRM 参数，如图 13-3-6 所示。

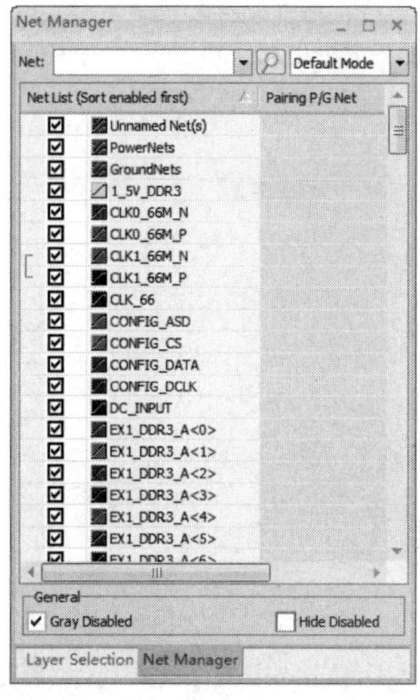

图 13-3-3　“Net Manager”选项卡

图 13-3-4　打开 pinbasedamm.amm 文件

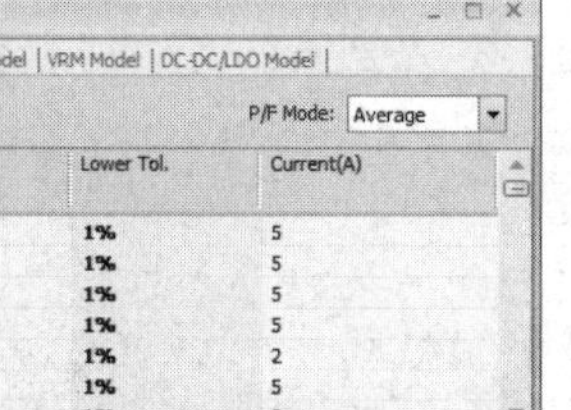

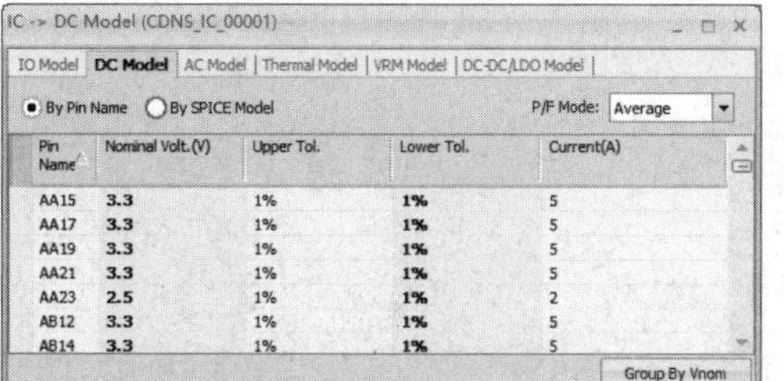

图 13-3-5　查看 IC 元件的参数

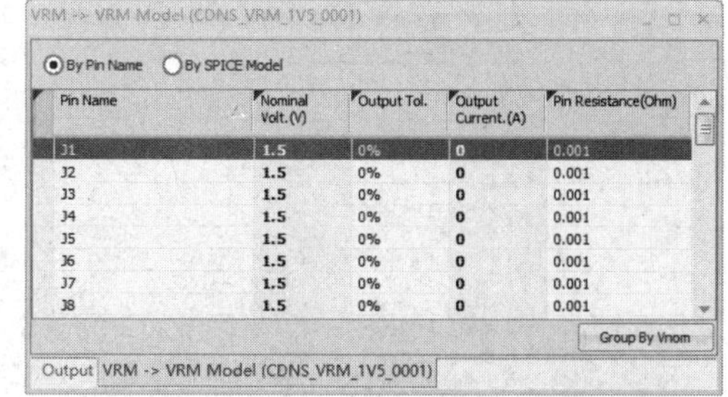

图 13-3-6　查看 VRM 参数

（6）单击“Library”→“Exit”，返回 PowerDC 分布的界面，单击“Component Model Setup”下的“Assign Model”，在弹出的对话框的表中将会列出工程中的所有元件，单击“Auto Mapping”按钮，系统会基于模型的名字将元件与 AMM 库匹配起来，如图 13-3-7 所示。

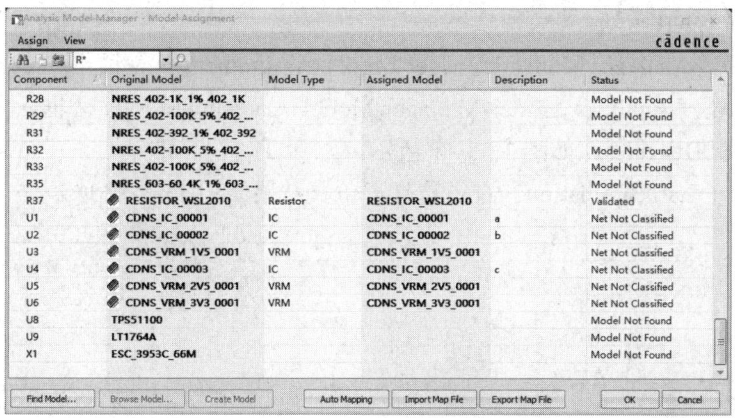

图 13-3-7　单击“Auto Mapping”按钮

（7）单击按钮，将会看到所有的元件基于模型在表中列出，如图 13-3-8 所示。

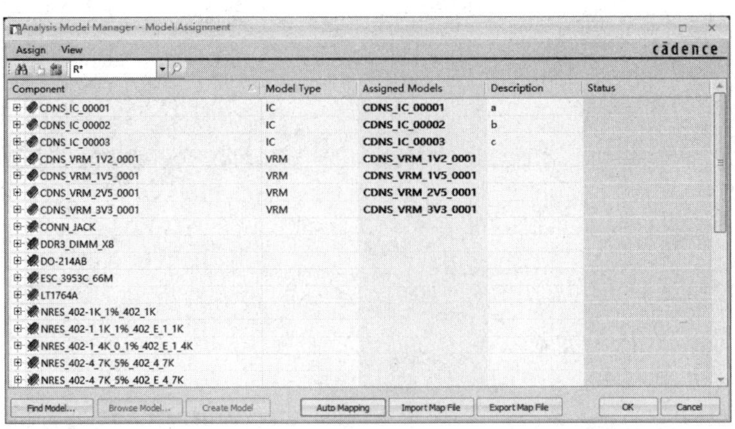

图 13-3-8 基于模型的元件列表

（8）单击“Component”→“Status”，保证处于 Validated 状态的元件都处于表的上方，如图 13-3-9 所示。

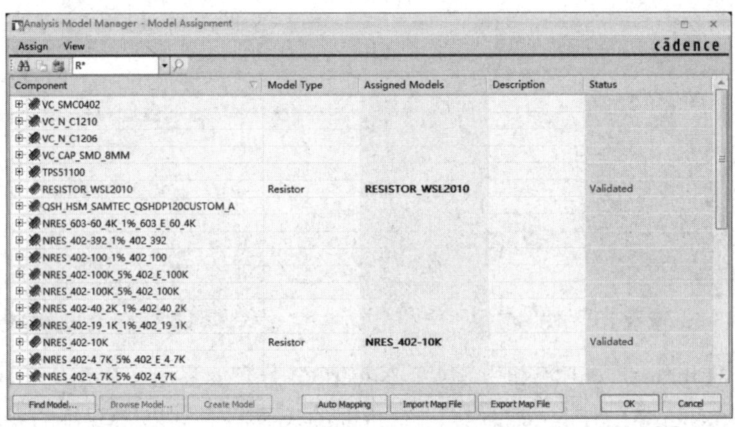

图 13-3-9 基于状态的元件列表

（9）在“Layer Selection”选项卡中将层切换到“Bottom”层，同时保证按钮没有被选中，如图 13-3-10 所示。

（10）选择“Analysis Model Manager-Model Assignment”对话框中的“R20”，单击“OK”按钮关闭“Analysis Model Manager-Model Assignment”对话框，将会自动生成 VRMs、Sinks 和 Discretes，如图 13-3-11 所示。

（11）单击“Start Simulation”进行仿真，仿真结果如图 13-3-12 所示。

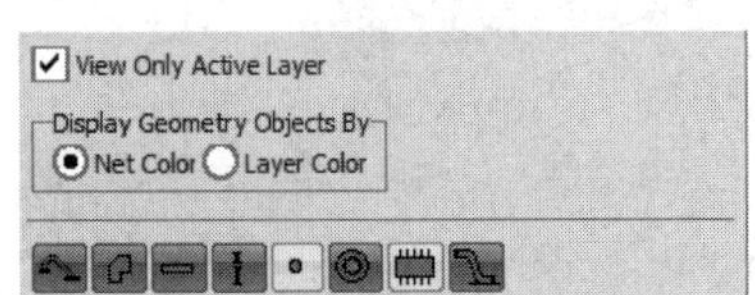

图 13-3-10 “Layer Selection”选项卡设置

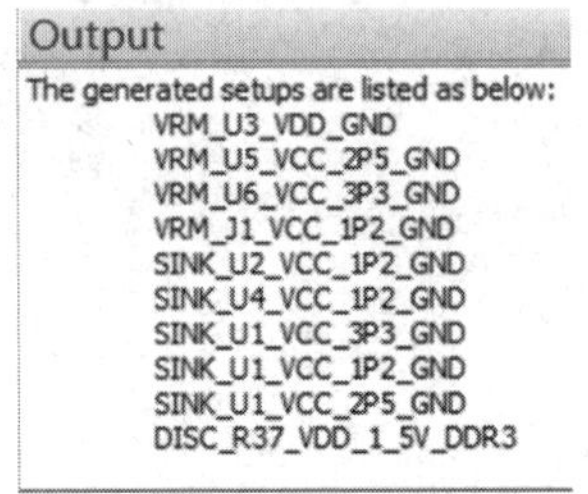

图 13-3-11 Output

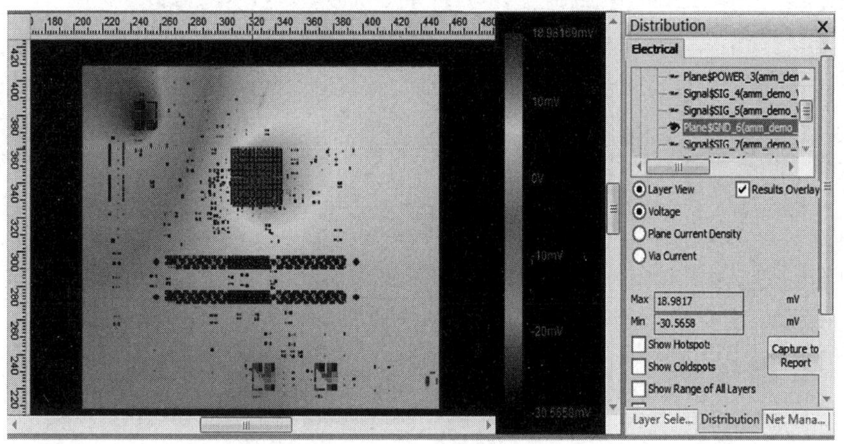

图 13-3-12　仿真结果

13.4　本章思考题

（1）PDC 中的其他增强功能有哪些？

（2）简述基于 AMM 设置的增强的内容及各个部分的作用。